中国石油天然气集团公司统编培训教材

勘探开发业务分册

天然气地面工程技术与管理

《天然气地面工程技术与管理》编委会 编

石油工业出版社

内容提要

本书主要介绍天然气基础知识、天然气地面集输、天然气处理工艺、气田自动化控制、HSE管理、标准化设计、气田地面工程建设与管理等方面内容。在全面总结天然气地面工程生产实践经验的基础上，涵盖了天然气地面工程的技术与管理的各个环节，注重与气田情况相结合，对天然气集输与处理过程中所采用的各项技术原理、具体做法、现场应用情况进行了较全面的叙述。

本书可供从事气田地面生产的管理和技术人员系统了解气田地面工程的技术与管理，也可供高等院校石油天然气类专业师生参考。

图书在版编目（CIP）数据

天然气地面工程技术与管理/《天然气地面工程技术与管理》编委会编.—北京：石油工业出版社，2011.8

（中国石油天然气集团公司统编培训教材）

ISBN 978-7-5021-8469-8

Ⅰ.天…

Ⅱ.天…

Ⅲ.天然气工程-地面工程-技术培训-教材

Ⅳ.TE37

中国版本图书馆CIP数据核字（2011）第094740号

出版发行：石油工业出版社

（北京安定门外安华里2区1号　100011）

网　址：www.petropub.com.cn

编辑部：（010）64240656　发行部：（010）64523620

经　　销：全国新华书店

印　　刷：石油工业出版社印刷厂

2011年8月第1版　2011年8月第1次印刷

787×1092毫米　开本：16开　印张：38

字数：657千字

定价：130.00元

（如出现印装质量问题，我社发行部负责调换）

《中国石油天然气集团公司统编培训教材》
编 审 委 员 会

《天然气地面工程技术与管理》编委会

《天然气地面工程技术与管理》编审人员

主　　编： 马新华　汤　林　班兴安

执行主编： 巴玺立

副 主 编： 丁建宇

编写人员：（按姓氏笔画排序）

万　霜　毛　敏　王念榕　王春燕　王艳玲
计维安　卢任务　宁永乔　边云燕　龙晓达
刘文广　刘　烨　刘志荣　刘慧敏　何　军
余　洋　张　津　张凤喜　张丽娜　李　明
李正才　李映年　杨　眉　杨　艳　杨成贵
陈竹云　陈昌介　冼祥发　范永昭　施岱艳
柳　立　洪荣琳　胡　玲　赵　钰　赵　菲
赵　琼　钟小木　倪　伟　殷名学　郭佳春
屠海波　黄　静　蒋晓灵　熊　钢　雒定明
颜廷昭　黎德廷

审定人员：（按姓氏笔画排序）

王登海　龙庆晏　刘　祎　刘承华　孙铁民
吴晓敬　宋　彬　张　化　张　勇　张效羽
张维智　李建民　陈　莉　孟宪杰　苗新康
柳　立　段　红　胡玉涛　崔新村　曹广仁
黄新生

序

企业发展靠人才，人才发展靠培训。当前，集团公司正处在加快转变增长方式，调整产业结构，全面建设综合性国际能源公司的关键时期。做好“发展”、“转变”、“和谐”三件大事，更深更广参与全球竞争，实现全面协调可持续，特别是海外油气作业产量“半壁江山”的目标，人才是根本。培训工作作为影响集团公司人才发展水平和实力的重要因素，肩负着艰巨而繁重的战略任务和历史使命，面临着前所未有的发展机遇。健全和完善员工培训教材体系，是加强培训基础建设，推进培训战略性和国际化转型升级的重要举措，是提升公司人力资源开发整体能力的一项重要基础工作。

集团公司始终高度重视培训教材开发等人力资源开发基础建设工作，明确提出要“由专家制定大纲、按大纲选编教材、按教材开展培训”的目标和要求。2009 年以来，由人事部牵头，各部门和专业分公司参与，在分析优化公司现有部分专业培训教材、职业资格培训教材和培训课件的基础上，经反复研究论证，形成了比较系统、科学的教材编审目录、方案和编写计划，全面启动了《中国石油天然气集团公司统编培训教材》（以下简称“统编培训教材”）的开发和编审工作。“统编培训教材”以国内外知名专家学者、集团公司两级专家、现场管理技术骨干等力量为主体，充分发挥地区公司、研究院所、培训机构的作用，瞄准世界前沿及集团公司技术发展的最新进展，突出现场应用和实际操作，精心组织编写，由集团公司“统编培训教材”编审委员会审定，集团公司统一出版和发行。

根据集团公司员工队伍专业构成及业务布局，“统编培训教材”按“综合管理类、专业技术类、操作技能类、国际业务类”四类组织编写。综合管理类侧重中高级综合管理岗位员工的培训，具有石油石化管理特色的教材，以自编方式为主，行业适用或社会通用教材，可从社会选购，作为指定培训教材；专业技术类侧重中高级专业技术岗位员工的培训，是教材编审的主体，按照《专业培训教材开发目录及编审规划》逐套编审，循序推进，计划编审300余门；操作技能类以国家制定的操作工种技能鉴定培训教材为基础，侧重主体专业（主要工种）骨干岗位的培训；国际业务类侧重海外项目中外员工的培训。

“统编培训教材”具有以下特点：

一是前瞻性。教材充分吸收各业务领域当前及今后一个时期世界前沿理论、先进技术和领先标准，以及集团公司技术发展的最新进展，并将其转化为员工培训的知识和技能要求，具有较强的前瞻性。

二是系统性。教材由“统编培训教材”编审委员会统一编制开发规划，统一确定专业目录，统一组织编写与审定，避免内容交叉重叠，具有较强的系统性、规范性和科学性。

三是实用性。教材内容侧重现场应用和实际操作，既有应用理论，又有实际案例和操作规程要求，具有较高的实用价值。

四是权威性。由集团公司总部组织各个领域的技术和管理权威，集中编写教材，体现了教材的权威性。

五是专业性。不仅教材的组织按照业务领域，根据专业目录进行开发，且教材的内容更加注重专业特色，强调各业务领域自身发展的特色技术、特色经验和做法，也是对公司各业务领域知识和经验的一次集中梳理，符合知识管理的要求和方向。

经过多方共同努力，集团公司首批39门“统编培训教材”已按计划编审出版，与各企事业单位和广大员工见面了，将成为首批集团公司统一组织开发和编审的中高级管理、技术、技能骨干人员培训的基本教材。首批“统编培训教材”的出版发行，对于完善建立起与综合性国际能源公司形象和任务相适应的系列培训教材，推进集团公司培训的标准化、国际化建设，具有划时代意义。希望各企事业单位和广大石油员工用好、用活本套教材，为持续推进人才培训工程，激发员工创新活力和创造智慧，加快建设综合性国际能源公司发挥更大作用。

《中国石油天然气集团公司统编培训教材》

编审委员会

2011年4月18日

前 言

我国气田地面生产系统经过半个多世纪不断发展和完善，地面工程经历了从无到有、从简单到完善配套的发展过程。气田地面工程是一个庞大的系统工程，是气田开发工程的主要组成部分之一，对气田的开发生产发挥着极其重要的作用。

本教材主要包括天然气基础知识、气田集输、处理工艺、自动化控制、HSE、标准化设计、气田地面工程建设与管理等方面内容。在全面总结天然气地面工程生产实践经验的基础上，涵盖了天然气地面工程的技术与管理的各个环节，突出了“三高”气田的技术与管理以及标准化设计内容。第一章、第二章、第七章由汤林、班兴安、巴玺立、赵钰、丁建宇、杨莉娜、刘烨、何军、王春燕、王念榕编写；第三章、第五章由边云燕、余洋、黄静、赵琼、杨成贵、毛敏、殷名学、屠海波、杨眉、刘文广、万霜、雒定明、郭佳春、施岱艳编写；第四章由胡玲、冼祥发、刘慧敏、李明、李正才、张津、王艳玲、刘文广、万霜、卢任务、宋彬、李映年、计维安、陈昌介、熊钢、颜廷昭、黎德廷、龙晓达编写；第五章由刘志荣、钟小木编写；第六章由张凤喜、陈竹云、苗新康、张维智、刘祎、王登海编写；第八章由洪荣琳、柳立、胡玉涛、张效羽、刘承华、张勇、蒋晓灵、宁永乔、张丽娜、赵菲、范永昭、倪伟编写。

本教材为从事气田地面生产的管理和技术人员提供一本“科学、实用”的工具书。由于知识、经验有限，难免有不尽人意之处，恳请广大读者给予批评指正。本教材在编写过程中得到了龙庆晏、李建民、黄新生、曹广仁、张化、孟宪杰等国内知名专家的悉心指导，谨向他们表示衷心的谢意。

《天然气地面工程技术与管理》编委会

2011 年 5 月 7 日

目 录

第一章 概 述

第一节 天然气在能源结构中的重要性及其发展趋势

一、天然气在能源结构中的重要性

天然气以其高效、洁净、方便等优势在整个能源结构中逐步进入鼎盛时期，开发和利用天然气是当今世界能源发展的潮流。在世界能源结构中，天然气所占比例已从1971年的16.1%上升到2008年的24.14%，并继续保持增长趋势。预计到2020年可达25.2%，从而超过煤炭成为继石油之后的第二大能源，在2050年前后天然气将会超过石油，成为世界一次能源结构中的“首席能源”，从而进入一个全新的历史发展时期。世界一次能源消费结构变化见表1-1-1。

表1-1-1 世界一次能源消费结构变化表

年份	煤炭,%	石油,%	天然气,%	水电或核电,%
1950	61.5	27.0	9.8	1.7
1955	55.9	30.6	11.7	1.8
1960	52.0	32.0	14.0	2.0
1965	43.3	37.5	17.0	2.2
1970	35.2	42.7	19.9	2.2
1975	30.4	45.7	20.9	3.0
1980	30.8	44.2	21.5	3.5
1985	30.1	40.7	21.4	7.8
1990	28.5	40.1	22.5	8.9

续表

年份	煤炭,%	石油,%	天然气,%	水电或核电,%
1995	27.1	39.7	23.2	10.0
2000	24.4	38.6	23.7	13.2
2005	27.54	36.59	23.69	12.18
2006	28.11	35.99	23.71	12.19
2007	28.77	35.48	23.88	11.87
2008	29.25	34.78	24.14	11.84

注：1950—2000 年数据摘自《天然气工业管理实用手册》；2005 年以后数据摘自 BP2009 年全球能源统计数据。

我国天然气资源丰富，可采资源量为 $9.3\times10^{12}m^3$，远景可采资源总量达 $15\times10^{12}m^3$，此外还有大量非常规天然气。但我国天然气资源的探明程度尚不高，目前可采资源量的探明程度仅为 16.8%。根据我国大力发展和利用天然气的能源战略，天然气在能源结构中的地位将持续上升，预计到 2015 年所占比例将达到 10%。我国一次能源消费结构变化见表 1－1－2。

表 1－1－2　我国一次能源消费结构变化表

年份	煤炭,%	石油,%	天然气,%	水电或核电,%
1980	72.2	20.7	3.1	4.0
1985	75.8	17.4	2.2	4.9
1990	76.2	16.6	2.1	5.1
1995	74.6	17.5	1.8	6.1
1996	74.7	18.0	1.8	5.5
1997	71.7	20.4	1.7	6.2
1998	69.6	21.5	2.2	6.7
1999	69.1	22.6	2.1	6.2
2000	67.8	23.2	2.4	6.7
2001	66.7	22.9	2.6	7.9
2002	66.3	23.4	2.6	7.7
2003	68.4	22.2	2.6	6.8
2004	68.0	22.3	2.6	7.1
2005	69.1	21.0	2.8	7.1
2006	69.4	20.4	3.0	7.2
2007	69.5	19.7	3.5	7.3
2008	68.7	18.7	3.8	8.9

注：数据摘自《2009 中国统计年鉴》。

与其他燃料相比，天然气具有使用方便、经济、热值高、污染少等优点，是一种优质清洁燃料。天然气代替其他燃料，可以大大减少 CO_2、SO_2、NO_x 及烟尘的排放量，对改善大气环境，减轻温室效应有着十分明显的作用。此外，发展天然气工业，对化工、机械、电子、冶金、建筑等行业的发展也有显著的促进作用。不同能源排放的污染物量比较见表1-1-3。

表1-1-3　不同能源排放的污染物量比较表

能源类型	SO_2	NO_x	CO	CO_2	灰分
天然气	1	1	1	1	1
石油	400	5	16	1.33	14
煤炭	700	10	29	1.67	148

注：1. 相同热值下以天然气排放的污染物量为1计；
2. 数据摘自《天然气净化工艺——脱硫脱碳、脱水、硫黄回收及尾气处理》。

预计未来50年，我国城市化率将从现在的36%提高到76%以上。城市化进程是一个综合发展过程，城市化进程要求提高城市所需要的清洁能源构成。在影响城市化的诸多因素中，能源的供求和能源结构的改造尤其突出。此外，随着城市居民生活水平的提高，在低碳生活的倡导下，发展清洁能源已成为当务之急，这也是当今社会发展的重要生产力要素，以及保持国民经济持续发展的重要推动力。

二、国外天然气工业的发展

天然气工业发展遵循着一定的规律，要有一定的条件：储量资源是天然气工业发展的基础；管道是天然气工业发展的条件；利用是天然气工业发展的动力；相关政策是天然气工业发展的环境。国外天然气工业发达的国家，其天然气工业从崛起、发展到高峰而后转向平稳发展约用了50多年，其天然气工业的历史大体经历了四个阶段。

1. 初创期（1850—1945年）

这一时期世界上以中小型油气田的开发为主，只有美国、苏联、加拿大、罗马尼亚、委内瑞拉、墨西哥六国天然气年产气量在 $1\times10^8m^3$ 以上，1945年产气为 $1270\times10^8m^3$，其中美国为 $1100\times10^8m^3$。全世界天然气利用在一次能源消费中的比例不到10%，全世界600mm以下小口径天然气管道约为 13×10^4km，其中美国为 12.4×10^4km，占全世界95%。

截至20世纪30年代，美国发现了一大批包括Monroe、Hugoton、Panhandle和San juan油气田，西南中部成为主要的产气区，随后大西洋地区阿帕拉契盆地成为另一个主要产气区，主要为纽约和新泽西地区供气。随着天然气州际贸易的发展，美国联邦政府于1938年出台了美国第一部关于天然气的法规——《天然气法》。该法的颁布开始了美国政府对天然气价格长达40年的控制。

随着较高强度焊接管道的研制成功，美国于1931年完成了西南中部供气区与中西部市场的最初连接，建成了从潘汉得到芝加哥市、全长1600km、直径24in的天然气长输管道，促进了天然气州际贸易的发展。至1944年田纳西气管道公司铺设的总长2035km的管道，将西南中部与阿帕拉契地区连接起来。

这阶段特点是多数气田生产规模小、产量低，从气源至用户大多通过小口径、短距离、分散独立、单气源的管道，将天然气送到区域内附近的市场。

2. 快速发展期（1945—1970年）

1945—1970年期间，是美国天然气工业发展的黄金时代。美国的油气勘探在20世纪40年代后期和50年代初期突飞猛进，勘探领域由陆上扩展到了海域，而且进入了严寒和条件困难的阿拉斯加地区。在1947—1970年期间，共发现各种规模大小的气田4395个，其中大型和较大型气田189个。

苏联在20世纪50年代和60年代先后发现了谢别林卡、加兹里、沙特雷克和奥伦堡等一批大气田。在60年代中期至70年代初，又在西西伯利亚盆地发现了11个油气田，其中包括世界最大的乌连戈依特大型气田，使天然气探明储量超过了美国；同时，主要能源从50年代初期的煤炭到1970年变成了石油和天然气。从1944—1946年建成第一条总长843km的萨拉托夫—莫斯科的长输管道开始，至60年代初建成了连接位于北高加索、乌克兰和伏尔加河流域等气田和以莫斯科为中心的中央地区主要工业城市的输气管道，管线大多局限在国内区域性范围内，距离不超过1000km。从60年代后，随着中亚地区大型气田的开发，建成了中亚—中央输气系统。苏联天然气市场是以莫斯科为中心的苏联欧洲地区大城市的天然气市场开始逐步发展起来的。

这个时期除美国和苏联之外，其他一些国家也相继发现了一批大气田（探明储量大于$1000\times10^8m^3$）：如法国的拉克大气田、荷兰的格罗宁根大气田、英国北海West Sole气田、阿尔及利亚的哈西鲁麦勒大气田、利比亚的哈提巴大气田、伊朗的罕吉朗和帕扎农大气田、巴基斯坦的苏伊和马里大气田等。

由于一系列大气田的发现，使天然气探明储量和产量得到大幅度增长，探明储量的增加超过了产量的增长，达到储量增长的高峰期。到1970年，天然气探明储量超过$1\times10^{12}m^3$的国家就有8个：美国、苏联、沙特阿拉伯、加拿大、伊朗、科威特、阿尔及利亚和荷兰。年产商品气量超过$100\times10^8m^3$的国家达到了10个：美国、苏联、加拿大、荷兰、西德、墨西哥、意大利、罗马尼亚、英国、伊朗。其中，发展最快的是苏联、美国和荷兰。

这一阶段的特点是气源逐渐增多，发现了一批万亿至数万亿立方米储量的特大气田；输气管道长度和直径逐渐加长和加大；在苏联、北美、欧洲、英国等产气区形成了全国性的管道系统，积极发展安全供气的储气设施；天然气用户主要是工业、民用和商业。同时，为建设连接遥远的极地、沙漠和北海的特大型油气田到欧洲消费中心的大型长距离输气管道，积极进行政府间协议以及在管线用钢、压缩机和驱动设备、大型河流穿越等方面的技术准备。

3. 高峰期（1970—1985年）

1970—1985年随着第二阶段中特大型气田的发现和20余年在市场、政府和技术等各方面的准备，天然气在陆上钻井、海上钻井、高分辨率地震以及致密气层采气工艺、长输管道建设技术方面取得了巨大进展，世界输气管道建设进入了高峰期。

在这一时期，建成了世界上许多著名的天然气管道，如有“北极之光”管线之称的乌连戈伊气田—托尔若克—乌日哥罗德输气管道、乌连戈伊中央输气系统管线、阿意输气管线、阿拉斯加输气系统一期工程等。到1978年，在俄罗斯形成了世界上最大的统一环状管网供气系统，区域供气系统相互补充，可以灵活调度输配气流向，从而提高各集中工业用气户及居民供气的可靠性。此外，干线管道最大直径从529mm增大到1420mm，管道工作压力从4. 70MPa增加到7. 50MPa。

20世纪70年代初，欧洲开始铺设跨国输气干线，1972—1974年建设的从荷兰经德国、瑞士到达意大利的横贯欧洲输气管道（TENP），随后又建设了从荷兰以及俄罗斯将天然气输往欧洲的多条跨国输气管道，初步形成了欧洲大陆的输气网络。随着欧洲大陆内部产量的减少和需气量的增加，欧洲管道网在80年代继续扩展，铺设了从挪威海上气田至产地的Zeepipe海底管道和通过穿越地中海将非洲阿尔及利亚和欧洲意大利连接起来的阿—意输气管道。

这一阶段的特点是一批大气田投入开发，主要天然气消费国家积极寻求多元化供气，新建管道延伸到北海海底、非洲萨哈拉沙漠和靠近北极的西西伯利亚等巨型气田。输气管道具有长运距、大口径（1220～1420mm）、采用高强钢、管道输送压力高达7.5～10MPa（海底管道高达21MPa）等特点，逐渐形成苏联、北美、欧洲、英国多个输气管网。其中，欧洲供气管网与非洲萨哈拉沙漠的哈西鲁麦勒气田、苏联西西伯利亚的乌连戈伊等气田、荷兰和挪威的北海气田相连，形成了跨洲管网。

4. 全面平稳发展期（1985年至今）

20世纪80年代中期以后，管道技术没有突破性进展，输气管道的建设速度放慢，达到相对稳定。北美和英国的天然气市场已经成熟，欧洲天然气市场正处于开放阶段。

这个阶段美国天然气市场有三个最显著的特点：一是美国政府逐步解除对天然气价格的控制；二是市场转型，取消垄断经营，将天然气市场完全放开；三是天然气产量保持较高的水平。美国于1992—1993年建成克恩河—莫哈维输气管网系统。最近建设的有特雷尔布莱泽管道、落基山脉管道、科罗拉多州际管道、帕斯芳德管道和横贯阿纳达科管道。除新建管道以外，80年代美国还有约2600km长的原油管道转换成输气管道，如著名的有Seaway管道（管径762mm，长732km）改为Seagas输气管道，1996年由于国防上及内地炼油厂的需要又改回输送进口原油。

加拿大天然气的生产集中在阿尔伯塔省，该省占全国产量的85%。加拿大干线输气管网从不列颠哥伦比亚、阿尔伯塔及萨斯喀彻温（西部沉积盆地）延伸到东部城市并向南出口延伸到美国，主要输气系统有干线长达8500km的横贯加拿大输气管道系统（TCPL）。

美国及加拿大于2001年建成干线全长2988km的Alliance管道系统是自20世纪90年代以来北美最大的输气管道工程。

俄罗斯亚马尔—欧洲输气管线（经白俄罗斯、波兰到德国）ϕ1420mm、长1700km。俄罗斯—土耳其的蓝流管线ϕ1200mm、长1213km（其中2150m深的海底铺设2条ϕ610mm长396km，压力250bar）为俄罗斯天然气进入西欧、南欧打开了新的通道。

英国国家输气系统NTS包括高压输气管道长18000km、3个LNG接受终端、容量为$4.3\times10^8m^3$的LNG储罐、1座沿海的盐穴地下储气库、2座衰竭油气田储气库。天然气在一次能源消费中的比例由1965年的1%增加到目前的33.5%，略低于石油，居第二位。

从英国巴克顿至比利时泽布吕赫的互联输气管线（Interconnector）输量为 $200\times10^8m^3$、长 235km，通过英吉利海峡将英国国家输气系统与欧洲管网相连。

欧洲跨国输气管网将 3 个大陆相连接，将天然气从西西伯利亚、英国北海、荷兰、挪威、德国北部和北非的气田输送给用户。目前，西欧天然气用气量的 62% 为进口气源（如除去英国和荷兰，该数字将增至 87%）；管输贸易气量占进口天然气贸易量的 91%。

随着技术的进步，液化天然气得到了长足的发展，截至 2009 年 2 月，全世界累计建成 87 条生产线，能力达 $23600\times10^4t/a$。截至 2009 年 10 月在运 LNG 运输船共有 329 艘。亚太地区各国在建立一些局部管网的同时，依靠液化天然气工业的发展，解决了资源远离市场的矛盾。其液化天然气贸易十分活跃，2008 年贸易量达到 17000×10^4t，其中日本、韩国、中国台湾就占了 62%。

各国对安全供气提出了更高的要求，地下储气库得到了很大的发展。截至目前，全世界 36 个国家和地区建成了 630 座地下储气库，总工作气量达到 $3550\times10^8m^3$，占目前全球 $31000\times10^8m^3$ 消费量的 11.7%。

该阶段特点是管道天然气和液化天然气贸易双双提速；安全供气备受注目，储气库容量迅速扩展；多气源、大管网、大市场的发展趋势更加突出；政府对天然气价格控制逐渐解除，垄断经营逐渐取消，市场放开，为天然气工业进一步发展提供了契机。

三、我国天然气工业发展前景

自 20 世纪 90 年代以来，我国天然气勘探不断获得重大突破，发现了一大批大中型气田，储量产量快速增长，同时相继建成了一批天然气长输管线，开拓了天然气消费市场，实现了天然气工业快速发展，展现了我国天然气工业广阔的发展前景。随着能源需求的不断增长，控制温室气体排放和环境保护的压力不断加大，开发洁净天然气能源已成为我国能源发展的一项重要任务。我国是天然气资源大国，发展天然气是大势所趋。

1. 天然气工业具备良好的发展基础

我国天然气工业正处在历史上最好的发展阶段，形成了天然气发展的大好局面。

1）天然气储产量快速增长

“十五”以来，我国天然气勘探开发已经驶入快车道，先后在四川、鄂尔

多斯、塔里木、柴达木、莺—琼、东海、松辽等盆地获得天然气大发现，基本形成了川渝、鄂尔多斯、塔里木、柴达木、海上等一批天然气生产基地。2000—2007 年，新增天然气探明储量 $3.6\times10^{12}m^3$，年均新增天然气探明储量 $5199\times10^8m^3$。2007 年新增天然气探明储量达 $6545\times10^8m^3$，比 2006 年增长 14%，天然气产量从 2000 年的 $262\times10^8m^3$ 增长到 2009 年的 $843\times10^8m^3$，年均增产 $65\times10^8m^3$。

2）海外天然气开发利用进展良好

近 10 多年来，以中国石油天然气集团公司（以下简称中国石油）、中国石油化工集团公司、中国海洋石油总公司三大国有油公司为主体的中国油公司海外业务已遍及全球 50 多个国家和地区。我国跨国天然气管道——中亚天然气管道的投产，中俄、中缅天然气管道，LNG 引进已有实质性进展，2008 年我国液化天然气进口总量达 300×10^4t。

3）全国天然气骨干管网已具雏形

自“十五”以来，随着涩宁兰、西气东输、陕京二线、冀宁线、忠武线等重要管线陆续建成，大大改善了我国天然气输气管网格局，目前管道总长度超过 30000km。川气东送、西气东输二线等骨干管线正在建设，已建成川渝、华北、长江三角洲等地区比较完善的区域性管网，完成了中南、珠三角地区的区域性天然气管网主体框架，初步形成了以国内陆上天然气为主，以海气、引进 LNG 为补充的多元化供气格局。

4）天然气市场不断拓展

目前，我国基本形成了东北、环渤海、长江三角洲、中南、西南、东南沿海、西北七大区域不同类型的天然气消费市场，其中西南地区、长江三角洲、环渤海和西北地区是我国天然气主要消费区域，约占全国消费量的 70%。我国天然气消费呈现出快速增长态势，天然气消费量从 2001 年的 $264\times10^8m^3$ 增加到 2007 年的 $673\times10^8m^3$，年均增长近 $70\times10^8m^3$。天然气消费结构正在向多元化转变，城市燃气正在成为第一大用气领域，发电用气所占比例也有明显增加。

2. 天然气勘探开发程度低、发展潜力大

我国未来的天然气勘探开发还将继续快速发展，天然气储量将保持高位增长态势，天然气产量将会持续增长。

1）天然气资源总量大

我国是世界上最早发现和利用天然气的国家之一，是天然气资源大国。

据新一轮全国油气评价成果，我国常规天然气地质资源量 $35.03\times10^{12}m^3$，可采资源量 $22.03\times10^{12}m^3$，主要分布在四川、鄂尔多斯、塔里木、柴达木、松辽、东海、琼东南、莺歌海和渤海湾等九大盆地。此外，我国埋深2000m内的煤层气地质资源量 $36.81\times10^{12}m^3$，煤层气可采资源量 $10.87\times10^{12}m^3$。初步预测还有丰富的页岩气、天然气水合物等非常规天然气资源。

2）天然气勘探开发程度低

到2007年底，我国累计探明气层气可采储量 $3\times10^{12}m^3$，可采资源平均探明程度仅16.7%，远低于世界平均水平（60%左右），还有待发现的常规天然气可采资源量 $18.4\times10^{12}m^3$。鄂尔多斯、四川、塔里木、松辽、柴达木、莺歌海、琼东南和东海陆架盆地的待发现常规天然气可采资源量都超过 $5000\times10^8m^3$，其中塔里木盆地是待发现常规天然气可采资源量最多的盆地。在2007年底以前的已探明地质储量 $5.86\times10^{12}m^3$，已投入开发储量 $2.2\times10^{12}m^3$，已开发的储量仅占总储量的37%，还有 $3.7\times10^{12}m^3$ 探明储量待开发。煤层气资源的勘探开发还处在初期阶段，仅有少量探明储量和产量。

3）天然气增储上产潜力大

2000年以来，我国天然气储量保持了快速的发展势头，近6年新增天然气地质储量连续保持在 $5000\times10^8m^3$ 以上，预示了天然气勘探发展的美好前景。

3. 发展我国天然气的战略举措

未来一段时期，我国天然气工业发展要以保障国家能源供应安全、优化能源结构为出发点，充分利用国内外两种资源、两个市场，坚持上中下游一体化协调发展，强化科技创新能力，提高资源利用效率，促进我国经济社会的可持续发展。从战略上要加强以下四个方面的工作。

1）立足国内资源，加强天然气资源勘探开发

我国天然气发展首先要立足国内，要把国内天然气资源勘探开发放在首位，加大勘探开发力度，不断发现储量，增加产量，为天然气产业发展提供资源保障。在近中期，国内天然气勘探开发的战略布局是立足中部、发展西部、加快海上、扩大东部以及加大以塔里木、四川和鄂尔多斯盆地为重点的八大气区天然气勘探开发力度，不断扩大常规天然气生产规模，实现天然气储量、产量的快速稳步增长，建立和扩大一批大中型天然气勘探开发基地，夯实资源基础。同时，积极探索非常规天然气资源，开展非常规天然气资源

评价和开发试验，适时推动非常规天然气资源商业化开发，进一步拓宽资源补充和产量增长领域。

2）实施全球资源战略，加快海外天然气引进

引进国外天然气是弥补国内天然气供需缺口，实现气源多元化，供气网络化，提高我国能源供应安全的重要措施。实施全球资源战略，优选目标资源国，积极开展海外天然气勘探开发和贸易等业务，通过管道天然气和 LNG 等途径，加快海外天然气引进步伐，利用国际市场调剂资源余缺，优化资源配置。针对海外的天然气勘探与开发，需要国家统筹协调，在资金和技术方面采取特殊鼓励政策和措施，减小企业承担的经济风险。通过外交途径妥善处理国际关系，为进入资源国市场和保证其环境稳定创造条件。

3）坚持上中下游一体化，实现天然气产业协调发展

天然气产业的链式结构决定其资源、管网、市场的三位一体性，必须保持资源、管网、市场的配套建设和运行，实现协调发展，提高整体效益。目前，我国天然气工业整体上尚处在早期阶段，天然气工业体系尚不成熟，上中下游的发展还不平衡，必须从战略的高度来认识上中下游协调发展的问题，努力完善天然气工业体系，保证整个天然气工业健康顺利发展。根据“西气东输、北气南下、海气登陆、就近供应”原则，加快主干管网、LNG 接收站、调峰及储备设施建设，尽快形成覆盖全国的天然气管网和输配系统，实现供气多元化、输配网络化和运行安全化。以国家宏观产业政策为指导，发挥价格的杠杆作用，合理调节产销关系，优化消费结构，促进天然气合理利用，提高天然气产业整体效益。

4）依靠科技进步，提高产业核心竞争力

国内外实践证明，科技创新和进步是推动油气工业发展最重要的推动力，我国“六五”以来开展的天然气科技攻关成果就是很好的证明。我国在天然气勘探开发、管道建设和利用上仍然面临许多难题，如海相天然气勘探理论、高含硫等特殊天然气藏开发技术、煤层气勘探开发理论与技术等，这些都是制约我国天然气工业发展的“瓶颈”。因此需要大力加强天然气科技攻关，进一步发展中国天然气地质理论，建立和发展适合中国天然气地质特征的勘探开发技术系列，加强天然气管道建设和技术开发。同时，继续深化天然气科技管理机制改革，形成符合市场经济要求和科技发展规律的新机制，优化科技资源配置，做到产、学、研紧密结合，提高产业核心竞争力，为科技创新提供制度保障。

第二节　天然气利用与贸易

一、天然气利用

2007年9月，国家发展和改革委员会颁布实施了“天然气利用政策”(以下简称“政策”)，并将天然气利用领域归纳为四大类，即城市燃气、工业燃料、天然气发电和天然气化工。同时，综合考虑天然气利用的社会效益、环保效益和经济效益等各方面因素，并根据不同用户的用气特点，将天然气利用分为优先、允许、限制和禁止四大类。

在“政策”中，我国将优先发展城镇（尤其是大中城市）居民炊事、生活热水、公共服务设施、天然气汽车等城市燃气；允许建材、机电、轻纺、石化、冶金等工业领域中以天然气代油、液化石油气项目及环境效益和经济效益较好的以天然气代煤气项目；限制非重要用电负荷中心建设利用天然气发电，已建的合成氨厂以天然气为原料的扩建项目、合成氨厂煤改气等项目；禁止陕、内蒙古、晋、皖等十三个大型煤炭基地所在地区建设基荷燃气发电，以天然气为原料生产低附加值、短产业链的甲醇、化肥，以大型、中型气田所产天然气为原料建设液化天然气等项目。

世界和一些国家、地区天然气消费结构见表1-2-1。

表1-2-1　世界和一些国家、地区的天然气消费结构表

国家或地区	发电 %	工业 %	住宅和商业 %	其他 %	总消费量① 10^8m^3	生产消费特征
世界	31	37	26	5	29380	—
美国	13.7	35.3	35.6	3.0	6526	美国是天然气工业发展最早的国家，消费量、产量分别居世界第一、第二，仍需国外进口
加拿大			42.1		967	
英国	33	15	47	5	911	英国是煤气工业发展最早的国家，天然气工业自1970年后才迅速发展，目前自给有余

续表

国家或地区	发电 %	工业 %	住宅和商业 %	其他 %	总消费量① 10^8m^3	生产消费特征
法国	39	—	53	8	425	德国天然气消耗量大，产量低，约77.5%的用气量靠管线进口
德国	13	24	49	14	829	
日本	63	3	34	—	902	日本能源缺乏，天然气99% LNG靠进口，是世界最大的进口LNG国家
中国	20	34	22	24	695	—

①总消耗费量为2007年数据。

1. 民用与商用燃气

天然气从气源通过输气管线输至城市门站后，再通过城市输配管网输至各城市住宅及公服商业用气用户。

由于天然气使用方便、清洁，有利于环境保护，发达国家在资源有保证的前提下，首先用来满足住宅和公服商业用气，把这种使用称为最有价值的用途。住宅、公服商业部门是天然气传统的、稳定的用户，是最能体现天然气利用优势的市场。

根据表1－2－1，住宅和公服商业部门的世界平均用气量占世界总用气量的26%，而大部分发达国家的比例更高，为30%～50%。如美国每年每户平均用气2520m^3，即平均每天每户消费7m^3；俄罗斯每年平均每户用气1000m^3，平均每天约3m^3；而我国城市用气户平均每天为0.5～1m^3。住宅和公服商业部门利用天然气作燃料，不仅热效率高（煤炉效率只有15%～20%，气炉效率达55%～60%）环境污染少，还可提高生活质量，为热水器、烤箱、空调等提供能源。

2. 天然气发电

天然气工业发展初期，生产规模较小时，很少用天然气发电，如美国和欧共体曾一度限制天然气用于发电。自20世纪80年代以来，随着天然气探明储量迅速增长使资源基础更加可靠，以及燃气蒸汽联合循环发电、热电联产等技术的进步，特别是西方国家环保法规日益严格（如颁布清洁空气法等），使天然气发电得到迅速发展（表1－2－2）。在发电领域中天然气主要是用作蒸汽轮机、燃气轮机、蒸汽和燃气联合循环等装置发电或热电联产的燃料。尤其由于燃气轮机电站运行灵活，机组启动快，启动成功率高，且宜于接近负荷中心，在电网的调峰应用中具有一定优势。其中燃气蒸汽联合循环（CCGT）发电或热电联产技术，目前在世界上得到广泛的重视和普遍应用。

表 1-2-2　1996 年世界电力生产中天然气消费量表

项目＼国家	俄罗斯	美国	日本	乌克兰	德国	英国	荷兰	伊朗	乌兹别克斯坦	意大利	世界
发电消费的天然气量，$\times 10^8 m^3$	2308	1415	456	302	186	175	135	125	124	120	7390
天然气的发电量占总发电量比例，%	40.4	13.2	20.2	18.7	8.7	23.6	55.6	54.7	70.5	21.0	—
发电消费的天然气量占本国天然气总消费量比例，%	57	24	71	35	19	19	28	31	27	21	32

3. 工业燃料用气

天然气广泛用作冶金、建材、机电、轻纺和军工等工业中熔炼炉、加热炉、热处理炉、焙烧炉、干燥炉的燃料。全世界的天然气工业燃料用气占整个消费量的37%，见表1-2-1。天然气用于工业燃料，可有效地提高产品质量、产量，节约能源，改善环境条件，减轻劳动强度，经济和环境效益显著。

燃烧天然气的工业窑炉由于便于温度控制，使炉膛温度均匀，程序升温平稳，避免了炉内结渣结焦等问题，有利于生产优质产品，提高装置的生产率。在建材行业生产平板玻璃、建筑卫生陶瓷、高档陶瓷餐具、陶瓷工艺品等工艺中采用天然气作燃料，由于不产生炭黑、颗粒、麻点等缺陷，窑炉内温度均匀等因素，使产品变形减小，产品质量、成品率、产品附加值提高，经济效益显著。

4. 天然气化工

天然气化工主要是指碳一化工，即以甲烷为原料的化工，它的一次产品主要有氨、甲醇、合成油、氢气、乙炔、氯甲烷、二氯甲烷、四氯化碳、炭黑、氢氰酸、二硫化碳、硝基甲烷等十几个品种；还能衍生出大量的二次及三次产品（图1-2-1）。其中以合成氨及甲醇最为重要。全世界85%的合成氨、90%的甲醇都是以天然气为原料生产的，如美国生产的合成氨98%以上用天然气作原料，英国及荷兰100%用天然气作原料。

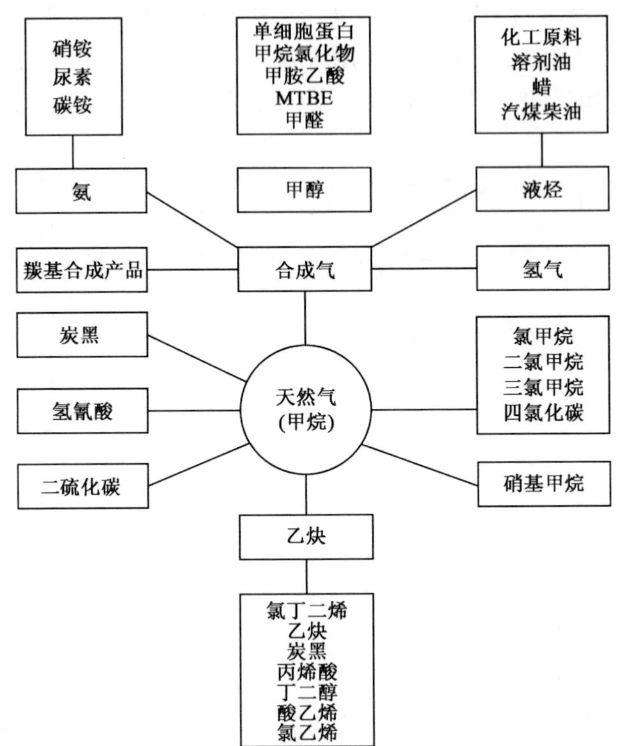

图1-2-1　天然气化工主要产品示意图

5. 天然气制合成油

天然气制合成油是以天然气为原料生产合成气，再经费-托合成（Fischer-Tropsch）转化为合成油的工艺技术，简称气制油（gas to liquid，GTL）。

自20世纪70年代世界性石油危机之后，气制油技术备受关注，80年代后建成了几套工业化装置（表1-2-3）；另有6套正在计划建设中（表1-2-4）。该技术由于目前成本过高，还未得到大规模工业化应用。

表1-2-3　世界GTL工业装置简况表

装置地址	原料	中间产物	产品	合成工艺	生产能力，$\times10^4$t/a	投产年份
新西兰　蒙特尼	天然气	合成气、甲醇	汽油	MTG	60	1985
美国　路易斯安那	天然气	—	燃料和专用产品	—	0.84	1992
马来西亚　民都鲁	天然气	合成气、重蜡	柴油、蜡等	SMDS	50	1993
南非　莫塞尔湾	天然气	合成气	汽油、柴油等	Synthol	90	1993
美国　华盛顿	天然气	—	合成石油（实验）	—	0.28	1999
卡塔尔　拉斯拉法	天然气	—	—	沙索	132	2006

表 1-2-4 GTL 装置建设/计划

建设者	装置地址	采用工艺	生产能力 $\times 10^4$bbl/d①	拟建设时间
Sasol，Chevton	尼日利亚	Sasol	3.0	
Sasol，Qatar，Phillips	卡特尔	Sasol	2.0	
Oil India 等	印度	Rentech	0.036	建设中
沙索-雪佛龙	尼日利亚 Escravos	—	3.4	建设中
卡塔尔石油和壳牌公司	卡塔尔拉斯拉法	—	14.0	2010—2012 年
沙索-雪佛龙壳牌等	阿尔及利亚 Tinhert	—	3.4	2012 年
Enron，Syntroleum	澳大利亚西北大陆架	—	6.6	2012 年（完成可研）
卡塔尔石油和沙索	卡塔尔拉斯拉法（扩能）	—	6.5	2013 年

①：10^4bbl/d 约相当于 40×10^4t/a，1bbl = 158.978L。

（1）天然气转化成合成气的技术与合成甲醇的合成气相同；其反应式为：

$$n\text{CO} + 2n\text{H}_2 = \text{CH}_{2n} + n\text{H}_2\text{O}$$

经烯烃低聚后形成各种馏分（图 1-2-2）。

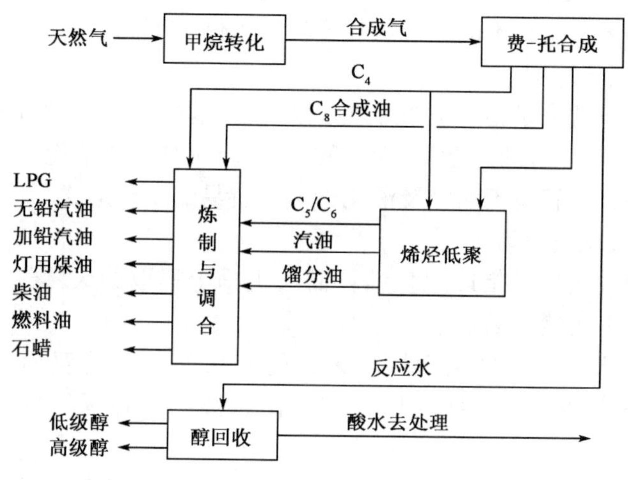

图 1-2-2 天然气转化成合成气示意图

（2）气制油技术中的费-托合成与以煤制合成气技术中的费-托合成相同。早在第二次世界大战期间（1944 年），德国就开发了以煤制合成气经费

－托合成而获得合成油，战后均停运。新中国成立之初，建成并运行一座 $3\times10^4 t/a$ 费－托合成工厂，后停运；山西煤化研究所对煤制油进行了规模为 100t/d 的中试。

（3）气制油技术的关键在于本身的经济竞争力，提高竞争力的措施有三条：一是降低装置的投资费用；二是降低装置的消耗指标；三是选择天然气价格低廉的地区建厂。

生产合成油的理论耗气量（不包括燃料和副产物）约 $1600m^3 CH_4/t$，实耗 $1900\sim2300m^3 CH_4/t$。

目前，美国一批研究机构正准备用 8 年时间开发天然气合成油技术，使每桶合成油成本不高于 20 美元。

二、天然气贸易

1. 天然气贸易分类

天然气贸易按客体不同分为管道天然气贸易和液化天然气贸易，以管道天然气贸易为主；按方式不同又分为传统贸易方式和新兴贸易方式。传统贸易方式指长期，中短期天然气贸易，新兴贸易方式指在某些市场成熟地区发展起来的天然气现货贸易、期货贸易，液化天然气贸易中还包括互换贸易；天然气贸易的运营模式不同，天然气贸易的主体也不同。

1）天然气长期贸易

天然气长期贸易是指建立在长期固定合同基础上的天然气贸易，合同期限可能长达 15 年，有的甚至 20 年、30 年。合同双方要承担一定的供应风险和价格风险等，是管道天然气及液化天然气贸易的主要形式。

2）天然气现货贸易

天然气现货贸易是指以现款结算而买主马上提取的天然气贸易，短期的期货交易也称为现货贸易。

由于长期天然气贸易灵活性较差，随着天然气工业竞争的加剧，天然气市场的成熟发展，在一些地区，如美国、英国、韩国、日本出现了现货贸易。

目前，美国几乎所有大型管网中枢都发展成现货市场，其中最重要的天然气现货市场是路易斯安那州的 Henry Hub。Henry Hub 现货价格在美国天然气工业中起着指导作用。天然气工业参与者通过现货价格对其合约量进行评估，以便作出天然气消费和投资决定。

3）期货、期权贸易

期货是指通过有组织的交易所，按预先确定的买卖价格、交易数量、交割时间等，在未来特定时间内进行交割的交易方式。

期权的基本内容与期货合同基本相同，所不同的是期权合同是指交易者达成的在约定时间买进或卖出未来特定贸易的权力，而并不一定承担相应的义务，即权力买方在未来一定时期可以执行这一权力，也可放弃这一权力，但投资者购买期权合约必须支付期权费。

纽约商业交易所是世界上第一个天然气金融交易所，于1990年4月推出了天然气期货合约，交货地点在Henry Hub；1992年8月，又推出了天然气期权合约。金融天然气贸易在美国天然气市场参与者中相当受欢迎，在1991—1995年，天然气期货合约的贸易量从$0.42\times10^{12}ft^3$增加到$80\times10ft^3$，相当于1995年天然气实际消费量的4倍。

4）捆绑式销售

在捆绑式销售模式中，同一个公司既承担销售业务，又承担相应的运输服务业务，即通过管道运输系统将天然气运输并销售给下游买家。

在这种销售模式下，下游买家与该公司往往只签订一个购销合同。国际管道天然气贸易常采用捆绑式的销售模式，天然气贸易双方签订在交气点交付的购买和销售合同。

5）非捆绑式销售

在非捆绑销售模式下，管道公司只提供运输服务，天然气由生产商或销售商销售给下游买家。

在这种销售模式下，下游买家可能除了签订购销合同外，还要签订运输服务合同，但要根据具体的运作模式确定。

2. 天然气贸易合同

天然气贸易合同主要涉及合同类型、合同期、合同气量、天然气质量规格、照付不议、结算和付款、计量、不可抗力、交付点和交付压力、管输气损耗、违约处理、仲裁、适用法律及合同生效条件等方面的重要内容。

值得指出的是，下面介绍的只是天然气贸易合同中常见的形式，不存在固定规定，具体合同中任何条款的设立都有赖于合同双方的谈判。

1）合同类型

传统贸易方式下的天然气销售合同包括供应式合同、枯竭式合同和市场合同。在天然气上游合作领域，经常采用产品分成合同等。

（1）供应式合同。供应式合同是一种长期的购销合同，通常采用照付不

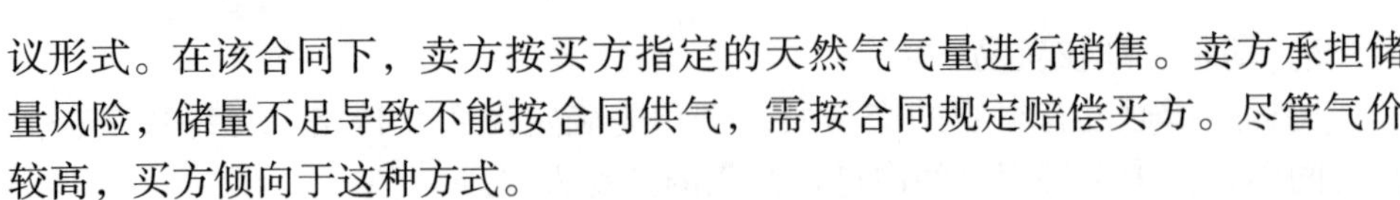

议形式。在该合同下，卖方按买方指定的天然气气量进行销售。卖方承担储量风险，储量不足导致不能按合同供气，需按合同规定赔偿买方。尽管气价较高，买方倾向于这种方式。

供应式合同通常适用于特大型气田、伴生气田或更大的供气组合等，俄罗斯天然气、阿尔及利亚液化天然气和荷兰天然气的销售多采用这种合同。

（2）枯竭式合同。枯竭式合同是一种长期的购销合同，采用照付不议形式。在该合同下，卖方同意销售一个或几个气田的经济可采储量。日交付气量由买方根据相应阶段可用的日合同量指定。

枯竭式合同中，卖方储量专供，买方有权进行储量确认，与卖方共同承担储量风险，买方通常享有多余储量优先权。天然气后备储量不足够大时，卖方多采用该类合同，气价会低于供应式合同。

枯竭式合同广泛应用于早期北海英国和挪威气田的开发。我国崖 13 – 1 气田香港合同也采用该模式。

（3）市场合同。市场合同是一种中短期的购销合同。在该合同下，卖方无储量专供，买方承担照付不议，但通常对照付不议条款有一定的修改，双方完全按照市场条件签订合同，有利于竞争，更加灵活，双方都无须承担太长的合同义务。

市场合同的应用需要一定的条件：天然气市场充分发育，管网系统高度发达，多气源供气，以及完善的法律系统支持，这样买卖双方才能按市场供求选择。贸易双方通常把市场合同与长期合同结合起来使用。

（4）产品分成合同。它是一种石油公司与资源国政府签订的一类上游油气项目合同。石油公司作为投资合作方承担不同比例的勘探、开发和生产费用，作为回报，可以按规定份额获得所生产的油气。

2）合同期

（1）试运转期。自试运转开始日起，至义务承担日的前一日为止，这段时间称为试运转期。试运转期内，双方应尽合理努力供气和购气，协调完成连续运行试验，以测试对方设施运转能力。合同中，买卖双方约定试运转期、试投产计划、连续运行试验程序，试运转开始日视双方设施完工情况确定，但义务承担日固定不变。

（2）义务承担日（起始日）。从该日起卖方履行合同供气义务，买方履行合同购气义务。如果任一方未能履行供气或购气义务，从该日起按违约处罚。如果一方逾期未投产超过约定期限，另一方有权终止合同，但不影响已发生的合同供气或购气义务。

（3）交付提取期。自起始日开始的卖方销售和交付且买方支付和提取天然气的期间。该期间包含了稳产期和递减期。

（4）稳产期。稳产期（包括投产初的渐增期）自义务承担日起，至递减开始日的前一日为止。稳产期内，卖方有义务按买方日指定量供气，买方有义务按净照付不议量付款。当卖方供气能力预计不能满足合同关于稳产期要求时，卖方需提前通知买方，经买方同意，按合同规定，设定开始递减之日。

（5）渐增期。自义务承担日至供气达到高峰稳定产量的期间称为渐增期。合同中设定渐增期，主要是由于气田开发有渐增期的过程；另外，由于用户用气项目是分期投产建设或改造的，其用气量是逐渐增加的。

（6）递减期。递减期是指自递减期开始日起，至合同终止日为止。在递减期内，按程序确定递减期各年的日合同量，以此为基础确定卖方供气和买方购气义务。

（7）合同期。合同期是指自合同生效之日起，至交付提取期结束时为止。合同期终止，不影响各方已发生的合同义务。

3）合同气量

（1）日合同气量。它是指交付和提取的年度平均日天然气量。日合同量是合同的基础量。

（2）最大日合同气量。它是日合同气量的倍数，该倍数由合同双方约定，即

$$最大日合同量 = 日合同量 \times K（合同约定系数）$$

任一日，买方提取气量不大于最大日合同气量。

（3）年合同气量。它是任一合同年内交付和提取的天然气年度合同量，即

$$年合同气量 = 日合同量 \times 365 天（或闰年 366 天）$$

年合同气用于计算年照付不议量。

（4）最大年合同气量。它是任一合同年内交付和提取的天然气最大年度气量，即

$$最大年合同气量 = 年合同量 + 该合同年开始时的补提余额量$$

（5）小时合同气量。它是指交付和提取的年度平均小时天然气量，即

$$小时合同气量 = 日合同气量/24h$$

（6）最大小时合同气量。它是指任一小时内交付和提取的天然气最大气

量，是小时合同气量的倍数，该倍数由合同双方约定，即

$$最大小时合同量 = 小时合同量 \times K（合同约定系数）$$

但连续24h，买方提取气量不能大于最大日合同气量。

（7）指定程序。合同双方为实现交付和提取的需要而指定的工作程序，要求买方对年、季、月、周、日的期望提取量进行指定，并以最后修订的计划为准，日指定将作为最终的双方都负有义务的提取量。

4）天然气质量规格

（1）天然气的质量规格是指合同中约定的天然气的质量规格。质量规格应遵照我国和国际有关技术标准，结合气田实际情况，符合用户使用实际要求。国内天然气贸易的质量规格一般参照GB 17820—1999《天然气》中的标准。在该标准中，天然气按硫和二氧化碳含量分为一类、二类和三类天然气。一类、二类天然气主要用做民用燃料，三类天然气主要用做工业原料或燃料。

燃料型用户一般着重于考虑热值、沃泊指数、总硫、水露点和烃露点范围，以及交付温度和交付压力；燃气轮机用户，还需要限定气体中固体颗粒和金属含量；原料型用户所需的天然气质量规格，除燃料型有关质量规格外，还需要约定主要气体组分摩尔百分比范围。

（2）不合格气。不符合合同中约定的质量规格的天然气称为不合格气。

如果卖方交付不合格气，买方应尽合理努力使用，该天然气的商品价应双方协商决定；如果不合格气严重影响买方设施安全、增加买方设施运行经济负担或者违反环保标准，买方有权拒收不合格气，并且按照卖方违约短缺交付天然气处置；如果买方接收未知不合格气造成的损失，卖方负责赔偿买方的直接损失，但不包括间接和后果性损失。

5）照付不议

（1）照付不议。卖方承诺长期稳定交付和销售天然气；买方承诺长期稳定提取天然气和支付气款；如果买方未能提取已承诺购气量，也应按合同规定的净照付不议气量支付气款，但买方已付款未提取气量，可在以后首先提取了当年的净照付不议气量之后，免费补提。

国际贸易合同中，买方有权对气田储量和上游设施可靠性进行初始确认以及投产后定期确认，包括独立第三方的确认；卖方有权对用气项目可行性和买方支付能力进行确认，以便双方决定是否进入或修改合同。

天然气项目上下游投资巨大，卖方要求市场稳定，买方要求资源稳定，融资机构要求项目现金流可靠。作为天然气合同基本条款的照付不议条款，目标是：平等处置买卖双方的权利和风险，确保项目经济性和贷款还本付息，保障卖方、买方和融资机构三方面的利益，促进天然气资源勘探、下游利用项目开拓和上下游项目同步建设。

照付不议条款广泛适用于国际天然气贸易。我国实施的第一个照付不议合同是崖 13－1 天然气项目，该合同于 1992 年签署。1998 年向上海供气的东海平湖天然气项目也采用了照付不议合同。

（2）年照付不议量。按年合同量乘以照付不议系数计算，即

$$年照付不议量 = 年合同量 \times 照付不议系数$$

其中照付不议通常按年结算。

（3）照付不议系数。它是一个年合同气量的折减系数，由双方商定在合同中明确，用于计算年照付不议量。一般该系数范围为 80%～100%，多数情况下为 90%。

（4）净照付不议量。该数量等于该合同年的照付不议量减去卖方短缺交付、买方拒收的不合格气和买方不可抗力造成等扣除量的余额。

如果买方在任一合同年中，实际提取的天然气量小于该合同年的净照付不议量，则买方除向卖方按实际提取量支付气款外，还应按规定价格向卖方支付该合同年实际提取量与净照付不议量差额气量的气款。

6）结算和付款

（1）结算周期。买卖双方每间隔一定的时间段进行气款的结算，该时间段称为结算周期。通常对于低于净照付不议量的差额气量按年结算，但对于商品价款、违约气款等的结算周期没有固定模式，需要合同双方商定。

（2）基础利率。它是指合同中规定用于计算未按期支付气款的利息。基础利率既适用于买方欠款，也适用于卖方欠款。如属于故意违约欠款，基础利率之上还要另加百分点。

国内天然气购销合同中，基础利率一般采用同期中国人民银行利率。

（3）受托银行。它是指卖方在任何时候书面通知买方的银行。

7）计量

（1）计量标准。国内天然气流量计量按中华人民共和国石油天然气现行计量标准执行。天然气贸易中对天然气的计量都以卖方设施为准，但买方可以自费安装和维护核查设施。天然气计量包括销售和提取的天然气的体积和热量的计量。

（2）标准状态。国内天然气计量的标准状态指温度为 20℃（293. 15K），绝对压力为 101. 325kPa（一个标准大气压）。国际上部分国家惯用的标准状态指温度为 15. 56℃，绝对压力为 101. 325kPa（一个标准大气压）。

8）不可抗力

（1）不可抗力是指一方作为合理谨慎的作业者所不能控制、不能避免或不能克服的事件或情况。

在合同中应约定发生不可抗力的通知和核查程序。一方因不可抗力未能履行其合同义务，在一定条件下，应予免除责任。一般这些条件是：该方按规定程序迅速通知另一方，并让另一方代表进入现场核查；该方按合理谨慎的作业者标准努力采取措施减少不可抗力损失；仅在因不可抗力未能履行其合同义务的程度内免除责任，不包括到期应付款的支付责任；如果该方未能履行其合同义务，系因与该方有合同关系的第三方不可抗力所影响，则第三方同样遵照上述条件，如同本合同一方。

通常，正常的交易风险，如市场价格变动、费用增加、无力偿还贷款等均属于当事人订立合同时应考虑到的风险，均不能作为不可抗力事故的原因而免除履约的责任。

（2）合理谨慎的作业者。意指在其履行合同义务中所运用的技能、勤勉、谨慎和预见程度，与有技能和经验的作业者，在相同或类似条件下履行同类义务，通常合理期望运用的上述行为和程度相同者。

9）其他主要条款

（1）交付点。买卖双方进行交付和提取天然气的地点，即天然气所有权和风险转移点。在交付点前，对卖方征收的所有税费由卖方承担；在交付点之后，对买方征收的所有税费由买方承担。

（2）交付压力（供气压力）。指卖方应达到的在交付点计量器出口法兰的压力，单位是兆帕（MPa）。

（3）管输气损耗。进入天然气管网的总输入量与总交货量之间的差额。通常，损耗由未计天然气（UAG，因泄漏和计量误差造成）和用做压缩机燃料的自用天然气组成。

关于管输损耗的处理不存在统一规定，国外很多合同只规定交气点气价，卖方所有成本都在其中，不另算管输损耗。

在我国根据现行《原油、天然气和稳定轻烃销售交接计量管理规定》："管输损耗为0.35%，其费用由买方承担"。此输气损耗量不能重复计算。输气损耗量的计算公式为：

$$输气损耗量 = 实际供气量 \times 0.35\%$$

10）产品分成

（1）签字定金和生产定金。有时需要为谈判成功和合同签字支付现金定金，由此构成了签字费条款。虽然现金支付最常见，但也可以用设备或技术来支付定金。并非所有的产量分成合同都有定金要求，而且在有定金条款的合同中，变化也很多。

当特定合同区或油气田的产量达到一定水平或累计产量达到某一数值时，需要支付生产定金。

（2）成本油、成本气。它是指承包公司在总收入中用于回收勘探、开发和经营成本的石油、天然气（或收益）。

多数产量分成合同都对承包公司的成本回收数量有一定限制，但对于尚未回收的成本，允许结转到后续年度回收。成本回收的限制或上限一般在30% ~60%之间。

（3）利润油、利润气。扣除矿区使用费和回收成本后的收入可以称为利润油、利润气。

3. 天然气贸易计量

天然气作为商品交接时必须进行计量。天然气流量计量的结果值可以是体积流量、质量流量和能量（热值）流量。其中，体积计量是天然气各种流量计量的基础。此外，涉及天然气质量要求的一些性质也与体积计量（如密度、热值、硫化氢含量等）有关。

天然气的体积具有压缩性，随温度、压力条件而变。为了便于比较和计算，必须把不同压力、温度下的天然气体积折算成相同压力、温度下的体积。或者说，均以此相同压力、温度下的体积单位（工程上通常是 $1m^3$）作为天然气体积的计量单位，此压力、温度条件称为标准参比条件，一般也称标准状态条件。

1）标准状态的压力、温度条件

目前，国内外采用的标准状态的压力和温度条件并不统一。一种是采用0℃和101.325kPa 作为天然气体积计量的标准状态条件，在此状态条件计量的 $1m^3$ 天然气体积称为标准立方米，简称 1 标方。我国以往写成 $1Nm^3$，目前写成 $1m^3$。另一种是采用 20℃或 15.6℃（60 ℉）及 101.325kPa 作为天然气体积计量的标准状态条件。其中，我国石油行业气体体积计量的标准状态条件采用 20℃，英国、美国等国则多采用 15.6℃。为与前一种标准状态区别，我国以往称为基准状态，而将此条件下计量 $1m^3$ 称为 1 基准立方米，简称 1 基方或 1 方，或写成 $1m^3$。英国、美国等国通常写成 $1Stdm^3$ 或 $1m^3$。

由于这两种标准状态条件下天然气的计量单位我国目前均写为 $1m^3$，为便于区别，故本书将前者写成 $1m^3$（N），后者写成 $1m^3$，而对采用 15.6℃及

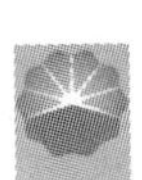

101.325kPa 计量的 $1m^3$ 写成 $1m^3$（GPA）。当气体质量相同时，它们的关系是：

$$1m^3 = 0.985m^3 \text{（GPA）} = 0.932m^3 \text{（N）}$$

2）我国采用的天然气体积计量条件

目前，国内天然气生产、经营管理及使用部门采用的天然气体积计量条件也不统一。因此，在计量商品天然气体积时要特别注意所采用的体积计量条件。

我国石油行业采用的标准状态条件为20℃、101.325kPa。例如，在GB 17820—1999《天然气》中均注明所采用的天然气体积单位“m^3”为20℃、101.325kPa条件下的体积。

我国城镇燃气（包括天然气）设计、经营管理部门通常则采用0℃、101.325kPa为标准状态条件。例如，在GB 50028—2006《城镇燃气设计规范》中注明燃气体积流量计量条件为0℃、101.325kPa。

随着我国天然气工业的迅速发展，目前国内已有越来越多的城镇采用天然气作为民用燃料。对于民用（居民及公共建筑）用户，通常采用隔膜式或罗茨式气表计量天然气体积流量。此时的体积计量条件则为用户气表安装处的大气温度与压力，一般不再进行温度、压力校正。

由此可见，我国天然气生产、经营管理及使用部门的天然气体积计量条件是不同的。此外，凡涉及天然气体积计量的一些性质（如密度、热值、硫化氢含量等）均有同样情况存在，请务必注意其体积计量条件。

第三节　气田特点和地面工程概况

一、气田类型及特点

对气田的分类，目前并没有统一的标准。中国石油为开展气田地面工程标准化设计工作，建立各气田统一、科学、适用的地面工程标准化设计体系，根据气藏和气质不同，综合考虑各种因素，从突出体现其对地面工程工艺模式的影响方面，把气田分为非酸性气田、酸性气田、凝析气田、低产低渗气田、火山岩气田。气田分类及主要特点见表1-3-1。

表 1-3-1　气田分类

分　类	主要特点
非酸性气田	非酸性气田中 H_2S 和 CO_2 等含量甚微或不含有，对集输系统腐蚀性小。如克拉 2 气田、青海涩北气田、长庆榆林气田等
酸性气田	天然气中 H_2S 和 CO_2 等含量超过有关质量指标要求，需经脱除才能符合管输商品气的气质要求。酸气气田具有对集输系统腐蚀性强，天然气处理工艺复杂，投资和操作费用高等特点。如长庆靖边气田、西南龙岗、罗家寨等酸性气田
凝析气田	凝析气藏的气体中含有戊烷以上的重碳氢化合物较多，开采方式主要有衰竭式开采、循环注气开采来保持压力两种方式。如牙哈凝析气田、英买凝析气田等
低产低渗气田	低产低渗气田一般具有生产压力低、单井产量低、递减速度快，稳产能力差、生产成本高等特点。如长庆苏里格气田
火山岩气田	火山岩气田具有 CO_2 含量高，腐蚀性强、压力递减快、气井分布不均等特点。如吉林长深气田、大庆徐深气田等。单井产能变化大，递减速度快

二、气田地面工程建设概况

气田地面工程是一个庞大的系统工程，是气田开发工程的主要组成部分之一，对气田的开发生产发挥着极其重要的作用：

（1）实施气田产能建设目标；

（2）体现气田开发技术水平；

（3）录取气田开发生产数据；

（4）促进气田安全高效生产；

（5）实现油气产品达标外销；

（6）采出水回注、达标排放。

中国石油气田地面生产系统经过近半个世纪的不断发展和完善，地面工程经历了从无到有、从简单到完善配套的发展过程，截止到 2009 年底，中国石油所属 13 个油气田地面工程系统目前已建成 34 座天然气处理厂，天然气处理能力为 $791\times10^8m^3/a$，为保证天然气生产任务的完成发挥了重要作用。

经过多年建设，中国石油形成了以西南气田、塔里木气田、长庆气田、青海气田为代表的四大气区。

1. 西南气区

四川盆地是我国最早开发和利用天然气的地区，经过半个多世纪的建设，

在盆地形成了重庆、蜀南、川中、川西北、川东北五个油气区，已开发气田108个，含气构造29个；建设形成了采、集、输、净化为一体的地面配套系统；天然气集输、净化等多项技术处于国内领先水平。

气田集气工艺、天然气处理方式呈现多样性。西南气田主要采用了常温集气工艺和低温集气工艺：布站方式采用单井集气、多集集气及丛式井组等多种方式，集气管线输送方式有湿气输送、干气输送方式。

我国酸性气田主要集中在西南气区。经过半个世纪的努力，通过科研、设计、建设和生产管理等各个环节的不断总结和引进、消化、吸收国外先进工艺技术，已较为系统地掌握了天然气的净化处理方法，如各种胺法脱硫、常规克劳斯及低温克劳斯硫回收等已形成了较完善的体系，积累了宝贵的经验。

天然气脱硫脱碳技术主要采用了胺法和砜胺法；硫黄回收采用克劳斯、低温克劳斯、超级克劳斯、Clinsulf－SDP、Clinsulf－Do、液相直接氧化法Lo－cat等方法；尾气处理技术采用SCOT法；硫黄成型采用转筒结片和钢带造粒方法。

2. 塔里木气区

截至2009年底，塔里木盆地共发现气田15个、气藏19个。塔里木油田投产有柯克亚、牙哈、克拉2、吉拉克、吉南4、桑南东、英买力、和田河、阿克莫木、迪那等10个气田或凝析气田。建成了以轮南西气东输外输首站为中心，以库车盆地的克拉2为天然气主力生产基地为核心，辅以塔北的英买力、塔中的桑吉、塔中6等凝析气田，建成了一个集天然气处理、净化、外输于一体的庞大的天然气产能体系，累计建成天然气生产能力$127.99\times10^8m^3$，有力地保障了西气东输的平稳运行，消除了下游用户对气源的各种担忧，为我国经济建设作出了巨大贡献。

塔里木气田的多起伏沙漠地形长距离油气混输技术、超高压凝析气田集气技术、超高压凝析气田循环注气技术与凝析气的集输处理技术、沙漠油田自动控制及安全保护技术、燃气发电与孤网供配电技术等多项技术处于国内领先水平或国际先进水平。

克拉2气田地面工程建设规模为$107\times10^8m^3/a$，克拉2气田内部集输采用单井、高压、常温、气液混输工艺技术，其集气管网均采用22Cr双相不锈钢材质。集气支线管径为ϕ323.9mm，集气干线管径为ϕ508mm，集气管线总长度达到12.5km。

到目前为止，克拉2中央处理厂仍然是我国建设的最大的天然气处理厂。

克拉2中央处理厂工程包括6套集气装置、6套生产能力为$500\times10^4m^3/d$的脱水脱烃装置、1套生产能力为$3.65\times10^4t/a$的凝析油稳定装置以及乙二醇再生及注醇装置、输气首站、火炬及放空系统、凝析油罐区及装车设施、燃料气系统、空气氮气站等配套设施。

迪那2气田是我国目前规模最大的整装凝析气田，具有异常高温高压的特点，天然气中CO_2及Cl^-腐蚀性强。

迪那2气田内部集输工程设计规模为年产气$40\times10^8m^3$、年产油31.98×10^4t。气田采用单井集气、枝状集气管网流程，超高压气液混输工艺技术，集气支线采用双金属复合管，集气干线在碳钢+缓蚀剂，各种规格的集气支干线总长达到86km。集气系统运行压力高达14.2MPa，设计压力达到15MPa，气田集气管线建成后将成为目前国内凝析气田运行压力最高、管径最大的长距离气液混输管道。

迪那2油气处理厂设计规模为年处理天然气$50.0\times10^8m^3$，包括4套生产能力为$400\times10^4m^3/d$的脱水脱烃装置，2套生产能力为458t/d的凝析油稳定装置，2套生产能力为593t/d的轻烃回收装置及相应配套设施。

3. 长庆气区

长庆气田所在的鄂尔多斯盆地横跨陕、甘、宁、内蒙古、晋五省（区），是中国第二大沉积盆地，蕴藏着丰富的石油和天然气资源，是陕京线、陕京二线和西气东输的主供气源之一。

长庆气田经过10多年的滚动开发和建设，形成了以靖边模式、榆林模式和苏里格模式为代表的气田地面集输工艺技术。

1）靖边模式的技术特点

靖边气田的储层特点是低渗透、低丰度、中低产；气质特点是H_2S平均含量为$1125mg/m^3$，CO_2平均含量在4.3%左右。针对靖边气田地面建设的特点，从优化集气半径、净化工艺、集输管网、管材选择等考虑，主要采用多井集气、多井注醇、多井加热工艺、集中净化工艺。

2）榆林模式的技术特点

榆林气田的储层特点是低渗透、低丰度、中低产；气质特点是天然气中微含酸性气体，产少量凝析油，H_2S平均含量为$11.87mg/m^3$，CO_2平均含量在2.01%左右。

榆林气田充分借鉴了靖边气田的高压集气工艺，针对气田天然气中的H_2S和CO_2含量少，但天然气中含有一定量的C_6^+重组分的特点，在传统的低温分离技术基础上发展和创新了低温分离工艺，实现对烃、水露点同时控制，

形成了具有榆林气田特色的“节流制冷、低温分离、高效聚结、精细控制”主体低温工艺集输技术。

3）苏里格模式的技术特点

苏里格气田的气藏多为低孔、低渗、致密天然气藏，具有低压、低丰度等特点，地质情况复杂，非均质性强；单井产量低、压力递减速度快，稳产能力差，开发建设难度大。苏里格气田天然气组分中甲烷含量普遍较高，平均在90%以上；不含或微含 H_2S。

面对气田“三低”的特点，经过大量的现场试验和摸索形成了“井下节流，井口不加热、不注醇，中低压集气，带液计量，井间串接，常温分离，二级增压，集中处理”的总体工艺流程。

4. 青海气区

青海油气田的主要勘探开发领域位于柴达木盆地。该盆地是我国地势最高的内陆大盆地，气田工作区平均海拔高度为2700～3000m，气候十分干燥，空气中氧气含量仅为内地的70%，是国内自然条件最艰苦的油气田。主力气田是涩北气田，包括涩北一号、涩北二号、台南气田。

涩北气田在全国已知的气田中具有明显的优势：其一，天然气性质好，天然气的甲烷含量达到了99%；其二，H_2S 含量小于1mg/L；其三，丰度高，丰度达到了 $19 \times 10^8 m^3/km^2$，可连片开发；其四，埋藏浅，气层主要集中在1000m至1500m。

气田集气主要采用多井加热炉加热节流、选井计量的集气工艺。气田所产天然气的甲烷含量高达99%以上，不含 H_2S 和 CO_2，因此只需进行脱水即可满足外输要求。整体橇装式全自动三甘醇脱水装置应用成熟。

第四节　气田地面工程技术现状及发展趋势

一、气田地面工程技术现状

我国天然气工业经过近50年的历程，特别是“十五”和“十一五”期间，气田地面工程技术得到了不断发展，基本适应了气田开发的需要，满足了生产的要求，形成了多种具有我国特色的工艺技术模式。可以说，每一时期气田开发生产的重大发展都伴随着地面工程新工艺、新技术的突破和应用。中国石油天然气股份有限公司（以下简称股份公司）所属各气田在引进、消化、吸收国内外先进技术的基础上，使一批成熟、可靠的新工艺、新技术、新材料、新设备在各气田得到广泛应用，促进了地面工艺流程的优化和技术的发展。气田地面工程的技术成果主要体现在以下十大技术系列。

1. 天然气高压集输技术

近年来，随着我国天然气工业的迅猛发展，陆续开发了一大批新的工况条件、介质条件各异的气田。为了高效、安全、科学地开发这些不同类型的气田，作为气田地面建设关键技术的集输工艺取得了长足的进步，达到了国际水平。

“十一五”期间，股份公司陆续开发了一批高压气田，为充分利用气藏压力能，简化后续工艺、节省投资，多采用高压集输技术。

为保证集输系统的安全运行，高压集输对集输工艺、设备和材质提出了更高的要求。新技术、新工艺、新设备、高强度、抗酸性管材的应用、自动化水平的提高，为气田的高压集输提供了技术和安全保障。

克拉 2 气田的投产，标志着我国大型整装气田地面建设水平已达到国际水平。

克拉 2 气田具有异常高压、高产、高温的特点，气田共有 10 口生产井，日产天然气 $3000\times10^4m^3$，单井日产量高达（300～400） $\times10^4m^3$，相当于国内一个中型气田；井口流动压力为 54～58MPa，流动温度为 70～85℃。

针对克拉 2 气田异常高压、高产、高温的特点，克拉 2 气田集输工艺具有以下特点：

（1）充分利用气藏压力能，采用高压集气、连续计量、气液混输的集气工艺，气管网运行压力 12～13MPa；

（2）采用段塞流捕集器等先进的工艺设备，简化井口流程，降低工程投资；

（3）克拉 2 至轮南输气管道管径 ϕ1016mm，设计压力 10MPa，采用 X70 管材，开创国内气田建设先河；

（4）集气管网布置综合考虑了井位分布、中央处理厂选址、外输天然气流向等因素，经济合理，可靠性高。

（5）整个气田建设大型 SCADA 系统和光纤传输系统，对生产全过程进行监控、管理、调度、操作及安全保护，实现了井口、集配气总站、处理厂内各装置无人值守，定期巡检的高水平和高可靠性的管理，并设置了完善可靠

的紧急切断（ESD）系统，确保气田安全。

长庆气田形成了以靖边气田和榆林气田为主的天然气生产基地。

靖边气田天然气单井日产量较低，平均为 $4.2\times10^4m^3$；井口压力高达25MPa、H_2S 平均含量为691mg/m^3，CO_2 含量为5.3%。

针对靖边气田高压、含硫的特点，集输系统采用“高压集气、集中注醇、多井加热、小站脱水、集中净化”的工艺流程。集气半径一般控制在6km以内，采用多井高压集气工艺使布站简化，集气站数量大大减少，降低了工程投资。

榆林气田井口压力为22MPa，针对天然气中 H_2S 和 CO_2 含量低、含有凝析油（重组分中含有 $C_6\sim C_{17}$）的特点，充分利用气藏压力能，采用“高压集气、节流制冷、低温分离”的工艺流程，实现对烃水露点同时控制，既可降低工程投资，又可减少运行费用。

青海涩北气田地面工艺建设采用的是高压采气、井口注醇、站内节流、低温分离、集中脱水、集中外输的总工艺流程，集输压力为8～14MPa。

2. 高含硫、高碳硫比天然气集输、净化技术

1）高含硫天然气输送技术

含硫集气管线采用湿气和干气输送两种工艺方案。常规的湿气输送方案是在井口和管内加注缓蚀剂以减缓腐蚀。在集气系统常采用向天然气中注入甲醇或乙二醇等水合物抑制剂以及采用水套炉加热等方法以防止水合物生成方案。管材多采用无缝管和UOE直缝管。

含硫天然气干气输送是对含硫天然气，在气田内部进行脱水达到干气输送，防止电化学腐蚀和减少 H_2S 应力腐蚀开裂对输气管道的影响，确保管道的安全运行，提高管输效率。

沙坪场气田的含硫湿气采用三甘醇（TEG）作为脱水剂进行脱水，实行了干气输送。大天池构造带由于在讲治集中建脱水装置，讲治至长寿净化厂全长167.4km的原料气管道实现了含硫干气输送。大天池构造带南雅—讲治酸性原料气管道，采用了X52、管径 ϕ406mm 无缝钢管。

2）高含硫、高碳硫比天然气净化技术

通过几十年的自主研发、引进、消化和吸收国外先进技术，国内已掌握了比较完善的天然气净化技术，胺法、干法脱硫工艺日益成熟，能满足国内绝大多数气田的开发。

国内运行的装置中，脱硫工艺有MDEA法、Sulfinol－M法、Sulfinol－D法、固体脱硫法和直接氧化法等；硫黄回收工艺有常规克劳斯工艺、低温克

劳斯工艺、超级克劳斯工艺、Clinsulf－SDP 和 Lo－cat 工艺等；尾气处理工艺有 SCOT、串级 SCOT，个别炼油厂采用了 HCR 和 RAR 工艺。这些工艺，除个别专利技术外，国内已基本掌握。

西南气田是国内含硫量最高的气田。新近开发和建设的气田不但含硫量高，而且富含 CO_2 和有机硫，腐蚀条件更加苛刻。正在建设的罗家寨气田天然气中 H_2S 含量为9.5%～11.5%，CO_2 含量为7%～8%；即将开发的铁山坡气田 H_2S 含量为15%，有机硫含量为530mg/m^3，CO_2 含量为5.3%；渡口河 H_2S 含量高达17%。

目前，国内规模最大的脱硫、脱碳净化厂是长庆气田第一净化厂，净化能力为 $39.6\times10^8m^3/a$，天然气中 H_2S 含量为300～500mg/m^3，CO_2 含量为4.3%；配套建成了日处理酸气为 $27\times10^4m^3$ 的硫黄回收装置。

长庆气田第一净化厂，采用了常规 MDEA 湿法脱硫脱碳工艺，随着气田的开发，为了适应天然气中 H_2S、CO_2 含量上升的变化，满足净化气气质指标，对净化工艺和溶液进行了优化改进。2003 年进行扩建时，根据现场具体情况采用了 MDEA 混合溶液（45% MDEA＋5% DEA）脱硫脱碳，深度脱出 CO_2，通过对装置的验收测试，净化气 H_2S 含量为5mg/m^3、CO_2 含量为1.2%（体积分数）以下，与原已建装置净化气混合后，CO_2 综合含量达到3%以下。

长庆气田第三净化厂原料气中 H_2S 含量为300～400mg/m^3，CO_2 含量为5.5%；针对原料气高碳硫比的特点，首次引进了 MDEA 配方溶液来脱硫脱碳，它以 MDEA 为主，复配有其他醇胺、缓蚀剂和促进剂等化学剂，可以控制溶液与 H_2S、CO_2 的反应速度与程度，通过对长庆气田第三净化厂的验收测试，净化气中 H_2S 含量为6mg/m^3、CO_2 含量为2.9%（体积分数）以下。

3. 低产、低渗气田集输技术

低渗气田具有单井产量低、递减速度快等特点。苏里格气田是国内“三低”气田的代表，具有低压、低渗、低丰度的特点，平均单井日产量低约为 $1.0\times10^4m^3$ 左右，气井寿命期短、压力下降快。对于这种气田，简化井口设施是降低工程投资的一项重要措施。气田井口采用井下节流，不加热、不注醇，中低压集气，带液计量，井间串接，因而不需供电、供水、通信、自控等配套设施，可最大限度简化井口设施，将井口的天然气直接经采气管线送至集气站。

采用井下节流工艺，一方面降低了井筒压力，另一方面可利用地层温度对气体加热，使节流后气体温度基本能恢复到节流前温度，防止了井筒和井

口管线中水合物的生成。井口压力降低后，集输系统压力随之降低，注入的甲醇量也大幅度减少。

对于苏里格气田这样的气田，井数多、井距小、单井产量低，为简化采气系统，采用井间串接管网，通过采气管线把相邻的几口气井串接到采气干管，几口井的来气在采气干管中汇合后进入集气站。一般串接的气井井数为6～8口，集气站辖井数量为50～70口，优化了管网布置，缩短了采气管线长度，增加了集气站辖井数量，降低了管网投资，提高了采气管网对气田滚动开发的适应性。

4. 天然气脱水技术

目前，可用于天然气脱水的方法有多种，如溶剂吸收法、固体吸收法、直接冷冻法、化学反应法等。

国内天然气脱水普遍采用了三甘醇法；深度脱水采用分子筛脱水装置、硅胶-分子筛复合床天然气脱水装置。国内采用的三甘醇脱水工艺，干气含水量和三甘醇消耗量等指标与引进装置相当，设备国产化日益提高。

长庆气田开发的橇装三甘醇脱水装置，处理能力为$(10\sim150)\times10^4m^3/d$，天然气水露点降到－13℃以下，集加热、脱水、溶剂再生、计量于一体，采用气动仪表控制基本实现了自动化。

青海气田、塔里木桑南油气处理厂、克拉2第二处理厂等均采用三甘醇脱水工艺。

5. 天然气凝液回收技术

国内天然气凝液回收技术较为成熟，通常采用的工艺有吸附法、油吸收法和冷凝法。国内近年来已建成的轻烃回收装置，大多采用冷凝法分离工艺。天然气的冷凝分离按制冷工艺分类主要有冷剂制冷、J－T（焦耳-汤姆森）节流膨胀制冷、透平膨胀机制冷等。冷剂制冷法包括单一冷剂制冷、复叠式制冷、混合冷剂制冷。单一冷剂制冷和J－T节流膨胀制冷只能达到较浅的制冷深度，一般为－20～－40℃，通常用于以控制外输气露点为主，并同时回收部分轻烃凝液的装置。透平膨胀机制冷、复叠制冷、混合冷剂制冷的制冷深度较高，轻烃回收率高，适合于深冷以回收轻烃为主的场合。

6. 高压凝析气集输与处理技术

目前，国内已投产的大型凝析气田主要有塔里木的桑南、牙哈、吉拉克、英买力、迪那凝析气田，总处理能力$2885\times10^4m^3/d$。超高压凝析大型气田集气技术、超高压凝析气及凝析油处理技术、超高压凝析气田循环注气技术已达到国际先进水平。

国内第一个采用循环注气保持地层压力开发的整装凝析气田是牙哈凝析气田，其油藏流体类型复杂、埋藏深（5000m 以上）、地层压力为 55MPa，是特殊类型的油气藏。其工况复杂，单井产量高（$20\times10^4m^3$ 以上）、井口压力高达 30～32MPa、水合物生成温度高（20℃）、凝析油含量高（$550g/m^3$）、凝析油含蜡高（9%）、凝析油凝点达 16.2～20℃，开发难度大、技术含量高。

地面工艺系统工艺复杂，几乎囊括了气田所有的处理工艺，如轻烃回收、凝析油稳定、乙二醇防冻、高压集注气、循环注气、产品储运装车、污水处理、导热油供热等，是国内外少有的工程。

1）高压注气工艺技术

循环注气系统是采用保持地层压力方法开发凝析气田，合理确定布站是其中一个重要的环节。牙哈凝析气田采用集中布站，在注气站，由集中处理站 J－T 阀节流后的天然气经注气压缩机增压至 52MPa，再经计量分配阀组分配、计量后由井站注气管网回注至各注气站，注气规模为 $300\times10^4m^3/d$，最大注气半径为 7.5km。

2）高压凝析气集输技术

牙哈凝析气田在井口压力高、温度高、凝析油凝析点高和水合物生成温度高的条件下，采用高压常温集输工艺，一级布站、单管常温注醇，系统设计压力高达 25MPa，操作压力为 18MPa。

对高压凝析气集输过程中是否产生产段塞流态进行了分析：从高压凝析油气集输流态分析、段塞流产生机理入手，确定设计方案的物理模型、国内首次开发模拟软件，判断段塞流的产生，并计算下游的段塞流捕集器的设置和分离器规格。

3）凝析气处理工艺技术

油气冷量、热量采用梯级利用回收；凝析气处理采用高压注醇、J－T 阀节流制冷技术，使干天然气回注，回收轻烃。凝析油采用多级闪蒸提馏稳定工艺。

7. 气田水处理技术

气田水处理工艺主要有气田水处理达标后外排和回注两种方式。在产水量大、运输交通不便、气田附近无合适的回注井情况下，常采用气田水处理达标排放方式。其主要针对水中的硫化物、COD 特征污染物等用污水处理装置就地进行处理，达到国家外排标准后排放。

气田水回注工艺是气田水经污水处理装置进行脱除杂质和固体悬浮物等处理合格后，通过回注管线和回注泵进行回注。近年来通过技术进步，改变了过去那种简单沉降回注水处理，使气田水在回注前得到除尘、除油、除臭等处理，改善了回注水质，同时也降低了回注压力。西南气田多采用气田水回注处理工艺。

随着安全、环保要求的日益提高，对于气田水处理过程中产生的含醇污水，还需进一步处理。

长庆气田在净化厂内配套建设甲醇集中回收装置，首次利用了污水中含有的铁离子作为水质处理混凝剂的技术；开发了适应进料含醇量大幅度变化的“单塔精馏”自动控制技术；创建了现场甲醇快速测定方法。处理后污水中甲醇含量小于0.02%（质量分数）。

8. 气田自控技术

由控制中心（MCC）、站控系统（SCS）、远程终端（RTU）三级控制的SCADA系统，实现了天然气生产数据的自动采集、传输、监视以及主要回路远程控制，提高了数据采集的及时性和准确性，各项操作实现了自动化，减少了员工的劳动强度。

高压、高产、高酸性气井井口分别设置井口RTU，用于井口数据管理及安全保护；在集气站设置站控系统，用于站场工艺数据采集、控制及生产安全保护；净化厂设置DCS系统，用于全厂工艺数据采集、控制、安全联锁保护及生产管理；在作业区设置SCADA控制中心，用于采集各井场、集气站及净化厂的生产数据，进行集中监控和管理。

应用SCADA系统在生产中取得了显著的技术经济效果。

1）提高了天然气采输工艺水平

通过SCADA系统，实现了单井集气站、输气站、脱水站等设定点的压力、温度、物位（液位、阀位、电位、可燃气体泄漏等）的数据自动采集和传输；实现了天然气采集、输送、脱水、调压、分输等过程的自动控制；确保了天然气生产过程的平稳运行。

2）确保了安全，减少了事故

通过设置安全切断系统，确保了高压生产气井的安全，保护了井场、集气站、净化厂设备，减少了设备损坏或停产等事故。

3）提高效率，减轻了员工的劳动强度

应用SCADA系统，可减少员工的劳动强度，减少了人员，降低了成本，提高了效率，提高了数据的准确性。

4）增强了预见性，提高了决策的可靠性

通过SCADA系统监视功能，可及时发现天然气采输系统，以及净化厂或下游用户的异常情况，并根据管线压力及时组织调整产量，减少因为管线超压放空或因管线压力不足减少用户气量等方面的损失。

西南大天池气田、龙岗气田，塔里木克拉2气田，长庆榆林气田、靖边气田等均采用了SCADA系统。

9. 气田防腐技术

腐蚀与防护工程已形成了一套基本满足我国天然气工业需要的技术。管道外防腐层形成了多项应用技术，已研制开发出了从沥青玻璃布到三层PE防腐结构近10种以上及各类防腐涂料几十种；阴极保护技术也得到了广泛的应用。对含硫、含CO_2管线加注缓蚀剂，延缓管道内腐蚀。

开发了多种旧管线修复技术，解决了在用老管线延长使用寿命的问题。含硫气田防腐形成系列技术，开发了抗硫专用管材、抗硫采气井口装置。

10. 地面集输管网监测、检测及评价系列技术

为了提高地面系统运行的安全可靠性，适应天然气生产发展的需要。通过引进技术，开展了对地面集输系统的恶化监测、检测及评价技术的系列研究，基本形成了以“在线腐蚀监测”、“在线气质监测”、“智能清管检测”、“防腐涂层检测及阴极保护效果评价”、“在役管网系统完整性评价”等系列配套技术，并在生产中开始应用并推广。研制成功了国内第一套CMA－1000腐蚀监测系统，在川西北气矿和重庆气矿得到了应用，增强了管网的平稳运行能力和安全可靠程度。

二、气田地面工程技术发展趋势

1. 对安全生产和环境保护技术的重视不断加强

1）本质安全的意识逐渐增强

在实现科学发展、构建和谐两大主题的指导下，国家对工程建设项目的环保、安全要求越来越高，环境保护法规也越来越严格，以及社会公众的安全生产、环境保护、以人为本、本质安全的意识也在逐渐增强。国家不断强化对工业生产安全和与工业生产有关的环境保护的监督和管理，社会舆论对这两方面的监督作用也日益增强。依靠技术进步满足安全生产和环境保护要求，已成为现有工业生产能继续进行和取得发展的前提条件。天然气矿场集

输及处理生产，尤其是“三高”气田具有比一般工业生产更高的安全和环境保护风险，提高这两个方面的技术显得特别重要。

2）当前安全生产技术发展的方向

（1）腐蚀防护技术在继续努力增强防护效果和降低防护费用的同时，正在向适应高酸性气田开发需求的方向发展。国内新开发的含硫气田中，部分气田天然气中的 H_2S 含量高达10%以上，且矿场集输的工作压力有增高的趋势，有的已达到15MPa。这使天然气中的 H_2S 分压达到1MPa以上，电化学腐蚀防护面临新的问题，抗硫材质的选择也出现了困难。因为原有国内外技术标准中对金属材料抗硫能力评定给出的各种指导性意见，大多是依据 H_2S 分压不超过1MPa下的实验和生产实践经验提出的，现需要建立新的能适应高 H_2S 分压环境的抗硫材质评定方法和筛选出适用于该环境的缓蚀剂。

研究金属材料在高酸气分压环境中的腐蚀特征和金属材料在这种环境中安全工作的条件；量化各种与 H_2S 腐蚀有关的因素，如湿环境中液相水的pH值、不同酸气间的构成比例和各自的含量等对腐蚀作用强弱程度的影响；准确规定金属材料在不同酸性环境中使用应遵循的制作要求和应力处的热处理状态；研制和筛选出缓蚀效果更好的缓蚀剂并优化注入方案以节省缓蚀费用，这是当前腐蚀防护技术进步的主要着眼点。

（2）改进集输管道压力试验中的强度试验方法，提高管道在生产运行中的安全可靠性。

目前，强度试验压力值是基于验证试验对象能否经受比设计压力高一定幅度（通常是设计压力的1.25～1.5倍）的压力考验来确定的，与设计时选定的强度储备系数值和试验对象在工作时自身实际具有的强度储备水平没有直接的联系。而且管道壁厚是按钢管金属材料的最低屈服极限保证值计算的，新管道投产前又都具有一定的实际壁厚附加量，这两个因素都使压力试验时金属的实际试验应力值比设计计算中的理论预期值更低。以比实际屈服极限低出很多的试验应力对管道做压力试验，不足以使潜在的缺陷在强度试验中充分得到暴露，不利于被试验对象在投产后的长周期安全运行，有的潜在缺陷易于在运行初期就扩展到使管道爆破的程度。新的强度试验压力确定方法认为，应将试验应力提高到接近、甚至达到金属材料实际屈服极限（$0.9\sim1.05\sigma_s$）的程度，便可能在生产运行期间扩展到使管道爆破的缺陷都能在试验中得到充分暴露。这样的高应力强度试验既能使有应力集中现象存在的峰值应力区因金属的局部屈服出现应力的重新分布（均匀化），又能使某些易扩展裂纹在尖角处出现塑变，抑制它的扩展。经过这样的强度试验后，遗留下来的潜在缺陷不易在比试验应力低得多的正常工作应力下扩展到使管道爆破的程度。因此，这种强度试验方法有可能在今后的集输管道强度试验中得到越来越多的应用。准确和及时判定实际屈服现象的出现；如何处理试验管段内金属材料在实际屈服极限值上的差异，运用这种试验方法时将会面临的主要技术难点。

（3）集输管道运行中的安全检测技术。

以连续或间断的方式对集输管道进行安全检测的技术发展得比较快，检测的准确性和可靠程度是技术的关键。这种检测既有利于即时发现安全隐患和保证管道的运行安全，又为评价管道经长期使用后的承压能力和剩余使用寿命提供科学的依据。

目前的连续安全检测主要针对管道各部位的压力、腐蚀速度和天然气所处的干、湿状态；间断检测的项目则是管道的壁厚变化、管壁缺欠和管道在径向上的几何形状变化，间断检测可以人为择点进行人工检测或定期以智能清管的方式来实现。

（4）提高含硫天然气集输及处理生产中的人身安全技术。

集输及处理含硫天然气的管道、设备爆破时，随天然气外泄的 H_2S 可能在大的地域范围内引发 H_2S 人体急性中毒事故，迅速导致人的死亡。提高管道、设备的制作和安装质量以提高它们的安全可靠性；设置分段或分区的事故紧急截断装置以限制事故中的 H_2S 外泄量；为处理事故的工作人员提供与外界环境隔绝的自携式清洁空气呼吸装置，是防中毒技术发展中正在力求完善的3项主要技术。

3）与集输及处理生产有关的环境保护技术的发展方向

减少集输及处理生产中以各种方式进入大气的天然气量；将生产中排放的含硫尾气和生产污水中的大气污染物、水污染物治理到符合环境标准要求的程度并以此为前提尽可能降低用于环境保护的费用，是当前环境保护技术进步的主要着眼点。

提高含硫天然气净化过程中的硫收率一直是环境保护技术进步中刻意追求的一个重要目标，因为残留在尾气中的 H_2S 每增加1kg，SO_2 排放量就增加约1.9kg。不断改进克劳斯硫回收工艺，使用新的硫回收工艺技术或对硫回收以后的尾气进行再处理是当前提高总硫回收率的主要做法。

为了减轻生产污水排放对地面和地下水体的污染，需要把水污染物治理技术进步与加强对污水生成过程的管理结合起来。采用无生产污水生成或少生产污水生成的集输及处理生产新工艺；延长地面集输及处理生产装置的检

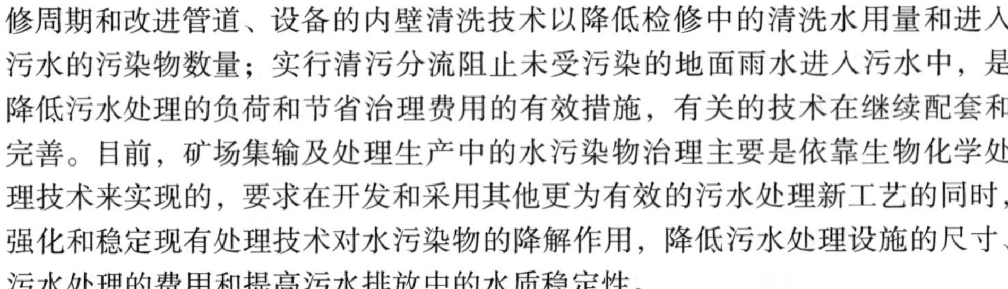
修周期和改进管道、设备的内壁清洗技术以降低检修中的清洗水用量和进入污水的污染物数量；实行清污分流阻止未受污染的地面雨水进入污水中，是降低污水处理的负荷和节省治理费用的有效措施，有关的技术在继续配套和完善。目前，矿场集输及处理生产中的水污染物治理主要是依靠生物化学处理技术来实现的，要求在开发和采用其他更为有效的污水处理新工艺的同时，强化和稳定现有处理技术对水污染物的降解作用，降低污水处理设施的尺寸、污水处理的费用和提高污水排放中的水质稳定性。

2. 继续提高集输及处理生产装备的技术性能、制作和安装技术水平

1）高强度、高质量管材的应用

冶金技术的进步正在不断改善制管金属材料的冶金质量和提高它的强度。降低金属材料中的硫、磷、碳含量，提高钢的纯净度；通过添加少量的合金元素使钢材微合金化；控制各种非金属夹杂物的形态和增强冶炼中的脱气效果，已使钢管金属材料的冶金质量和强度，特别是抗 SSC 和 HIC 的抗硫钢管的冶金质量和强度有了很大的提高。20 世纪 60 年代湿含硫天然气的输送钢管主要采用常温屈服极限仅为 240MPa 的 20 号低碳碳素钢管，目前则已具备 X60 甚至更高钢级的抗硫低合金钢管，其常温屈服极限值是 20 号钢管的 1.72 倍或更高。这种趋势还将继续得到保持。

2）石油天然气工业输送钢管标准的颁布和实施促使钢管质量不断提高

石油天然气输送中工作条件苛刻，对输送用钢管的质量有比其他使用场合更为严格的要求。美国石油学会在多年以前就为这类钢管制定了专门的技术标准（API SPEC 5L），并随使用经验的总结和制管技术的进步不断更新这个标准的版本。1980 年国际标准化组织（ISO）又在 API 标准的基础上发布了 ISO 3183《石油天然气工业输送钢管交货技术条件》，按使用环境、质量和试验要求的不同将这类钢管分为 A、B、C 三级。A 级钢管属具有基本的质量和试验要求的钢管；B 级钢管属质量和试验要求总体上高于 A 级的钢管；C 级钢管属对质量和试验要求非常严格的钢管，分别适用于工作条件苛刻程度不同的三种使用场合。

在国内冶金和制管技术都已具备条件的情况下，国家从 1998 年开始陆续以等效采用 ISO 3183 的方式发布国家标准 GB/T 9711.1～3《石油天然气工业输送钢管交货技术条件第 1～3 部分》，将中国石油天然气输送钢管的技术水平提高到了与国际水平相当的高度。天然气输送用管的专用化和标准化使钢管质量的提高进入良性循环，随使用经验的积累，冶金、制管技术的提高、

不断更新标准的版本和提高钢管的质量。

3）采用高效分离设备，提高天然气气液分离和过滤的效果

气液分离是天然气矿场集输及处理的必经生产过程之一，各种形式分离设备的用量很大。目前的气－水两相或气－水－油、气－水－醇三相分离大多是采用重力沉降原理来实现的，分离效果比较稳定。但若不采取必要的内部结构措施，这类分离器普遍存在尺寸和占地面积大的缺点。因此，合理确定分离器各部分间的结构和尺寸比例，采用必要的内构件人为调整天然气在分离器内的流动状态，使其有利于沉降过程的进行；缩短微小液滴沉降所需经历的沉降距离以缩短天然气在分离器内所需的停留时间；在天然气离开分离器前有效去除其中的雾状物；使三相分离中的液-液分离在合适的温度下进行以增强分相效果等强化分离作用的做法一直受到重视。目前，效果最好的气-液分离设备可使天然气中的残存水含量降到 $2g/m^3$ 以下，但实际使用的大多数分离器达不到这样的效果。提高天然气矿场分离效果，缩小分离器体积和降低单位气体处理量的分离器钢材耗量，仍然是分离技术的发展方向。

过滤通常用于清除流体中的固体悬浮物，但在矿场过滤湿状态的天然气时，它还兼有使气体中的微小液滴在滤层中聚集成更大液滴的作用，这有利于实现下一步的气液分离，过滤也因此在矿场集输中得到日益增多的应用，尤其是在矿场增压和天然气净化前，过滤是必经的工序之一。

天然气中固体悬浮物的数量不多而且粒径小，过滤通常是使天然气通过固定设置并需定期更换的过滤层来实现的。微孔的玻璃纤维层是最为常用的过滤层材料。为了提高过滤器单位容积的过滤面积，这种过滤器多采用多过滤管的结构，过滤器上设置快速开关的盲板以满足更换过滤层的需要，而且这种过滤器常常同时具有过滤和气液分离这两方面的功能。体积小、过滤效率高、有效工作周期长，是目前技术进步追求的主要目标。

4）标准化设计工作

标准化设计工作是新形势下油气田地面工程科学发展的必然选择。面对新的形势下，各油气田分公司转变发展理念，在“优化简化”取得的丰硕成果和行之有效的工作经验基础上，推行以“工艺流程通用化、井站平面标准化、建设规模系列化、工艺设备定型化、设计安装模块化、管阀配件规范化、建设标准统一化、安全环保人性化”等为特点的标准化设计工作，形成了一些好的典型工程、积累了一些好的工作经验，并初步见到了实效。从典型工程看，标准化设计是提高设计与施工效率、保证工程建设质量的重要手段，有利于建设理念的更新、提高管理水平，有利于加快建设进度、提高新井的

时率，有利于实现均衡生产、降低工程造价，有利于备件的互用和集中采购、方便生产管理。

标准化建设就是对重复性的装置、设施和设备，通过定型化、模块化的设计与预制化、组装化、撬装化的建造，达到加快工程进度、提高工程质量的目的。

标准化设计作为油气田地面工程优化简化的一种手段，是对优化简化工作的深入开展和延续，标准化设计是当今世界石油工程设计领域的热点，也是天然气实现高速度、高水平、高效益发展的关键。

生产装置的工厂预制和现场组装技术发展迅速。工厂预制和模块化的技术在矿场集输及处理工程建设中正在得到越来越多的应用，成为一种发展趋势。

熟练的技工、长期的制作经验积累、良好的生产装备和试验检测手段、稳定的工作环境、完善和有效运行的工作质量保证体系，使工厂深度预制的各种拼装式生产装置在质量和价格上有双重优势，并大幅度降低了集输及处理生产设施的现场安装周期和有利于提高现场安装工作的质量。

集输及处理生产装备的标准化是气田地面工程建设技术发展和提高的必然结果。它降低集输及处理生产设施的制作和安装费用，有利于零件的互换和备品备件的准备。模块化则是标准化的进一步深化，按不同的使用功能将集输及处理生产装置分解为若干能独立组合应用的模块，再按组成不同生产规模的要求使每一种模块的尺寸系列化。根据具体生产装置对使用功能和生产能力的要求来组合应用这些模块，可以使生产装置各部分相互匹配，避免出现使用功能和生产能力不足或过剩的情况，充分发挥每个组件的能力。

以上两项技术的不断发展在提高集输及处理生产装置的工程质量，缩短生产装置的现场安装周期，方便生产管理和降低工程建设投资方面正在发挥越来越多的作用。

3. 集输及处理生产过程自动控制技术的发展方向

（1）为了对气田进行合理开发、科学管理，提高气田整个集输系统的可靠性，保证人身、设备安全、平稳供气及保护环境，气田自动控制系统的建设宜采用以计算机为核心的监控与数据采集系统（SCADA），对气田所属站场、气体处理厂的工艺参数进行监视、控制和数据采集，使全气田进行统一的生产运行管理。对需要自动控制的井口，可采用远程终端装置（RTU）。气田集输站场可实现无人值守，并应根据气田的特点来确定自控水平。

（2）充分利用丛式井、高压集气等生产方式或工艺，尽可能简化井口设施。对高压气井井口应设置井口安全装置；对含高浓度的 H_2S 等酸性气体的气井应设置紧急关断系统；对低产、低效气井不宜设置自动化设施。

（3）对于中低产气田，自动化水平可按“站控系统为主，全气田集中监视和数据采集”的原则进行设置。在集气站可采用远程终端装置，用于完成单井计量、站内生产数据采集、控制、报警及联锁保护；在天然气净化厂设置 DCS 系统，进行生产数据的采集、控制、报警及联锁保护；可根据气田管理需要，设置 SCADA 系统，负责采集各集气站、天然气净化厂的生产数据和信息，对相应的生产工艺过程进行监视和控制，建立相应的生产数据库，对生产过程进行分析、数据处理和作出决策判断。

（4）对于高酸性气田，需设置独立的 ESD 和 F&G 系统，能够独立完成自动联锁保护功能，为整个气田的生产和人身的安全提供可靠的安全保障。

（5）对于高产气田，需建立以气田开发、生产操作、调度管理为中心的大型气田 SCADA 系统。利用计算机及通信网络技术对气田生产运行和输配气进行集中调度控制和管理。井场装置、集气站采用远程终端装置（RTU），天然气处理厂采用过程控制系统（PCS）及安全仪表系统（SIS）进行控制。建成后的 SCADA 系统能实现科学调度、安全生产为目标的现代化管理。

4. 适用于高酸性气田开发的地面工艺技术逐步完善和配套

1）集输及处理高酸性天然气所需的各项技术

高酸性天然气的集输与处理安全风险明显大，在生产设施的腐蚀防护做法和生产中的人身安全措施方面需要做新的探索，采用新的技术。

高酸性天然气的集输及处理技术是在已有的酸性天然气集输及处理技术的基础上建立、发展起来的。高 H_2S 分压不仅为腐蚀防护提出了一些亟待解决的新问题，也使天然气矿场脱水干燥，防止天然气水合物生成的某些成熟技术在应用上出现新的困难。高含硫天然气在井底的高温、高压状态下还可能析出元素硫，对金属的腐蚀性和硫蒸气冷凝时对天然气流道的阻塞作用同样是影响集输生产安全、连续进行的重要因素。针对以上需求分专题开展有关的科学试验，把研究成果与正在进行的高酸性气田集输及处理生产实践的经验结合起来解决高酸性环境中出现的各种问题，是当今气田腐蚀防护技术进步中的一项重要工作。

2）推广应用其他行业已有的新技术

集输及处理生产是多学科、多专业的联合作业过程。结合集输及处理生产的实际情况推广应用相关专业领域的各种新技术，一直是推动集输及处理生产工艺技术进步的有效措施。除通过消化、吸收有关的新技术提高原有集

输及处理技术的水平和增强其工作效果外，还运用新的技术、观念从生产过程的原理和生产工作方式上对某些集输及处理工艺作重大变革，从根本上改变原有技术的面貌。

5. 数字化技术

1）数字化技术在气田地面工程中应用日益广泛

数字化技术应用正在改变矿场集输及处理工程建设和生产运行管理的工作方式，并提高其工作质量。数字化有利于全面整合数据资源，提高数据的完整性、准确性和采集、处理及应用的即时性。这对统一和优化系统应用平台、实现数据一次采集分层次多专业利用，充分发挥数据资源的效能具有重要作用。已有的三维数据可视技术可以使数据和图像间实现相互转换，这为工程设计中的数据采集、信息交换，特别是数据的图像再现和图像传输带来许多方便。可以通过对卫星照相、遥感、遥测和地球卫星定位技术的应用，快速、大范围和低成本获得矿场集输工程涉及区内最新的各种地理信息，并使设计工作能在可视的三维空间中进行。为空间分析、模拟、仿生等技术在工程设计中的应用提供了有利的条件，对增强计算机辅助设计的人工智能作用、缩短设计周期和提高设计工作质量有利。还可以根据需要为工程建设施工和运行管理提供多种不同形式的设计成果，方便施工和生产运行管理。

2）数字化技术在气田地面工程中的应用前景

工业生产技术的高度发展，企业内部、企业与市场间频繁的信息交换和激烈的市场竞争，正在促使工业企业的生产经营工作信息化。企业获取、传输、存储、处理和利用信息的能力和技术水平，在很大程度上反映了企业的整体技术水平和综合技术实力。而数字化技术有利于各种最新的科学技术成果在信息技术中的应用，是企业有效利用数据资源、实现信息化所必不可少的重要技术手段。在矿场集输及处理工程中推广应用数字化技术的最终目标是实现生产和经营工作的信息化，提高生产、经营工作的经济效益，并为天然气勘探开发全过程实现数字化管理提供条件。

集输及处理工程的勘察设计、工程施工和生产运行管理都与工程涉及区内的地理环境条件密切相关。在充分依靠和利用国家地理信息系统（GIS）现有信息提供能力的情况下，运用现代技术采集和处理有关的地理信息并使其数字化，是当前推广应用数字化技术的一项重要工作。GIS 由采集、处理、存储、检索、分析、管理和表达地理信息的计算机系统、地理信息和用户组成。它融合计算机图形和数据库为一体，按需要以图形和数据相结合的方式向多用户提供地理信息服务，并在与用户的互动中不断扩大自身的地理服务范围和提高服务质量。在 GIS 所能提供的地理信息服务的基础上运用现代技术补充采集和处理其他有关的地理信息，建立起总体性能好的数据库，支持勘察设计工作实现数字化，是当前推广应用数字化技术的主要着力点。

第五节　天然气地面工程遵循的主要标准、规范

一、集输与处理部分标准规范

（1）GB 50183　石油天然气工程设计防火规范；
（2）GB 50251　输气管道工程设计规范；
（3）GB 50350　油气集输设计规范；
（4）SY/T 0011　天然气净化厂设计规范；
（5）SY/T 0605　凝析气田地面工程设计规范；
（6）SY/T 0602　甘醇型天然气脱水装置规范；
（7）SY/T 0612　高含硫化氢气田地面集输系统设计规范；
（8）SY/T 5719　天然气凝液安全规范。

二、设备、材料部分选择标准规范

（1）GB 50316　工业金属管道设计规范（2008 版）；
（2）GB/T 3091　低压流体输送用焊接钢管；
（3）GB/T 9113 ~ 9123　钢制管法兰；
（4）GB/T 9711.1　石油天然气工业输送钢管交货技术条件　第 1 部分：A 级钢管；
（5）GB/T 9711.2　石油天然气工业输送钢管交货技术条件　第 2 部分：B 级钢管道；
（6）GB/T 9711.3　石油天然气工业输送钢管交货技术条件　第 3 部分：

C 级钢管；

（7）GB 5310　高压锅炉用无缝钢管；

（8）SY/T 0599　天然气地面设施抗硫化物应力开裂和抗应力腐蚀开裂的金属材料要求。

三、自控部分标准规范

（1）SY/T 0090　油气田及管道仪表控制系统设计规范；

（2）SY/T 0091　油气田及管道计算机控制系统设计规范；

（3）SY/T 10045　工业生产过程中安全仪表系统的应用；

（4）SY/T 5398　原油天然气和稳定轻烃交接计量站计量器具配备规范；

（5）SY/T 6045　天然气输送企业计量器具配备规范；

（6）HG/T 20507　自动化仪表选型设计规定；

（7）HG/T 20508　控制室设计规定；

（8）HG/T 20509　仪表供电设计规定；

（9）HG/T 20510　仪表供气设计规定；

（10）HG/T 20511　信号报警、安全连锁系统设计规定。

四、总图、道路部分标准规范

（1）GB 50187　工业企业总平面设计规范；

（2）GB 50489　化工企业总图运输设计规范；

（3）GB/T 50103　总图制图标准；

（4）GBJ 22　厂矿道路设计规范；

（5）SH/T 3032　石油化工企业总体布置设计规范；

（6）SH/T 3053　石油化工企业厂区总平面布置设计规范；

（7）SY/T 0048　石油天然气工程总图设计规范；

（8）GB 50187　工业企业总平面设计规范。

五、供配电部分标准规范

（1）GB 50052　供配电系统设计规范；

（2）GB 50059　35～110kV 变电所设计规范；
（3）GB 50053　10kV 及以下变电所设计规范；
（4）GB 50060　3～110kV 高压配电装置设计规范；
（5）GB 50054　低压配电设计规范；
（6）GB 500553　通用用电设备配电设计规范；
（7）GB 50061　66kV 及以下架空电力线路设计规范；
（8）GB 50057　建筑物防雷设计规范（2000 年版）。

六、通信部分标准规范

（1）GB 50200　有线电视系统工程技术规范；
（2）GB 50311　综合布线系统工程设计规范；
（3）YD 5102　长途通信光缆线路工程设计规范；
（4）YD 5137　本地通信线路工程设计规范；
（5）YD 5148　架空光（电）缆通信杆路工程设计规范；
（6）CECS 62　工业企业扩音通信系统工程设计规程 。

七、给排水及消防部分标准规范

（1）GB 50013　室外给水设计规范；
（2）GB 50014　室外排水设计规范；
（3）GB 50015　建筑给水排水设计规范；
（4）GB 500507　工业循环冷却水处理设计规范；
（5）GB 50084　自动喷水灭火系统设计规范 ；
（6）GB 50116　火灾自动报警系统设计规范；
（7）GB 50140　建筑灭火器配置设计规范；
（8）GB 50332　给水排水工程管道结构设计规范；
（9）GB 50338　固定消防炮灭水系统设计规范；
（10）GB 50370　气体灭火系统设计规范 ；
（11）GB 5749　生活饮用水卫生标准；
（12）SY/T 0089　油气厂、站、库给水排水设计规范；
（13）SY/T 6596　气田水回注方法。

八、建筑结构部分标准规范

（1）GB 50037　建筑地面设计规范；
（2）GB 50003　砌体结构设计规范；
（3）GB 50005　木结构设计规范；
（4）GB 50007　建筑地基基础设计规范；
（5）GB 50009　建筑结构荷载规范（2006 年局部修订）；
（6）GB 50010　混凝土结构设计规范；
（7）GB 50011　建筑抗震设计规范（2008 年局部修订）；
（8）GB 50017　钢结构设计规范；
（9）GB 50191　构筑物抗震设计规范；
（10）GB 50223　建筑工程抗震设防分类标准；
（11）JGJ 118　冻土地区建筑地基基础设计规范；
（12）JGJ 79　建筑地基处理技术规范；
（13）JGJ 94　建筑桩基技术规范。

九、HSE 部分标准规范

（1）GBJ 122　工业企业噪声测量规范；
（2）GBJ 87　工业企业噪声控制设计规范；
（3）AQ 2012　石油天然气安全规程；
（4）SY 6186　石油天然气管道安全规程；
（5）SY 6320　陆上油气田油气集输安全规定；
（6）SY 6444　石油工程建设施工安全规定；
（7）SY/T 5719　天然气凝液安全规范；
（8）GB 13271　锅炉大气污染物排放标准；
（9）GB 12348　工业企业厂界环境噪声排放标准；
（10）GB 3095　环境空气质量标准（2000 年局部修订）；
（11）GB 16297　大气污染物综合排放标准；
（12）SY 6506　含硫气田干气输送安全生产管理规定；
（13）SY/T 6277　含硫油气田硫化氢监测与人身安全防护规定。

十、施工及验收规范

（1）GB 50235 工业金属管道工程施工及验收规范；
（2）GB 50236 现场设备、工业管道焊接工程施工及验收规范；
（3）GB 50274 制冷设备、空气分离设备安装工程施工及验收规范；
（4）GB 50275 压缩机、风机、泵安装工程施工及验收规范；
（5）GB 50460 油气输送管道跨越工程施工规范；
（6）Q/SY 1059 输油输气管道线路工程施工技术规范；
（7）Q/SY 94 输气管道干空气干燥作业施工及验收规范；
（8）SY 0402 石油天然气站内工艺管道工程施工及验收规范。

第二章　天然气物性及产品要求

第一节　天然气的组成和分类

一、天然气组成

天然气是指自然过程形成，在一定压力下蕴藏于地下岩层孔隙或裂缝中，由烃类和非烃类组成的混合气体。大多数天然气的主要成分是烃类，此外还含有少量非烃类。天然气中的烃类基本上是烷烃，通常以甲烷为主，还有乙烷、丙烷、丁烷、戊烷以及少量的已烷以上烃类（C_6^+）。在 C_6^+ 中有时还含有极少量的环烷烃（如甲基环戊烷、环已烷）及芳香烃（如苯、甲苯）。天然气中的非烃类气体，一般为氮气、氢气、氧气、二氧化碳、硫化氢、水蒸气以及微量的惰性气体如氦、氩、氙等。

天然气的组成并非固定不变，不仅不同地区油气藏中采出的天然气组成差别很大，甚至同一油气藏的不同生产井采出的天然气组成也会有区别。

国外一些气田的气藏气组成和油田伴生气的组成分别见表 2－1－1 及表 2－1－2，我国主要气田和凝析气田的天然气组成见表 2－1－3。

表 2－1－1　国外一些气田的气藏气组成　　%（摩尔分数）

国名	产　地	C_1	C_2	C_3	C_4	C_5	C_6^+	CO_2	N_2	H_2S
美国	Louisana（路易斯安那州）	92. 18	3. 33	1. 48	0. 79	0. 25	0. 05	0. 9	1. 02	—
	Texas（得克萨斯州）	57. 69	6. 24	4. 46	2. 44	0. 56	0. 11	6. 0	7. 5	15
加拿大	Alberta（阿尔伯达省）	64. 4	1. 2	0. 7	0. 8	0. 3	0. 7	4. 8	0. 7	26. 3
委内瑞拉	San Joaquin（圣亚金）	76. 7	9. 79	6. 69	3. 26	0. 94	0. 72	1. 9	—	—
荷兰	Goningen（格罗宁根）	81. 4	2. 9	0. 37	0. 14	0. 04	0. 05	0. 8	14. 26	—

续表

国名	产地	C_1	C_2	C_3	C_4	C_5	C_6^+	CO_2	N_2	H_2S
英国	Leman（勒芒）	95	2.76	0.49	0.20	0.06	0.15	0.04	1.3	—
法国	Lacq（拉克气田）	69.4	2.9	0.9	0.6	0.3	0.4	10	—	15.5
俄罗斯	Дащавское（达夏）	98.9	0.3	—	—	—	—	0.2	—	—
	Саратовское（萨拉托夫）	94.7	1.8	0.2	0.1	—	—	0.2	—	—
	Щебелийнское（谢别林）	93.6	4.0	0.6	0.7	0.25	0.15	0.1	0.6	—
	Оренбургское（奥伦堡）	84.86	3.86	1.52	0.68	0.4	0.18	0.58	6.3	1.65
	Астраханское（阿斯特拉罕）	52.83	2.12	0.82	0.53	0.51	—	13.96	0.4	25.37
哈萨克斯坦	Карачаганакское（卡拉恰甘纳克）	82.3	5.24	2.07	0.74	0.31	0.13	5.3	0.85	3.07

表 2-1-2 国外油田伴生气的组成 %（摩尔分数）

国名	C_1	C_2	C_3	C_4	C_5	C_6^+	CO_2	N_2	H_2S
印度尼西亚	71.89	5.64	2.57	1.44	2.5	1.09	14.51	0.35	0.01
沙特阿拉伯	51.0	18.5	11.5	4.4	1.2	0.9	9.7	0.5	2.2
科威特	78.2	12.6	5.1	0.6	0.6	0.2	1.6	—	0.1
阿拉伯联合酋长国	55.66	16.63	11.65	5.41	2.81	1.0	5.5	0.55	0.79
伊朗	74.9	13.0	7.2	3.1	1.1	0.4	0.3	—	—
利比亚	66.8	19.4	9.1	3.5	1.52	—	—	—	—
卡塔尔	55.49	13.29	9.69	5.63	3.82	1.0	7.02	11.2	2.93
阿尔及利亚	83.44	7.0	2.1	0.87	0.36	—	0.21	5.83	—

表 2-1-3 我国主要气田的天然气组成 %（摩尔分数）

气田名称	C_1	C_2	C_3	$i-C_4$	$n-C_4$	$i-C_5$	$n-C_5$	C_6^+	C_7^+	CO_2	N_2	H_2S
龙岗	93.79	0.06	0	—	—	—	—	—	—	2.86	1.12	2.5
罗家寨	85.92	0.07	—	—	—	—	—	—	—	5.87	—	7.05
威远	86.8	0.11	—	—	—	—	—	—	—	4.44	—	0.88
卧龙河	92.42	1.35	—	—	—	—	—	—	—	0.54	—	4.48
磨溪	93	3	—	—	—	—	—	—	—	0.5	—	1.64
渡口河	73.71	0.11	—	—	—	—	—	—	—	8.27	—	17.06
靖边	93.89	0.62	0.08	0.01	0.01	0.001	0.002	—	—	5.14	0.16	0.048

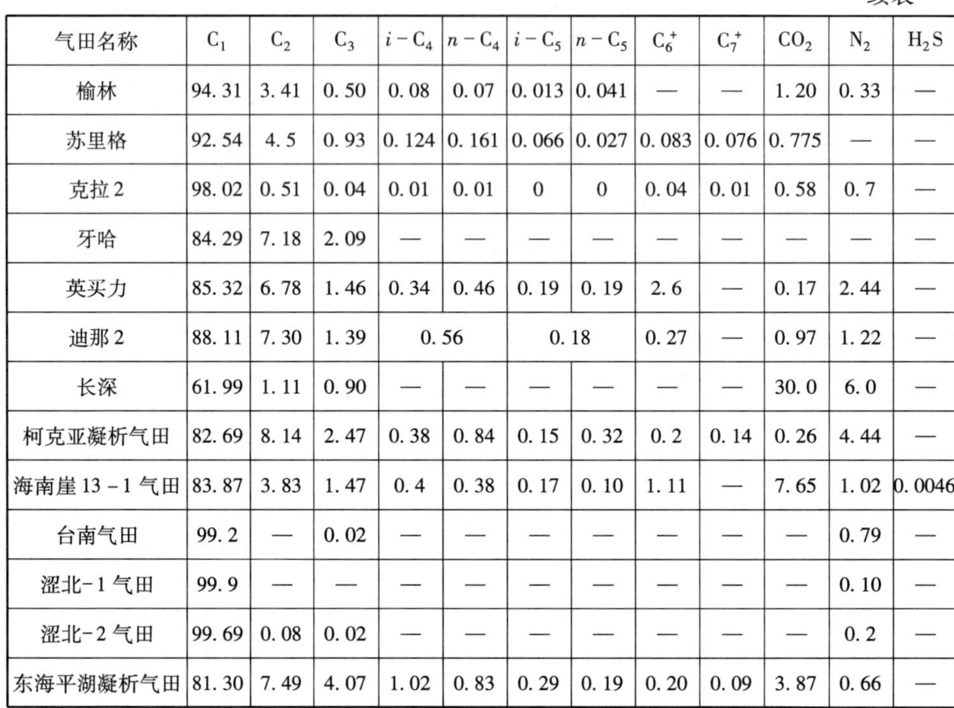

续表

气田名称	C_1	C_2	C_3	$i-C_4$	$n-C_4$	$i-C_5$	$n-C_5$	C_6^+	C_7^+	CO_2	N_2	H_2S
榆林	94.31	3.41	0.50	0.08	0.07	0.013	0.041	—	—	1.20	0.33	—
苏里格	92.54	4.5	0.93	0.124	0.161	0.066	0.027	0.083	0.076	0.775	—	—
克拉2	98.02	0.51	0.04	0.01	0.01	0	0	0.04	0.01	0.58	0.7	—
牙哈	84.29	7.18	2.09	—	—	—	—	—	—	—	—	—
英买力	85.32	6.78	1.46	0.34	0.46	0.19	0.19	2.6	—	0.17	2.44	—
迪那2	88.11	7.30	1.39	0.56		0.18		0.27	—	0.97	1.22	—
长深	61.99	1.11	0.90	—	—	—	—	—	—	30.0	6.0	—
柯克亚凝析气田	82.69	8.14	2.47	0.38	0.84	0.15	0.32	0.2	0.14	0.26	4.44	—
海南崖13－1气田	83.87	3.83	1.47	0.4	0.38	0.17	0.10	1.11	—	7.65	1.02	0.0046
台南气田	99.2	—	0.02	—	—	—	—	—	—	—	0.79	—
涩北-1气田	99.9	—	—	—	—	—	—	—	—	—	0.10	—
涩北-2气田	99.69	0.08	0.02	—	—	—	—	—	—	—	0.2	—
东海平湖凝析气田	81.30	7.49	4.07	1.02	0.83	0.29	0.19	0.20	0.09	3.87	0.66	—

此外，天然气中还可能含有以气溶胶形态存在的沥青质粒子，以及可能含有极微量的元素汞。

也有少数的天然气中含有大量的非烃类气体，甚至其主要成分是非烃类气体。例如，我国河北省赵兰、加拿大阿尔伯塔省 Bearberry 及美国南得克萨斯气田的天然气中，硫化氢含量均高达90%以上。我国广东沙头圩气田天然气中二氧化碳含量高达99.6%。美国北达科他州内松气田天然气中氮含量高达97.4%，亚利桑那州平塔丘气田天然气中氦含量高达9.8%。

二、天然气分类

天然气的分类方法目前尚不统一，各国都有自己的习惯分法。现介绍几种常见的分类方法。

1. 按产状分类

天然气按产状分类可分为游离气和溶解气。游离气即气藏气，溶解气即油溶气和气溶气。此外，还有固态水合物气以及致密岩石中的气等。

2. 按来源分类

天然气按来源分类可分为与油有关的气（包括伴生气、气顶气）；与煤有关的气（煤层气）；天然沼气，即指由微生物作用产生的气；深源气，即指来自地幔挥发性物质的气；化合物气，即指地球形成时残留地壳中的气，如深海海底的固态水合物气等。

3. 按烃类组成分类

天然气按烃类组成分类可分为干气和湿气、贫气和富气。对于由气井井口出来的，或由油气田矿场分离器分出的天然气而言，其划分方法如下。

1）干气

在储层中呈气态，采出后一般在地面设备和管线的温度、压力下不析出液烃（凝析油）的天然气。按 C_5 界定法是指每 m^3（m^3 指20℃，101.325kPa 标准状态下体积，下同）气中 C_5^+ 以上液烃含量按液态计小于 13.5cm^3 的天然气。

2）湿气

在储层中呈气态，采出后一般在地面设备和管线中温度、压力下有液烃析出的天然气。按 C_5 界定法是指每 m^3 气中 C_5^+ 以上液烃含量按液态计大于 13.5cm^3 的天然气。

3）贫气

每 m^3 气中丙烷及以上烃类（C_3^+）含量按液态计小于 100cm^3 的天然气。

4）富气

每 m^3 气中丙烷及以上烃类（C_3^+）含量按液态计大于 100cm^3 的天然气。

通常，还习惯将脱水（脱除水蒸气）前的天然气称为湿气，脱水后水露点降低的天然气称为干气；将回收天然气凝液前的天然气称为富气，回收天然气凝液后的天然气称为贫气。此外，也有人将干气与贫气、湿气与富气相提并论。由此可见，它们之间的划分并不是十分严格的。本书提到的贫气与干气、富气与湿气也没有严格的区别。

4. 按矿藏特点分类

1）气藏气

在开采过程的任何阶段，储集层流体均呈气态，但随组成不同，采到地面后在分离器或管线中可能有少量液烃析出。

2）凝析气

储集层流体在原始状态下呈气态，但开采到一定阶段，随储集层压力下降，流体状态进入露点线内的反凝析区，部分烃类在储层及井筒中呈液态

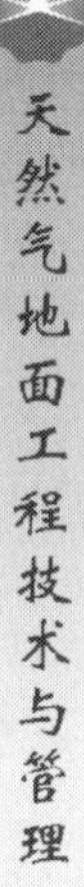

（凝析油）析出。

3）油田伴生气

在储集层中与原油共存，采油过程中与原油同时被采出，经油气分离后所得的天然气。

5. 按 H_2S、CO_2 含量分类

1）净气（甜气）是指天然气中 H_2S 和 CO_2 等含量甚微或可不计，不需脱除即可符合管输要求或达到商品气质量指标的天然气。

2）酸气是指天然气中 H_2S 和 CO_2 等含量超过有关质量指标或要求，需经脱除才能符合管输要求或成为商品气的天然气。

第二节　天然气相特性

在天然气处理过程所处的不同温度、压力条件下，天然气的相态也不相同，即有时是气相或液相，有时则是处于平衡共存的两相（如气-液、液-固或气-固）甚至是更多的相。

为此，需要了解组成已知的天然气在一定压力、温度下的相特性，如其压力－摩尔体积（或质量体积）－温度（$p-V-T$ 或 $p-v-T$）之间的关系图，即描述其在各种压力和温度组合下存在不同相（例如气液两相）的相图。同样，在天然气处理过程中还经常需要进行相平衡计算，从而确定组成已知的天然气在一定压力、温度下平衡共存各相的量和组成，以及预测其热力学性质。

由于天然气中的水蒸气冷凝后会在体系中出现富水相，天然气中的二氧化碳在低温下还会形成固体，因此本节将着重介绍天然气处理过程中主要涉及的烃类、烃－水、烃－二氧化碳体系的相特性。

一、烃类相特性

烃类体系的相图可以由实验数据绘制，也可通过热力学模型法预测，或者两者结合。

1. 纯组分体系（一元系）

纯组分（单组分）体系是多组分体系的特殊情况，其典型的 $p-V-T$ 三

维相图如图 2－2－1 所示。由于此图使用不便，经常使用的是其在 $p-T$ 和 $p-V$ 平面上的投影图。其中，纯组分 $p-T$ 图如图 2－2－2 所示。

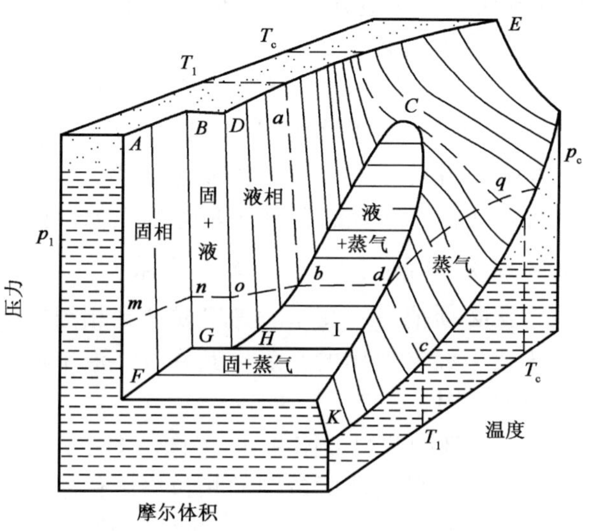

图 2－2－1　纯组分的 $p-V-T$ 图

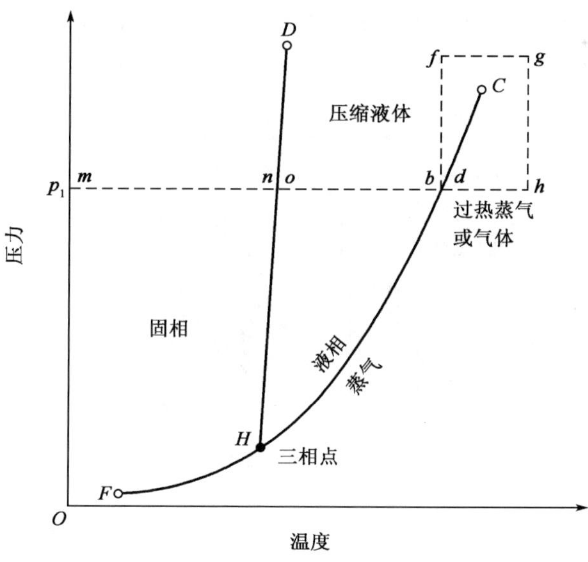

图 2－2－2　纯组分的 $p-T$ 图

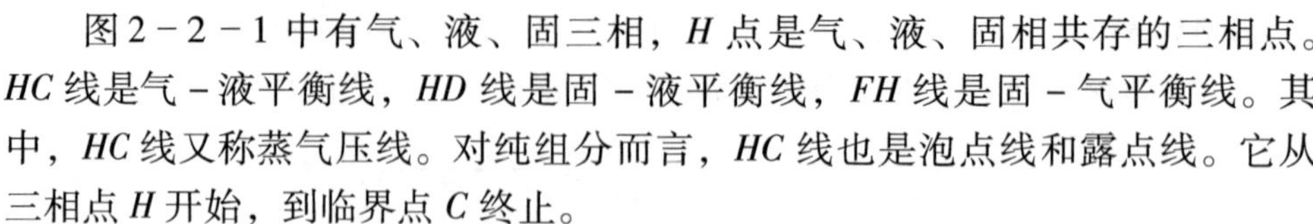

图2-2-1中有气、液、固三相，H点是气、液、固相共存的三相点。HC线是气-液平衡线，HD线是固-液平衡线，FH线是固-气平衡线。其中，HC线又称蒸气压线。对纯组分而言，HC线也是泡点线和露点线。它从三相点H开始，到临界点C终止。

如图2-2-1所示，假定某一加热过程在等压p_1下进行，从m到n点一直是固相，在n点（或O点）由固相变为液相。由O点到b点一直是液相，在b点（或d点）完全汽化为饱和蒸气。由d点继续等压加热则体系成为过热蒸气或气体。此外，在临界点C的右上方则是密相流体区。

2. 两组分及多组分体系（二元系及多元系）

对于这类体系，就必须把另一变量——组成加到相图中去。然而，对于组成已知的天然气来讲，经常使用的是表明其在气、液平衡时各种压力、温度组合下气、液含量的相图。

图2-2-3是组成已知的两组分体系$p-T$图。图中，由泡点线、临界点和露点线构成的相包络线以温度及所包围的相包络区位置，取决于体系组成和各组分的蒸气压线。此图与图2-2-2不同处在于两组分体系的泡点线与露点线并不重合但却交汇于临界点，因而在相包络区内还有表示不同气、液含量或气化百分数（或液化百分数）的等气化率（或等液化率）线（图2-2-3中仅表示了90%的气化率线）。这些等气化率线均交汇于临界点C，其位置随体系的组成而变。

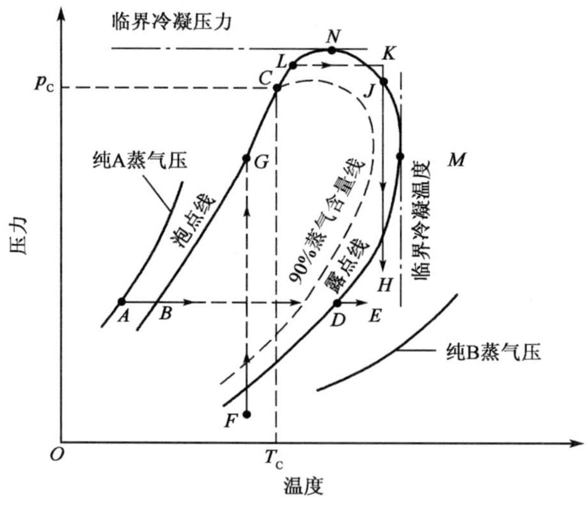

图2-2-3　两组分体系的$p-T$图

值得注意的是，两组分体系在高于临界温度 T_c 时仍可能存在饱和液体，直至露点线最高温度点 M 为止。T_m 是相包络区内气、液能够平衡共存的最高温度，称为临界冷凝温度。同样，在高于临界压力 p_c 时仍可能存在饱和蒸气，直至露点线最高压力点 N 为止。p_n 是相包络区内气、液能够平衡共存的最高压力，称为临界冷凝压力。T_m 和 p_n 的大小和位置取决于体系中的组分和含量。

正是由于两组分体系的临界点 C、临界冷凝温度点 M 和临界冷凝压力点 N 并不重合，因而在临界点附近的相包络区内会出现反凝析（反常冷凝）或反气化（反常气化）现象，即在等温下降低压力时会使蒸气冷凝（JH 线），而在等压下升高温度时可以析出液体（LK 线）。

天然气属于多组分体系，其相特性与两组分体系基本相同。但是，由于天然气中各组分的沸点差别很大，因而其相包络区就比两组分体系更宽一些。干天然气中组分较少，它的相包络区较窄，临界点在相包络区的左侧。当体系中含有较多丙烷、丁烷、戊烷和更重组分或为凝析气时，临界点将向相包络线顶部移动。

3. 相特性的实际应用

天然气，尤其是储集层流体或并流物的相图无论是对于天然气开采还是处理都是非常重要的。现以储集层流体为例说明其应用如下。

储集层和从其采出的流体类型决定于储集层压力、温度在流体相图上的相对位置。图 2－2－4 表示了五种不同储集层情况。A、B、C、D、E 点分别

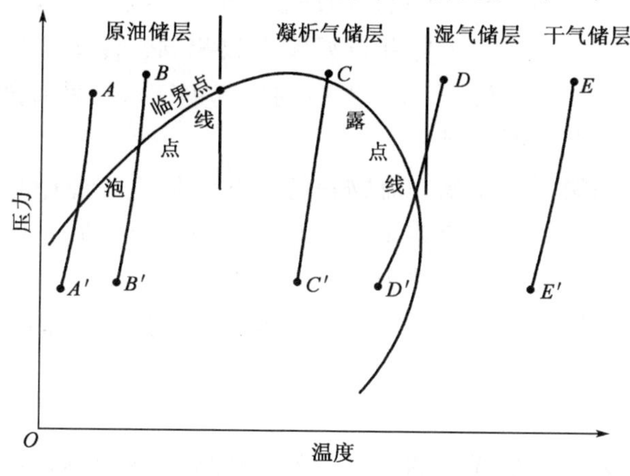

图 2－2－4　典型的储集层流体相图

表示储集层或油气井井筒底部的原始条件。而 A'、B'、C'、D'、E'点分别表示井口条件。因此，AA'、BB'、CC'、DD'、EE'表示的是在开采过程中流体的压力、温度变化情况。

储集层 A 或 B 的流体压力、温度条件均在临界点左侧温度较低的液相区，其采出的流体称为原油。AA'表示的是低气油比的普通原油开采过程。当流体压力、温度按 AA'线变化低于泡点线后就进入两相区，因而会有气体从原油中逸出。但是，也会有个别原油的 A'点仍高于泡点线，因而就没有气体逸出。

BB'线表示的是高气油比原油开采过程。当流体压力、温度按 BB'线变化进入两相区后，将有较多的气体逸出。

CC'线表示的是反凝析流体的开采过程，采出的流体称为凝析气。开采过程中如果储集层压力沿 CC'降至露点线以下时，在储集层中就会有液体析出，一些有价值的较重烃类将会留在储集层中而无法采出。因此，一些凝析气田常采用注气的方法来保持储集层压力。

DD'线表示的是湿天然气（富天然气）的开采过程。D 点是位于临界冷凝温度右侧的气体或密相流体。流体在开采过程中由于压力、温度降低进入露点线后即会有液体析出。因此，往往不好判断这种储集层是属于凝析气储集层或湿天然气储集层。

EE'线表示的是干天然气（贫天然气）的开采过程。即使当其采出到地面后，也没有液体析出。

应该指出的是，图2－2－4 只是用来表示储集层流体分类的示意图。实际上 A'、B'、C'、D'、E'点表示的井口温度大致相同，储集层压力、温度则取决于储集层深度，故 A、B、C、D、E 点的位置集气与开采时流体压力、温度变化曲线的相对位置也不相同。

由此可知，储集层流体或井流物相特性在天然气工业中具有非常重要的意义，而取得准确、可靠的流体试样和组成分析数据，则是应用相特性的关键。虽然目前可以利用有关软件中的热力学模型由计算机完成相图绘制，但前提是必须正确描述流体中少量重烃类（如 C_7^+）的特性。因为相包络线对流体组成是十分敏感的，而这些少量重烃的特性描述则对露点线的位置影响很大。

现以某气田天然气组成数据为例，列出该气田在编制预可研报告和试采时分析到的天然气组成（表2－2－1）。

表 2-2-1　某气田天然气组成

组分或代号	N_2	CO_2	C_1	C_2	C_3	C_4	C_5	C_6
组成 B	0.45	0.65	97.57	0.62	0.41	0.20	0.01	0.05
组成 A	0.5975	0.7208	97.8234	0.5499	0.0488	0.0074	0.0119	0.0053
组分或代号	苯	C_7	甲苯	XF_1	XF_2	XF_3	XF_4	XF_5
组成 B	—	—	—	—	—	—	—	—
组成 A	0.0500	0.0079	0.0070	0.0082	0.0078	0.0040	0.0016	0.0005
组分或代号	XF_6	XF_7	XF_8	XF_9	XF_{10}	XF_{11}	H_2O	H_2S
组成 B	—	—	—	—	—	—	0.04	0.33
组成 A	0.0002	0.0001	0.0000	0.0000	0.0000	0.0000	0.1391	—

由表 2-2-1 可知，由于受取样、样品处理和组分分析方法的限制，组成 B 中只分析到 C_6，且仅为小数点后两位数（而组成 A 中则分析出更重的一些组分，并且是小数点后四位数），因而对描述该天然气的相态特性尤其是烃露点线带来明显误差，对确定科学合理的天然气处理方案造成困难。

此外，组成 A 中将该天然气中的 C_7 以上重组分（约 0.0224%）以更为合理的不同平均沸点的窄馏分描述。其中，虽然 XF_3 以上的重组分含量仅为 0.0064%，而且 XF_8 ~ XF_{11} 等重组分含量仅在小数点后 6 位，尽管其值对一般工程计算意义不大，但对烃露点计算却极为重要。如不考虑 XF_1 ~ XF_7 等重组分，计算到的天然气最高烃露点将偏低约 20℃，如图 2-2-5 所示。

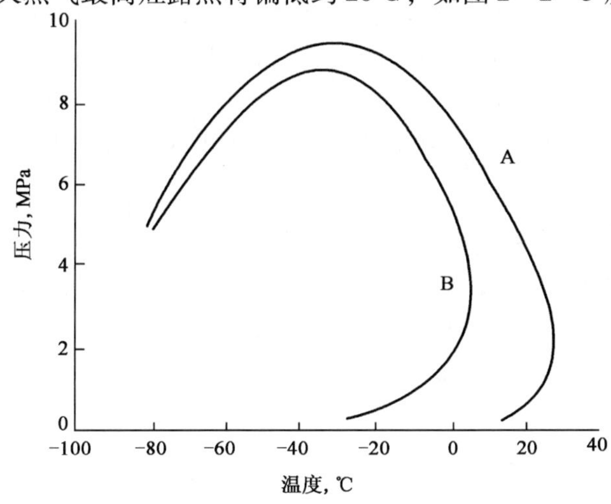

图 2-2-5　天然气组分对露点的影响

类似情况在我国其他气田天然气组成分析中也曾出现过。

从上面的实例可以看出，天然气分析数据如果忽略了很少的重组分，会使烃露点降低很多。造成模拟计算得到的相图与真实情况出现较大差异，进而影响天然气处理工艺方案的选择，为后续储存、输送等过程带来严重影响。所以，在开发方案中，取得完整的组分分析数据，绘制接近真实情况的相图，对避免工程设计中可能出现的偏差具有重要的指导意义。

二、烃-水体系相特性

自储层采出的天然气和采用湿法脱除酸性组分后的天然气中一般都含有饱和水蒸气，或者也称含有饱和水，通常简称含水，其含量则简称为天然气水含量，而将随天然气呈液相存在的水称为游离水或液态水。

此外，自储层随天然气一起采出的凝液（液烃或凝析油），以及在天然气脱水前析出的液烃或凝析油，通常也被液态水所饱和，即含有溶解水。

水是天然气中有害无益的组分，原因如下：

（1）天然气中水的存在，降低了天然气的热值和管道输送能力。

（2）当压力增加或温度降低时，天然气中的水会呈液相析出，不仅在管道和设备中形成积液，增加流动压降，甚至出现段塞流，还会加速天然气中酸性组分对管道和设备的腐蚀。

（3）液态水不仅在冰点时会结冰，而且，即使在天然气温度高于冰点但是压力较高时，液态水和过冷水蒸气还会与天然气中的一些气体组分形成固体水合物，严重时会堵塞井筒、阀门、设备和管道，影响井筒、设备及管道的正常运行。

因此，预测天然气及其凝液中的水含量和水合物的形成条件是非常重要的。

1. 天然气水含量

天然气的水含量取决于其压力、温度和组成。压力增加，组成的影响增大，特别是天然气中含有 CO_2、H_2S 时，其影响尤为重要。

预测天然气水含量的方法有图解法、热力学模型法和实验法三种。

（1）图解法。其中有一类图用于不含酸性组分的贫天然气，即采用基于实验数据的图来查取天然气的水含量；另一类图则用于含酸性组分的天然气。

（2）热力学模型法。采用有关热力学模型，由计算机进行精确的三相

（气相、富水相和富烃液相）平衡计算来确定各组分（包括水）在三相中的含量。

实际上，准确预测含硫天然气的水含量十分复杂。这里介绍的方法并不能用于严格的工程设计。即使由最完善的状态方程所求得的结果，其准确性也值得怀疑。因此，在大多数情况下，最好还是通过实验数据验证预测的数值。具体计算方法请参看相关专著。

2. 天然气水合物

在水的冰点以上和一定压力下，水和天然气中某些小分子气体可以形成外形像冰、但晶体结构与冰不同的固体水合物。水合物的密度一般在0.8～1.0g/cm^3，因而轻于水，重于天然气凝液。除热膨胀和热传导性质外，其光谱性质、力学性质和传递性质与冰相似。在天然气和天然气凝液中形成的水合物会堵塞管道、设备和仪器，抑制或中断流体的流动。以华东建南气田为例：自1997年至2007年的10年间，据统计共发生各类水合物堵塞133次。水合物造成的危害主要表现为油管水合物堵塞、流程高压管线水合物堵塞、井间输气管线水合物堵塞三个方面。

1）油管水合物堵塞。

（1）堵塞位置距离井口不深，一般不超过300m。

（2）不受气候影响，即使在夏季，堵塞同样会发生。

（3）与井底是否干净关系很大，井底钻井液、岩屑等污物多，则容易发生水合物堵塞。

（4）与油管内压力有关，一般压力越高，越容易发生水合物堵塞。根据现场观察，油压低于10MPa时，很少发生水合物堵塞。

（5）油管中发生水合物堵塞后，很容易导致采气树相关闸门发生冰堵，无法操作。

（6）油管中的水合物硬度较大，从井口放喷时，不容易排出。

2）流程高压管线水合物堵塞。

（1）一般发生在管线弯头等阻流部件处。

（2）受气候影响明显，多发生在气温较低的时候。

3）井间输气管线水合物堵塞。

（1）受气候影响较大，一般只发生在冬季气温最低的一两个月。

（2）水合物生成压力相对较低，一般在2～3MPa；

（3）水合物像松散的雪，很容易从管线的放空口排出。

由此可见，水合物的生成不仅给生产设备、电器仪表等带来危害，还对

整个油气生产带来不利影响，甚至造成事故。所以，预防和抑制天然气水合物的产生，在油气生产中具有重要意义。

1）水合物结构和形成条件

天然气水合物（Natual Gas Hydrate，NGH）是一种非化学计量型晶体，即水分子（主体分子）借氢键形成具有空间点阵结构（笼形空腔）的晶格，气体分子（客体分子）则在与水分子之间的范德华力作用下填充于点阵的空腔（晶穴）中。

目前，公认的天然气水合物结构有结构Ⅰ型、结构Ⅱ型和结构H型三种，如图2－2－6所示。

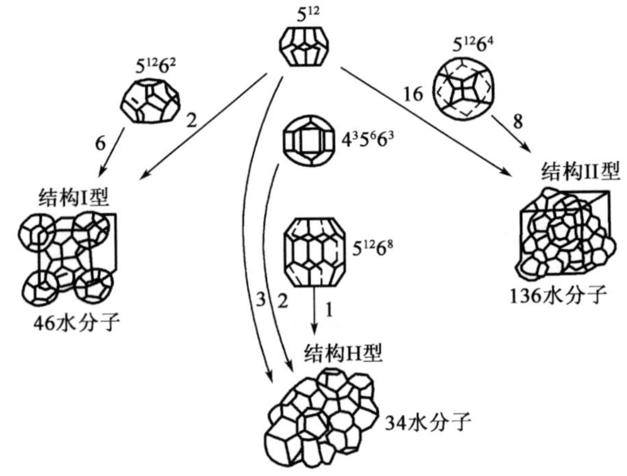

图2－2－6　天然气水合物的三种单晶结构

客体分子尺寸是决定其能否形成水合物、形成何种结构的水合物，以及水合物的组成和稳定性的关键因素。客体分子尺寸和晶穴尺寸吻合时最容易形成水合物，且其稳定性也较好。客体分子太大则无法进入晶穴，太小则范德华力太弱，也无法形成稳定的水合物。但是，在与气体水合物形成体系各相平衡共存的水合物相中，只可能有一种结构的固体水合物存在。

天然气的组成决定了水合物的结构类型。实际上，结构类型并不影响水合物的外观、物性或因水合物产生的其他问题。然而，结构类型会对水合物的形成温度、压力有明显影响。结构Ⅱ型水合物远比结构Ⅰ型水合物稳定。这就是含有 C_3H_8 和 $i-C_4H_{10}$ 的气体混合物形成水合物的温度，为何比不含这些组分的类似气体混合物形成水合物温度高的原因。C_3H_8 和 $i-C_4H_{10}$ 对水合物形成温度的影响如图2－2－7所示。

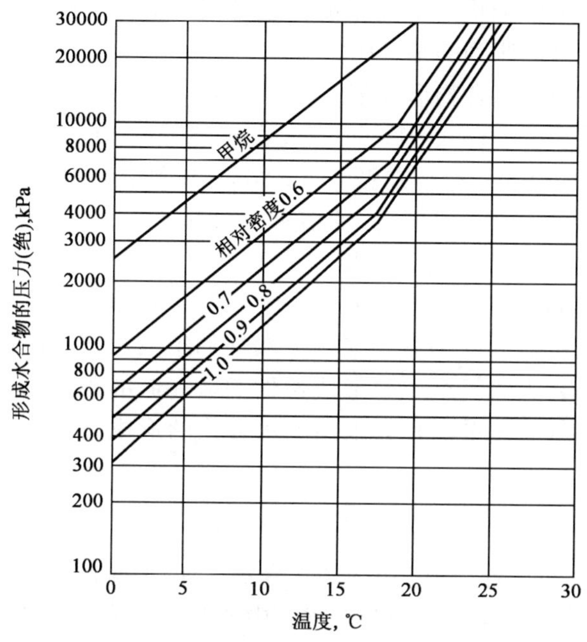

图 2-2-7　预测水合物形成的压力-温度曲线

必须注意的是，图 2-2-7 只能用于初步估计水合物的形成条件。

在一定压力下，天然气中存在 H_2S 时可使水合物形成温度显著升高。CO_2 的影响通常则小得多，而且在一定压力下它会使烃类气体混合物的水合物形成温度降低。

影响水合物形成的条件中首先要考虑的是：气体或液体必须处于或低于其水露点，或在饱和条件下（注意，在水合物形成时不必有液态水存在）以及温度、压力、组成。其次要考虑的是：动力学因素；晶体形成和聚结的实际环境条件，如管子弯头、孔板、温度计套管或管垢等；盐含量。

通常，当压力增加和温度降低至水合物形成条件时，都会形成水合物。

2）无硫天然气水合物形成条件预测

在天然气处理过程中，常常需要知道天然气水合物的形成条件。其中，采用较多的有相对密度法、平衡常数法、热力学模型法和实验法等。相对密度法和平衡常数法仅适用于无硫天然气的预测，而热力学模型法则还可用于含硫天然气的预测。

(1) 相对密度法。相对密度法（Katz，1945 年）可采用图解计算。已知天然气相对密度时，可由该图估计一定温度下气体形成水合物的最低压力，或一定压力下形成水合物的最高温度，还可用于估计无硫天然气在没有水合物形成下，可允许膨胀到的某一压力值。

由于气体组成对水合物形成条件影响很大，故采用图2－5预测时将因组成不同造成显著误差。Loh、Maddox和Erbar（1983年）曾将此法与用Soave－Redlich－Kwong（SRK）状态方程预测的结果进行比较后发现，对于甲烷和天然气相对密度不大于0.7时，两者结果十分接近；而当天然气相对密度在0.9～1.0时，两者的结果差别较大。

（2）平衡常数法。用于预测无硫气体和含少量CO_2和H_2S的天然气水合物形成条件的最可靠方法是需要采用天然气的组成数据。Katz提出的气－固平衡常数法就是将天然气组成与形成条件关联一起的预测方法，即由气体组成和实验测定的气－固平衡常数来预测水合物的形成条件，其关联式（又称Katz关联式）为

$$K_{vs} = y_i / x_{si} \tag{2-2-1}$$

式中 K_{vs}——气体混合物中i组分的水合物气-固平衡常数；

y_i——气体混合物中i组分在气相中的摩尔分数（干基）；

x_{si}——气体混合物中i组分在水合物相中的摩尔分数（干基）。

此方程仅限于气体混合物，不适用于纯气体。

形成水合物的初始条件为

$$\sum x_{si} = \sum (y_i / K_{vs}) = 1.0 \tag{2-2-2}$$

CH_4、C_2H_6、C_3H_8、$i-C_4H_{10}$和$n-C_4H_{10}$、CO_2和H_2S等的K_{vs}图见有关文献。$n-C_4H_{10}$本身不能形成水合物，但在气体混合物中可对水合物的形成作出贡献。N_2及戊烷以上烃类的K_{vs}值可视为无限大，因为它们不能形成水合物。但当一些相对分子质量较大的异构烷烃和环烷烃存在时，因其可形成结构H型水合物，计算时应谨慎。

当压力超过7.0～10.0MPa时，不推荐采用Katz关联式。

3）高CO_2、H_2S含量的天然气水合物形成条件预测

含硫天然气，特别是高CO_2、H_2S含量的天然气水合物形成条件与只含烃类的天然气水合物形成条件有明显不同。在一定压力下，无硫天然气中加入H_2S可使其水合物形成温度升高，加入CO_2可使水合物形成温度略有降低。

（1）热力学模型法。热力学模型法是建立在相平衡理论和实验研究基础上的一种预测水合物形成条件的方法。目前，几乎所有预测水合物形成条件

的方法都是在 ver der Waals - Platteeuw（vdWP）统计热力学模型的基础上发展起来的。根据相平衡准则，多组分体系处于平衡时每个组分在各相中的压力、温度和化学位（或逸度）相等。其中，化学位相等可表示为

$$\mu_W^H = \mu_W^\alpha \tag{2-2-3}$$

式中 μ_W^H——水在水合物相 H（客体分子占据晶穴）内的化学位；

μ_W^α——水在除水合物相以外任一其他平衡共存含水相 α 内的化学位。

如以水在客体分子未占据晶穴的水合物 β 相内的化学位 μ_W^β 为基准态，则可写出

$$\mu_W^\beta - \mu_W^H = \mu_W^\beta - \mu_W^\alpha \tag{2-2-4}$$

或

$$\Delta\mu_W^{\beta-H} = \Delta\mu_W^{\beta-\alpha} \tag{2-2-5}$$

Saito 和 Kobayshi 首先采用 vdWP 的统计热力学模型计算水合物相内水的化学位。1972 年 Parrish - Prausnitz 改进了上述方法，率先将 vdWP 模型推广到多组分体系的水合物相平衡计算中。之后，又有 Ng - Robinson 以及其他学者对 vdWP 模型加以改进，或提出不同的统计热力学模型。此外，还有一些学者采用 SRK 或 Peng - Robinson（PR）状态方程计算平衡各相内水的化学位或逸度，并编制成可预测水合物形成条件的软件。

目前，基于状态方程的软件是预测水合物形成条件的最准确方法。与实验数据比较，其准确度一般在 ±1℃之间。此法通常适用于工程设计。

（2）Baillie 和 Wichert 法。Baillie 和 Wichert 根据 PR 状态方程计算的大量水合物形成条件提出预测高 H_2S 气体水合物的方法（图 2 - 2 - 8）。Baillie 等指出，当酸性组分总含量在 1% ~70%，H_2S 含量在 1% ~50%，H_2S/CO_2 比在（1:3）～（10:1），并对 C_3H_8 含量进行校正后，由该图查得的水合物形成温度值中有 75% 的数据与用 PR 状态方程计算值相差 ±1.1℃，90% 的数据相差 ±1.7℃。图 2 - 2 - 8 也适用于不含酸性组分、C_3H_8 含量高达 70% 的无硫天然气。

（3）液烃中水的溶解度。某些文献提供了基于实验数据的水在无硫液烃中的溶解度。在含硫液烃中，水的溶解度显著升高。

可以用状态方程来估计水在液烃中的溶解度。但是，使用由状态方程求得的结果要慎重，并在可能条件下采用实验数据来证实。

烃类在水中的溶解度通常远低于水在液烃中的溶解度。

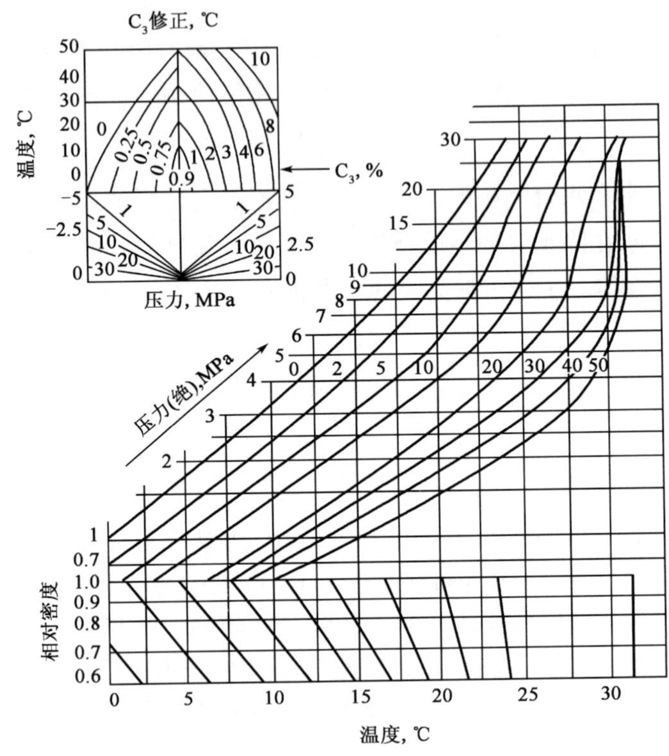

图 2－2－8　含 H_2S 天然气水合物曲线图

3. 烃-水体系的相图

1982 年 Maddox 和 Erbar 采用 SRK 状态方程对模拟天然气体系进行计算，并将其数据绘制成图 2－2－9 和图 2－2－10。

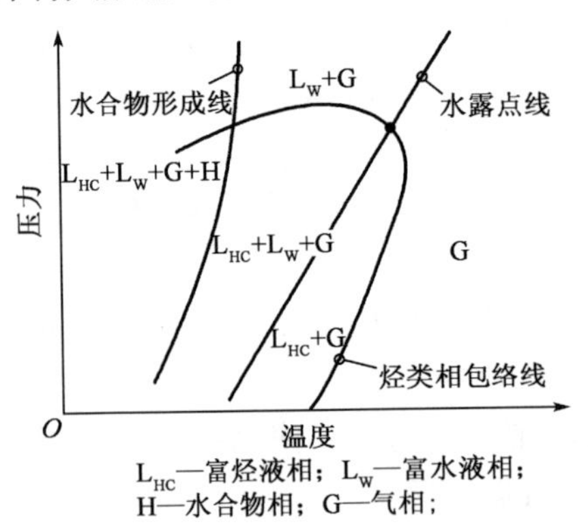

图 2－2－9　一般情况的烃-水体系的相图

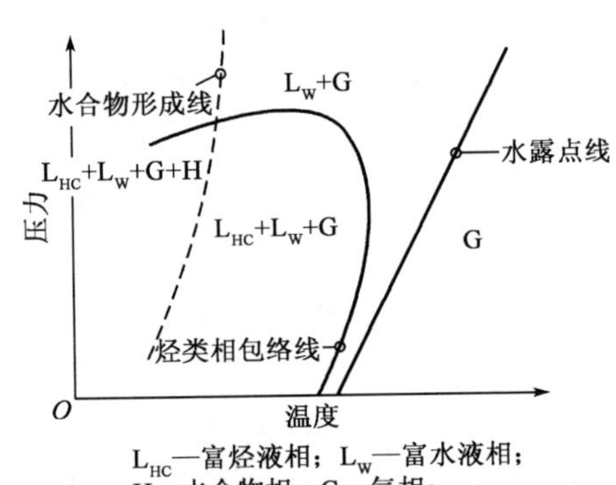

图 2－2－10　含水较多的烃-水体系相图

图2－2－9和图2－2－10中，除了不含水的烃类混合物相包络线外，还有水露点线和水合物形成线。必须说明的是，这些图只是近似表示了烃－水体系的相特性。由图可知，在烃－水体系中存在清晰并互相隔开的4个或5个相区。

图2－2－9是一般情况的烃－水体系相特性，图中共有气相（G）、气相＋富水液相（$G+L_W$）、气相＋富烃液相（$G+L_{HC}$）、气相＋富水液相＋富烃液相（$G+L_w+L_{HC}$）和气相＋富水液相＋富烃液相＋水合物相（$G+L_w+L_{HC}+H$）等5个相区。由图可知，当体系在压力低于水露点线与相包络线交点处压力值以下等压冷却时，首先有富烃液相析出。

图2－2－10是含水较多的烃－水体系相特性。图中的水露点线在烃露点线的右侧，所以没有气相＋富烃液相（$G+L_{HC}$），只有其他4个相区。因此，当含水较多的体系等压冷却时，首先有富水液相析出。

此外，当体系温度低于水的三相点时，还会出现冰相。

三、烃-二氧化碳体系相特性

为了保护在低温系统中运行的设备（如透平膨胀机），除需将天然气脱水外，还必须考虑气体中可能形成的其他半固态物或固态物。气体中存在的胺、甘醇和压缩机润滑油等都会在低温下使系统堵塞。

CO_2 也可在低温系统中形成固体。当天然气中含有较多的 CO_2 而且冷却至某一低温值时，就会出现固体 CO_2（干冰）。固体 CO_2 可使低温系统尤其是透平膨胀机出口和脱甲烷塔顶部堵塞甚至损坏，故一定要严防其形成。预测固体 CO_2 形成条件的方法有图解法和热力学模型法，前者用于近似估计，后者用于详细计算。

1. 图解法

图2－2－11可用来估计固体 CO_2 形成的条件。首先根据系统压力和温度，由图中右上方附图查得系统条件是处于液相区还是气相区。如果在液相区，则形成固体 CO_2 的条件仅与温度有关，即实际 CO_2 含量（摩尔分数）高于该温度下图中虚线（固－液相平衡线）对应的 CO_2 含量（摩尔分数）时，就可形成固体。如果在气相区，则还与压力有关，即根据系统压力和温度，由图中对应的固－气相平衡等压实线查得 CO_2 形成固体的含量。

如果流体中 CO_2 含量接近图中所查值，或者系统条件处于图中固体 CO_2 形成的安全区之外时，则应采用热力学模型法进行详细计算。

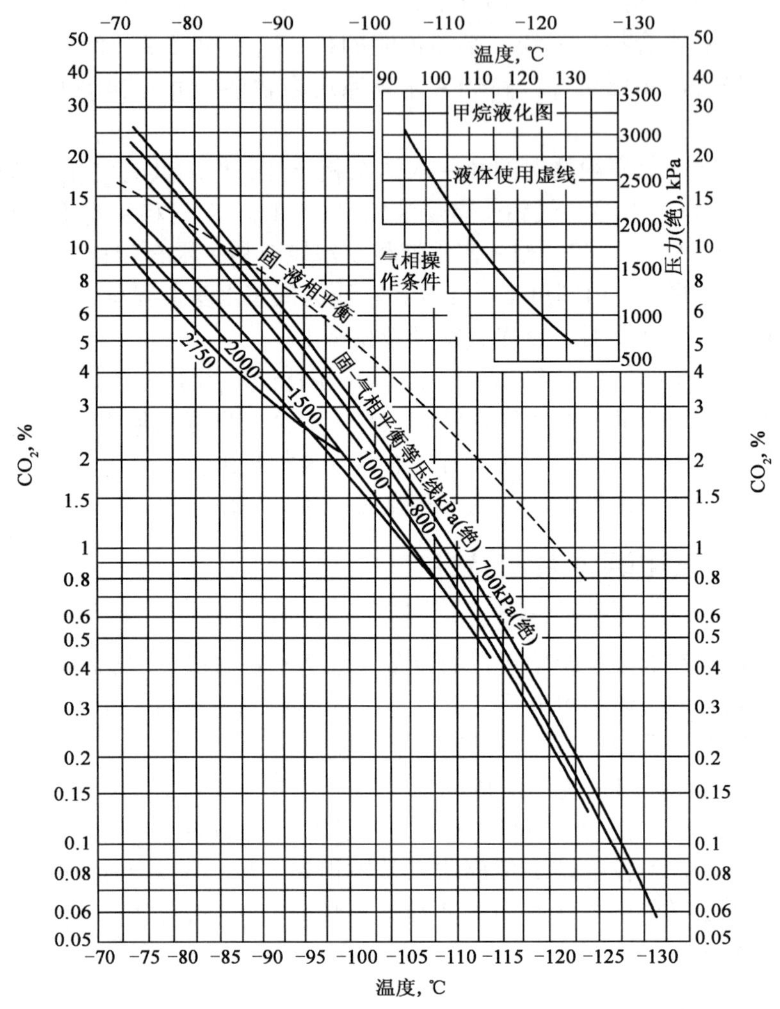

图 2－2－11　固体二氧化碳形成的近似条件

透平膨胀机出口凝液送至脱甲烷塔顶部塔板时，CO_2 会在顶部塔板以下的塔板上浓缩。这意味着凝液最可能出现固态 CO_2 的条件是在顶部塔板以下若干塔板处，而不是透平膨胀机出口。

2. 热力学模型法

在相当大范围内具有挥发性物质的混合物在低温下平衡时，能以气－液－固三相存在，如低温下天然气中固相可以是 CO_2、苯和重烃等。在这种情况下，通常可认为固相是纯的，即假定溶剂在固相中的溶解度等于零，从而简化计算。此外，流体逸度可由 SRK、PR 等状态方程来确定。

多组分体系处于平衡时，各组分在气、液、固相中的逸度相等。组分 i 在固相中的逸度 f_i^s 等于纯固体 i 的逸度，并可由下式得到，即

$$f_i^s = \phi_i^{sat} \cdot p_i^{sat} \cdot (PF)_i \quad (2-2-6)$$

$$(PF)_i = \exp\int_{p_i^{sat}}^{p} V_i^{sat} \mathrm{d}p/RT \quad (2-2-7)$$

式中　ϕ_i^{sat}——组分 i 固体在饱和压力 p_i^{sat} 下的逋度系数；

p_i^{sat}——组分 i 固体的饱和蒸气压力；

(PF)——组分 i 固体的 Poynting 因子，系考虑到总压 p 不同于 p_i^{sat} 时所加的校正；

V_i^{sat}——组分 i 固体的摩尔体积。

它们都是在温度 T 时的值。

组分 i 在气相、液相中的逸度 f_i^v、f_i^l 可直接从同时适用于气、液相的状态方程求解。因此，已知多组分气体混合物的压力（或温度）和组成时，由式(2－2－6)求得 f_i^s 和由状态方程求得 f_i^v，并且两者相等时的温度（或压力），即为组分 i 固体开始从组成已知的流体中析出的温度（或压力）。此外，当体系温度、压力和组成已知时，也可由式（2－2－6）求解组分 i 固体的析出量和流体相的组成。

如果多组分体系为液相，也可采用类似的方法来求解。

3. 二氧化碳的相图

实测某 CO_2 气井垂向井筒的流体密度是由上向下变大。井深为540m 处的流体温度为31℃，井深为540m 以上到井口均为饱和蒸气相，其流体密度为359～220kg/m³。井口到孔板流量计的流体密度为169～154kg/m³，流量计下游的流体密度为57kg/m³，均为不饱和蒸气相。井深为540m 以下到气层中部为气相，流体密度为394～485kg/m³。

低产气井流动过程受油管节流影响较大，在垂向井筒内会出现大段的低温异常区。随着气体在垂向井筒的流动，受地温场的影响，在井深为1500m 处的流体温度最高，随着气体向井口流动，温度又逐渐降低为正常地温梯度。

根据 CO_2 的密度、压力和温度，可编绘新的相态图。该图以临界温度和饱和蒸气压线划分三个相区：饱和蒸气压线左侧为流体密度小的汽相区；饱和蒸气压线右侧为流体密度大的液相区；临界温度以上为气相区。该图反映 CO_2 气井在测试过程中的相态变化。以某气井的开关井资料作图（图2－2－12）。图中，D～C 为流动状态垂向井筒的测试点。气井的关井：D～A 为井底压降

变化；A ~ D 为流动状态的压降变化。

从图 2 - 2 - 12 可看出，CO_2 气井关井恢复与开井流动，可在相图上构成几组循环：例如，关井过程，压力、温度与流体密度上升；开井流动，压力、温度与流体密度下降；井底与井口的压力、温度与流体密度也发生变化，从而可以了解气井测试过程的相态规律。

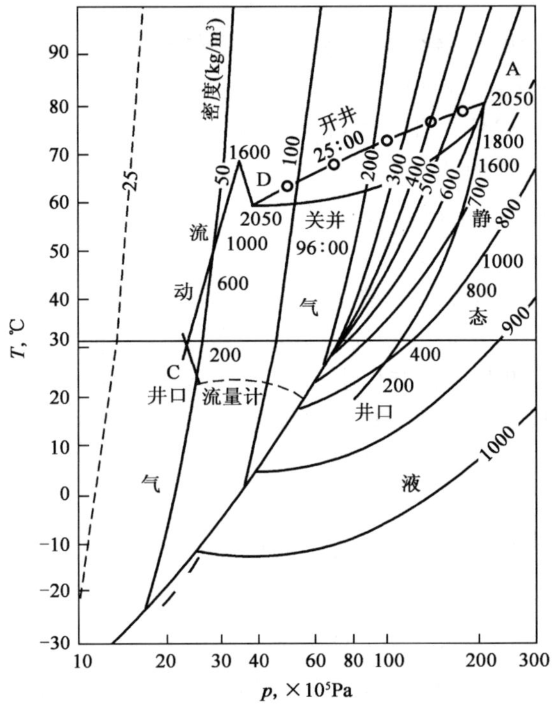

图 2 - 2 - 12　二氧化碳静态相态图

第三节　硫化氢和二氧化碳的主要性质

一、硫化氢的主要性质

1. 硫化氢的物理化学性质

硫化氢为无色有刺激性气味的气体，具有很强的毒性。其蒸气压在

25.5℃时为2026.5kPa，闪点：< -50℃，熔点：-85.5℃，沸点：-60.4℃；易溶于水、乙醇；溶解度为1：2.6（溶于水）；相对密度（空气=1）为1.19。其化学性质具有不稳定性（在较高温度时，分解成氢气和硫）、可燃性［燃烧生成二氧化硫（完全燃烧）和硫单质（不完全燃烧）］和较强的还原性。

2. 硫化氢对人的生理影响及危害

硫化氢对人的生理影响及危害情况见表2-3-1。

表2-3-1 H_2S对人的生理影响及危害情况表

在空气中的浓度			暴露于硫化氢的典型特性
%（体积分数）	$\times 10^{-6}$	mg/m^3	
0.000013	0.13	0.18	通常，在大气中含量为0.195mg/m^3（0.13×10^{-6}）时，有明显和令人讨厌的气味，在大气中含量为6.9mg/m^3（4.6×10^{-6}）时就气味明显；随着浓度的增加，嗅觉就会疲劳，气体不再能通过气味来辨别
0.001	10	14.41	有令人讨厌的气味；眼睛可能受刺激；美国政府工业卫生专家工会推荐的阈限制（8h加权平均值）
0.0015	15	21.61	美国政府工业卫生专家工会推荐的15min短期暴露范围平均值
0.002	20	28.83	在暴露1h或更长时间后，眼睛有烧灼感，呼吸道受到刺激，美国职业卫生和健康局的可接受上限值
0.005	50	72.07	暴露15min或15min以上的时间后嗅觉就会丧失，如果时间超过1h，可能导致头疼、头晕和或摇晃；超过75mg/m^3（50×10^{-6}）将会出现肺浮肿，也会对人员的眼睛产生严重刺激或伤害
0.01	100	144.14	3~5min出现咳嗽、眼睛受刺激和失去嗅觉；在5~20min过后，呼吸异常、眼睛疼痛并昏昏欲睡；在1h后会刺激喉道；延长暴露时间将逐渐加重这些症状。很快导致嗅觉麻痹，即不能依靠嗅觉来提前警告危险浓度
0.03①	300①	432.40①	导致结膜炎和呼吸道刺激
0.05	500	720.49	短期暴露后不省人事，如不迅速处理将停止呼吸。头晕、失去理智和平衡感；患者需要迅速进行人工呼吸和（或）心肺复苏技术
0.06	600	913	迅速引起人体的反射性呼吸抑制，最终导致窒息和死亡
0.07	700	1008.55	意识快速丧失，如不迅速营救，呼吸就会停止并导致死亡；必须立即采取人工呼吸和（或）心肺复苏技术
>0.1	>1000	>1440.98	立即丧失知觉，造成永久性的脑伤害或脑死亡；必须迅速进行营救，应用人工呼吸和（或）心肺复苏

①此浓度为立即危害生命或健康的值；请参见美国国家职业安全和健康学会DHHS No 85-114《化学危险袖珍指南》；对生命产生威胁，导致不可逆转影响，影响人员逃离能力。

二、二氧化碳的主要性质

1. 二氧化碳的物理化学性质

二氧化碳为无色气体，能溶于水，密度比空气大，为1.977g/L，既不能燃烧，也不支持燃烧。

2. 二氧化碳对人的生理影响及危害

二氧化碳通常为无色无臭不燃气体，在低浓度时，对呼吸中枢呈兴奋作用，高浓度时则产生抑制甚至麻痹作用，中毒机制中还兼有缺氧的因素。人进入高浓度二氧化碳环境，在几秒钟内迅速昏迷倒下，反射消失、瞳孔扩大或缩小、大小便失禁、呕吐等，更严重者出现呼吸停止及休克，甚至死亡。液态二氧化碳在常压下迅速气化，能造成－80～－43℃低温，引起皮肤和眼睛严重的冻伤。盛装二氧化碳的容器若遇高热，容器内压增大，有开裂和爆炸的危险。

第四节　商品天然气质量指标

一、商品天然气质量要求

商品天然气的质量要求不是按其组成，而是根据经济效益、安全卫生和环境保护三方面的因素综合考虑制定的。不同国家，甚至同一国家不同地区、不同用途的商品天然气质量要求均不相同，因此，不可能以一个标准来统一。此外，由于商品天然气多通过管道输往用户，又因用户不同，对气体的质量要求也不同。通常，商品天然气的质量要求主要有以下几项。

1. 热值（发热量）

目前，天然气的主要用途是作为工业和民用燃料。因此，热值是对包括天然气在内的燃气（气体燃料）的一项重要质量要求，可分为高热值（高位发热量）与低热值（低位发热量），单位为kJ/m^3或kJ/kg，也可为MJ/m^3或MJ/kg。不同种类的燃料气热值差别很大，常用燃料低热值见表2－4－1和表2－4－2。

表 2-4-1 常用固体、液体燃料的低热值（概略值）

燃料	标准煤	烟煤	无烟煤	焦炭	重油	汽油	柴油	煤油
热值 kJ/kg	29260	25080 ~ 27170	20900 ~ 25080	25080 ~ 28400	41800	43890	42600	43050

注：数据摘自《天然气处理原理与工艺》。

表 2-4-2 常用气体燃料的低热值（概略值）

燃气	液化石油气 MJ/kg	天然气 MJ/m^3	裂化油制气 MJ/m^3	炼焦煤气 MJ/m^3	混合人工气 MJ/m^3	矿井气 MJ/m^3
热值	41.9	35.6	18.9	17.6	14.7	13.4

注：数据摘自《天然气处理原理与工艺》。

燃气热值也是用户正确选用燃烧设备或燃具时所必须考虑的一项重要质量要求。

沃泊（WOhb）指数（也称华白数）是代表燃气特性的一个参数。它的定义式为

$$W = H/d^{0.5} \tag{2-4-1}$$

式中 W——沃泊（Wobb）指数，或称热负荷指数；

H——燃气热值，kJ/m^3（各国习惯不同，有的取高热值，有的取低热值，我国取高热值）；

d——燃气相对密度（设空气的 $d=1$）。

假设两种燃气的热值和相对密度均不同，但只要它们的沃泊指数相等，就能在同一燃气压力下和在同一燃具或燃烧设备上获得同一热负荷。因此，沃泊指数可作为燃气互换性的一个判定指数。只要一种燃气与另一种燃气的沃泊指数相同，则此燃气对另一种燃气具有互换性。各国一般规定，在两种燃气互换时，沃泊指数的允许变化率不大于 ±（5 ~ 10)%。在两种燃气互换时，热负荷除与沃泊指数有关外，还与燃气黏度等性质有关，但在工程上这种影响往往可忽略不计。

由此可见，在具有多种气源的城镇中，由燃气热值和相对密度所确定的沃泊指数，对于燃气经营管理部门及用户都有十分重要的意义。

在一些国家的商品天然气质量指标中，都对其热值有一定要求，如在北美各国，一般要求商品天然气的热值不低于 34.5 ~ 37.3MJ/m^3。

2. 烃露点

此项要求是用来防止在输气或配气管道中有液烃析出。析出的液烃聚集

在管道低洼处，会减少管道流通截面。只要管道中不析出游离液烃，或游离液烃不滞留在管道中，烃露点要求就不十分重要。烃露点一般根据各国具体情况而定，有些国家规定了在一定压力下允许的天然气最高烃露点。我国规定进入输气管道的烃露点应低于管道沿线的最低环境温度。

3. 水露点

此项要求是用来防止在输气或配气管道中有液态水（游离水）析出。液态水的存在会加速天然气中酸性组分（H_2S、CO_2）对钢材的腐蚀，还会形成天然气水合物，堵塞管道和设备。此外，液态水聚集在管道低洼处，也会减少管道的流通截面。冬季水会结冰，也会堵塞管道和设备。

水露点一般也是根据各国具体情况而定。在我国，对商品天然气要求在天然气交接点的压力和温度条件下，天然气的水露点应比最低环境温度低5℃；对天然气凝液回收装置，水露点应比最低制冷温度至少低5℃；也有一些国家是规定天然气中的水含量。水露点通常简称露点。

4. 硫含量

此项要求主要是用来控制天然气中硫化物的腐蚀性和对大气的污染，常用硫化氢含量和总硫含量表示。

天然气中硫化物分为无机硫和有机硫。无机硫指硫化氢，有机硫指二硫化碳、羰基硫、硫醇（CH_3SH、C_2H_5SH）、噻吩（C_4H_4S）、硫醚（CH_3SCH_3）等。天然气中的大部分硫化物为无机硫。

硫化氢及其燃烧产物二氧化硫，都具有强烈的刺鼻气味，对眼粘膜和呼吸道有损坏作用。硫化氢的阈限值为15mg/m^3，安全临界浓度为30mg/m^3（20×10^{-6}），危险临界浓度为150mg/m^3，二氧化硫的阈限值为5.4mg/m^3。

硫化氢又是一种活性腐蚀剂。在高压、高温以及有液态水存在时，腐蚀作用会更加剧烈。硫化氢燃烧后生成二氧化硫和水，也会造成对燃具或燃烧设备的腐蚀。因此，一般要求天然气中的硫化氢含量不高于6～20mg/m^3。除此之外，对天然气中的总硫含量也有一定要求，一般要求小于460mg/m^{3}或更低。

5. 二氧化碳含量

二氧化碳也是天然气中的酸性组分，在有液态水存在时，所生成的碳酸对管道和设备也有腐蚀性。尤其当硫化氢、二氧化碳与水同时存在时，对钢材的腐蚀更加严重。此外，二氧化碳还是天然气中的不可燃组分。因此，一些国家规定了天然气中二氧化碳的含量不高于2%～3%（体积分数）。

6. 机械杂质（固体颗粒）

在我国国家标准 GB 17820—1999《天然气》中虽未规定商品天然气中机械杂质的具体指标，但明确指出“天然气中固体颗粒含量应不影响天然气的输送和利用”，这与国际标准化组织天然气技术委员会（IS/TC 193）1998 年发布的 IS 3686《天然气质量指标》是一致的。应该说明的是，固体颗粒指标不仅应规定其含量，也应说明其粒径。因此，中国石油天然气集团公司的企业标准 Q/SY 30—2002《天然气长输管道气质要求》对固体颗粒的粒径明确规定应小于 5μm，俄罗斯国家标准（ГОСТ 5542）则规定固体颗粒不大于 $1mg/m^3$。

7. 其他质量要求

其他质量要求包括氧含量、输气压力和输气温度等。

从我国西南油气田分公司天然气研究院十多年来对国内各油气田所产天然气的分析数据看，从未发现过井口天然气中含有氧。但四川、大庆等地区的用户均曾发现商品天然气中含有氧（在短期内），有时其含量还超过 2%（体积分数）。这部分氧的来源尚不甚清楚，估计是集输、处理等过程中混入天然气中的。由于氧会与天然气形成爆炸性气体混合物，而且在输配系统中氧也可能氧化天然气中的加臭剂（如硫醇）而形成腐蚀性更强的产物，故无论从安全或防腐的角度，应对此问题引起足够重视，及时开展调查研究。

国外对天然气中氧含量有规定的国家不多，如德国的商品天然气标准规定氧含量不超过 1%（体积分数，下同），俄罗斯国家标准（ГОСТ 5542）也规定不超过 1%，但全俄行业标准 ГОСТ 51.40 则规定在温暖地区应不超过 0.5%。中国石油天然气股份有限公司企业标准 Q/SY 30—2002《天然气长输管道气质要求》则规定输气管道中天然气中的氧含量应小于 0.5%。

此外，北美国家的商品天然气质量要求中，有的还规定了最高输气温度和最高输气压力等指标。

国标标准化组织于 1998 年发布了一份关于天然气质量标准指导性准则——ISO 13686—1998《天然气质量指标》。它列出了管输天然气质量应当考虑的指标、计量单位和相应的实验方法，但并未作出定量规定。表 2－4－3 给出了国外的一些商品天然气的部分质量指标，表 2－4－4 则是我国 1999 年公布的《天然气》国家标准中有关商品天然气的质量指标。

表 2-4-3　国外商品天然气的部分质量指标

国家	H_2S，mg/m^3	总硫，mg/m^3	CO_2，%	水露点，℃/MPa	高热值，MJ/m^3
英国	5	50	2.0	夏 4.4/6.9 冬 -9.4/6.9	38.84～42.85
荷兰	5	120	1.5～2.0	-8/7.0	35.17
法国	7	150	—	-5/操作压力	37.67～46.04
德国	5	120	—	地温/操作压力	30.2～47.2
意大利	2	100	1.5	-10/6.0	—
比利时	5	150	2.0	-8/6.9	40.19～44.38
奥地利	6	100	1.5	-7/4.0	—
加拿大	6	23	2.0	$64mg/m^3$	36.5
	23	115		-10/操作压力	36
美国	5.7	22.9	3.0	$110mg/m^3$	43.6～44.3
俄罗斯	7.0	16.0	—	夏 -3/（-10） 冬 -5（-20）	32.5～36.1
保加利亚	20	100	7.0	-5/4.0	32.5～36.1
前南斯拉夫	20	100	7.0	夏 -7/4.0 冬 -11/4.0	32.5～36.1

表 2-4-4　我国商品天然气质量指标

项　目	一　类	二　类	三　类	试验方法
高位发热量，MJ/m^3	≥31.4			GB/T 11062
总硫（以硫计），mg/m^3	≤100	≤200	≤460	GB/T 11062
硫化氢，mg/m^3	≤6	≤20	≤460	GB/T 11060.1
二氧化碳，%（体积分数）	≤3.0		—	GB/T 13610
水露点	在天然气交接点的压力和温度条件下，天然气的水露点应比最低环境温度低 5℃			GB/T 17283

在国外，随着天然气在能源结构中的比重上升以及输气压力增加和输送距离增加，对天然气的质量指标或要求也更加严格。

实际上，商品天然气的质量指标应从提高经济效益出发，在满足国家关于安全卫生和环境保护等标准的前提下，由供需双方按照需要和可能，在签订供气合同或协议时具体协商确定。

如果只是考虑符合管道输送要求，经过相应处理后的天然气称为管输天然气，简称管输气或管道气。我国对管输天然气的质量要求如下：

（1）进入输气管道的气体必须清除其中的机械杂质。

（2）水露点应比输送条件下最低环境温度低5℃。

（3）烃露点应低于最低环境温度。

（4）气体中的硫化氢含量不应大于20mg/m^3。

如输送不符合上述质量要求的气体，则必须采取相应的保护措施。

二、天然气处理主要产品及质量要求

除商品天然气外，天然气处理产品还有液化天然气、天然气凝液、液化石油气、天然汽油等。典型的天然气及其处理产品的组分见表2－4－5。

表2－4－5 典型的天然气及其产品组成

组成	He等	N_2	CO_2	H_2S	C_1	C_2	C_3	$i-C_4$	$n-C_4$	$i-C_5$	$n-C_5$	C_6	C_7^+
天然气	▲	▲	▲	▲	▲	▲	▲	▲	▲	▲	▲	▲	▲
惰性气体	▲	▲	▲										
酸性气体			▲	▲									
液化天然气		▲			▲	▲	▲	▲	▲				
天然气凝液						▲	▲	▲	▲	▲	▲	▲	▲
液化石油气						▲	▲	▲	▲				
天然汽油							▲	▲	▲	▲	▲	▲	▲
稳定凝析油								▲	▲	▲	▲	▲	▲

注：数据摘自王遇冬．天然气处理原理与工艺。

1．液化石油气

液化石油气（Liquefied Petroleum Gas，LPG）也称为液化气，是指主要由C_3和C_4烃类组成并在常温下处于液态的石油产品。按其来源分为炼厂液化石油气和油气田液化石油气两种。炼厂液化石油气是由炼油厂的二次加工过程所得，主要由丙烷、丙烯、丁烷和丁烯等组成。油气田液化石油气则是由天然气处理过程所得到的，通常又可分为商品丙烷、商品丁烷和商品丙、丁烷混合物等。商品丙烷主要由丙烷和少量丁烷及微量乙烷组成，适用于要求高挥发性产品的场合。商品丁烷主要由丁烷和少量丙烷及微量戊烷组成，适用于要求低挥发性产品的场合。商品丙烷、丁烷混合物主要由丙烷、丁烷和少量乙烷、戊烷组成，适用于要求中挥发性产品的场合。油气田液化石油气不含烯烃。我国油气田液化石油气质量指标见表2－4－6。

表 2-4-6　我国油气田液化石油气质量指标（GB 9052.1—1998）

项　　目	质量指标			试验方法
	商品丙烷	商品丁烷	商品丙、丁烷混合物	
37.8℃时的蒸气压（表压），kPa　不大于	1430	485	1430	GB/T 6602
组分/%（体积分数）				
丁烷及以上组成部分　不大于	2.5	—	—	SH/T 0230
戊烷及以上组成部分　不大于	—	2.0	3.0	
残留物				
100mL 蒸发残留物，mL　不大于	0.05	0.05	0.05	SY/T 7509
油渍观察	通过	通过	通过	
密度（20℃或 15℃），kg/m^3	实测	实测	实测	SH/T 0231
铜片腐蚀，级　不大于	1	1	1	SH/T 0232
总硫含量，10^{-6}（质量分数）　不大于	185	140	140	SY/T 7508
游离水	—	无	无	目测

2. 稳定轻烃

稳定轻烃是指从天然气凝液中提取的，以戊烷和更重的烃类为主要成分的液态石油产品，其终沸点不高于 190℃，在规定的蒸气压下，允许含少量丁烷，也称天然汽油。我国稳定轻烃质量指标见表 2-4-7。

表 2-4-7　我国稳定轻烃质量指标（GB 9053—1998）

项　　目	质量指标		试验方法
	1 号	2 号	
饱和蒸气压，kPa	74～200	夏季<74	GB/T 8017—1987
		冬季[①] <88	
馏程			GB/T 6536—1997
10%蒸发温度，℃　不低于		35	
90%蒸发温度，℃　不高于	135	150	
终馏点，℃　不高于	190	190	
60℃蒸发率，%	实测	—	
硫含量，%　不大于	0.05	0.10	SH/T 0253—1992
机械杂质及水分	无	无	目测[②]
铜片腐蚀，级　不大于	1	1	GB/T 5096—1985（1991）
颜色，赛波特颜色号	+25	—	GB/T 3555—1992

①冬季指在 9 月 1 日至第二年 2 月 29 日间。

②将油样注入 100mL 的玻璃量筒中观察，应当透明，没有悬浮与沉淀的机械杂质和游离水。

3. 液化天然气

液化天然气（Liquefied Natural Gas，LNG）是由天然气液化制取的，以甲烷为主的液烃混合物。其摩尔组成：C_1 为 80% ~95%；C_2 为 3% ~10%；C_3 为 0 ~5%；C_4 为 0 ~3%；C_5^+ 微量。一般是在常压下将天然气冷冻到约 -162℃使其变为液体。

由于液化天然气的体积为其气体（20℃，101.325kPa）体积的 1/625，故有利于输送和储存。随着液化天然气运输船及储罐制造技术的进步，将天然气液化几乎是目前跨越海洋运输天然气的主要方法。LNG 不仅可作为石油产品的清洁替代燃料，也可用来生产甲醇、氨及其他化工产品。此外，在一些国家和地区 LNG 还用于民用燃气调峰。LNG 再气化时的蒸发相变焓（-161.5℃时约为 511kJ/kg）还可供制冷、冷藏等行业使用。LNG 主要物理性质见表 2-4-8。

表 2-4-8　LNG 的主要物理性质

项目	气体相对密度（空气 =1）	沸点,℃（常温下）	液态密度，g/L（沸点下）	高热值，MJ/m^3	颜色
数值	0.60 ~0.70	约 -162	430 ~460	41.5 ~45.3	无色透明

4. 压缩天然气

压缩天然气（Compressed Natural Gas，CNG）是经过压缩的高压商品天然气，其主要成分是甲烷。由于它不仅抗爆性能（甲烷的研究法辛烷值约为 108）和燃烧性能好，燃烧产物中的温室气体及其他有害物质含量很少，而且生产成本较低，因而是一种很有发展前途的汽车清洁替代燃料。一般灌装在 25MPa 的气瓶中供汽车使用，称为汽车用压缩天然气（Compressed Natural Gas for vehicle），其质量指标见表 2-4-9。

表 2-4-9　我国车用压缩天然气的质量标准（GB 18047—2000）

项　目	技术指标
高位发热量，MJ/m^3	>31.4
总硫（以硫计），mg/m^3	≤200
硫化氢，mg/m^3	≤15
二氧化碳,%（体积分数）	≤3.0
氧气,%（体积分数）	≤0.5
水露点	在汽车驾驶的特定地理区域内，在最高操作压力下，水露点不应高于 -13℃；当最低气温低于 -8℃时，水露点应比最低气温低 5℃

至于其他物质，如商品乙烷等，我国目前尚无上述那样由国家或行业标准中提出的质量指标。

5. 硫黄

元素硫在不同温度下有多种同素异形体，并因温度变化而有相变。通常条件下，硫是黄色固体，有两种由八原子环（S8 环）组成的结晶形式（斜方晶硫和单斜晶硫，两者排列形式和间距不同）与一种无定形形式（无定形硫）。由常温直到95.6℃是处于稳定形式的斜方晶硫，又称正交晶硫或 α 硫；升温到95.6℃则转变为单斜晶硫，又称 β 硫。由95.6℃直到熔点为止，单斜晶硫是固硫的稳定形式。无定形流是将液硫加热到接近沸点时倾入冷水迅速冷却得到的固硫，由于具有弹性，故又称之为弹性硫。不溶硫指不溶于 CS_2 的硫黄，也称聚合硫、白硫或 ω 硫，主要用作橡胶制品，特别是子午胎的硫化剂。硫黄的物理性质见表2－4－10。

表2－4－10　硫黄的物理性质

项　目	数　值	项　目	数　值
原子体积，mL/mol		折射率（n_D^{20}）	
正交晶	15	正交晶	1.957
单斜晶	16.4	单斜晶	2.038
沸点（101.3kPa），℃	444.6	临界温度，℃	1040
相对密度（d_{40}^{20}）		临界压力，MPa	11.754
正交晶	2.07	临界密度，g/cm^3	0.403
单斜晶	1.96	临界体积，mL/g	2.48
着火温度，℃	248～261		

工业硫黄产品呈黄色或淡黄色，有块状、粉状、粒状及片状。我国国家标准GB 2449—1992《工业硫黄》中对工业硫黄的质量指标见表2－4－11。表中的优等品已可满足我国国家标准GB 3150—1999《食品添加剂硫黄》的要求。

表2－4－11　我国工业硫黄质量指标

项目	硫（S）不小于	水分不大于	灰分不大于	酸度（以 H_2SO_4 计）不大于	有机物不大于	砷（As）不大于	铁（Fe）不大于	筛余物	
								孔径150μm不大于	孔径150μm不大于
优等品	99.90	0.10	0.03	0.003	0.03	0.0001	0.003	无	0.5
一等品	99.50	0.50	0.10	0.005	0.30	0.01	0.005	无	1.0
合格品	99.00	1.00	0.20	0.02	0.80	0.05	—	3.0	4.0

三、硫黄回收尾气 SO_2 排放标准

各国对硫黄回收装置尾气 SO_2 的排放标准各不相同。有的国家根据不同地区、不同烟囱高度规定允许排放的 SO_2 量；有的国家还同时规定允许排放的 SO_2 浓度；更多的国家和地区是根据硫黄回收装置的规模规定必须达到的总硫收率，规模越大，要求也越严格。

1. 国外标准

表 2－4－12 给出了一些经济发达国家硫黄回收装置所要求达到的硫收率要求。由表 2－4－12 可以看出：

（1）一些国家尤其是美国根据装置规模不同而有不同的硫收率要求，规模越大要求越严；

（2）各国从自身国情出发，其标准差别很大。例如，加拿大因地广人稀故其标准较美国宽，而日本由于是人口密集的岛国，故其标准最严。

（3）随着经济发展和环保意识的增强，这些国家所要求的硫收率也在不断提高。

表 2－4－12　一些国家对硫黄回收装置硫收率的要求

% （质量分数）

<table>
<tr><th rowspan="2">国　　家</th><th colspan="8">装置规模，t/d</th></tr>
<tr><th><0.3</th><th>0.3～2</th><th>2～5</th><th>5～10</th><th>10～20</th><th>20～50</th><th>50～2000</th><th>2000～10000</th></tr>
<tr><td>美国得克萨斯州
新建装置</td><td>焚烧</td><td></td><td colspan="2">96.0</td><td>97.5～98.5</td><td>98.5～99.8</td><td colspan="2">99.8</td></tr>
<tr><td>已建装置</td><td>焚烧</td><td>96.0</td><td colspan="2">96.0～98.5</td><td>98.5～99.8</td><td>99.8</td><td colspan="2">99.8</td></tr>
<tr><td>加拿大</td><td colspan="3">70</td><td>90</td><td colspan="2">96.3</td><td>98.5～98.8</td><td>99.8</td></tr>
<tr><td>意大利</td><td colspan="5">95</td><td>96</td><td colspan="2">97.5</td></tr>
<tr><td>德国</td><td colspan="5">97</td><td>98</td><td colspan="2">98.5</td></tr>
<tr><td>日本</td><td colspan="8">99.9</td></tr>
<tr><td>法国</td><td colspan="8">97.5</td></tr>
<tr><td>荷兰</td><td colspan="8">99.8</td></tr>
<tr><td>英国</td><td colspan="8">98</td></tr>
</table>

2. 我国标准

我国在1997年执行的GB 16297—1996《大气污染物综合排放标准》中对SO_2的排放不仅有严格的总量控制（最高允许排放速率），而且同时有非常严格的SO_2排放浓度控制（最高允许排放浓度），见表2-4-13。

表2-4-13　我国GB 16297—1996《大气污染物综合排放标准》中对硫黄生产装置SO_2排放限值

最高允许排放浓度，mg/m^3	排气筒高度，m	最高允许排放速率，kg/h		
		一级	二级	三级
1200（960）	15	1.6	3.0（2.6）	4.1（3.5）
	20	2.6	5.1（4.3）	7.7（6.6）
	30	8.8	17（15）	26（22）
	40	15	30（25）	45（38）
	50	23	45（39）	69（58）
	60	33	64（55）	98（83）
	70	47	91（77）	140（120）
	80	63	120（110）	190（160）
	90	82	160（130）	240（200）
	100	100	200（170）	310（270）

我国标准不仅对已建和新建装置分别有不同的SO_2排放限值，而且还区分不同地区有不同要求，以及在一级地区不允许新建硫黄回收装置。然而，对硫黄回收装置而言，表2-4-13的关键是对SO_2排放浓度的限值，即已建装置的硫收率需达到99.6%才能符合SO_2最高允许排放浓度（$1200mg/m^3$），新建装置则需达到99.7%。这样，不论装置规模大小，都必须建设投资和操作费用很高的尾气处理装置方可符合要求。此标准的严格程度仅次于日本，而显著超过美国、法国、意大利和德国等发达国家。

为此，国家环保总局在环函［1999］48号文件《关于天然气净化厂脱硫尾气排放执行标准有关问题的复函》中指出："天然气作为一种清洁能源，其推广使用对于保护环境有积极意义。天然气净化厂排放脱硫尾气中二氧化硫具有排放量小、浓度高、治理难度大、费用较高等特点，因此，天然气净化厂二氧化硫污染物排放应作为特殊污染源，制定相应的行业污染物排放标准进行控制；在行业污染物排放标准未出台前，同意天然气净化厂脱硫尾气暂按GB 16297—1997《大气污染物综合排放标准则》中的最高允许排放速率指标进行控制，并尽可能考虑二氧化硫综合回收利用。"目前，天然气行业关于脱硫尾气排放标准正在制订中。

第三章 天然气地面集输

第一节 概 述

一、集输工艺

1. 气田集输总工艺流程和集输系统总体布局

1）气田集输系统的作用和范围

气田地面集输为实现气田地面开发的重要组成部分，是将分散的气井原料气经收集、处理和输送的全过程。气田集输工作范围起于气井井口，然后到天然气处理厂，经过气田区域集中处理后至气区商品天然气贸易交接点。

气田集输系统包括集输管网和集输站场。集输管网负责井口天然气的收集与输送。集输站场负责对原料天然气进行预处理，满足天然气处理厂原料气的气质要求，保障集输管网中的水力、热力流动性能，并取得气井生产动态数据。集输站场预处理一般有节流降压、分离、计量、加热、注入化学剂、腐蚀控制、增压等过程。

2）气田集输系统总工艺流程

气田集输系统总工艺流程是指集输系统中各工艺环节间的关系及其管路特点的工艺组合。每个工艺环节的功能和任务、技术指标、工作条件和生产参数、各工艺环节的相互关系以及连接它们的管路特点均需在总工艺流程中明确规定。

制订气田技术系统总工艺流程的主要技术依据如下：

（1）气藏工程及采气工程方案。其中最为重要的基础资料包括气藏储量、气井分布、井流物全组分、油水性质、单井产能、井口流量、压力和温度及其变化趋势等。

（2）天然气处理工艺及外输系统对气质的要求。

制订气田集输系统总工艺流程遵循的主要技术准则如下：

（1）满足国家、行业和地方的有关法律、法规及标准规范要求，保证气田生产安全、环保、节能运行。

（2）合理确定建设规模，近远期结合，适应性强，一次规划，分期实施，避免重复建设。

（3）充分利用气藏天然能量，合理确定地面系统的压力级制，进行输送与处理。

（4）尽量简化工艺环节，提高系统的集中度和密闭性，方便管理与维护。

（5）将天然气集输与天然气处理、外输视为有机整体，达到综合效益最佳。

（6）集输主体工艺与配套系统协调配合。

3）气田集输系统总体布局

气田集输系统总体布局主要确定以下内容：集输站场布点选址，集输管线宏观走向，水、电、信、路辅助设施分布及走向，气田行政管理、抢维修、生活依托设施分布情况等。进行气田总体布局时主要考虑以下因素：

（1）与气田集输系统总工艺流程和功能需求相适应。

（2）满足国家、行业和地方相关政策和规划要求。

（3）充分利用气田周边已有设施及社会资源。

（4）集输工艺站场选址与气井分布、天然气处理及外输站场统筹协调，从系统上优化布局。集输管道总体走向符合产品流向要求。

（5）站、线、路相结合，方便生产管理与维护抢修。

（6）水、电、信、路配套系统布局与集输主体工艺布局相结合，尽量共用走廊带。

（7）处理好与气田周边重要工矿企业及环境敏感区的关系。

（8）优化站场功能，尽量集中建站。

（9）与地形地貌、水文和工程地质、地震烈度、交通运输、人文社会、地方规划等条件相结合。

2. 输送工艺

气田输送工艺分为湿气输送工艺和干气输送工艺。由于湿气输送工艺简单、投资少，宜优先选用；在湿气输送条件存在一定困难时，可考虑脱水后干气输送。当集输管网压力较低的情况下，可考虑增压输送。

1）湿气输送与干气输送

天然气湿气输送是指含游离水的湿天然气通过管道输送的一种工艺，在气田集输中广为采用。对于高含 H_2S 和 CO_2 天然气的输送方式，湿气输送工艺的技术难点是高压抗硫材料的选择、防腐技术和集输管网泄漏检测等，其中腐蚀控制是天然气集输技术的关键。

应用实例：对于新疆塔里木的多个气田，集输系统均采用了湿气输送工艺。大部分采用湿气输送工艺采用了碳钢管材 + 缓蚀剂的防腐方案，对于气质中含有 H_2S、CO_2 或者 Cl^- 等腐蚀介质，通过方案比选，可采用耐腐蚀合金，如克拉 2 气田，针对高温下 Cl^-、CO_2 的腐蚀，集气干线重点部位采用 22Cr 双相不锈钢，以控制管道腐蚀。

天然气干气输送是指在整个输送过程中天然气温度始终保持在水露点之上的状态，是高酸性气田集输管道防止腐蚀、保证安全运行的常见措施之一。干气输送工艺从腐蚀机理上解决了酸性气体对输气管线和设备的腐蚀问题，输送工艺相对安全可靠，风险小，但酸性气体脱水工艺和生产污水处理等关键技术问题应重点关注。

应用实例：四川大天池构造带多个气田为避免管道沿线高差大，长距离输送存在管道积液、H_2S 及 CO_2 腐蚀难以控制等问题，降低含硫湿气输送风险，设置了多座脱水站，并且使气体露点符合管输要求，集气干线采用干气输送，达到防腐蚀目的。

2）气液混输与气液分输

湿气输送工艺可分为气液混输与气液分输。

气液分输工艺是先将天然气在井场或集气站进行分离，分离后的气体、液体分别进行输送。对于液体输送常见的有泵压管输及汽车拉运等方式。气液分输集气系统流程复杂，设备较分散且集中度及密闭性低，一次投资及运行费用高，并给气田运行管理带来不便。气液分输工艺适用于以下几种情况：

（1）对井间距离远，采气管线长的边远井，气液分输方式是适宜的；

（2）采气管线高差较大，清管时巨大液量容易引起系统超压的工况，采用气液分输；

（3）单井产液量较大，液气比率较高，对下游水处理系统造成困难，宜采用气液分输。

应用实例：重庆气矿龙门气田所辖生单井井位分散，且各井开发时间不一致，一般采取气液分输、单井集气的工艺。

气液混输集气工艺是利用天然气的压力将所携带的油、水等液体收集与输送，一般由集气支线、干线混输至油气处理厂或集中处理站再进行处理。该工艺大大地简化地面集输流程，具有节能降耗、站场设施少、操作简单、

管理方便、节省投资等特点。在采用气液混输工艺时，对于地形起伏大的地区，因流型变化多，气体压力波动大，需要适当提高集气系统的设计压力。气液混输管道为了防止清管工况下段塞流液体产生冲涌，在集气管道末端常需设置段塞流捕集设施。气液混输集气工艺适用于以下几种情况：

（1）井间距较小，采气、集气管道较短的集输管网；

（2）凝析气田天然气中含有凝析油、气田水，对井、站上分离的液体处理、输送困难，因此宜采用气液混输；

（3）井场至集气站采用气液混输，适用于高含硫气田，解决了井场含硫污水难以处理、维护费用高、污染环境等问题。

应用实例：新疆塔里木气田，如克拉 2 气田、英买力气田、迪那 2 气田，均采用气液混输工艺，即各单井天然气在井口节流、计量，各井汇合后的天然气由集气支线、干线将气液混输至中央处理厂。针对气液混输干线输送出现段塞流的情况，英买力气田、迪那 2 气田采用了段塞流捕集器进行处理。

3）增压输送

如气藏压力低，集输压力不能满足天然气处理工艺或外输商品气压力要求时，气田集输必须增压输送。气田开发中后期，气井压力降低，不能满足集输管网对输送压力的要求时，也将进入增压开采阶段。

气田增压按照增压地点位置的不同分为集中增压和分散增压。当气田内生产井井口压力、产量的衰减幅度、衰减时间基本相同时，为方便运行管理，应优先考虑集中增压，将增压点选择在集气站或集气总站。

当气田内生产井井口压力、产量的衰减幅度、衰减时间相差较大时，应考虑分散增压，以充分利用高压井剩余压力，达到节能目的。

天然气集输应尽可能依靠天然气在地层中自身已具有的压力能来实现，只有当产出天然气的压力低于天然气净化厂对原料气压力的要求或某一低压产气区的天然气压力低于集输管网的运行压力时，才需要对天然气增压。优化增压输送方案的最终目标是降低增压设施的工程建设投资额和增压生产过程的运行费用，并使之有利于生产管理；优化工作的重点是增压站的分散或集中设置，增压点的位置，总压比、压缩机的级数和各级间的压比分配，压缩机的机型和动力配置等。

应用实例：四川平落坝气田须二气藏开发在 2006 年后集输系统均相继低于外输管道输送压力，因此采用了单井气举排水增压，并在集气站设置压缩机组集中增压，以解决平落坝气田单井压力低于外输压力后天然气的输送问题。

3. 分离工艺

1）分离目的

从井场开采的天然气一般都含有许多液体（水、凝析油）、固体（泥沙、岩石颗粒等），由于以下原因，这些杂质需从天然气中除掉：

（1）保障集输管网的输送效率和其他工艺设备正常工作；

（2）降低腐蚀和腐蚀产物的影响；

（3）满足净化厂对原料质量的需求；

（4）获取气井气、油、水产量动态数据；

（5）回收天然气凝液；

（6）降低集气站自身的能耗（如水合物防止时的防冻剂量和加热时的热量）。

分离工艺通常分为常温分离工艺和低温分离工艺。

2）常温分离

天然气在水合物形成温度以上进行气液分离的工艺过程称为常温分离。

常温分离工艺一般只需在集输站场内进行节流降压和分离计量等操作就可以了。由于不需要注醇降低水合物形成温度，常温分离具有配套设施少、操作简单等优点，气田集输通常采用常温分离工艺。

采用常温分离工艺不能将凝析油分离出来，将凝析油从天然气中分离出来的工艺一般有吸收法、吸附法和低温分离法。

3）低温分离

天然气在水合物形成温度以下进行气液分离的工艺过程称为低温分离。

对于压力高、凝析油含量大的气井，采用低温分离可以分离和回收天然气中的水和凝析油，使管输天然气的烃露点达到管输标准要求，防止凝液析出影响管输能力。低温分离应在一定压力下降低操作温度而进行。采用低温分离工艺控制外输商品气的水、烃露点，根据气体组分及水、烃露点要求的不同，低温分离温度一般在－20℃以上。

为防止低温下天然气水合物的形成，一般需注入水合物抑制剂或先期脱水。低温分离回收天然气凝液或控制水、烃露点，需向原料气提供足够的冷量，使其降温至露点以下进行冷凝。当天然气具有可供利用的高压力能，也并不需很低的冷冻温度时，一般采用节流阀（也称焦耳-汤姆逊阀，简称J－T阀）膨胀制冷低温分离工艺。

4）常温和低温集气工艺的选择

集气过程中天然气的气液分离一般应在常温下进行，只有当天然气中重

烃组分含量高，回收利用重烃确有经济效益时才采用低温分离工艺。

采用低温气液分离工艺时，要对制冷方法、制冷中的主要工艺参数、生产流程、制冷设备选用等做了多方案对比。根据工程建设投资和生产运行费用这两项主要指标来选择最佳方案。

应用实例：较早开发的四川中坝气田和卧龙河气田采用节流膨胀法来实现低温，充分利用了气藏压力能，能适应高压、大流量条件下的操作，流量和压力易于调节，并且能长期连续运行，操作维护方便。

2000 年 10 月建成的新疆塔里木牙哈气田低温分离集气站，同样采用了节流膨胀法进行低温分离，其目的是为了回收凝析油。

4. 计量工艺

为了掌握各气井生产动态，需对气井生产的天然气、水及天然气凝液进行计量。集输系统计量工艺可采取单井连续计量、多井轮换计量和移动计量三种方式，视气田开发不同情况和要求选取。

1）单井连续计量

计量设施直接设于单井，对单井气液产量进行连续计量。

应用实例：龙岗气田试采工程由于单井产气量、压力及温度差别较大，为了达到气藏开发对资料录取要求，对每口单井采取一对一的单井连续计量。

2）多井轮换计量

在多井集气站或计量站，设置计量分离器，各单井来气定期轮换进入分离器进行周期性计量。采用轮换计量的气井，其计量周期一般为 5～10d，每次计量的持续时间不低于 24h。

应用实例：长庆靖边气田和新疆塔里木大多数气田，如桑南凝析气田、塔中Ⅰ号气田、英买力凝析气田均采用了多井集气、间歇轮换计量的方式，简化了地面设施。

3）移动计量

若对单井测试频率要求较低，为简化井口固定计量设施，可采用移动分离计量工艺，配置车载式移动计量分离器橇定期对单井的气、液分别计量。

应用实例：川中油气矿所属的合川气田由于井口数量较多，且单井产量差别不大，为节省投资，设移动式计量橇（车）定期精确测试单井气水产量，对井口计量工艺进行了简化，仅在集气总站设置总计量。

5. 水合物防止工艺

1）防止水合物的目的

在集输系统输送过程中，气体温度低于水合物形成温度即会形成水合物，堵塞管道和设备，影响气田安全生产运行，因此，应采取必要的措施为防止集输系统中水合物的形成。

2）防止水合物形成措施

天然气水合物的防止，可采用天然气脱水、加热、保温或向天然气中注入抑制剂等措施。

（1）加热法。

加热法是对气井产出的天然气进行加热，保证节流和输送过程中天然气最低温度高于水合物形成温度3℃以上。集输站场加热天然气常用的设备有饱和蒸汽逆流式套管换热器、水套加热炉和真空加热炉，或与集气管线同沟敷设的热水伴热管线。

在集输气田井口采用加热炉方案时，凝析油和气田水不需分离，可简化工艺流程。井口加热节配合流程可使单井集气管线设计压力较低，操作方便、灵活及可靠。由于加热集气流程可采用较高的自动化控制手段，如加热温度与燃气量的联锁控制；自动熄火保护装置及参数远传等。通过定期巡检，可实现无人值守。

加热法在四川气田采用较为普遍，且应用成熟；对于凝析油气田，加热法不但可以防止天然气水合物的生成，还可防止输送过程中凝析油的冻堵。

（2）注醇法。

一般采用计量泵向天然气中注入抑制剂，常用抑制剂主要有甲醇、乙二醇、二甘醇等。

①抑制剂的选择。

甲醇由于沸点较低，宜用于较低温度的场合，温度高时损失大。甲醇富液经蒸馏提浓后可循环使用。甲醇具有中等程度的毒性，使用时应采取安全措施。集输系统分离出的含甲醇污水需经适当处置后达标排放。

甘醇类防冻剂（常用的主要是乙二醇和二甘醇）无毒，沸点较甲醇高，蒸发损失小，均能回收、再生后重复使用。但是甘醇类防冻剂粘度较大，在有凝析油存在时，操作温度过低时会给甘醇溶液与凝析油的分离带来困难，增加了凝析油中的溶解损失和携带损失。

当气田水中含有较多的盐时，如果选用乙二醇作为水合物抑制剂，用常规再生法回收乙二醇会带来很多操作上的问题，使盐在乙二醇再生塔底和贫

液中累积得越来越多。用真空再生法可以解决这一问题，但真空再生法为国外专利技术。而甲醇再生装置可采用常规再生法，虽然也存在设备腐蚀问题，但甲醇在生产污水中累积而不会在塔底和贫液中累积。

②抑制剂的注入方式。

抑制剂可采用自流或泵加注两种方式。自流方式采用的设备比较简单，较早时在四川气田采用，但不能使抑制剂连续注入，且难于控制和调节注入量；采用计量泵加注，可克服以上缺点，而且抑制剂通过喷嘴喷入雾化，增大了接触面积，可获得更好的效果。

对于四川龙岗、新疆塔里木英买力等气田，通过计量泵在井口位置注醇，防止井口节流或者输送过程中水合物的形成。另外，投产工况也可以通过注醇解除地面设施的水合物。

(3) 井下节流防止水合物。

井下节流工艺技术是依靠井下节流嘴实现井筒节流降压，充分利用地温加热，使节流后的气流温度基本恢复到节流前温度，从而防止气流在井筒内形成水合物，在降低压力的同时，达到减少甲醇注入量，稳定气井生产能力的目的。采用井下节流工艺后，由于节流嘴以后油管到集气站的压力大幅度降低，天然气水合物形成初始温度随之降低，从而减少了水合物形成机会。

井下节流工艺可使地面集气系统流程大为简化，近年来在长庆苏里格气田、四川广安须家河气田等开发中得到了应用。但井下节流器不易更换，因此提高投放、打捞节流器的成功率是该技术应用的关键。

3）水合物防止方法选择

加热法、注醇法是集输系统常用的防止水合物工艺。对井口节流防冻均可用注醇和加热方式，如何选择，需结合上游、下游条件及有关天然气处理工艺。根据气体中 CO_2 的含量和计算加热后天然气温度，若气体中 CO_2 的含量较高，采用加热方法时应避免加热稳定在 CO_2 最严重的温度腐蚀范围内，必要时采用加注防冻剂的方法。防止井筒内形成水合物，可行的方法是向井筒内注防冻剂；如果既要防止上游井筒内水合物的形成，又要防止下游天然气输送过程中水合物的形成，其适宜采用注醇措施，此时井口节流防水合物采用注醇方式较合理；单纯考虑井口节流防冻，注醇和加热均可。井口节流防冻采用加热方式，若井口压力高而温度较低时，对井口天然气进行一次或较少次节流而要求加热后天然气温度过高，需采用多次加热、节流方式，防止加热后天然气温度过高。对于凝析气田，其凝析油凝固点大多较高，注醇只能解决水合物形成问题，而不能解决凝析油凝固的问题，因此宜采用加热方式来防冻。加热与注醇两种防冻措施均可适用的情况下，结合上游、下游生产工艺并进行技术经济对比来选择防冻措施。集气站和集输管网运行中都需要防止水合物生成，必要时采用管道保温，以减少管线热散失，达到减少加热负荷或者注醇量。

6. 天然气集输站场脱水

1）脱水目的

对于小规模气田的开发，若天然气不含硫，可直接在场站设置脱水设施，在天然气满足商品气质要求后外输；为了降低酸性气田集输管线腐蚀风险，在站场设置脱水设施，从腐蚀机理上解决集输系统的腐蚀问题；脱出天然气中的水分，也避免了水合物形成而造成设备、管路堵塞的问题。

2）脱水工艺方法

天然气集输常用的脱水工艺方法有低温分离法、固体吸附法和溶剂吸收法。

（1）低温分离法。目前在我国，高压凝析气或湿天然气经集气管线进入处理厂、站的压力高于干气出站压力时采用低温分离脱油脱水。当天然气采用低温分离法进行露点控制时，主要是满足管道输送，一般不需要很低的分离温度。

应用实例：长庆榆林气田天然气含有少量的凝析油，通过采用节流膨胀低温分离工艺，既利用了开发前期的压力能，又达到了商品气外输时烃露点的要求，已于2001年试验成功。

（2）固体吸附法。当要求露点降更大、干气露点或水含量更低时，就必须采用固体吸附法。用于天然气脱水过程的吸附剂主要有活性铝土矿、活性氧化铝、硅胶、分子筛等，脱水后的干气中水含量可低于10^{-6}，水露点可低于-100 ℃，并对进料气体温度、压力和流量的变化不敏感。

（3）溶剂吸收法。与固体吸附法相比，溶剂吸附法具有投资较低、压降小，适用于集输系统压力富裕量不高的情况，采用甘醇（三甘醇）是最为普遍和较好的选择。

应用实例：重庆气矿所属的万州作业区、开江作业区、梁平作业区、大竹作业区对所产的天然气在气田内建脱水站（设置橇装脱水装置，目前投运26套），采用三甘醇脱水工艺，脱水装置规模$(50\sim200)\times10^4/m^3$，原料气脱水后直接各大输气干线。

各类脱水工艺的详细介绍请参见第四章第一节“天然气脱水”部分。

二、集输管网的构成、设置原则

1. 集输管网构成

集输管网是气田中各气井、集气站和处理厂等单元设施间的连接部分，分为采气管线和集气支线。

1）采气管线

（1）作用：采气管线是指气井采气树至一级油气分离器的管线，其作用是将井口未经处理的天然气输送至下游分离器或集气站进行预处理。

（2）工作特点：所输送的天然气是气井产出未经气液分离的天然气，气质条件较差，一般含有井底所带出的液相水、烃和固体杂质，具有压力高、腐蚀性强、管径小、距离短等特点。采气管线的输送能力由气井的产量和输送压力确定。

2）集气支线

（1）作用：集气支线是指集气站（单井站）到集气干线之间的连接管道，其作用是将在集气站（或单井站）经过场站预处理的天然气输送到集气干线中去。

（2）工作特点：所输送的是已在集气站（或单井站）经过气液分离、过滤和其他必要场站预处理后符合天然气处理厂要求的原料天然气，气质条件一般比采气管道好，工作压力也比采气管道低。除非已在站场对天然气进行脱水处理，天然气在一定的压力和温度下分离后仍处于被水饱和的湿状态。管径一般比采气管道大，输送距离则取决于集气站（或单井站）离集气干线的距离。

2. 集输管网的结构形式

气田集气管网的布置，应根据气田形状、井位分布、气藏特征、气体组分条件、气田所在地区的地形地貌、产品流向等因素，按照安全可靠、技术适宜、经济合理、管理方便的原则，通过技术经济对比后确定。

根据天然气集气系统的工程实践和做法，常见的集气管网布置有以下几种类型：放射式集气管网、枝状式集气管网、放射枝状组合式集输管网、放射环状组合式集气管网、枝状计量式集气管网、枝状井间单管串接管网布置等。

1）放射式集气管网

（1）适用范围：放射式集气管网适宜在气田面积较小、气井相对集中，气体处理设于产气区的中心部位时采用，也可作为多井集气流程中的一个基本组成单元。该管网布置便于天然气的集中预处理和集中管理，能减少操作人员和节省费用。

（2）工艺流程：各气井所产的天然气在井场节流后，分别输至集气站，并在集气站完成加热、节流、分离、计量等工艺过程后进入下游。

（3）集气管网布置：放射状集气管网系统布置是以集气站或天然气处理厂为中心，每组井中选一口井设置集气站，其余各井到集气站的采气管线以放射状的形式与多个气井站相连接。

放射式集气管网布置基本形式如图3－1－1所示。

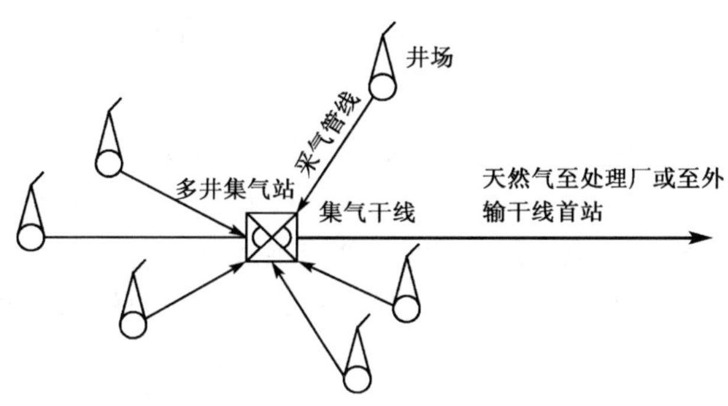

图3－1－1　放射式集气管网布置示意图

应用实例：塔里木某凝析气田集输管网根据井位分布采用放射式集气管网布置；集输工艺系统由井口至集气站采气系统、集气站至处理厂集气系统、处理厂和油气外输四部分组成。气田集输采用多井集气及气液混输的方案，各单井生产的天然气和凝液通过采气管道混输至塔中6集气站，天然气在集气站内轮换分离计量后输至处理厂集中处理。

2）枝状式集气管网

（1）适用范围：当气井在狭长的带状区域内分布且井网距离较大时宜采用这种结构。沿产气区长轴方向布置集气干线后，各产气井通过两侧分枝的集气支线以距离最短的方式与集气干线相连接。该集气方式井站投资相对较大，但管线长度短、投资低且管网便于扩展，可满足气田滚动开发和分期建设的需要，适宜于单井集气。

（2）工艺流程：枝状式集输管网通常和单井集气工艺流程结合使用，天然气在井站内经加热、节流、分离、计量后外输进入集气干线。

（3）集气管网布置：枝状集气管网形同树枝，集气干线沿构造长轴方向布置，将集气干线两侧各气井的天然气经集气支线纳入集气干线并输至目的地。单纯枝状式管网布置如图 3 －1 －2 所示。

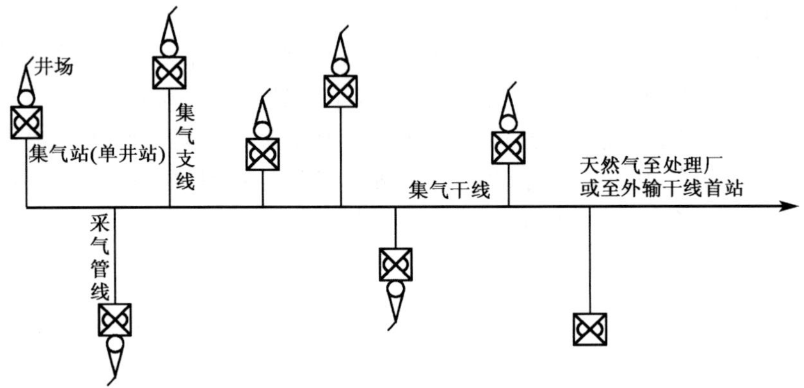

图 3－1－2　枝状式集气管网布置示意图

应用实例：塔里木某气田主要分为三个区块，主要产天然气、凝析油和原油。该气田采用气液混输工艺，集输管网采取支状管网布置，分为东、西集气干线。英买力气田为凝析气田高压气田，井底压力较高，井下物流经节流油嘴降压后进入集输系统。集气站对单井来气进行集中加热、轮换计量，并利用集气支线将天然气汇入集气干线，最终送入净化厂处理。气田井口压力一般在 14 ~40 MPa，集输系统的运行压力 12.5 ~13.4MPa，集输系统设计压力达 20MPa。井场和集气站均采用无人值守。

支状管网布置的方式适合了该气田气井分布广、气田区域面积较大的特点，而且满足了接替式的开发方式，也适合生产操作管理。

3）放射枝状组合式集输管网

（1）适用范围：放射枝状组合式集气管网适用于建设两座或两座以上集气站的各类气田，其适用性较广。

（2）工艺流程：放射枝状组合式管网是以多井集气站作为天然气预处理的中心，将其周边所辖各气井的天然气以放射形式通过采气管线输至集气站，并在此进行节流、分离、计量等预处理。

在多井集气站内，按采气工艺要求，各气井可单独设置分离、计量装置，也可设轮换分离计量装置和总（生产）分离计量装置。这种集气管网形式能充分发挥设备效率，提高自动化程度，减少辅助生产设施和操作人员。

（3）集气管网布置：当气田区域面积较大，单井数量较多，管网布置较复杂时，可采取两条或多条放射枝状组合式管网集输布置。放射枝状组合式集输管网布置形式如图 3－1－3 所示。

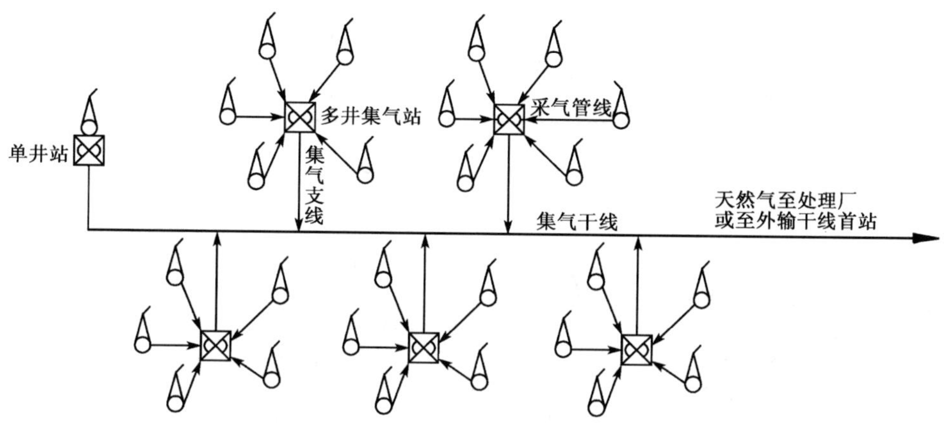

图 3－1－3　放射枝状组合式集气管网布置示意图

应用实例：四川某气田试采地面工程地处川中山区段，高差起伏较大，且气田气区分东西两侧狭长布置。气田集输管网采用相近的气井设置一座集气站，其余单井通过采气管线进入该集气站分离后进入集气干线，集气干线将集气站连接，最终输至净化厂。整个集输系统采用湿气输送工艺，设计压力为 9.9MPa。此种方式简化了单井工艺、节省了采气管线的长度，便于集中管理，也利于后期的单井的陆续开发。

4）放射环状组合式集气管网

（1）适用范围：放射环状组合式集气管网适用于面积较大的方形、圆形或椭圆形气田。具备上述条件的气田，如果地形条件复杂，气田处于深山区，则不宜采用，而以采用放射枝状组合式管网集输管网布置为宜。

（2）工艺流程：放射环状组合式管网以多井集气站作为天然气预处理的中心，将其周边所辖各气井的天然气以放射形式通过采气管线输至集气站，并在此进行节流、分离、计量等预处理。环状干线若发生事故，不会造成干线全部停输。

（3）集气管网布置：放射环状组合式管网是在多井集气基础上发展起来的管网形式，集气干线与下游处理厂相连形成环状。放射式环状组合式集气管网布置如图 3－1－4 所示。

放射环状组合式管网流程的优点：气田内各集气站汇集周边气井来气后可就近通过集气干线与下游净化厂或外输首站相连通，便于调度气量，具有

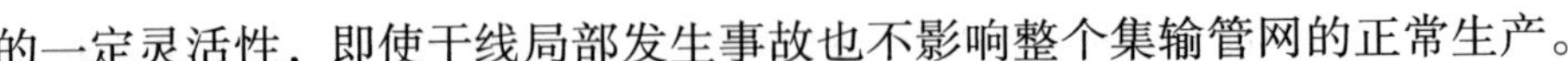
的一定灵活性，即使干线局部发生事故也不影响整个集输管网的正常生产。

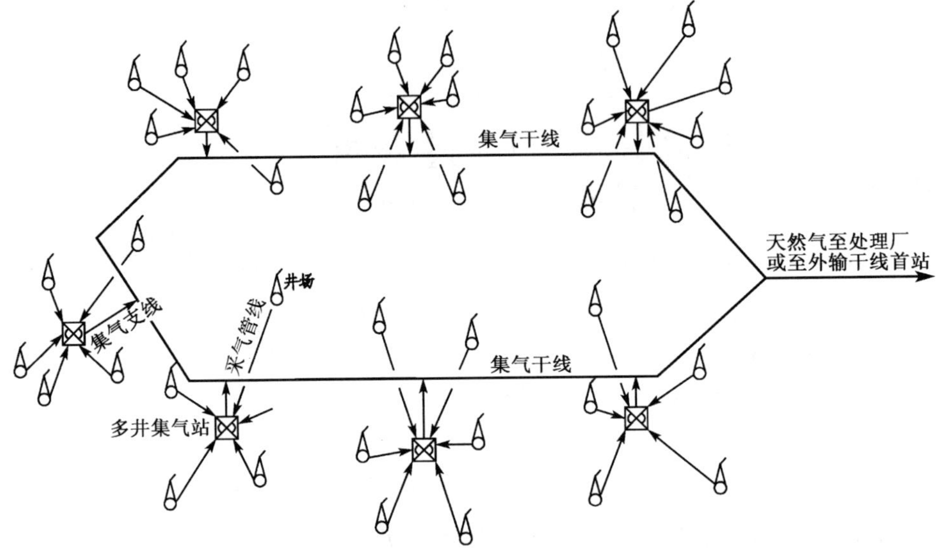

图3-1-4　放射环状组合式集气管网布置示意图

缺点：工程总投资较大，只适用于区域面积大、气井分布较分散的大型气田开发。

放射枝状组合式管网和辐射环状组合式管网统称组合管网，是在多井集气基础上发展起来的管网形式。组合管网是以多井集气站作为天然气预处理的中心，将其周边所辖各气井的天然气以放射形式通过采气管线输至集气站，并在此进行降压、分离、计量等预处理。在多井集气站内，按采气工艺要求，各气井可单独设置分离、计量装置，也可设轮换分离计量装置和总（生产）分离计量装置，对每口气井轮换计量达到分离目的并取得所需数据。这种集气管网形式能充分发挥设备效率，提高自动化程度，减少辅助生产设施和操作人员，从而节省建设投资，降低经营费用。

5）枝状计量式集气管网

随着集输工艺和自动控制技术的发展，近年来在工程实践中对枝状计量式集气管网进行了成功应用。

（1）适用范围：该集气管网适用于气藏狭长、井网距离较短、井数较多、特别是自然环境恶劣、单井设施极其简化的气田。

（2）工艺流程：各单井不设就地分离、计量，通过专用计量管在计量站或集气站内实施轮换分离计量。

（3）集气管网布置：专用计量管与集气干线管线同沟敷设，单井支线进干线处或单井出井场处设置阀组，周期性轮换进入干线或计量管。枝状计量式集气管网布置如图 3－1－5 所示。

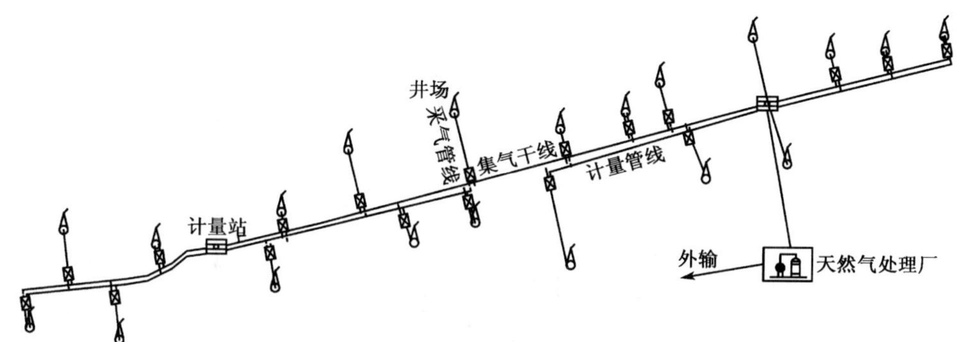

图 3－1－5　枝状计量式集气管网布置示意图

应用实例：塔里木某凝析气田是我国目前规模最大的整装凝析气田，其中 1 井区产气 $60.61\times10^4m^3$，日产油为 39.51t；2 井区产气为 $1151.52\times10^4m^3$，日产油为 929.43t。该气田井区呈长条形，单井多达 30 口，井距均匀，分布在气田东西轴线南北两侧。根据气井分布特点及地形条件，该气田采用多井集气、枝状集气管网流程，集气干线设计量清管站，单井可依次从阀室接入计量管道，主要对气液混输管道定期清管及对相邻单井实施轮换分离计量。该管网流程简洁顺畅，设置的专用计量管道、并依托清管站实施单井轮换分离计量的模式，操作简单，方便管理。

6）枝状井间单管串接管网

（1）适用范围：井口串接工艺管网适宜各区块气井井数多、且分布密集的情况，适用于气质腐蚀性较低的低产、低压、低渗气田。

（2）工艺流程：原料气在各井口经井口节流阀调压后，经采气管线把相邻几口井天然气串接起来，与另外气井的原料气汇集后，输至邻近的集气站进行预处理，然后通过集气干线输往处理厂处理。

（3）集气管网布置：采用将采气管道沿线的丛式井通过枝状站间单管串接，最终输往集气站总站处理。

枝状井间单管串接管网布置如图 3－1－6 所示。

井口串接工艺管网布置缩短了采气管道长度，增大了集输半径，增加了集气站所辖井数量，简化了集输管网，降低了投资；但每口井投产时间不同，压力衰减不一致，串接在一条集气管道上的天然气压力互相影响，不能实现中低压同时运行。

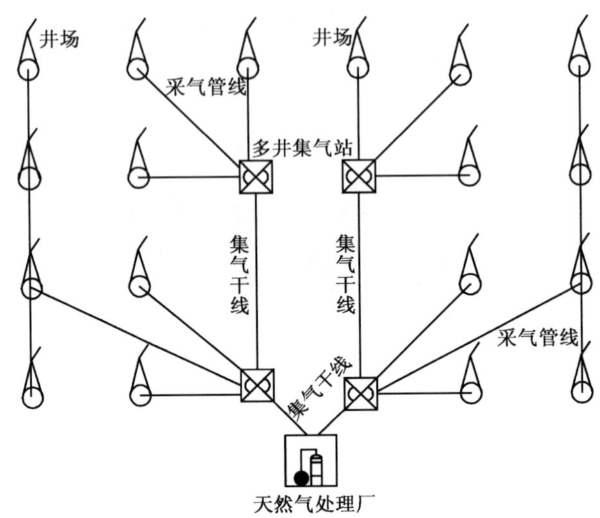

图3-1-6 枝状井间单管串接管网布置示意图

应用实例："低渗"、"低产"气田——苏里格气田天然气开发与生产采用了丛式井、加密井滚动开发方式。该气田井口数量多，采用枝状站间单管串接适应气田滚动开发的特点，降低工程投资、减少操作人员数量、降低生产成本。

3. 集输管网的设置原则

1）满足气田开发方案对集输管网的要求

（1）以气田开发方案提供的产气数据为依据。产气区的地理位置、储层的层位和可采储量、开发井的井数、井位、井底和井口的压力和温度参数（包括井口的流动压力和流动温度）、各气井的天然气组分构成、开采中的平均组分构成以及气井凝液和气田水的产出量、组分构成，以上数据是气田开发方案编制的依据，也是集输管网建设所需的基础数据。

（2）按气田开发方案规定的开发目标和开发计划确定集输管网的建设规模、安排建设进度。开发方案根据气田的可采储量、天然气的市场需求和适宜的采气速度，对气田开发的生产规模、开采期、年度采气计划、各气井的日定产量、最终的总采气量和采收率做了具体规定。集输管网的建设规模应与天然气生产规模相一致。当天然气生产规模要求分阶段实施时，集输管网的分期建设计划可根据开发期内年度采气计划规定的年采气量变化来制定。

2）集输管网设置

集输管网的设置与集气工艺技术的应用、集气生产流程的合理安排和集输场站的合理布点要求密切相关。采用不同的集气工艺技术和不同的集输场站设置方案会对集输管网设置提出不同的要求，带来某些有利和不利的因素，影响到集输管网的总体布置和建设投资。通过优化组合集输管网和场站建设方案将这两项工程建设的总投资额降到最低，是集输管网设置希望达到的主要目标之一。

3）集输管网内的天然气总体流向合理

管网中主要管道的安排和具体走向与当地的自然地理环境条件和地方经济发展规范协调和一致。

集输系统的天然气输送至天然气净化厂，经净化后的净化天然气最终要输送到天然气用户区。集输管网内的天然气总体流向不但要与产气区到净化厂的方向相一致，还应与产气区到主要用户区的方向相一致。因此，要把集输管网设置和天然气净化厂的选址结合起来，把净化厂选址在产气区与主要用户区之间的连线上或与这个连接尽可能接近的区域，以便使净化厂与产气区的距离最短。

管网中集气干管道和主要集气支管道的走向与当地的地形、工程地质、公路交通条件相适应。避开大江、大河、湖泊等自然障凝区和不良工程地质地段以及高度地震区，使管道尽可能沿有公路的地区延伸。远离城镇和其他居民密集区，不进入城镇规划区和其他工业规划区。

三、集输管网的优化

1. 优化的目标和影响集输管网优化的主要因素

1）目标

在满足使用功能和安全生产要求的前提下，将集输管网建设投资额和集输生产运行费用对天然气集输及处理生产总成本的影响降到可能的最低限度。

2）影响集输管网优化的主要因素

集输工艺技术的选择、集输场站布局、集输管网的管材选用是影响集输管网优化的主要因素。由于集输管网经常性的生产运行费用不高，工程建设投资成为影响集输生产成本的决定性因素。缩短管网管道的总长度和使不同直径管道的管径组合比例优化以降低管网的钢材用量是实现管网优化的中心环节，因为管网的钢材用量大，且各项工程建设费用都随钢材用量的增加而加大。

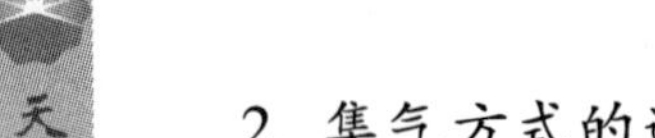

2. 集气方式的选择

气田内部一般采用枝状的单井集气和放射状的多井集气方式。

1）单井集气方式

(1) 适用范围：单井集气是一种适用于气藏面积狭长且井网距离较大、气井分布比较分散、单井产气和产液量较大及气田边远区域气井的集气方式。

(2) 特点：单井集气方式可满足气田滚动开发和分期建设的需要，常与枝状式管网集输系统流程结合使用。

2）多井集气方式

(1) 适用范围：多井集气适用于井数较多、气井分布比较集中的气田，根据气田井位分布、管网布置及天然气流向，在适当位置设置多井集气站。

(2) 特点：集气半径不宜大于5km，并应考虑地形高差的影响。当地形起伏较小时，采气管线长度可适当增加。多井集气可以减少集输站场处理设备的数量，也为某些处理过程（如多井轮换计量）进行提供了条件。

3）集气方式的优化选择

以单井集气或多井集气方式对天然气进行收集及预处理，会影响到集气站的数目、设备总量和采集气管道长度，需将管网及站场统一优化比选。

当气井分布比较集中时，设置集气站并集中处理其邻近的气井的天然气，可以减少集输场站处理设备的数量，也为某些处理过程（如计量）多井轮换进行提供了条件。以分散方式进行预处理的井站集气方式只适用于气井高度分散、单井产量高或处在气田边远区域的气井。

实际应用中常常根据气田内不同产气区域的具体情况，将单井集气与多井集气这两种集气方式在同一集输系统中组合应用。通过多种单井站和集气站相结合的场站设置方案作比较，按场站设置费用最低的原则确定各种场站的数目，并结合当地的地形、公路交通和工程地质条件选定场站的站址。

3. 集输管网结构的优化

1）选择合适的集输压力

集气工作压力的高低是影响集输管网和集输工艺设备钢材用量的主要因素之一。集输管网的适宜工作压力主要取决于天然气净化厂对入厂原料气压力的要求，集输管网运行中的合理压降，已选定的各种场站预处理工艺对天然气压力值的要求和气井的井口压力等因素。当气井的井口压力高，尤其是需要对天然气作为凝液回收处理或借助节流降压的冷效应使天然气在降温分离和再升温的过程中进入干燥状态时，提高采气管道和整个集输管网的工作压力是适宜的。它有助于缩小各类管道、设备的尺寸和钢材耗量，减少地面生产装置的占地面积充分利用天然气已自然具有的压力能。因此对集气过程中的工作压力作多方案比选。

2）优化管网的网络结构

根据气井分布状况、产气区域与天然气净化厂的相对位置关系和管网所在地的自然、地理环境和公路交通条件，对集输管网网结构做多方案比选，选出管网集气能力大、压降合理、适应能力强及管材用量小的方案。目前有多种可用来计算平面网络诸边总长度最小值的方法，高速运算的现代计算机应用技术更为这类计算的迅速完成和做多方面的对比提供了条件。但受地形条件、居民和其他生产设施的分布、现有公路的走向、不同地区的不同工程地质条件和管道行进中会受到的各种自然障碍作用的限制，管网布局和结构的优化只能是对理想优化状态的接近，即将管网中的管道总长度限定在实际可以达到的最低限度值以内。

3）调整管网中不同管径管道在长度上的比例关系，实现管网的最佳管径组合

除管道总长度以外，不同直径管道的长度在管网总长度中的分率是影响管网钢材用量的另一个重要因素。管网的最佳管径组合是指管网中各管段的直径在满足流体输送要求的情况下最小、各管段的直径相互匹配以及在管道总长度不变或变化不大的情况下大直径管道的长度在管道总长度中的分率尽可能小。

在管道总长度已实现优化的情况下，准确规定各管段的直径值；通过适度增加小直径管道的长度来缩短大直径管道；将沿途有进气点、轴向流量变化大的集气干管道设置成变流动截面的结构，都是优化管径组合的主要着眼点。

4. 压力级制

1）集气管网系统压力级制的类型

气田集气系统压力级制通常分为高压集气、中压集气和低压集气三种。

高压集气的压力在 10MPa 以上，多为井场装置至集气站的采气管线采用。中压集气的压力在 4.0～10MPa 之间，多为集气站至处理厂的集气管线采用。低压集气的压力在 4.0MPa 以下，如一些低渗透气田，井口压力下降很快，不能实现中压和高压集气。一种方式为不增压输送，采用低压集气供给邻近用户；另一种方式为增压输送，使低压天然气进入较高压力级制的集气管道。对于较为单一的气田，通常只设置一种压力级制的管网。当气田内部气井或气层压力相差较大时，根据实际情况的需要可设置高压、低压两套集气管网。

单一集气压力集气管网应用实例：国内多个大型气田，如四川龙岗、新疆迪那 2 等均采用了单一集气压力集气管网。

多级压力集气管网应用实例：长北气田为保证中央处理厂采用 J－T 阀节流的脱水脱烃处理工艺所需的压力差，反推出集输管网的操作压力，并结合先、后投产井的流动压力，将集输管线设计压力确定为 5.6～8.3MPa 等多种压力级制。

2）集气管网系统压力的分级

集气管网的系统压力主要分两级：第一级是采气管道压力，第二级是集气管道压力。采气管道输送压力主要根据气井井口流动压力、温度、集气工艺、压力能的利用等条件确定。集气管道输送压力应满足集输干线的输压要求及下游天然气处理厂工艺的要求。因此，气田集气系统压力级制的确定主要是根据天然气处理厂工艺，结合气田开发方案及集气工艺方案进行综合考虑。

3）确定集气管网压力级制的主要因素

集气管网压力级制的确定影响到气田总体开发在技术经济上的合理性，确定的主要因素包括以下几方面：

（1）应考虑气田开发年限、稳产期及压力递减变化的影响，尽量利用气田自身压力能，延缓气田进入增压开采阶段的时间。

（2）应结合气田地面工程整体系统统筹优化确定，充分利用气藏压力，气田集输尽量给天然气处理及外输提供较高的压力能。

（3）考虑气田开发各种工况下的运行压力，确保集气管网的安全运行。

（4）应综合考虑气田开发后期增压开采是增压设施投资的影响。

四、管材

1. 钢管的种类

按照钢管生产工艺的不同可分为无缝钢管、电阻焊钢管、埋弧焊钢管、螺旋埋弧焊钢管、复合钢管等，其中常用的有无缝钢管、直缝埋弧焊钢管、螺旋缝埋弧焊钢管、直缝高频电阻焊钢管（对称 ERW 直缝钢管）、内覆或衬里耐蚀合金复合钢管 5 种。

1）无缝钢管

无缝钢管是用钢锭或实心管坯经穿孔制成毛管，然后经热轧、冷轧或冷拔制成。目前，无缝钢管（规格为 *DN*15～500）是石油天然气行业应用最多的管子，生产工艺也比较成熟。

（1）输送流体用无缝钢管（GB/T 8163），主要用于工程及大型设备上输送流体管道，代表材质为20、Q345等。

（2）高压锅炉用无缝钢管（GB 5310），主要用于电站及核电站锅炉上耐高温、高压的输送流体集箱及管道，代表材质为20G、12Cr1MoVG、15CrMoG等。

（3）高压化肥设备用无缝钢管（GB 1479），主要用于化肥设备上输送高温高压流体管道，代表材质为20、16Mn、12CrMo、12Cr2Mo等。

2）直缝埋弧焊钢钢管（SAWL）

直缝埋弧焊钢管根据成型方式主要包括UOE和JCOE两种形式，即将预弯边的钢板在压力机的成形模内进行预压成型，经双面自动埋弧焊焊接成管后再整体扩径制成。其中焊缝与钢管纵向平行。代表材质为L245－L450等。

3）螺旋缝埋弧焊钢管（SAWH）

螺旋缝埋弧焊钢管是以热轧钢带卷作管坯，经螺旋成型，采用双面自动埋弧焊接制成，代表材质为L245－L415等。

4）直缝钢管（ERW）

将热轧板卷经过成型机成型后，使钢卷变形为圆筒状，利用高频电流的集肤效应和邻近效应使管坯边缘加热熔化，并在一定的挤压力作用下熔合，经最终冷却成型，代表材质为L245－L415等。

5）内覆或衬里耐蚀合金复合钢管

以普通碳钢管为基材，以不锈钢、钛合金、铜、铝等薄壁耐蚀合金管材为内衬，利用机械技术将基管与内衬紧密贴合，既不改变基管的各项性能，同时内衬提高了管道的耐腐蚀性，常用内衬耐蚀合金为316、316L、镍基合金等。

2. 钢管选择

1）钢管类型选择。

集输管道可供选择的钢管类型一般有无缝钢管、直缝埋弧焊钢管、螺旋缝埋弧焊钢管（SAWH）和ERW直缝钢管。钢管类型的选择应从管道安全性、制管水平、使用经验、经济性等多方面综合进行考虑。

（1）无缝管与焊接钢管相比，具有更高的可靠性，但成本较高，不能生产大直径和薄壁钢管，受生产工艺的限制，其几何尺寸精度不如焊接钢管。小口径的无缝钢管在湿原料天然气输送领域应用广泛。受生产机组的限制，国内无缝钢管所能达到的管径一般不超过*DN*350，极个别厂家能达到*DN*450。

从各类钢管的实际生产和应用情况来看，*DN*400 及以下的集输管道可考虑选用无缝钢管，*DN*500 以上的集输管道可考虑选用焊接钢管。

（2）与同等材质的钢管相比，直缝钢管具有更高的机械性能、几何精度高等优点，其在湿原料天然气输送领域得到较为广泛的应用。

（3）ERW 直缝钢管在焊缝处易出现灰斑等缺陷，其对焊缝性能尤其是塑性、韧性有显著影响，难以满足焊缝冲击韧性的要求。目前，国内尚未有在湿原料天然气输送领域应用的业绩，国外包括住友等钢管公司已有该类型钢管用于高压湿原料天然气输送的实例。

2）钢管材质选择

对于高压、高 CO_2、高酸性或高含盐湿气输送的小口径采气、集气管道，经过技术、经济比较，可以考虑采用耐蚀合金复合管或纯耐蚀合金管。可供选择的常用耐蚀合金材质有：316、316L、22Cr、镍基合金等。

根据集输环境和腐蚀介质，对于一般酸性湿天然气输送管道可采用屈服强度等于或低于 360MPa 的 C 级钢管；对于高压、高 CO_2、高含盐湿气输送的集气管道可选择采用 22Cr 双相不锈钢管，或 316L 复合管；对于高压、高酸性、高含盐湿气输送的集气管道可选择采用镍基合金复合管。

3）钢管交货状态

钢管交货状态应根据所需钢管的强度和管径同时考虑制造厂的生产能力，以及使用经验、经济性等从使用安全的角度选择。

形变正火：一种成型工艺，在成型过程中的最终形变在一定温度范围内完成，使材料所处的状态与经正火处理后的状态相当。经过形变正火的材料，即使经正火之后，材料的力学性能规定值保持不变。这种交货状态缩写为“N”（国内管厂称“正火态”交货）。

形变热处理（或称热机械处理成型）：一种形变工艺，最终形变在一定温度范围内完成，使材料获得单独采用热处理时不能达到或重复的某些性能。这种交货状态缩写为“M”。

淬火加回火：淬火硬化加回火处理构成的热处理。回火是指一次或多次加热至规定的温度（$<Ac1$），并在这一温度下保持一段时间，然后以适当的速率冷却，使得组织结构有所改善并达到规定的性能。这种交货状态缩写为“Q”（国内管厂称“调质态”交货）。

根据钢管钢级和类型，对于 L245 钢级的无缝钢管采用正火态交货状态，对于 L360 钢级的无缝钢管通常采用淬火加回火交货状态，对于 L360 钢级的焊接钢管通常采用形变热处理交货状态。

4）酸性天然气用管

在酸性气田的设计中，地面集输系统的金属材料的选择遵循 ISO 15156《石油天然气工业－石油和天然气生产中含 H_2S 环境使用的材料》的标准要求，并且在实验室对金属材料按照 ISO 15156 以及 NACE TM0177、NACE TM0284 中提供的抗 SSC、HIC 评价方法进行评价试验，将金属材料发生 SSC 的风险降到最低。

适于酸性环境的管材参见表 3－1－1。

表 3－1－1 用于酸性环境的管材

材料类别	标准	牌号	环境限制	用途
碳钢和低合金钢	GB 5310 和 GB/T 9711.3	20G L245NCS L290NCS、L290QCS、 L360NCS、L360QCS、L360MCS L415Q CS 、L415MCS、 L450QCS、L450MCS	SSC 1 区、SSC 2 区，用于 SSC 3 区应进行抗 SSC 评定，使用者需谨慎采用	设备管束，采集气管线等
耐蚀合金钢	SY/T 6601	LC30－2242（N08825）	SSC 3 区	采集气管线、管件等

3. 产品标准

L245－L555 无缝和焊接钢管，GB/T 9711.1—1997《石油天然气工业 输送钢管 交货技术条件 第 1 部分：A 级钢管》，主要用于输送可燃流体和非可燃流体的无缝钢管和焊接钢管；

GB/T 9711.2—1999《石油天然气工业 输送钢管 交货技术条件 第 2 部分：B 级钢管》，主要用于输送可燃流体的无缝钢管和焊接钢管；

GB/T 9711.3—2005《石油天然气工业 输送钢管 交货技术条件 第 3 部分：C 级钢管》，主要用于特殊恶劣条件如海洋、低温或酸性环境下可燃流体输送用钢管。

10 号、20 号碳钢无缝钢管，执行 GB/T 8163《输送流体用无缝钢管》。

20G 无缝钢管，执行 GB 5310《高压锅炉用无缝钢管》。

16Mn 无缝钢管，执行 GB 1479《高压化肥设备用无缝钢管》。

耐蚀合金管线钢管，执行 SY/T 6601《耐蚀合金管线管》或 API SPEC 5LC。

316、316L 无缝钢管，执行 GB/T 14976《流体输送用不锈钢无缝钢管》。

耐蚀合金复合钢管，执行 SY/T 6601—2004《耐腐蚀合金管线钢管》，主要用于石油和天然气工业输送天然气、水和原油。

SY/T 6623—2005《内覆或衬里耐腐蚀合金复合钢管规范》，复合钢管由外层基体钢管和内层耐腐蚀合金层两部分组成，主要用于石油和天然气工业输送天然气、水和原油的具有良好抗腐蚀性能的钢管。

第二节　集 输 场 站

一、种类和一般要求

1. 集输场站的种类

天然气从气井采出，经过一系列的集输站场对天然气进行降压并分离后，再由集气管线输送至天然气处理厂或长输管道首站。集输站场包括井场、集气站、增压站和脱水站等。

1）井场

井场的功能是调控气井生产量和采气管线的输气压力。根据气井数量，可分为单井场和丛式井场两种类型。

2）集气站

一般将两口以上的气井用管线接至集气站，在集气站对气体进行节流降压、分离、计量，然后输入集气管线，输向天然气处理厂。

3）增压站

在气田开发后期（或低压气田），当气井井口压力不能满足生产和输送所要求的压力时，需设置增压站，将气体增压，然后再输送到天然气处理厂或输气干线。

4）清管站

为清除管道内的积液和污物以提高管线的输送能力，常在集气管线上设置清管站。

5）脱水站

从地层采出的天然气，通常处于被水饱和的状态。当天然气温度降低，饱和水凝析成液相水。天然气中液相水存在时，在一定条件下会形成水合物，堵塞管路、设备，影响集输生产的正常进行。另外，对于含有 CO_2、H_2S 等酸性气体的天然气，由于液相水的存在，会造成设备、管道的腐蚀。因此有必要建立脱水站脱除天然气中的水分，或采取抑制水合物生成和控制腐蚀的其他措施。对于气质达到商品气要求的气田，可建立脱水站脱除天然气中的水后直接供用户用气。

6）阀室

为方便管线的检修，减小放空损失，限制管线发生事故后的危害，在集气管线上，每隔一定的距离要设置线路截断阀室。

2. 集输场站的一般要求

（1）满足气田开发对集输处理的要求。在气田开发方案和井网布置的基础上，集输管网和站场应统一考虑综合规划分步实施，应做到既满足工艺技术要求又符合生产管理集中简化和方便生活。

（2）采用先进适用的技术和设备。

（3）充分利用井场原有的场地和设备并与当地自然条件、公路条件相适应。

（4）集输系统的压力应根据气田压能和商品气外输首站的压力要求综合平衡确定。

二、井场

1. 功能

（1）调控气井的产量；

（2）调控天然气的输送压力；

（3）防止天然气形成水合物。

气井采气压力（生产时的油管压力）远高于输气压力（采气管线的起点压力)，故需在井场进行大压差降低压力。在降压过程中同时产生温降，因此井场需防止生成水合物。按防止水合物生成方法的不同井场分为四种流程：加热防冻、注抑制剂防冻、井下节流器防冻及井场分离。

2. 井场流程

1）加热防冻流程

天然气从采气树采出后，首先经过针形阀进行气量调控和降压，然后通过加热器进行加热升温，和第二级节流阀（气体输压调控阀）进行降压以满足采气管线起点压力的要求。若井口温度不高，可采用两次加热流程(图 3 -2 -1)。

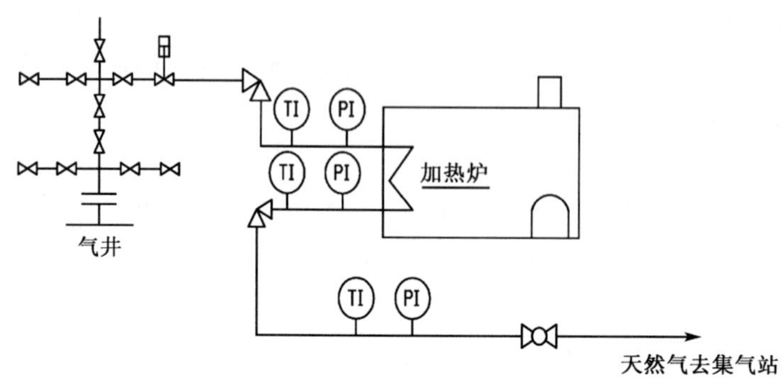

图 3－2－1　加热防冻井场流程

应用实例：加热防冻流程在四川气田采用较为普遍，且应用成熟，如五百梯气田、龙岗气田等，由于井口压力高而温度较低时，为防止加热后天然气温度过高，需采用多次加热、节流方式。新疆塔里木的多个凝析气田，由于其凝析油凝固点大多较高，注醇只能解决水合物形成问题，而不能解决凝析油凝固的问题，因此宜采用加热方式来防止水合物。

2）注抑制剂防冻流程

流经注入器的天然气与抑制剂相混合，一部分饱和水汽被吸收下来，天然气的水露点随之降低。经过第一级节流阀（气井产量调控阀）进行气量控制和降压，再经第二级调节阀（气体输压调控阀）进行降压以满足采气管线起点压力的要求（图 3－2－2）。

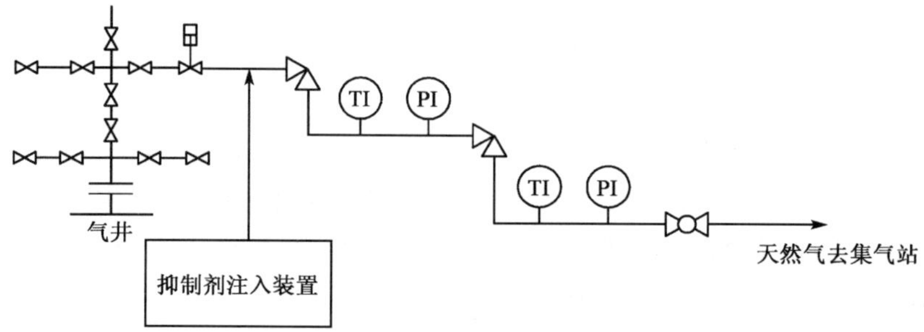

图 3－2－2　注抑制剂防冻井场流程

以上流程为典型流程，根据抑制剂注入系统设置的位置可分为：井站设置抑制剂注入系统和在集气站设置注入系统，由抑制剂注入管线将抑制剂从集气站输至井站进行加注两种类型。在集气站集中设置加注设备，可大大减少设备数量，减少投资。

应用实例：靖边气田的井场较多，且分布较集中，从井口出来的高压气流不经过加热，只在单井设置设置加注设备的注抑制剂防冻流程。长北气田考虑各单井在投产工况下及集气管网冬季输送过程中，天然气将进入水合物形成区域，也在各井场设置抑制剂加注系统。

3）井下节流流程

设置井下节流装置，在井口天然气可保持较高的流动温度，使地面采气管线输送过程中不形成水合物。该流程适用于低产、低压、低渗气田，对于大产、高压气田该流程不适用。

应用实例：四川气田的广安区块须家河气藏、合川区块须家河气藏和长庆气田采用井下节流流程。其中苏里格气田单井产量低、压力递减速度快，稳定能力差，具有低压、低渗、低丰度的“三低”特点。在各井场采用井下节流工艺，可最大限度减小井筒和地面管线水合物形成的几率，减轻井口水套炉的负荷，减少燃气量。

4）井场分离流程

根据集输工艺要求，井场需设置分离器进行分离，其工艺流程与单井集气站和多井集气站流程类似。

三、集气站

当天然气集中在某一处进行集中处理时，常把该站称为集气站。集气站流程有常温集气分离流程和低温集气分离流程两类。

1. 常温分离集气站流程

1）常温分离单井集气站流程

（1）特点：常温分离单井集气站的功能是收集气井的天然气，对收集的天然气在站内进行气液分离及计量处理。另外，它由于比较简单，因此在天然气集输过程中得到了普遍应用。这种井场单井常温分离工艺流程，一般适用于气田建设初期气井少、分散、压力不高、用户近、供气量小、而且不含硫（或甚微）的单井气处理。其缺点是井口需有人值守，造成定员多，管理分散，污水不便于集中处理等困难。但对井间距离远，采气管线长的边远井，这种集气方式仍是适宜的。

（2）原理：常温分离单井集气站分 A 型和 B 型两种流程。A 型流程为三相分离，适用于天然气中油和水的含量均较多的气井（图3－2－3）。B 型流程为气液两相分离，适用于天然气中含水量或含油量较多的气井（图3－2－4）。

从井站来的天然气经天然气加热炉加热后，节流降压进入分离器，将天

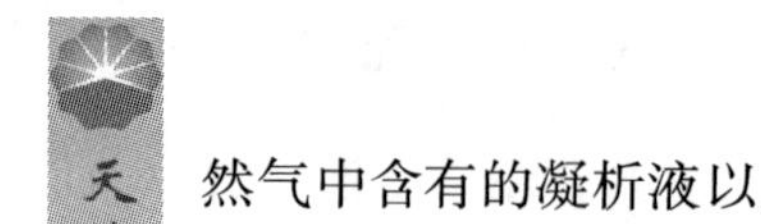

然气中含有的凝析液以及机械杂质等分离掉，最后气体经过流量计集中，再输入集气管线。从分离器下部分出的液体（水和凝析油）引入储罐。

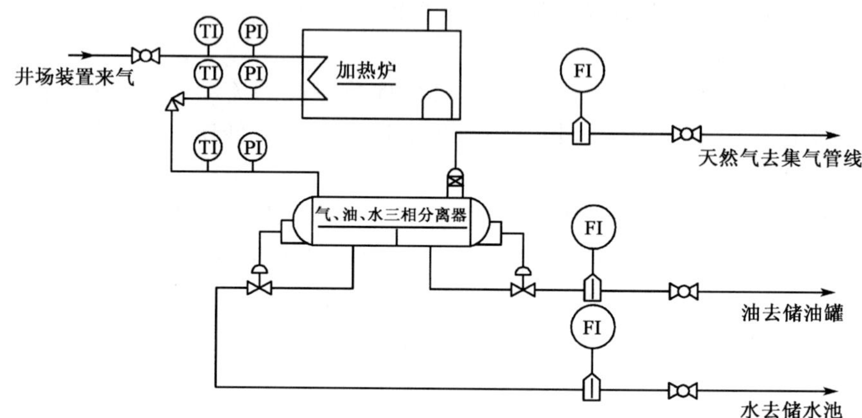

图3-2-3　A型常温分离单井集气站流程（气、油、水分离）

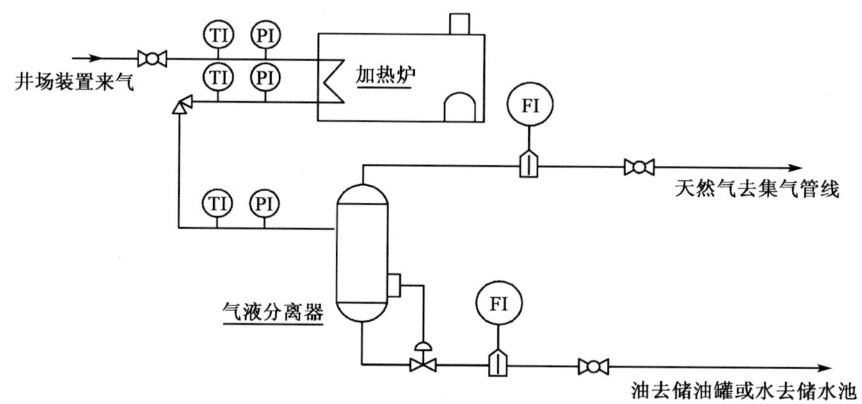

图3-2-4　B型常温分离单井集气站流程（气、油分离或气、水分离）

（3）应用情况：四川的五百梯气田、沙坪场气田各单井分布较为分散，开发时间不一致，采用了常温分离单井集气流程，单井天然气在去各个集气干线之前进行了分离和计量。

2）常温分离多井集气站流程

（1）特点：常温分离多井集气站分为A型和B型两种类型，如图3-2-5和图3-2-6所示。两种流程的不同点在于前者的分离设备是三相分离器，后者的分离设备是气液两相分离器。两者的适用条件不同。前者适用于天然气中油和水的含量均较高的气田，后者适用于天然气中只有较多的水或较多的液烃的气田。

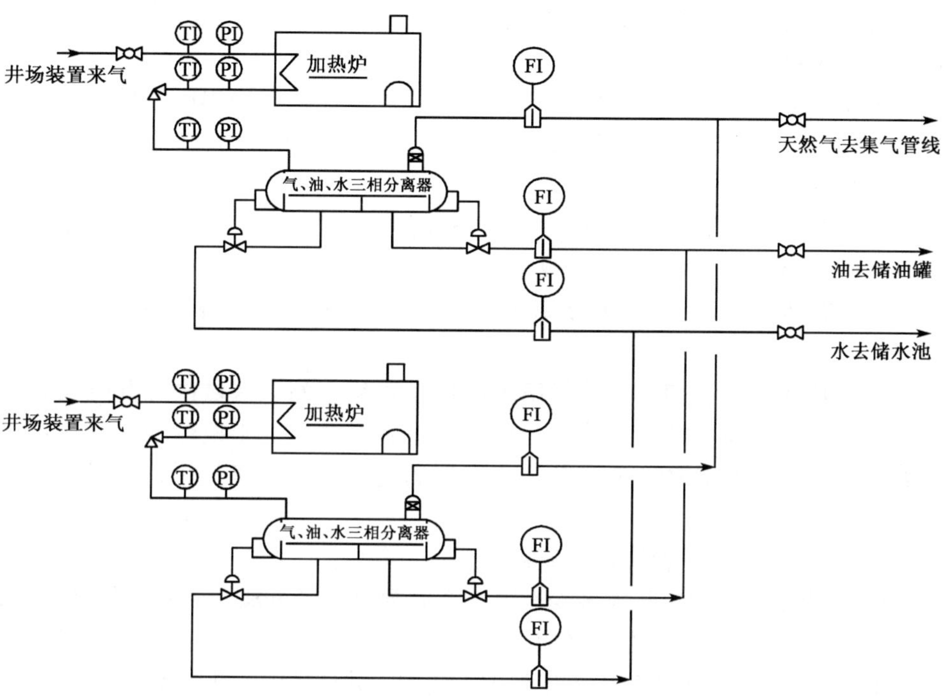

图 3－2－5　A 型常温分离多井集气站流程图（气、油、水分离）

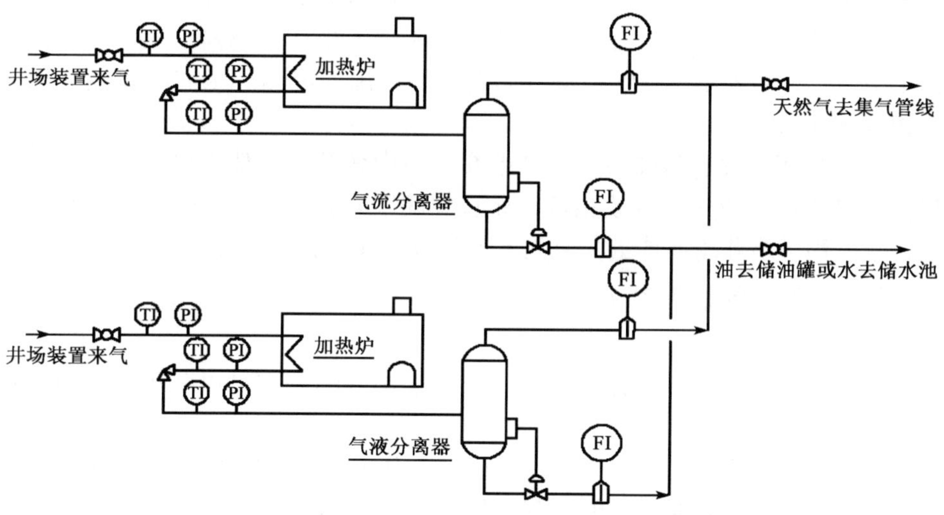

图 3－2－6　B 型常温分离多井集气站流程图（气、油分离或气、水分离）

图3－2－5和图3－2－6所示仅为两口气井的常温分离多井集气站。多井集气站的井数取决于气田井网布置的密度，一般采气管线的长度不超过5km，井数不受限制。

多井常温分离集气站流程与常温分离单井集气站流程相比，具有设备和操作人员少、人员集中和便于管理等优点，因此在气田得到了广泛应用。

（2）原理

从井站来的天然气经天然气加热炉加热后，节流降压进入分离器，将天然气中含有的凝析液以及机械杂质等分离掉，最后，气体经过流量计集中后，再输入集气管线。从分离器下部分出的液体（水和凝析油）引入储罐。

（3）应用情况：四川龙岗气田各区域设置集气站，区域内气井分布较集中的单井天然气进入集气站进行分离、计量后通过集气干线输至天然气厂进行处理。集气站采用常温多井集气流程也满足了该工程集气干线较长，集气干线输送压力的要求。

3）常温分离多井轮换计量流程

（1）特点：全站按井数多少设置一个或数个计量分离器供各井轮换计量；再按集气量多少设置一个或数个生产分离器供多井共用。轮换分离计量流程可减少更多的设备，减低投资，方便管理，适用于井位集中、井数较多的气田。

（2）原理：从多个井站来的天然气进入集气站，需进行计量的井场的天然气经天然气加热炉加热后，节流降压进入计量分离器，分离后的天然气进行计量。其余井站来气汇合后经加热、节流进入生产分离器，气体经过流量计集中后，再输入集气管线。从分离器下部分出的液体（水和凝析油）引入储罐（图3－2－7）。

（3）应用情况：新疆塔里木塔中6气田中各井的气体来自同一气层，井口流体组分及相关井口参数相近，而且井间距较近，因此，采取多井集气工艺，且采用了多井轮换计量，简化了工艺流程和节省了投资。

2. 低温分离集气站流程

1）特点

对于压力高、凝析油含量大的气井，采用低温分离可以分离和回收天然气中的凝析油，使管输天然气的烃露点达到管输标准要求，防止烃凝液析出影响管输能力。在具备稳定压力能的矿场条件下，常利用焦耳-汤姆逊效应节流制冷形成低温进行脱水。低温分离集气站主要功能如下：

（1）收集气井的天然气；

（2）对收集的天然气在站内进行低温分离以回收液烃；
（3）对收集的天然气在站内进行低温脱水，以脱除天然气中的部分水；
（4）对处理后的天然气进行压力调控以满足集气管线输压要求；
（5）计量。

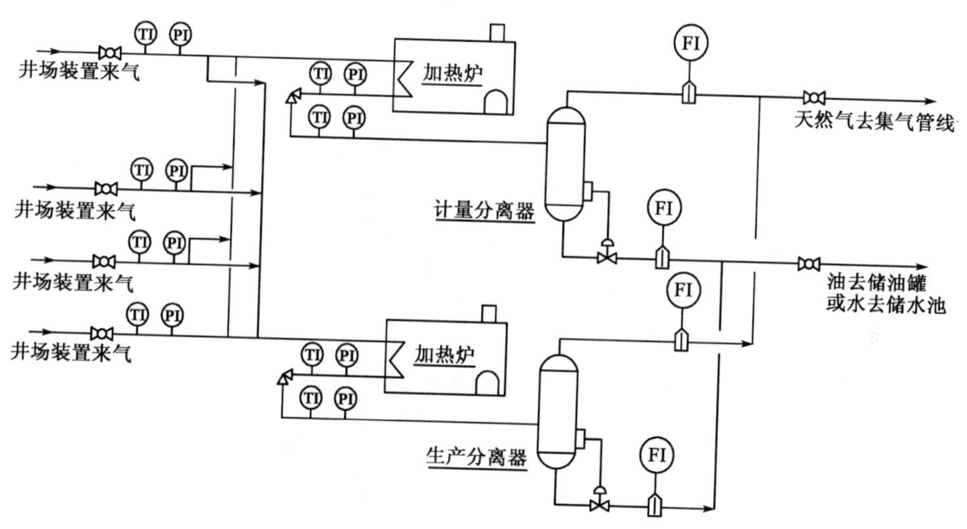

图 3－2－7　常温分离多井轮换计量集气站流程图

2）原理

为了要取得分离器的低温操作条件，同时又要防止在大差压节流降压过程中天然气生成水合物，因此不能采用加热防冻法，而必须采用注抑制剂防冻法以防止生成水合物。

比较典型的低温分离集气站流程分为 A 型、B 型，分别如图 3－2－8、图 3－2－9所示。

图 3－2－8 流程图的特点是低温分离器底部出来的液烃和抑制剂富液混合物在站内未进行分离。图 3－2－9 流程图的特点是低温分离器底部出来的混合液在站内进行分离。前者是以混合液直接送到液烃稳定装置去处理，后者是将液烃和抑制剂富液分别送到液烃稳定装置和富液再生装置去处理。以图 3－2－8所示的流程为例：井场装置来天然气经过节流阀进行压力调节，进入脱液分离器，经计量后进入汇气管。各气井的天然气汇集后进入抑制剂注入器，然后进入气-气换热器使天然气预冷。对降温后的天然气进行节流降压，然后进入低温分离器。从低温分离器顶部出来的冷天然气通过换热器后经过计量进入集气管线。

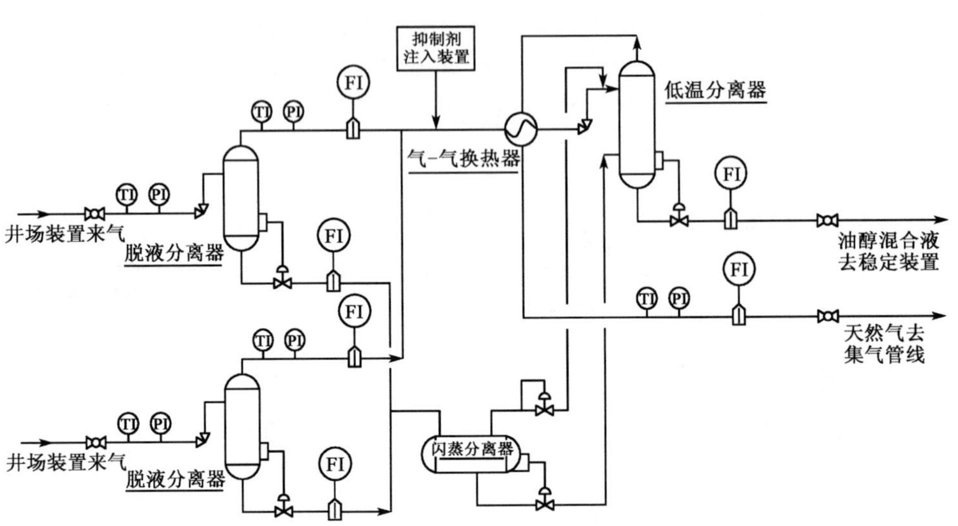

图 3－2－8　A 型低温分离集气站流程图

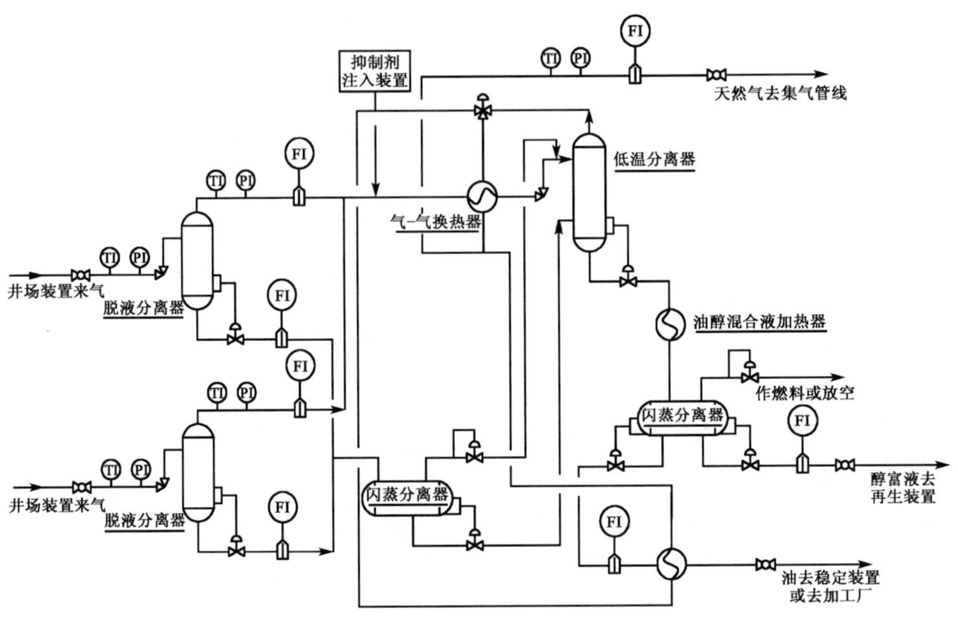

图 3－2－9　B 型低温分离集气站流程图

3）应用情况

榆林气田的气质属低碳硫比低含凝析油天然气，因含一定凝析油，采用三甘醇脱水的常温工艺不能有效脱除这部分轻烃，使烃露点达不到外输要求，因此榆林南区采用低温脱油、脱水工艺。天然气经节流膨胀制冷后，进入低温三级高效分离（分离器、预过滤器、气液聚结器）。采用低温分离流程，既可利用开发前期的压力能，又可达到商品气外输时的烃露点要求。四川中坝气田雷口坡气藏因含有凝析油，其集气站也采用低温分离工艺。

四、增压站

1. 增压目的

1）满足集输管网对输送压力的需求

（1）气田开发后期的天然气增压。气田气压力随着开发时间的增长而降低，到开发后期，气井压力将不能满足集输管网进气对压力的要求，必须通过增压提高天然气的压力。

（2）对低压产气区的天然气增压。不同气田的地质构造、储存压力有很大的差异。提高低压产气区的集输及处理工作压力，常常可以降低生产设施的尺寸和建设费用。尤其是低压产气区和高压产气区共用集输管网时，这种增压更为必要。

2）满足天然气凝液回收时回收工艺对压力的要求

当需要天然气中回收凝液，而天然气自身的压力又不能满足制冷的需要时，应对天然气进行增压，增压可以在凝液回收前或回收后进行，同时满足膨胀制冷回收天然气凝液的工艺和压力这两方面的要求。

2. 增压方法

1）机械增压法

机械增压通过压缩机进行。在原动机的驱动下，压缩机通过转子或活塞的运动将机械能转换为天然气的压能，达到增压的目的。

气体压缩机的种类很多，如往复式、离心式、螺杆式等。

2）高压、低压气压能传递增压法

高压、低压气压能传递增压法所使用的设备是喷射器（又称增压喉），高压天然气以很高速度流经喷射器，并以很高的速度喷出时，天然气的动压增加而静压降低，将喷嘴前的低压气带入高压气流，达到使低压气增压的目的。它的特点是不需外加能源，结构简单，不存在运动部件，操作使用方便。但效率低，且需高压、低压气源同时存在才能使用。虽然在国内外的天然气矿场增压中均有应用，但不普遍。

3. 设置方法

在气田开发井网布置的基础上，根据气田区域的天然气产量、井口压力以及下游压力要求来确定压气站的规模和位置。若同时存在高压井和低压井，在增压前应进行分输。

增加站通常有以下三种布站方式：

（1）单井增压：在井口设置压缩机，对单井所产天然气进行增压，适用于井口压力较低、难以进入集输系统的气井。

（2）集中增压：设置压缩机对各单井低压气集中增压，适用于各单井压力相近的区域，增压站常与集气站合建。

（3）两级增压：通常在集气站和处理厂分别设置压缩机，进行两级增压，适用于气井压力低、外输压力高、井站距处理厂较远的气田。

4. 典型流程

1）单井增压流程

井口天然气经气液分离、过滤分离和计量后进入压缩机组，压缩后天然气进入集气管道（图3－2－10）。

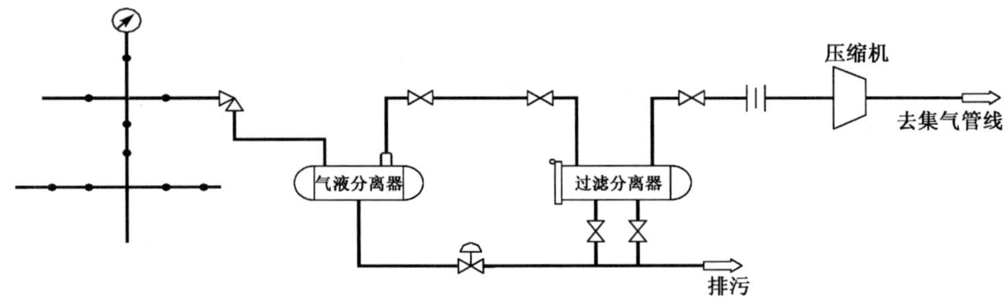

图3－2－10　单井增压示意流程

矿场天然气含有凝析油和水以及固体杂质，若进入压缩机后，将污染润滑油，加快磨损机械零件，可能导致严重事故，因此增压设备前必须配置高效率的分离过滤设备。

由于增压装置及辅助设施的投资通常大于多井增压，而且不便于集中管理，除非单井产量大，产气量较为稳定，一般不采用单井增压而采用多井集中增压。

2）多井集中增压流程

多井增压流程是将多口井来气汇集在一起进行集中分离、增压，如图3－2－10所示。四川平落坝气田和五百梯气田采用多井集中增压流程。苏里格气田单井日产量低，平均只有 $1 \times 10^4 m^3$，气井井数较多，采用单井增压投资巨大、能耗较高。因此，采用集中增压。

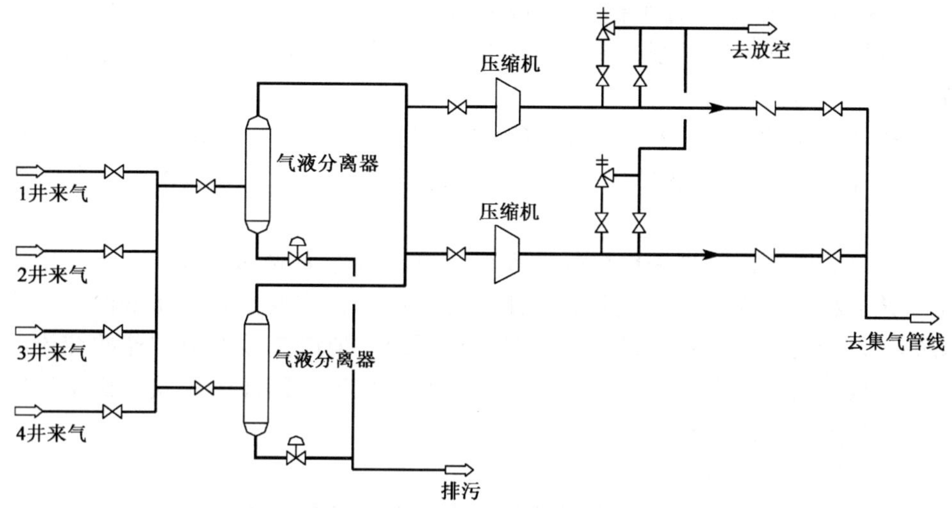

图 3-2-11　多井增压示意流程

5. 机组选型

1）原则

（1）选用安全可靠、运转率高、操作维修方便、性价必高的增压机组。

（2）随着气田不断开采，气田的产量和压力逐渐降低，压缩机站的进站压力和气量也随此变化，同时下游集输管道的输送压力也将随气量变化而发生变化，因此气田增压机组必须具有较强的变工况适应能力。

（3）往复式压缩机一般由燃气发动机驱动，离心式压缩机组一般由燃气轮机驱动。在电源有保障且电价较便宜地区，也可采用电机驱动。

（4）驱动机的额定功率应比压缩机的轴功率大，一般应留 5% ~15% 的储备功率，以备压缩机脉动载荷及工况波动影响之用，另还需考虑传动效率。

（5）小功率压缩机组应橇装化，便于安装维修和搬迁。

（6）对含 H_2S、CO_2 的湿天然气进行增压，增压机组的材质必须具有抗腐蚀能力。

2）压缩机及驱动机选型

往复式压缩机具有进出口压力范围较宽、流量可调节范围较大、压比大（单级压比最高可达 4 ~5）、压力适用范围广和效率高等优点。但其外形尺寸大、机体笨重，只适用于小排量、高压或超高压条件。一般用于流量不太大或工作压力很高的天然气输送管道的增压。

离心式压缩机的优点是结构紧凑、尺寸小，转速高、排量大［可达到15～42.5）$\times 10^6 m^3/d$］，工作平稳，振动小；缺点是压比较低、热效率较低，工作压力的提高受到一定限制，流量过小时会产生踹振。离心式压缩机适用于大流量、中低压条件。

矿场增压的处理量小，压力波动幅度大，因此气田集输常采用往复式压缩机组。对于气量大而且稳定的气田外输增压，也可采用离心式压缩机组。

往复式压缩机通常采用燃气发动机或电动机作为驱动设备。由于气田集输工艺的特点，要求压缩机具有变工况运行能力，主要是排气量的改变。一般燃气发动机和变速发动机均可满足这项要求。但能连续调节转速的交流电动机不仅价格昂贵而且气田电源的可靠性难于保证，因此燃气发动机是气田增压站最常选用的驱动设备。

3）主要配套设施选型

（1）冷却方式选择：压缩机冷却方式主要有空冷和水冷。

①水冷：用水作为冷却介质，具有换热系数较高、受环境影响较小、结构紧凑、占地面积小、可靠性高，运行费用低等优点。缺点是需要独立的循环水冷却系统、配套设施较多，需要充足的水源，对水质有一定要求，一次性投资相对较高。

②空冷：介质为无特殊质量要求的大气，具有结构简单、重量轻、维修方便，一次性投资较低，配套设施较少等优点。但取走热量的能力有限，多用于小型发动机上。

（2）降噪方式选择：增压站降噪方法主要有复合建筑降噪和建筑降噪加设备降噪（加隔声罩）两种降噪方式。

①复合建筑降噪方案：对环保型保温降噪彩钢结构动力设备厂房技术进行改进。

a. 用100mm厚的彩钢复合玻璃棉夹芯板取代原来的彩钢护面板；

b. 为了提高综合降噪体的降噪能力，增加内部涂敷的阻尼降噪层厚度；

c. 增加综合降噪体的厚度。

②建筑加设备降噪方案：对环保型保温降噪彩钢结构动力设备厂房加机组隔声罩。

a. 首先利用环保型彩钢结构压缩机厂房采用吸音、隔声、阻尼等综合降噪技术对压缩机组的高强度噪声进行降噪；

b. 同时对每台压缩机组隔声罩采用吸音、隔声、阻尼、减震等先进的综合降噪技术。

五、清管站及阀室

1. 清管站

1）清管的目的

（1）管道竣工后，投产前清除管内的污物。

（2）管线运行一段时间后清除管内的一些污物。

在生产过程中，在管线中的天然气中常常会凝析一些液态水、凝析油等液体，同时这些液体对管线也会造成腐蚀，产生腐蚀产物，造成管线截面积缩小，降低输气量，甚至造成管线的堵塞。因此，在管线运行一段时间后需要清除管内的一些污物，从而提高管道的使用效率。

（3）在对新建管道进行水压测试后，清除水分。

（4）管道内壁的腐蚀状况和金属管道的损伤检测的需要。集输管道输送的天然气常常是未净化的天然气、天然气中的水以及 H_2S、CO_2 等对集输管道的腐蚀比较厉害，在清管的过程中为了了解管道内壁的腐蚀状况和金属管道的损伤状况需要对管道进行检测。检测的方法一般可以通过智能清管器在清管的过程中进行检测。

2）布站原则

通常，在集气管线的起点设置清管器发送站，管线的终点设置清管器接收站。在大型穿越、跨越的两端，各设置一套既可收又可发的清管装置。这样，一则可避免将前端管线所清除的污物流入穿越、跨越管段；二则有利于穿越、跨越管段的清管。在集气管线工程中，清管发送站和接收站常常分别和管线的首站、末站设置在一起，便于管理和维护。

3）清管工艺

图 3－2－12 为清管站工艺流程图。通过对相关阀门的设置与操作，达到不停气清管的目的。不停气清管不仅保证了下游不间断供气，而且对环境保护和节能都有重要的意义。根据清管器的种类可分为智能清管和非智能清管，智能清管器是基于将超声波、漏磁、声发射等无损探伤原理以及录像观察功能同清管功能结合在一起的仪器。智能清管器可在进行正常清管时同时进行在线检测，从而检测出管道内外腐蚀、机械损伤等缺陷的程度和位置。

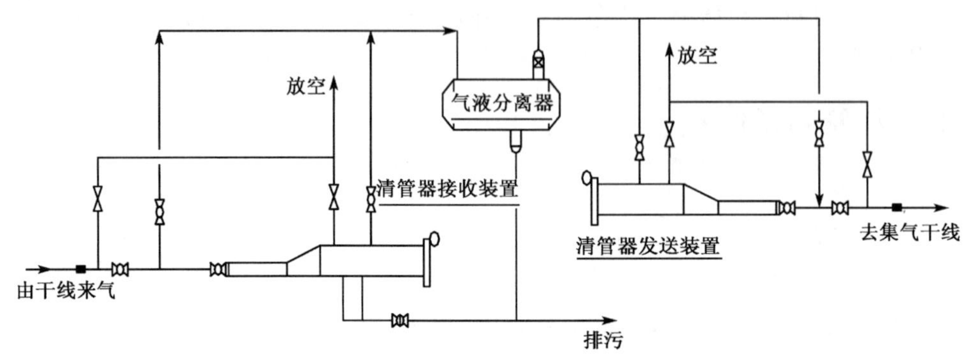

图 3-2-12　清管站工艺流程图

2. 阀室

1）功能

为方便管线的检修，减小放空损失，限制管线发生事故后的危害，在集气管线上，每隔一定的距离要设置线路截断阀室。在集气管线所经地区，可能有用户或可能有纳入该集气管线的气源，则在该集气管线上选择适当的位置，设置预留阀室或阀井，以利于干线在运行条件下与支线沟通。

2）设置

阀室应设置在交通方便、地形开阔、地势较高的地方。截断阀最大间距根据 GB 50251—2003《输气管道工程设计规范》确定：

以一级地区为主的管段不宜大于 32km；

以二级地区为主的管段不宜大于 24km；

以三级地区为主的管段不宜大于 16km；

以四级地区为主的管段不宜大于 8km。

高含硫（H_2S 含量大于或等于 5%）集输干线的阀室的设置按 SY/T 0612—2008《高含硫化氢气田地面集输系统设计规范》确定。

酸性天然气管道允许泄放量见表 3-2-1。

表 3-2-1　酸性天然气管道允许泄放量表　　m^3

地区分类	允许硫化氢的泄放量	地区分类	允许硫化氢的泄放量
一类	>6000	三类	300～2000
二类	2000～6000		

3）典型流程

线路截断阀室内除有与管线等径的截断阀外，在阀的两侧分设有线路放空阀。线路放空一般采用双阀。靠近干线的放空阀取常开状态，另一个阀用来开启放空。在阀室附近，若有进气出气可能，应设一预留阀。为了减小阀室用地，结合线路两端的站场的放空系统，线路阀室也可间隔设置放空系统。对于高含硫化氢酸性天然气，设放空火炬，并设可靠的点火装置。阀室（井）流程如图 3－2－13 所示。

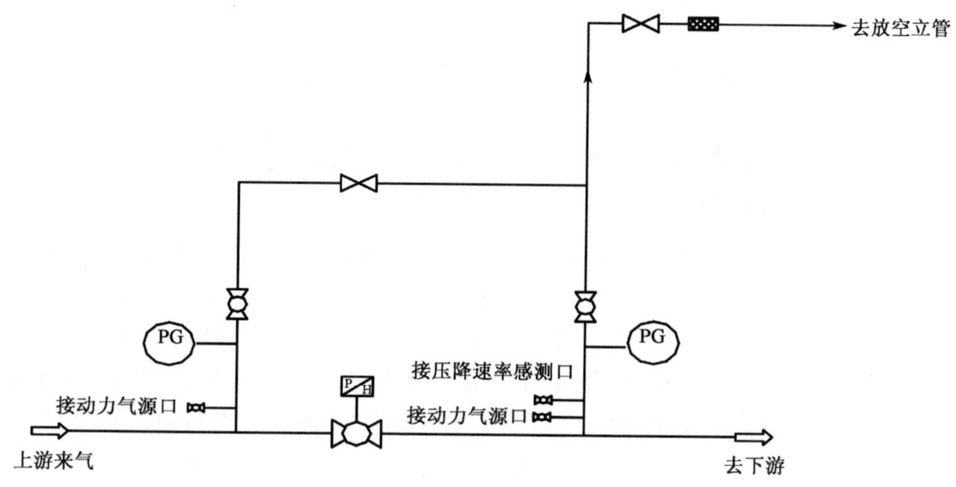

图 3－2－13　阀室（井）流程

六、污水处理站

1. 污水的来源

污水的主要来源于单井站和集气站。

单井站正常生产时一般无生产污水排出，在间歇性的设备检修时排出检修污水；设备外表及场地冲洗排出的冲洗废水；以及来自办公、住宿区的生活污水。

集气站在正常生产时排出的污水主要来自于气液分离器分离出的气田水，段塞流捕集装置、清管接受装置排出的生产污水；在间歇性的设备检修时排出检修污水；设备外表及场地冲洗排出的冲洗废水；以及来自办公、住宿区的生活污水。

2. 污水的类别

虽然天然气的集输工艺、工艺设备不尽相同，生产污水、生产废水的排

放点和排放方式也不一样，但集输站场的污水都主要分为以下几类：

（1）气田水；

（2）检修污水；

（3）设备、场地冲洗废水；

（4）生活污水。

3. 污水水量

生产污水量包括正常污水量、最大排水量，按排放规律的不同有较大差异。

生活污水量根据定员、用水定额、卫生器具的设置等确定。

4. 污水的性质

由于气质条件的不同和集输工艺的差别，因此产生的污染负荷也不相同。

气田水随天然气的采出而产生，该水经过了天然气采集、集输过程，因此水中杂质种类及性质都和天然气气质地质条件、注入物性质、天然气集输条件等因素有关。这种污水是一种含有固体杂质、液体杂质、溶解气体和溶解盐类等较复杂的多相体系，一般含有悬浮固体（泥砂、各种腐蚀产物及垢、细菌、有机物等）、胶体（泥砂、腐蚀结垢产物和微细有机物等）、油类（分散油、浮油、乳化油等）、阴阳离子（Ca^{2+}、Mg^{2+}、Ba^{2+}、Sr^{2+}、K^{+}、Na^{+}、Fe^{2+}、Cl^{-}、$HClO_3^{2-}$ 等）、溶解性气体（溶解氧、二氧化碳、硫化氢、烃类气体等）。此外，由于采气的需要，通常会加入一些防冻、抑制水合物的药剂，所以气田水中通常也会带有此类药剂，如甲醇、乙二醇等。

检修污水是在设备检修、清洗时产生的，具有排放不规律，水量、水质变化大的特点，一般含醇类、烃类、硫化物等。

设备、场地冲洗废水为定期对设备表面及站场内地面的冲洗，水中杂质较单一，主要含泥砂、机械杂质等。

生活污水是工作人员日常生活排出的洗涤、粪便污水，主要含氮、磷等有机物。

5. 污水的处置

站场污水的处置主要有以下几种形式：回注、外排（排入水体、排入城市下水道或蒸发至大气中）、回用（绿化、冲厕、用作工业用水、景观用水等）。

对于污水回注，在 SY/T 0612—2008《高含硫化氢气田地面集输系统设计规范》中规定：高含硫化氢气田采出水应优先考虑回注地层，回注水质符合回注地层的要求。

污水排放时，根据排放污水的种类、性质、排放量以及排放污水对周围环境的污染和农田的危害等情况，结合对各种排放污水有害物质含量的分析结果，可以充分说明集输站场排放的污水有害物质的含量远远超过国家 GB 5084《农田灌溉水质标准》、GB 11607《渔业水质标准》和地方所规定的各类排放标准，不经处理直接排放是不允许的。

6. 污水处理执行标准

在确定污水工艺之前，必须对污水处置执行的标准进行确定，才能经济合理地确定污水处理工艺，从而使污水在合适的处理下达标。根据污水最终处置方式，需针对性执行以下标准。

1）蒸发标准

在极度干旱地区，因为生态环境脆弱，环境容量有限，也没有可供排放的有较高容纳量的水体，因此净化污水采用蒸发方式进行最后处置是最常用的方式。当净化污水采用蒸发方式时，国家并没有针对性的标准进行指标限制，要依据国家有关环保法规和当地环保部门的要求以及环评报告进行确定。

2）注水标准

目前，注水标准主要为行业标准。

在 SY/T 5329《碎屑岩油藏注水水质推荐指标及分析方法》标准中，根据地层的渗透率进行标准分级，推荐了不同级别的各种控制指标，主要包括悬浮固体含量、颗粒中值、含油量、SDB 菌、铁细菌、腐生菌（TGB）等。

在 SY/T 6596《气田水回注方法》标准中，规定了天然气田水回注井和回注层的评选要求、推荐水质指标、达标回注水质检测分析方法与推荐水质处理工艺方法。该标准适用于砂岩和碳酸盐岩天然气田水排污回注。

Q/CY 399《气田水回注水质指标》标准，根据四川气田的情况，制定了气田水回注水质指标、要求，以及水质检测分析方法。该标准中之对悬浮固体含量进行了规定。

由于各油气田或区块油气藏孔隙结构和吼道直径不同，相应的渗透率也不同，因此注水标准也不相同，没有通用标准。各油气田应根据自身情况制定出适合于工程的标准。

3）污水外排执行标准

当净化污水无条件回注必须外排时，要求达到 GB 8978《污水综合排放

标准》。该标准对污水排入水体时控制的指标进行详细规定。其标准分级如下：

（1）排入 GB 3838《地表水环境质量标准》中Ⅲ类水域（划定的保护区和游泳区除外）和排入 GB 3097《海水水质质量标准》中二类海域的污水，执行一级标准。

（2）排入 GB 3838 中Ⅳ、Ⅴ类水域和排入 GB 3097 中三类海域的污水，执行二级标准。

（3）排入设置二级污水处理厂的城镇排水系统的污水，执行三级标准。

（4）排入未设置二级污水处理厂的城镇排水系统的污水，必须根据排水系统出水受纳水域的功能要求，分别执行上述（1）、（2）的规定。

（5）GB 3838 中Ⅰ类、Ⅱ类水域和Ⅲ类水域中划定的保护区，GB 3097 中一类海域，禁止新建排污口，现有排污口应按水体功能要求，实行污染物总量控制，以保证受纳水体水质符合规定用。

4）回用标准

在 GB 50335《污水再生利用工程设计规范》中，对污水再生利用按用途进行分类，包括农牧业用水、城市杂用水（主要用于城市中冲厕、道路清扫、消防、城市绿化、车辆冲洗、建筑施工等）、工业用水、景观用水等，并分别对其水质控制指标进行了限制。

7. 污水处理利用

1）污水处理工艺流程选择的依据

（1）污水的水量和水质。污水量主要指进入污水处理站的正常污水量、间断排污时最大污水量等；水质是指污水中所含污染物的种类，一般包括水温、pH 值、硫化物、悬浮物、*COD* 值、*BOD* 值。

（2）处理后要求达到的水质标准。排入接纳水体时应达到当地环保部门规定的排放水质标准；若回用于生产时，应达到回用水供水标准。

（3）污水处理过程出现的污油、污泥的利用、处理条件。

（4）国内类似污水的设计、运行经验和教训。

（5）国内外气田污水处理技术的发展水平和运用条件。

（6）国内外污水处理药剂、工艺设备等的供货状况和配套能力。

（7）污水处理站所在地的地形、地质、气象、交通等自然条件。

（8）当地有关部门（如规划、环保等）的要求和意见。

2）主要处理工艺

（1）气田水处理工艺。

天然气在集气站内进行分离及脱水处理，因而产生一定量的气田水。由于原料天然气气质组分的不同，气田水的水质也大不相同，但普遍矿化度、氯根离子和加入的缓蚀剂等以及清管的杂质含量较高，含硫化氢的天然气，通常含有高浓度的 H_2S、CO_2、硫和其他有毒化合物。

以下将气田水分为不含硫化氢和含硫化氢两类气田水的处理进行分别阐述。

①不含硫化氢气田水的处理。

不含硫化氢气田水一般采用简单过滤后控制悬浮物含量、颗粒粒径以及含油量后回注地层的方式进行处理。

气田水采用罐车拉运至站内或利用气田水管道转输至站内气田水池（罐）储存，然后经过气田水处理、过滤，经处理达标后的气田水再经回注设备增压回注地层（图3－2－14）。气田水处理装置过滤器一般采用滤芯式（袋式滤芯或金属滤芯）过滤器。

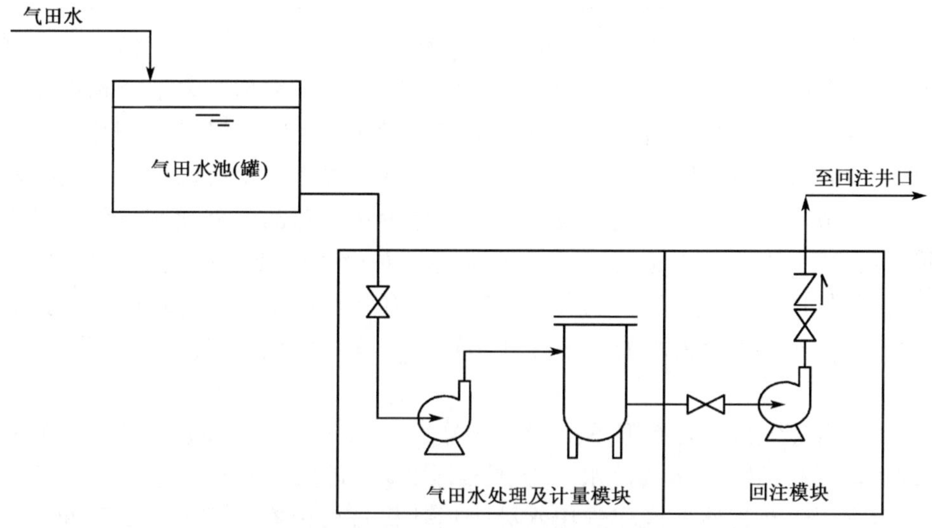

图3－2－14　气田水处理工艺示意图

目前，川渝地区非含硫气田多数回注站均采用上述工艺进行气田水的处理和回注。

② 含硫化氢气田水的处理。

在处理方法的选择上，应针对不同性质的含硫废水，采用不同的处理工艺，工程中常常将不同的处理工艺联合使用。表3－2－2对几种常用及处于研究阶段的含硫废水处理方法进行了比较总结。

表 3-2-2　含硫废水处理方法比较表

方法归类	处理方法	处理效果	建设投资	运行费用	优缺点
物化处理	气提法	较好	较高	较高	需高温、高压或催化剂，技术成熟，能耗高，对设备的要求较高，可作为生化处理的预处理。设备材质要求（耐腐蚀）较高，反应速度较快，化学药剂添加量达，后续处理较困难，工艺成熟，在石化工艺应用较多
	空气氧化法	较好	较高	较高	
	湿空气氧化法	好	高	高	
	化学药品反应除硫	较差	低	较高	
生化处理	生物接触氧化法	较好	较高	较低	可得到单质硫产品，处理在常温常压下进行，对处理设备要求不高，但不能处理高浓度的含硫废水，需要大量的辐射能，对设备材料的要求较高，工艺较复杂，长期运行稳定性尚待研究
	缺氧生物处理	较好	高	高	
	生物固化技术	较好	高	高	

采用物化处理含硫废水时，能耗一般较大，通常会引起二次污染，并可能存在设备腐蚀等问题，且处理后的气体、液体或沉淀物等末端产物还需再处理，成本较高。生化处理（以生物处理为主）与传统物化处理方法相比，前期投资较大，但后期运行管理费用一般不高，或者由于可以得到单质硫产品而降低成本。另外，由于一般不必添加有毒化学药品或催化剂，处理过程在常温常压下进行，无论对工艺的要求还是对设备的要求都比物化处理低。选用何种处理方法取决于工程实际情况、已有处理设施以及当地的环境排放标准等。在实际含硫废水处理中往往多种方法联合使用，以达到所需要的处理要求。

由于含硫气田水含有 H_2S、CO_2、SO_4^{2-} 离子、Cl^- 离子和复杂盐分，如要处理达标（按 GB 8978《污水综合排放标准》）排放，其难度很大，也不经济。且在川渝及其他地区将气田水处理后达标排放没有工程实例。因此，不推荐采用处理达标排放工艺对含硫田水进行处理。

根据 SY/T 0612—2008《高含硫化氢气田地面集输系统设计规范》中“气田水宜首先进行脱硫和脱气处理”，“当采用闪蒸等方式脱出的硫化氢闪蒸气应送至火炬或焚烧炉燃烧后排入大气”相关条文规定，含硫气田水首先要进行闪蒸处理，并将闪蒸气通过火炬或焚烧炉燃烧排放。目前，川渝地区及其他某些含硫气田对于含硫气田水多数采用闪蒸处理后回注地层的处理工艺，处理后水质指标按 SY/T 6596—2004《气田水回注方法》的标准，即悬浮固体含量（SS）小于25mg/L；含油量小于30mg/L；pH值为6~9，主要工艺方法有以下两种：

其一：采用低压闪蒸后密闭输送。

闪蒸就是高压的饱和水进入比较低压的容器中后由于压力的突然降低使这些饱和水变成一部分的容器压力下的饱和水蒸气和饱和水。

由于H_2S在不同温度与分压下，在气田水中溶解度不同，含硫气田水的闪蒸处理工艺就是利用闪蒸原理，降低液相压力，使水中H_2S迅速地解析而自动放出，形成闪蒸，从而去除掉部分水中溶解的H_2S，达到降硫的目的。

分离器分离出的气田水，经闪蒸罐低压闪蒸后，去除部分H_2S，经泵提升至过滤器过滤，去除水中大部分悬浮物及固体颗粒后，储存在净水罐内，经转输泵加压管输至回注站。为了维持气田水各罐罐内的压力平衡，采用净化天然气作为气封气通入罐内，从闪蒸罐闪蒸出的尾气及其他罐逸出的尾气进入低压火炬燃烧排放。考虑闪蒸罐的安全性，闪蒸罐设计压力一般为0.35MPa左右，罐的设施的设计压力不得低于闪蒸罐的设计压力。

含硫气田水闪蒸处理工艺流程图如图3-2-15所示。

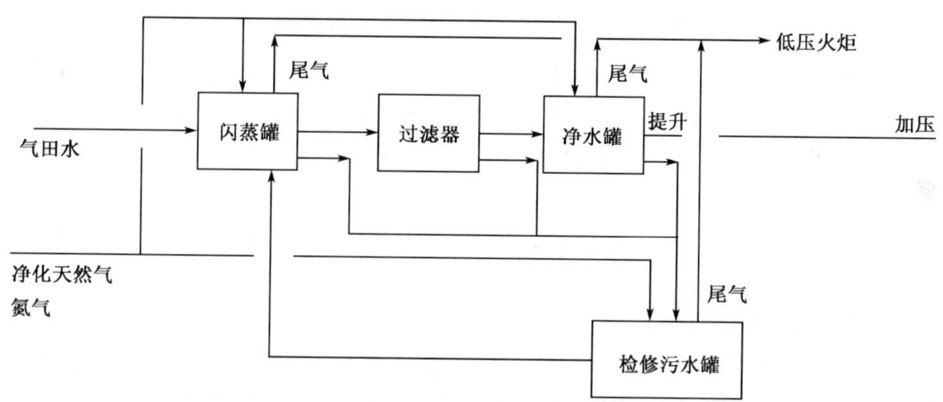

图3-2-15　含硫气田水闪蒸处理工艺

该工艺优点为无需净化气汽提，节能；尾气量明显减少，SO_2排放量减少，减排并环保；取消汽提装置及相关阀件，节省投资。缺点为增加了气田水输送、回注过程中的风险。

适用条件：气田水含硫量不高，含硫气田水输送距离短，没有可利用的蒸汽等公用设施。

其二：采用低压闪蒸加汽提的处理工艺。

汽提法又称为吹脱法，它是利用H_2S在水中溶解度小的特点，用蒸汽或天然气等与气田水直接接触，降低 H_2S 的气相分压，使 H_2S 与水分离，按一定比例扩散到气相中去，从而达到从气田水中分离的 H_2S 目的。汽提法除气田水中的硫化氢效率较高，一般可达90%以上，但能耗较大，对设备要求高。

分离器分离出的气田水，进入闪蒸罐低压闪蒸，去除少部分 H_2S 后，提升至汽提塔进行脱气处理，汽提气采用净化天然气。气田水经汽提处理后，再经过滤处理以降低悬浮物浓度，使之达到回注水质要求后，储存于气田水净水罐内，最后用转输泵输送至各回注站的净水罐。闪蒸及汽提产生的尾气进入低压火炬燃烧排放。

含硫气田水闪蒸加汽提工艺流程图如图3－2－16所示。

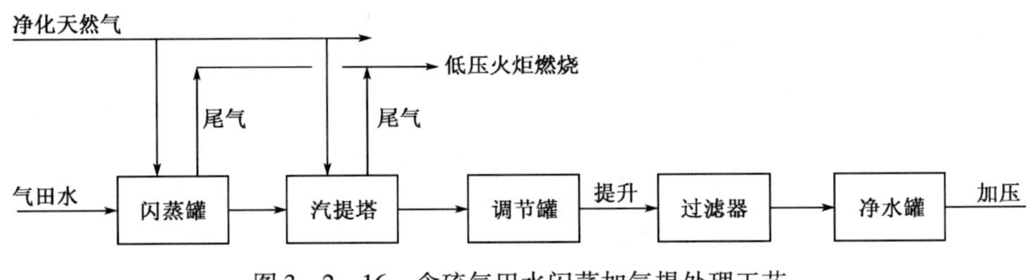

图3－2－16　含硫气田水闪蒸加气提处理工艺

该工艺的优点为最大限度的降低气田水中 H_2S 浓度，管输、回注过程危险性降低，安全性提高。缺点为尾气压力低，管道低点有积液存在；汽提后的尾气燃烧排入大气，SO_2 排放量较多；采用净化气作为汽提气，用气量大，耗能。

适用条件：气田水含硫量高，含硫气田水输送距离长，安全要求性高，有可利用的蒸汽等公用设施。

（2）检修污水处理。

检修污水的特点是短时集中产生，成分复杂、水质恶劣，且波动较大。因此，天然气集输站场产生的检修污水通常采取以下处理方式：

①一般不单独为检修污水建设处理装置，尽量依托其他污水处理系统。

②站场内没有污水处理系统时，检修污水用污水罐或污水池临时储存，再用罐车外运处理。

③当站场内设置气田水处理装置或生产污水处理时，可考虑将检修污水合并处理。

（3）生活污水处理工艺。

生活污水的水质与站场的规模、生活水平、排水系统的形式和完善程度、气象环境等因素有关，主要水质指标：水温一般在10～20℃，*COD* 值为200

~500mg/L，BOD_5 值为 100 ~ 300mg/L，pH 值为 6.5 ~ 7.5，SS 值为 100 ~ 250mg/L，可生化性较好。

但天然气站场的生活污水不同于城市生活污水的是，水量较小（0.5 ~ 10.0m^3/d），进行连续处理有一定困难，可采取三类处理方式。其一是进行预处理后排入城市下水道；其二是可采用外输或外运的方式将其与天然气净化厂或处理厂的正常生产污水合并处理，不再新建生活污水处理装置；其三是因各种原因造成生活污水、生产污水不宜合并处理时，单独建生活污水处理装置进行处理，合格后外排或回用。在此类处理方式中，按照处理工艺的不同又分为以下几类：

① 接触氧化法工艺。

这是最传统、应用最广泛的污水处理工艺。就是在污水池中设置填料，已经充氧的污水浸没全部填料，并以一定的速度流经填料。填料上长满生物膜，污水与生物膜相接触，在生物膜上微生物的作用下，污水得到净化。

接触氧化法处理工艺流程如图 3－2－17 所示。

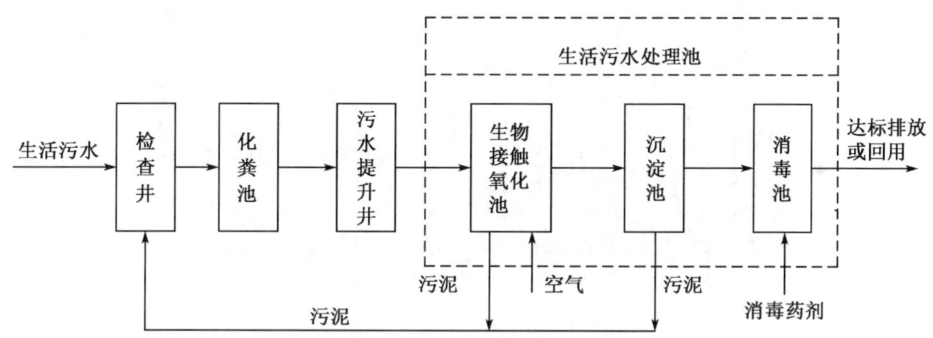

图 3－2－17　接触氧化法处理工艺框图

该流程中，若生活污水量较大，可选用市场上技术较成熟的生化处理成撬产品进行处理。若水量较小，连续运行较困难时，可采用小型生化处理构筑物进行处理。目前，由西南分公司环境保护室组织设计的“小流量生活污水处理标准化设计”，就是针对站场生活污水排水量小，水质、水量时变化系数大，污染物浓度通常比城市污水低，可生化性较好的特点。本标准化设计污水量按 $Q \leqslant 12m^3/d$，$12m^3/d \leqslant Q \leqslant 72\ m^3/d$，$72m^3/d \leqslant Q \leqslant 120m^3/d$ 三种规模考虑。该标准化设计已投入应用。

② 好氧反应器与土地处理结合工艺。

这是在某一气田集输站场中采取的工艺（图 3－2－18）。集气站的生活污水通过好氧反应器（SLUDGE HAMMER）处理，处理后的污水将进行消毒后再通过敷设在集气站外的限制耕种区的渗管用于灌溉回用（图3－2－19）。化粪池及污水处理设备内的沉积物拟委托第三方定期进行清掏。

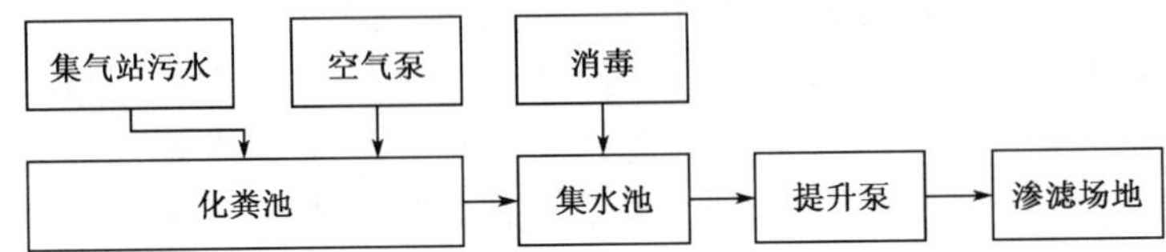

图3－2－18　好氧反应器与土地处理结合工艺流程框图

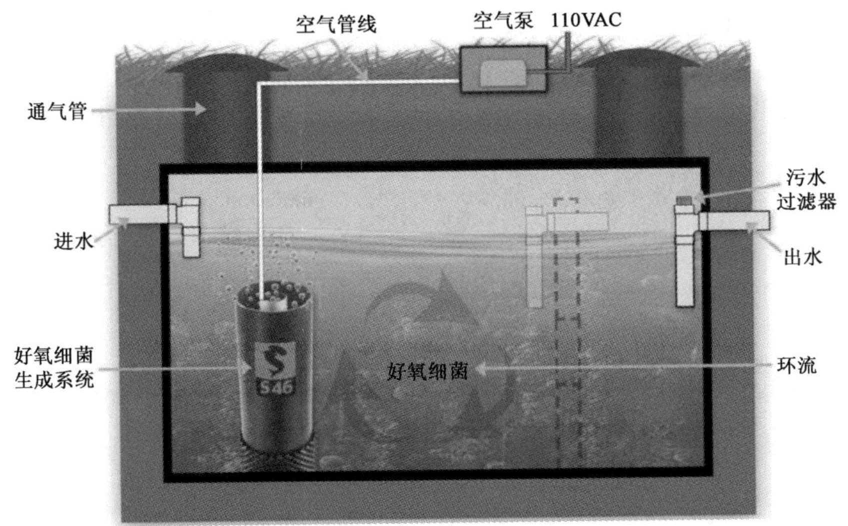

图3－2－19　好氧反应器

好氧反应器（SLUDGE HAMMER）是一种新型水处理设施，CVX（雪佛龙）在工程中使用后获得了良好的效果，因此引入进本工程以处理小型生活污水。该设备为可以直接安装在普通的化粪池中，采用延时曝气的处理工艺，以引进的菌种对污水进行处理，该设施的特点是结构简单，运行及维护方便，且能够达到良好的处理效果。经过处理后的水再进入渗沟通过土地渗透后，在1m的深度水质可以达到GB 8978—1996《污水综合排放标准》中的一级标准。

（4）设备、场地冲洗废水处置。

设备、场地冲洗废水水质较单一，一般只含有泥沙、机械杂质等物质，与环境友好，一般通过控制铺装路面的面积，通过非铺装地就地散排渗地的方式处置。

七、总平面布置

1. 站场选址

单井站通常依托钻井场地建设，其站址在前期钻井阶段就已确定。

集气站也通常依托钻井场地建设，其站址在前期钻井阶段就已确定，个别集气站因多种因素而在地面建设阶段单独选址建设，其选址应遵循以下原则：

（1）应同油气田开发建设规划工作密切结合，在油气田及长输管道总体规划确定的范围内进行选择，确保油气田总体规划的合理布局。

（2）应根据其生产特点，结合拟选油气站场址的地形、地质、气象、水源、电源、交通运输、安全、环保和生活依托等因素，进行技术经济综合分析比较确定。

（3）应注意节约用地，尽量少占耕地，利用荒地劣地。

（4）必须充分掌握站场址范围内的地质构造和区域地质情况，并对拟选场址的稳定性和适宜性作出工程地质评价。

（5）在有洪水威胁的地区，应便于采取防洪、排洪措施。防洪标准应根据站场的规模及重要性，计算洪水位采用洪水重现期 25 年或 50 年。防洪构筑物或场地整平标高，应高出计算洪水位 0.5m 以上。

（6）近期与远期相结合，根据总体规划，考虑有发展的可能。

2. 总平面布置原则

（1）了解规划要求，使总平面布置与其相适应；

（2）满足生产要求，工艺流程合理；

（3）充分利用地形、地质条件，因地制宜地进行布置；

（4）风向、朝向，减少环境污染；

（5）防火、防爆、防振、防噪声；

（6）适应内外运输，线路短捷顺直；

（7）重视节约用地，布置紧凑合理；

（8）远近期建设关系，全面统一考虑。

3. 总图布置特点

（1）总平面布置首先要执行国家、行业以及地方现行规范和标准，如安全距离控制应执行 GB 50183《石油天然气工程设计防火规范》等规范要求；

主要指标控制及具体要求应满足 SY/T 0048《石油天然气工程总图设计规范》等规范要求。

(2) 单井站（无水套炉）主要包括井口区、工艺装置区、仪表控制室及配电间、放空区等。其总平面布置，以井口为中心，通常是前井场（靠站场大门）布置仪表控制室及配电间——方便人员进出站场，井口侧面或后场布置工艺装置区，同时要预留修井场地。放空区在站场外地势较高位置选址建设，宜位于站场最小风向频率的上风侧。站场内各个建构筑之间的安全距离严格执行《石油天然气工程设计防火规范》。图 3－2－20为单井站（无水套炉）总平面布置图。

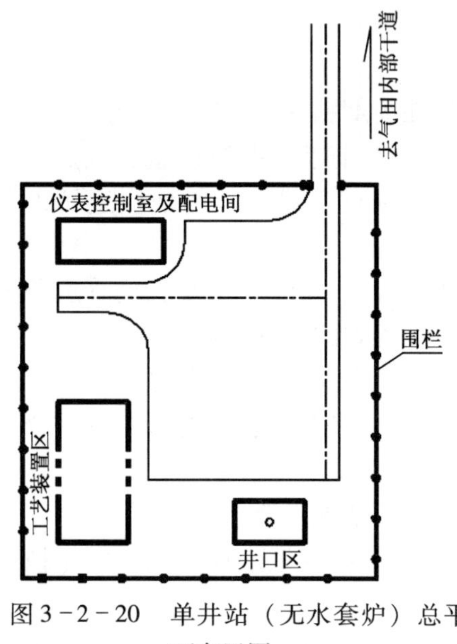

图3－2－20　单井站（无水套炉）总平面布置图

单井站（含水套炉）主要包括井口区、工艺装置区（含水套炉）、综合设备房、缓蚀剂或抑制剂泵注区、放空分液罐、放空区等。其总平面布置，以井口为中心，通常是前井场（靠站场大门）布置综合设备房——方便人员进出站场，井口后场布置工艺装置区及水套炉区，同时要预留修井场地。缓蚀剂或抑制剂泵注区靠井口布置，放空分液罐靠近工艺装置区布置。放空区在站场外地势较高位置选址建设，宜位于站场最小风向频率的上风侧。站场内各个建构筑之间的安全距离严格执行 GB 50183《石油天然气工程设计防火规范》。图 3－2－21 为单井站（含水套炉）总平面布置图。

(3) 集气站通常包括井口区、集气工艺装置区、综合设备房、缓蚀剂或抑制剂泵注区、放空分液罐、清管装置区、放空区等。其总平面布置，站场入口处布置综合设备房，集气工艺装置区、清管装置区布置在便于天然气管线进出站场后场，放空分液罐靠工艺装置区布置。若依托井站建设的集气站，缓蚀剂或抑制剂泵注区靠近井口区布置，应预留有修井作业区。放空区在站场外地势较高位置选址建设，宜位于站场最小风向频率的上风侧。站场内各个建构筑之间的安全距离严格执行 GB 50183《石油天然气工程设计防火规范》。图 3－2－22 为集气站总平面布置图。

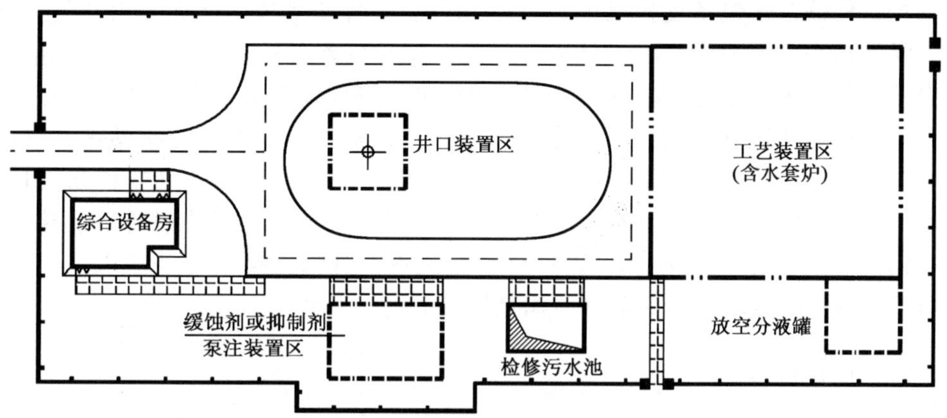

图3-2-21　单井站（含水套炉）总平面布置图

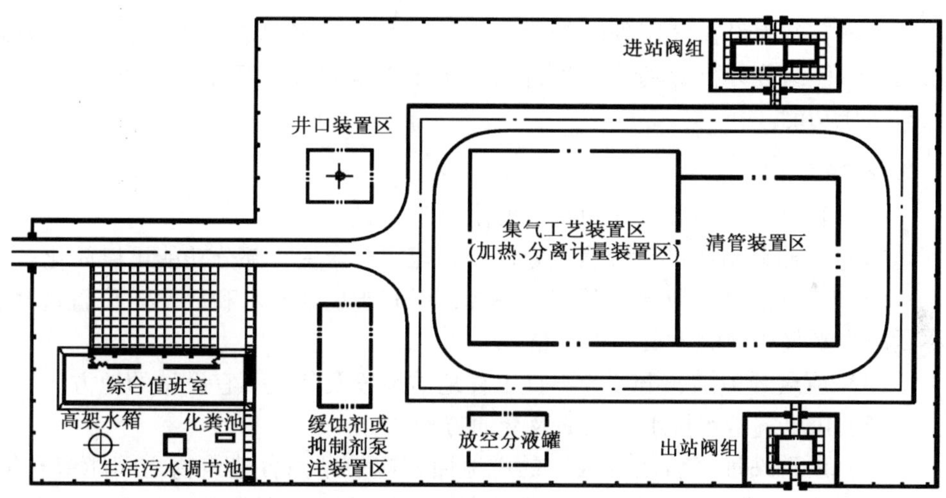

图3-2-22　集气站总平面布置图

第三节　天然气外输

根据各气源及市场地理位置、气田及外输管道的管理模式等情况，气田的净化气外输部分主要有以下两种模式：

一种是为交接点在气源（净化厂）附近，外输首站与外输交接站为同一站场，外输首站包括交接站的计量等功能，无外输管线。例如，川渝气田渡口河气田在宣汉净化厂内设外输计量站，净化气经外输计量站输至毗邻的川渝地区北外环长输管道站场，由川渝地区北外环长输管道输至用户。

一种为交接点与气源（净化厂）较远，外输首站与外输交接站需在气源与交接点分别设置，两站间由外输管线连接。例如，长庆油气的子州气田，该气田在米脂净化厂内设外输首站，在榆林第二集配气总站内设外输交接站。净化气出厂后经外输首站由90km外输管道输至外输交接站（外输末站），再由陕京线、陕京二线等长输管道输至用户。

一、外输首站

1. 主要功能

外输首站为设在气田外输管道起点的站场。一般具有分离、计量、清管发送、气体组分分析等功能，当进站压力不能满足输送要求时，外输首站还具有增压功能。

2. 设置原则

（1）输气首站一般设在净化气源附近。

（2）外输首站尽量与天然气处理厂合建。若合建，部分功能可以简化。

（3）选择的站址应地势开阔、平缓，以利于场地排水和放空点位置选择，尽量减小平整场地的土石方工程量。

（4）应避开山洪、滑坡等不良工程地质地段及其他不宜设站的地方。

（5）供电、给水排水、生活及交通方便。

（6）所选站址（含放空区）的占地面积应使站内各建筑物之间能留有符合防火规范规定的安全间距，必要时应考虑站场的发展余地，近期、远期结合，统筹规划。

（7）与附近工业、企业、仓库、铁路车站及其他公用设施的安全距离应符合现行GB 50183《石油天然气工程设计防火规范》的有关规定。

（8）站内的平面布置、防火安全、站内道路交通及与外界道路的连接应符合GB 50183《石油天然气工程设计防火规范》、GB 50016《建筑设计防火规范》、SY/T 0048《石油天然气工程总图设计规范》的有关规定。

3. 典型流程图

外输首站典型流程图见图3－3－1。

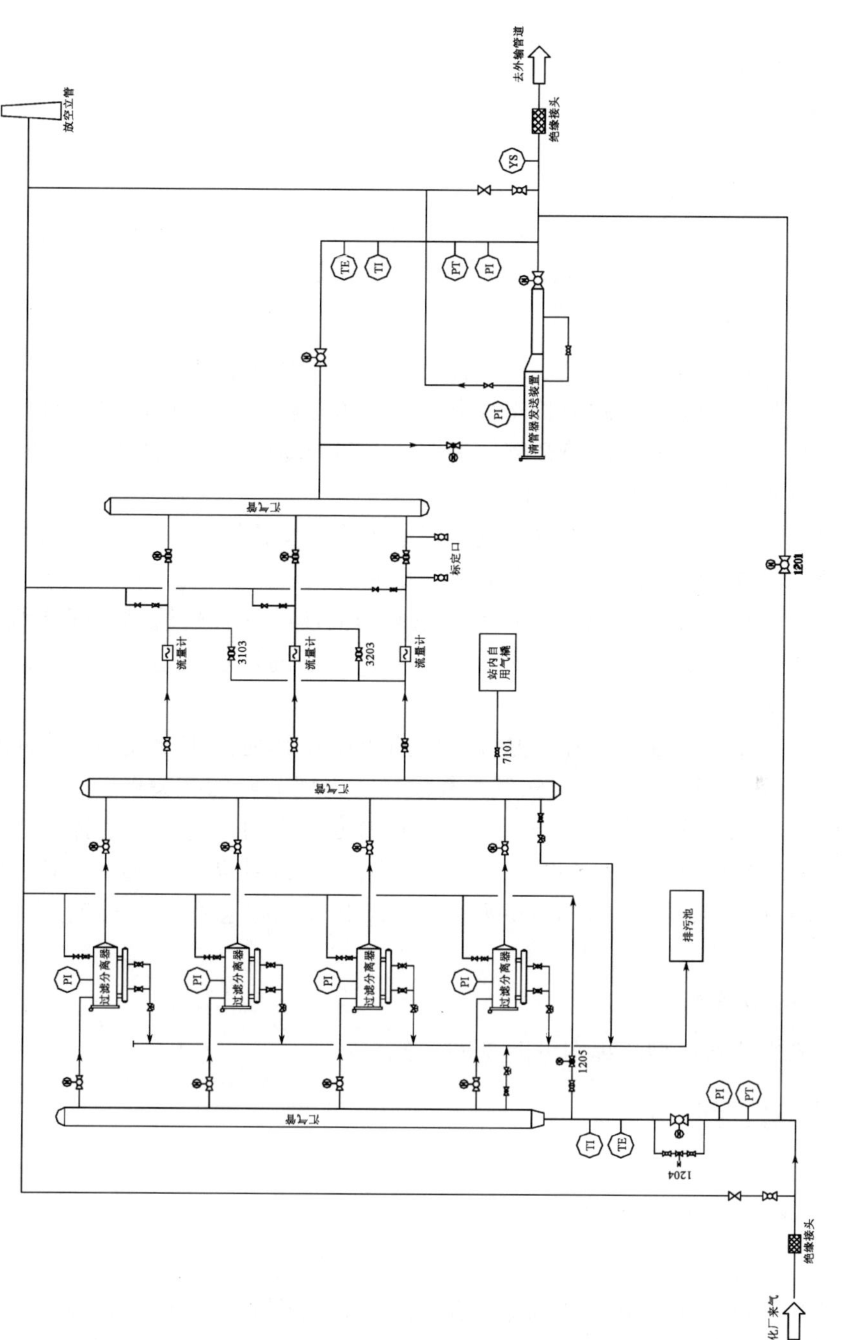

图3-3-1　外输首站工艺流程

二、外输交接站

1. 主要功能

输气交接站设在气田外输管道末点与长输管道或用户交接的站场。一般具有分离、调压、计量、清管接收及配气等功能。

2. 设置原则

（1）外输交接站一般设在外输管道与长输管道或用户交接点。

（2）如果外输交接站与长输管道起点站场合建，部分功能可以简化。

（3）选择的站址应地势开阔、平缓，以利于场地排水和放空点位置选择，尽量减小平整场地的土石方工程量。

（4）应避开山洪、滑坡等不良工程地质地段及其他不宜设站的地方。

（5）供电、给水排水、生活及交通方便。

（6）所选站址（含放空区）的占地面积应使站内各建筑物之间能留有符合防火规范规定的安全间距，必要时应考虑站场的发展余地，近期、远期结合，统筹规划。

（7）与附近工业、企业、仓库、铁路车站及其他公用设施的安全距离应符合现行 GB 50183《石油天然气工程设计防火规范》的有关规定。

（8）站内的平面布置、防火安全、站内道路交通及与外界道路的连接应符合国家现行标准 GB 50183《石油天然气工程设计防火规范》、GB 50016《建筑设计防火规范》、SY/T 0048《石油天然气工程总图设计规范》的有关规定。

3. 典型流程图

外输交接站典型流程图见图 3－3－2。

三、外输管线

1. 线路选线的原则

（1）线路选择应执行国家有关法律法规，做到安全、环保，以人为本。

（2）线路必须避开重要的军事设施、易燃易爆仓库、国家重点文物保护区；应避开城镇规划区、飞机场、火车站、海（河）港码头和国家级自然保

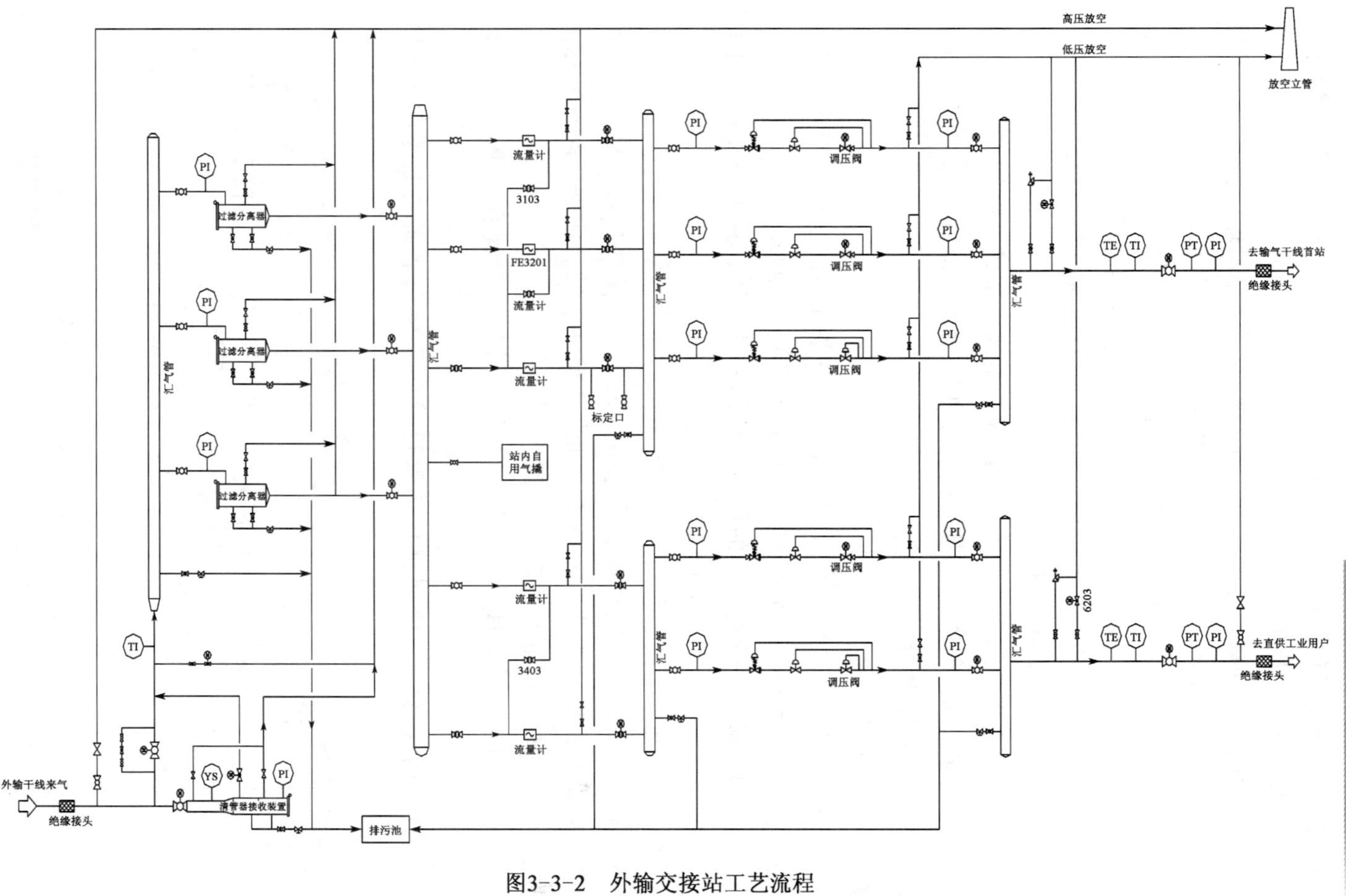

图3-3-2　外输交接站工艺流程

护区等区域。当受条件限制管道需在上述区域通过时，必须征得主管部门同意，并采取安全保护措施。

(3) 线路应避开高烈度地震区、断裂带、沼泽、滑坡、泥石流等不良工程地质地区和施工困难段，必须通过时应采取工程措施保证安全。

(4) 线路选择应与沿线国土资源、规划、水利、铁路、公路、电力、矿产、林牧业、环保、文物、渔业、航道等有关部门结合，调查其现状和规划，满足管道与沿线高压线、高速公路、铁路、通信电缆等线形构筑物之间的距离要求，遵守相关部门的法规。

(5) 线路走向应结合地形、工程地质、沿线主要进、供气点的地理位置以及交通运输、动力等条件，进行多方案调查、分析比选，确定最优线路。

2. 管道敷设与设计

1) 管道敷设方式

管道经过的地形、地质、水文地质及气候条件不同的地区，其采用的敷设方式也不同。可供管道采用的敷设方式有下列几种形式：

(1) 地下敷设是管道采用的最为广泛的一种形式，管道顶点位于地表以下一定的距离［图3-3-3 (a)］。

地下敷设施工简便、费用低，不影响自然环境和农业生产，管道不易遭受外力损坏，我国气管线基本上为地下敷设。但在某些特殊地区，地下敷设与其他敷设方式相比却是不经济的，如在活动性滑坡、崩塌、泥石流地区和可能产生较大地层移动的采矿区不宜采用地下敷设。

(2) 半地下敷设是管底处于在面之下，而管顶处于地面之上［图3-3-3 (b)］。

(3) 地上敷设（土堤埋设）的管道管底完全在地面之上［图3-3-3 (c)］。

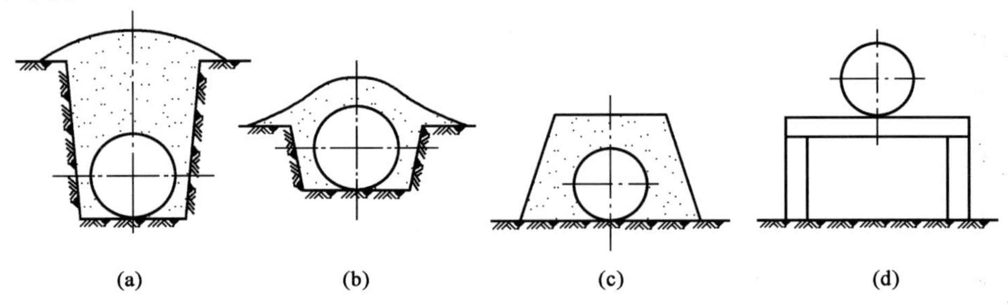

图3-3-3　管道敷设形式

(a) 地下敷设；(b) 半地下敷设；(c) 地上敷设；(d) 管架敷设

地下和半地下敷设一般用于非农业区地下水位较高的沼泽地区。它的主要缺点是土堤的土壤稳定性差，阻拦自然排水，妨碍地面交通。

（4）管架敷设的管道是把管道架设在构筑于地面的支架上面［图3－3－3（d）］。一般用于跨越人工或自然障碍物、开采矿区和永冻土地段。这种敷设形式施工复杂、费用较高，地面上造成人为障碍，易受外力损坏，只有用于其他敷设形式不宜采用的地区。

2）埋地管道与其他地下构筑物的间距要求

（1）外加电流阴极保护的管道，与其他地下管道的敷设应符合下列要求：

① 联合保护的平行管道可同沟敷设，非联合保护的平行管道，两者的距离不宜小于10m。当小于10m时，后施工管道在距离小于10m内的管段及其两端各延伸10m以上管段上，应做特加强级防腐。

② 被保护管道与其他管道交叉时，两者间的净垂直距离不应小于0.3m。当小于0.3m时，中间必须设有坚固的绝缘隔离物，确定与其不接触。双方管道在交叉点两侧各延伸10m以上的管段上，应做特加强级防腐。

（2）外加电流阴极保护的管道与地下通信电缆相遇时应符合下列要求：

① 管道与电缆平行敷设时，两者之间距离不宜小于10m。当小于10m时，后施工管道或电缆在距离小于10m内的管段及其两端各延伸10m以上的管段上，应做特加强防腐。

② 管道与电缆交叉时，相互间净垂直距离不应小于0.5m，交叉点两侧各延伸10m以上管段和电缆上，应做特加强防腐。

③ 地下管道与交流三相对称运行电力线接地体的安全距离，不宜小于表3－3－1中的规定。

表3－3－1　地下管道与交流三相对称运行的电力线接地体的安全距离

电图线等级，kV	10	35	110	220
临时接地点，m	0.5	1.0	3.0	5.0
铁塔或电杆接地，m	1.0	3.0	5.0	10.0
电站或变电所，m	5.0	10.0	15.0	30.0

3. 线路附属设施

1）管道标志桩

管道标志桩有里程桩、转角桩、交叉和标志桩等，应位于气流方向管道右侧，离管道中心约1m左右处埋设。当平面转角桩超过100m时需加设里程桩；管道穿越铁路、河流处应设置标志桩；对易于遭到破坏的管段应设置警

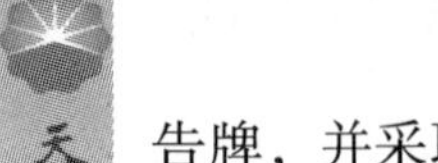

告牌，并采取保护措施。

2）管道标志带

（1）管道标志带用途。

管道标志带主要设置于人口稠密或由于经济建设的需要对管道所通过的位置有可能二次开挖扰动的地区。其作用是警示下方敷设有天然气管道，其敷设位置在管道管顶正上方300～500mm处。

（2）管道标志带技术要求。

①标志带宽度为不小于管外径；标志带的厚度为0.15～0.2mm；

②标志带的使用寿命必须大于20年；

③标志带的颜色采用红色，其原料可以采用聚乙烯塑料。

（3）说明文字。

标志带宜用白色字体纵向印有以下说明文字：

①文字“此处下方×××mm处有高压天然气管道，小心！”；

②文字“××××输气管道”；

③建设单位：×××××××××；

④建设时间：××××年 。

上述文字均应采用宋体或仿宋体文字，字体高度为150mm，每行字的行间距为0.13m。同时应标注相关单位联系电话。

3）堡坎着色

施工完毕后，应对全线的护坡、堡坎等水工构筑物用油漆进行外表着色，采用红、黄两色从上到下横条间隔设置，每种颜色着色间隔10cm，每条颜色的着色宽度为10～15cm。

第四节　腐蚀与防护

一、腐蚀分类、原理及影响因素

1. 概要

根据金属腐蚀破坏的特征可将金属腐蚀分为均匀腐蚀（又称全面腐蚀）和局部腐蚀两大类；按腐蚀机理可将金属腐蚀分为化学腐蚀和电化学腐蚀。

在天然气矿场集输过程中，由于输送流体处于密闭状态，天然气地面集输设施同时受到来自外部介质对设施外壁的腐蚀和输送流体对设施内壁的腐蚀，因此将天然气地面集输设施的腐蚀分类为内腐蚀和外腐蚀。

影响金属腐蚀的因素很多，既与金属自身的因素有关，又与环境因素有关。了解影响金属腐蚀的主要因素有助于解决油气田开发生产中的腐蚀问题。

1）金属材料自身的影响因素

（1）金属材料的化学组分；

（2）金属材料的显微金相组织；

（3）冶炼及热处理的影响；

（4）制造工艺对金属材料腐蚀的影响。

2）环境对金属材料腐蚀的影响因素

（1）介质酸碱度（pH）；

（2）介质组分及浓度；

（3）介质温度；

（4）压力，流体流速；

（5）所承受的应力，包括外加应力和残余应力；

（6）暴露时间；

（7）焊接腐蚀。

2. 内腐蚀

在天然气开发生产过程中集输设施选择采用普通碳钢材料时，内腐蚀是指由于输送流体的腐蚀性，造成对集输设施内部腐蚀而引起的失效。内腐蚀是影响天然气集输系统使用寿命的重要因素之一，涉及输送介质环境和设施材料两大因素。

（1）环境因素：在天然气开发生产环境中，几乎都伴随有二氧化碳、硫化氢、氯离子和水存在，造成生产集输设施内腐蚀。

（2）材料因素：天然气地面集输设施多采用普通结构钢和低合金钢材料；特殊情况下采用耐蚀合金钢材料。对于腐蚀的影响因素而言，材料因素还包括安装制造工艺。

1）硫化氢的电化学腐蚀

硫化氢对集输系统的腐蚀主要表现为硫化物应力开裂（SSC）、应力腐蚀开裂（SCC）、氢诱发裂纹（HIC）和电化学腐蚀。

H_2S 溶解在水中呈弱酸性，在水溶液中按下式分步离解：

$$H_2S \xleftrightarrow{k_1} H^+ + HS^- \xleftrightarrow{k_2} 2H^+ + S^{2-}$$

式中，一步离解常数 $k_1 = 10^{-7}$；二步离解常数 $k_2 = 10^{-13}$。

在 H_2S 水溶液中，含有 H^+、HS^-、S^{2-} 和 H_2S 分子，它们对金属的腐蚀是氢去极化过程，释放出的 H^+ 是强去极化剂，极易在阴极夺取电子，促进阳极铁溶解反应而导致金属的全面腐蚀。

腐蚀产物（FexSy）主要有 Fe_9S_8、Fe_3S_4、FeS_2、FeS。它们的生成是随 pH 值、H_2S 浓度等参数而变化，其中 Fe_9S_8 的保护性最差，不能阻止阳极反应的铁离子通过，而加速腐蚀。FeS 和 FeS_2 具有较完整的晶格点阵，因而对金属表面具有一定的保护性。

对钢铁而言，附着其表面的腐蚀产物是有效的阴极，它将加速金属的局部腐蚀。有些学者认为在确定 H_2S 腐蚀机理时，腐蚀产物的结构和性质对腐蚀的影响，相对 H_2S 来说，将起着更为主导的作用。

在 H_2S 水溶液中，H_2S 浓度对金属腐蚀速率有明显影响；如果 H_2S 水溶液中还同时含有其他腐蚀性组分，如 CO_2、Cl^-、残酸等，将促使金属腐蚀速率大幅度增高。

2）硫化物应力开裂和应力腐蚀开裂

在含 H_2S 环境中，硫化物应力开裂主要出现于高强度钢和有较高内外应力构件及焊缝上，开裂垂直于拉应力方向。对于 SSC 和 SCC 而言，环境是重要影响因素；人们将发生 SSC 和 SCC 的环境称为酸性环境。

以往对酸性环境的定义：当湿天然气（流体）中 H_2S 分压大于 0.0003MPa 时，即定义为酸性环境。

新出版的 NACE MR0175/ISO 15156《石油和天然气工业—含 H_2S 的石油和天然气生产环境中适用的材料》对酸性环境的定义为：暴露于含有 H_2S 并能够引起材料按本篇所揭示的机理开裂的油田环境（所有由 H_2S 引起的腐蚀开裂机理，这些开裂包括硫化物应力开裂、应力腐蚀开裂、氢致开裂及阶梯型裂纹、应力定向氢致开裂、软区开裂和电偶诱发的氢应力开裂）。

SSC 是指在有水和 H_2S 存在的情况下，与腐蚀和拉应力（残留的或施加的）有关的一种金属开裂。它与金属表面因酸性腐蚀所产生的原子氢引起的金属脆性有关。有硫化物存在时，会加速氢的吸收。原子氢能扩散进金属，降低金属的韧性，增加裂纹的敏感性。

SSC 开裂通常是在事先没有明显征兆、几乎没有宏观塑性变形的情况下突然发生材料的脆性开裂，危害极大（图 3－4－1 和图 3－4－2）。每种合金的应力腐蚀开裂只是对某些特定的介质敏感，对于天然气集输系统，典型的有硫化氢存在下的硫化物应力开裂，不锈钢在含氯离子介质中的氯化物应力开裂。

图3－4－1　硫化物应力开裂裂纹微观特征

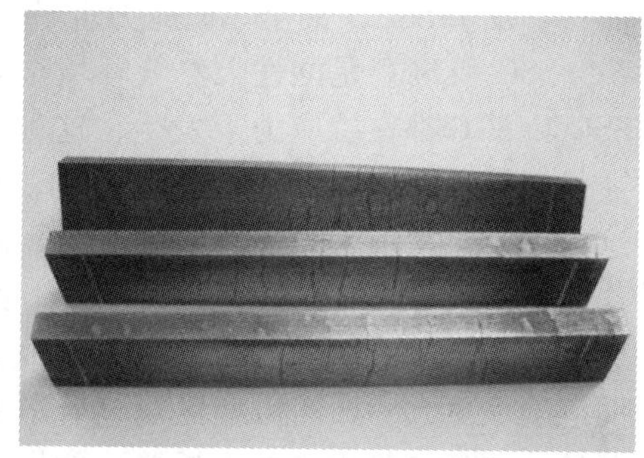
图3－4－2　硫化物应力开裂裂纹宏观特征

对于碳钢和低合金钢，NACE MR0175/ISO 15156－2 以及 GB/T 20972.2 标准根据 H_2S 分压和介质的 pH 值将介质环境分为非酸性、轻度酸性、中度酸性和重度酸性四个区域（图3－4－3），并给出了在油气生产及处理过程中含有 H_2S 的环境下，设施用碳钢和低合金钢的选择及评定的要求和推荐做法，列出了抗 SSC 的碳钢和低合金钢材料的使用要求。

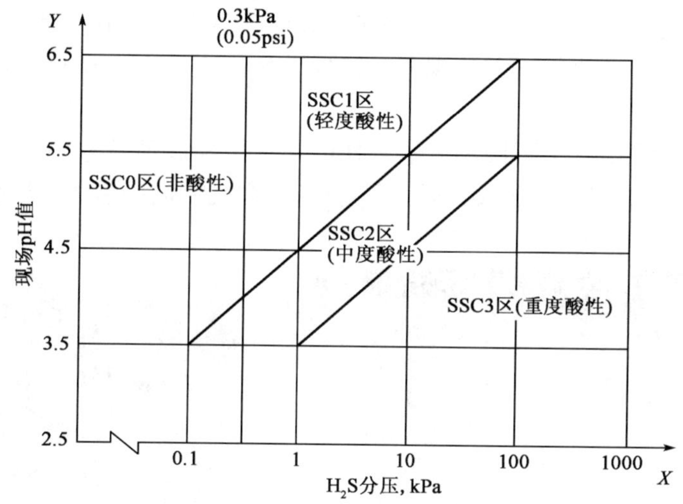

图3－4－3　有关碳钢和低合金钢的 SSC 环境严重度的区域

油气田开发生产中，在确定含 H_2S 环境的严重程度时，还要考虑在不正常的工作条件下或停工时暴露于未缓冲的低 pH 值凝析水相时，或者井下增产

酸液和（或）反排增产酸液的可能性。对于耐蚀合金材料，其开裂敏感性与温度、p_{H_2S}、原位 pH 值、氯离子浓度和元素硫有关。

在酸性环境中 SSC 具有突发性，H_2S 浓度很低的情况下即可引起敏感金属材料发生 SSC，甚至在低应力水平下也可能会发生 SSC。

SSC 和 SCC 是酸性天然气环境金属设备材料的一种严重失效形式。一般 SSC 和 SCC 都在拉应力下发生，这种拉应力包括工作应力、残余应力，甚至还包括裂纹中腐蚀产物的楔入应力。应力腐蚀还经常发生在管道的焊接区，这是因为存在较大的焊接残余应力，以及焊接处金相组织的原因和焊接的工作质量因素等。输送酸性天然气流体的管道，由于管道内壁接触 H_2S、CO_2 和水等腐蚀介质，在应力和 H_2S 等腐蚀介质的共同作用下，发生应力腐蚀失效的危险性更大。如四川地区输气管道失效事故调查统计结果表明，发生在焊缝处（包括制管生产的直焊缝）的失效占失效事故总数 50% 以上。

3）氢致开裂

氢致开裂（HIC）又称为氢诱发裂纹，HIC 生成的驱动力是靠进入钢中的氢产生的气压。在含酸性环境中，由于氢原子的渗透在钢材内部陷阱处聚集结合成氢分子（氢气），并沿着碳、锰、磷等元素的异常组织扩展。在碳钢和低合金钢内部形成平面裂纹，裂纹呈阶梯状见图 3－4－4。

当氢原子的渗透在钢材表面陷阱处聚集结合成氢分子（氢气）时，HIC 的表现形式为氢鼓泡如图 3－4－5 所示，表面氢鼓泡是由于氢的聚集点压力增大而产生的。一个值得研究的现象是，发生氢鼓泡的金属材料并不一定都会发生 HIC。

HIC 与 SSC 是两类不同的开裂。HIC 常见于延展性较好的低、中强度管线钢和容器钢上。HIC 是一组平行于板面、沿着轧制向的裂纹，发生 HIC 不需外加应力。

图 3－4－4　氢致开裂的阶梯状裂纹

图 3－4－5　表面氢鼓泡

4）CO_2 腐蚀

CO_2 腐蚀主要表现形式为电化学腐蚀，有研究结果表明：在常温无氧的 CO_2 溶液中，金属的腐蚀速率是受析氢动力学所控制。CO_2 在水中的溶解度很高，一旦溶于水便形成碳酸，释放出氢离子。氢离子是强去极化剂，极易夺取电子还原，促进阳极铁溶解而导致腐蚀。

在含 CO_2 油气环境中，金属表面在腐蚀初期可视为裸露表面，随后将被碳酸盐腐蚀产物膜覆盖。所以，CO_2 水溶液对金属腐蚀，除了受氢阴极去极化反应速度的控制外，还与腐蚀产物是否在金属表面成膜，膜的结构和稳定性有着十分重要的关系。

在含 CO_2 油气田上观察到的腐蚀破坏，主要是由腐蚀产物膜局部破损处的点蚀引发的环状腐蚀或台面腐蚀导致的蚀坑或蚀孔。这种局部腐蚀由于阳极面积小，穿孔的速度很高。

迄今，CO_2 的腐蚀问题一直是世界石油工业腐蚀与防护的一个研究热点，其中 CO_2 腐蚀速率是研究的核心问题。曾有学者在研究现场低合金钢点蚀的过程中，总结得到一个经验规律，即当 CO_2 分压低于 0.05MPa 时，通常观察不到因点蚀而造成的破坏。

天然气中 CO_2 的腐蚀还与介质溶液中矿物质含量、pH 值、温度、暴露时间等有关。其中温度是影响 CO_2 腐蚀的重要因素之一。许多研究者的研究结果表明，温度在60℃附近，CO_2 的腐蚀机制有质的变化。当温度低于60℃时，由于较难形成保护性的腐蚀产物膜，腐蚀速率是由 CO_2 溶解于水生成碳酸的速度和 CO_2 扩散至金属表面的速度共同决定，于是以均匀腐蚀为主。当温度高于60℃时，金属表面有碳酸亚铁生成，腐蚀速率由穿过阻挡层传质过程决定，即垢的渗透率，垢本身固有的溶解度和流速的联合作用而定。温度 60～110℃范围时，腐蚀产物厚而松，结晶粗大，不均匀，易破损，表现为局部严重腐蚀。随着温度继续升高，腐蚀产物细致，附着力强，于是有一定的保护性，则腐蚀率下降。所以含 CO_2 油气田的腐蚀由于温度的影响常常会选择性地发生在某一个温度区间内。

研究和现场实践均表明，流速对 CO_2 腐蚀也是重要影响因素之一。高流速的冲刷作用易破坏腐蚀产物膜或妨碍腐蚀产物膜的形成，使金属表面长期处于裸露的初始腐蚀状态；并且高流速还将影响缓蚀剂作用的发挥。有研究认为，当流速高于 10m/s 时，许多常用缓蚀剂的缓蚀效果将受到很大影响；因此，通常是流速增加，腐蚀率增高。在 p_{CO_2} 较高的情况下，随着介质流动速度的增加，腐蚀速率会急剧的增加，但是这并不意味着低流速腐蚀率就低；

有研究表明，流速过低易导致点蚀速率的增加。因此，具体的处理含 CO_2 油气系统，如何确定其流速使腐蚀率处于较低状态将十分重要。

金属表面腐蚀产物膜的组成、结构、形态是受介质的组成、CO_2 分压、温度、流速等因素的影响。金属被 CO_2 腐蚀最终导致的破坏形式往往受碳酸盐腐蚀产物膜的控制。当金属表面生成的是无保护性的腐蚀产物膜时，将以“最大”的腐蚀速度发生腐蚀；当金属表面的腐蚀产物膜不完整或被损坏、脱落时，会诱发局部坑点腐蚀而导致严重穿孔破坏。当金属表面生成的是完整、致密、附着力强的稳定性腐蚀产物膜时，可降低均匀腐蚀速度。

因此，含 CO_2 油气田地面集输设施的腐蚀由于流速的影响而选择性地发生在流体工况环境不同的区域内。

5）影响内腐蚀的其他因素

影响天然气地面集输设施内腐蚀的其他因素有管输流体介质的流速、介质溶液的 pH 值、温度、在介质环境中暴露时间、输送流体中水组分的影响、介质环境中是否存在元素硫等。

（1）流速。前面介绍了流速对 CO_2 腐蚀环境的影响；通常，一方面，管输流体介质的流速过高，会对管道、阀门等设备造成冲刷，发生磨损腐蚀；另一方面，金属表面的腐蚀产物膜受到冲刷损坏或粘附不牢固，会加速电化学失重腐蚀或造成严重的磨损腐蚀，有时甚至引起空泡腐蚀。流速过低，易造成管线、设备底部积液和固体物质沉积，发生水线腐蚀、垢下腐蚀等导致局部腐蚀破坏。为避免管线积液，一般管线内气体流速不低于 3m/s。

（2）pH 值。溶液的 pH 值是影响碳钢和低合金钢在酸性环境开裂敏感性的重要因素。通常随着 pH 值的下降，SSC 敏感性增加。

（3）温度。温度对腐蚀的影响较复杂，通常温度越高，电化学腐蚀越严重。在 H_2S 腐蚀环境对碳钢和低合金钢而言（24 ± 3）℃是发生 SSC 的敏感温度。在 CO_2 腐蚀环境，温度 60～110℃范围时，由于腐蚀产物膜疏松、易破损，表现为局部严重腐蚀。

（4）暴露时间。在含有腐蚀性的流体中，碳钢和低合金钢的初始腐蚀速率会比较大，但随着时间的延长，腐蚀产物逐渐在金属表面上沉积，根据工况环境条件和腐蚀产物膜性质的不同，腐蚀速率会发生显著变化。当金属表面生成的是完整、致密、附着力强的稳定性腐蚀产物时，均匀腐蚀速率会逐渐下降。当金属表面生成的是疏松、易破损的腐蚀产物膜时，会发生严重局部腐蚀甚至导致穿孔破坏。

（5）输送流体中水组分的影响。天然气集输设施输送的流体中不可避免地含有地层水和凝析水，水中 Cl^- 的存在使输送流体的导电率增强，减小了溶液的极化阻抗，使腐蚀加剧，并且还会破坏金属表面已经形成的腐蚀产物膜，促进膜下坑蚀的继续进行，形成腐蚀穿孔。

（6）元素硫。在高含硫化氢天然气田的开发生产过程中，集输设施（内部集输部分）输送的是高酸性天然气，设施内壁局部区域有元素硫沉积的可能性。元素硫与金属的腐蚀是一种接触腐蚀并且其腐蚀速率非常大，会加速金属阳极反应过程，加速与集输管道接触部位材料的腐蚀。

6）影响内腐蚀的材料因素

（1）金属材料的化学组分。金属材料化学组分中的合金元素可改变腐蚀过程阴、阳极反应的极化程度、表面状态和腐蚀产物膜的稳定性，从而一定程度影响到材料的耐蚀性能。

金属材料中微量合金元素对 SSC 的影响关系，比较一致的认为是：钢中的 S、P、O、N、H、Ni、Mn 等对于 SSC 是有害元素；同时也存在一个量的问题，即只有当钢中某一元素的含量达到或超过某一量值后，该元素在钢中所起的作用才会发生有害变化，使 SSC 敏感性增大。因此，对酸性环境中使用的碳钢金属材料都提出了明确的化学组分规定要求。

（2）金属材料的显微金相组织。均匀的细晶粒可将杂质弥散分布，分散其可能存在的点缺陷和线缺陷，从而一定程度减缓电化学腐蚀。金属材料的显微金相组织对 SSC 的影响是非常显著的，对于碳钢和低合金钢而言，当其强度（硬度）相似时，各种显微组织对 SSC 敏感性由小到大的排列顺序为：铁素体中均匀分布的球状碳化物、完全淬火 + 回火组织、正火 + 回火组织、正火组织、贝氏体及马氏体组织。

（3）冶炼及热处理的影响。当合金成分一定时，冶炼及热处理可获得不同的显微组织，其强度和耐蚀性能也不同。

众所周知，各制管生产企业的冶炼和制管工艺技术是有差异的，其中最为重要的是纯净钢冶炼技术和热处理调质工艺技术的差异，直接关系到钢管材料抗 SSC 性能和电化学腐蚀性能。纯净的钢材经适当热处理调质后可使钢管材料的显微金相组织均匀，晶粒度细小，抗 SSC、HIC 性能明显提高。反之，钢中有害元素含量偏高和含有非金属夹渣，会使其材料抗 SSC、HIC 性能大大降低。另一方面，钢管的热轧制度影响到钢管的组织结构和强度，因而也影响到钢管的抗 SSC、HIC 性能。

对于石油天然气开发碳钢金属设备而言，强度级别是一个关键的指标。在酸性环境中，随着材料强度的提高，SSC 敏感性增大。表征钢材强度的另一个指标是硬度，硬度越高，SSC 敏感性越高。

（4）制造工艺对金属材料腐蚀的影响。碳钢金属设备在制作过程中，金属材料受到冷热加工而变形，会导致金相组织发生变化，并可能产生较大的内应力，引起发生 SSC 和应力腐蚀等。

有研究结果表明，管道现场焊接施工中焊接接头区域存在较大残余应力，尤其是在管线的转弯处和山区管道焊接施工中残余应力更大。焊接施工中还可能出现焊接处金相组织和硬度不符合规定要求的情况等，属于安装制造工艺范畴，会对金属材料腐蚀产生较大影响。

7）焊接腐蚀

天然气开发生产集输设施的安装施工通常采用焊接的方式进行，不可避免地涉及将不同金属材料连接在一起。由于各自材料（包括组对金属材料和焊接材料）的性能差异，以及受焊接高温影响材料微观金相结构的变化等，使得安装后的集输设施存在局部微观金相组织的差异。对天然气开发生产集输设施内腐蚀而言，焊接腐蚀主要是指异种金属焊接和不适当的焊接工艺导致的焊缝区域腐蚀。

图 3－4－6　焊缝区域的电位差腐蚀

对集输管道而言，焊缝区域所占面积相对集输管道母材要小得多，如果焊缝区域电位低于母材，则焊缝区域容易发生电位差腐蚀（图 3－4－6），并且其腐蚀可能会比较严重。

8）内腐蚀失效类型和防护措施

（1）均匀腐蚀。它是指在整个金属表面几乎以相同速度进行的全面腐蚀。均匀腐蚀的危险性相对较小，可根据腐蚀速度预测设备的使用寿命，在设计时采用增加腐蚀裕量的措施解决。

（2）局部腐蚀。它是指集中于金属表面的局部区域范围内的腐蚀。局部腐蚀的最严重情况是形成坑点腐蚀，并深入到金属内部的穴状腐蚀。坑点腐蚀虽然重量损失不大，但由于其局部腐蚀速率很高，发展速度快，严重时导致设备、管线腐蚀穿孔，容易酿成重大事故。在天然气集输系统中，当输送温度高和 CO_2、氯离子含量较高的情况下更易在管道底部积液处发生坑点腐蚀（图3-4-7）。对采用不锈钢的管道，含氯离子的溶液在一定的温度下易引起不锈钢的坑点腐蚀。

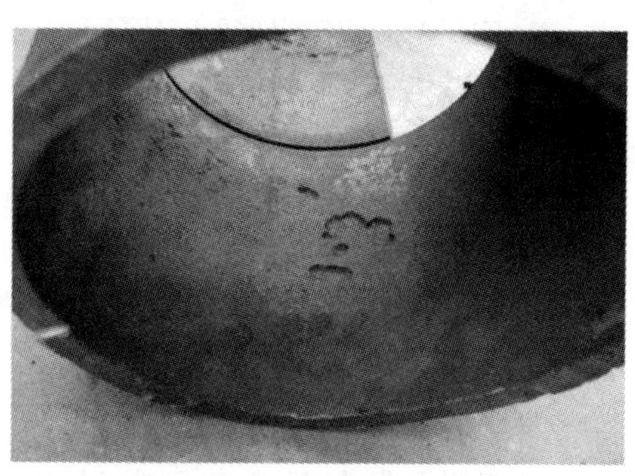

图3-4-7 管道内壁坑点腐蚀

9）防止天然气集输设备发生内腐蚀的措施

防止天然气集输设备发生内腐蚀的措施主要考虑选材、脱水、添加缓蚀剂等方面。

（1）根据管输流体的腐蚀性选择适宜的材质；

（2）脱出管输流体中的水分；

（3）控制管输流体的流速避免发生积液；

（4）添加适宜的缓蚀剂进行保护；

（5）加强清管，彻底清除管道和设备中的沉积物，避免发生垢下腐蚀。

10）防止发生硫化物应力开裂和氢致开裂的措施

从选择材料着手是最有效的防止硫化物应力开裂和氢致开裂的方法，也是治本的措施；国内外已有成熟的研究成果与标准可直接应用。

采用符合SY/T 0599—2006《天然气地面设施抗硫化物应力开裂和抗应力腐蚀开裂的金属材料要求》的材质；或按NACE MR0175/ISO 15156和GB/T 20972.1~20972.3标准选用材料及工艺。

20世纪50年代以来，为安全地开发含H_2S酸性油气田，美国腐蚀工程师协会（NACE）成立了专题研究小组，对金属材料SSC问题进行了系统研究。经过半个多世纪的研究探索，随着对SSC机制认识的深化、抗SSC金属材料的研制，以及对现场生产实践不断总结提高，使抗SSC材料得到迅速发展并规范化。

1963年由NACE T-1B分组委员会根据加拿大卡尔加里地区防止油气井设施腐蚀的规定编制了NACE出版物1B163《用于酸性环境材料的推荐准则》，1966年由NACE T-1F分组编制了NACE出版物1F66《适用于开采和管线阀门用的抗SSC金属材料》，并于1973年进行了修订；1975年取代上述现出版物编制成NACE MR0175《适用于开采和管线阀门抗SSC金属材料》；1980年经对NACE MR0175修订后，改名为《油田设备用抗硫化物应力开裂金属材料》；随后逐年进行了多次修订，增补了大量的研究成果及现场经验，为含H_2S酸性油气田设施用材及制造工艺提供了可靠的依据。

NACE MR0175 明确规定了可导致敏感材料发生 SSC 的最低 H_2S 含量，它为设计者提供了判断其所设计的天然气系统是否会发生 SSC，是否需按 NACE MR0175 规定选用抗 SSC 材料及工艺。

NACE MR0175 不仅提供了各种类型的抗 SSC 铁基金属，而且还为油气田上的各具体构件推荐了应采用的抗 SSC 材料。值得注意的是 NACE MR0175 所提供的金属材料均必须在其标准规定的热处理状态及硬度值范围内才具有抗 SSC 性能。任何不符合其标准规定的设计，制造和安装等均可能导致抗 SSC 材料对 SSC 敏感。

在四川开发含 H_2S 气田的过程中，通过大量的研究和生产实践，对含 H_2S 气田选用的常用金属材料通过采用控制材料的强度和硬度的方法。

（1）碳钢和低合金钢的强度（硬度）越低，其抗 SSC 性能越好。NACE MR0175 标准也明确规定，抗 SSC 碳钢和低合金钢硬度必须小于或等于 22HRC。

（2）为确保焊接接头的抗 SSC 性能，NACE MR0175、ISO 15156 - 2、GB/T 20972.2 和 SY/T 0059—2006《控制钢制设备焊缝硬度防止硫化物应力开裂技术规范》等标准中均有明确规定，必须合理地选用焊接材料及焊接工艺，控制焊接接头整个断面的硬度不超过 250HV10。

在进行酸性油气田开发设计时，为防止 SSC 发生除选用抗 SSC 材料及工艺外，也可从控制环境因素，如脱硫和控制 pH 值来防止 SSC 发生。

（1）脱硫是常用的防止 SSC 广泛应用的有效方法。脱除天然气中的 H_2S，使其含量下降到 NACE MR0175 和 SY/T 0599—2006 标准中规定的非酸性环境。

（2）控制 pH 值。从图 3 - 4 - 3 可见，随着环境中 pH 值的提高（酸性降低），可有效地降低环境 SSC 敏感性。因此，对有条件的系统，采用控制环境 pH 值以达到减缓或防止 SSC 的目的，但必须保证生产环境始终处于控制的状态下。如在上述标准中，为确保高强度钻杆的安全，明确要求钻井液的 pH 值必须严格保证控制在 10 或大于 10，以中和钻井过程中井下出现的 H_2S。

11）水线腐蚀及防护措施

水线腐蚀是由于气-液界面的存在，沿着该界面发生的腐蚀（图 3 - 4 - 8 和图 3 - 4 - 9）。对于天然气集输系统，管中的冷凝液或液体沿着倾斜的管壁流向管线的低凹处，在那里积聚，形成大面积腐蚀，在气液两相界面，腐蚀尤为严重。因此应在集输系统中加强管线清管，防止积液。

图 3-4-8 钢管内壁水线腐蚀

图 3-4-9 钢管内壁沟槽状水线腐蚀

12）晶间腐蚀及防护措施

晶间腐蚀是沿着或紧挨着金属的晶粒边界所发生的腐蚀（图 3-4-10）。发生此类腐蚀，金属外观虽看不出什么变化，但其机械性能却已大大降低，因此常会造成突发性破坏事故，危害性很大。奥氏体不锈钢常出现这种腐蚀，对采用奥氏体不锈钢的管道、部件时要注意防止产生晶间腐蚀，通常可通过降低不锈钢中的含碳量、加入铁素体形成元素、对不锈钢进行稳定化处理、对敏化态奥氏体不锈钢重新固溶处理等措施来防止晶间腐蚀。

图 3-4-10 晶间腐蚀

13）焊接腐蚀及防护措施

对于酸性环境，集输系统中焊接接头应具有在使用环境中抗硫化物应力开裂（SSC）、应力腐蚀开裂（SCC）和氢致开裂（HIC）等腐蚀的性能，必须合理地选用焊接材料及焊接工艺。按照 NACE RP 0472—2005《控制钢制管道和设备焊缝硬度防止硫化物应力开裂技术规范》、SY/T 0059《控制钢制设备焊缝硬度防止硫化物应力开裂技术规范》要求对焊缝、热影响区的硬度进行检验，焊接工艺评定合格后方可现场施焊。

天然气集输系统的管道和设备在进行焊接时，在保证焊接金属的机械性能与母材等强匹配、焊接接头机械性能符合规定要求的前提条件下，应选择化学成分与母材金属相近的焊接材料进行焊接施工，使焊接接头的电位与母材金属的电位相近，以减少管道焊接接头的电位差腐蚀和电化学腐蚀。

对于输送较强腐蚀性流体的集输系统管道，在进行焊接工艺评定时建议对焊接接头进行模拟环境条件的电化学腐蚀评价试验。

14）磨损腐蚀及防护措施

在天然气集输系统中，磨损腐蚀一般表现为冲刷腐蚀。流体的速度越高，冲刷腐蚀速度越快。

集输系统管道或管件的几何形状的突然变化和压力的突然变化，会导致流速和流态的改变，因此常在井口节流后的管道和阀门处发生严重的冲刷磨蚀（图 3－4－11）。防止磨损腐蚀应从采气工艺流程着手。

图 3－4－11　冲刷腐蚀

3. 外腐蚀

天然气系统管道、设备及容器外面临的外腐蚀环境，包括各类工艺站场内露空管道、设备及容器的大气腐蚀、埋地管道及附件等金属构筑物的土壤腐蚀、储罐及非标压力容器内壁的水腐蚀等。天然气系统考虑的外腐蚀类型包括大气腐蚀、土壤环境差异腐蚀、电偶腐蚀、杂散电流腐蚀等。

1）大气腐蚀

（1）大气腐蚀的特征：金属材料在大气环境条件下，由于大气中的水、氧、二氧化碳等物质的作用而引起的腐蚀，称为大气腐蚀。

（2）大气腐蚀性等级划分。大气腐蚀性的等级划分在 GB/T 15957—1995《大气环境腐蚀性分类标准》、GB/T 21447—2008《钢质管道外腐蚀控制规范》和 ISO：12944－2《涂料和清漆防护漆系统对钢结构的腐蚀防护-第 2 部分环境分类 2》中均有所规定。

按 GB/T 21447—2008《钢质管道外腐蚀控制规范》的规定，大气腐蚀性等级划分见表 3－4－1。

表 3－4－1　大气腐蚀性分级表

大气腐蚀性分级	很低	低	中等	高	很高
第一年的腐蚀速率 V_{corr}，μm/a	$V_{corr} \leq 1.3$	$1.3 < V_{corr} \leq 25$	$25 < V_{corr} \leq 50$	$50 < V_{corr} \leq 80$	$V_{corr} > 80$

（3）大气腐蚀的影响因素：大气腐蚀的程度取决于气候条件（湿度、温度、温差等）和大气中的污染物质（SO_2、盐粒、尘粒等），而腐蚀程度最大

的是潮湿的受污染严重的工业大气，腐蚀程度最小的是干燥、洁净的大气。

控制大气腐蚀方法如下：

为防止输气管道、设备及其他金属件在大气中遭受腐蚀，应对其采用涂装附着力强、耐候性优异、抗紫外线性能好、防腐性能好、不易褪色、装饰性好、使用寿命长的涂料进行防腐，如氟碳涂料、聚氨酯涂料等。

2）土壤环境差异腐蚀

电化学腐蚀在土壤环境中主要是差异腐蚀。由于管道沿线所经地段土壤中的湿度（土壤含水率）、酸碱度和含细菌等的不同，从而造成不同土壤环境对钢管的腐蚀性也不同。

一般地区可采用土壤电阻率对土壤腐蚀性分级（表3－4－2）。

表3－4－2　一般地区土壤腐蚀性分级

等　　级	强	中	弱
土壤电阻率，Ω·m	<20	20～50	>50

3）电偶腐蚀

电偶腐蚀是指由于相连接的不同金属的电偶序不同，金属之间形成了电位差而造成的腐蚀。电偶腐蚀的四个必要组成部分是：

（1）必须有一个阳极；

（2）必须有一个阴极；

（3）必须有使阳极和阴极电性连接的金属导体（一般就是管线本身）；

（4）阳极和阴极都必须浸入电解质中（一般是湿润的土壤）。

在天然气集输系统中可能产生电偶腐蚀的主要是以下情况：异种钢连接、接地材料以及原料气或输水管道绝缘接头内壁两侧。

4）杂散电流腐蚀

由非指定回路上流动的电流所引起的外加电流干扰腐蚀称为杂散电流腐蚀。干扰分为直流干扰和交流干扰。

（1）直流干扰腐蚀。

①直流干扰源：直流干扰源包括使用直流的采矿系统（直流窄轨矿车或挖掘设备）、其他阴极保护系统的阳极地床、大功率的发射站、直流电焊设备、直流电解工厂、大地电流，以及高压或超高压直流输电线路换流站的接地极和直流电气化铁路等。

②直流干扰腐蚀速率：对于干扰区域存在防腐层破损点的管道，杂散电流可能在防腐层破损的某一点流入管道，然后沿管道流动，在另一防腐层破

损点流出，返回杂散电流源，从而引起腐蚀。它所引起的腐蚀比一般土壤腐蚀严重得多。杂散电流对管道的危害程度主要取决于管-地电位偏移的程度与持续的时间。电流流出的过程即腐蚀失重的过程，电流流出量与腐蚀速率成正比，按欧洲标准《直流杂散电流防腐蚀》（BS EN50162），1A 的电流流出将带来 9.1kg/a 的腐蚀，对阳极区 $1A/m^2$ 的电流密度等同于 1.1mm/a 的腐蚀速率。而在杂散电流流入管道的区域，管-地电位负偏移过大，有超出管道防腐层析氢电位，产生过保护的可能。

防止土壤环境差异腐蚀、电偶腐蚀、杂散电流腐蚀的方法如下：

天然气集输系统的外防腐层必须有效，使金属与外部介质彻底隔离。为此，应加强对外防腐层的质量检查，对发现的破损处及时进行修复。

（2）交流电和雷电对管道系统的影响。

集输管线与交流干扰源（高压电力输电线路或交流电气化铁路）长距离平行，临近时将可能导致管道产生交流干扰腐蚀和电危害，这两个方面的影响包括：在正常运行状态下对管道的交流腐蚀；故障情况或雷电状态下对管道防腐层和金属本体、阴极保护设备和排流保护设施的毁坏；以及操作和维护人员及公众的触摸安全等影响。

交流电和雷电可能影响到集输系统金属构筑物的物理现象包括阻性耦合、电容耦合、感性耦合、电力电弧和雷电电弧。

二、缓蚀剂及其应用

1. 缓蚀剂的定义

石油天然气行业使用缓蚀剂的历史可追溯到 20 世纪 40 年代初，在油气田开采过程中使用缓蚀剂取得成功，以后其发展速度非常迅速，与石油天然气工业的发展同步进行。据资料介绍，美国 80% 的缓蚀剂用于油气钻探和开发，96% 的油气井和集输系统使用了缓蚀剂，井下设备的腐蚀率指标控制在 0.076mm/a 或 0.025mm/a 以下。当时苏联所有的含 H_2S 油、气井均使用缓蚀剂，并将其应用技术条件制定成规范。

国内缓蚀剂用于含硫天然气田，始于 20 世纪 60 年代初（威远含硫天然气田），最初使用的缓蚀剂品种有粗吡啶、重质吡啶等，由于具有难闻的气味，在现场使用时受到了一定的限制。早期，国内油气田开发过程中主要是针对含硫天然气田（一般情况下同时含 CO_2 和 H_2S）使用缓蚀剂，对于专门针对 CO_2 腐蚀的缓蚀剂品种研究不多。以后通过逐渐完善，缓蚀剂产品已形成多元化。长期的实践证明，使用缓蚀剂是经济有效的防腐蚀措施。与其他防腐蚀措施相比较，使用缓蚀剂有以下明显的优点：

（1）基本上不改变环境性能，就可获得良好的防腐蚀效果；

（2）增加较少设备投资，操作方便，见效快；

（3）针对不同腐蚀环境，应选用不同缓蚀剂品种与不同添加浓度来保证防腐蚀效果；

（4）同一配方的缓蚀剂组分有时可以同时防止多种金属在不同腐蚀环境中的腐蚀破坏。

2. 对缓蚀剂的一般要求

（1）不影响输送流体的质量；

（2）缓蚀剂应是流动液体，并能有效到达被保护的表面，其毒性应不高于一般常用化学药剂，对环境无污染；

（3）使用方便，溶解性和分散性好；

（4）不会造成工艺过程中的起泡、乳化、沉淀、堵塞等副作用；不会促使生成难分离的乳化液。

3. 缓蚀剂的分类

缓蚀剂种类繁多，缓蚀机理又十分复杂，目前尚缺乏一种既能把各种缓蚀剂分门别类，又能把缓蚀剂的组成、结构和缓蚀机理反映出来的完善分类方法。常见的分类方法主要有以下几种：

（1）根据电化学反应的理论，按照缓蚀剂对电极过程的影响，可将缓蚀剂分为阳极型缓蚀剂、阴极型缓蚀剂和混合型缓蚀剂。第一类主要是阻滞阳极过程的反应，第二类主要是减缓阴极过程的反应，而第三类则同时减缓两种反应。阳极型缓蚀剂如果用量不足，会加剧金属的孔蚀，因此有“危险性缓蚀剂”之称。

（2）按照缓蚀剂的溶解特性，将缓蚀剂分为油溶性缓蚀剂和水溶性缓蚀剂。

（3）按使用场合分类，可将油气田用缓蚀剂分为油气井缓蚀剂、油气井酸化缓蚀剂、炼油厂用缓蚀剂、输气管道缓蚀剂等。

（4）按缓蚀剂的化学组成分类，将缓蚀剂分为无机缓蚀剂和有机缓蚀剂两大类。由于无机物和有机物的缓蚀作用机理明显不同，按照缓蚀剂的化学组成和结构分类，有助于研究合成新的缓蚀剂，确定含有复杂组分的缓蚀剂混合物，以及它们中能起缓蚀作用的主要组分。

（5）按缓蚀剂在金属表面形成保护膜的特性分类，可分为氧化膜型缓蚀剂、沉淀膜型缓蚀剂和吸附膜型缓蚀剂。氧化型膜缓蚀剂直接或间接氧化被保护金属，在其表面形成金属氧化物薄膜，阻止腐蚀反应的进行。沉淀型膜缓蚀剂本身是水溶性的，但与腐蚀环境中共存的其他离子作用后，可形成难溶于水或不溶于水的沉积物膜，对金属起保护作用。吸附型膜缓蚀剂分子中有极性基因，能在金属表面吸附成膜，并由分子中的疏水基因来阻碍水和去极剂到金属表面，从而保护金属。油气田开采中所用的缓蚀剂多为有机物类的吸附型膜缓蚀剂。各种类型缓蚀剂及其分类依据见表 3－4－3。

表 3－4－3　缓蚀剂分类

<table>
<tr><th colspan="2">分类依据</th><th colspan="2">名　称</th><th>说　明</th></tr>
<tr><td rowspan="6">按作用机理分类</td><td rowspan="3">对阴、阳极腐蚀过程的抑制作用</td><td colspan="2">阳极型缓蚀剂</td><td>抑制金属腐蚀的阳极共轭过程</td></tr>
<tr><td colspan="2">阴极型缓蚀剂</td><td>抑制金属腐蚀的阴极共轭过程</td></tr>
<tr><td colspan="2">混合型缓蚀剂</td><td>同时抑制金属腐蚀的阴、阳极共轭过程</td></tr>
<tr><td rowspan="3">抑制作用的性质</td><td colspan="2">吸附型缓蚀剂</td><td>通过化学或物理吸附近、抑制腐蚀过程</td></tr>
<tr><td rowspan="2">成膜型缓蚀剂</td><td>钝化型缓蚀剂（氧化型缓蚀剂）</td><td>氧化剂促进金属表面形成钝化被膜</td></tr>
<tr><td>沉淀型缓蚀剂</td><td>与腐蚀产物或介质中物质形成沉淀保护膜</td></tr>
<tr><td colspan="2" rowspan="2">按缓蚀剂组分分类</td><td colspan="2">无机物缓蚀剂</td><td>一般用于性水介质</td></tr>
<tr><td colspan="2">有机物缓蚀剂</td><td>一般用于酸性性水介质、油介质、大气</td></tr>
<tr><td colspan="2" rowspan="5">按介质性质分类</td><td rowspan="3">水溶性缓蚀剂</td><td>中性</td><td>pH 值＝5～9</td></tr>
<tr><td>酸性</td><td>pH 值≤1～4</td></tr>
<tr><td>碱性</td><td>pH 值≥10～12</td></tr>
<tr><td colspan="2">油溶性缓蚀剂</td><td>油漆、防锈油、石油中间物中使用</td></tr>
<tr><td colspan="2">气相缓蚀剂</td><td>用于天然气、锅炉蒸汽、大气腐蚀的抑制</td></tr>
<tr><td colspan="2">按使用场合分类</td><td colspan="3">酸洗、酸浸用缓蚀剂；切削油用缓蚀剂；炼油厂用缓蚀剂；
锅炉水、冷却水用缓蚀剂；汽车冷却系统用缓蚀剂；除冰雪盐水用缓蚀剂；
包装、防锈用缓蚀剂（包括防锈纸）；防锈油缓蚀剂；油气井用缓蚀剂；油气井酸化缓蚀剂
……</td></tr>
</table>

4. 缓蚀剂筛选及评价

缓蚀剂的主要检测标准如下：

JB/T 7901—1999　金属材料实验室均匀腐蚀全浸试验方法；

JB/T 7901—1999　金属材料实验室均匀腐蚀全浸试验方法；

SY/T 5273—2000 油田采出水用缓蚀剂性能评价方法；

ASTM G170—2006 实验室评价和检定油田、炼厂缓蚀剂的标准导则；

SY/T 5273—2000 油田采出水用缓蚀剂性能评价方法；

缓蚀剂的筛选及评价通常采用金属腐蚀速率的测试方法，即测定金属在添加一定量缓蚀剂后在腐蚀介质中的腐蚀速率，并与此腐蚀介质（不加缓蚀剂）的空白腐蚀速率进行对比，从而确定缓蚀效率和最佳使用条件。

缓蚀剂的缓蚀效率（缓蚀率）η 可用下式表示：

$$\eta(\%)=\frac{V_0-V}{V_0}\times 100=\frac{I_{cor}^0-I_{cor}}{I_{cor}^0}\times 100$$

式中 V_0 和 V——空白和介质中添加缓蚀剂后的金属腐蚀速率；

I_{cor}^0 和 I_{cor}——用电化学方法测得的空白和介质中添加缓蚀剂后的腐蚀电流值。

腐蚀速率（V_0 和 V）可用任何通用单位表示，如 $g/m^2\cdot h$ 或 mm/a 等，但 V_0 和 V 的单位必须相同。

1）失重法

失重法是通过称量金属试样在浸入添加缓蚀剂前和后在腐蚀介质中的平均质量损失，来确定缓蚀剂的缓蚀效果。当试样有点蚀等腐蚀现象时，应记下蚀孔的数目、大小和深度，供对比参考。

2）电化学法

电化学法是采用电化学极化手段，通过对缓蚀剂加入前后在腐蚀介质中金属表面的极化特征的研究，以及利用 Tafel 曲线外推法和极化电阻法对金属腐蚀速率的测定，来评价缓蚀剂的缓蚀效果。

3）光谱法和表面谱法

随着近来物质结构测试仪器的普及，采用光谱法和表面谱法对添加缓蚀剂后金属表面膜结构作用的研究已成为评价缓蚀剂的现代化手段和技术。例如，利用吸收光谱、拉曼散射光谱、X 线光电子能谱和俄歇电子能谱等技术。

4）现场的评价方法

在现场腐蚀具有代表性部位进行“挂片”试验检测，定期取出样片检测其失重和局部腐蚀情况，或定期分析腐蚀介质中的铁离子含量，或采用在线腐蚀监测的方式，采用腐蚀速率测试仪定期或连续地记录腐蚀速率等。用这些方法来监测现场缓蚀剂的使用效果和控制缓蚀剂的使用量。

对于油气田缓蚀剂的评价，国内外的研究机构通常都是采用重点评价液相环境中缓蚀剂的缓蚀效率，并以此作为选择缓蚀剂的主要依据。最常采用的方法是在实验室采用失重法或电化学法对缓蚀剂样品进行评价试验。由于实验室测试结果与生产现场实际情况往往存在较大的差异（主要指介质环境条件和流动情况的差异），即使是实验室采用模拟环境条件评定的结果，仍然还需在生产实践中进行验证考察，才能得出最终的评定结论。

对于缓蚀剂评价，由于缓蚀效率与空白腐蚀速率有关，仅强调缓蚀率指标是不够全面的，还需关注使用缓蚀剂后的绝对腐蚀速率指标，特别是点蚀。

5. 缓蚀剂应用技术

1）使用缓蚀剂注意事项

在石油天然气开发生产领域中，由于使用缓蚀剂的量相当大，其费用也是很大的，因此要做到合理使用缓蚀剂，用尽可能少的投入来延长油气田开发设备的使用寿命，以争取更大的经济效益，即如何确定哪些环境应该使用缓蚀剂，使用什么缓蚀剂，添加剂量和加注方式等。

（1）针对不同的腐蚀介质环境选择不同类型的缓蚀剂，以达到对金属设施的有效保护。

（2）使用缓蚀剂要求被保护金属设备具有清洁的表面，以便于缓蚀剂对金属的有效吸附。如果缓蚀剂不能与被保护金属的表面有效接触，则缓蚀剂应用的效果将大打折扣。

（3）根据输送天然气流体中凝析油和水含量的情况，合理选择不同类型的缓蚀剂。

2）缓蚀剂加注

在环状流、雾状流和分散流状态下，紊流气体与液相的混合可以使缓蚀剂较好地与管壁接触。在国外的工程作法资料中，提出如果腐蚀性系统的防护是由缓蚀剂提供的，则在不含固相物质的系统中，临界流速是指能够从表面上将缓蚀剂的薄膜剥下的速度。

气田水中氯化物含量对金属腐蚀的影响非常大，国外有的公司将氯离子含量10000mg/L作为表征腐蚀程度的临界值。氯离子浓度影响缓蚀剂的加注方式。当水中氯离子浓度大于100000mg/L，气流速度大于3m/s时，应采用连续注入缓蚀剂进行保护；当水中氯离子浓度大于10000mg/L，气流速度低于3m/s时，集气系统的腐蚀可能会很严重。在这种情况下，应采用定期清管和注入缓蚀剂相结合的办法进行保护。注入缓蚀剂的方法可以采用在管壁上涂抹缓蚀剂（预膜）和连续注入的工艺。

集输系统中常用的缓蚀剂注入方法主要有两种方式，即连续加注和涂抹缓蚀剂（又称缓蚀剂预膜处理），并辅之管道清除积液相结合的方法。

（1）平衡罐加注法。在早期开发生产中较常采用的加注工艺方法之一是平衡罐加注法。该方法是将缓蚀剂配制成所需浓度装入压力平衡罐内，调节出口阀门使缓蚀剂按一定剂量流出，依靠气流速度将缓蚀剂带入到集输管道内。此加注方法工艺简单，缓蚀剂效率的发挥和保护管道的距离很大程度取决于管内流体的速度和管道走向。由于该加注方法效率较低，一般不推荐采用。

（2）喷射加注法。采用泵或旁通高压气将缓蚀剂以雾状喷入管道内，使缓蚀剂成雾状均匀分散于管道气流中，被气流带走，吸附于管道内壁上。通常将喷雾嘴安装于管道中心，使喷嘴按气体流动方向喷雾。这样可使缓蚀剂喷成雾状，增大接触面积，促进缓蚀剂在金属表面上的吸附，该加注法特别适用于集输天然气管线的腐蚀防护。

（3）缓蚀剂涂膜。缓蚀剂涂膜就是将缓蚀剂均匀地涂抹在被保护金属的表面，形成一层缓蚀剂保护膜。通常，缓蚀剂预膜是通过清管器在清管过程中完成的：首先彻底清除管内污物，然后将两个（或多个）清管器组成清管器串，即将一定剂量的缓蚀剂夹在两个清管器之间采用清管的方式将整条集气管道涂抹缓蚀剂。缓蚀剂涂膜处理是常规的缓蚀剂加注工艺方法之一，是一种有效的维护集输管道的防腐工艺措施，但不是经常采用，通常是在清管时一并采用；如和缓蚀剂连续加注方法一起使用防腐效果会更佳。

从以上三种缓蚀剂加注工艺来看，平衡罐加注法虽工艺简单，设备投资低，但缓蚀剂保护效率低。喷射加注法设备投资较高，缓蚀剂保护效率较高，目前在国内外应用比较广泛；喷射加注法需要注意的是避免喷嘴堵塞，影响缓蚀剂正常加注。缓蚀剂加注工艺系统比较见表3-4-4。

表3-4-4　缓蚀剂加注工艺系统比较

序号	工艺系统名称	加注动力	优　缺　点
1	平衡罐加注法	高差产生的重力	优点：（1）利用缓蚀剂自重，不需要外加动力； （2）平衡罐加注投资少； （3）流程及方法简单。 缺点：（1）缓蚀剂未雾化，成膜效果差； （2）注入速度慢，易堵塞
2	喷射加注法	电泵产生的动力	优点：（1）喷雾后缓蚀效果较好； （2）适用于井口，也适用于管线； （3）泵注可靠性高、排量大、速度快。 缺点：要消耗电能
3	缓蚀剂涂膜	高压气体作动力	优点：（1）缓蚀效果好； （2）适用于腐蚀恶劣的采集气管线。 缺点：需要外加动力，缓蚀剂用量大

3）缓蚀剂的使用量

缓蚀剂的使用量通常与被保护金属设备的使用期限和所提出的保护效率指标有关，必须考虑经济性；使用量应根据保护效率指标确定。对于输送液体的管道，根据输送液体的量便可按一定的浓度关系准确计算出应该添加的缓蚀剂剂量。然而对于天然气集输管道，输送的天然气量与缓蚀剂添加量并不存在直接的浓度关系，而只是携带关系；缓蚀剂对管道的保护是通过天然气携带缓蚀剂吸附于管壁，从而达到减缓腐蚀的作用。管道的裸露表面积与缓蚀剂的使用量有关，并且在流体流动的场合维持一定剂量的缓蚀剂吸附也与缓蚀剂的使用量有关。因此，对于天然气集输管道没有可循的计算公式来准确计算应该加入的缓蚀剂量。

缓蚀剂的使用量与被保护金属设备的表面积、输送流体的性质、输送流体的量、流体的速度等因素有关。不同类型的缓蚀剂其添加量不同。

通常，生产现场使用缓蚀剂由实验室根据实验结果推荐使用量，然后进行现场使用试验。根据现场缓蚀剂使用效果监测和缓蚀剂残余浓度分析的结果来确定最佳使用剂量。需要指出的是，由于输送流体的量和流体内凝液状况是在不断变化的，因此，最初确定的缓蚀剂使用量并不是一成不变的，需根据实际情况作相应的调整。下面介绍两种缓蚀剂使用量的估算方法：

（1）对管线进行缓蚀剂预膜处理时缓蚀剂量的估算，式（3－4－1）为预膜量估算公式，式（3－4－2）为缓蚀剂使用量估算公式：

$$W = 2.4DL \tag{3-4-1}$$

式中 W——预膜量，kg；

D——管径，cm；

L——管线长度，km。

该公式已被国外管道防腐所使用，在国内应用也较普遍，即：

$$V = 20 \times 10^{-3}ST \tag{3-4-2}$$

式中 V——缓蚀剂使用量，kg；

S——管道内表面积，m^2；

T——预膜时间，s。

预膜处理时，缓蚀剂与管壁的接触时间通常要求不小于10s。

（2）连续加注缓蚀剂的量通常是以输送流体的液体中缓蚀剂的浓度来确定的，生产实践中常按缓蚀剂的浓度为100～1000μg/g来定。如果不能确定管线流体中液体的含量，可根据输气量（$28317 \times 10^4 m^3$）进行确定，并在今后管道的运行过程中根据腐蚀监测结果进行调整。

4）缓蚀剂使用效果监测

为保证缓蚀剂的使用效果，首先是必须确保缓蚀剂产品的质量。在使用缓蚀剂之前，应对每批次缓蚀剂产品的质量进行抽查检验，尤其是对缓蚀剂产品的缓蚀控制指标进行检测，以判别是否达到规定的指标要求。

为掌握和监控缓蚀剂的使用效果，需结合管道和设备的在线腐蚀监测系统，调整缓蚀剂的使用量，以确保腐蚀得到较好的控制。常用的腐蚀监测方法有以下两种：

（1）管道腐蚀监测系统（包括管道腐蚀检查段检测和失重腐蚀挂片等）；

（2）铁离子浓度检测分析；

通常采用两种以上的腐蚀监测技术，对缓蚀剂的使用效果进行监测，既可以对管道和设备的腐蚀状况进行监测，对缓蚀剂的加注量和加注周期具有指导作用，也可以通过缓蚀剂残余浓度检测分析来监测缓蚀剂的使用情况。

三、防腐层

1. 防腐层的作用

埋设在土壤中的钢质管道腐蚀主要是电化学作用的结果。理论上讲，腐蚀电池有以下 3 个主要因素：

（1）不同电极电位的两个电极；

（2）两电极间有导线连接；

（3）两电极处在同一电解质体系中。

防腐蚀措施正是针对破坏这 3 个要素着手的。管道的防腐层保护技术就是把存在着许多不同电极电位的微区的管道同电解质（土壤介质）隔离开，使得腐蚀电流趋于零而减轻腐蚀。

2. 防腐层和阴极保护

破坏腐蚀电池的措施之一，是把被保护体的电极电位阴极极化到保护电位的技术，即阴极保护。

作为裸露的金属表面，单独采用阴极保护可以起到防腐作用，但因耗电巨大而不经济，甚至不可行。单独采用防腐层保护不用阴极保护也是不行的，因为理想状态的防腐层难于实现，一旦防腐层上有针孔或局部破损，会形成大阴极（防腐层覆盖部分）、小阳极（针孔或破损部分）的腐蚀电池，由于这一电池的作用，使腐蚀集中在破损或针孔的局部，加速了管道的点蚀速率。

由于防腐层的使用，大大地减少了金属裸露的表面，使得阴极保护的电流密度急剧地降低，极大地扩大了保护范围，使阴极保护变得经济和可行，所以当今世界上公认的埋地管道防腐蚀技术是防腐层和阴极保护相结合。

3. 选择防腐层时考虑的因素

（1）环境类型；

（2）输送介质的运行温度；

（3）地理位置和自然场所；

（4）防腐层在施工、运输、装卸、储存、安装以及试压时的环境温度；

（5）原有防腐层的类型以及阴极保护的运行情况；

（6）防腐层对钢铁表面的处理要求；

（7）经济性。

4. 管道防腐层的基本性能要求

1）埋地或水下管道外防腐层

（1）有效的电绝缘性：新建埋地管道外防腐层的绝缘电阻率一般不应小于10000$\Omega \cdot m^2$；

（2）有良好的防潮、防水性；

（3）有较强的机械强度：

①有一定的抗冲击强度和硬度；

②有良好的耐弯曲性；

③有较好的耐磨性。

（4）防腐层对钢铁表面有良好的粘结性；

（5）防腐层的材料和施工工艺对母材的性能不应产生不利的影响；

（6）有良好的抗阴极剥离性能；

（7）有较好的耐化学性和抗老化性；

（8）防腐层损伤后易于修补；

（9）防腐层对环境的影响应符合国家有关公众健康、安全与环境保护的现行法规及标准的要求。

2）架空管道外防腐层

（1）良好的耐候性能、抗日光照射、抗风化性能；

（2）良好的抗介质渗透性能；

（3）有较强的机械强度；

（4）防腐层对钢铁表面有良好的粘结性；

（5）防腐层的材料和施工工艺对母材的性能不应产生不利的影响；

（6）防腐层损伤后易于修补；

（7）防腐层对环境的影响应符合国家有关公众健康、安全与环境保护的现行法规及标准的要求。

5. 埋地管道外防腐层

根据以上性能要求以及国内工程的应用实例，目前适用于天然气集输系统管道及设备外防腐的主要是以下材料：

（1）用于管道外防腐的主要是挤压聚乙烯防腐层（两层或三层 PE 防腐层）。除挤压聚乙烯防腐层（两层或三层 PE 防腐层）外，还有熔结环氧粉末防腐层（单层或双层 FBE 防腐层）。

（2）用于管道补口主要是辐射交联聚乙烯热收缩带（套），管道补伤的是聚乙烯补伤片。

（3）用于热煨弯管防腐的主要是辐射交联聚乙烯热收缩带（套）和双层 FBE 防腐层。

（4）用于站内、阀室内埋地管道防腐的是聚乙烯胶粘带及无溶剂型液体环氧涂料。

（5）用于站内、阀室内埋地阀门、三通等异形管件防腐的是矿脂带或粘弹性材料。

1）挤压聚乙烯防腐层

挤压聚乙烯防腐层是目前国内集输系统工程埋地管道最常用、综合性能最优异的外防腐层，它分为两层结构（两层 PE）和三层结构（三层 PE）防腐层。两层 PE 防腐层结构的最里层为胶粘剂，外层为高密度聚乙烯；三层 PE 防腐层结构的最里层为熔结环氧粉末（FBE），中间层为胶粘剂，外层为高密度聚乙烯。三层 PE 防腐层结合了原两层 PE 和熔结环氧粉末的优点。它既结合了熔结环氧粉末对钢管表面的高粘结力（物理键和化学键）、阴极剥离半径小等优良性能，又发挥了高密度聚乙烯抗冲击性能好、水汽渗透率低、绝缘电阻率高等优良性能。

2）熔结环氧粉末防腐层

熔结环氧粉末防腐层也是目前国内集输系统工程埋地管道最常用、综合性能较优异的外防腐层之一，其具有对钢管表面的高粘结力（物理键和化学键）、阴极剥离半径小、防腐性能优异、适用温度范围广（$-30\sim110$℃）等优良性能。但其吸水率相对较高、且由于是薄防腐层（单层 FBE 加强级防腐层厚度仅≥400μm），其耐冲击性能有限远不及三层 PE 防腐层。

3）缠带类防腐层

目前，管道外防腐常用的缠带类防腐层主要有聚乙烯胶粘带和矿酯带及粘弹体材料，用于工程中阀室和站场内埋地管道、阀门及管件的外防腐。

（1）聚乙烯胶粘带。聚乙烯胶粘带主要用于埋地直管和弯管的外防腐，具有现场施工方便、操作简单，防水、防腐性能优异的优点。聚乙烯胶粘带防腐层结构为一层底漆一层胶带，搭接宽度为胶带宽度的50%～55%。

（2）矿酯油带及粘弹体防腐材料。

①矿脂油带具有较好的防水、防腐性能，适用于法兰、阀门或异形设备的防腐。它的防腐结构为矿脂腻子＋矿脂油带＋聚乙烯胶粘带＋外保护带。该材料现场操作较方便、实用，管道表面处理不需采用喷砂除锈，只需手工除锈达到St3级。矿脂腻子的可塑性好，将原本不规则的外表填补并塑造成平滑的外形便于包覆防腐胶带。

②粘弹体防腐材料是一种全新的高性能粘弹体聚合物材料，它既具有类似PE的固体特性，同时也具有液态特性。这些特性使得它具有优异的粘结性、抗阴极保护剥离性和容易使用的特性。粘弹性防腐材料是专门适用于埋地阀门、三通、弯头等异型设施现场防腐、站场法兰、螺帽、螺杆防腐、高盐分、高水位地区管道及设施防腐和阀室防腐等的防腐材料。

4）辐射交联聚乙烯热收缩带（套）

辐射交联聚乙烯热收缩带（套）具有与聚乙烯防腐层相容性好、结构相近、防腐性能好、操作较简便等优势，因此主要用于管道补口（尤其是采用聚乙烯防腐层的管道）和热煨弯管防腐。

5）无溶剂环氧涂料

站场和阀室内埋地管道可采用与集气干线管道防腐层材料、结构相同或相当的预制防腐层。现场涂敷可选用无溶剂环氧防腐层、聚乙（丙）烯胶粘带或其复合结构、无溶剂环氧玻璃钢等。无溶剂环氧涂料防腐层分为普通级和加强级，其厚度要求应符合表3－4－5的规定。

表3－4－5　防腐层等级及厚度

防腐层等级	防腐层干膜厚度，mm	防腐层等级	防腐层干膜厚度，mm
普通级	≥0.4	加强级	≥0.6

2. 露空管道设备外防腐层

站场和阀室内的露空管道、设备及储罐外表面（无保温层）主要采用涂装涂料防腐，目前常用的防腐层包括丙烯酸聚氨酯涂料、氟碳系涂料等及与之配套的中间漆和底漆（如环氧涂料、环氧富锌涂料、无机富锌涂料等）。丙烯酸聚氨酯涂料和氟碳系涂料在不同腐蚀环境下的防腐层结构与等级应符合表3－4－6规定。

表3－4－6　丙烯酸聚氨酯涂料和氟碳系涂料的防腐层结构与等级

大气腐蚀性分类	设计寿命年	底漆			中间漆			面漆			设计总厚度μm
		类型	道数	涂膜厚度μm	类型	道数	涂膜厚度μm	类型	道数	涂敷厚度μm	
中等及以下腐蚀	2～5	环氧	1～2	80	—	—	—	丙烯酸	1	40	120
	5～15	环氧	1～2	100	—	—	—	丙烯酸	1～2	100	200
	≥15	环氧	1	40	环氧	1	80	丙烯酸	1～2	80	200
		环氧	1	40	环氧	1	80	丙烯酸	1～2	80	200
		无机锌	1	60	环氧	1	60	丙烯酸	1～2	80	200
较强腐蚀	2～5	环氧	1～2	100	—	—	—	丙烯酸	1	60	160
	5～15	环氧	1	60	环氧	1	60	丙烯酸	1～2	80	200
		环氧锌	1	60	环氧	1	60	丙烯酸	1～2	80	200
		无机锌	1	60	环氧	1	60	丙烯酸	1～2	80	200
	≥15	环氧	1～2	70	环氧	2	150	氟碳	2	80	300
		环氧锌	1	70	环氧	2	150	氟碳	2	80	300
		无机锌	1	70	环氧	2	150	氟碳	2	80	300
强腐蚀	5～15	环氧	2	120	—	—	—	丙烯酸	1～2	80	200
		环氧锌	1	40	环氧	1～2	100	氟碳	2	100	250
		无机锌	1	80	环氧	1～2	90	氟碳	1～2	80	250
	≥15	环氧	1～2	80	环氧	2～3	140	氟碳	1～2	100	320
		环氧锌	1～2	80	环氧	2～3	140	氟碳	1～2	100	320
		无机锌	1	80	环氧	2－3	140	氟碳	1～2	100	320

注：无机锌是指无机富锌涂料；环氧锌是指环氧富锌涂料；丙烯酸是指丙烯酸聚氨酯涂料；氟碳是指交联型氟碳涂料；环氧是指液体环氧（或改性环氧）涂料。

3. 石油储罐内壁防腐层

石油储罐内壁表面防腐主要采用高固体份环氧涂料。根据GB 50393《钢质石油储罐防腐蚀工程技术规范》的规定，石油储罐底板内表面和油水分界线以下的壁板内表面采用涂装环氧涂料涂层防腐，其涂层干膜厚度不宜低于

350μm；而浮顶罐内壁上部和拱顶罐内壁顶部的涂层干膜厚度不宜低于200μm。

四、阴极保护

1. 概述

1）阴极保护原理及其接线方式

阴极保护是通过降低腐蚀电位到使金属腐蚀速率显著减小的电位值而达到电化学保护。它通过给管道提供直流电流，以实现管道阴极极化，使管道电位负向偏移，当管道的电位达到阴极保护准则要求的 -850mV（CSE，下同）或更负时，管道的腐蚀速度为0.01mm/a，即实现了对管道的阴极保护。阴极保护通常有两种方式，即强制电流方式和牺牲阳极方式。其原理和接线图分别如图3-4-12和图3-4-13所示。

强制电流方式与牺牲阳极方式的原理相同，只是接线方式有所不同。

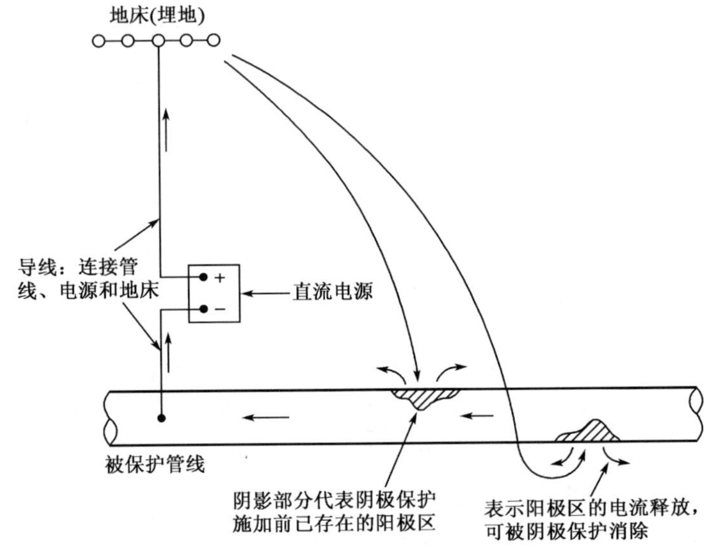

图3-4-12　强制电流方式结构示意图

2）选择原则

在低电阻率的土壤、水、沼泽或湿地环境中的小口径管线，或距离较短并带有优质量涂层的大口径管线，以及钢质储罐、非标压力容器内壁，可考虑牺牲阳极系统。

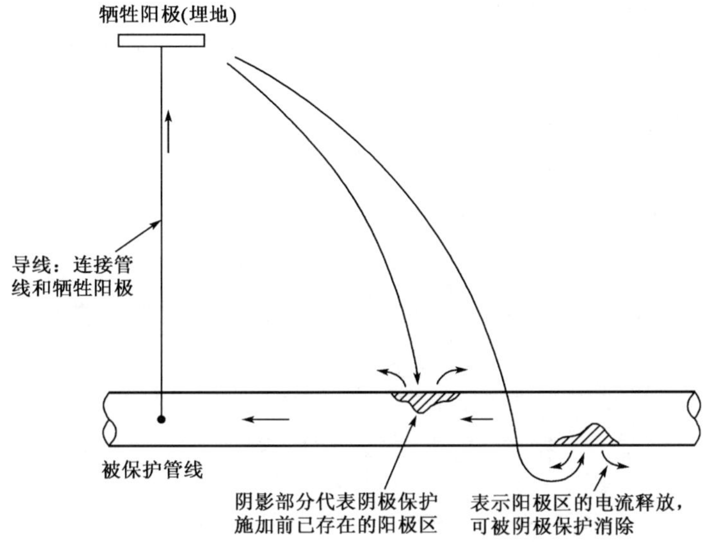

图 3－4－13　牺牲阳极方式结构示意图

在土壤电阻率较高的土壤中，需要较大保护电流的地方，以及长距离输送管道上，推荐采用强制电流阴极保护法。

3）阴极保护准则与保护电流密度

（1）阴极保护准则。

①管道阴极保护电位（管-地界面极化电位，下同）应为－850mV 或更负。

②阴极保护状态下管道的极限保护电位不能比－1150mV 更负。

③在厌氧菌或硫酸盐还原菌（SRB）及其他有害菌土壤环境中，管道阴极保护电位应为－950 mV 或更负。

④在土壤电阻率为 100～1000Ω·m 环境中的管道，阴极保护电位宜负于－750 mV；在土壤电阻率大于 1000Ω·m 的环境中的管道，阴极保护电位宜负于－650 mV。

⑤对高强度钢（最小屈服强度大于 550MPa）和耐蚀合金钢，如马氏体不锈钢、双相不锈钢等，极限保护电位需根据实际析氢电位来确定。

⑥当以上准则难以达到时，可采用阴极极化或去极化电位差大于 100mV 的判据。

在高温条件下、SRB 的土壤中存在杂散电流干扰及异种金属材料耦合的管道中不能采用 100mV 极化准则。

⑦ SCC 与温度、保护电位的关系图。

当工作压力和条件有助于应力腐蚀开裂时，建议避免使用的极化电位（图 3－4－14）。

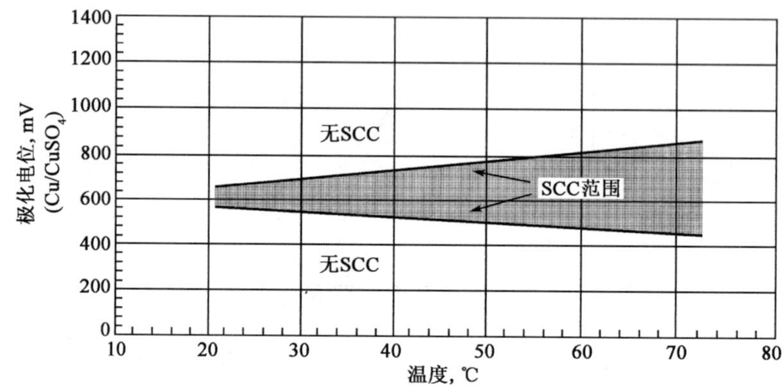

图 3－4－14 SCC 与温度、保护电位的关系图

（2）保护电流密度。保护电流密度是指被保护构筑物单位面积上所需的保护电流。

①裸钢的保护电流密度。

管道破损点以及区域性阴极保护的接地体等均可视为裸钢，其保护电流密度见表 3－4－7。

表 3－4－7 裸钢的保护电流密度

序号	土壤电阻率	保护电流密度，mA/m^2
1	土壤环境，0.50～5 Ω·m	20～40
2	土壤环境，5～15 Ω·m	10～20
3	土壤环境，15～50 Ω·m	5～10
4	土壤环境，≥50Ω·m	5
5	淡水环境	10～30
6	流动淡水环境	30～65
7	盐水环境	50～100

②有防腐层的管道的保护电流密度。

有防腐层的管道所需的保护电流密度取决于防腐层电阻率。防腐层电阻率是防腐层电阻和面积的乘积。

集输管道系统中，典型防腐层的保护电流密度一般为：三层 PE 防腐层管道 3～5$\mu A/m^2$；单层环氧粉末防腐层管道 15～25$\mu A/m^2$；石油沥青防腐层管道 30 ~ 60μA/m²。

2. 强制电流阴极保护

强制电流阴极保护系统包括 3 个组成部分：极化电源（常称阴极保护电源设备）、辅助阳极（常称阳极地床）、被保护的阴极（如埋地管道）。

1）阴极保护电源设备

用于阴极保护的电源设备类型有整流器、恒电位仪、恒电流仪。

一般情况下应选用整流器或恒电位仪。当管地电位或回路电阻有经常性较大变化或电网电压变化较大时，应使用恒电位仪。

2）牺牲阳极种类

牺牲阳极种类的应用见表 3－4－8。

表 3－4－8 牺牲阳极种类的应用选择

阳极种类	土壤电阻率，Ω·m	备 注
镁合金牺牲阳极	15 ~ 150	土壤电阻率大于 150Ω·m 时，应现场试验确认其有效性
锌合金牺牲阳极	<15	土壤电阻率大于 15Ω·m 时，应现场试验确认其有效性

对于原油储罐罐底板内表面、含油污水储罐内表面采取牺牲阳极阴极保护时，应采用铝合金阳极。

清水储罐内表面采用牺牲阳极阴极保护时，宜采用镁合金阳极。

对于高电阻率土壤环境及专门用途，可选择带状牺牲阳极。

罐内采用牺牲阳极阴极安装时，牺牲阳极与储罐钢板的连接应采用焊接方式，也可采用螺栓固定的方式。图 3－4－15 为罐内壁铝合金阳极安装图，螺栓焊接在储罐内壁钢板上，阳极再安装在螺栓上。

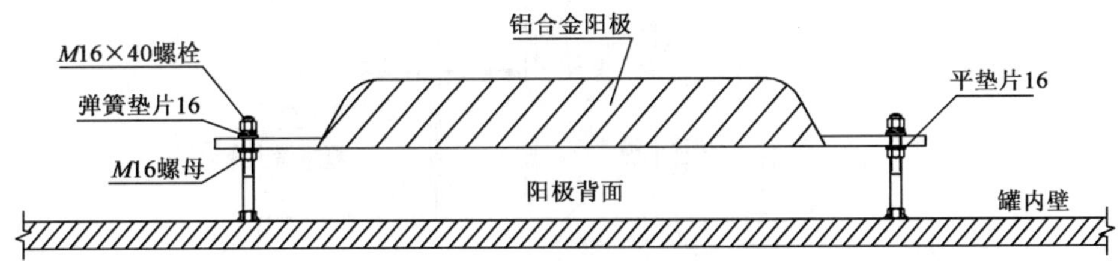

图 3－4－15 罐内壁铝合金阳极安装图

3. 电绝缘及防电涌保护

1）必要性

用于管道上的阴极保护电流可能流到与管道电连接的其他地下装置或设备上，有效的阴极保护电流可能流失。这种电流流失可以通过管道的电绝缘

来减少，即为防止阴极保护电流流到与大地电连接的非保护构筑物上，应对阴极保护管道系统进行电绝缘。

2）电绝缘方法

常用电绝缘方法采用绝缘法兰和绝缘接头。

（1）绝缘法兰。缘法兰指在两法兰间垫入绝缘垫片实现电绝缘，主要由绝缘垫片、绝缘紧固件和绝缘密封圈组成。

（2）绝缘接头。对绝缘法兰密封性能不佳，安装中因泥土、潮湿而影响绝缘值，绝缘电阻值随时间延长而下降，接头处易造成短路，耐击穿电压能力弱，不能直埋等不足，因此研发了整体型绝缘接头。

3）绝缘接头防电涌保护

为防止雷电和供电系统的故障电流对电绝缘装置的破坏，通常应设置高电压的防护装置。绝缘接头防电涌保护设施应能排放强电电涌，但不漏泄阴极保护支流电流。防电涌保护保护的装置有避雷器、电解接地电池、极化电池。

避雷器应安装在配套的防爆接线箱内，图3－4－16为等电位连接器安装示意图。

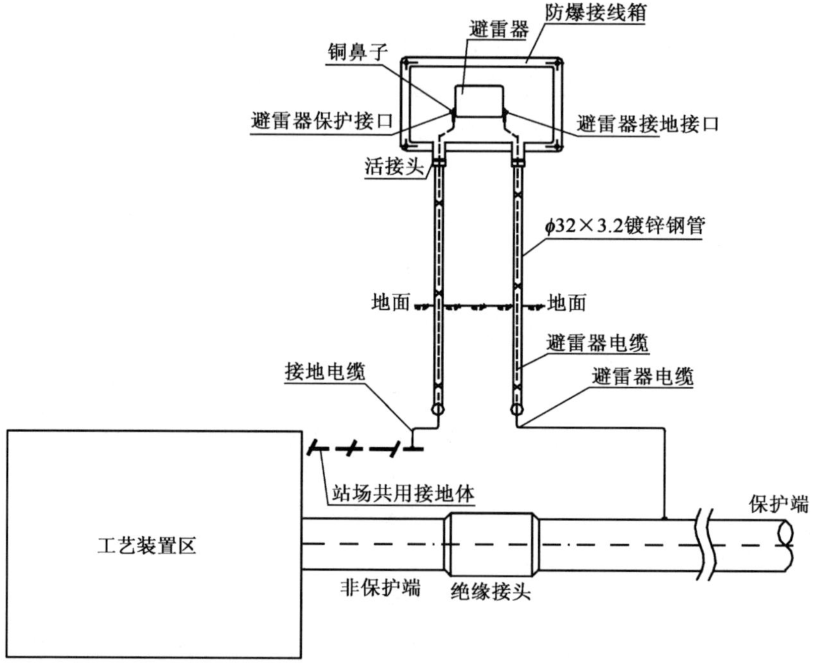

图3－4－16　等电位连接器安装示意图

五、交流和直流干扰的防护

1. 交流干扰的防护

1）瞬间干扰的防护

（1）防护基本措施。

①尽可能地远离干扰源。

埋地管道与电力线路杆塔、通信铁塔基础和接地装置间应尽可能地保证足够的安全距离。在路径受限地区难以满足安全距离时，应采取故障屏蔽、接地、隔离等防护措施。

②采用电气强度高的外防腐层。

③管道与110kV及以上高压交流输电线路的交叉角度宜不小于55°。

④根据现场具体情况采取故障屏蔽、集中接地、接地垫等综合防护措施。

（2）故障屏蔽。

①强电冲击屏蔽。

故障屏蔽用于保护管道不受交流电力系统与管道间可能产生的地中电弧影响，从而减少冲击情况下防腐层或管道被击穿的可能性。在管道邻近架空输电线路杆塔、变电站或通讯铁塔、大型建筑的接地体的局部位置处，沿管道单侧或双侧平行敷设的浅埋接地裸导体（如：裸铜线或锌带）可以作为一个有效的屏蔽体。一条屏蔽线应至少有两点通过直流去耦装置与受影响的管道跨接。

②直流去耦装置。

常用的装置有：固态型去耦合器、接地电池、极化电池。

固态型去耦合器结合了隔直排流和防雷击电涌保护器的功能为一体，具有低阈值启动电压和直流隔离性能的性能特点。当管道受到由于电力线路故障电流或闪电造成的瞬间强电冲击影响时，SSD可立即切换到短路模式，提供过压保护；在强电冲击消失后，该装置又会自动切换回DC闭锁模式，此操作允许进行无数次。标准型SSD的阈值电压为－2V/＋2V。固态去耦合器的常规检查包括以下内容：

a. 用万用表测量固态去耦合器连接点之间的开路直流电压。所测得的开路直流电压应该在－2～＋2V的范围内；

b. 固态去耦合器不作任何连接，用万用表测量固态去耦合器两接线脚之间的电阻，不应该为断路或短路。

(3) 集中接地。

集中接地用于降低持续干扰或瞬间干扰情况下管道特定位置处的接触电压，减轻故障或雷电情况下对管道辅助设施、阴极保护设备和管道防腐层的强电冲击影响。

集中接地的接地体应通过防电涌保护设施与管道连接。正常情况下，保护器两端为高阻态，有效隔离阴极保护电流，而在受强电影响管道产生高电压情况下，管道与接地系统间产生电位差超过阀值电压时，保护将迅速导通，有效泄放雷电流或电力故障电流，消除管道与接地系统之间的电位差。

2）持续干扰的防护

(1) 减轻措施。有效减轻感应电压的方法是增大与电力线的间距。但通过距离来保证安全，使电力系统对管道的持续干扰或瞬间干扰影响最小化，所需付出的代价是巨大的，甚至是不可行的。

①分段隔离。

可采取在长距离干扰管段的适当部位设置绝缘接头的分段隔离措施，将与交流电力系统相邻的管段与其他管段电隔离，以简化防护措施。

② 排流。

在保持足够间隔不可行的区域，最可行的技术是接地。理论和测试均表明在电压高峰值区域对管道进行接地是有效方法。但接地的前提条件是：不能与管道的阴极保护发生冲突，影响阴极保护系统的保护范围和效果。

2. 直流干扰的防护

1）防护原则

直流干扰的防护应按排流保护为主、综合治理、共同防护的原则进行。

(1) 排流保护是直流干扰保护的主要方法，它有直接排流、极性排流、强制排流、接地排流等多种方式。

(2) 综合治理措施包括以下几项：

①干扰源侧应采取措施，减少漏泄电流量，将对外部系统的干扰降至最小；

②在受到干扰的管道系统中，合理设置绝缘法兰，以缓解或解决干扰问题；

③电连接（包括串入可调电阻）可以调整或改变管道内干扰电流流向分布，有助于排流效果提高；

④加强及修复防腐层，限制流入或流出管道的干扰电流；

⑤ 改变管道走向或阴极保护阳极地床的位置；

⑥调节阴极保护电流的输出，或采用牺牲阳极保护代替强制电流阴极保护；

⑦设置屏蔽栅极或电场屏蔽，改变杂散电流流向和流入被干扰体的数量。

（3）处于同一干扰区域的不同产权归属的埋地管道或地下电力、通信等缆线，应在互相协商的基础上，纳入共同的干扰保护系统，实施“共同保护”，以避免在独立进行干扰保护中形成相互间的再生干扰。

2）排流保护方式

排流保护方式包括搭接（直接排流）、极性排流（单向搭接排流）、强制排流、牺牲阳极排流、强制电流减缓干扰。

3. 排流保护效果评定

1）交流干扰

（1）排流保护效果的评价点应包括排流点、干扰缓解较大的点、干扰缓解较小的点，其他评定点可根据实际情况选择。

（2）在测取排流保护前、后参数时，应统一测量点、测量时间段、读数时间间隔、测量方法和仪表设备。

（3）排流效果应达到：管道交流干扰电压低于“在周围土壤电阻率大于25Ω·m的地方，10V；在周围土壤电阻率小于25Ω·m的地方，4V”的电压值或交流电流密度小于30A/m^2。

2）直流干扰

（1）尽可能使受干扰影响的管道上任意点的管地电位恢复到未受干扰前的状态或达到阴极保护电位标准；

（2）尽可能使受干扰影响的管道的管地电位的负向偏移不超过所用防腐层的阴极保护电位；

（3）对排流保护系统以外的埋地管道或地下金属构筑物的干扰尽可能小；

（4）实施排流保护后，如排流效果达不到要求，可按表3－4－9所列指标评定。

表 3-4-9　排流保护效果评定指标

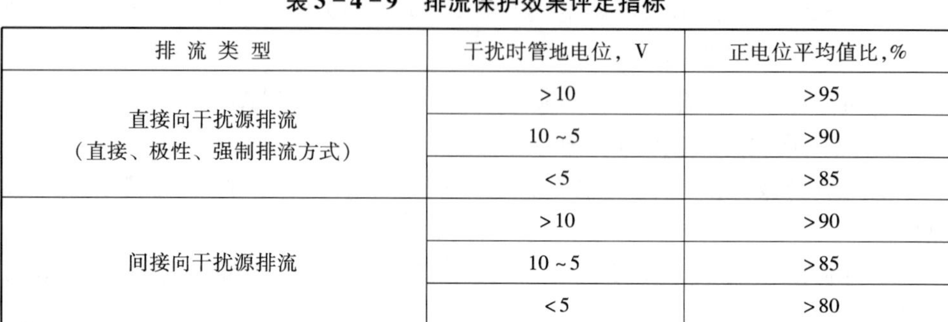

排流类型	干扰时管地电位，V	正电位平均值比，%
直接向干扰源排流 （直接、极性、强制排流方式）	>10	>95
	10～5	>90
	<5	>85
间接向干扰源排流	>10	>90
	10～5	>85
	<5	>80

4. 运行管理

运行管理应按表 3-4-10 所列项目进行常规交流排流防护系统的检查与测量，以确认排流防护系统是否运行正常，减缓效果是否符合指标要求。

表 3-4-10　常规功能性检测项目及周期

项　　目	检测内容	周　　期
牺牲阳极防护设施	阳极交流排流量、阳极输出电流、阳极开路电位；管-地界面交流电位和直流电位	每月 1 次
测试桩	管-地界面交流电位；通过便携式探头或永久性挂片检测：管-地界面断电电位、交流和直流电流密度	管-地界面交流电位每月 1 次，其他项目至少每年 1 次
排流防护设备	排流防护设备的运行和状况；排流电流量、接地极接地电阻	根据运行条件，每一个月至三个月 1 次
排流防护系统全面维护	排流防护系统全面检查；各主要元件性能检测；失效元件的更换	每年 1 次

六、腐蚀监测及检测技术

1. 内腐蚀监测及检测

1）内腐蚀监测及检测的目的意义

由于天然气地面集输具有生产装置大型化和生产的连续性特点，要求尽量减少停产检修的时间和次数，延长天然气集输设备连续运转的周期。但是，由于输送流体的腐蚀性常常会造成天然气集输设备失效与损坏，因此必须随时对集输设备的腐蚀情况进行监控，避免突发性的腐蚀失效事故发生，同时可以更好地有计划地安排检修工作，缩短停产检修时间，为此必须开展腐蚀监测。

腐蚀监测通常是指在线腐蚀监测，是借助测试分析仪器对天然气地面集输设备的腐蚀速度和某些与腐蚀速度有密切关系的参数进行连续或间断的测量，根据这种测量对生产工艺过程的有关参数进行自动监测的一种技术。其目的在于弄清腐蚀过程，了解腐蚀控制的应用情况和控制效果。通过腐蚀监测，可以获得腐蚀过程和操作参数之间相互联系的有关信息，以便对可能发生的腐蚀问题进行判断，改善腐蚀控制，保障天然气生产设备和管道的正常有效地运行。腐蚀检测是指根据生产计划安排的对设备定期检查和检测，包括超声测厚、超声波扫描成像，以及沿管道各部位进行的超声波和漏磁智能检测、机械测径器等。腐蚀检测是采用直接检测的方式进行，能准确检测出腐蚀发生的部位和腐蚀程度。

在线腐蚀监测除了可以监测设备和管道运行状态、提高设备和管道的可靠性，延长运转周期和缩短停产检修时间而得到巨大的经济效益外，也可以对设备和管道的安全运行，保障操作人员的安全和减少环境污染方面起到有益的作用。此外，腐蚀监测还能用于分析鉴定腐蚀原因，了解腐蚀过程与工艺参数之间的关系，确定采用防腐蚀措施的效果。归纳起来，在线腐蚀监测有以下功能：

（1）改善生产能力；

（2）延长设备和管道寿命；

（3）改善产品质量；

（4）预报维修需要；

（5）减少投资费用；

（6）减少操作费用。

在线腐蚀监测能起到下述5种作用：

（1）帮助诊断腐蚀问题；

（2）提高检查解决问题的效果；

（3）提供操作和管理信息；

（4）为控制系统提供依据；

（5）为管理系统提供部分依据。

2）腐蚀监测及检测技术

腐蚀监测及检测技术从原理上划分可分为物理测试、电化学方法、化学分析法三类。目前，在国外油气田工业应用较广泛的主要有腐蚀挂片试验法

（又称失重挂片法）、电阻法、线性极化电阻法和氢渗透法四种方法。

（1）物理测试——腐蚀挂片试验法。

腐蚀挂片试验法是一种简单而经典的腐蚀监测及检测方法。此法是一种经典的监测腐蚀速率的方法，这种方法是把已知重量和尺寸规则的金属试片放入被监测的腐蚀系统中，经过一定时间的曝露期后取出，仔细清洗并处理后称量，根据试片质量变化和曝露时间的关系计算平均腐蚀速率。

通过腐蚀挂片试验法得到的是一段时间内总的平均腐蚀速率，但这种方法可以观察到取出试片的表面腐蚀形貌，分析试片表面腐蚀产物成分，确定腐蚀的类型。

其原理是经过一已知的暴露试验期后，根据腐蚀挂片试样的质量损失，计算出该金属材料的平均腐蚀速率。挂片法的主要优点可采用许多不同的材料暴露在同一位置进行腐蚀试验；也可采用单一材料来监测腐蚀速率的变化。即使在禁用电器仪表的危险地区仍然能发挥腐蚀挂片试验的用处。

腐蚀挂片试验法的局限性是它不能确定工艺参数短时间发生变化时的腐蚀变化情况，而且，挂片周期较长（一般在30d以上）。这是由于试片开始时的腐蚀速率一般较快，而后与环境慢慢达到平衡、如果周期过短，得出的腐蚀率将大于实际的腐蚀率（硫化氢和二氧化碳介质中碳钢的电化学腐蚀速率即有此现象）。此外，安装和拆卸腐蚀挂片试验装置以及清除试片腐蚀产物时均比较麻烦。

（2）电化学方法之一——电阻法。

腐蚀监测采用电化学方法——电阻法常被称为可自动测量的挂片法。它的主要特点是能在液相环境进行测定，也可在潮湿气相环境测定，方法简单，易于掌握和解释结果；配上自控系统后，可以连续读数，通过精密的数据处理，可以在几个小时内确定腐蚀速率的变化。电阻法目前在国内外已经发展成为一项应用非常普遍的成熟在线腐蚀监测技术。

电阻法的原理是利用金属试片（元件）随着腐蚀过程的发展，截面减小，电阻增大的原理而制成的一种腐蚀传感器，利用输出电阻变化量来反映相应发生的腐蚀速率。

为了便于由电阻变化值计算腐蚀速率，一般采用带状或丝状的试件（电阻丝）。取两根相同材质、形状长度的电阻丝，串接成一个单臂电桥。其中一臂 R_x 是测量试片，另一臂 R_o 是补偿试片。补偿试片上涂有环氧树脂以防止其受到腐蚀。其作用是补偿温度变化对电阻的影响。当测量试片受到腐蚀而电阻变大时，通过相应仪表（惠斯顿电桥或电位差计）测量其 R_x/R_o 的比值。

探针装入设备之前，先在室温下测定原始的 R_x/R_o 值，记录其读数。将探针放入待测部位后稳定 15～20min，再测一次 R_x/R_o 值。此值应和室温下的值接近。否则，说明探针或线路有问题，需进行检查。读数稳定后，以探针进设备后的最初 R_x/R_o 值作为原始值 B_o，以后每隔一定时间测量一次 R_X/R_o 值，作为该时刻的值 B_t。并计算出该时刻的腐蚀速率。

电阻探针可以在生产过程中连续测定指定部位的腐蚀率，不需要取出探针及清除探针表面的腐蚀产物。直接由仪表读出腐蚀速率，灵敏度较高，

电化学方法——电阻法测定得到的腐蚀速率和实际情况有时不够吻合。这种方法只用于监测腐蚀造成的腐蚀变化情况和腐蚀趋势。

（3）电化学方法之二——线性极化电阻法。

在腐蚀监测中，线性极化电阻法是目前最常用的金属腐蚀快速测试方法。其基本原理是：活化极化控制的腐蚀体系自腐蚀电位附近电极电位的变化与外加极化电流之间存在着直线关系，此直线的斜率和金属的自腐蚀电流密度之间存在着定量的关系。当电极电位极化一微小值，如 10mV 区间，测定此区间的外加极化电流得到腐蚀速率。

线性极化电阻法适宜测定在电解质溶液中发生电化学腐蚀的场合，基本上还只能测定均匀腐蚀（全面腐蚀），限制了它的使用范围，它的主要特点是能测定瞬时腐蚀速率变化。

测量系统可使用直流电线性极化电阻测量技术（LPR），测量电介质中瞬时的金属腐蚀率变化，也可以采用交流电测量。

测定极化曲线的基本装置是恒电位仪。它一般由直流比较放大器（基本放大器）、基准讯号源、功率输出器、电流检测、电位检测和稳压电源等几部分组成。为便于现场使用，还研制了各种线性极化仪，测定在很小极化电流范围内的极化曲线，并加以自动数据处理，求得极化阻力 R_p（电位变化与极化电流之比值）。

线性极化电阻法的优点是测量迅速，可以测得瞬时腐蚀速率变化情况，比较灵敏，可以及时地反映设备与管道操作条件（如缓蚀剂注入后腐蚀速率即发生变化），是一种非常适用于在线监测的方法。但是此方法的原理仍然是一种电化学测量方法，只适用于在电解质溶液中进行，并且溶液的电阻率应小于 10kΩ·m。当电极表面除了金属腐蚀反应以外还伴有其他电化学反应时，由于无法将它们区分开而导致误差，甚至得出错误的结果。

（4）氢渗透法。

氢渗透法测量的是腐蚀环境中氢原子对碳钢的渗透量。氢渗透法的基本

原理是：腐蚀环境中的氢原子渗入钢制管壁后会结合成氢分子，通过对其压力的测量和计算，可得到氢原子对钢的渗透量。根据监测的氢压与时间的关系，来确定腐蚀环境中电化学反应的剧烈程度。

工业现场应用氢渗透法测量的方式主要有插入式和外壁焊接式两种。

（5）化学分析法。

在腐蚀监测中，对腐蚀介质进行化学分析也是一个重要的组成部分。一般分析的项目有铁离子变化、氯离子含量、硫化氢含量、二氧化碳含量、pH值等。在土壤腐蚀中，也可做细菌测试。这些分析，能帮助确定腐蚀介质状况，以及某些特定组分对腐蚀反应的影响，如定期监测从天然气流体带出的水中铁离子含量的变化，可以判断出天然气开发设备（井下油、套管、集输管道）的腐蚀情况。pH值是金属电化学腐蚀过程的重要影响因素，因而监测pH值，也就监测了设备在生产过程中可否发生电化学腐蚀的参数。此外，还可监测缓蚀剂的用量与使用效果等。同时，用化学分析方法得来的数据对工艺操作人员查找腐蚀原因也是有益的。在油气田生产管理中，腐蚀监测及检测技术仍将作为其中一项重要内容。

（6）管道全周向腐蚀监测（FSM）法。

FSM称为指纹法，能对一般腐蚀监测方法无法安装的弯头和焊缝进行监测，可测量管道的金属损失量、裂纹、孔蚀。

在油气田开发生产中，通常采用腐蚀挂片试验法和在线腐蚀监测方法联合进行腐蚀监测。

3）腐蚀监测及检测技术的应用

在油气田开发过程中，每一阶段都贯穿着腐蚀与腐蚀控制，腐蚀监测及检测技术在整个生产开发过程中实时地为生产管理部门提供大量的基础数据，对于油气田的安全平稳和正常生产运行起到了重要的作用。

例如，某井对生产过程中集气管道的内部腐蚀进行了监测，腐蚀监测结果如图3－4－17所示；同时对该井加注缓蚀剂后的保护效果进行了监测研究，腐蚀监测结果如图3－4－18所示。

图3－4－17为电阻探针的监测数据，由于某井所产天然气中含硫化氢以及气田水中高浓度氯离子导致腐蚀速率较高，在线监测得到腐蚀速率为0.543mm/a。在某井建腐蚀监测试验站，在改造原集气管道时发现，经过3年运行，原集气管道的壁厚已由原来的6mm减薄为4mm。管道的实际腐蚀速率达到0.66mm/a，这表明：在线监测得到腐蚀速率与实际管道的腐蚀速率是一致的。

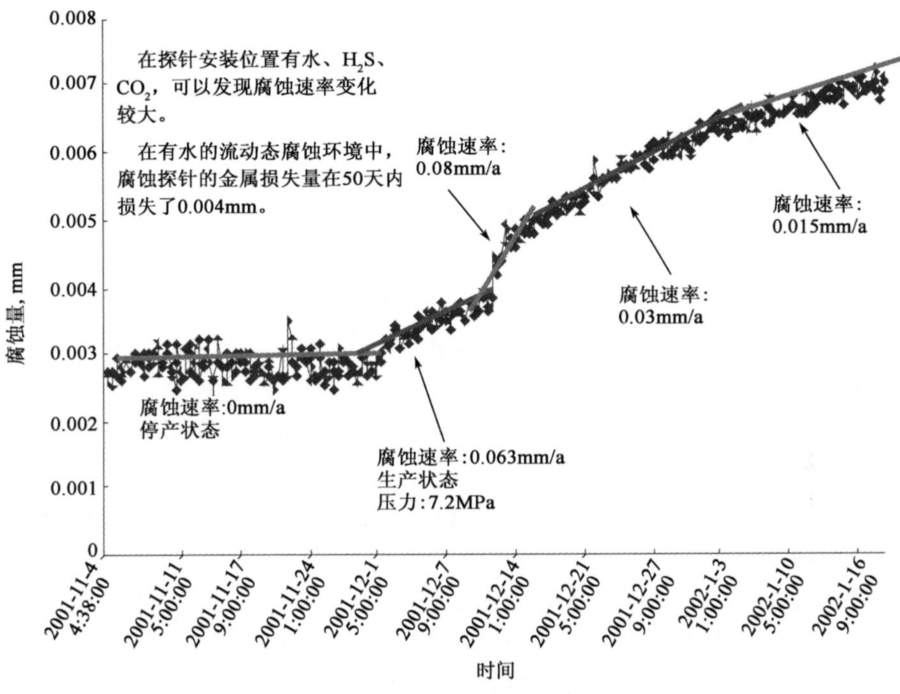

图 3－4－17　某井集气管道腐蚀监测数据

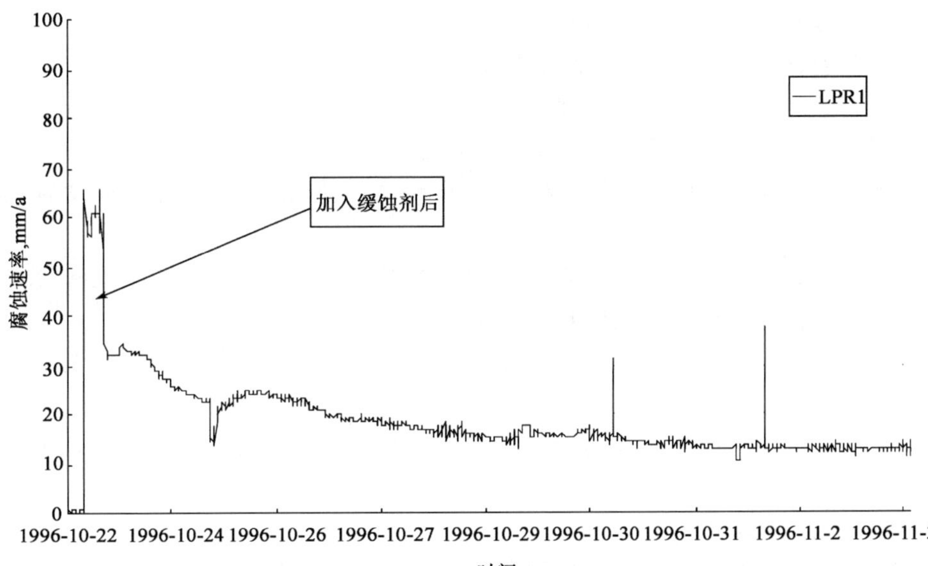

图 3－4－18　某井腐蚀监测数据

图3－4－18为线性极化电阻探针的监测数据，数据表明：该井加注缓蚀剂后，管道内部腐蚀速率明显下降。这反映了缓蚀剂对管道内壁有明显的保护作用。

（1）腐蚀监测装置的安装原则。

①腐蚀监测装置应设置在有代表性和重现性的位置上。

②注入缓蚀剂的管道，应在缓蚀剂保护的末端设置腐蚀监测装置，以便评价缓蚀剂的效果。

③在管输介质（如含水量）、流速、流动状态等发生变化的位置，可以选择有代表性的位置设置腐蚀监测装置，以便测定管输介质流态变化时相应的腐蚀性变化。

④监测装置如果设在旁通管路上，旁通管道流动的介质特性应与主管道一致，并能随时切断或开通。

⑤插入式的探头应不影响管道清管；清管时应能将探头取出或提升至不影响清管的位置。

对于酸性环境和腐蚀环境恶劣的场合，应联合使用多种监测方法来确定腐蚀的程度。如采用在线腐蚀监测的同时，还应当采用腐蚀检测的方法进行（包括定点管壁测厚、智能清管检测以及目视检查等）直接检测。对监测的结果进行验证，准确检测出腐蚀发生的部位和腐蚀程度。

（2）腐蚀监测点的设置方法。

①监测点的设置应在流程图中标识出来。

②腐蚀监测点的上游若有弯头、减压器、阀门、孔板、金属热电偶等装置，腐蚀监测点尽可能设置在距离这些装置3倍管径以外的位置。

③当采用多种腐蚀监测方法联合监测时，监测点位置间距宜设置为0.5～1m。

④不宜在管道6点钟的方向开孔安装腐蚀探针安装装置，以避免可能造成的残渣堆积，在探针或挂片的回收过程中损伤安装装置的螺纹。

⑤若管道内可能有积液，腐蚀探针或腐蚀挂片的插入深度宜靠近管道的底部。

⑥测试短管和电子指纹监测（FSM）管段宜设置在管道的低洼地段或有代表性的位置。

4）腐蚀检测

在石油天然气开发生产领域对开发生产设备的腐蚀检测从未间断过，它包括对设备定期检查维修时的检测、对设备壁厚的测厚检测、对输送流体的分析检测、对腐蚀产物的分析检测等。过去，生产过程中的腐蚀检测主要是采用腐蚀挂片试验法，检测输送流体的腐蚀性，并预测生产设备的腐蚀程度；只是对发生腐蚀失效的设备才进行系统全面地调查分析研究，失效分析是一种事后腐蚀检测。

腐蚀检测的特点和应用简述如下：

（1）腐蚀检测是一项专门的检测技术，应由专门的检测机构和人员进行；

（2）对石油天然气开发生产设备而言，应有计划地安排定期进行全面腐蚀检测；

（3）对石油天然气开发生产设备壁厚的检查应有计划地定点定期检测，并对壁厚检测结果结合输送流体的分析结果进行分析研究；

（4）对腐蚀监测（如电阻法、线性极化法、智能清管检测）的结果，应采用腐蚀检测方法进行验证；

（5）腐蚀检测是采用直接检测的方式，腐蚀检测能准确检测出腐蚀发生的部位和腐蚀程度。因此，腐蚀检测的结果为最终检测结果。

2. 外腐蚀检测

1）外腐蚀检测设施的设置

为运行管理中了解和掌握阴极保护系统的工作情况，检测和评价阴极保护的有效性，需设置必不可少的检测设施，主要包括以下两类：

（1）沿管线设置的各种类型的测试桩；

（2）通过与各 RTU 阀室或站内的 SCADA 系统配合，可根据需要及时和同步采集阴极保护系统中的重要运行参数。

测试桩包括：管道沿线每 1km 设置的电位桩，每 5 ~ 10km 设置的电流桩，大中型河流穿越、跨越及隧道两端各分别设置的电流桩，绝缘接头安装处设置的绝缘接头测试桩，辅助试片及接地装置连接处分别设置的测试桩，与外部管道交叉处设置的交叉测试桩，在高速公路、铁路穿越单侧设置的电位桩，在交流、直流电干扰区域内的管道根据具体情况需加密的测试桩等。

电位远传设备设置在工艺站场和 RTU 阀室处。

2）阴极保护参数的测量

对各阴极保护参数的现场测量方法和适用范围，测试仪器、仪表的选用和性能指标等参见 GB/T 21246《埋地钢质管道阴极保护参数测量方法》。

3）外腐蚀检测项目

（1）常规检测。定期进行阴极保护系统的检查与测试，以确认阴极保护系统是否运行正常，运行期间的管/地电位是否符合保护准则。

常规功能性检测项目及周期见表3－4－11。

表3－4－11　规功能性检测项目及周期

项　　目	检测内容	周　　期
牺牲阳极系统	阳极运行和状态、阳极保护电位、输出电流、开路电位	至少每年1次
强制电流系统	电源设备的运行和状况、仪器输出电压、电流（每日记录1次）、阳极地床电阻（视需要进行检测）	根据运行条件（如雷电、杂散电流、附近的施工活动等），每月至三个月1次
汇流点	汇流点电位和电流	至少每月1次
与外部管道的连接	电流流动	至少每年1次
跨接装置及接地系统	电连续性	至少每年1次
安全与防护装置	设定值与功能性	至少每年1次
极化电位	瞬间断电电位	每年1次①

①对于稳定的系统，可在所有测试装置处，每三年测量1次瞬时断电电位

（2）专项调查。针对某一目的或内容进行专项调查，如防腐层破损情况、阴极保护是否充分、土壤腐蚀性等。

3. 管道外腐蚀层检测和评价

1）检测设备

在管道上方或附近地面进行检测，以定位或识别防腐层漏点、腐蚀活性点或其他异常点的方法称为间接检测和评价。间接检测与评价应由专门培训的人员使用专用设备和仪器进行。

2）检测方法

间接检测与评价的目的是地面检测、识别和确定防腐层缺陷和其他异常点的严重程度以及已经发生或可能正在发生腐蚀的区域。所有间接检测方法均有局限性。对一种间接检测方法检测和评价的“严重”点应采用另一种互补的间接检测方法进行再检，加以验证。表3－4－12列出的间接检测方法均不能检出剥离防腐层的屏蔽。当埋地管道埋深超过正常埋深时，可能影响所有检测方法对防腐层漏点检测的敏感性，现场环境和地形也可能影响检测深度范围和灵敏度。

表 3-4-12　埋地管道 ECDA 间接检测方法选择表

环境＼测试方法	密间距电位测量法（CIS）	电流电位梯度法（ACVG，DCVG）	地面音频检漏法或皮尔逊法	交流电流衰减法（PCM）
带防腐层漏点的管段	2	1，2	1，2	1，2
裸管的阳极区管段	2	3	3	3
接近河流或水下穿越管段	2	3	3	2
无套管穿越的管段	2	1，2	2	1，2
带套管的管段	3	3	3	3
短套管	2	2	2	2
铺砌路面下的管段	3	3	3	1，2
冻土区的管段	3	3	3	1，2
相邻金属构筑物的管段	2	1，2	3	1，2
相邻平行管段	2	1，2	3	1，2
杂散电流区的管段	2	1，2	2	1，2
高压交流输电线下管段	2	1，2	2	3
管道深埋区的管段	2	2	2	2
湿地区（有限的）管段	2	1，2	2	1，2
岩石带、岩礁、岩石回填区的管段	3	3	3	2
检测方法的特点	评价阴极保护系统有效性、杂散电流影响范围、检测防腐层漏点的检测技术	DCVG、ACVG 比其他测量方法能更精确确定防腐层漏点位置，区别是孤立或连续的防腐层破损；DCVG 还可评估漏点尺寸、缺陷处金属腐蚀活性	确定埋地管线防腐层漏点位置的地面测量技术	评价每段防腐层管段的总体质量和确定防腐层漏点位置的检测技术
采用标准	GB/T 21246—2008	GB/T 21246—2008	GB/T 21246—2008	GB/T 21246—2008

注："1" 可适用于小的防腐层漏点（孤立的，一般面积小于 600mm^2）和在正常运行条件下不会引起阴极保护电位波动的环境。

"2" 可适用于大面积的防腐层漏点（孤立或连续）和在正常运行条件下引起阴极保护电位波动的环境。

"3" 不能应用此方法，或在无可行措施时不能实施此方法。

3）间接检测结果评价等级

间接检测结果评价等级见表3－4－13。

表3－4－13 间接检测结果的评价等级

检测方法＼等级	轻	中	严重
直流电位梯度法（DCVG）	电位梯度IR%较小，CP在通电或断电时处于阴极状态下	电位梯度IR%中等，CP在通电或断电时处于中性状态下	电位梯度IR%较大，CP在通电或断电时处于阳极状态下
音频信号检漏法或交流电位梯度法（ACVG）	低电压降	中等电压降	高电压降
密间隔电位法（CIS）	通电或断电电位稍微负于阴极保护电位准则	通电或断电电位中等偏离并正于阴极保护电位准则	通电或断电电位很大偏离并正于阴极保护电位准则
交流电流衰减法（PCM）	单位长度衰减增量小	单位长度衰减增量中等	单位长度衰减增量较大

七、腐蚀与防护在天然气地面集输工程设计的应用实例

以龙岗酸性天然气田地面集输工程为例，列举腐蚀与防护在天然气地面集输工程设计的实际应用。

1. 确定标准、规范

根据气田流体性质、气田水水质、压力及温度参数等，确定腐蚀与防护技术遵循的标准、规范。

2. 地面集输工程主要设施材质

根据气田集输工艺流程和流体性质、压力及温度参数，选择和评价地面集输工程主要设施材质的适应性。

地面集输工程设施的材质应符合NACE MR 0175/ISO 15156《石油和天然气工业——油气开采中用于含硫化氢环境的材料》和SY/T 0599《天然气地面设施抗硫化物应力开裂和抗应力腐蚀开裂的金属材料要求》标准规定要求。

3. 钢管材料的选择

根据对耐蚀合金材料、复合钢管以及碳钢材料方案进行比选分析，设计推荐采用碳钢加缓蚀剂方案。

1）管型选择

对于在高 H_2S 分压的湿气环境下的输送钢管，设计推荐采用符合 NACE MR 0175/ISO 15156《石油和天然气工业——油气开采中用于含硫化氢环境的材料》和 SY/T 0599《天然气地面设施抗硫化物应力开裂金属材料要求》的无缝钢管。

2）钢级选择

对于在高 H_2S 分压的湿气环境下的输送钢管，应优先选择低钢级的碳素钢。采用 L360 和 L245 钢级的钢管均适合工程需要，L360 管材耗量和投资相对 L245 更为节省，从确保管道输送的安全可靠性和经济合理性综合分析，设计推荐采用 L360 管线钢管。

4. 焊接技术要求

（1）原料气输送管道焊接前应按 SY/T 0452—2002《石油天然气金属管道焊接工艺评定》和 NACE TM 0177—96 进行焊接工艺评定和进行焊接抗 SSC 和 HIC 评定试验。焊接应符合 Q/SY XN 2010—2005《高酸性气田集输管道焊接技术规范》规定要求。

（2）高酸性环境用焊接材料应经抗硫性能检测评价合格后才能使用。

（3）控制焊缝和热影响区的硬度，采用 GB/T 4340.1 或 ISO 6507－1 规定的维氏 HV10/HV5 进行焊缝硬度测试。检测焊接工艺评定的焊接接头硬度应在实验室进行；母材、HAZ 和根焊金属硬度小于 250 HV。

（4）焊缝的质量检查：为确保原料气管道焊接的质量，环向焊缝均应进行 100% X 射线和 100% 超声波探伤检查。

5. 外防腐层和阴极保护

（1）集气干线、采气管线、燃料气管线采用外防腐层加阴极保护的联合保护方案。阴极保护采用强制电流法。

（2）埋地保温管道采用三层 PE 普通级防腐层＋硬质聚氨酯泡沫塑料保温层＋聚乙烯外保护层的防腐保温结构，线路埋地未保温管道采用三层 PE 防腐层防腐；露空管道及设备采用环氧富锌底漆-环氧云铁防锈漆-氟碳涂料面漆防腐。

6. 管道内防腐

（1）缓蚀剂品种的筛选。

根据龙岗气田流体性质和工艺参数，进行缓蚀剂品种的筛选评价，编制了《龙岗气田内部集输工程缓蚀剂防腐应用方案》；对缓蚀剂防腐及水合物防治进行了专题研究。推荐了正常运行期间连续加注缓蚀剂品种，在冬季如果

加注水合物抑制剂时加注缓蚀剂品种。

（2）缓蚀剂批处理加注工艺。

采用碳钢 + 缓蚀剂的防腐方案，采气管线和集气干线投入运行前，在管线内壁涂抹一层缓蚀剂，使管线得到充分的保护。还需要定期采取清管措施来清除积液，清除积液时再利用清管发送装置推动清管器及缓蚀剂对管线内管壁进行缓蚀剂涂膜处理。

（3）缓蚀剂连续加注工艺。

在井口设置缓蚀剂加注泵，采用连续加注缓蚀剂工艺将缓蚀剂雾化后喷入管道内，使缓蚀剂雾滴均匀分散在气流中，并吸附在管道、设备内壁，起到防腐效果。

（4）控制管内流体速度在较低腐蚀的范围；流速的下限应使水保持悬浮，减少液体聚集在管道内；流速的上限应控制管道内流体不能对管道形成冲刷腐蚀。采用连续加注与周期性涂抹缓蚀剂相结合的方式，确保缓蚀剂对管道内壁的保护。

7. 腐蚀监测和腐蚀检测

1）腐蚀监测

站内重点设施和主要管道设置在线腐蚀监测系统，腐蚀监测系统有电阻探针、管道全周向腐蚀监测 FSM、失重挂片、测试短节等。通过腐蚀监测系统对天然气地面集输工程设备的腐蚀情况进行监测。

利用腐蚀监测结果直接对缓蚀剂的应用效果进行监控和调整。

（1）腐蚀监测点。

在管道和重点容器设备上设置固定超声波壁厚检测点，对设备壁厚（腐蚀情况）定期进行跟踪检测。在龙岗气田试采工程设置了多个腐蚀监测点，通过检测及时发现流体介质对设备内壁的腐蚀情况。

（2）线路管道腐蚀监测点。

在集气干线管道容易聚集液体的低洼地段，设置管道全周向腐蚀监测系统 FSM 的腐蚀监测点。

2）腐蚀检测

在线、实时的腐蚀监测能够提供大量的、快速的腐蚀信息，通过腐蚀监测获得数据的同时还需要与一些常规的检测方法结合起来，以全面掌握气田的腐蚀状况。常规的检测方法有以下几种：

（1）超声波壁厚测量：用来测量管道和容器设备的剩余壁厚；对于局部腐蚀，可以采用超声波扫描技术从外部对局部腐蚀的长度和深度进行测量。

（2）目视检测：利用停产期间对容器和设备进行目视检测，以提供补充信息。

（3）腐蚀产物分析：对清管得到的污物或失重挂片和探针上附着的腐蚀产物进行鉴定分析，可以得到有关腐蚀的补充信息。

（4）智能清管：对采气管线和集气干线采用智能清管检测，可得到管道设备的全面腐蚀情况信息。

第五节　主要设备

一、过滤、分离设备

1. 重力分离器

重力分离器按其外形有卧式分离器和立式分离器，按功能可分为油气两相分离器、油气水三相分离器等。但其主要分离作用都是利用天然气和被分离物质的密度差（重力场中的重力差）来实现的，因而称为重力分离器。除温度、压力等参数外，最大处理量是设计分离器的一个主要参数，只要实际处理量在最大设计处理量的范围以内，重力分离器即能适应较大的负荷波动。在集输系统中，由于单井产量的递减、新井投产以及配气要求等原因，气体处理量变化较大，因而集输系统中，重力分离器的应用比其他类型分离器的应用更为广泛。

1）立式重力分离器

这种分离器的主体为立式圆筒体，气流一般从筒体的中段（切线或法线）进入，顶部为气流出口，底部为液体出口，其结构型式如图 3－5－1 所示。

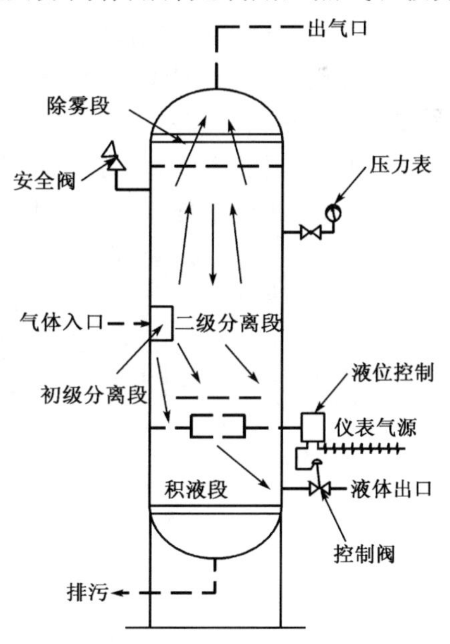

图 3－5－1　立式重力分离器结构型式

（1）初级分离段：即气体入口处，气流进入筒体后，由于速度突然降低，成股状的液体或大的液滴由于重力作用被分离出来直接沉降到积液段。为了提高初级分离的效果，常在气流入口处增设入口挡板或采用切线入口方式。

（2）二级分离段：即沉降段，经初级分离后的天然气流携带着较小的液滴向气流出口以较低的流速向上流动。此时，由于重力的作用，液滴则向下沉降与气流分离。本段的分离效率取决于气体和液体的特性、液滴尺寸及气流的平均流速与扰动程度。在分离器设计计算过程中，本分离段的各种流动参数是决定分离器计算直径的关键因素，也是分离器工艺计算的立足点。

（3）积液段：本段主要收集液体。在设计中，本段还具有减少流动气流对已沉降液体扰动的功能。一般积液段还应有足够的容积，以保证溶解在液体中的气体能脱离液体而进入气相。对三相分离而言，积液段也是油水分离段。分离器的液体排放控制系统也是积液段的主要组成部分。为了防止排液时的气体旋涡，除了保留一段液封外，也常在排液口上方设置挡板类的破旋装置。

（4）除雾段：通常设在气体的出口附近，由金属丝网等元件组成，用于捕集沉降段未能分离出来的较小液滴（10～100μm）。微小液滴在金属丝网上发生碰撞、凝聚，最后结合成较大液滴下沉至积液段。

立式重力分离器占地面积小，易于清除筒体内污物，便于实现排污与液位自动控制，适于处理较大含液量的气体。

2）卧式重力分离器

这种分离器的主体为一卧式圆筒体，气流从一端进入，另一端流出，其作用原理与立式重力分离器大致相同。其结构型式如图3－5－2所示。

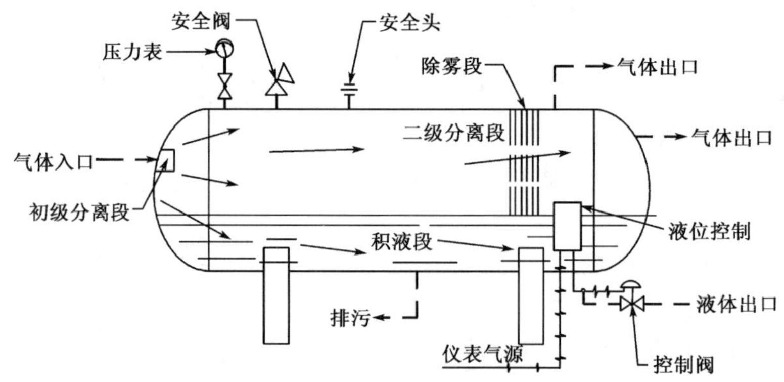

图3－5－2　卧式重力分离器结构型式

（1）初级分离段：即气流入口处，气流的入口形式有多种，其目的在于对气体进行初级分离，除了入口处设挡板外，有的在入口内增设一个小内旋器，即在入口处对气、液进行一次旋风分离；还有的在入口处设置弯头，使气流进入分离器后先向相反方向流动，撞击挡板后再折反向出口方向流动。

（2）二级分离段：即沉降段，此段是气体与液滴实现重力分离的主体，其各种参数为设计卧式重力分离器的主要依据。在立式重力分离器的沉降段内，气流向上流动，液滴向下沉降，两者方向完全相反，因而气流对液滴下降的阻力较大；而在卧式重力分离器的沉降段内，气流水平流动与液滴运动的方向成90°夹角，因而对液滴下降的阻力小于立式重力分离器，通过计算可知卧式重力分离器的气体处理能力比同直径的立式重力分离器的气体处理能力大。

（3）除雾段：此段可设置在筒体内，也可设置在筒体上部紧接气流出口处。除雾段除设置纤维或金属丝网外，也可采用专门的除雾芯子。

液体储存段：即积液段，此段设计常需考虑液体必须在分离器内的停留时间，一般储存高度按 $D/2$ 考虑。

泥沙储存段：此段实际上在积液段下部，由于在水平筒体的底部，泥沙等污物有45°~60°的静止角，因此排污比立式重力分离器困难。有时此段需增设两个以上的排污口。

卧式重力分离器和立式重力分离器相比，具有处理能力较大、安装方便和单位处理量成本低等优点。但也有占地面积大、液位控制比较困难和不易排污等缺点。

3）三相分离器

三相分离器与卧式两相分离器的结构和分离原理大致相同，油水气混合物由进口进入来料腔，经稳流器稳流后进入重力分离段，利用气体和油水的密度差将气体分离出来，再经分离元件进一步将气体中夹带的油、水蒸气分离。油水混合物进入污水腔，密度较小的油经溢流板进入油腔，从而达到油水分离的目的。其结构型式如图3-5-3所示。

2. 旋流分离器

1）气液旋流分离器

气液混合物由切向入口进入旋流分离器后形成的旋流产生了比重力高出许多倍的离心力，由于气液相密度不同，所受的离心力差别很大，重力、离心力和浮力联合作用将气体和液体分离。其结构型式如图3-5-4所示。

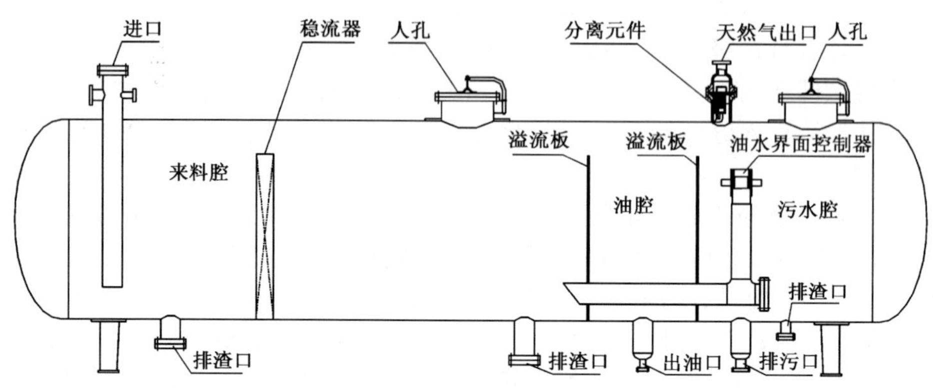

图 3－5－3　三相分离器结构型式

液体沿径向被推向外侧，并向下由液体出口排出；而气体则运动到中心，并向上由气体出口排出。

这种分离器与传统容器式分离器相比，具有结构紧凑、重量轻和投资节省等优点。在处理量相同的情况下，其结构尺寸相当于传统立式分离器的 1/2 左右，相当于传统卧式分离器的 1/4 左右，是替代传统容器式分离器的新型分离装置。

2）液液旋流分离器

混合物从切向进口以一定的压力或速度注入旋流分离器，从而在旋流分离器内高速旋转，产生离心力场。在离心力的作用下，密度大的相被甩向四周，并顺着壁面向下运动，作为底流排出；密度小的相迁移到中间并向上运动，最后作为溢流排出，从而达到分离的目的。其结构型式如图 3－5－5 所示。

3. 旋风分离器

旋风分离器的主要特点是天然气和被分离液体沿分离器筒体壁切线方向以一定速度进入分离器，并沿筒体内壁作旋转运动。由于被分离液滴的密度远大于气体，因而液滴在此旋转运动中被抛向筒体壁，并附着在筒体壁上，聚集成较大液滴而沿筒体壁向下流动，最后流入分离器的集流段而排放出去。旋风分离器的工作效率与气体进入分离器的线速度密切相关，而线速度的大小又直接与气体处理量有关。旋风分离器尽管有较高的分离效率，但却不适应负荷波动较大的场合，因而在负荷波动较大的集输系统中，其应用受到一定的限制。

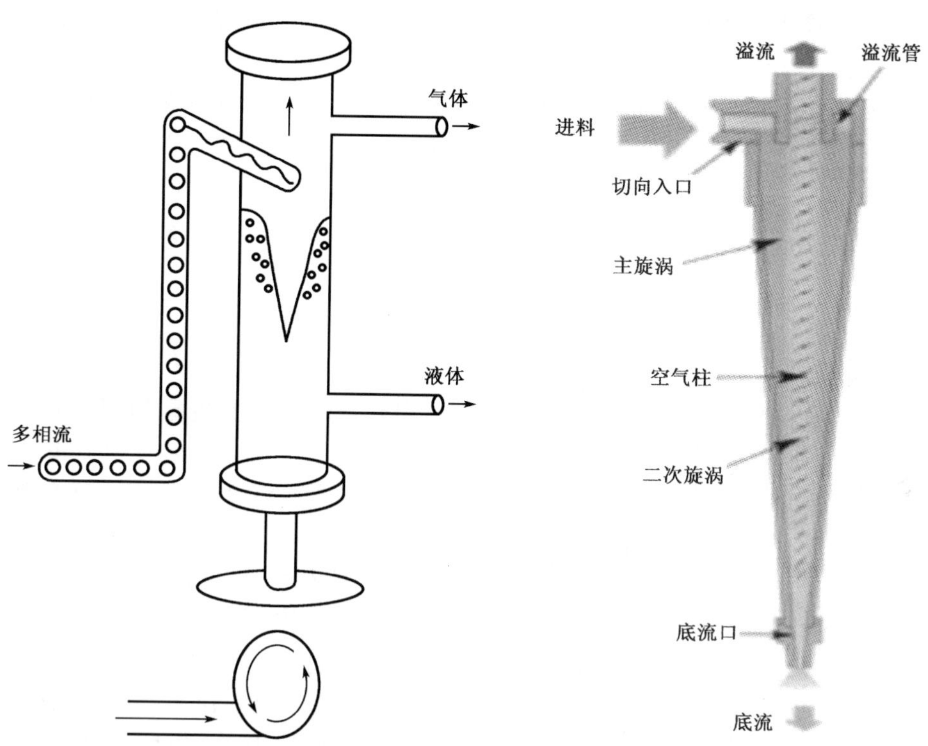

图3－5－4 气液旋流分离器结构型式

图3－5－5 液液旋流分离器结构型式

旋风分离器的主体由筒体与中心管组成，气体进口管线与外筒体的连接成切线方向，气体出口管线在顶部与中心管连接。气流从切线方向进入外筒体与中心管之间的环形空间后作旋转运动或圆周运动。由于气体、液体重量的不同，所产生的离心力也不相同。由于液滴的相对密度远大于气体，故液滴首先被抛向分离器外筒体的内壁，并积聚成较大的液团，在重力的作用下流向积液段。在分离器下部，由于气流从中心管折反向上，气液旋转速度降低，为了维持较大的离心力，故将筒体下部设计成圆锥形，以减少回转半径。其结构如图3－5－6所示。

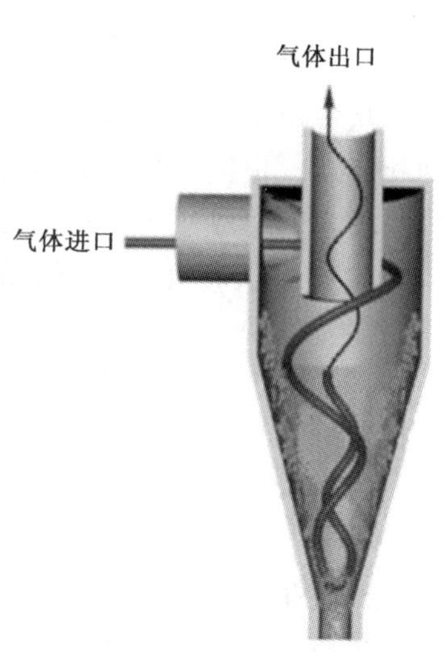

图3－5－6 旋风分离器结构

旋风分离器的离心力产生的分离力比重力

产生的分离力要大的多。例如，一台直径为0.5m的旋风分离器，当气流进口的线速度为15m/s时，其离心加速度为900m/s^2，而重力加速度才9.81m/s^2，相差近百倍。因此旋风分离器是一种处理能力大、分离效率高、结构简单的分离设备，结构良好的分离器，可基本除去5μm以上的液滴。但它的分离效果对流速很敏感，一般要求处理负荷应相对稳定，这就限制了它在集输系统中的应用。

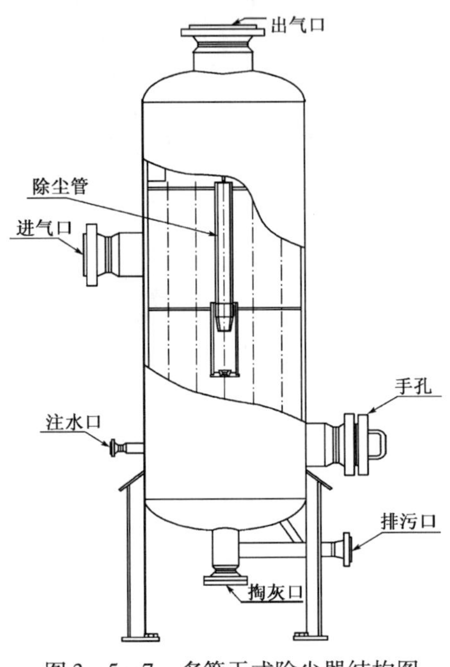

图3-5-7　多管干式除尘器结构图

4. 多管干式除尘器

多管干式除尘器也是利用离心分离的原理进行工作的。天然气进入除尘器后，向下经多根除尘管分流，每根除尘管的下端均设有旋风子，气流经过旋风子时产生旋转运动，利用离心力的作用将气流中的固体颗粒与气体分离。对不小于10μm的固体颗粒，其除尘效率达94%。这种分离器适用于净化气的分离，因此在输气干线上的中间清管站使用较多。其结构型式如图3-5-7所示。

5. 段塞流捕集器

从气田采出的天然气中含有相当部分的水和液烃，在集输管道中呈气液两相流动，根据液量的多少和气液比，管道中可能形成段塞。

段塞的形成机理主要有以下四个方面：

（1）层状流气液界面上的液体波扩大到足以充满整个管径时，层状流消失，段塞出现。

（2）由于地形起伏，低洼处的液体阻碍了气体流动，压力升高直至被冲出低洼处，形成段塞。

（3）管道气量增大，管内液体减少，多余的液体被排出，可能形成段塞。

（4）清管时，管道内的全部液体被清管器推动，引起非常强烈的液体段塞。

气田集输管道多为湿气输送或气液混输，需定期经常性清管，在管道末端设置液体捕集器，不但起到气液分离作用，而且也是吸收液体段塞的缓冲器。清管可减少管道内液体滞留量，减小段塞捕集器尺寸。

段塞流捕集器主要是通过降低含液天然气的流动速度，使天然气与液体在入口段达到分层流动，然后利用气体和液体之间质量的差异，在重力的作用下使微小液滴沉降而进行分离。段塞流捕集器主要包括容器式及多管式两种类型。容器型段塞流捕集器适于液塞体积小（如 $100m^3$）、安装场地小的场合。多管式段塞流捕集器适于液塞体积大、安装场地大的场合，采用钢管制作，降低费用。常见结构型式如图 3－5－8、图 3－5－9 所示。

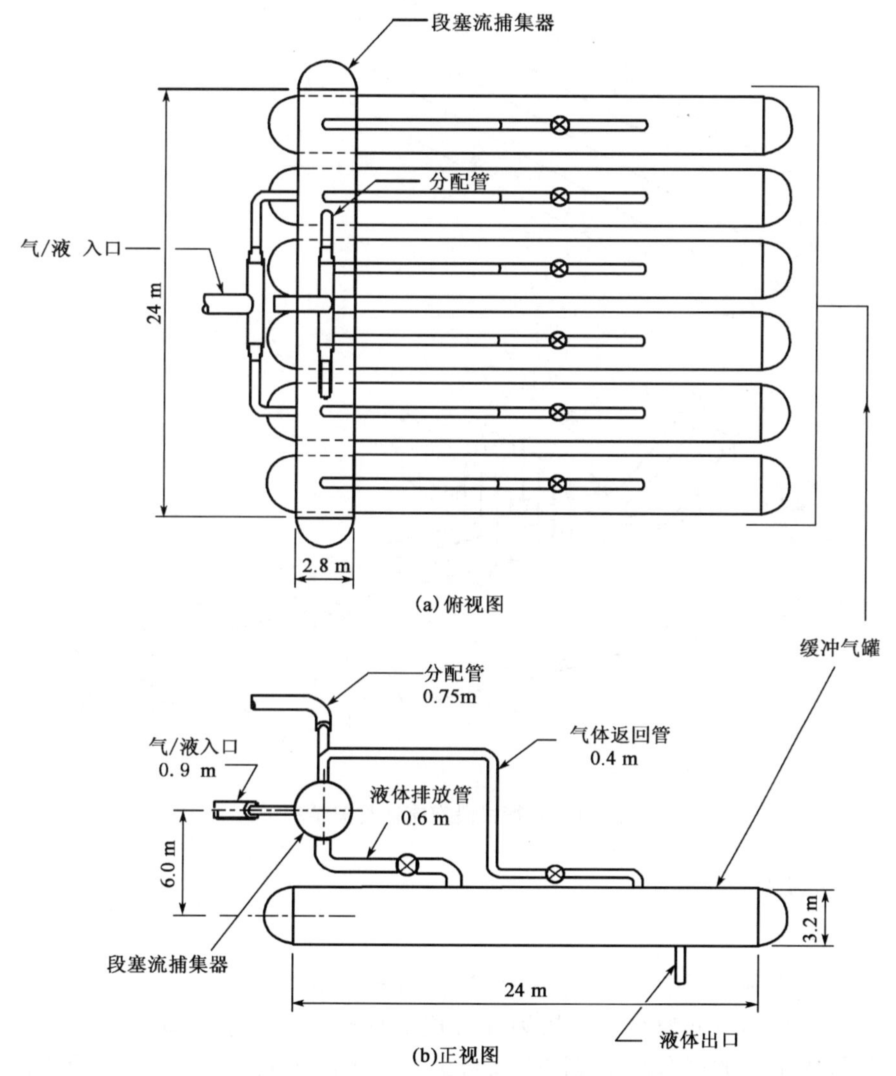

图 3－5－8　容器式段塞流捕集器结构型式

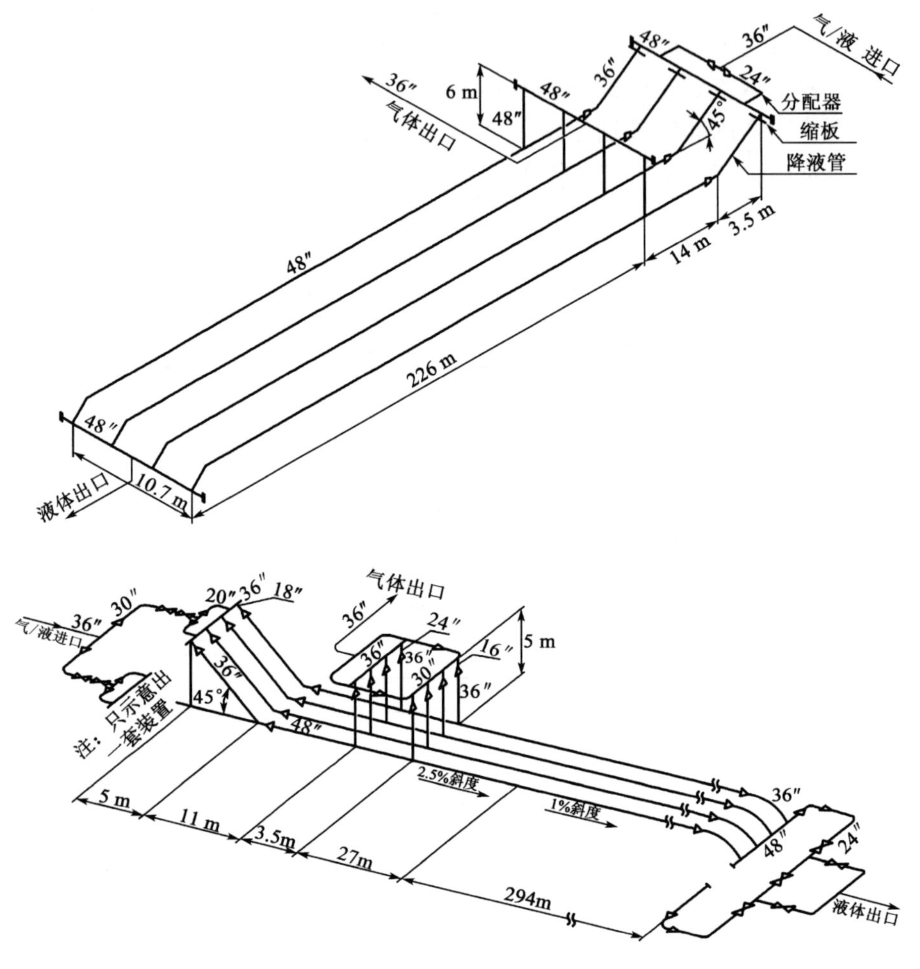

图 3－5－9　多管式段塞流捕集器结构型式

二、加热炉

天然气集输工程中，加热炉根据加热方式可分为直接加热炉和间接加热炉，根据热载体可分为水套加热炉和合成剂加热炉。由于井口天然气压力较高，从操作运行的安全性及经济性来考虑，常规使用的加热炉为水套加热炉。目前真空加热炉也开始在一些工程中使用。

1. 常压水套加热炉

1）工作原理

水套加热炉的工作原理是燃料在布置于炉体下部的火筒内燃烧，高温烟气通过连接在火筒上的烟管排至烟箱后经烟囱排至大气，热量通过火筒壁及烟管壁传给中间换热介质“水”，水作为传热介质吸收燃料气燃烧产生的热量后，再加热在盘管内流动的被加热工艺天然气，形成动态热平衡。不断将燃料气的热量传递给盘管中的工艺天然气。

水套加热炉将锅炉与换热器合为一体，以水为换热介质，属间接加热型设备。一般由炉体、烟火管、加热盘管组、阻火器、燃烧器、燃料气供气系统、烟囱等构成（图3－5－10）。

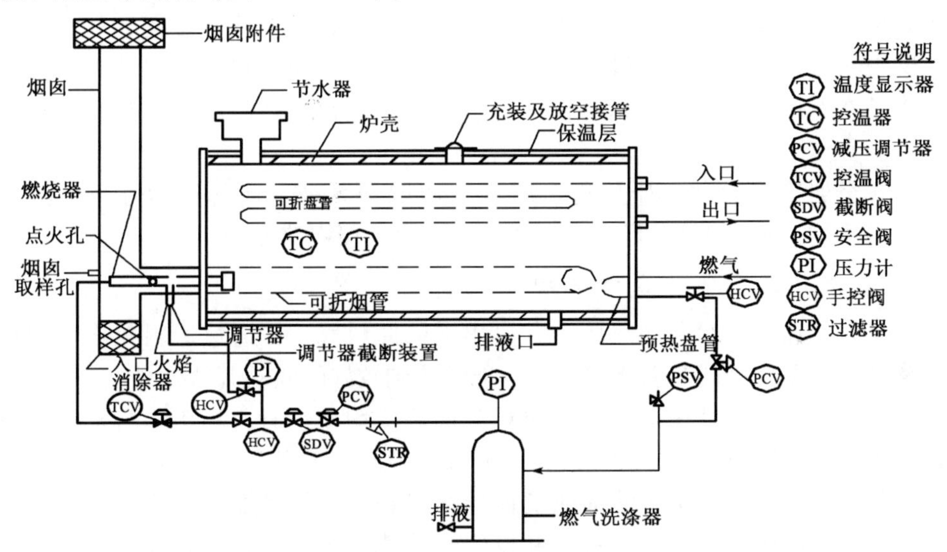

图3－5－10 水套加热炉外型图

2）水套加热炉的主要失效因素及改进措施

（1）潜在损坏。

潜在损坏主要是材料初始缺陷和施工缺陷所引起。初始缺陷是材料在制造加工、运输、存储、现场装卸不当造成的，而在焊接前又未被查出。施工缺陷是在水套炉的制造施工过程中形成的，如焊接质量差等。

（2）严重腐蚀。

严重腐蚀是由内（外）腐蚀和应力腐蚀引起，导致焊缝产生腐蚀裂纹、水套炉壁减薄，甚至发生炉体开裂。针对这种情况，应对水套炉本体、内外

防腐措施进行定期检测和分析，采取积极的防腐措施，以防止或延缓腐蚀的发生。

（3）水套炉开裂。

水套炉开裂主要是由于误操作、安全泄压装置失灵、控制仪表失灵等造成。针对该情形，应加强对安全保护装置和控制仪表的检查和维护，特别是提高操作人员的操作水平和安全责任心，严格执行操作规范。

2. 真空加热炉

真空加热炉工作原理是：利用燃烧器将燃料气充分燃烧，通过辐射、传到将热量传递给锅筒内的中间介质——水，水介质加热汽化产生蒸汽，蒸汽与低于其饱和温度的盘管壁面相接触时，就会释放汽化潜热凝结成液滴而依附在壁面上。液滴聚结后再回到锅筒内的液相中，如此循环往复，气、液两相交替转换，从而完成能量的转移和转换。液体相变换热的主要特点是液体温度基本保持不变，并在相对较小的温差下，达到较高强度的放热和吸热的目的。

真空加热炉为微负压运行，属于常压锅炉系列。运行压力在－0.03～－0.01MPa之间。锅筒上设有直通式泄压阀以确保锅筒安全。

3. 单井式、多井式加热炉

单井式加热炉专为加热单个井口出来的原料气，可通过原料气出口温度及水套炉水温信号调节燃烧器负荷，能够达到较好的联动调节效果。

多井式加热炉是在多个井口原料气加热量均较小时，利用一台水套炉将这几个井口的原料气共同加热。每个井口的原料气单独设置盘管进入水套炉，每组盘管的长度根据相应的加热负荷计算得到。多井式加热炉能够在一定程度上节约建设成本，但由于每个井口的衰减情况不一致，或者配产方案不一致，使得每个井口在不同时期需要的加热量与设计时参考的加热量不成比例，不能准确的通过原料气出口温度调节燃烧器的负荷，从而很难控制原料气的出口温度。

三、压缩机

1. 天然气压缩机适用范围及特点

（1）适用范围。

气田集输增压用压缩机主要有往复式压缩机和离心式压缩机。往复式压缩机主要适用于小排量、高压或超高压条件，尤其适合于气田内部集输的增压输送。离心式压缩机主要适用于大排量、低压比条件。

（2）性能特点。

离心式压缩机大体是恒压头而变容的压缩机，往复式压缩机则是变压头而恒容的压缩机。

（3）优缺点分析。

往复式压缩机与离心式压缩机优缺点比较见表3－5－1。

表3－5－1　往复式压缩机与离心式压缩机优缺点比较

压缩机	往复式压缩机	离心式压缩机
优　点	（1）压力范围最广，从低压到超高压均适用； （2）热效率较高，燃料气耗量略低； （3）适应性强，排气量可在较大范围内变化； （4）对气体组成及密度变化敏感性略低； 对制造压缩机的金属材料要求不太苛刻	（1）排量大； （2）结构紧凑，尺寸小； （3）易损件少，运转可靠，运转率高，维护费用低； （4）气体不与机组润滑系统发生油接触
缺　点	外形尺寸及重量大，结构复杂，易损件多，机组运转率低，安装及基础工作量大，气流有脉动，运转中有振动，天然气压缩机气缸需油润滑，气田受到污染	不适用于气量太小及压缩比过高的场合，稳定工况区较窄，效率一般低于往复式压缩机

2. 往复式压缩机

（1）往复式压缩机类型主要有整体式和分体式。

①整体式：动力机和压缩机共用一个机身，一根曲轴，组合成一个整体，习称摩托式压缩机。

优点：润滑系统简单可靠；发动机结构简单；燃料气适应能力强；机组变工况适应能力强；维护检修方便；转速低，噪声相对较小（约97dB）。目前在重庆气矿广泛使用。

缺点：体积庞大，重量重；振动大、存在低频噪声；功率小（目前只有265kW、440kW、470kW、630kW）。

②分体式：动力机和压缩机完全分离，动力部分和压缩部分由联轴器相连。

优点：转速高，功率范围大（45～6700kW）；结构紧凑，占地面积小，重量轻；发动机和压缩机可分，可以有多种形式的动力配套；发动机振动小；启动方便，自控水平高；功率越大，性价比越高；技术先进，能耗低。

缺点：燃料气气质要求高，适应能力差；机组变工况适应能力较差；维护技术含量相对要求较高，噪声较大（约108dB）。

（2）往复式压缩机工作原理。

往复式压缩机由曲柄连杆机构将驱动机的回转运动变为活塞的往复运动。在工作过程中活塞在气缸中作往复运动对气体进行加压，当活塞向右移动时，气缸中活塞左端的压力下降，当略低于吸入管道中气体的压力 p1 时，吸气阀被打开，气体进入气缸内，即为吸气过程；当活塞返行时吸气阀关闭，气体在气缸内被压缩，此过程为压缩过程；当缸内气体被压缩至略高于排气管道中压力 p2 时，排气阀被打开，高压气体进入排气管道，该过程为排气过程。至此完成一个工作循环，活塞在气缸内周而复始地作上述运动，不断地对气体增压。

（3）往复式压缩机典型厂家产品性能参数。

我国生产燃气发动机—往复式压缩机组厂家不多，据调查，国内厂家有中国石化江汉石油管理第三机械厂（RDS 系列）、四川石油管理局成都天然气压缩机厂（ZTY）和华西通用机器公司等。国外生产燃气发动机—往复式压缩机的厂家较多，如 Copper，Dresser，Ariel 等厂家。

3. 离心式压缩机

（1）结构。

离心式压缩机由转子及定子两大部分组成。转子包括转轴，固定在轴上的叶轮、轴套、平衡盘、推力盘及联轴节等零部件。定子则有气缸，定位于缸体上的各种隔板以及轴承等零部件。在转子与定子之间需要密封气体之处还设有密封元件。

（2）工作原理。

燃气轮机或电动机带动压缩机主轴叶轮转动，在离心力作用下，气体被甩到工作轮后面的扩压器中去。而在工作轮中间形成稀薄地带，前面的气体从工作轮中间的进汽部分进入叶轮，由于工作轮不断旋转，气体能连续不断地被甩出去，从而保持了气压机中气体的连续流动。气体因离心作用增加了压力，还可以很大的速度离开工作轮，气体经扩压器逐渐降低了速度，动能转变为静压能，进一步增加了压力。如果一个工作叶轮得到的压力还不够，可通过使多级叶轮串联起来工作的办法来达到对出口压力的要求。级间的串联通过弯通，回流器来实现。

（3）工作性能。

离心式压缩机为速度型压缩机，流量的变化与旋转速度成正比，压头变化与速度的平方成正比，需要的功率与速度的立方成正比。

（4）离心式压缩机典型厂家产品性能参数。

西方国家生产离心式压缩机组的著名厂家中，除新比隆出品 PRL－30 系列采用电动机外，其他的由燃气轮机驱动，大部分为单级压缩机，少数为二级或多极压缩机，大多采用筒形铸钢或焊接气缸，轮子为悬臂结构，浮环密封，每级压比在 1.25～1.50 之间，转速 3000～10000r/min。

四、清管设施

1. 清管设备

清管设备主要包括清管球、皮碗清管器、直板清管器、测径清管器、泡沫清管器、清管收发球筒、清管阀等。

1）清管球

清管球是采用材料为耐腐蚀的氯丁橡胶制成的。分空心球和实心球两种，DN＞100mm 的清管球为空心球，管径小于 100mm 时可用实心球。空心球壁厚为输气管内径的十分之一，空心球上装有气嘴，空心球内充水使用。在冬季，球内应充注防冻剂的水溶液（如甘醇），以防止冻结。清管球在管道内运行时要求具有一定的密封性，因此要求球外径大于输气管内径。球外径与管内径之差称做过盈量，其过盈量在球未充水时为管内径的 2%，冲水时为 3%～5%，使球能紧贴管壁不致漏气和漏液。清管球的主要用途是清除管内积液和分隔介质，清除块状物体的效果较差。它不能定向携带检测仪器，也不能作为它们的牵引工具。结构上一般分为四种：（1）球型 4in 以下为实心，4in 以上为空心；（2）炮弹型，内层为泡沫，外层为聚氨酯包覆；（3）盘形或碟形；（4）炮弹形（带铁刷）。

2）皮碗清管器

皮碗清管器由一个刚性骨架和前后两节或多节皮碗构成，按皮碗形状分为平面、锥面和球面三种。它在管内运行时，能够保持着固定的方向，所以能够携带各种检测仪器和装置。为了保证清管器顺利通过大口径支管三通，前后皮碗的间距不应小于管道直径 D，清管器的总长度可根据皮碗节数的多少和直径的大小保持在 1.1～1.5D 范围内，皮碗唇部对管道内径的过盈量取 2%～5%。皮碗清管器有多道密封，密封性能好，钢刷为其清理工具。

3）直板清管器

直板清管器的主体骨架和皮碗清管器基本相同，直板主要分为支撑板

（导向板）和密封板，其形状为圆盘，支撑板的直径比管道的内径略小。密封板相对管道内径要有一定的过盈量。直板清管器最大的优点是可以双向运动，其清除管道杂物的能力较强，在管道投产前期最好用直板清管器，一旦发生堵塞等情况，可进行反吹解堵，直板清管器目前国内应用较多。

4）测径清管器

测径清管器主要用来检测管道内部的几何形状，它通过一组传感器将管道内径的变化记录在主体内的记录器中，包括管道焊缝的焊透性情况、椭圆度以及不平度等。测径清管器的主体结构紧凑，直径大约为管道内径的60%，皮碗的柔性较好，可以通过缩孔15%的孔洞。在智能清管之前，经常先发送测径清管器，确定管道内部状况，检测管道的通过能力。

5）泡沫清管器

泡沫清管器主要由多孔的、柔软抗磨的聚氨酯泡沫制成，其长度为管径的1.75~2倍，泡沫根据密度分为低密度、中密度和高密度。每一种密度的泡沫做成的清管器其功用也有差别，用低密度泡沫做成的清管器主要用来吸收液体，干燥管道，目前国内应用较多；中密度泡沫用来制作干燥、脱水以及清扫管道的清管器；高密度泡沫制作的清管器可以清除管内沉积的杂质和其他比较难除的杂质。泡沫清管器可收缩，柔性好，对管道和阀门等设备的损伤小，通过能力强，堵塞可能性低，管道振动小，安全系数高，但只能一次性使用，运行距离较短，特别是当管道焊缝有毛刺等情况时，由于泡沫清管器强度低，容易被撕裂而影响密封性能。

6）清管收发球筒

清管器接收、发送筒作为非定型设备，在设计、制造上应能满足操作压力、环境条件变化的需要。设备应能承受管线清管作业时清管器所产生的冲击载荷。所配套的快开盲板，应开闭灵活、方便，密封可靠无泄漏，且具有确保安全的自动联锁装置。

（1）清管器收发筒的筒体内直径应大于与相连接的工艺管道内径100~150mm，以便清管器的放入和取出；

（2）发送筒长度不小于筒径的3~4倍，以满足发送最长清管器或检测器需要；

（3）接收筒需要容纳清管污物，同时接收连续发送的两个或更多清管器，其长度一般不小于筒径的4~6倍。接收筒上设两个排污口，排污口焊接挡条以阻止大块物体进入。

清管器接收和发送筒除满足正常输送情况下的清管作业外，还应考虑利用智能清管器对管道的腐蚀及管道壁厚进行检测，了解管线的使用状况及管道存在的缺陷隐患。

7）清管阀

（1）清管阀特点。

清管阀是一种主要用于油气集输管线中清管的新型阀门，作清管器的发射和接收用。清管阀的结构特征是在 T 型三通固定式球阀结构原理基础上改型和增加功能后创新设计而成的新型阀门。清管阀具备了传统的清管装置的全部功能，可以发送和接收清管球或普通清管器。用清管阀代替传统的清管装置，占地面积、操作简单。由于气田集输管线一般距离短，管径小，为简化流程，清管阀得到广泛应用。

（2）清管阀分类。根据用途不同，清管阀有以下三种类型：

①标准型。球体孔径比连接管道内经约大 25%，孔径的一端设有允许介质通过但能阻止清管器的档条，在取出和装入清管器时，流体短时断流。

②旁通型 。在不允许输送介质短时断流的场合，使用旁通清管阀。它的球比标准的清管阀大，孔径尺寸和结构与标准清管阀一样，但在孔径轴线垂直方向开有两个旁通流道，其总流通截面约为阀孔径截面的 25%。清管器发射接收全过程中流体流动不会中断。

③ 隔离型。球体孔径只比连接管道内径约大 3% ，为了尽量减少隔离球上、下游介质的混合，孔径挡条上游侧安装有附加的密封环。

2. 智能检测设备

智能清管器是基于将超声波、漏磁、声发射等无损探伤原理以及录像观察功能同清管功能结合在一起的仪器。智能清管器可在进行正常清管时同时进行在线检测，从而检测出管道内外腐蚀、机械损伤等缺陷的程度和位置。

五、阀门

1. 常用阀门

1）球阀

（1）球阀特点。

球阀的启闭件为一个球体，利用球体绕阀杆的轴线旋转 90°实现开启和关闭。球阀主要由阀体、球体、密封圈、阀杆及驱动装置组成。

球阀结构简单、密封性好，安装尺寸小，驱动力矩小，操作简便，能实

现快速启闭。

球阀是所有阀类中流体阻力最小的一种，即使是缩径球阀，其流体阻力也相当小。球阀通道平整光滑，不易沉积介质，可以进行管线通球。由于节流可能造成球阀密封件或球阀的损坏，一般不用于节流或调节流量。

（2）球阀分类。

①球阀根据结构原理可分为浮动球和固定球；

②球阀根据阀体结构可分为整体式和分体式。

（3）球阀适用场合。

球阀适用于集输站场所用内需截断的场合。天然气的输送干线，需要清管作业，若埋地安装，宜选用全通径、全焊接结构的球阀；若地面安装，可选全通径焊接连接或法兰连接球阀。根据需要，球阀可配置气动装置、电动装置、液动装置、气液联动装置或电液联动装置。

2）平板闸阀

（1）平板闸阀特点。

平板闸阀是一种关闭件为平行闸板的滑动阀。其关闭件可以是单闸板或其间带有撑开机构的双闸板。

平板闸阀的优点是流阻小，启闭灵活，其启闭力矩仅为普通阀门的1/3～1/2。阀门具有双阻塞和双排放功能（闸板两边密封和自动泄压），阀门双向密封。阀门在常开和关闭状态，密封面均受保护，不受介质冲刷，使用寿命长。当闸阀部分开启时，在闸板背面产生涡流，易引起闸板的侵蚀和振动，也易损坏阀座的密封面。因此，闸阀一般不适用于节流。

（2）平板闸阀分类。

① 无导流孔平板闸阀；

② 有导流孔平板闸阀。

（3）平板闸阀适用场合。

平板闸阀适用于各种介质管道，用作截断介质流。带导流孔的平板闸阀可用于需要通球清扫管路的管线上及气液混输管路上。平板闸阀也可根据需要配置气动或电动执行机构。

平板闸阀适用于各种介质管道，用作截断介质流。带导流孔的平板闸阀可用于需要通球清扫管路的管线上及气液混输管路上。平板闸阀也可根据需要配置气动或电动执行机构。

3）蝶阀

（1）蝶阀特点。

蝶阀是采用圆盘式启闭件，圆盘状阀瓣固定与阀杆上。阀杆旋转90°即可完成启闭作用，操作简便。当阀瓣开启角度在20°～750°之间时，流量与开启角度成线性关系。

蝶阀具有结构简单、体积小、重量轻、材料耗用省，安装尺寸小，开关迅速、90°往复回转，驱动力矩小等特点，用于截断、接通、调节管路中的介质，具有良好的流体控制特性和关闭密封性能。

（2）蝶阀分类。

①中心密封蝶阀；

②单偏心密封蝶阀；

③双偏心密封蝶阀；

④三偏心密封蝶阀。

（3）碟阀适用场合。

碟阀压力损失比较大，适用于压力损失要求不严的管路系统中。

碟阀可以用作流量调节，适用于流量调节的管路中。

由于碟阀结构长度比较短，且又可以做成大口径，故在结构长度要求短的场合或使大口径阀门，宜选用蝶阀。碟阀仅旋转90°就能开启或关闭，适用于启闭要求快的场合。

根据需要，蝶阀可配置气动、电动等传动装置等。

4）截止阀

（1）截止阀特点。

截止阀是指关闭件（阀瓣）沿阀座中心线移动的阀门，流通口径的变化与阀瓣行程成正比例关系。由于阀门的阀杆开启或关闭行程相对较短，具有非常可靠的切断功能，此外，阀座通口的变化与阀瓣的行程成正比例关系，适合于对流量的调节。因此，这种类型的阀门适合于切断或调节以及节流使用。

（2）截止阀分类。

截止阀常用于站场放空和排污，站内放空主要选用节流截止放空阀，排污主要选用阀套式排污阀。

①节流截止放空阀；

②阀套式排污阀。

（3）截止阀适用场合。

截止阀是应用最广泛的阀类之一，具有截断和调节功能，除常用于集输站场的放空、排污外，也适用于站内其他管道。

①管路上对流阻要求不严的管路上，即对压力损失考虑不大的地方。

②有流量调节或压力调节，但对调节精度要求不高，而且管路直径又比较小，如公称通径≤50mm的管路上，宜选用截止阀或节流阀。

根据需要，截止阀可配置气动装置、电动等传动装置。

5）旋塞阀

（1）旋塞阀特点。

旋塞阀是关闭件成柱塞形的旋转阀，通过旋转90°使阀塞上的通道口与阀体上的通道口相通或分开，实现开启或关闭的一种阀门。阀塞的形状可成圆柱形或圆锥形。

旋塞阀可作为切断及节流阀使用。由于旋塞阀密封面之间运动带有擦拭作用，而在全开时可完全防止与流动介质的接触，故它通常也能够用于带悬浮颗粒的介质。

（2）旋塞阀分类。

集输站场常用的旋塞阀类型有以下两种：

①压力平衡式倒圆锥形旋塞阀；

②油封式圆锥形旋塞阀。

（3）旋塞阀适用场合。

旋塞阀适用于截断、放空、排污或节流的场合。根据需要，旋塞阀可配置气动、电动等传动装置。

6）止回阀

（1）止回阀特点。

止回阀是靠管路中介质本身的流动产生的力而自动开启和关闭的，属于一种自动阀门。介质顺流时开启，逆流时关闭。具有体积小、重量轻、流体阻力小、密封可靠、启闭平稳、耐磨损、使用寿命长，有较好节能效果等特点。

（2）止回阀分类。

①旋启式止回阀；

②升降式止回阀；

③高效无碰撞止回阀。

（3）止回阀适用场合。

集输站场内，需要防止介质逆流的设备、装置或管路上都应安装止回阀，如压缩机的出口管线，分输用户的出口管线等。

立式升降止回阀适用于 $DN \leqslant 50$ 小口径管道且必须安装在垂直管道上，要求介质自下而上流动。直通式升降止回阀可安装在水平管路和垂直管路上。旋启式止回阀一般安装在水平管道上，也可安装在垂直管道或倾斜管道上。高效无声止回阀可安装于任何位置，在水平管道和垂直管道均可。

7）安全阀

（1）安全阀特点。

安全阀是一种自动阀门，它不借助任何外力而是利用介质本身的力来排除一定数量的流体，以防止系统内压力超过预定的安全值。当压力恢复正常后，阀门再自行关闭，阻止介质继续流出。

（2）安全阀分类。

①按平衡内压的方式不同，安全阀的结构型式主要有重锤式和弹簧式两种。

重锤式：用框杆和重锤来平衡阀瓣压力，其优点是由阀杆传来的力是不变的，缺点是比较笨重，回座压力低。

弹簧式：利用压缩弹簧力来平衡阀瓣压力，优点是体积小、轻便、灵敏度高、安装位置不受严格限制。同一型号规格的安全阀可通过更换弹簧来改变工作压力级，而在某一压力范围内，可通过调节阀杆来调节开启压力（即整定压力）。缺点是作用在阀杆上的力随弹簧变形而发生变化。

②安全阀按结构不同分为封闭式和不封闭式，带扳手和不带扳手等型式。

③安全阀按其阀瓣升启高度不同又分为全启式和微启式两种。

④直接荷载式弹簧安全阀包括常规型和平衡型两类。

⑤先导式安全阀，与传统的安全阀相比，改粗弹簧直接感测压力为压力传感器（先导阀）感测压力，大大提高了压力感测的灵敏度。主阀采用笼式套筒阀忒和软密封结构，从而确保阀芯起跳后正确复位和严密密封，解决了传统弹簧式安全阀由于阀门动作后阀芯不易复位，由于关闭不严导致长期泄漏的问题。

先导式安全阀的作用原理为：当进气压力处于设定压力之下，导阀与主阀均处于无泄漏的关闭状态；当进口压力上升，高于设定起跳压力，导阀阀口开启，促使主阀阀芯打开，超压迅速排放；当进口压力降回到设定压力，导阀阀口关闭，主阀也随之严密关闭。

（3）安全阀适用场合。

气田集输天然气生产应优先选用弹簧封闭全启式安全阀，特别是湿原料气及寒冷地区需采用弹簧式安全阀。气质洁净、无冻堵可能的工况下，可选用先导式安全阀。当系统背压小于安全阀起跳压力的10%时，可选用常规的弹簧安全阀。当系统背压大于起跳压力10%时，应选用平衡型弹簧安全阀。

（4）高酸性气田安全阀选择要求。

①阀门应能满足连续运行20年以上，且相关性能（操作与密封）能长期满足工况要求。

②安全阀应是弹簧封闭全启式。

③ 安全阀应有设定值调节装置，使安全阀的设定值可以调节。

④当现场操作压力小于安全阀定压时，安全阀密封性能好，应达到零泄漏。

当压力达到设定值时安全阀应能迅速起跳泄放压力，安全阀起跳压力和设定值之间的精度不大于3%，回座压差为不大于7%。

⑤安全阀的背压不大于阀门泄放压力（定压）的10%。

⑥制造商选择的材料应满足酸性气体环境下抗HIC、抗SSC等腐蚀要求。

⑦除非另有规定，用于制造阀门的材料均应符合NACE MR 0175/ISO 15156及有关阀门材料标准的要求，使用阀门的性能满足酸性气体工况的要求，并能保证使用寿命。所有阀门选材还应能适应现场气候条件、环境温度、工作介质及操作条件。制造商应对阀门所选用的材料进行耐H_2S、CO_2、Cl^-腐蚀试验，并提供相关的试验报告及证书，阀体等主要材料在酸性环境下的试验，应按照NACE TM0177标准中的要求执行。

⑧ 所有与天然气接触部件的材料要求具有优良的耐酸性气体的腐蚀性、耐磨损性和抗冲击性，阀体内部构件具有耐介质的冲刷能力。

⑨主要零部件和标准件应提供材料化学成分、机械性能、无损检测报告。

⑩ 喷嘴应为不锈钢堆焊硬质合金，喷嘴组件应具有足够的耐冲刷能力。

⑪ 制造商应使用经酸性气体的腐蚀工况实践证明其性能可靠的制造材料，以保证制造商对阀门质量、性能与使用寿命承诺。

⑫ 所有阀门的阀座、阀杆和其他内件应具有抗H_2S、CO_2腐蚀的性能。

⑬应考虑安全阀在工作时排放气体温度降低对阀门材料的影响。

第四章 天然气处理

井口产出的天然气通常含有 H_2S、CO_2、有机硫和水等有害杂质以及重烃、凝析油等组分，为了满足管输要求，防止腐蚀和生成水合物引起堵塞等问题，以及符合民用安全、卫生标准，必须对井口产生的天然气进行处理，以满足 H_2S、CO_2、总硫、水露点和烃露点等质量指标。为此，通常需要建设天然气脱硫、脱水和天然气凝液回收、凝析油稳定装置以及配套的硫黄回收装置和尾气处理装置。其中，天然气脱水和天然气凝液回收装置不仅在天然气净化厂中采用，在矿场或集输站场中为满足天然气管道输送对水、烃露点的要求，也普遍采用。

第一节 天然气脱水

一、工艺方法与选择

可用于天然气脱水的工业化方法有多种，如固体吸附法、溶剂吸收法、低温分离法等。应根据具体情况，对各种可能采用的方法进行技术和经济指标对比后，选择最佳的脱水工艺。

1. 固体吸附法

流体与多孔固体颗粒相接触，流体中某些组分的分子（如天然气气流中的水分子）被固体内孔表面吸着的过程叫吸附过程。吸附是在固体表面力作用下产生的，根据表面力的性质，吸附过程分为物理吸附和化学吸附两类。

化学吸附主要是由于吸附剂表面的未饱和化学键力和吸附质之间的作用，它类似于化学反应，有显著的选择性，并且大多数是不可逆的，吸附热大，活化能大，吸附速度较慢，需要较长时间才能达到平衡。物理吸附主要由范德华力或色散力所引起，气体的吸附类似于气体的凝聚，一般无

选择性，是可逆过程，吸附过程所需活化能小，所以吸附速度很快，较易达到平衡。

用于天然气处理工业的吸附剂应具有较大的吸附表面积；对脱除的物质具有较好的吸附活性及对要脱除的组分具有较高的吸附容量，在使用过程中活性保持良好，使用寿命长；有较高的吸附传质速度；能简便而经济地再生；吸水后能保持较好的机械强度；有良好的化学稳定性、热稳定性以及价格便宜、原料充足等特性。用于天然气脱水过程的吸附剂主要有活性铝土矿、活性氧化铝、硅胶、分子筛等，其主要物理特性见表4-1-1。

表4-1-1 常用吸附剂的主要物理特性

物理性质＼类型	活性铝土矿	硅胶			活性氧化铝		分子筛4~5A
		0.3型	R型	H型	H-151型	F-1型	
表面积，m^2/g	100~200	700~830	550~650	740~770	350	210	700~900
孔体积，cm^3/g	—	0.40~0.45	0.31~0.34	0.50~0.54	—	—	0.27
孔直径，nm	—	2.1~3.3	2.1~2.3	2.7~2.8	—	—	0.42
平均孔隙率,%	35	50~65	—	—	65	51	55~60
真实密度，g/L	3400	2100~2200	—	—	3100~3300	3900	—
堆积密度，g/L	800~830	720	780	720	830~880	800~880	660~690
比热容 J/(g·K)	1.00	0.92	1.05	1.05	—	1.00	0.84~1.05
导热系数 W/(m·K)	0.157(132℃ 4~8筛目)	0.14	—	0.144(38℃) 0.209(94℃)	—	—	0.59(已脱水)
再生温度,℃	180	120~230	150~230	—	180~450	180~310	150~310
再生后水含量,%	4~6	4.5~7	—	—	6.0	6.5	变化
静态吸附容量,%	10	35	33.3	—	22~25	14~16	22
颗粒形状	粒状	粒状	粒状	球状	球状	粒状	圆柱状

采用不同吸附剂的天然气脱水装置其工艺流程基本上是相同的，吸附剂可以互换而装置无需特别的改动，吸附剂的选择需根据工作介质的特性、工况要求、脱水后产品气的要求以及投资、操作费用经技术经济比较后确定，但分子筛吸附剂的突出优点使主其在天然气脱水中得到了广泛应用。目前天然气工业用的脱水吸附设备为固定床吸附塔。为保证装置连续操作，每套装置至少需要两个吸附塔。在双吸附塔的流程中，一塔进行脱水，另一塔进行吸附剂的再生和冷却，两塔切换操作。在三塔或多塔装置中，切换程序有所不同，对于普通的三塔流程，一般是一塔脱水，一塔再生，另一塔冷却。

与甘醇吸收法比较，固体吸附法具有以下优点：

（1）脱水后的干气中水含量较低（分子筛脱水干气水含量可低于 10^{-6}，水露点可低于 -100℃）。

（2）对进料气体温度、压力和流量的变化不敏感；

（3）装置设计和操作简单，占地面积小；

（4）一般情况下，对于大流量气体的脱水单位成本较低。

固体吸附法的缺点如下：

（1）对于大型装置，由于需要两个或两个以上吸附塔切换操作，其设备投资和操作费用较高；

（2）气体压降较大；

（3）天然气中的重烃、H_2S 和 CO_2 等可使固体吸附剂污染；

（4）固体吸附剂在使用过程中可产生机械性破碎；

（5）吸附剂再生时耗热量较高，在低处理量操作时尤为显著。

固体吸附法适用于天然气凝液回收、天然气液化、压缩天然气装置等水露点降要求大，需要深度脱水的场合。

2. 溶剂吸收法

溶剂吸收法是目前天然气工业中普遍采用的脱水方法。溶剂吸收脱水是根据吸收原理，采用一种亲水剂与天然气逆流接触，从而脱除气体中的饱和水。用做脱水吸收剂的物质应对天然气有高的脱水深度，对化学反应和热作用较稳定，容易再生，蒸气压低，粘度小，对天然气和液烃组分具有较低溶解度，发泡和乳化倾向小，对设备无腐蚀性等性质，同时还应是价格低廉，容易得到的物质。常用的脱水吸收剂有甘醇类化合物和氯化物盐溶液（主要是氯化钙水溶液）两大类，目前广泛采用的是甘醇类化合物。各种不同吸收剂的主要优缺点比较见表 4－1－2。

表 4－1－2　各种不同脱水溶剂的比较

脱水溶剂	优　点	缺　点
三甘醇水溶液（TEG）	（1）浓溶液在常温下不会固化；天然气中有 O_2、CO_2 和 H_2S 存在时，在一般操作温度下溶液是稳定的； （2）吸水容量大； （3）容易再生，用一般再生方法可得到浓度为 98.7% 的三甘醇水溶液； （4）蒸气压低，携带损失量小，三甘醇浓度可高于 99.96%（质量分数），露点降理一般为 20～30℃	（1）投资及操作费用较 $CaCl_2$ 水溶液法高； （2）当有轻质烃液体存在时会有一定程度的发泡倾向，有时需要加入消泡剂
二甘醇水溶液（DEG）	（1）浓溶液在常温下不会固化；天然气中有 O_2、CO_2 和 H_2S 存在时，在一般操作温度下溶液是稳定的； （2）吸水容量大	（1）蒸气压较三甘醇高，携带损失量比三甘醇大； （2）溶剂容易再生，但用一般方法再生的二甘醇贫溶液浓度不超过 95%； （3）使用二甘醇溶液脱水后天然气的露点降比使用同浓度三甘醇溶液脱水后天然气的露点降小，天然气使用贫液浓度为 95%～96%（质量分数）的二甘醇溶液脱水时，其露点降约为 28℃
氯化钙水溶液	投资及操作费用低，补充量小	（1）与重烃会形成乳化液； （2）产生化学腐蚀； （3）吸水容量小； （4）露点降较低且不稳定； （5）与 H_2S 会形成沉淀； （6）更换溶液劳动强度大且存在废 $CaCl_2$ 溶液处理问题

氯化钙水溶液是最早用于天然气脱水的吸收溶剂，现在很少采用，但是对于交通不便、产气量不大的边远气井和井站，或严寒地区，这种方法仍有其方便之处。

甘醇类化合物是吸收法天然气脱水装置中用得最广泛的吸收溶剂，常用的甘醇类化合物有二甘醇和三甘醇。

甘醇溶液有很好的吸水性能是由于甘醇和水的分子有很好的互溶性，因甘醇分子具有醚基和羟基基团，液态水分子通过氢键与之有强的缔合力，水分子与甘醇分子缔合成不稳定的较大的复分子，极大地降低了甘醇溶液的水蒸气气压。而只要与溶液相接触的气相中水蒸气分压高于溶液的水蒸气气压，则气相中的水蒸气就会被溶液吸收，此即甘醇溶液脱水的机理。

自1936年第一套用二甘醇做吸收剂的天然气脱水装置建成投产后，至1957年9月，仅北美地区就有甘醇脱水装置500余套。早期投产的甘醇脱水装置多用二甘醇作吸收剂。由于三甘醇热稳定性较好，对于相同质量分数的甘醇溶液，三甘醇可获得较大露点降，因此当需要获得较大的露点降时，三甘醇是最常采用的脱水溶剂，美国的甘醇装置中有85%使用三甘醇。在我国，由于二甘醇、三甘醇的产量及价格等因素，二甘醇和三甘醇均被采用，如国内第一套三甘醇脱水装置——卧龙河天然气处理厂脱水装置，付家庙脱水站均采用二甘醇脱水。当采用三甘醇脱水和固体吸附剂脱水都能满足露点降要求时，采用三甘醇脱水经济效益更好。近几年来，我国各油气田引进或自行设计的甘醇脱水装置中也多以三甘醇作吸收剂。

3. 低温分离法

由天然气的饱和水含量图4-1-1可见，随着天然气压力升高、温度降低，天然气中饱和水含量也降低，因此含饱和水的天然气可通过直接冷却采用低温分离的方法脱水。

冷却法脱水要解决水合物形成的问题，通常在气流中注入水合物抑制剂，常用的水合物抑制剂有甲醇（MeOH）、乙二醇（EG）或二甘醇（DEG）。

二、固体吸附法脱水工艺

用于天然气脱水过程的吸附剂主要有活性铝土矿、活性氧化铝、硅胶、分子筛等，目前天然气工业用的脱水吸附设备为固定床吸附塔。为保证装置连续操作，每套装置至少需要两个吸附塔。在双吸附塔的流程中，一塔进行脱水，另一塔进行吸附剂的再生和冷却，两塔切换操作。采用两塔的吸附法脱水流程如图4-1-2所示。在三塔或多塔装置中，切换程序有所不同，对于普通的三塔流程，一般是一塔脱水，一塔再生，另一塔冷却。

天然气分子筛脱水的核心设备是脱水吸附器。脱水吸附器常为固定床吸附塔，为保证装置连续操作，至少需要两个吸附塔。在三塔（或多塔）装置中，切换程序有多种选择，需根据进料气含水量、装置规模、再生气条件等诸多因素，经技术、经济比较确定。

天然气分子筛脱水典型的双塔流程由装填有分子筛的两个塔组成，塔1在进行吸附干燥，塔2在进行再生。在再生期间，所有被吸附的物质通过加热而被脱吸，为该塔的下一个吸附周期作准备。

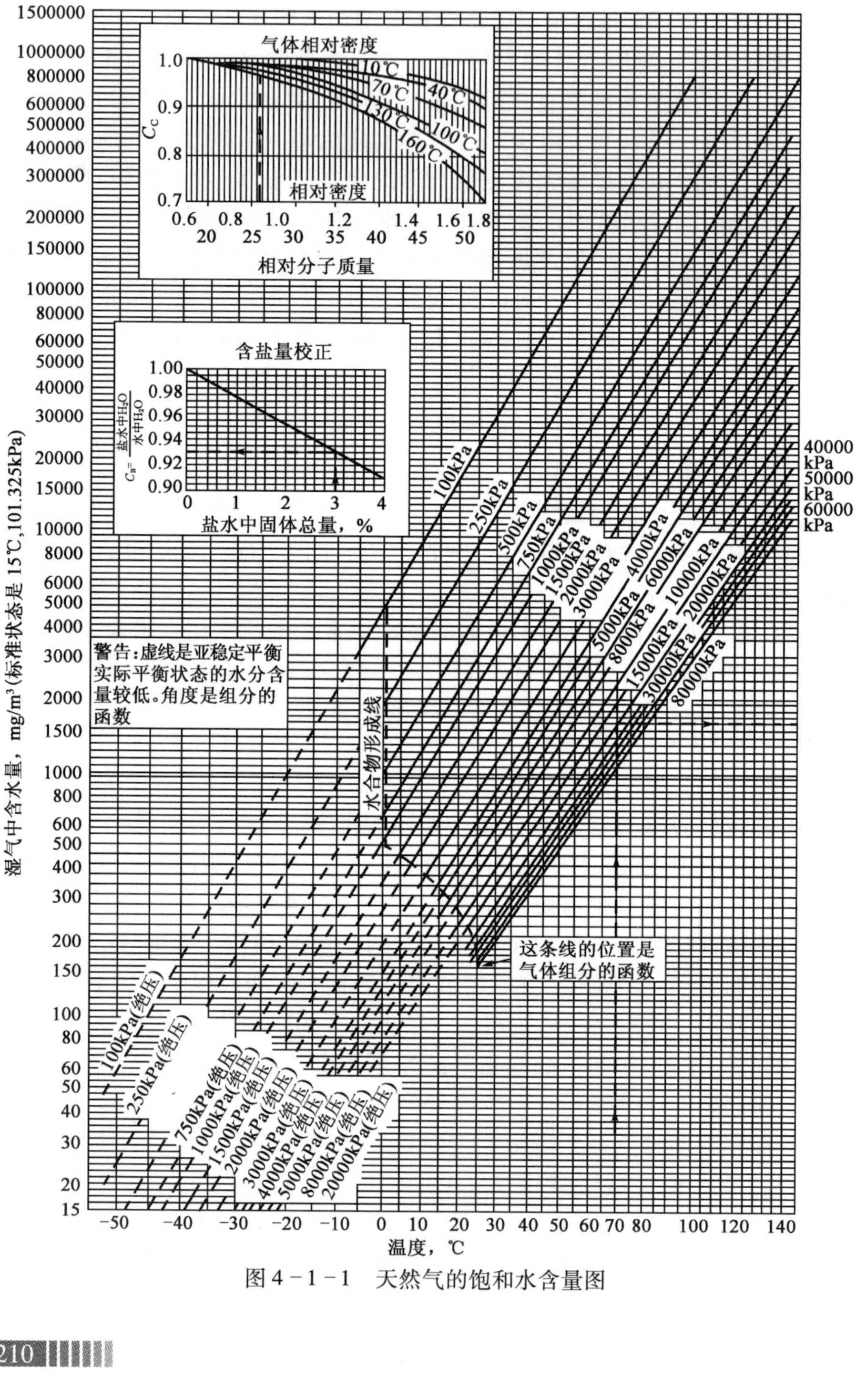

图 4－1－1　天然气的饱和水含量图

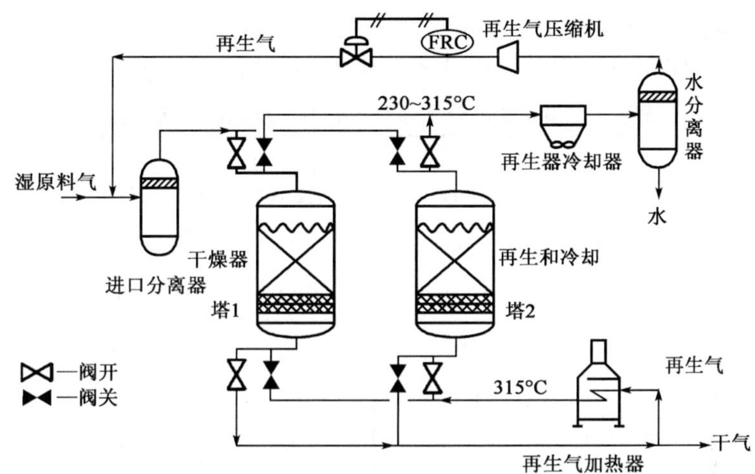

图 4－1－2　两塔分子筛脱水装置基本流程图

湿原料气经进口分离器除去夹带的液滴后自上而下地进入分子筛脱水塔（塔 1），进行脱水吸附过程。脱除水后的干气进入出口干气过滤器滤出分子筛粉尘后，作为本装置干气输送出去。

再生循环由两部分组成——加热与冷却。在加热期间，再生气由再生气加热器加热到 204～288℃后，自下而上地进入分子筛脱水塔（塔 2），进行分子筛再生过程。分子筛脱水塔（塔 2）顶出来的再生气经过再生气冷却器冷却后，再进入水分离器分离出冷凝水，之后再生气可根据工程实际情况经压缩后可返回到湿原料气中；在一定条件下，可将再生气掺入出厂的产品气中，也可进入工厂燃料气系统中。分子筛床层被再生完全后，再生气可经再生气加热器旁通，进入分子筛脱水塔（塔 2）以使床层冷却下来，当床层温度比入口气流温度高 10～15℃，冷却过程即可停止。

吸附操作时塔内气体流速最大，塔内气体从上向下流动，这样可使分子筛床层稳定。再生时，气体一般从下向上流动，一方面可以脱除靠近进口端被吸附的污染物质，不使其流过床层；另外，可使床层底部分子筛得到完全再生，因为床层底部是湿原料气吸附干燥过程最后接触的部位，直接影响流出床层的干气的质量。再生时气体采用和吸附操作时相反的流向会增加切换阀门和配管，故影响不大时，也可采用由上至下的流动。在短周期操作时，由于床层上部脱附的水有助于床层下部烃类的脱附，故再生时气体一般采用与吸附操作时相同的流向。

分子筛脱水装置广泛应用于干气露点要求较低的场合，此外分子筛脱水

装置在含硫天然气特别是高含硫天然气的脱水方面得到了广泛应用。表4-1-3为近几年应用较典型的国产分子筛脱水装置的工艺参数。

表4-1-3 国产分子筛脱水装置干燥塔的工艺参数表

处理厂名称	让那诺尔某处理厂	吉林油田某处理厂	西南油气田某处理厂	西南油气田某处理厂
处理规模，$\times 10^4 m^3/d$	546	120	200	100
脱水负荷，kg/h	68.88	64	86.1	39.4
干燥器台数，台	4	2	2	2
分子筛产地	中国	—	—	德国
分子筛型号	UI-94	4A	4A	4A
分子筛堆积密度，kg/m^3	>664.8	700~720	600~700	—
分子筛床层高度，m	4.8	6.4	6.8	3.962（原广51脱水站的高度）
分子筛湿容量,%	—	21.5	—	—
分子筛使用寿命，a	3	3	3	—
吸附周期，h	8	8	12	8
吸附温度,℃	40	30	20~25	30
床层切换时间，min	—	30	30	15
床层冷吹时间，min	130	138	240	180
床层加热时间，min	196	205	360	270
吸附压力（绝），MPa	6.62	5.4	5.85	3.55
原料气含水量	0.2694%	64 kg/h	0.138%	39.4kg/h
干气含水量，μL/L	<1	<4	67	<1
再生气入口温度,℃	270	280	280	300
再生气出床层温度,℃	—	250	250	—
再生气压力（绝），MPa	2.0	5.4	6.05	3.5
吸附塔直径	2.2m	1.6m	2.6m	ϕ1829mm ×4572mm
内保温层厚度，mm	100	100	100	80

三、溶剂吸收脱水工艺

三甘醇脱水装置的工艺流程比较简单，采用汽提再生的脱水流程（图4－1－3）。

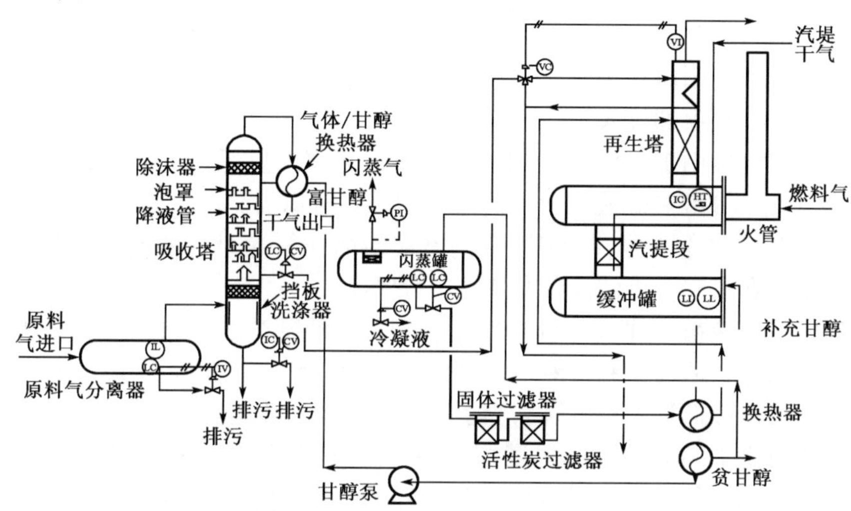

图4－1－3　三甘醇脱水工艺流程

自1949年第一套三甘醇脱水装置采用至今，其设备外观并无很大变化，但在甘醇溶液浓度提高、溶液净化、设备结构、节能等方面都有不少改进。对于不同的使用场合，溶剂吸收脱水工艺流程稍有差别，现将流程设计要点简述如下：

（1）湿进料气的分离器与吸收塔往往合在一起，塔下部为进料分离段，塔的上段为吸收段。在天然气净化厂内，脱水装置的进料气，即上游脱硫装置吸收塔顶的湿净化气，气质清洁，且该塔顶往往设有湿净化气分离器，因此进料气可直接进入脱水吸收塔；对于井口及场站的脱水装置，脱水吸收塔前必须单独设置分离效果好的过滤分离器，以确保脱水吸收塔的稳定操作。

在严寒的北方，进料分离段底部应增设加热盘管，以防冻结。其加热介质可采用热的贫甘醇液。

（2）热的贫甘醇溶液可用塔顶干气冷却，冷却盘管置于塔内，可少一台设备，减少占地，但设备制作复杂，不便维修。若塔径较小时，也可将冷却器置于塔外，便于检修。对于有条件的净化厂，贫甘醇溶液入塔前也可用循环冷却水冷却。

(3) 吸收了水后的富甘醇溶液必须经闪蒸罐，将溶解气和烃液闪蒸、分离后，再进入甘醇再生系统。因为，溶解的烃类特别是芳烃、重烃在重沸器及其精馏柱内可能引起甘醇发泡，增加了三甘醇损耗，并在火管上结焦；另外，若富甘醇降压后直接进入再生系统，释放出的气体增加了气相负荷，特别是含硫气脱水时，甘醇溶解的 H_2S 进入再生系统，会增加重沸器和精馏柱的腐蚀。闪蒸罐分离出的闪蒸气因有较高的压力，可用做燃料气。对 H_2S 含量较高的闪蒸气则应送去火炬焚烧。若直接进入再生系统，溶解气将与水蒸气一起从精馏柱顶部排入大气，这会污染环境。

甘醇闪蒸罐用于两相（气相、甘醇液）分离时宜采用立式分离器；用于三相（气相、甘醇和烃液）分离时宜采用卧式分离器。

(4) 通常将重沸器（包括上面的富液精馏柱）通过贫液精馏柱与下面的缓冲罐结合在一起，可使设备布置得十分紧凑。

通常在富液精馏柱顶部设有冷却盘管，可使部分水蒸气冷凝，成为精馏柱顶的内回流，从而控制富液精馏柱顶部温度，减少甘醇损失量。另一方面，预热富液可以降低溶液粘度有利于烃类-富甘醇的分离。

常压再生重沸器的甘醇温度控制在甘醇分解温度以下，一般为200℃左右，如用蒸汽加热，需要压力至少为2.5MPa的饱和蒸汽，而2.5MPa压力的饱和蒸汽无论在气田的场站还是在大型的净化厂内都是难于得到的，因此尽管火管重沸器的热效率较低，仍然被广泛采用。

在贫甘醇溶液进泵前的缓冲罐内设有贫-富甘醇溶液换热盘管，以提高富液的入塔（富液精馏柱）温度，并冷却贫液。近年来国内外有的公司在缓冲罐内增设第二组换热盘管，用于加热闪蒸前的富甘醇溶液，以提高闪蒸效果。

(5) 富甘醇溶液常压再生流程中，常采用加入汽提气的方法来提高贫甘醇溶液的浓度，再生后的三甘醇贫液浓度可达99.2%~99.98%（质量分数），以使脱水后的干气具有更低的水露点。汽提气可直接通入重沸器内，但采用将汽提气在重沸器内预热后再通入贫液精馏柱底部的方式，效果更好。汽提气可采用脱水后的干气，也可采用闪蒸气，若采用闪蒸气可能存在波动和气量不足的问题。近年来国外有在缓冲罐内设置冷指形管（cold finger）的方法，可进一步提高缓冲罐内贫甘醇的浓度。另外，20世纪70年代在四川曾经建有一套共沸再生（Drizo法）的三甘醇脱水装置，虽然当时所选用的两种共沸剂质量较差，但再生后的三甘醇贫液浓度也达99.2%~99.6%（质量分数）。据文献介绍，再生后的三甘醇贫液浓度可达99.2%~99.99%（质量分数）。

三甘醇脱水装置广泛应用于管输天然气的脱水，表4-1-4为近几年投产的典型三甘醇脱水装置工艺参数。

表4-1-4 几套典型的国产三甘醇脱水装置工艺参数

处理厂名称	西南某净化厂	塔里木某处理厂	西南某净化厂
处理量，$\times 10^4 m^3/d$	400	2000	600
脱水负荷，kg/h	—	678.4	240.35
原料气进塔温度,℃	42	40	40
原料气出塔温度,℃	44	41	42.2
原料气进塔压力，MPa	6.0	9.6	7.56
原料气出塔压力，MPa	8kPa（塔压差）	9.55	7.48
产品气水露点,℃	-10	-13	-11
甘醇循环量，m^3/h	5.5	26	8.5~8.8
再生温度,℃	200	202	202
贫液浓度,%（质量分数）	99.9（质量分数）	99.6	99.68
富液浓度,%（质量分数）	98.5%（质量分数）	97.3	96.7
甘醇损失，$kg/10^6 m^3$ 天然气	每年消耗近20t	15	15
重沸器燃料气消耗，m^3/h	60	656 （含汽提气）	汽提气87 中压蒸汽1370

四、低温脱水工艺

随着天然气压力升高、温度降低，天然气中饱和水含量也降低。因此，含饱和水的天然气可采用冷却至低温的方法脱水。天然气冷却达到的温度必须低于管输天然气要求的水露点温度。由于天然气中的烃类随着温度的降低而部分液化，将凝结下来的液烃分离，控制分离温度，可使天然气中的较重烃类得以脱除。由此看出，利用低温工艺，可以同时达到脱水脱烃的目的，因此，低温脱水工艺一般与脱烃工艺集成。在本章第二节“天然气凝液回收”，将重点介绍低温脱烃工艺，这里只简要介绍低温脱水工艺的相关内容。

低温脱水工艺可分为膨胀制冷（节流制冷）和冷剂制冷两种方案。

1. 膨胀制冷法

1）工艺原理

膨胀制冷法也适用于进口天然气压力很高，有充足压力能可利用的场合。此法是利用焦耳-汤姆逊效应使高压气体膨胀制冷获得低温，从而使气体中一

部分水蒸气和烃类冷凝析出，以达到露点控制的目的。一般采用J－T阀或者膨胀机进行制冷，由于膨胀机投资较高，利用J－T阀节流制冷通常是最简单经济适用的方法。

2）工艺流程简述

图4－1－4为注入水合物抑制剂的低温分离法工艺流程图。自集气装置来的原料天然气，经原料气预冷器预冷后经过节流阀时产生焦耳-汤姆逊效应，温度进一步降低，由低温分离气分离出的冷干气经原料气预冷器复热后外输。由于气体在预冷器换热时会冷却至水合物形成温度以下，所以进入预冷器前需注入水合物抑制剂。低温分离器分离的液体加热至约30～50℃，再进入三相分离器进行分离。三相分离器顶部出来的闪蒸气去燃料气系统；底部重液相流出的醇富液再生后循环使用；底部轻液相流出的凝析油进入凝析油稳定装置。

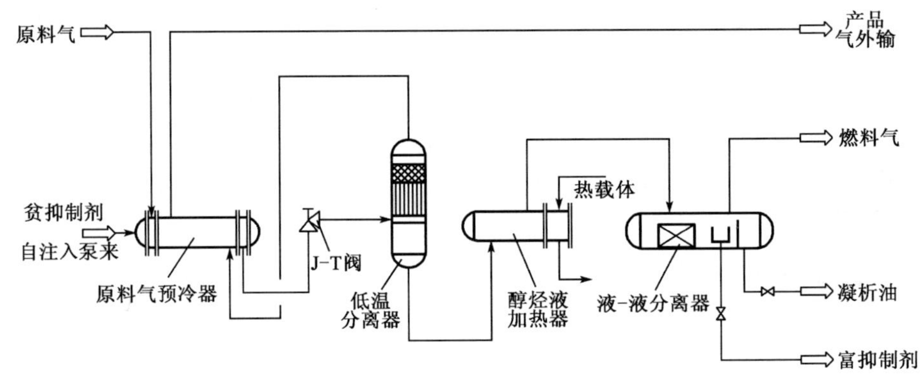

图4－1－4　低温分离法工艺流程图

低温分离温度一般认为等于冷干气在该压力下的水露点和烃露点。在实际生产过程中，考虑分离器效率和冷损等因素，分离温度一般要考虑5～10℃的余量。同时还要考虑管输过程中可能由于增压产生的最高压力下的天然气水露点要满足要求。

3）工艺特点及适用范围

膨胀制冷只适用于高压天然气且有足够压力能可利用的气田天然气处理，对于压降小的天然气处理，由于压力降不够，就会造成膨胀制冷不充分，因此达不到足够水露点要求。

膨胀制冷的工艺流程较简单，设备较少，其工艺特点为：

（1）在原料气进入预冷器冷却之前，集气装置应设有分离器，分离出游离水和液烃。

（2）低温分离器宜为有高效内构件的分离器。

（3）低温分离器分离出的醇烃液须经过加热才能进入醇烃液分离器分离，若温度过低，不利于醇烃液分离。加热的热源最好选用稳定可靠的热源，如导热油，蒸汽等。

（4）醇烃液分离器为有高效内构件的分离器。

（5）冷天然气管道应采取很好的保冷措施，防止冷量的散失。

天然气冷却法脱水要解决水合物形成的问题，通常在气流中注入水合物抑制剂。常用的水合物抑制剂是甲醇（MeOH）和乙二醇（EG）。表4－1－5为甲醇、乙二醇主要物性表。

表4－1－5 甲醇、乙二醇主要物性表

序 号	项 目	甲 醇	乙 二 醇
1	分子式	CH_3OH	$C_2H_6O_2$
2	摩尔质量	32.04	62.1
3	沸点（101.3kPa），℃	64.5	197.3
4	蒸汽压（20℃），kPa	12.3	—
5	蒸汽压（25℃），kPa	16	0.016
7	密度（25℃），g/cm^3	0.79	1.110
8	凝固点，℃	−97.8	−13
9	表面张力（25℃），dyn/cm	22.5	47
10	比热容（25℃），J/（g·K）	2.52	2.43
11	粘度（25℃），mPa·s	0.52	16.5
12	闪点，℃（PMCC）	12	116
13	燃点，℃（C.O.C）	—	118
14	折射率（25℃）	0.328	1.430
15	性状	无色易挥发、易燃液体，有中度危害	无色、无臭、无毒，有甜味的液体

乙二醇的主要损失不是蒸发损失，其损失出现在再生系统，泄漏、盐污染和烃与醇水溶液相分离。当气体水合物冰点降低的温度相同时，甲醇的注入量比乙二醇小。乙二醇溶液粘度较大，注入后系统压降较高；甲醇水溶液

凝固点低、粘度亦低。

甲醇具有中度危害的毒性，可通过呼吸道、食道及皮肤侵入人体，甲醇对人中毒剂量为5～10mL，致死剂量为30mL。当空气中甲醇含量达到39～65mg/m^{3}浓度时，人在30～60min内即会出现中毒现象。甲醇的闪点较低，空气中爆炸极限为5.5%～36.5%。回注的污水中甲醇含量限制在小于0.1%（质量分数），因为甲醇可能会污染地下水。而乙二醇无毒，不存在危害人身安全和污染环境的问题。

甲醇和乙二醇的使用各有其优缺点，一般来说，少量的甲醇可不需回收，而乙二醇粘度较大，低温情况下不易分离，乙二醇的损失主要是溶解在油中，甲醇的损失主要是在气相中蒸发，总的来说，甲醇的损失比乙二醇的大。

为使注入的抑制剂能与天然气充分混合，从而达到降低形成天然气水合物温度的目的。抑制剂应在天然气温度降低、水合物形成之前注入，注入点可选择在进料气-干气换热器的管板处或靠近换热器的入口管线上。

4）应用实例

表4-1-6为近年来建成投产的采用J-T阀膨胀制冷工艺进行天然气脱水的典型天然气处理厂情况。

表4-1-6 几套国内建成的J-T阀膨胀制冷脱水脱烃装置的工艺参数

处理厂名称	塔里木某处理厂	长庆某处理厂	塔里木某油气处理厂
处理量，$\times10^4m^3/d$	3000	1000	1600
装置设置	6套$600\times10^4m^3/d$ J-T阀脱水脱烃装置	2套$500\times10^4m^3/d$ J-T阀脱水脱烃装置	4套$400\times10^4m^3/d$ J-T阀脱水脱烃装置
脱水负荷	216kg/h（单套）	井口：2480 kg/h CPF：242 kg/h（单套）	373kg/h（单套）
抑制剂类型	乙二醇	甲醇	乙二醇
抑制剂注入地点及用量	预冷器固定管板处 1650kg/h（单套）	井口：1950kg/h 预冷器固定管板处： 580kg/h（单套）	预冷器固定管板处： 1100kg/h（单套）
进厂压力，MPa	12	7.1	12
节流后压力，MPa	6.3	4.5	7.1
节流后温度，℃	-30	-20	-21
水露点	≤-10℃ （操作条件下）	≤-5℃（10MPa）	≤-5℃（10MPa）

2. 冷剂制冷法

当井口压力能不能利用或不足时，膨胀制冷就不能达到足够低的分离温度，此时可采用外部制冷法。一般外制冷可单独使用，也可与膨胀制冷结合，以补充膨胀制冷量的不足。

1）工艺原理

制冷系统的原理基本相同，在制冷剂相变的过程中，释放出冷量，汽化后的制冷剂经压缩，冷凝后再次成为液相，循环使用。图4－1－5是制冷剂制冷过程的相变图。

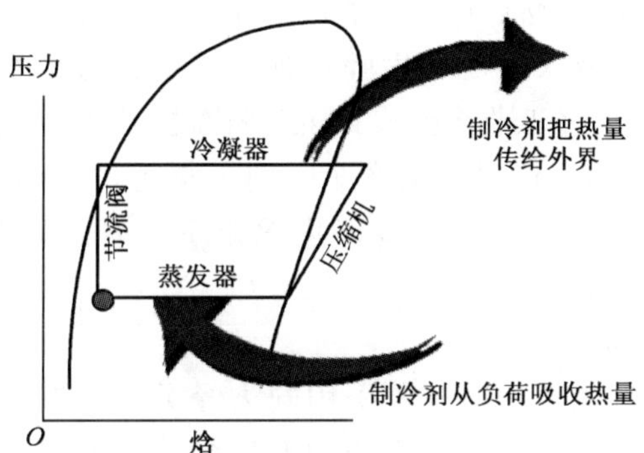

图4－1－5 制冷剂制冷过程的相变图

2）工艺流程简述

液体制冷剂在蒸发器中吸收了热量后相变为气体。气体再进入压缩机，压缩后气体经冷凝冷却为液体。液体进入制冷剂储罐，再经节流阀降压后进入蒸发器，从而完成整个制冷过程的循环。图4－1－6是制冷系统工艺流程图。

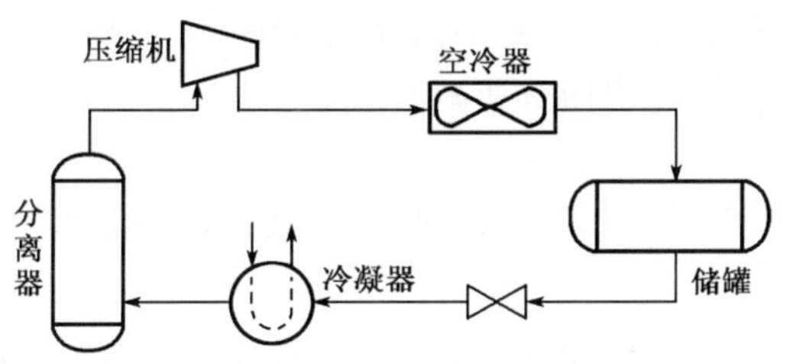

图4－1－6 制冷系统工艺流程图

3）工艺特点及适用范围

常用的制冷剂有氨和丙烷，氨适用于冷冻温度高于－28℃的工况，丙烷适用于冷冻温度高于 -37℃的工况。两种制冷剂均能达到很好的制冷效果，但适用范围有所不同。

氨作为制冷系统的制冷剂在其他工业的冷冻装置上仍被采用，但在国内外的天然气制冷装置上更多的则采用丙烷为制冷剂，如近期的大港储气库、南堡油田、长庆油田、塔里木油田的天然气处理均采用的丙烷，基本上不再采用氨作为制冷剂。

(1) 人身安全。

氨为无色、具有强烈刺激性气味的中度危害化学介质，空气中含量达 5.3×10^{-6}时，人体即可有所感觉。氨对水的溶解度极高，溶解后成强碱性，有较强的腐蚀性。被人吸入后可发生肺水肿，严重者乃至死亡，同时对人的中枢神经系统造成伤害。《工业企业设计卫生标准》中明确规定在居住区空气中氨含量不得超过 $0.2mg/m^3$ 时，生产车间内不得超过 $30mg/m^3$。氨一旦泄漏，人必须疏散。而丙烷不属于毒性危害化学介质，不会对人体产生毒性危害，无腐蚀性，可安全使用。

(2) 制冷剂泄漏。

因被冷却介质为烃类物料，若采用同为烃类的丙烷为制冷剂，对于整个系统的使用稳定性是可替的。当系统中发生穿孔或其他泄漏时，制冷剂与被冷天然气混合，对生产工艺不会产生大的影响。若采用氨等其他制冷剂，一旦泄漏可能会发生极大影响，污染下游产品的质量。

(3) 附加成本。

由于氨具有毒性，需要在系统中增加紧急泄氨系统，会增加额外的成本，目前国内已经很少有应用大型的氨制冷冷冻站。

(4) 运行成本。

由于氨的效率低，采用丙烷作为制冷剂时，机组的运行成本、电耗量、蒸发冷的耗水量及换热面积均有所减小。

4) 应用实例

表4-1-7为近年来国内建成投产的采用丙烷制冷工艺进行天然气脱水的典型天然气处理厂情况。

表4-1-7 几套国内建成的丙烷制冷脱水脱烃装置的工艺参数

处理厂名称	塔里木某处理厂	长庆某处理厂
处理量，$\times10^4m^3/d$（标态）	300	1500

续表

处理厂名称	塔里木某处理厂	长庆某处理厂
装置设置，$\times 10^4 m^3/d$	1 套 $300\times 10^4 m^3/d$ 丙烷制冷脱水脱烃装置	3 套 $500\times 10^4 m^3/d$ 丙烷制冷脱水脱烃装置
脱水负荷，kg/h	574	夏季为 88，冬季为 48.5
抑制剂类型	乙二醇	甲醇
抑制剂注入地点及量	预冷器内 2100kg/h	甲醇注入量夏季为 489.18L/h，冬季为 445.45L/h（单套）
制冷系统	螺杆压缩机，电机功率 355kW（单套），干空冷器	螺杆压缩机，电机功率 1600kW（单套），湿空冷器
进厂压力，MPa	6.85	2.4
增压后压力，MPa	—	5.3
制冷后温度,℃	-22	-25.5（冬）/-13.4（夏）
露点	水露点：≤-10℃（6.4MPa·g 下） 烃露点：≤-10℃（6.4MPa·g 下）	水露点≤-5℃

第二节　天然气凝液回收

一、凝液回收的目的及方法

从天然气中回收乙烷、丙烷、丁烷、戊烷、己烷等烃类混合物的过程，称为天然气凝液（NGL）回收，也称为轻烃回收。回收后的 NGL 可分离为 3 种产品：乙烷、丙烷和丁烷或者丙丁烷混合物（液化石油气 LPG）及 C_5^+（稳定轻烃或轻油）。

NGL 回收过程一般在天然气处理厂中进行，回收工艺主要有冷凝分离法、吸附法及油吸收法 3 种。

二、凝液回收工艺方法的选择

由于回收 NGL 目的不同，NGL 的含量和收率要求也不同。因此，我国习惯上又根据是否回收乙烷而将 NGL 回收装置分为两类：一类以回收 C_2^+ 为目

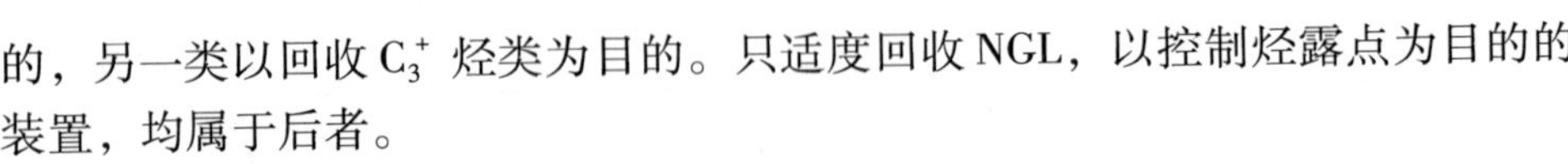

的，另一类以回收 C_3^+ 烃类为目的。只适度回收 NGL，以控制烃露点为目的的装置，均属于后者。

1. 冷凝分离法

冷凝分离法是利用在一定压力下天然气中各组分的挥发度不同，将天然气冷却至露点温度以下，将轻烃冷凝分离的过程，分离出来的轻烃通常用精馏的方法进一步分离成所需要的各种产品。

冷凝分离法在低温下进行，故又称为低温分离法。低温分离法一般可分为浅冷和中（深）冷。浅冷一般是以回收 C_3^+，同时满足烃露点要求为主要目的，制冷温度在 -15 ~ -25℃，深冷以回收 C_2^+ 为目的，制冷温度一般在 -90 ~ -100℃。而中冷温度一般在 -30 ~ -80℃，以提高 C_3^+ 为目的。

对于回收 C_3^+ 烃类的工艺装置，为了保证达到较高的回收率，使工艺装置在最佳工况下运行，必须确定合理的冷凝压力与温度。现将不同压力下液化率与温度的关系列于表 4-2-1。

表 4-2-1　液化率与压力、温度的关系

组分	压力 MPa	不同温度下的液化率,%						
		-10℃	-20℃	-30℃	-40℃	-50℃	-60℃	-70℃
C_2	1.50	1.03	1.91	3.34	5.66	9.53	15.99	26.57
	2.50	2.45	4.22	7.00	11.43	18.44	29.34	45.29
	3.50	4.01	6.67	10.77	17.09	26.70	40.78	59.60
	4.00	4.78	7.85	12.53	19.65	30.29	45.56	65.71
C_3	1.50	4.64	9.59	18.10	31.02	47.78	65.50	80.50
	2.50	10.40	18.82	31.02	46.40	62.80	77.35	88.05
	3.50	15.54	25.92	39.46	54.83	69.76	82.09	90.81
	4.00	17.61	28.52	42.25	57.32	71.58	83.21	91.52
C_4^+	1.50	25.11	36.40	48.74	61.26	73.05	83.14	90.73
	2.50	35.31	47.33	59.49	70.96	80.93	88.75	94.13
	3.50	41.36	53.31	64.91	75.42	84.19	90.82	95.31
	4.00	43.28	55.10	66.42	76.56	84.93	91.23	95.56

从表 4-2-1 可得出，C_2、C_3、C_3^+ 的液化率是随着压力的增高，温度的降低而提高，但是各组分的液化率是不相同的。随着压力的增加，液化率增加很快，但是当增加到 3.5MPa 以后，液化率增长幅度降低了。但若压力太低（1.5MPa 以下），想要使液化率增长，需要很低的冷凝温度。

冷凝分离法的特点是在一定的压力下需要向天然气提供足够的冷量，使其降温。按照提供冷量的制冷系统不同，冷凝分离法可分为冷剂制冷法、直接膨胀制冷法和联合制冷法3种。

在天然气进入冷凝分离法装置之前，一般先进行脱水、脱硫化氢等处理（其工艺方法见本章第一节、第三节所述），或者由天然气净化厂供给原料天然气。

冷凝分离法特点是在一定的压力下需要向天然气提供足够的冷量，使其降温。按照提供冷量方式的不同，冷凝分离法可分为冷剂制冷法、直接膨胀制冷法和冷剂+直接膨胀的联合制冷法三种，这三种制冷方法将在下面进行详细阐述。

2. 吸附法

吸附法系利用具有多孔结构的固体吸附剂，如活性炭、硅胶、硅藻土等，对各种烃类吸附容量不同，从而使天然气中一些组分得以分离的方法。该方法一般用于从湿气中回收较重烃类，且多用于处理量较小及 C_3^+ 含量较少的天然气，也可用做从天然气中脱水及回收烃类，使天然气的水露点及烃露点都符合管输要求。

吸附法的流程与分子筛双塔脱水类似，装置比较简单，不需要特殊材料和设备，投资较少，但是能耗大，成本较高，燃料气消耗约为所处理气量的5%，吸附剂容量等问题至今也未能得到很好的解决，故此法未得到较广泛的应用。

3. 油吸收法

油吸收法系选用一定相对分子质量的烃类（吸收油）选择性地吸收天然气中乙烷以上的组分，使这些组分与甲烷分离。吸收油一般采用 C_3、C_4 和芳烃等油品作为吸收剂。

按照吸收温度不同，该法又可分为常温、中温及低温油吸收法。常温和中温油吸收法回收率较低，故低温油吸收法一直占主导地位，此法的温度在-40℃左右，压降较小，对原料气预处理没有严格要求，单套装置处理量较大，以回收 C_3^+ 为目的的低温油吸收法原理流程如图4-2-1所示。

原料气与外输干气换热后，再经外部冷源冷冻制冷（大多用丙烷制冷），去吸收塔与冷的吸收油逆流接触，进行传热和传质，吸收塔塔底的液体称为富吸收油（简称富油），它含有全部被吸收的组分，吸收塔塔顶为外输干气。富油进入稳定塔，塔顶分离出不需要回收的轻组分用做燃料，塔底液体进入富油蒸馏塔。从富油蒸馏塔塔底流出的贫吸收油（简称贫油），经冷冻后去吸收塔循环使用，塔顶为 NGL，再进入蒸馏塔分离获得 LPG 和轻油。

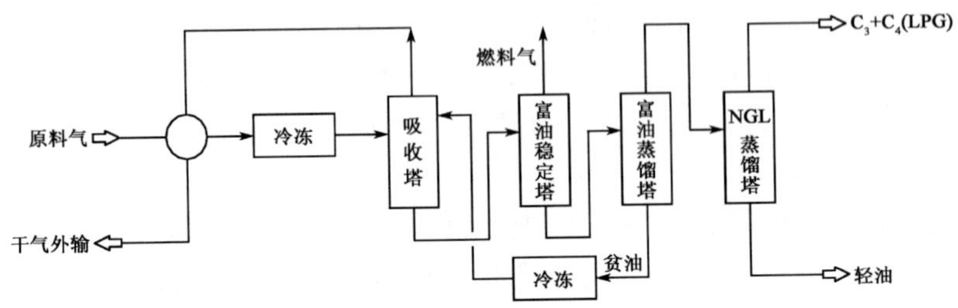

图 4－2－1　低温油吸收法工艺流程图

三、冷剂制冷工艺

冷剂制冷法又称为外加冷源法，它是由独立设置的冷剂制冷系统向原料气提供冷量。

在制冷循环中工作的制冷工质称为制冷剂。例如，在压缩制冷循环中利用冷剂的相变传递热量，即在冷剂蒸发时吸热、冷凝时放热。现可用做冷剂的物质，根据化学成分，可分为以下几类：

（1）卤代烃冷剂。它们都是甲烷、乙烷、丙烷的衍生物。

（2）无机化合物冷剂。属于此类冷剂有氨。

（3）烃类冷剂。常用的烃类冷剂有甲烷、乙烷、丙烷、丁烷、乙烯及丙烯等。在天然气 NGL 回收和天然气液化过程中广泛采用单组分烃类或混合烃类作为冷剂。

上述冷剂用于制冷循环的物理性质列于表 4－2－2。

表 4－2－2　几种常用冷剂的物理性质

冷剂名称	常压下沸点 ℃	凝点 ℃	蒸发潜热 kJ/kg	临界温度 ℃	临界压力 MPa	空气中爆炸极限（体积分数），%	
						下限	上限
氨	－33.50	－77.70	1369.00	132.40	11.15	15.50	27
丙烷	－42.07	－187.70	427.00	96.81	4.20	2.10	9.50
丙烯	－47.70	－185.00	439.00	91.40	4.90	2.00	11.10
乙烷	－88.60	－183.20	491.00	32.10	5.00	3.22	12.45
乙烯	－103.70	－169.50	484.00	9.50	5.16	3.05	28.60

续表

冷剂名称	常压下沸点 ℃	凝点 ℃	蒸发潜热 kJ/kg	临界温度 ℃	临界压力 MPa	空气中爆炸极限（体积分数），%	
						下限	上限
甲烷	-161.50	-182.48	511.00	-82.50	4.58	5.00	15.00
二氧化碳	-78.90	-56.60	575.00	31.00	7.50	—	—
氯甲烷	-23.74	-97.60	406.00	143.10	6.81	8.00	20.00

从表4-2-2可以看出，冷剂的物理性质参差不齐。现按照冷剂的物理性质，并对照冷剂使用性能的要求，提出如下比较：

（1）蒸发潜热应该大。利用冷剂循环制冷是一种相变制冷，蒸发潜热大的冷剂，在制冷中循环量小，动力消耗小，设备容量小，生产成本低。氨在这方面有明显的优点。

（2）操作压力和比体积应适宜。制冷循环过程要求冷剂的冷凝压力不要过高，蒸发压力不要太低，蒸发时比体积不要过大。因为冷凝压力高会增加压缩机和冷凝器的压力等级、设备费用及动力消耗；蒸发压力过低，特别到负压状态引起空气渗入蒸发设备中，不利于稳定操作，甚至会引起爆炸事故；蒸发后比体积过大的冷剂，要求气相运行的设备和管道登记过大。在这方面氨是比较理想的冷剂。

（3）冷剂应具有好的化学稳定性。冷剂对于设备不应该有显著的腐蚀作用，氨对铜有强烈的腐蚀作用，丙烷等饱和烃化学稳定性很好，对铜、钢都不发生腐蚀作用。

（4）冷剂不应有易燃易爆性。易燃易爆物作为冷剂对安全生产是有威胁的，在氨中混入空气过多有发生爆炸的危险。乙烷等烃类冷剂是易燃易爆物，故使用时需要采取措施，保证安全。

（5）冷剂应就地取材。在油气田 NGL 回收装置中，丙烷、丁烷至本装置的产品，将其用作冷剂是最为经济方便。

冷剂制冷 NGL 回收装置采用的冷剂主要为氨和丙烷。我国目前运行的装置用氨最多，应用丙烷冷剂的装置在逐步增加，现新建装置中冷剂多以丙烷为主。

1. 工艺原理

冷剂制冷是利用液体蒸发冷却原料气至露点以下，将少量的 C_2 和大量的 C_3^+ 从原料气中分离出，满足烃露点要求后外输。分离出的含 C_2 和 C_3^+ 的凝液用两塔精馏可得到液化石油气（C_3+C_4 混合物）的和轻油，采用三塔精馏则

可分别得到 C_3 和 C_4 产品。

2. 工艺流程简述

脱水后的原料气进入原料气分离器分离后，进入原料气预冷器预冷至合适温度后，进入外制冷系统（丙烷制冷系统、氨制冷系统或者混合冷剂制冷系统）冷却至合适温度后进入低温分离器分离，从分离器顶部出来的干气至预冷器与原料气换热后外输。分离器底部分离出的含少量 C_2 和大量 C_3^+ 的凝液进入脱乙烷塔进一步分离，塔顶气（主要为 C_2）输至原料气预冷器回收冷量后作为燃料气使用。底部的 NGL 再进入脱丁烷塔得到 C_3+C_4 的混合物（液化石油气），合格液化气可以直接外输或者再进入脱丙烷塔分别得到丙烷和丁烷。冷剂制冷法工艺流程图见图 4－2－2。

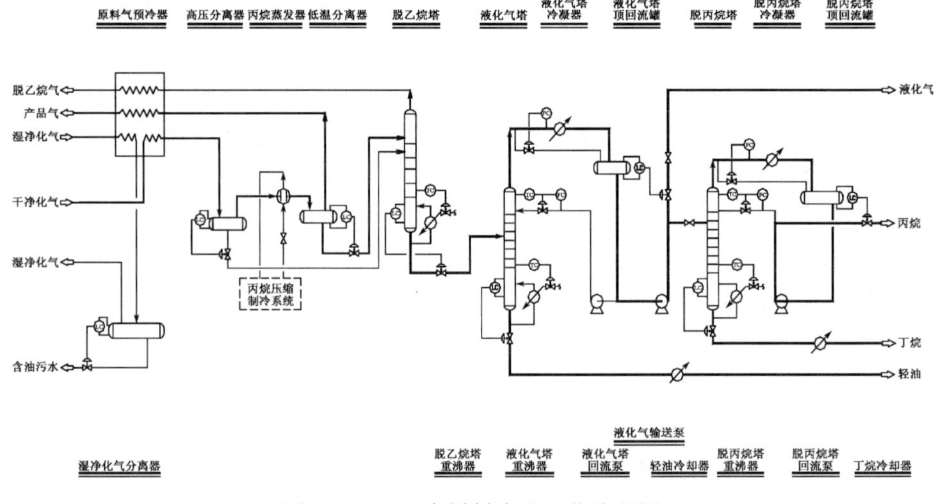

图 4－2－2　冷剂制冷法工艺流程图

3. 工艺特点及适用范围

NGL 回收装置采用冷剂制冷时，天然气中 NGL 冷凝所需要的冷量，由独立的外部制冷系统提供，制冷量不受原料气贫富程度的限制，对原料气压力无严格要求，装置在运行期间，可以改变制冷量的大小，以适应原料气量和组成，以及季节性气温的变化。冷剂的选用主要取决于原料组成、冷冻温度和 NGL 收率等因素。

该工艺通常用于浅冷法回收凝液，同时满足产品气的烃、水露点要求。冷剂适宜的制冷温度如下：

（1）氨适用于原料气冷冻温度高于 －28℃时的工况；

（2）丙烷适用于原料气冷冻温度高于-37℃时的工况；

（3）以乙烷、丙烷为主的混合冷剂适用于原料气温度低于-40℃时的工况。

4. 应用实例

哈萨克斯坦某油气处理厂轻烃回收装置采用的是丙烷制冷法+三塔精馏工艺回收轻烃，制冷温度为-35℃，属于浅冷工艺。该装置处理量为630×$10^4m^3/d$（天然气 101.325kPa，0℃），压力为 6.5MPa，液化气产量为581.02 t/d（当分别生产丙、丁烷时，丙烷为314.76t/d，丁烷为266.26t/d），轻油产量为304.27t/d，液化气收率约为60%。

四、膨胀制冷工艺

膨胀制冷法也称为自冷法，此法不另外设置独立制冷系统，原料天然气降温所需冷量由气体直接经过串接在系统中的各种膨胀制冷设备来提供。因此，制冷能力直接取决于原料气的组成、压力、膨胀比、制冷设备结构及热力学效率等。常用的直接膨胀制冷设备有节流阀和膨胀机等。

1. J-T 阀节流制冷法

气体通过多孔塞或节流阀从高压到低压做不可逆绝热膨胀时温度会发生变化。在节流过程中，由于气体从状态1变化到状态2的过程中，其焓值不变，又称之为等焓过程，其过程中所经历的状态可由热力学关系式和状态方程来确定，也可由 Mollier 图读得，此节流过程应用于天然气分离、净化、液化以及空气的液化等。

1）工艺原理

J-T 阀节流制冷是将原料气降压降温至露点以下，将少量的 C_2 和大量的 C_3^+ 从原料气中分离出，满足烃露点要求后外输。分离出的含 C_2 和 C_3^+ 的凝液用两塔精馏可得到 C_3+C_4 的液化石油气和轻油，采用三塔精馏则可分别得到 C_3 和 C_4 产品。

2）工艺流程简述

原料气进入原料气分离器分离后，进入原料气预冷器预冷至合适温度后，进入 J-T 阀节流冷却至合适温度后进入低温分离器分离，从分离器顶部出来的干气至预冷器与原料气换热后外输。分离器底部分离出的含少量 C_2 和大量 C_3^+ 的凝液进入脱乙烷塔进一步分离，塔顶气（主要为 C_2）输至原料气预冷器回收冷量后作为燃料气使用。底部的 NGL 再进入脱丁烷塔得到 C_3+C_4 的混合物（液化石油气），合格液化气可以直接外树或者再进入脱丙烷塔分别得到丙烷和丁烷。J－T 阀节流制冷工艺流程图如图 4－2－3 所示。

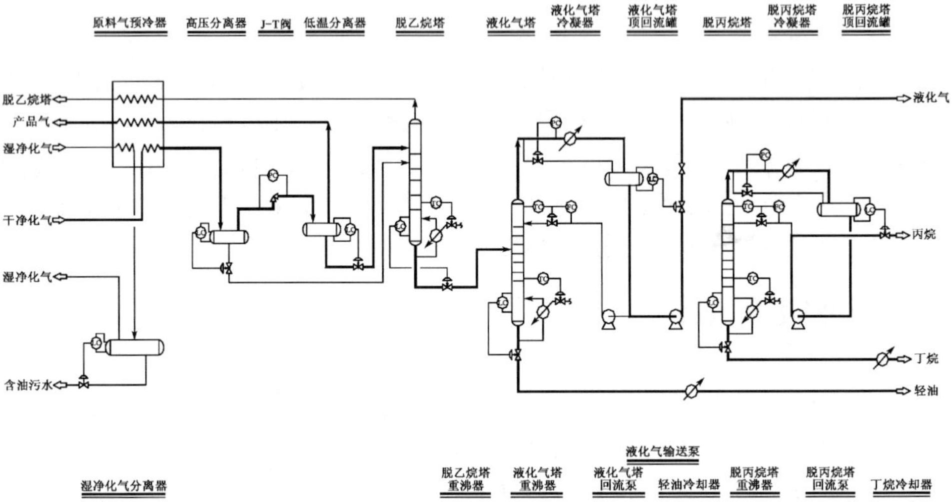

原料气预冷器 高压分离器 J-T阀 低温分离器 脱乙烷塔 液化气塔 液化气塔冷凝器 液化气塔顶回流罐 脱丙烷塔 脱丙烷塔冷凝器 脱丙烷塔顶回流罐

脱乙烷塔
产品气
湿净化气
干净化气
湿净化气
含油污水
液化气
丙烷
丁烷
轻油

液化气输送泵
湿净化气分离器 脱乙烷塔重沸器 液化气塔重沸器 液化气塔回流泵 轻油冷却器 脱丙烷塔重沸器 脱丙烷塔回流泵 丁烷冷却器

图 4－2－3　J－T 阀节流制冷法工艺流程图

3）工艺特点及适用范围

J－T 阀节流制冷是应用 J－T 阀来完成的，装置比较简单，其制冷能力主要取决于原料气的组成和压力，以及膨胀比。

在 NGL 回收过程中，该法适用于如下情况：

（1）气源压力较高，且原料气与外输气之间有很大压差可以利用；

（2）原料气量波动很大时，J－T 阀制冷 NGL 回收装置可以比膨胀机装置运行的更好，因为膨胀机设计流量的波动范围是很窄的，而 J－T 阀装置可以适应原料气流量比膨胀机大得多的波动范围内操作；

（3）J－T 阀还可用于高压凝析气井井口的低温分离装置上，由于井口与外输之间有较大的压差可以利用，将高压井流物从井口压力通过 J－T 阀膨胀至一定压力，产生一定的冷量，井口流出物在低温状态下使天然气和凝析油分离，能比常温分离法回收更多的凝析油；

（4）在膨胀机制冷系统中，在有压差能尚可利用的情况下，往往装有 J－T 阀，作为补充冷量之用。

4）应用实例

塔里木某处理厂轻烃回收装置采用的是 J－T 阀制冷法＋二塔精馏工艺回收轻烃，制冷温度为 －21℃，属于浅冷冷凝。该厂原料气处理量为 $1600 \times 10^4\ m^3/d$（101.325 kPa，20℃），压力为 12MPa，液化气产量为 398 t/d，轻油产量为396t/d，液化气收率约为45%。

2. 膨胀机制冷法

膨胀机制冷的过程就是气体在膨胀机中绝热膨胀对外做功，由于同外界没有热量的交换，是个等熵过程，称为等熵膨胀，膨胀所做的功以内能的减少为补偿，于是温度就下降，达到制冷的目的。

膨胀机是一种利用压缩气体膨胀降压时向外输出机械功使气体温度降低的原理以获得冷量的机械。其工作过程如图4－2－4所示，在温－熵（$T-S$）图上表示等熵膨胀过程，压缩气体从高压p_1、温度T_1状态在膨胀机中作等熵（S＝常数）膨胀至低压p_2，从原高压点1沿等熵线与p_2等压线交于低压点2。点2的温度T_2即为等熵膨胀后的温度。其温差为$\Delta T=T_1-T_2$，相应等熵焓降为$\Delta h=h_1-h_2$。在等熵膨胀过程中，气体有部分内能转化为功，同时为克服分子间的吸引力而使分子动能减少，从而降低了气体温度。但在实际工作过程中，因为有若干能量损失，气体膨胀时不可能达到状态2，而只能达到状态2′，其实际温差为$\Delta T'=T_1-T_2'$，相应实际焓降为$\Delta h'=h_1-h_2'$，故绝热效率是指膨胀机在膨胀过程中实际焓降与等熵焓降之比，即$\eta S=\Delta h'/\Delta h=(h_1-h_2')/(h_1-h_2)$。绝热效率越高，越接近于等熵膨胀过程。一般膨胀机绝热效率为60%～85%。

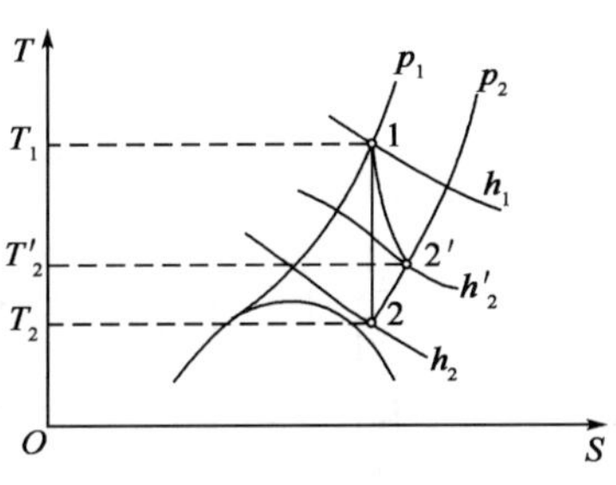

图4－2－4　温－熵（$T-S$）图

膨胀机具有流量大、体积小、冷损少、结构简单、流通部分无机械摩擦件、不污染制冷工质（压缩气体）、调节性能好及安全可靠等优点，在NGL回收和天然气液化等装置中广泛应用。

1）工艺原理

膨胀机的原理是将气体的高压能量转变为机械能，因而也是一种气体发动机，目的在于使气体冷却获得冷量，其次是获得机械能量。膨胀机利用高气体通过喷嘴和工作轮时的膨胀，推动工作轮高速旋转输出外功，同时使工作输出口气体压力和焓值降低，使气体本身得到冷却，在使气体降温实现制冷的同时，还可以输出相应的机械功。在NGL回收装置中普遍采用涡轮膨胀机带动单级离心压缩机。

2）工艺流程简述

脱水后的原料气进入原料气分离器进行简单的分离后进入主换热器，用

膨胀后的冷气作冷源，将原料气中丙烷以上组分部分冷凝成液体，出主换热器的原料气为气液相混合物，在低温分离器中将气、液两相分离，液相经过复热后作脱乙烷塔上部进料，气相去膨胀机膨胀，膨胀后的低温气液相去脱乙烷塔塔顶分离器，液相作为塔的回流液，气与塔顶馏分气汇合作为主换热器冷源，出主换热器的干气经膨胀机同轴增压机增压后外输。膨胀制冷法工艺流程图如图 4-2-5 所示。

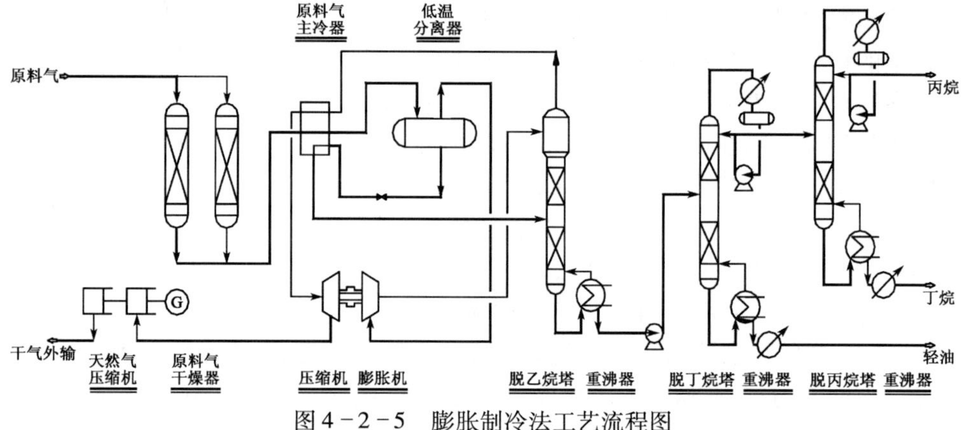

图 4-2-5　膨胀制冷法工艺流程图

3）工艺特点及适用范围

采用膨胀机的适合范围如下：

(1) 原料气的压力、流量及组分比较稳定，因为膨胀机对以上参数波动的适应性较差；

(2) 原料气与输出气之间有足够的压差可利用，膨胀比一般要求高于 2；

(3) 天然气较贫的时，如天然气中 C_3^+ 烃类组分含量（体积分数）小于 3.5%，利用膨胀机产生的冷量，能使 NGL 回收率达到较高水平。

4）应用实例

川西北气矿某处理厂处理量为 $80\times10^4\ m^3/d$ 的 NGL 的回收装置，其流程如图 4-2-6 所示。该装置设备全部为国产，原料天然气含 H_2S 高达 6.3% 以上，经净化厂脱硫后的组成见表 4-2-3。

表 4-2-3　川西北原料天然气经净化后的组成

组分	C_1	C_2	C_3	$i-C_4$	$n-C_4$	$i-C_5$	NC_5	C_6^+	H_2S	CO_2	N_2
含量(体积分数),%	95.44	1.746	0.652	0.154	0.220	0.074	0.059	0.05	0.0014	0.12	1.47

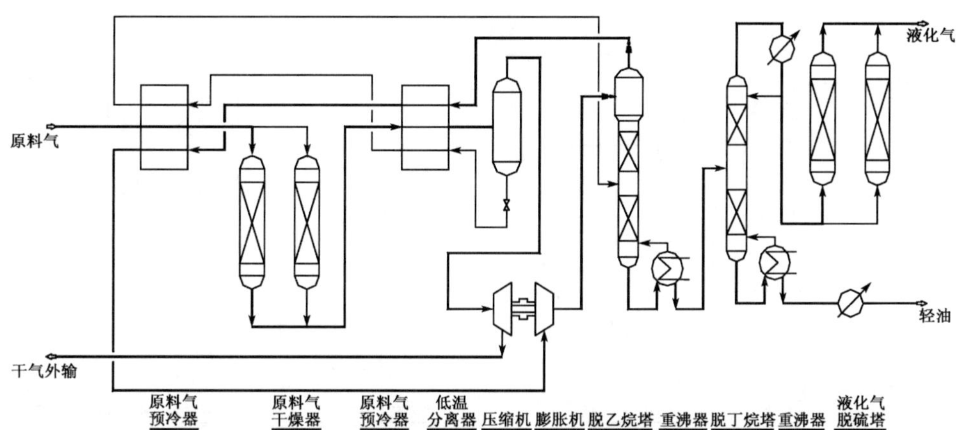

图4-2-6 川西北气矿某处理厂NGL回收装置工艺流程图

从表4-2-3数据得出 C_3^+ 含量为1.191%，含NGL是较贫的。来自净化厂的天然气压力为3.7MPa，首先进入原料气分离器，分除净化装置因操作不正常时带入的含胺液体，然后进入原料气预冷器冷却到20℃，除去生成的冷凝水。20℃的原料气进入分子筛干燥器进行深度脱水，经原料气过滤器除去催化剂粉末固体，再经主冷凝器冷却到-65℃进入低温分离器。分离器的气相经涡轮膨胀机降温至-92℃，压力降至1.75MPa（膨胀比2.114）后直接进入脱乙烷塔；分离器的液相经节流阀降至1.78MPa后，依次进入主冷凝器和原料气预冷器复热约至40℃，由膨胀机同轴压缩机增压至1.8MPa。该干气的小部分作为分子筛干燥器的再生气，其余部分外输。从脱乙烷塔底部出来的温度约为80℃、压力约1.75MPa的 C_3^+ 烃类靠压差直接进入脱丁烷塔，塔顶为LPG产品，塔底为 C_5^+ 烃类。产品产量：LPG为16～19t/d，C_5^+ 烃类为5.47t/d，丙烷收率达到75%以上。

五、联合制冷工艺

1. 工艺原理

联合制冷工艺是冷剂和直接膨胀制冷冷剂法两者的联合，即冷量来自两个部分：一部分由冷剂制冷法提供，另一部分由直接膨胀制冷法提供。联合制冷工艺流程图如图4-2-7所示。

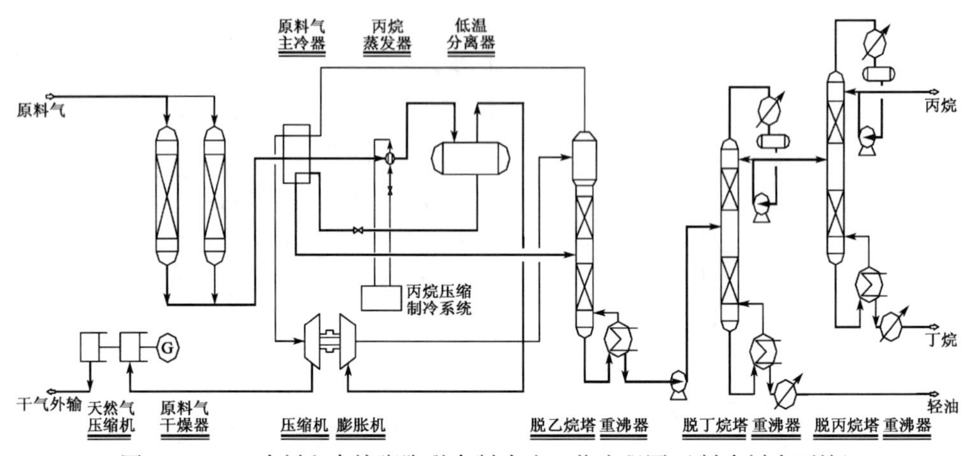

图4－2－7　冷剂和直接膨胀联合制冷法工艺流程图（制冷剂为丙烷）

2. 工艺流程简述

联合制冷工艺流程见前述冷剂制冷法和膨胀制冷法工艺流程简述。

3. 工艺特点及适用范围

当原料气中烃类组成较富，采用直接膨胀制冷法产生的冷量不足，不能满足获得较高的NGL收率，就采用此法。油田伴生气具有烃类组分含量较高和压力较低的特点，故较多的采用了此法，以直接膨胀制冷为主，采用冷剂作为补冷之用。

4. 应用实例

丘东某处理厂天然气处理装置设计能力为 $100\times10^4m^3/d$（操作弹性±20%）。采用分子筛脱水＋膨胀压缩机（后增压）＋丙烷辅助制冷工艺，天然气进站压力为7.2MPa，装置 C_3 收率达到85%以上。

从界区来的天然气5.8MPa，A20℃（设计7.2MPa，20℃），经计量后进分子筛入口分离器，分出游离水和凝液后，再经分子筛干燥器吸附除去天然气中饱和水，温度升为25℃，经分子筛出口过滤器除去分子筛粉尘。脱水后的高压气进入冷箱Ⅰ、冷箱Ⅱ、冷箱Ⅲ换热后温度降为－30℃（设计－42℃），原料气出冷箱Ⅰ后温降至－19℃，出冷箱Ⅱ后温降至－20℃以下。进低温分离器，低温气进膨胀机进行膨胀制冷，温度降为－50.8℃（设计为－70℃），压力降至2.8MPa（设计为3.1MPa），进重接触塔进行气液两相分离，气相经冷箱逐级复热后进膨胀机增压至3.1MPa（设计为3.5 MPa），高压干气产品外输鄯乌输气首站。

低温分离凝液经冷箱复热后作为脱乙烷塔中部进料。脱乙烷塔塔底凝液作为脱丁烷塔中部进料进，脱丁烷塔顶操作压力为1.2MPa，塔底操作温度为115℃。塔顶冷凝液部分作为回流，剩余部分作为产品进入液化石油气储罐。塔底轻油经冷却后与界区来混烃混合后进混烃储罐，然后与其他各厂混烃来料一起进入混烃系统处理，生产出2号烃和戊烷产品。

六、其他

1. NGL回收系统中的压力

在低压石油伴生气回收NGL工艺中，如果以回收C_3^+为目的，C_3^+烃类在伴生气中含量较富，但不要求获得较高收率，一般采用外冷法工艺（冷剂制冷法）。由于伴生气压力通常仅有0.1～0.3MPa，为了提高天然气冷凝率（凝液数量与天然气总量之比），都要将原料气增压到适宜的冷凝分离压力，且干气外输压力要求较低，在此情况下一般用压缩机将原料气压力提高到1.5～2.5MPa。如果要求干气在较高的压力下输出，原料气就增压到比干气输出稍高的压力。以回收C_2^+为目的或者要求C_3^+获得较高收率的低压伴生气NGL回收装置，一般采用膨胀机制冷加外制冷的联合工艺（或两级膨胀机工艺）。

在气藏天然气的NGL回收过程中，原料气压力一般均高，但干气输出压力的高低会影响NGL回收工艺的选择。如川西北气矿2套NGL回收装置，原料气压力为3.7MPa，C_3^+含量为1.191%，气较贫但仍有回收价值，回收NGL后的干气输入中青线，不是四川的主干线，要求干气输出压力大于1.7MPa。在NGL回收装置中利用压差能驱动单级膨胀制冷，膨胀比大于2，既满足了干气的输出，又获得了高于75%的C_3收率，能耗较低，故有较佳的经济效益。如遇到干气外输压力较高，原料气经膨胀机降压制冷后的压力低于外输压力，就需要增压，这样就不一定非采用单级膨胀机法不可，应根据压力、组分及投资等因素来选择NGL回收工艺。

2. CO_2冰堵问题

NGL回收工艺都在低温条件下操作，尤其是采用深冷工艺装置，使天然气中含有的CO_2生成固体，特别是脱甲烷塔（或者是脱乙烷塔）顶部几层塔板和膨胀机出口容易生成固体，而产生冰堵，这是在NGL回收装置设计和操作中需重视和解决的问题。

第三节　天然气脱硫

一、脱硫工艺分类与选择

硫化氢是一种无色的可燃气体，它有一种令人讨厌的臭鸡蛋气味，有剧毒。从表4－3－1可以看出，硫化氢毒性较强，对人体危害较大。另外，在湿环境下硫化氢的存在会导致设备、管道腐蚀，因此天然气气质标准中对其含量有严格的规定。GB 17820—1999《天然气》规定：一类气中硫化氢含量不得高于6mg/m^3，二类气中硫化氢含量不得高于20mg/m^3，三类气中硫化氢含量不得高于460mg/m^3。

表4－3－1　硫化氢允许浓度表

空气中硫化氢含量，$\times10^{-6}$	暴 露 时 间
10	允许长时间暴露的最高浓度
70～150	暴露数小时后出现轻微症状
170～300	可以吸入1h而不致引起严重后果的最高浓度
450～600	暴露0.5～1h是危险的
600～800	暴露0.5h以内就会致命

天然气脱硫的目的就是将原料天然气中H_2S脱除达到天然气产品国家标准（GB 17820—1999）的要求范围，以保证人员、管道及装置的安全。

气体脱硫是一种很古老的工艺，19世纪末英国已开始用干式氧化铁法从气流中脱除含硫化合物，但它成为一个独立的工业分支则是在20世纪30年代后期醇胺类溶剂应用于气体脱硫以后。经近70余年的发展，国内外报道过的气体脱硫方法多达上百种，但经常应用于天然气脱硫的方法并不很多。

根据脱硫反应相态分，天然气脱硫方法分为干法和湿法两大类。干法主要是固体脱硫剂工艺，属非再生型脱硫；湿法按是否再生又分为可再生型和非再生型，其中再生型主要分为化学溶剂法、化学物理溶剂法、物理溶剂法和氧化还原法四类；非再生型主要为液体脱硫剂工艺。表4－3－2为主要脱硫方法及性能。

表 4-3-2 主要脱硫方法及性能

脱硫方法		净化气 H_2S 含量是否能达到 4×10^{-6}（体积分数）	能否脱除硫醇和 COS	是否选择性脱除 H_2S	是否降解（主要降解因素）
化学溶剂法	伯醇胺	是	部分	否	是（COS、CO_2、CS_2）
	仲醇胺	是	部分	否	部分（COS、CO_2、CS_2）
	叔醇胺	是	部分	是1	否
化学物理溶剂法		是	是	是1	部分（CO_2、CS_2）
物理溶剂法		可能是2	轻微	是1	否
氧化还原法		是	否	是	高 CO_2 含量条件下
除硫剂	固体脱硫剂	是	是	是1	否
	液体脱硫剂	是	部分	是	否

注：1—显示出一定选择性；2—在一定条件下能够达到。

通常，含硫天然气的脱硫方法主要是根据气体流量、H_2S 含量以及所要求的脱硫净化度等来确定的。按照天然气中硫含量的规模大小，从技术经济角度出发，脱硫方法一般选择是：较大规模脱硫装置采用溶剂吸收法工艺（主要是胺法）；小规模脱硫装置采用固体氧化铁干法工艺；而介于两者之间的中低规模天然气处理的方法选用较为困难，通常可采用氧化还原及微生物脱硫等工艺技术。

二、溶剂吸收法

溶剂吸收法脱硫按吸收溶剂的类型可细分为化学溶剂法、物理溶剂法及化学-物理溶剂法。

化学溶剂法是以可逆的化学反应为基础，采用碱性溶剂为吸收剂的脱硫方法，其中以醇胺法工艺最具代表性，而且应用最为广泛。其反应机理如下：

醇胺的分子结构中至少含有一个羟基和一个胺基，由于羟基可使化合物的蒸汽压降低和增加水溶性，而胺基的存在则使其在水溶液中显碱性，因而能与 H_2S 及 CO_2 等酸性气体组分发生反应而将其脱除。依据连接在胺基氮原子上的“活”氢原子数，醇胺可分为伯醇胺、仲醇胺和叔醇胺 3 大类。它们与 H_2S、CO_2 的主要反应见表 4-3-3。

表4-3-3 醇胺吸收 CO_2 和 H_2S 的主要反应

分类	醇胺	与 H_2S、CO_2 的主要反应	
伯醇胺	MEA DGA	CO_2	$2RNH_2 + CO_2 + H_2O \rightleftharpoons (RNH_3)_2CO_3$ $(RNH_3)_2CO_3 + CO_2 + H_2O \rightleftharpoons 2RNH_3HCO_3$ $2RNH_2 + CO_2 \rightleftharpoons RNHCOONH_3R$
		H_2S	$2RNH_2 + H_2S \rightleftharpoons (RNH_3)_2S$ $(RNH_3)_2S + H_2S \rightleftharpoons 2RNH_3HS$
仲醇胺	DEA DIPA	CO_2	$2R_2NH + CO_2 + H_2O \rightleftharpoons (R_2NH_2)_2CO_3$ $(R_2NH_2)_2CO_3 + CO_2 + H_2O \rightleftharpoons 2R_2NH_2HCO_3$ $2R_2NH + CO_2 \rightleftharpoons R_2NCOONH_2R_2$
		H_2S	$2R_2NH + H_2S \rightleftharpoons (R_2NH)_2S$ $(R_2NH)_2S + H_2S \rightleftharpoons 2R_2NHHS$
叔醇胺	TEA MDEA	CO_2	$2R_3N + CO_2 + H_2O \rightleftharpoons (R_3NH)_2CO_3$ $(R_3NH)_2CO_3 + CO_2 + H_2O \rightleftharpoons 2R_3NHHCO_3$
		H_2S	$2R_3N + H_2S \rightleftharpoons (R_3NH)_2S$ $(R_3NH)_2S + H_2S \rightleftharpoons 2R_3NHHS$

物理溶剂法是在吸收溶剂中进行溶解而实现 H_2S 脱除的方法。这类吸收溶剂有甲醇、碳酸丙烯酯（PC）、N-甲基吡咯烷酮（NMP）、聚乙二醇二甲醚、磷酸三正丁酯（TBP）、聚乙二醇甲基异丙基醚和近年来开发出的甲酰吗啉衍生物等。用于吸收溶剂要求具备溶解度大、选择性好，无腐蚀、性能稳定等特性。物理溶剂法的反应机理如下：

在物理溶剂中的溶解遵循亨利定律。由于理想的物理溶剂不同分子间不存在特定的化学反应，原料气中各组分在气相和液相中的分布可用下式来表示：

$$y_i/x_i = p_i^*(T)/p$$

式中 y_i——i 组分在气相中的摩尔分数；

x_i——i 组分在液相中的摩尔分数；

$p^*_i(T)$——纯组分 i 在温度 T 时的蒸气压；

p——系统压力。

物理溶剂对原料气中各组分的吸收取决于其挥发度，后者可以常压下的沸点来衡量（表4-3-4），常压沸点愈高的组分愈容易被物理溶剂吸收，而挥发度（常压沸点）相近的组分则同时被吸收。从表中可以看出，脱除 CO_2

和 H_2S 时将有一定量的 C_2^+ 组分被共吸收，故对 C_2^+ 含量很高的原料气不宜用物理溶剂吸收法处理。同时，CO_2 和 H_2S 之间沸点也有所差别，而且不同物理溶剂的极性也不同，因此物理溶剂在一定程度上也能实现选择性脱硫。

表 4-3-4　气体常见组分的常压沸点　℃

组　分	沸　点	组　分	沸　点
H_2	-252.8	COS	-50.3
N_2	-195.8	C_3H_8	-42.1
CO	-191.5	$n-C_4H_{10}$	-0.5
CH_4	-161.5	$i-C_4H_{10}$	-11.8
C_2H_6	-88.6	CH_3SH	6.8
CO_2	-78.5	C_2H_5SH	34.4
H_2S	-60.3	$n-C_5H_{12}$	36

依据物理溶剂工艺的技术特性，其最适合用于处理符合下列条件的原料天然气：

（1）原料气中酸性气体的分压越高，则越有效；

（2）当原料气中 H_2S 含量甚低，而 CO_2 分压又超过 0.33MPa 时，尤其适合于大规模脱碳，此时只需简单地闪蒸即可再生溶剂；

（3）物理溶剂均具有相当高的脱除有机硫化合物的能力，对于硫醇型（RSH）有机硫尤其如此；

（4）原料气中 C_2^+ 组分的含量较低。

物理溶剂工艺的优点是流程简单，气体组分吸收在低温、高压下进行，吸收能力大，吸收剂用量少，再生容易，不需要加热，因而能耗较低，投资及操作费用也较低，溶剂再生通常采用降压闪蒸或常温气提的方法。

物理溶剂工艺开发时间早，技术较为成熟，但其应用范围远不及醇胺法工艺广泛，主要用于合成气及煤气的脱硫及脱碳，在国外也有少量用于天然气的脱硫及脱碳处理。表 4-3-5 给出了一些重要物理吸收工艺的主要性能及应用情况。

表 4-3-5　物理溶剂工艺的主要性能

工艺名称	Rectisol	Selexol	Fluor solvent	Purisol	SepasolvMPE
开发公司	Linde AG Lurgi	Norton	Fluor	Lurgi	BASF
溶　剂	甲　醇	聚乙二醇 甲醚	碳酸丙 烯酯	N-甲基 吡咯烷酮	聚乙二醇甲基 异丙基醚

续表

工艺名称		Rectisol	Selexol	Fluor solvent	Purisol	SepasolvMPE
相对分子质量		32	280	102	99	320
相对密度（25℃）		0.785	1.030	1.195	1.027	1.005
比热容，J/（kg·℃）（25℃）		2368	2050	1418	1673	—
沸点，℃		65	—	240	202	320
闪点，℃		—	151	—	96	—
凝固点，℃		−92	−28	−48	−24	—
蒸汽压，Pa（25℃）		667	9.7×10^{-2}	11.3	53.2	—
水溶性，g/L（25℃）		全溶	—	94	全溶	—
在水中溶解度 g/L（25℃）		全溶	—	236	全溶	—
CO_2 溶解度，L/L（25℃、1大气压）		13.45（−25℃）	3.43	3.40	3.57	—
粘度，mPa·s（25℃）		0.6	5.9	3.0	1.65	—
工艺操作参数	典型吸收温度，℃	−35～−55	0～15	0～15	室温	0～15
	最高操作温度，℃	—	175	65	—	175
	净化气体指标	—	—	—	—	—
	CO_2 含量（体积分数），10^{-6}	100	10000	10000	1000	—
	H_2S 含量（体积分数），10^{-6}	0.1	1	<4	<4	<4
	工业化年份	1954	1965	1961	1963	1978
	工业装置数量	>100	>55	14	7	4

化学－物理溶剂法由醇胺和物理溶剂混合而成的化学－物理溶剂法因兼具物理吸收和化学吸收性能而获得较为广泛应用。表4－3－6给出国内外主要的化学物理溶剂工艺，迄今为止国内外应用最广泛的化学－物理溶剂法是砜胺法，现有装置超过200套。此法所用物理溶剂为环丁砜，化学溶剂为二异丙醇胺（DIPA）或甲基二乙醇胺（MDEA）。与胺法相比，在较高的酸气分压下有较高的酸气负荷因而可降低循环量；此外良好的脱除有机硫的能力则是其重要特点。这类工艺多用于含有机硫的气体进行脱硫和脱碳。

表 4-3-6 国内外主要的化学-物理溶剂工艺

工 艺	开 发 公 司	主 要 溶 剂
Sulfinol 工艺	荷兰 Shell 公司	Sulfinol-D（DIPA+环丁砜） Sulfinol-M（MDEA+环丁砜）
Amisol 工艺	德国 Lurgi 公司	甲醇、醇胺
Optisol 工艺	美国 C-E Natco 公司	醇胺、物理溶剂
Selefining 工艺	意大利 Snampregetti 公司	醇胺、物理溶剂
Hybrisol	法国石油研究院（IFP）	MDEA+甲醇
砜胺法	中国石油西南油气田分公司天然气研究院	环丁砜+MDEA

综上所述，由于溶剂吸收法工艺种类较多，下面着重介绍几种国内外应用较多的几种典型溶剂法吸收脱硫工艺。

1. 醇胺类工艺

1）主要胺类化合物

常用的烷醇胺主要有一乙醇胺（MEA）、二乙醇胺（DEA）、三乙醇胺（TEA）、甲基二乙醇胺（MDEA）、二异丙醇胺（DIPA）、二甘醇胺（DGA）等，它们的主要物化参数见表 4-3-7。

表 4-3-7 主要醇胺的物化参数

名 称	MEA	DEA	TEA
分子式	$HOC_2H_4NH_2$	$(HOC_2H_4)_2NH$	$(HOC_2H_4)_3N$
相对分子质量	61.1	105.1	149.2
密度 (g/cm^3)（20/20℃）	1.018	1.092 (30/20)	1.126
比热容，J/（kg·K） （温度 82.2℃）	15.91 （15%溶液）	14.08 （50%溶液）	—
沸点，℃ (0.1013MPa)	171	269（分解）	360
凝点，℃ （纯物质）	10.5	28.0	21.2
蒸汽压，Pa (20℃)	48.0	1.33	1.33
水中溶解度（质量分数）%，(20℃)	全溶	96.4	全溶
粘度（20℃） $\times 10^{-2}Pa \cdot s$	24.1	380（30℃）	1013

续表

名　　称	MEA	DEA	TEA
蒸发热，kJ/kg (0.1013MPa)	825.6	669.8	534.9
反应热，kJ/kg CO_2 H_2S	 1918.0 1906.3	 1518.1 1188.0	 988.0 930.0
化学降解 CO_2 H_2S COS	 不发生 可逆 几乎不可逆	 不发生 不发生 微量	 — — —

名　　称	MDEA	DIPA	DGA
分子式	$(HOC_2H_4)_2NCH_3$	$(CH_3CHOHCH_2)_2NH$	$HOC_2H_3-OC_2H_4NH_2$
相对分子质量	119.2	133.2	105.1
密度，(g/cm^3)（20/20℃）	1.042	0.989（45/20）	1.055
比热容，J/（kg·K）（温度 82.2℃）	—	14.58（40%溶液）	13.59（60%溶液）
沸点，℃ (0.1013MPa)	247.2	248.7	221
凝点，℃（纯物质）	~21.0	42	~9.5
蒸汽压，Pa（20℃）	1.33	1.33	1.33
水中溶解度（质量分数）%，（20℃）	全溶	87	全溶
粘度（20℃） $\times 10^{-2}$Pa·s	101	198（45℃）	26（24℃）
蒸发热，kJ/kg (0.1013MPa)	518.6	429.1	509.5
反应热，kJ/kg CO_2 H_2S	 1104.3 —	 1673.9 1104.3	 1976.1 1566.9
化学降解 CO_2 H_2S COS	 不发生 微量 微量	 不发生 可逆 有些不可逆	 不发生 可逆 可逆

2）常用醇胺工艺

表4－3－8给出常用醇胺法工艺的基本操作参数。工艺选择主要取决于气体的组成、温度及压力以及净化要求等因素。

表4－3－8　常用醇胺法工艺的基本操作参数

工艺方法	MEA 工艺	DEA 工艺	MDEA 工艺	DGA 工艺	ADIP 工艺
溶剂	MEA	DEA	MDEA	DGA	DIPA
水溶液浓度（质量分数），%	12～20	25～35	40～50	40～60	25～45
富液酸气负荷，mol/mol	0.30～0.40	0.40～0.50	0.40～0.55	0.30～0.40	0.50～0.85
贫液酸气负荷，mol/mol	0.07～0.10	0.03～0.05	0.01～0.03	0.07～0.10	—
溶液损失，kg/10^4m^3 净化气	3.2～8.0	1.6～3.2	1.6～3.2	1.6～3.2	3.2～6.4
吸收塔操作温度,℃	38～45	38～45	38～40	38	35～40
再生塔操作温度,℃	110～120	100～120	100～120	120	100～120
蒸汽配比，kg/m^3	120～144	108～132	108～144	132～156	—
回流比，mol 水/mol 酸气	1.5～3.0	1.5～2.0	1.0～1.5	1.4～2.8	—

表4－3－8列出的工艺主要技术特点见表4－3－9。

表4－3－9　常用醇胺工艺的主要技术特点

工　艺	技术特点	
	优势	不足
MEA	（1）溶剂价格相对较低； （2）可脱除 COS 和 CS_2； （3）反应活性较高，在中低压条件下可达到净化气指标［H_2S 含量 4×10^{-6}（体积分数），CO_2 含量 100×10^{-6}（体积分数）］； （4）再生压力条件下可加热蒸馏复活	（1）蒸气压较高的导致溶剂损失较高； （2）腐蚀性较高； （3）能量消耗较高； （4）与 CO_2、COS 和 CS_2 生成不可逆降解产物
DEA	（1）与 MEA 相比，溶液循环量较低，投资和操作费用降低； （2）溶剂价格相对较低； （3）与 COS 和 CS_2 不发生降解； （4）蒸气压较低，溶剂损失较低； （5）烃类溶解度较低； （6）与 MEA 相比，腐蚀性较低	（1）与 MEA 和 DGA 相比，反应活性较低； （2）对酸气脱除不具选择性； （3）在高温条件下，与 CO_2 反应生成降解产物； （4）再生压力条件下常规加热蒸馏无法复活
DIPA	（1）与 MEA 相比，溶液循环量较低，投资和操作费用降低； （2）对 CO_2 进行限制脱除，对 H_2S 脱除具有一定选择性；	（1）与 MEA 和 DGA 相比，反应活性较低； （2）在高温条件下，与 CO_2 反应生成降解产物；

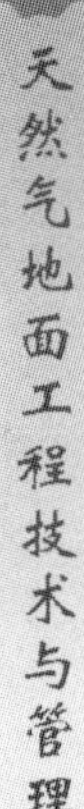

续表

工艺	技术特点	
	优势	不足
DIPA	（3）与 COS 和 CS_2 不发生降解； （4）蒸气压较低，溶剂损失较低； （5）与 MEA 相比，腐蚀性较低	（3）再生压力条件下常规加热蒸馏无法复活
DGA	（1）与 MEA 相比，溶液循环量较低，投资和操作费用降低； （2）可脱除 COS 和 CS_2； （3）反应活性较高，在低压和高温条件下可达到净化气指标［H_2S 含量 4×10^{-6}（体积分数）］； （4）硫醇脱除能力有所提高； （5）即使达到 50%（质量分数）的溶液浓度，凝固点温度也较低； （6）再生压力条件下可加热蒸馏复活	（1）对酸气脱除不具选择性； （2）能量消耗较高； （3）烃类溶解度较高； （4）溶剂价格相对较高； （5）与 CO_2、COS 和 CS_2 生成降解产物，在溶液再生条件下不可逆，需要专门加热蒸馏复活
MDEA	（1）相对于 CO_2，对 H_2S 的脱除具有选择性； （2）蒸气压较低，溶剂损失较低； （3）与其他溶剂相比，腐蚀性较低； （4）抗降解能力强； （5）与 H_2S 和 CO_2 反应热低，能量消耗较低； （6）即使达到 50%（质量分数）的溶液浓度，凝固点温度也较低	（1）溶剂价格相对较高； （2）相对较低的反应活性； （3）再生压力条件下常规加热蒸馏无法复活； （4）COS、CS_2 脱除能力最低

（1）MEA 法。

一乙醇胺（MEA）的化学反应活性好，但在脱除 H_2S 的同时也大量脱除原料气中的 CO_2，因而几乎没有选择性。由于其相对分子质量最小（61.09），故在醇胺溶液的质量浓度相同时 MEA 的摩尔浓度最高。MEA 的缺点是容易发泡及降解变质。和原料气中的 CO_2 会发生副反应而生成难以再生的噁唑烷酮等降解产物，导致部分溶剂丧失脱硫能力；MEA 与羰基硫（COS）、二硫化碳（CS_2）的反应是不可逆的，因而会造成溶剂损失和降解产物在溶液中积累。同时，MEA 的再生温度较高，再生塔底温度一般在 121℃ 以上，导致再生系统腐蚀严重，在高酸气负荷下则更甚。MEA 溶液浓度一般采用 15%（质量分数），最高也不超过 20%；酸气负荷在 0.3mol（酸气）/mol（醇胺）左右。

（2）DEA 法。

二乙醇胺（DEA）为仲醇胺，与 MEA 相比，它与 COS 和 CS_2 的反应速率较低，与有机硫化合物发生副反应而造成的溶剂损失量相对较少，适用于原料气中有机硫化合物含量较高的原料气。DEA 对原料气中的 H_2S 与 CO_2 基本上也无选择性。

（3）DIPA 法。

二异丙醇胺（DIPA）（国外称为 Adip 法）化学稳定性优于 MEA 和 DEA，且溶剂的腐蚀较小。DIPA 水溶液的浓度一般为 30% ~40% （质量分数），对于原料气中同时存在的 H_2S 与 CO_2，可完全脱除 H_2S 而部分地脱除 CO_2，因而具有一定选择性。由于 DIPA 能较有效地脱除硫氧碳（COS），在炼厂气净化装置上应用也较多。

（4）DGA 法。

对有机硫有一定吸收能力，在低温条件下也具有较好的反应活性，较适合于低温气候（60%溶液的凝固点为 -40F），处理较高含量的 CO_2 气体，溶液具有较强的腐蚀性。由于降解反应速率较大，通常需要采用复合工艺系统。

（5）MDEA 法。

甲基二乙醇胺（MDEA）为叔醇胺，分子中不存在活泼 H 原子，因而化学稳定性好，溶剂不易降解变质；溶液的发泡倾向和腐蚀性也均低于 MEA 和 DEA。MDEA 溶液的浓度可达到 50% （质量分数）以上，酸气负荷可达 0.5 ~ 0.6，甚至更高，可在同时含有 H_2S、CO_2 的原料气中选择性地脱除 H_2S，将相当数量的 CO_2 保留在净化气中，不仅节能效果明显，还能大大改善克劳斯装置原料酸气的质量。国内外有代表性的 MDEA 工业装置基本工艺条件见表 4 -3 -10。

表 4 -3 -10　MDEA 工业装置的基本工艺条件

装置名称	处理量 $\times10^4m^3/d$	吸收压力 MPa	原料气 H_2S 含量 %（体积分数）	原料气 CO_2 含量 %（体积分数）	净化气 H_2S 含量，10^{-6}（体积分数）	CO_2 吸收率 %	MDEA 浓度 %（质量分数）	贫液循环量 m^3/h	备注
Waveland（美国）	80	6.6	0.0006	3.8	1	50	40 ~50	—	20 块塔板
垫江分厂（1 套）	125	3.6 ~ 4.1	0.2	1.9	<20	32	约 41	15	15 块浮阀塔板
渠县分厂	2 ×200	4.0	0.26	1.53	<20	26	约 43	16	15 块浮阀塔板

3）醇胺法工艺的基本流程

醇胺法工艺的基本流程如图 4 -3 -1 所示。

原料气经分离器除去游离的液滴及夹带的固体杂质后进吸收塔，气体在塔内自下而上地与醇胺溶液逆流接触而脱除其中的酸性气体组分，出吸收塔

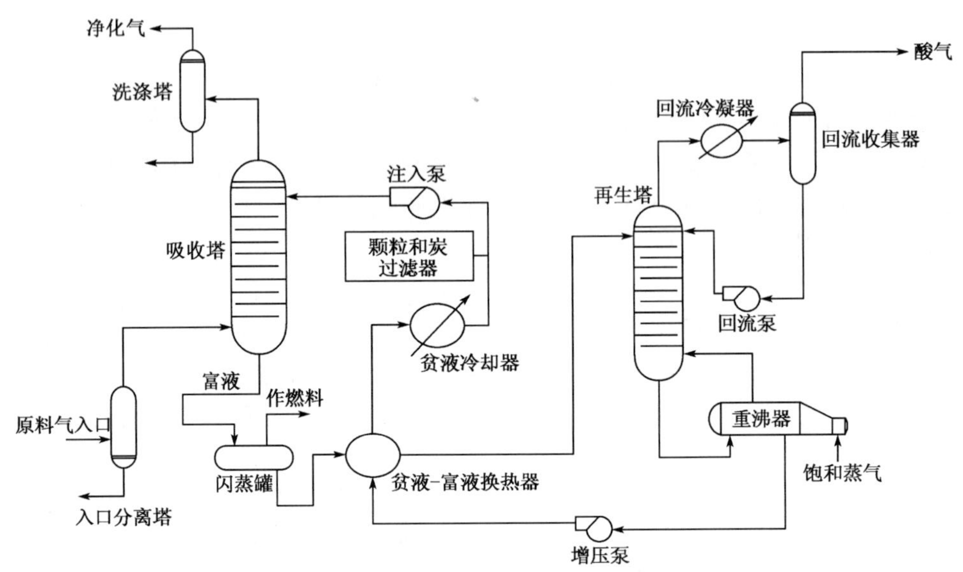

图 4-3-1　醇胺法工艺基本流程

的净化气经分离器后离开装置。吸收塔排出的富液经贫液-富液换热器与贫液换热而升温，然后进入再生塔上部。高压下运转的装置通常先使富液经闪蒸罐，尽可能闪蒸出溶解于脱硫溶液中的烃类后再汽提再生，以避免损失原料气中所含的烃类组分和影响再生酸气的质量。再生塔底部排出的贫液经贫液-富液换热器及冷却器，冷却后返回吸收塔上部。

再生出的酸气和水蒸气出塔后经冷凝和冷却。冷凝水作为回流液返回再生塔，分离出的酸气则送往下游的硫黄回收装置（或送往火炬）。

（1）吸收条件：填料塔和各种类型的板式塔均可应用于脱硫工艺，塔板（或填料）应满足在加强气相湍流的同时，尽可能减少液相混合的水力学条件。对筛板塔则要求气相流速在接近筛板泄漏点的条件下操作。

虽然 MDEA 的碱性略低于 MEA 和 DEA，但通常 20 块左右吸收塔板足以保证净化气中的 H_2S 含量降至 $20mg/m^3$ 以下；适当控制操作条件，$6\ mg/m^3$ 的净化度也不难达到。

在保证 H_2S 净化度的前提下，CO_2 的共吸收率与吸收塔板数成正比关系（图 4-3-2）。在中等循环量的条件下，吸收塔板数从 20 块降至 15 块时 CO_2 共吸收率约减少 6~8 个百分点。对于原料气中酸性气体含量有波动的装置，为便于调节，吸收塔可多设几个贫液入口。

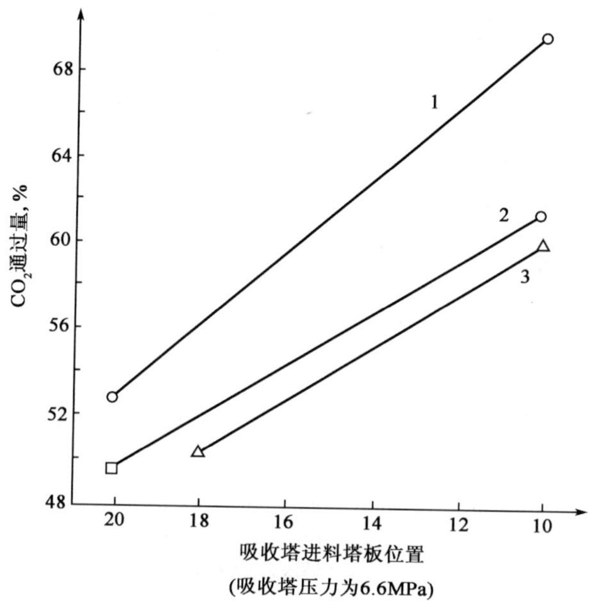

图 4-3-2　吸收塔板数对二氧化碳共吸收率的影响

1—中等溶液循环量，MDEA 浓度为 45.4%～47.4%，贫液温度为 44.4～47.2℃；2—中等溶液循环量，MDEA 浓度为 38.8%～42.2%，贫液温度为 45.5～50.5℃；3—中等溶液循环量，MDEA 浓度为 42.0%～44.3%，贫液温度为 45.5～47.2℃

（2）酸气负荷：脱硫溶液的酸气负荷是影响选吸效率的重要参数。在循环量固定时，酸气负荷高，气液比也高，气液接触时间减少，有利于提高选吸效率。同时，MDEA 性质稳定，腐蚀与发泡倾向低于 MEA 和 DEA，故 MDEA 水溶液的酸气负荷通常可达 0.5mol/mol，在处理高含酸气的原料气时还可以适当提高溶液的酸气负荷，但一般不宜超过 0.75。

工业装置上在溶液循环量等操作条件不变时，提高 MDEA 浓度即意味着降低酸气负荷，此时 CO_2 的共吸收率也降低。图 4-3-3 为 MDEA 浓度对二氧化碳共吸收率的影响。但若 MDEA 溶液浓度等操作条件不变时，提高溶液循环量实际上是增加了气液两相的接触时间，也增加了溶液吸收 CO_2 的量，故 CO_2 的共吸收率上升。

（3）贫液温度：MDEA 水溶液的选吸性能主要是受动力学因素控制，提高贫液入塔温度则加快溶液吸收 CO_2 的速率；但对 H_2S 吸收速率的影响不甚明显。因此，总的结果是贫液温度升高 CO_2 的共吸收率增加（图 4-3-4）。工业装置上贫液入塔温度一般应控制在 45℃以下。

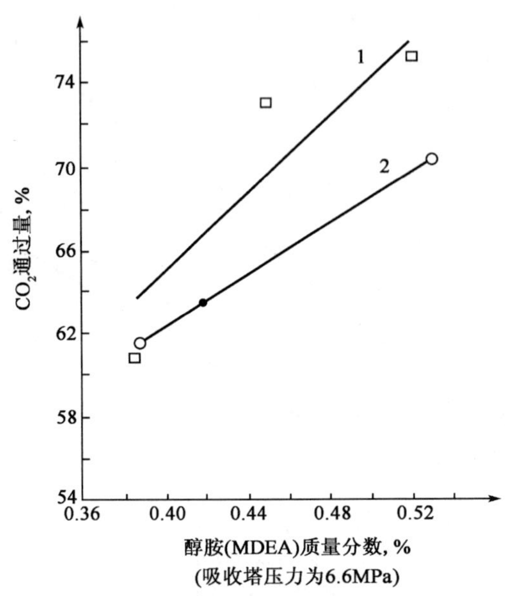

图 4－3－3 溶液酸气负荷对二氧化碳共吸收率的影响

1—第 10 块塔板处进料，中等溶液循环量，MDEA 浓度为 47.4% ~49.8%；2—第 10 块塔板处进料，高溶液循环量，MDEA 浓度为 44.3% ~45.2%

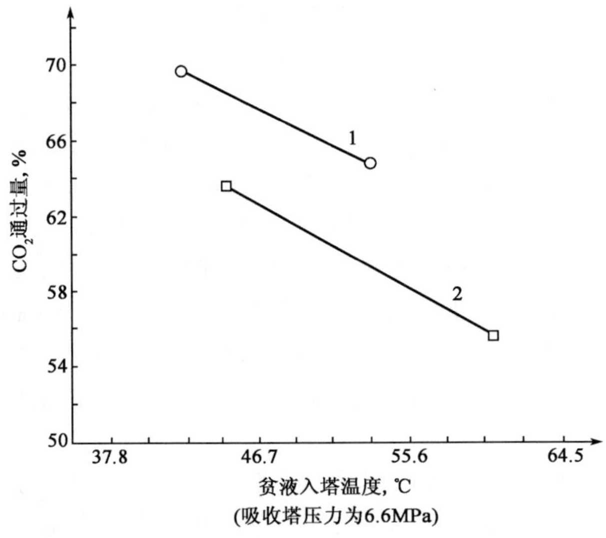

图 4－3－4 贫液入塔温度对二氧化碳共吸收率的影响

1—第 10 块塔板处进料，低溶液循环量；2—第 10 块塔板处进料，中等溶液循环量

（4）再生条件：MDEA 选吸脱硫工艺的主要性能之一是节能，而在典型的脱硫装置操作成本构成中，富液再生消耗的能量（蒸汽）要占成本的约 65%，因而再生条件的合理选择是节能的关键所在。

再生塔也称为汽提塔，其主要功能是利用重沸器提供的二次蒸汽气提富液而使之释放出所吸收的 H_2S 和 CO_2 而再生为贫液。常规的 MEA 法和 DEA 法的再生塔在富液进料口以下设置 12～20 块塔板，在进料口之上设置 2～6 块水洗塔块，以减少醇胺的蒸发损失。MDEA 比 MEA 和 DEA 容易再生，且蒸汽压也较低，故再生和水洗的塔板数可适当减少。

图 4-3-5 示出再生塔的贫液质量与净化气中 H_2S 含量密切相关。因此，操作压力和塔底温度的确定主要取决于要求的净化度。在原料气中 CO_2 含量不超过 3%（体积分数）的情况下，仅需考虑 H_2S 的净化要求；但对于 CO_2 含量很高的原料气，则应结合考虑两者的净化要求。同时，由于 MDEA 比 MEA 和 DEA 容易再生，一般再生塔底温度控制在 117℃以下，与之相对应的塔顶压力大致为 0.17～0.18MPa。从图中可以看出，在该装置的工况条件下（MDEA 浓度为 40%），当贫液 H_2S 含量为 0.003mol/mol 时，可保证净化气中 H_2S 含量大于 $20mg/m^3$；如要使之降至 $6mg/m^3$，则应将贫液中 H_2S 含量降低至 0.001mol/mol。

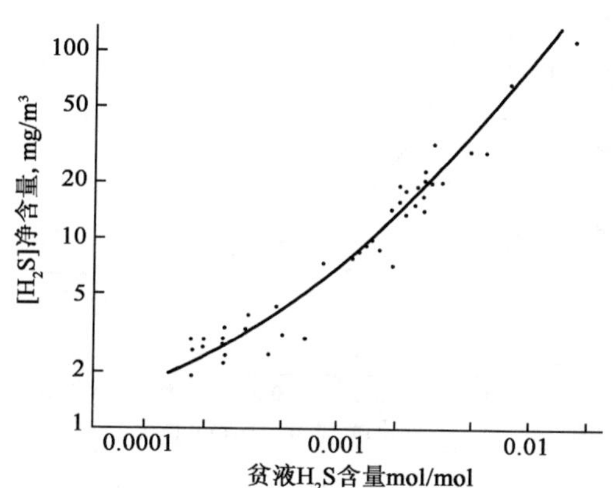

图 4-3-5　净化气 H_2S 含量与贫液 H_2S 含量的关系

（5）回流比：贫液质量与再生塔顶回流比有关。在再生塔底温度不变的情况下，提高蒸汽流率就提高了再生塔顶的回流比，贫液中 H_2S 含量也随之下降。由于各种醇胺溶液中 H_2S 和 CO_2 的溶解度不同，且其平衡分压也不同，因而达到同样的贫液质量要求的回流是不同的。表 4-3-11 列出了工业装置上各种醇胺控制回流比的大致范围。

表4-3-11 回流比与 H_2S 净化度的关系

脱硫溶剂	较高净化度	中等净化度
MEA	3.0	2.5
DEA	2.5	2.0
DIPA	1.8	0.9
MDEA	1.0	0.5～0.8

图4-3-6示出了MDEA法工业装置上测定的回流比与贫液质量的关系。图中数据表明，在其他条件不变时，回流比为0.8～1.0时贫液中 H_2S 含量降至0.002～0.003mol/mol，进一步加大回流比对改善贫液质量的效果就不太明显，徒然增加蒸汽消耗；但回流比也不宜控制过低，否则贫液中的 H_2S 含量就急剧上升。

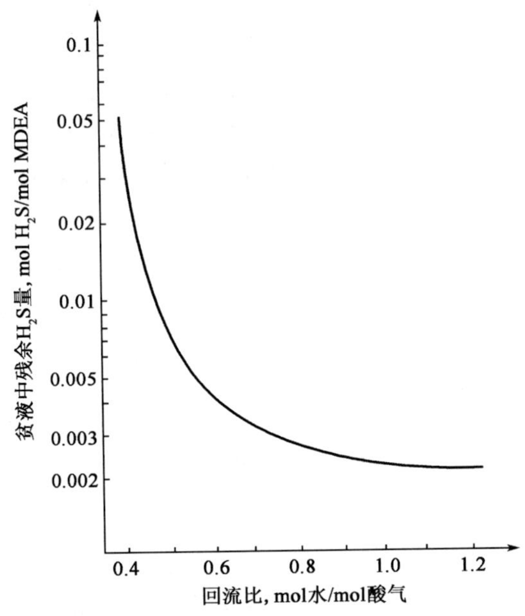

图4-3-6 再生塔回流比对贫液质量的影响

4）工艺应用

西南油气田公司是我国最大的天然气脱硫基地之一。20世纪80年代以前，醇胺法以MEA和DEA为主，但由于这些溶剂无选择性、存在化学降解及热降解，只能在低浓度下使用，导致溶液循环量过大、能耗过高。进入80年代以后，逐渐被具有选吸能力的DIPA和MDEA所取代。尤其是MDEA具有腐蚀性低、使用浓度高、酸气负荷大、选择性高、能耗低、抗降解能力强等优点，被广泛采用。

西南油气田公司天然气研究院自主开发了以 MDEA 为主、具有更高选吸性的 CT8－5 配方型溶剂。表 4－3－12 为西南油气田公司天然气净化装置采用的脱硫技术。

表 4－3－12 西南油气田公司天然气净化装置采用的脱硫技术

单位		设计规模 $10^4m^3/d$	H_2S 含量 %	CO_2 含量 %	压力 MPa	脱硫溶剂
重庆净化总厂	引进分厂	400	0.28	0.54	5.5	Sulfinol－M
		80	4.88	0.62	4.0	Sulfinol－M
		200	0.28	0.54	5.5	Sulfinol－M
	垫江分厂	400	0.28	1.01	4.0	MDEA
	渠县分厂	2×200	0.56	1.01	4.2	MDEA
	长寿分厂	400	0.28	1.71	4.8	CT8－5
	忠县分厂	2×300	0.63	1.62	6.1	CT8－5
川中油气矿		50＋80	1.74	0.54	4.0	MDEA
川西北气矿		120	6.82	4.82	4.0	Sulfinol－D
蜀南气矿	隆晶净化厂	40	0.20	1.84	3.0	MDEA
	荣县净化厂	2×25	1.25	5.15	1.6	MDEA
川东北气矿	罗家寨净化厂（在建）	3×300	11.50	8.00	7.1	MDEA
	铁山坡净化厂（在建）	2×300	15	6.32	8.5	Sulfinol－M

2. 砜胺工艺

1）砜胺（Sulfinol）工艺分类

根据采用化学溶剂醇胺的不同，工艺分为 Sulfinol－D（采用 DIPA）和 Sulfinol－M（采用 MDEA）。Sulfinol－D 适合于酸气全部脱除和有机硫（RSH、COS）的深度脱除，也可用于较宽范围 CO_2 的脱除，包括 LNG 原料气制备及 CO_2 含量 20%～30% 的应用，多用于现有装置的节能改造；Sulfinol－M 则是在保持 Sulfinol－D 工艺性能的基础上，能够在 CO_2 存在情况下选择性脱除 H_2S，但 COS 脱除能力不及 Sulfinol－D 工艺；在用于大量 CO_2 脱除时，具备高负荷和低再生能耗的能力，平衡选择性吸收是它的一个突出特点。因此，Sulfinol－M 多用于选择性吸收，而且也能同时脱除有机硫。

上述两种工艺的工业试验结果比较见表 4－3－13。表中数据表明，由于二氧化碳脱除率大幅度下降，溶液循环量和重沸器蒸气耗量也大大下降。对原料气中 H_2S 含量很少而基本上是脱除 CO_2 的过程，Sulfinol－M 溶液的再生

可以藉简单的加热闪蒸来完成，这样可进一步降低能耗。

表4-3-13　Sulfinol-D 法与 Sulfinol-M 法的比较

项目	操作压力 MPa	原料气 CO_2 含量（体积分数），%	原料气 H_2S 含量（体积分数），%	Sulfihol-M CO_2 脱除率①，%	循环量下降率 %	蒸气用量下降率 %
工厂A	6.3	8	0.2～0.3	60	30	28
工厂B	7.5	10%	8	20	60	60

①Sulfinol-D 法的 CO_2 脱除率几近100%。

表4-3-14系根据国内外的应用实例归纳出的适用范围。在表中所列范围内通过操作条件的变化，以及溶剂中环丁砜与醇胺之间比例的调节以达到最佳的净化与节能效果。

表4-3-14　Sulfinol 溶剂的适用范围

项　目	原　料　气	净　化　气
压力，kPa	150～9100	
酸气含量（体积分数）		
H_2S	0～53.6%	$1～60\times10^{-6}$
CO_2	2.6%～43.5%	0.005%～25%
COS	$0～1000\times10^{-6}$	$3～160\times10^{-6}$
RSH	$0～3000\times10^{-6}$	$4～160\times10^{-6}$
酸气分压，kPa		
H_2S	0～4920	0.004～0.14
CO_2	18～2700	0.01～530
H_2S+CO_2	83～5160	0.02～530
H_2S/CO_2 比值（体积分数）	0～20	

2）应用实例

表4-3-15中列出了应用 Sulfinol 溶剂的若干工业装置应用实例。

表4-3-15　Sulfinol 溶剂的工业装置应用实例

净化装置	Emmen	Yellow-Hammer	Piner-River	Caroline	Sexsmith	Husky76
原料气类型	天然气	天然气	天然气	天然气	天然气	炼厂气
处理量 $10^6\ m^3/d$	4.0	5.7	7.5	8.6	4.6	0.45
H_2S 含量，%	0.44	0.2～0.8	9	35	7	25
CO_2 含量，%	4.2	3.4	7	6	0.7	3

续表

净化装置	Emmen	Yellow - Hammer	Piner - River	Caroline	Sexsmith	Husky76
有机硫（RSH + COS）含量 $\times10^{-6}$	90	10	350	900	500	4000
CO_2 共吸收率，%	40	50 ~ 70				
有机硫脱除率，%	40	40	97	98	80	97
溶剂类型	Sulfinol - M	Sulfinol - M	Sulfinol - D	Sulfinol - D	Sulfinol - D	Sulfinol - D

西南油气田分公司某净化厂的引进脱硫装置，1981 年开工时是使用 Sulfinol - D 溶剂，投产后一直运转平稳。20 世纪 80 年代后期，由于原料天然气中二氧化碳含量上升，而硫化氢含量不断下降，使该装置的操作工况严重偏离设计值，导致能耗上升，进克劳斯装置的酸气中硫化氢浓度下降。针对此问题该厂与天然气研究院合作，于 1991 年初将原用的 DIPA - 环丁砜水溶液改为 MDEA - 环丁砜水溶液进行了工业试验。后者在该厂规模为 $4\times10^6m^3/d$ 的工业装置上进行（试验过程中装置的实际处理量约为 $3\times10^6m^3/d$），原装置的流程与设备均未作改动，只是由于原料气中有机硫化合物的含量也较原设计值降低很多，因而把吸收塔的塔板数由原来用的 35 块减少为 23 块。

工业试验结果表明，将原用的 Sulfinol - D 型溶剂更换为 Sulfinol - M 溶剂后，在合适的操作条件下处理硫化氢含量约 2.6%（体积分数），二氧化碳含量约 1%（体积分数），有机硫化合物含量 $650mg/m^3$ 的天然气时，净化气中硫化氢含量与原来相当（$5mg/m^3$），有机硫化合物含量从 $109mg/m^3$ 上升至 $184mg/m^3$，二氧化碳含量从 $7mg/m^3$ 上升至 0.51%（体积分数）。数据表明二氧化碳的共吸收率下降了 50% 左右，使酸气中的硫化氢含量从 67.3% 上升至 79.9%。再生塔的回流比从 1.36 下降为 0.66，蒸气用量下降 22%，节能的效果十分明显。

3. 聚乙二醇二甲醚（Selexol）工艺

1）工艺概述

Selexol 工艺最初由美国 Allied 化学公司在 20 世纪 60 年代开发成功，到 1982 年之后归属于 Norton 公司。目前，采用 Selexol 工艺装置数量已超过 55 套，是应用最为广泛的物理溶剂工艺。Selexol 工艺采用聚乙二醇二甲醚混合物作处理溶剂，聚乙二醇二甲醚混合物的通式为 $CH_3O(C_2H_4O)_nCH_3$，其中

$n=3\sim9$，典型组成见表4－3－16。

表4－3－16 Selexol溶剂的典型组成

n	3	4	5	6	7	8	9
含量（质量分数），%	12	24	25	19	11	6	3

聚乙二醇二甲醚混合物溶剂具有极低蒸气压、无腐蚀性、耐热降解和化学降解等特点，适用于天然气及合成气的净化处理，获得净化气总硫含量可达1×10^{-6}（体积分数），CO_2含量低于1%（体积分数）。图4－3－7给出各种气体在Selexol溶剂中溶解度随压力的变化情况。由图可以看出H_2S和CO_2在溶剂中都具有较高的溶解度，H_2S的溶解度是CO_2的9倍，而且COS和甲硫醇等有机硫的溶解度也很高，因此该溶剂适合于气体脱硫脱碳和在H_2S和CO_2同时存在下选择脱除H_2S以及脱除有机硫。

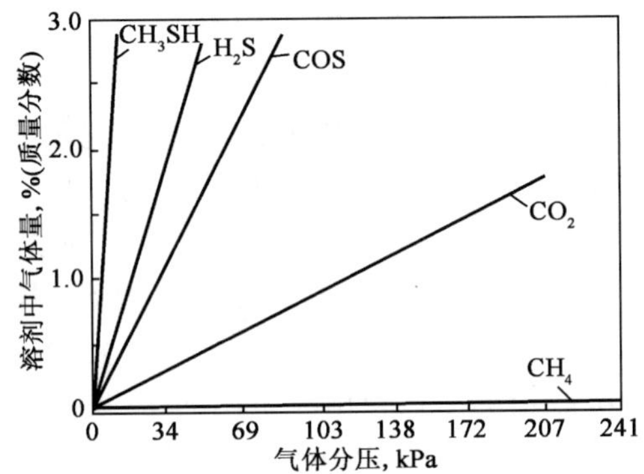

图4－3－7 气体在Selexol溶剂中的溶解度变化情况

2）应用实例

美国Burlington Resources公司所属Lost Cabin天然气净化厂采用Selexol工艺处理H_2S含量12%（体积分数）和CO_2含量20%（体积分数）的原料气，其中还含有400×10^{-6}（体积分数）COS及痕量元素硫。该厂先后建成三套处理装置：第一套装置最初规模为$141.6\times10^4m^3/d$，后扩能至$188.3\times10^4m^3/d$；第二套处理规模与第一套相同，第三套装置处理规模为$509.8\times10^4m^3/d$，硫黄产量830t/d。三套装置总处理能力为$886.4\times10^4m^3/d$，硫黄产量1450t/d。由于原料气含H_2S较高，而且还含有元素硫，同时进入装置的入口温度高达121.1℃，因此，为了避免在原料气进入系统之前，由于降温冷却出现的沉积固体硫黄堵塞管线，专门设计了进料气冷却系统，如图4－3－8所示。

为了提高选择性和脱除效率，工艺处理溶剂采用了丙烷冷冻系统进行冷却，而在脱硫和脱碳的流程方面进行了独特安排，如图4－3－9所示。原料气

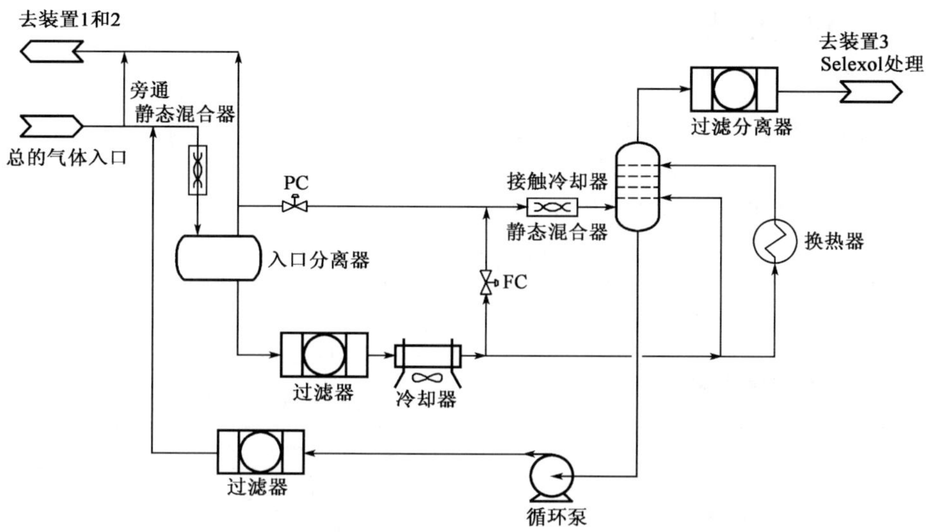

图 4-3-8　进料气冷却系统

分别在两个吸收塔中进行处理，第一吸收塔是脱硫吸收塔，第二吸收塔是脱碳吸收塔，原料气依次经第一及第二吸收塔处理后即可作为商品气出厂。这种先选择性脱硫，后进行 CO_2 脱除的流程安排，产生了富含 H_2S 的酸气而减小了后续硫回收及尾气处理装置的规模，同时，也降低了总的处理溶剂流量，以及冷冻及再生能量消耗，因而整个气体处理系统的规模和投资也得以下降。

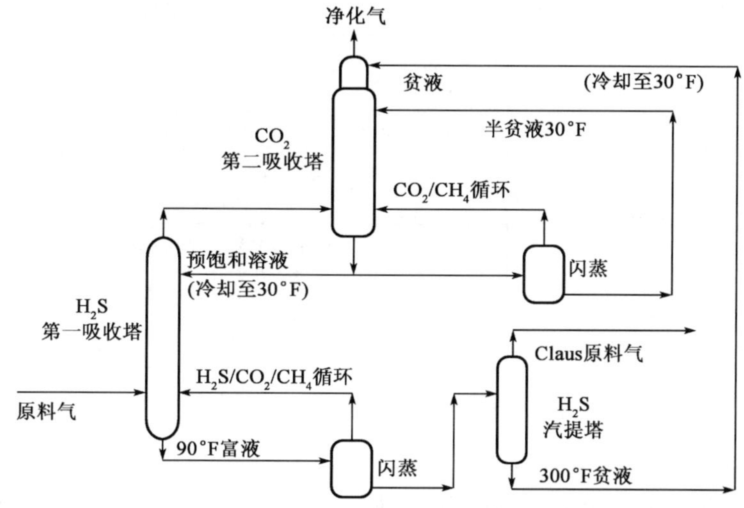

图 4-3-9　Selexol 工艺流程示意图

三、氧化还原法

氧化还原法是一种基于 H_2S 在液相中氧化为元素硫的脱硫工艺，主要适用于硫含量相对较小的天然气以及其他工业气体、尾气或废气的处理。表4－3－17列出部分主要工艺及所采用的主要处理溶液。

表 4－3－17　主要氧化还原法工艺

采用主要处理溶液	工 艺 名 称
连多硫酸盐溶液	Feld 工艺
	Kopper C. A. S. 工艺
氧化铁悬浮液	Burkheriser 工艺
	Ferrox 工艺
	Gluud 工艺
	Manchester 工艺
硫代砷酸盐溶液	Thylox 工艺
	Giammarco－Vetocoke 工艺
氰化铁溶液	Fischer 工艺
	Staatsmi Jnen－Otto 自净化工艺
ADA 溶液	Stretford 工艺
	Takahax 工艺（萘醌法）
螯合铁溶液	Cataban 工艺
	Konos 工艺
	CIP 工艺
	Sulfint 工艺、Sulfint HP 工艺
	Sulferox 工艺
	Lo－cat 工艺、Lo－cat Ⅱ 工艺
碳酸氢钠溶液	Thiopaq 工艺
硫酸铁溶液	Bio－SR 工艺

表4－3－18 给出有代表性氧化还原工艺的溶液组成和技术特点及应用情况。

表 4-3-18　代表性氧化还原工艺的溶液组成和技术特点及应用情况

工艺	溶液组成	技术特点及应用情况
Ferrox 工艺	约3.5%碳酸钠和0.5%氢氧化铁溶液	早期方法，副反应较多，净化度较差，现已很少使用
Stretford 工艺	碳酸钠溶液中加蒽醌二磺酸盐、偏钒酸钠和酒石酸钾钠	典型的二元氧化还原体系，净化度高，能脱除部分有机硫，应用范围较广
Takahax 工艺	碳酸钠溶液中加萘醌磺酸盐	净化度较高，副产的硫黄颗粒极细，在日本建有多套装置
Lo - cat 工艺	加有聚多糖的螯合铁溶液	反应速率和硫容量均较高，副产的硫黄易于沉降分离，发展较快，应用较多

目前，用于天然气脱硫的氧化还原法工艺主要是采用螯合铁溶液的铁基工艺，它们具有反应速度快和生成副产物较少等特点，其独到的优点如下：

（1）净化度高，净化气中 H_2S 含量可低于 4×10^{-6}；

（2）脱硫的同时直接生成元素硫，基本没有二次污染；

（3）可脱除 H_2S 而不脱除 CO_2；

（4）操作温度为常温。其中以 Lo - cat 工艺应用最多也发展最快。

生物脱硫技术也可用于低含硫气体或酸气处理，其工艺原理与氧化还原法的类似，不同之处在于所采用的催化剂为细菌微生物，主要包括 Bio - SR、Thiopaq 等工艺。

1. Lo - cat 工艺

1）工艺流程

Lo - cat 工艺是由 ARI 公司开发成功（现属 USFilter 公司所拥有），第一套工业化装置在 1979 年建成投产。1991 年又在原有设备结构及机械设计和催化剂化学体系方面取得重大进展，开发出第二代 Lo - cat Ⅱ 工艺。根据处理气体不同，主要分为双塔和单塔两种工艺流程。

（1）双塔流程。

采用单独吸收塔和氧化塔的双塔流程可以避免再生的废气掺杂进入净化气中，通常适用于天然气、各种燃料气或不能掺杂空气的气体脱硫处理（图 4-3-10）。在进气压力下吸收塔内直接处理酸性原料气，再生过程则在氧化塔中进行，操作压力为大气压或稍高于大气压。吸收塔和氧化塔之间的溶液循环是通过泵来完成。

（2）单塔流程。

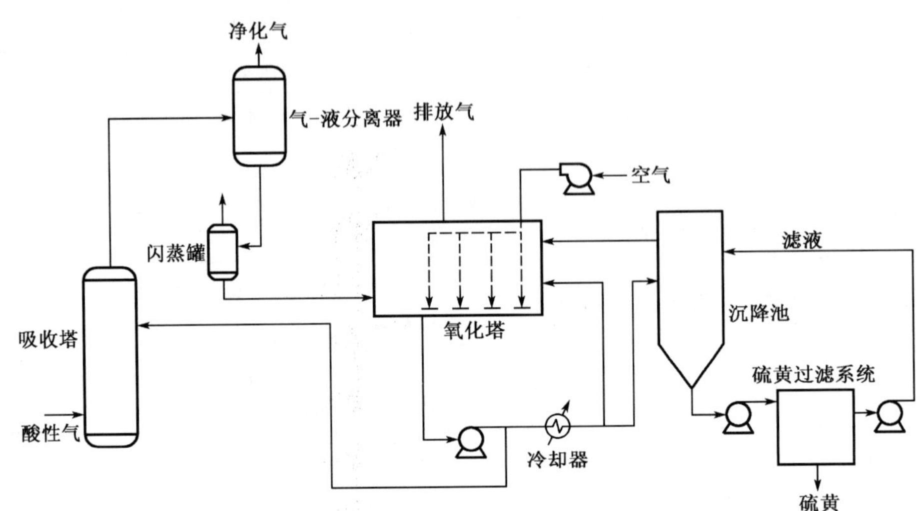

图 4-3-10 Lo-cat 工艺双塔流程

采用自循环设计的单塔流程利用吸收塔-氧化塔一体化流程设计以代替单独的吸收塔和氧化塔，这种流程适用于硫含量较小的酸气或可以掺杂空气的非燃料气脱硫或硫回收（图 4-3-11）。H_2S 的氧化反应在起吸收器作用的对流筒中进行。对流筒是一根两端开口的管状设备，与氧化器用隔板分开，其作用是将硫化物离子与空气隔离，以尽可能地减小副产物生成。

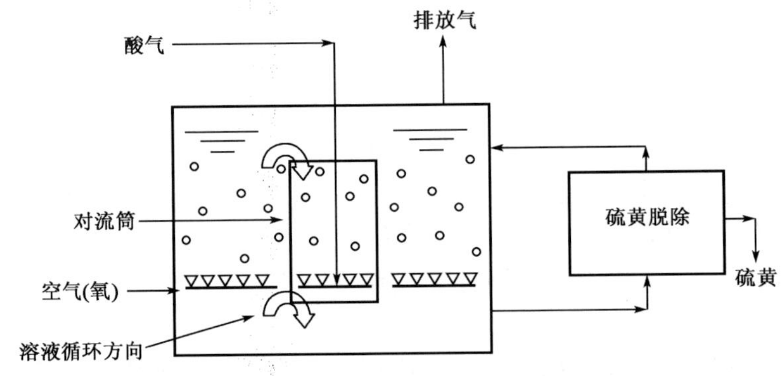

图 4-3-11 Lo-cat 工艺采用自循环设计的单塔流程

单塔流程的独特和关键之处在于自循环系统和良好的分配（鼓泡）系统。由于所有反应都发生在溶液中，吸收时，含 H_2S 的酸气通过一个气相分配系统，在吸收器内鼓泡与从吸收器顶部下来的 Fe^{3+} 发生反应，生成的元素硫下沉至反应器底部。再生时，反应后的 Fe^{2+} 在氧化器内通过一个压缩空气分配系统，将空气（氧气）鼓入溶液，使 Fe^{2+} 被氧化成 Fe^{3+}，铁离子得以重复利用。由于液体中空气量远多于酸气量，在吸收器对流筒内外产生的密度差，将再生后液体抬升到吸收器上部而自动形成循环，这样使流程简化，减少了设备、降低了投资。

单塔流程可用于 Claus 装置直接尾气处理，其工艺流程如图 4－3－12 所示。尾气首先经过急冷塔进行冷却，使气体温度由 135℃ 降至约 50℃，以避免高温造成水平衡问题，然后气体进行气液分离罐，将液体分离出来。吸收塔采用了压降较小的流动床吸收塔（MBA）专利技术，其接触媒介为中空的、类似乒乓的小球，以便在处于流态化时能够自动清洗。在 MBA 内，H_2S 和 SO_2 被循环的溶液吸收，H_2S 在螯合铁离子作用下转化为元素硫，SO_2 则与其中的碱性物质反应生成硫酸盐，从 MBA 出来的溶液进入氧化塔，注入空气进行铁离子的再生。经过 MBA 的处理，排放气中 H_2S 含量可以降至 10×10^{-6}（体积分数）左右。

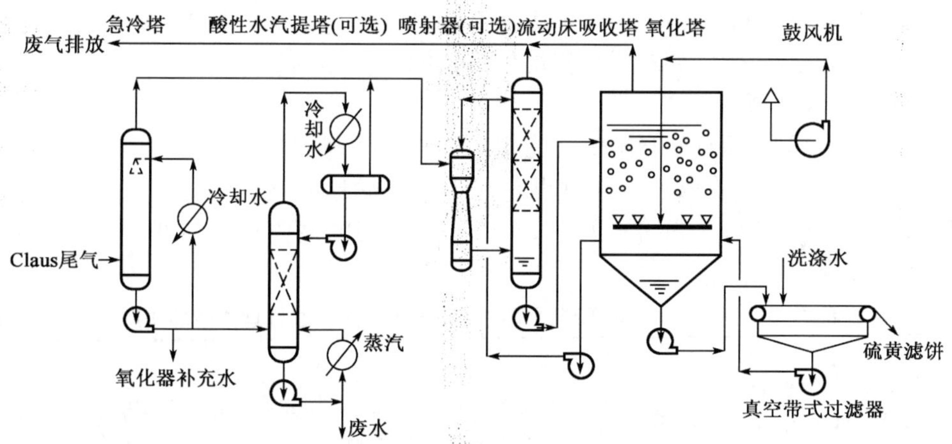

图 4－3－12 Claus 装置直接尾气处理 Lo－cat 工艺流程

尾气直接进入 Lo－cat 装置进行处理，其 SO_2 含量成为一个重要操作参数。采用这种工艺流程需要将 Claus 装置尾气中 SO_2 降至最低。只要 Claus 装置在低于化学计量氧条件下操作，增加过程气中 $H_2S:SO_2$ 比值，就可降低尾气中 SO_2 的含量。图 4－3－13 给出不同 $H_2S:SO_2$ 比值对尾气中 H_2S 和 SO_2 含量的影响。

Lo－cat 工艺较强的适用性能够保证整个系统总是达到超过 99.9% 的硫脱除率。如果 Claus 装置的 $H_2S:SO_2$ 比值超过 2，经过 Lo－cat 工艺的处理，总的硫脱除率超过 99.99%；而若 $H_2S:SO_2$ 比值保持在 2，其总的硫脱除率可达

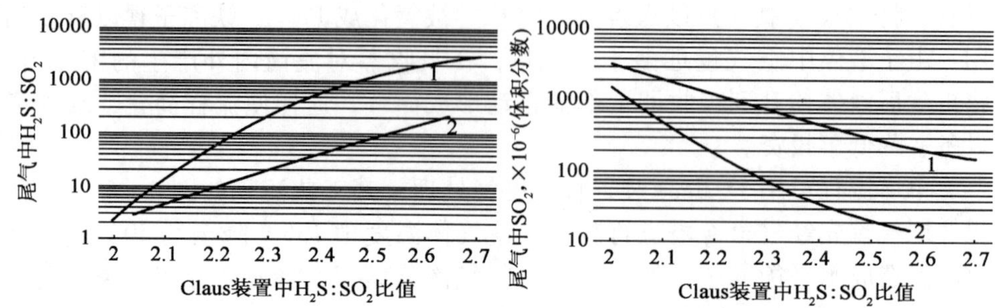

图4-3-13 不同 H_2S : SO_2 比例对尾气中 H_2S 和 SO_2 含量的影响

1—3级Claus；2—2级Claus

到99.7%，但碱液的消耗量将相当大。Lo-cat系统的溶液量设计得十分充裕，尽管要稍许增加一些投资，但能够拥有足够能力，以应对原料气条件发生大的变化，这样在Claus装置运行过程中 H_2S : SO_2 比值出现的任何变动对整个系统总的硫脱除率不会产生明显的影响，而如果Claus装置在调节比超过处理能力要求而不能运作时，还可设计成将酸气绕过Claus装置，直接进入Lo-cat装置，这种操作方式仍可获得99.99%以上的硫脱除率。

2）处理溶液

Lo-cat工艺拥有一套配伍性能相当好的化学药剂配方，以保证处理溶液的稳定性和操作的连续性，同时也有利于硫黄的形成和沉降，以及抑制副反应发生。表4-3-19为给出Lo-cat工艺所采用的主要化学药剂及其在处理溶液中的作用。

表4-3-19 Lo-cat工艺采用主要化学药剂及其在处理液中的作用

品名	药剂	作用
ARI-340	铁浓缩液	黑红色液体，带有氨味；提供足够的螯合铁离子作催化剂，确保 H_2S 氧化为元素硫
ARI-350	螯合铁稳定剂浓缩液	亮黄色液体，略有一点氨味，保证螯合铁离子在溶液中稳定存在
ARI-400	杀菌剂	浅棕色液体，略有一点甜味；抑制溶液中细菌的生长
ARI-600	表面活性剂	亮白色液体，略带酒精味；降低溶液表面张力，使硫黄颗粒易于聚集和沉降
ARI-360	螯合铁降解抑制剂	无色液体，带有硫黄味；抑制螯合铁的降解，通常在开工初期加入

表4-3-20为Lo-catⅡ工艺所采用的主要化学药剂的加入量。表中数据是Lo-catⅡ工艺（双塔流程）用于直接处理高压天然气中试得到的结果。

表 4-3-20 Lo-cat Ⅱ工艺的化学药剂加入量

化学药剂	实际平均加入量		设计加入量	
	g/h	kg/t 硫黄	g/h	kg/t 硫黄
ARI-340	0.18	160.4	0.096	86.2
ARI-350	0.26	239.5	0.2	187.2
ARI-400	0.0019	1.34	0.0008	0.45
ARI-600	0.009	5.81	0.002	1.34
NaOH	0.13	117.1	0.09	81.8
消泡剂	245mL2	0.09	—	—

注：1. 中试的设计条件：入口气压力为6.41MPa；机械设计压力/温度为8MPa/48.9℃；最大压差为172.3kPa；入口气温度为37.8℃；入口气水蒸气饱和；入口气 H_2S 含量为 3000×10^{-6}（体积分数）；净化气 H_2S 含量为 4×10^{-6}（体积分数）；气体流量为 $2.86\times10^4\ m^3/d$；硫黄产量127kg/d。

2. 为一个月加量。

3）主要操作参数

Lo-cat Ⅱ工艺的主要操作参数如下：

（1）溶液pH值。维持溶液pH值呈碱性，有利于 H_2S 的吸收。pH值升高，可增加 H_2S 的吸收，同时也增加副产物硫代硫酸盐的生成，并容易引起发泡，降低溶液对氧气的吸收。因此，必须用计量泵精确地控制加入系统的碱液（NaOH或KOH）的量，正常的pH值应保持在8~9之间；

（2）氧化还原电位。氧化塔（器）内溶液的氧化还原电位值表示的是溶液中 Fe^{3+}/Fe^{2+} 比值。较高的电位值（0~-125mV）表明氧化性能偏高或者 H_2S 负荷降低，容易引起副产物硫代硫酸盐的生成；低的氧化还原电位（小于-300mV）则降低了 H_2S 吸收，使尾气排放超标，容易生成FeS沉降物。因此，氧化塔（器）内溶液的氧化还原电位通常维持在-150~-250mV之间；

（3）化学药剂的加入量。各种化学药剂的加入量在系统设计时确定。在开工初期或是 H_2S 含量有变化时，需要调整的主要是ARI-350和碱液的加入量；

（4）再生用压缩空气量。再生用空气量也是在系统设计时确定的，从反应式的化学平衡上考虑，设计的再生空气量应用理论用量的9倍，以保证足够的氧气溶解在溶液中。由于螯合铁离子的含量和循环量都低于化学反应的计量，因此在实际操作的空气用量一般都低于设计的再生用风量。

由于整个工艺过程是在一个强碱性溶液中进行的反应，因此与溶液接触

的容器、管线或部件都必须采用不锈钢或硅橡胶、HDPE（高密度聚乙烯）、CPVC（氯化聚氯乙烯）等防腐材料，以确保工艺过程的安全进行。

4）工艺应用

2001 年，西南油气田分公司隆昌天然气净化厂从美国 US Filter 公司引进了 Lo－cat Ⅱ 自循环装置，装置设计规模为 1.12t 硫/d，装置投产以来，一直运行良好。2002 年 1 月至 2003 年 10 月，进入该厂原料气中 H_2S 大幅下降，潜硫量平均下降到 0.23t 硫/d，仅为设计值的 21%，该装置充分体现了操作弹性大的优点，仍能平稳运行，同时化学药剂消耗大幅下降。

2. Shell－Paques/Thiopaq 工艺

1）工艺原理及流程

处理含 H_2S 气体的 Shell－Paques/Thiopaq 工艺流程如图 4－3－14 所示。

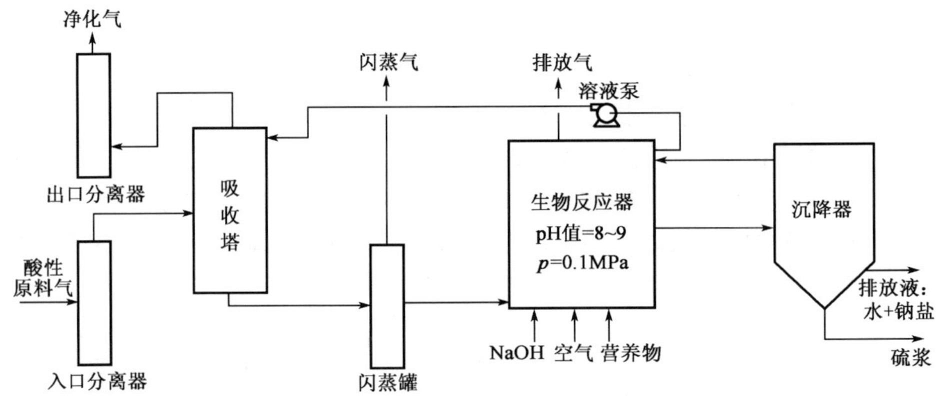

图 4－3－14　处理含 H_2S 气体的 Shell－Paques/Thiopaq 工艺流程

在吸收段，含 H_2S 气体在压力下（可高达 7.5MPa）在碱性溶液中被吸收。对于含有烃类的气体，最好使用塔板或填料塔作为气-液接触塔；对于低压和不含烃类物质的气体，则可直接进入生物反应器。溶解的硫化物在生物反应器中被氧化成元素硫。

工艺的关键是其生物反应器的设计。根据装置处理能力，反应器可以采用固定膜式或气升式循环体系设计。无论采用哪种方式，有机微生物都附着在支撑介质上，以保证微生物留在反应器内，不会进入废液中。工艺独特设计的气升式循环反应器及分布器如图 4－3－15 所示，它采用流化态的岩石颗粒作为基质供细菌生长，使细菌绝大部分保留在反应器中，生物质浓度高达 15～30g/L。

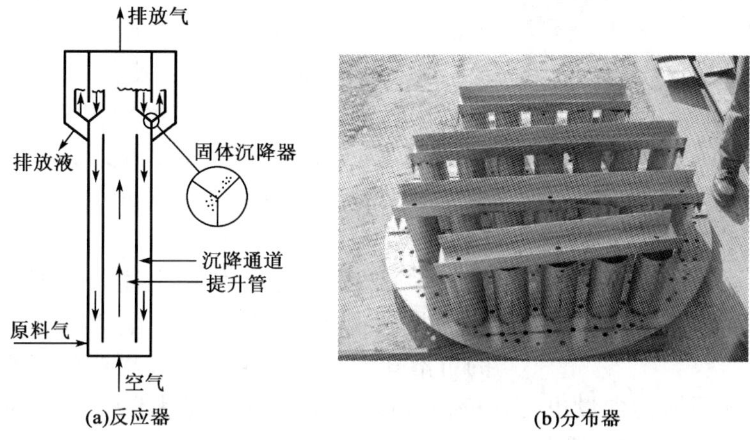

图 4-3-15　气升式循环反应器及分布器

2）主要操作参数

氧化还原电势、电导率、pH 值和温度是 Thiopaq 生产装置最重要的控制参数。氧化还原电势主要由生物反应器中的硫化物浓度所决定，由它通过调节鼓风机转动频率控制再生空气供氧量；电导率（或者是总盐浓度）控制着进入生物反应器的补充水量，通过增加进水量，降低硫酸盐含量，如电导率太高，需要补充加入水，加大了排放液的量，因而降低了盐的浓度；溶液的 pH 值或碱度控制着碱液的加量。溶液的 pH 值保持在 8.5～9.1 之间，通过进入由碳酸钠和碳酸氢钠组成的缓冲液来控制；系统温度则由增设的冷却或加热设备来调节。

上述控制参数是通过在线测定，所采用的工艺控制系统使其保持在设定值范围内。在线分析与系统硫化物、营养物和固体物浓度的定期实验室取样分析配合进行。

3）硫黄回收和处理

Shell-Paques/Thiopaq 工艺技术不仅用于脱硫，而且可进行硫黄回收。生物方式生成的硫与克劳斯和铁基氧化还原工艺回收的标准斜方晶硫相比，具有不同的物理化学性质。克劳斯和铁基氧化还原工艺回收的硫是疏水性的，而生物硫是亲水性的。因此，生物硫黄颗粒总是保持在悬浮液中，不会产生堵塞。但与克劳斯硫黄相比，未经处理过的生物硫黄，纯度稍低，这是由于生物质粘附在硫黄颗粒表面的缘故。图 4-3-16 示出硫黄在细菌表面形成的情况。

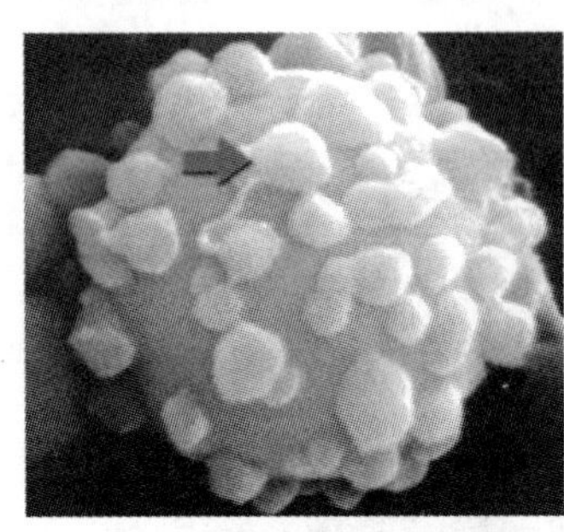

图4－3－16　硫黄在细菌表面形成的情况

对于产生的含硫浆液，目前，有三种处理方法：第一种方法是用一个连续沉降式离心分离器将硫浆料进行脱水形成含60%～65%固体物的硫黄饼。硫黄的纯度约为93%～98%，其余的2%～7%为有机物和少量盐，主要是碳酸氢钠和硫酸钠。该硫黄可作为无危害的炼厂废渣安全在陆上回填，或者作为生产硫酸的原料；第二种方法是使用上述的相同离心分离器，并增加再浆化器以除去附着在硫黄颗粒上的可溶盐。然后用第二个分离器和离心器生成硫黄饼，其固体物含量也是60%～65%，但硫黄纯度达99%。这种硫黄适合于直接注入到炼油厂的硫黄池内，或者提供给拥有这种设施的硫酸生产厂使用。第三种方法是将硫浆料直接送入熔硫炉，获得纯度超过99.9%的熔融硫供出售（图4－3－17）。

图4－3－17　硫黄产品

表4－3－21给出硫黄纯化处理采用的三种方法及所获得硫黄纯度。

表4－3－21　生物硫黄处理方法及获得的硫黄纯度

硫黄纯化处理方法	浆液脱水	洗涤干燥	熔化
硫黄纯度（质量分数），%	93～98	99	99.9

对于生物硫黄的熔融处理效果，世界著名硫黄熔融设备生产销售商之一——Enersul公司对生物硫黄的熔融处理在中试装置上进行了测试。固体含量（质量分数）为52%～60%硫黄饼加入到配备有过滤器的直接蒸汽熔化（DSM）中间试验装置，每次加入量为4kg，获得的测试结果见表4－3－22。测试条件为温度125～140℃，压力为0.24MPa，停留时间40min，过滤器孔径小于50μm。结果表明采用熔融法（DSM）生产的硫黄完全可以达到国际商品硫黄的质量标准。

表 4-3-22　熔融硫黄产品质量

项　　目	熔融的生物硫黄	加拿大出口硫黄质量标准
硫黄纯度,%	>99.97	>99.9
灰分含量,%	0.005～0.011	<0.05
碳含量,%	0.015～0.016	<0.025

4）工艺应用

由荷兰 Paques Natural Solutions 公司开发的生物脱硫 Thiopaq 技术是近年来发展起来的处理含硫废液或含硫气体最有效工艺之一。最初该工艺用于处理生化气体，其后与 Shell Global Solutions 公司进行合作开发，将工艺扩展用于处理天然气和合成气，称之为 Shell－Paques 工艺。同时，还与 UOP 公司共同开发了处理废碱液和 LPG 的处理工艺。表 4－3－23 给出这些工艺的应用领域和工艺名称。

表 4-3-23　脱除硫化物的生物工艺

应 用 领 域	名　　称	所　有　者
天然气	Shell－Paques	Shell，Paques
合成气	Shell－Paques	Shell，Paques
Claus 尾气	Bio－SCOT	Shell，Paques
炼厂气	Thiopaq	Shell，UOP，Paques
废碱液	Thiopaq	UOP，Paques
Selectox 尾气	Thiopaq	UOP，Paques
LPG	Thiopaq	UOP，Paques

1993 年第一套 Thiopaq 工业装置应用于荷兰 Industriewater Eerbeek BV 的厌氧废水处理装置的 7200 m^3/d 生化气体［气体组成 2.5%（体积分数）H_2S、20%（体积分数）CO_2、78%（体积分数）CH_4，压力 3kPa］。目前，采用 Thiopaq 工艺处理各种气体和液体的装置已达 45 套，其中包括在我国江苏宜兴建成一套处理沼气的工业装置。

Shell－Paques/Thiopaq 工艺第一次进行天然气处理的工业装置已于 2002 年 9 月在加拿大 EnCana Resources 投产，装置硫黄处理能力为 1t/d 左右，原料气 H_2S 含量为 0.2%（体积分数），处理后的气体 H_2S 含量小于 4×10^{-6}（体积分数）。目前，用于处理天然气的装置达到 5 套（包括设计在内）（表 4－3－24）。而在国内，该工艺在江苏省宜兴市有应用。

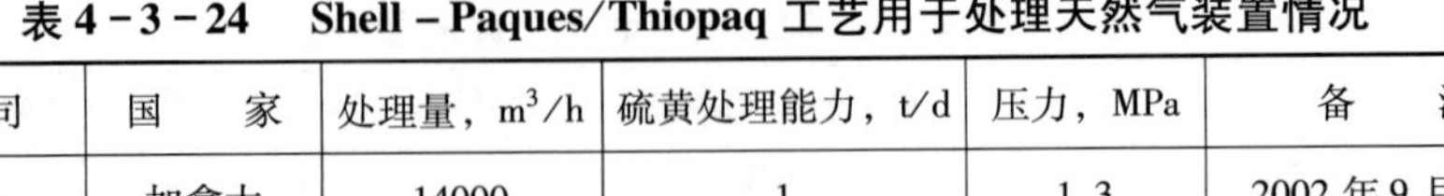

表 4-3-24　Shell-Paques/Thiopaq 工艺用于处理天然气装置情况

公　司	国　家	处理量，m^3/h	硫黄处理能力，t/d	压力，MPa	备　注
EnCana	加拿大	14000	1	1.3	2002 年 9 月投产
PrimeWest	加拿大	20000	2	1.2	2004 年 5 月投产
XTO Energy-Teague Paques Plant	美国	67000	4	8.0	2004 年 10 月投产
XTO Energy-Eubank Paques Plant	美国	67000	4	8.0	2004 年 11 月投产
OMV	澳大利亚	—	6	4.0	处于设计阶段

四、除硫剂法

除硫剂属非再生型脱硫工艺，主要分为固体脱硫剂、浆液脱硫剂和液体脱硫剂三类，分别采用固体、浆液以及液体脱硫剂脱除气体中的 H_2S，脱硫剂基本不再生，在达到一定硫容而失去脱硫能力后进行废弃，适用于潜硫量低的情形，国内外开发的主要工艺见表 4-3-25。下面着重介绍常用的固体氧化铁脱硫工艺。

表 4-3-25　国内外开发的主要除硫剂工艺

工艺类型	主要工艺	开发商
固体脱硫剂	Sulfatreat	美国 Sulfatreat 公司
	CT8-4	中国石油西南油气田分公司天然气研究院
	CT8-4A	
	CT8-4B	
	CT8-6	
浆液脱硫剂	Slurrisweet	美国 Sivalls 公司
	Chemsweet	美国 C-E Natco 公司
液体脱硫剂	Sulfacheck	Exxon 公司
	Sulfaguard	Coastal 公司
	Sulfascrub	Petrolite 公司
	Gastreat	Champion 公司

1. 固体脱硫剂

用于天然气脱硫的固体脱硫剂多采用氧化铁为活性组分。活性氧化铁组分可分为非混合氧化物与混合氧化物两种。非混合氧化物主要由含水的纯水合氧化铁所组成；而混合氧化物则不同，是由人工将细氧化铁粉负载在比表面较大而结构疏松的物料上制得。混合氧化铁的优点是疏松密度、氧化铁含量、水分以及物料的 pH 值都比非混合氧化物易于控制，天然气中硫化氢的脱除多采用混合氧化铁。氧化铁有多种类型，但只有 α 型和 γ 型水合氧化铁可用于气体脱硫，是由于它们生成的硫化铁易于再生而重新被氧化为活性态氧化铁。

1）基本原理及流程

氧化铁脱硫为不可逆反应，具有 SLP 液相负载（Supported Liquid Phrase）催化剂性质及阴离子无机交换剂性质。硫化氢被 $Fe_2O_3 \cdot H_2O$ 吸收或进而催化氧化为单体硫，是通过硫化氢分子在碱性液膜中溶解及离解而进行的。其主要化学反应式如下：

$$Fe_2O_3 + 3H_2S \longrightarrow Fe_2S_3 + 3H_2O \text{（脱硫过程）}$$

$$Fe_2S_3 + 3/2O_2 \longrightarrow Fe_2O_3 + 3S \text{（再生过程）}$$

在常温和碱性条件下，上述反应进行得最理想。温度高于 50℃ 或在中性和酸性条件下，都会使硫化铁失去结晶水而变得难以再生，典型的固定床氧化铁干法脱硫工艺流程如图 4－3－18 所示。

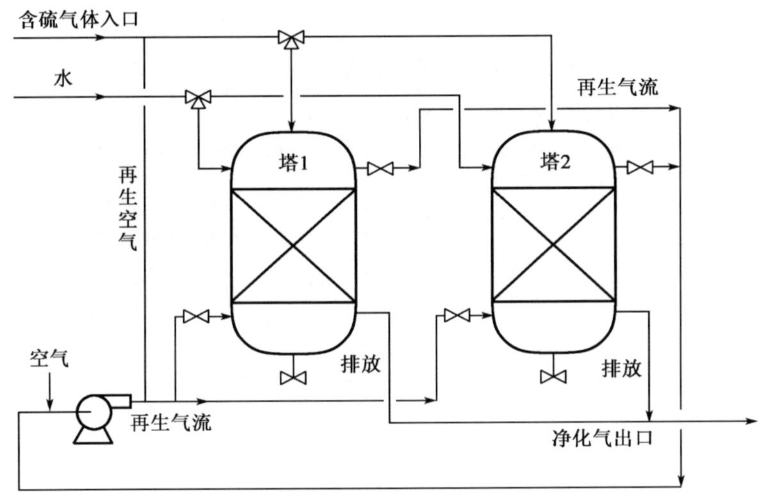

图 4－3－18　典型的固定床氧化铁干法脱硫工艺流程

脱硫塔结构设计必须保证气流通过脱硫段时沿截面均匀分布，并在脱硫塔内设置再分布器。脱硫过程中需要有水存在，必要时还需在流程上设置原料气的水饱和器。在操作过程中固体脱硫剂会有粉化现象发生，应注意净化气的过滤和分离。虽然固体脱硫剂是可以再生的，但最终都要更换。更换时必须十分小心。由于固体脱硫剂与空气直接接触会剧烈升温，并可能导致自燃，因此在卸料前整个床层应先淋湿。

2）工艺特点

固定床氧化铁干法脱硫工艺有以下特点：

（1）工艺成熟、操作弹性大、设备简单、操作方便、无需专人值守、可实现橇装化；

（2）可根据原料气气质工况，灵活选用单塔、双塔或多塔串并联工艺流程；

（3）对配套公用工程要求低。

因此，该工艺适用于边远分散单井、压缩天然气加气站、低含硫天然气脱硫，特别是处理低潜硫量（<0.2t 硫/d）的气体最为经济。

3）工艺应用

用于天然气脱硫的固体脱硫剂早期采用黄土、海绵铁等，目前应用较多的有美国 Sulfatreat 公司开发的 Sulfatreat 工艺和中国石油西南油气田分公司天然气研究院开发的 CT8－系列脱硫剂。表 4－3－26 给出其中两种固体脱硫剂的主要性能及使用结果。表 4－3－27 为西南油气田公司几套典型固体氧化铁干法脱硫装置情况。

表 4－3－26　固体脱硫剂主要性能和工业运行结果

脱硫剂工艺	Fe_2O_3 含量（质量分数），%	堆密度 kg/L	H_2S 含量 g/m^3	处理量 $10^3m^3/d$	压力 MPa	脱硫塔类型	工作硫容（质量分数），%
CT8－4B	≥60	1.0	0.3～1	2～6	1.2	单塔	13.0
			1.5～9.9	1.5～2.5	1.2	双塔串联	13.0
Sulfatreat		1.12	0.5	100	5.0	单塔	5.1
			0.5	100	5.0	双塔串联	7.0

表 4－3－27　几套典型固体氧化铁干法脱硫装置情况

井　站	装置规格	原料气 H_2S 含量 mg/m^3	日处理量 $\times10^4m^3$	脱硫剂型号	装填量 t/单台
磨 5 井	PN6.3 DN1800×10994	925	15	CT8－6B	14

续表

井　站	装置规格	原料气 H_2S 含量 mg/m³	日处理量，$\times 10^4 m^3$	脱硫剂型号	装填量 t/单台
磨 39 井	PN6.3 DN1400×8879	429	14	CT8－6B	7
凉风站	PN0.78 DN800×9650	1077	0.04	ZN2－4	3
开县站	PN2.5 DN2400×1920	1135	8	JS	30
金山站	PN2.5 DN2400×12905	5300	1.4	CT8－6B	20
阳 42 井	PN2.5 DN1800×12023	400	12	CT8－6B	20
云 6 井	PN4.0 DN1400×11583	2400	5.5	CT8－6B	9

五、有机硫脱除工艺

天然气中有机硫化合物的形态大致以 RSH（硫醇）、COS（硫氧碳）、RSR（硫醚）、CS_2（二硫化碳）为主，尤以 RSH、COS 多见。由于有机硫种类复杂，故而有机硫脱除技术是天然气净化工艺中一个相当复杂的问题。

1. 基本原理

用醇胺脱除有机硫化合物存在以下几种机理：

（1）在溶剂中物理溶解，如 COS、RSH；

（2）与醇胺直接反应生成可再生或难以再生的含硫化合物；

（3）有机硫化合物在水中水解生成 H_2S、CO_2，进一步与醇胺反应，如 COS 与伯胺、仲胺反应。

硫醇类有机硫的酸性比 H_2S 和 CO_2 弱得多，基本上不与醇胺发生化学反应，因而醇胺水溶液脱除硫醇的效果较差，必须采用有机溶剂以物理吸收的途径来实现。

硫醇一般具有恶臭，特别是低分子量硫醇更为显著，随分子量的增大而臭味减少。$C_1 \sim C_4$ 硫醇与 $C_5 \sim C_7$ 正硫醇的主要物理常数如表 4－3－28 所示。$C_1 \sim C_6$ 硫醇的沸点比碳原子数相同的醇为低，因为硫醇中分子间的氢键结合力较弱，随相对分子质量的增大而差别减小，甚至反过来，硫醇的沸点反而较高，含有 7 个以上碳原子的硫醇，沸点就比醇高（表 4－3－29）。

表 4-3-28　低碳硫醇的物理常数

化 合 物	分 子 式	沸点,℃	冰点,℃	折射率，(n_D^{20})	密度，g/cm³
甲硫醇	CH_3SH	5.9	-122.97		
乙硫醇	CH_3CH_2SH	35.0	-147.89	1.43105	0.83914
2-丙硫醇	$CH_3CH(CH_3)SH$	52.6	-130.54	1.42554	0.81431
1-丙硫醇	CH_3CH_2CHSH	67.8	-113.13	1.43832	0.84150
2-甲基-2-丙硫醇	$CH_3C(CH_3)_2SH$	64.2	+1.11	1.42320	0.80020
2-丁硫醇	$CH_3CH_2CH(CH_3)SH$	85	-140.14	1.43673	0.82988
2-甲基-1-丙硫醇	$CH_3CH(CH_3)CH_2SH$	88.5	-144.86	1.43877	0.83428
1-丁硫醇	$CH_3(CH_2)_2CH_2SH$	98.4	-115.67	1.44298	0.84161
1-戊硫醇	$CH_3(CH_2)_3CH_2SH$	126.5	-75.7	1.44692	0.84209
1-己硫醇	$CH_3(CH_2)_4CH_2SH$	152.6	-80.49	1.44968	0.84242
1-庚硫醇	$CH_3(CH_2)_5CH_2SH$	176.9	-43.23	1.45215	0.84310

表 4-3-29　醇与硫醇的沸点对比

烷　基	沸点,℃	
	醇	硫醇
CH_3—	64.7	5.9
$CH_3(CH_2)_2CH_2$—	117.7	98.4
$CH_3(CH_2)_5CH_2$—	176.3	176.9
$CH_3(CH_2)_7CH_2$—	215.0	220.2

硫醇是较 H_2S 和 CO_2 还要弱得多的酸，基本不与胺发生化学反应，因而醇胺水溶液脱除硫醇的效果极差，必须用有机溶剂以物理吸收的途径来脱除，而且溶液中短链硫醇（如甲硫醇、乙硫醇）会形成弱键硫醇盐。碱性较强的胺与甲硫醇和乙硫醇反应时，往往具有比弱碱性的胺（如 MDEA）更好的反应性能。另一方面，长链硫醇预期更接近烃类，可以被那些对烃类具有良好溶解性能的胺类或溶剂很好地脱除。

RSH 的酸性很弱，但也能与 OH^- 反应。RSH 中的烷基、烃链越长，其酸性越弱，如与 MEA、DEA 反应。表 4-3-30 反映了 MEA、DEA 脱除 RSH 的效率。

表 4-3-29　MEA、DEA 对 RSH 的脱除率　　%

项目	甲硫醇	乙硫醇	丙硫醇
脱除率	45~50	20~25	0~10

COS 和 CS_2 的分子结构与 CO_2 相似，与伯醇胺和仲醇胺直接反应的机理也是类似的但其反应速率却远低于 CO_2，因而只有在深度脱除 CO_2 的条件下才能彻底脱除 COS。

不同醇胺脱除有机硫的效率与其反应活性、吸收温度及接触时 Q5 间有关，主要醇胺对 COS 的脱除效率的排序如下：

$$MEA > DEA > DIPA > MDEA$$

各种醇胺中以 MEA 的碱性最强，故其与 COS 的反应活性最高，能较有效地脱除 COS，但反应产物难以再生，导致溶剂严重的降解变质。DEA 和 DIPA 与 COS 的反应能力中等，降解变质情况也大有改善，然而由于其脱除效率不太高，在处理有机硫含量高的原料气和（或）产品要求深度脱除有机硫的场合下，必须增设后续的处理装置。MDEA 性质稳定，基本上不发生由有机硫引起的降解变质，但它与 COS 的反应活性极低，且有机硫在水中物理溶解度也甚微，因而 MDEA 水溶液不能对有机硫进行有效脱除。

表 4－3－31 给出 COS 与伯胺、仲胺直接反应的结果。

表 4－3－31　COS 与伯胺、仲胺直接反应的结果

溶　剂	MEA	DEA	DGA	DIPA
进料 COS 中	有 20% 生成不可降解的产物	有 10% 生成不可降解的产物	很少降解产物可脱除 90% COS	少许生成不可降解产物

表 4－3－32 为 DIPA 脱除 COS 以的工业运行数据。

表 4－3－32　DIPA 法脱除 COS 工业运行结果

序　号	1	2	3	4	5	6
原料气（COS），10^{-6}	430	200	10	30	100	18
原料气（RSH），mg/m^3	—	—	60	20	—	—
原料气（H_2S），%	0.84	0.5	25	0.15	0.5	2.4
原料气（CO_2），%	6.6	5.5	—	—	—	—
处理量，m^3/h	4600	20000	4200	16700	400t/d	70t/d
吸收压力，MPa	6.6	2.5	0.15	1.0	1.4	2.0
吸收温度，℃	—	40	—	—	40	—
净化气（COS），10^{-6}	260	100	<1	1	5	2
净化（RSH），mg/m^3	—	—	15	2	—	—
净化（H_2S），10^{-6}	1	2	<500	1	<13	1

续表

序　　号	1	2	3	4	5	6
净化（CO_2），%	3.2	1.5	—	—	—	—
COS 脱除率，%	44.6	52.3	>90	>97	95	95
CO_2 共吸收率，%	53.6	74.0	—	—	—	—

表4－3－33为Sulfinol－D法脱除COS工业运行数据。

表4－3－32　Sulfinol－D法脱除COS工业运行数据

序　　号	1	2	3	4	5
气　　体	天然气	天然气	天然气	合成气	合成气
原料气（COS），10^{-6}	500	705	125	155	270
原料气（H_2S），%	34	34.4	0.36	0.87	0.79
原料气（CO_2），%	9	7.7	5.2	5.2	5.4
处理量，$10^4m^3/d$	283	14～300	36.7	12	141.6
吸收压力，MPa	—	—	4.0	3.3	3.0
吸收温度，℃	38	55～66	40	49	—
吸收塔板数	—	—	30	45	—
净化气（COS），10^{-6}	70	15	0.3	5	5
净化气（H_2S），10^{-6}	8	1	0.5	2	1

2. 工艺发展

对于天然气脱硫工艺，国外正朝着“工艺过程组合化”方向发展，开发了多种“1＋1”工艺过程。针对脱除有机硫问题，还将工艺过程的组合进一步深化，延伸出“净化气”的再“净化”，衍伸了工艺过程组合化的深度，即在以经济地脱除H_2S、CO_2为主的工艺过程组合的基础上，再加上一段工艺过程以脱除未尽的RSH或COS以达到LNG、GTL等所需的气质。

有机硫脱除采用的溶剂则向“溶剂复合化”方向发展。溶剂复合化是指两种以上溶剂组合的配方型脱硫脱碳溶剂，包括以下两大系列：

（1）MDEA－X，X即一切与MDEA配伍的伯胺、仲胺、位阻胺；

（2）Physical solvent（物理溶剂）－X，即物理溶剂（环丁砜、甲醇）与仲胺、叔胺、位阻胺配伍的物理化学溶剂或单一物理溶剂。

研究表明，单独用物理溶剂或化学溶剂脱除有机硫都存在缺陷，而以物理溶剂作为MDEA的添加剂组成物理-化学混合溶剂，能在H_2S和CO_2达到要求净化度的前提下有效地脱除有机硫，并控制CO_2的共吸收率。用于脱除有机硫的配方型溶剂都以物理溶剂作为主要添加剂。

表4-3-34给出采用（DEA + MDEA）混合胺溶剂脱硫时有机硫硫醇的脱除情况。由于硫醇脱除程度不超过60%，为深度脱除又添加了一个分子筛（NaX）和硅胶吸附器脱硫醇并脱水，从而使净化气达到管输标准，操作结果见表4-3-35。

表4-3-34　DEA + MDEA脱除硫醇的效果

硫　　醇	原料天然气中含量，mg/m^3	净化气中含量，mg/m^3	净化率，%
CH_3SH	156	70	55
C_2H_5SH	123	75	40
$i-C_3H_7SH$	75	57	24
$n-C_3H_7SH$	35	20	43
$n-C_4H_9SH$	37	24	37
总　　计	426	246	—

表4-3-35　脱硫醇操作参数和结果

<table>
<tr><td rowspan="11">吸附循环上层硅胶30.8 t、
下层分子筛40.7 t
“三塔流程”</td><td colspan="2">天然气处理量，$\times 10^4 m^3/h$</td><td>37.5</td></tr>
<tr><td colspan="2">压力，MPa</td><td>4.8～5.2</td></tr>
<tr><td colspan="2">温度，℃</td><td><45</td></tr>
<tr><td rowspan="2">水含量，mg/m^3</td><td>入口</td><td>2.09</td></tr>
<tr><td>出口</td><td>水露点-5～-40℃</td></tr>
<tr><td rowspan="2">H_2S含量，mg/m^3</td><td>入口</td><td>20</td></tr>
<tr><td>出口</td><td><7</td></tr>
<tr><td rowspan="2">硫醇，mg/m^3</td><td>入口</td><td>500</td></tr>
<tr><td>出口</td><td><16</td></tr>
<tr><td rowspan="2">再生循环</td><td colspan="2">气体量，$\times 10^4 m^3/h$</td><td>2</td></tr>
<tr><td colspan="2">温度，℃</td><td>230</td></tr>
</table>

第四节　天然气脱二氧化碳

一、二氧化碳脱除方法分类、特点及选择

1. 二氧化碳脱除方法分类

据国内外报道，从天然气脱除二氧化碳的方法有四五十种，大致可分为以下五大类：

（1）溶剂吸收法，分为化学溶剂吸收法和物理溶剂吸收法。化学溶剂吸收法适用于 CO_2 分压较低，净化度要求高的情况，但再生时需要加热，热能耗大；物理溶剂吸收法适用于 CO_2 分压较高，净化度要求低的情况，再生时不用加热，只需降压或气提，总能耗比化学吸收法低，但 CO_2 回收率低，在脱 CO_2 前需将硫化物去除；

（2）膜分离法，易撬化，安装相对简单，适合于小流量，净化度要求较低的场合；

（3）固定床吸附法，主要应用于小规模处理装置；

（4）低温分离法，在处理高含量的二氧化碳，特别是在与其他生产专业二氧化碳产品的工艺方法联合使用时，费用较低；

（5）联合法，实际上，将所有前面提到的工艺联合起来，可以为某些特殊的应用提供最优的解决方法。

表4－4－1概括了目前国外应用较为广泛的气体脱二氧化碳工艺的主要特点及应用情况。

表4－4－1　国外气体脱二氧化碳工艺特征与应用一览表

工艺方法	主要特点及技术进步情况	装置套数	工业化年代
α－MDEA	以活化的40%～50%（质量分数）MDEA溶液脱除大量 CO_2，闪蒸气提再生，能耗低，据原料气质量及净化要求有三种不同的结构流程和六种配方溶剂供选择；典型能耗为15～20MJ/kmol酸气	>115	20世纪70年代

续表

工艺方法	主要特点及技术进步情况	装置数	工业化年代
Amine Guard FS	用 Ucarsol 配方溶剂脱除 CO_2、H_2S、COS 和 RSH，溶液浓度高、负荷高、能耗低	>500	20 世纪 70 年代
Amisol	以醇胺——甲醇溶液在常温下脱除酸气，富液汽提再生	4	20 世纪 70 年代
Benfield	用含 DEA 活化剂的热碳酸钾溶液脱除酸气，富液降压汽提再生，适用于大量脱除 CO_2：有两种工艺，LoHeat 热贫液用蒸汽闪蒸以降低能耗，Hipure 用两级净化，第二级用 DEA	>675，其中 >65 套用于天然气处理	20 世纪 60 年代
Catacarb	从气体中脱除 H_2S、CO_2 和 COS，工艺过程与 Benfield 类似，活化剂为硼酸铵	>100	20 世纪 60 年代
Flexsorb	用典型的胺洗工艺流程，位阻胺溶液作吸收溶剂有以下几种配方溶剂可供选择：（1）SE 型是新型位阻胺，用于选择性脱硫；（2）PS 型一个位阻胺与物理溶剂组成的混合水溶液，用于脱硫脱二氧化碳；（3）SE + 型由 SE 型溶剂，物理溶剂和水组成，选择性脱除 H_2S，兼脱有机硫；（4）HP型是一个包含位阻胺促进剂的热碳酸钾溶液，用于合成气脱二氧化碳	SE 型 19；PS 型 4；SE + 型 12；混合 SE 型 1；HP 型 3	20 世纪 80 年代
Giammarco – Vetrdoke（G – V）	从气体中脱除 H_2S、CO_2 和 COS，溶剂为加入无毒活化剂的碳酸钾溶液，富液汽提再生	>200	—
IFPEX – 2	用冷甲醇脱除天然气中的 H_2S、CO_2、COS、RSH 等；溶液无腐蚀、不发泡，产品气和回收酸气无须干燥，再生热耗低；改进工艺用一新型换热器式汽提塔闪蒸汽提，降低了烃类的夹带	14	20 世纪 90 年代
Membrane/ Amine	从天然气中脱除 CO_2，主要用于注气三次采油；先用膜分离出大部分的 CO_2，再用胺洗工艺脱除剩余的 CO_2，使商品气达到管输标准	3	20 世纪 90 年代
PSA	用吸附剂对 CO_2 的选择性吸附，来达到对酸性天然气中 CO_2 的脱除的作用；该工艺操作方便，能耗低，但投资高，CO_2 回收率与浓度低	—	—

表 4 –4 –1 中的 G – V、Catacarb、Benfield、Flexsorb 都是在热碳酸钾溶液中添加不同的活化剂，可通认为是改良热钾碱法。由表中可见，热钾碱法应用最多，在世界上已有 900 多套装置。活化 N – 甲基二乙醇胺（MDEA）法是最近 20 多年来发展起来的方法，新建厂应用较多。物理吸收法中，低温甲醇

洗（Rectisol）工艺的应用已有40年之久，在世界上所建工业装置也较多。聚乙二醇二甲醚（Selexol）法次之，此法是近30多年发展起来的方法，新建厂使用较多。膜分离工艺和变压吸附工艺则均属近年发展起来的新兴工艺。

实际上，将所有前面提到的工艺联合起来，可以为某些特殊的应用提供最优的解决方法。例如，在处理高含量的 CO_2 原料气时，联合法可能是最适宜的方法：首先用膜分离法进行粗脱，分离出大量的 CO_2，然后用化学溶剂吸收法或固定床吸附法精脱，将 CO_2 含量脱除到较低的水平。

后面将对化学溶剂吸收工艺、物理溶剂吸收工艺、膜分离工艺、固定床吸附工艺和低温分离工艺作专门介绍。联合法是在其他工艺基础上组合而成，故不做单独介绍。

2. 二氧化碳脱除方法特点

活化MDEA法是近年来应用较多的工艺，其活化剂为哌嗪、二乙醇胺或咪唑等。该工艺具有能耗低、投资费用低、溶剂损失低，以及气体净化度高、酸气纯度高、溶液稳定、对环境无污染和对碳钢设备腐蚀很小等优点。

改良热钾碱法是比较成熟的工艺，其活化剂以二乙醇胺或复合双活化剂较好。改良热钾碱法的工艺流程应采用喷射器闪蒸或双塔变压再生节能技术，节能为25%～40%。此法在国外是使用最多的脱 CO_2 技术。

物理溶剂吸收法中，碳丙（PC）、聚乙二醇二甲醚法（国内称NHD法）都不需加热再生，能耗最低。但碳丙法有其一定的使用范围，适合于气体中 CO_2 分压大于0.5MPa、温度较低的工况。NHD是一种新型的物理溶剂，其性质较PC稳定，蒸汽分压较PC低99%，脱 CO_2 能力较PC大2倍，适用于高 CO_2、高 H_2S 分压气体的净化。因此，是一种有发展前途的脱 CO_2 方法。

低温甲醇洗法具有能耗低，净化度高等优点。该法已在国内引进的氨厂使用，但国产化较难。

3. 二氧化碳脱除方法选择

脱二氧化碳工艺的选择，取决于诸多因素：既要考虑方法本身的特点，也需从整个流程，并结合原料路线、加工方法、副产 CO_2 的用途、公用工程、费用等方面统一考虑。影响工艺技术的选择有以下几个与工艺相关的因素。

（1）CO_2 浓度：原料气中 CO_2 浓度的高低决定是否采用再生或非再生工艺。CO_2 浓度低，则采用简单的非再生工艺较为有利，CO_2 浓度高，则需采用再生工艺。另外，下游气体处理厂对 CO_2 含量的要求也是一个重要的考虑因素。

（2）杂质：天然气中的许多杂质对工艺选择有影响。最主要、最相关的是硫化氢（H_2S）和水。H_2S 和 CO_2 一样，属于酸性物质，可以用溶剂吸收工艺脱除，水影响固定床工艺的性能，并且会稀释水溶性溶剂。天然气中也可能还存在其他杂质，如重烃、有机硫化合物（羰基硫、二硫化碳、硫醇）、氦、汞。但他们与主要杂质比较起来，浓度非常低。只有当浓度高时，才考虑它们的影响，但通常的浓度水平不可能影响脱除 CO_2 工艺的选择。

（3）压力：天然气在井口压力较高，在气体处理过程中会有明显的压力降，然而，有些系统只适合在低压下操作。因此，降压点的选择也是一个问题。同样，CO_2 分压对工艺的选择也有影响，CO_2 分压高适合再生工艺。因此，了解整个系统里压力的影响是很重要的。如果需要在处理装置上游压缩，则可减少容积尺寸但壁厚增加，相反，如果在上游脱除 CO_2，则可减少压缩机负荷和降低腐蚀防护要求。

（4）温度：大多数气体处理都在井口 20℃ 的范围里操作，只有当温度在较低的范围时才能引起注意，这时低温气体可能冻结成水合物体系。另外，操作温度影响吸收平衡。低温气体影响气体的处理和输送，由此带来其他方面问题，而不是 CO_2 脱除合适工艺方法的选择问题。在处理低温气体和由于焦耳汤普森效应产生降温时需要小心水合物的冻结。

（5）产品：产品可能要求是干态，所以 CO_2 脱除工艺下游就需要干燥设施。大多数天然气都含水，所以干燥是产品销售的要求，但含水溶液的 CO_2 脱除工艺将会额外加大下游干燥负荷。

（6）其他因素：在处理天然气时，地理位置是一个重要的考虑因素。由于气井一般处在比较偏远，要求最小的操作干预，还要避免输送系统的腐蚀，因此工艺简单、容易操作、维护工作量低的工艺是优先的选择。再者，偏远地区输送补充的化学药剂也比较困难。

对于以天然气为原料，CO_2 含量较高，吸收压力在 1.8MPa 以上的脱二氧化碳装置，推荐采用改良热钾碱法或活化 MDEA 法。由于活化 MDEA 法较改良热钾碱法能耗低，近年来有代替热钾碱法的趋势。

二、化学溶剂吸收法

1. 活化 MDEA 法

活化 MDEA 法又名 α－MDEA 法，它是由西德的 BASF 公司于 20 世纪 70 年代开发成功的。最初是用于氨合成装置合成气的脱二氧化碳，后来随着技术的不断改进，逐渐拓宽到天然气净化领域，已成为应用范围很广的天然气

净化技术。

α－MDEA 溶剂系统是向 MDEA 中加入一种或多种活化剂组成的 MDEA 基混合溶剂，活化剂可以是哌嗪、DEA、咪唑或甲基咪唑等，其目的是为了提高 CO_2 的吸收速率。活化 MDEA 溶剂的物理化学性质可根据活化剂的组成进行调节，并具有酸气溶解度高、烃类（C_3^+）溶解度低、低蒸气压、化学-热稳定性好、无毒无腐蚀等特性，因而使该工艺具有能耗低、投资费用低、溶剂损失低，以及气体净化度高、酸气纯度高、溶液稳定、对环境无污染和对碳钢设备腐蚀很小等优点。

1）工艺原理

MDEA（N－Methyl diethanol amine）即 N－甲基二乙醇胺，分子式为 $CH_3-N(CH_2CH_2OH)_2$，相对分子质量为 119.2，是一种无色液体，与水、低度酒精、低脂、低丙酮、低苯和低氯化烃互溶，在一定条件下对 CO_2 等酸性气体有很强的吸收能力，而且反应热小，解析温度低，化学性质稳定，无毒不降解。其主要物理性质如下：沸点为 245℃，体积膨胀率为 $0.75\times10^{-3}K^{-1}$，闪点为 260℃，凝点为 －21℃，汽化潜热为 519.16kJ/kg，能与水和醇混溶，微溶于醚。

哌嗪活化剂不但对加快 MDEA 溶液的吸收速率作用是很明显的，而且改变此活化剂的浓度可直接适应多种情况的需要，提高了脱二氧化碳操作的灵活性，这也正是该活化脱二氧化碳近年来发展迅速的原因。

2）工艺流程

BASF 的 α－MDEA 溶剂有 6 种配方，分别标以 01～06，由 MDEA 加入数量不同的活化剂构成。在一般应用中常选择具有物理吸收性质的 α－MDEA 01～α－MDEA 03 溶剂，在进料气相对较高的 CO_2 分压下脱除 CO_2。由于 α－MDEA 在高 CO_2 分压下呈现出物理吸收的性质，因而其工艺流程中均有闪蒸部分。基于进料的组成及处理要求的差异，提供了三种工艺流程：一级吸收＋闪蒸再生型；一级吸收＋（闪蒸＋汽提）再生型；二级吸收＋（闪蒸＋汽提）再生型。

（1）一级吸收＋闪蒸再生型：其工艺过程采用一个吸收塔，富液在两级或多级压力下闪蒸再生。工艺流程如图 4－4－1 所示，原料气进入吸收塔，CO_2 和 H_2S 在一级吸收塔内用来自最后闪蒸段的半贫液逆流洗涤。吸收塔塔底的富液通常用液压透平或往复泵降压，以回收高压溶液的部分能量，富液闪蒸再生。闪蒸再生通常在两级或多级压力下进行。高压闪蒸采用比进料气中 CO_2 分压稍高的压力条件，目的是将溶液中溶解的占溶解气总量 40%～60% 的烃类气体释放出来。中压闪蒸主要在为油田生产回注 CO_2 气时采用。

低压闪蒸在略高于大气压力［（1.2～1.8）$\times10^5$Pa］条件下操作。低压闪蒸酸气冷凝出冷凝液进行循环以降低溶剂损失。根据原料气中 CO_2 分压不同和溶液加热器的作用，约占溶解气量30%～50%（体积分数）的溶解 CO_2 被释放出来。这种类型的工艺适用于处理 CO_2 分压为（1.0～1.2）$\times10^5$Pa 的情况。当处理气中 CO_2 分压低于 1.0×10^5Pa 时，可通过附加一个部分贫液冷却器解决。该工艺的显著特征是能耗较低，仅为5～25MJ/kmolCO_2。

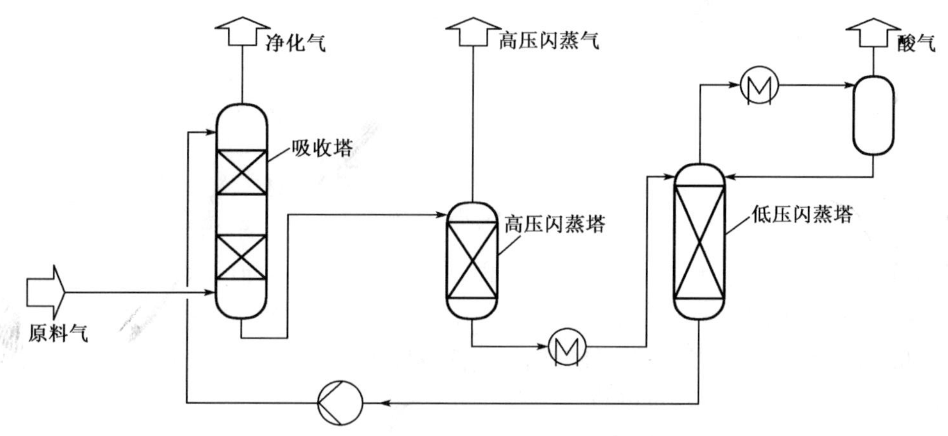

图4－4－1　一级吸收＋闪蒸再生型工艺流程

（2）一级吸收＋（闪蒸＋汽提）再生型：如果原料气中 CO_2 浓度稍高，而处理后气体的要求也要高时就可采用一级吸收＋（闪蒸＋汽提）再生型，工艺流程如图4－4－2所示。在贫液-半贫液换热器中，离开汽提塔塔底的热溶液被冷却，而进入汽提塔的半贫液被加热。贫液在进入吸收塔之前被进一步冷却到工艺所需温度。汽提塔顶气循环回低压闪蒸罐底部，并通过提高低压闪蒸的温度来提高闪蒸再生的效率，这种工艺组合很容易地使净化气中 CO_2 浓度达到 50×10^{-6}（体积分数）。然而，该工艺能耗较高，一般为80～100MJ/molCO_2。

（3）二级吸收＋（闪蒸＋汽提）再生型：为得到更纯的净化气和降低能耗，可采用二级吸收＋（闪蒸＋汽提）再生工艺，工艺流程如图4－4－3所示。在这种工艺中，富液也可用一级或多级闪蒸，但半贫液分流［与一级吸收＋（闪蒸＋汽提）再生型的半贫液不分流不同］，经低压闪蒸得到的半贫液（一般为70%～90%）返回到吸收塔中部；少量半贫液进行汽提再生，汽提塔塔顶气循环回低压闪蒸罐以提高闪蒸效率；热贫液加热进入汽提塔的半贫液后再经进一步冷却循环回吸收塔顶部。这样，中段的半贫液使原料气中

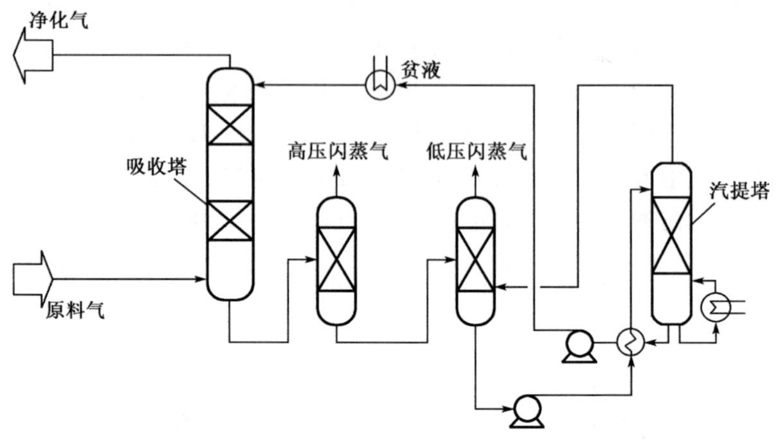

图4-4-2　一级吸收+（闪蒸+汽提）再生型工艺流程

CO_2 分压脱除到 1.2×10^5Pa 以下，塔顶贫液吸收进一步使酸气浓度达到期望的水平，即一般为 CO_2 浓度小于（50～1000）μL/L。该工艺由于采用了两级吸收，半贫液部分汽提，因而能耗比一般的吸收+（闪蒸+汽提）再生型更低，一般为 20～40MJ/kmolCO_2。

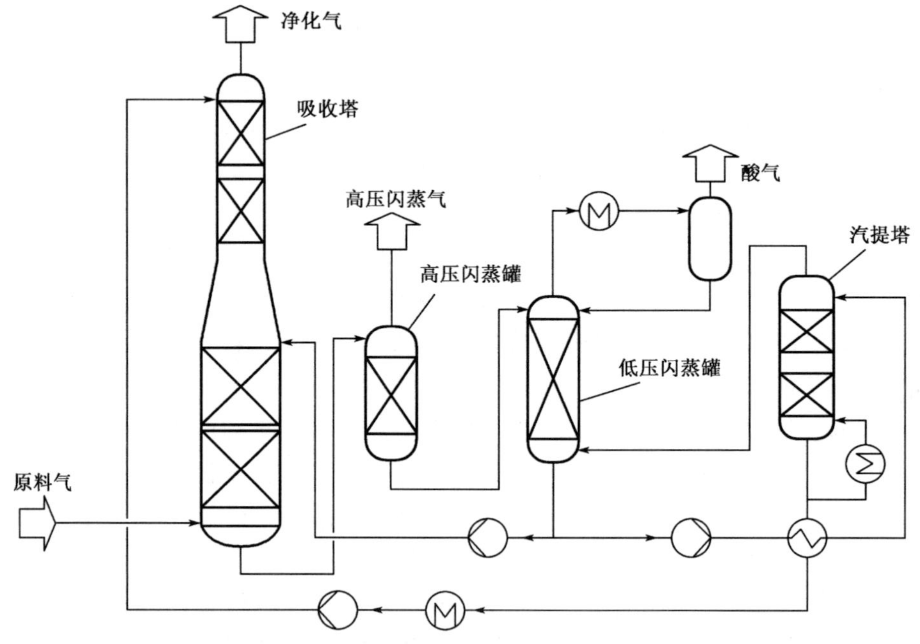

图4-4-3　二级吸收+（闪蒸+汽提）再生型工艺流程

3）工程实例

中国石油东北某气田脱碳装置处理规模为 $120\times10^4m^3/d$，采用活化 MDEA 胺法脱碳工艺，工艺流程采用一级吸收 + 二级闪蒸再生的脱碳工艺流程。

脱碳装置将原料天然气中的 CO_2 含量（原料天然气中 CO_2 含量约为 30%）降至 3% 以下，达到商品天然气标准对二氧化碳含量的要求。脱碳装置得到的酸气（主要含 CO_2）经二氧化碳增压装置增压、干燥、液化为液体二氧化碳后送至液体二氧化碳储罐储存装车外运。

2. 改良热钾碱法

化学溶剂吸收法中占主导地位的是改良热钾碱法，其中以联合碳化公司的 Benfield 法最突出；而 G－V 法、Catacarb 法、Carsol 法是国外的不同专利；空间位阻胺法是最近用于工业上的方法；MEA 法因开发了胺保护法，使之具有新的活力。热钾碱法是脱除 CO_2 极为重要的工艺之一，主要应用于合成气脱二氧化碳，在天然气中应用相对较少。

1）工艺原理

碳酸钾水溶液吸收 CO_2 生成碳酸氢钾，后者在加热后又分解，释放出 CO_2，碳酸钾得以再生，并重复利用。

各种改良热钾碱法使用的溶液都是热碳酸钾溶液，只是其中添加了不同的活化剂。使用活化剂是为了加快碳酸钾溶液吸收 CO_2 与再生的速度，Benfield 法、Catacarb 法、Carsol 法所用的活化剂都是烷基醇胺类。早期 G－V 法使用的 As_2O_3 活化剂比其他活化剂的吸收速度快，但有毒，近年来，用无毒的氨基乙酸活化剂代替。Flexsorb 法是溶液中加一种空间位阻胺作为活化剂，据资料称位阻胺能使吸收能力增加 20% ~40%，吸收速度可提高 100% 或更高；Exxon 公司曾在加拿大一氨厂进行过工业化试验，溶液循环量和蒸汽消耗量下降 30%，但目前用于合成气脱 CO_2 仅有一套工业装置。

Benfield 法、G－V 法、复合双活化剂法、二乙撑三胺（SCC－A）法、空间位阻胺法等都是碳酸钾溶液加入不同的活化剂来加快吸收和解吸速度。复合双活化吸收 CO_2 速度与二乙醇胺相当，但再生速度比二乙醇胺快，因此贫液再生度较低，空间位阻胺活化剂吸收 CO_2 速度快，但位阻胺蒸气压最高，所以使用时应从工程上考虑全系统平衡等问题。

Benfield 法近年来应用新的活化剂 ACT－1 代替原二乙醇胺（DEA），含量为 1% ~3%，可使净化气中 CO_2 含量降低 28% ~85%；溶液循环量降低 5% ~25%；再生热耗降低 5% ~15%；通气能力增加 5% ~25%。Exxon 公司的另一种 Flexsorb HB 空间位阻胺活化剂已应用于工业，其活化剂非常稳定，

不降解，且挥发性小。氨厂使用表明：更改活化剂，提高了装置生产能力，减少了能耗，降低了净化气中 CO_2 含量。英国煤气公司还提议用7%的二乙基-2，2′-二羟基胺和4%的N-甲基-2氨基乙醇作为复合活化剂。

2）工艺流程

Benfield 工艺是热钾碱工艺中应用最广泛的方法。基本流程为一种结构简单的单段流程设计（图4-4-4），采用传统的填料塔或塔板塔直接进行气液逆流接触。由于贫液和富液之间没有换热器，吸收塔的操作温度和重沸器的温度接近。这种工艺流程主要适用于净化气中 CO_2 及 H_2S 含量要求为1%～5%（摩尔分数）的情况。

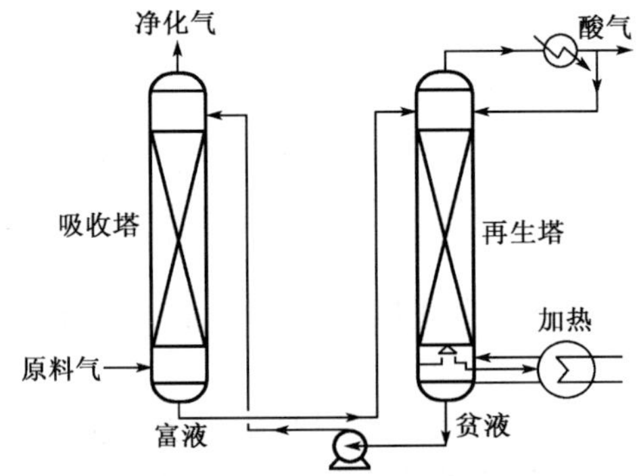

图4-4-4　Benfield 工艺基本流程

为获得更高的 CO_2 净化度，还可采用分流式吸收塔设计和两段式吸收再生工艺设计，净化气中 CO_2 的含量可分别降至0.1%（摩尔分数）和0.05%（摩尔分数）。两种流程设计分别如图4-4-5和图4-4-6所示。

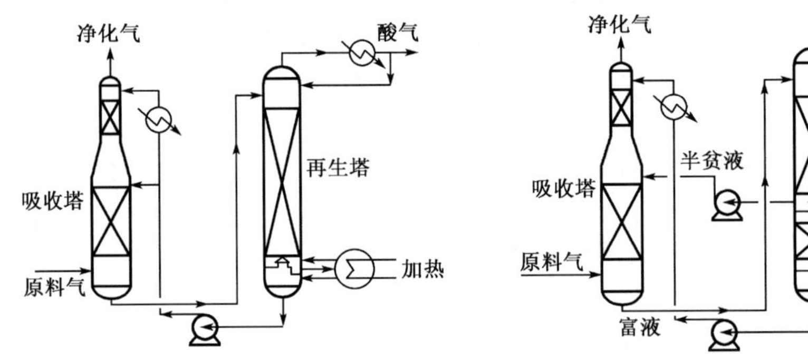

图4-4-5　分流式工艺流程

图4-4-6　两段式吸收再生工艺流程

为了适应各种净化气的不同要求，同时降低能耗，提高效率，又提出了多种改进工艺流程，其中 HiPure 工艺应用于天然气的脱二氧化碳处理。该工艺在 Benfield 工艺和 DEA 工艺的联合基础上发展来的，以 Benfield 工艺进行粗脱，采用 DEA 工艺进行精脱，在流程安排上将吸收塔分为两段，上段用 DEA 溶液吸收，下段用 Benfield 溶液吸收，并用温度较高的 Benfield 溶液预热 DEA 溶液，然后进入两段再生塔，用同一股蒸汽汽提再生 Benfield 溶液和 DEA 溶液，这样进一步降低了能耗。大量的 CO_2 由 Benfield 溶液吸收，而这种溶液即使在高酸气负荷下也不会引起腐蚀问题，而进入上段的 CO_2 含量已不高，用 DEA 吸收可提高净化度，而又不至于引起腐蚀和起泡现象。由于有 DEA 溶液作为保证，Benfield 溶液的再生度较低，也可节省再生能量。HiPure 工艺流程如图 4-4-7 所示。

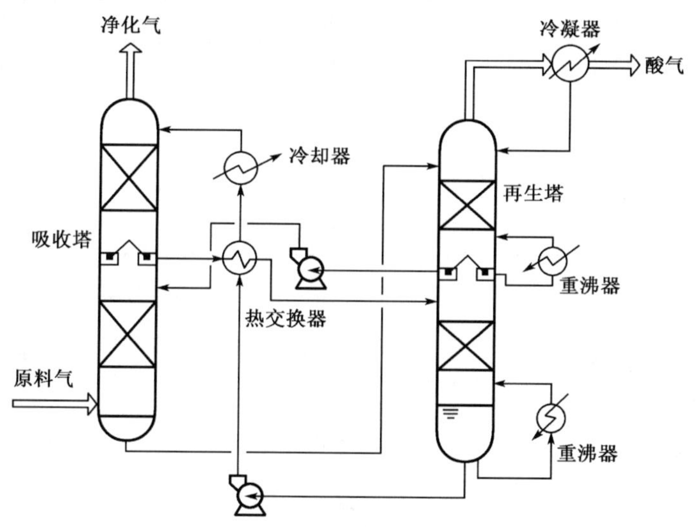

图 4-4-7 HiPure 工艺流程

HiPure 工艺结合了 Benfield 工艺再生能耗较低和胺法脱硫工艺产品气净化度较高的优点，产生的净化气 CO_2 含量低于 20×10^{-6}（体积分数），H_2S 含量低于 1×10^{-6}（体积分数），还可用于需进一步提高净化度的现有 Benfield 装置改造上。该工艺虽然要增加 5%～10% 的投资费用，但比常规的 Benfield 装置可节省再生能耗约 22%。

3. MEA 法和 DEA 法

MEA 法和 DEA 法属于醇胺法净化，其脱硫脱二氧化碳在“天然气脱硫”一节已有介绍，现只对 MEA 法和 DEA 法在脱二氧化碳方面的特殊应用进行介绍。

醇胺法工艺的发展历史实质上可视为各种醇胺溶剂及与之复配的溶剂和

添加剂的选择、改进的过程。迄今为止，工业应用的醇胺溶剂主要有4种：一乙醇胺（MEA）、二乙醇胺（DEA）、二异丙醇胺（DIPA）和甲基二乙醇胺（MDEA）。作为早期的溶剂体系，MEA法和DEA法因其发泡、溶液降解和腐蚀等问题的存在，应用已越来越少。近年来，MEA法和DEA法以其二氧化碳净化度高［净化气中二氧化碳含量（体积分数）可低于100×10^{-6}］的特点在液化天然气（LNG）生产的预处理过程中有所应用。

1）工艺原理

MEA法和DEA法的物理和化学性质见表4－4－2。

表4－4－2　MEA法和DEA法的物理和化学性质

项　　目	MEA	DEA
相对分子质量	61.09	105.14
相对密度	1.0179（20/20℃）	1.0919（30/20℃）
沸点，℃ 101.325kPa 6.67kPa	 170.4 100.0	 268.4① 187.2
蒸汽压（20℃，Pa）	28	<1.33
凝固点，℃	10.2	28.0
闪点（开杯），℃	93.3	137.8
水中溶解度（20℃）	完全互溶	96.4%
粘度，mPa·s	21.4（20℃）	380.0（30℃）
反应热，kJ/kgCO_2	1920	1510

①在此温度下DEA分解。

MEA法和DEA法与CO_2的主要反应如表4－4－3所示。

表4－4－3　MEA法和DEA法吸收CO_2的主要反应

项目	伯醇胺（MEA）	仲醇胺（DEA）
CO_2	$2RNH_2+CO_2+H_2O \rightleftharpoons (RNH_3)_2CO_3$ $(RNH_3)_2CO_3+CO_2+H_2O \rightleftharpoons 2RNH_3HCO_3$ $2RNH_2+CO_2 \rightleftharpoons RNHCOONH_3R$	$2R_2NH+CO_2+H_2O \rightleftharpoons (R_2NH_2)_2CO_3$ $(R_2NH_2)_2CO_3+CO_2+H_2O \rightleftharpoons 2R_2NH_2HCO_3$ $2R_2NH+CO_2 \rightleftharpoons R_2NCOONH_2R_2$

早期的净化装置都以一乙醇胺（MEA）为溶剂，其特点是化学反应活性好，对原料气中的H_2S与CO_2基本上无选择性，很容易将原料气中的酸性组分含量降至标准要求的水平。

MEA的缺点是容易发泡及降解变质。在净化过程中，MEA和原料气中的

CO_2 会发生副反应而生成难以再生的噁唑烷酮等降解产物，导致部分溶剂丧失净化能力；MEA 与羰基硫（COS）、二硫化碳（CS_2）的反应是不可逆的，因而会造成溶剂损失和降解产物在溶液中积累。同时，MEA 的再生温度较高，再生塔底温度一般在 121℃以上，导致再生系统腐蚀严重，在高酸气负荷下则更甚。因此，MEA 溶液浓度一般采用 15%（质量分数），最高也不超过 20%；且酸气负荷仅取 0.3mol（酸气）/mol（醇胺）左右。

DEA 是仲醇胺，与 MEA 相比它与 COS 和 CS_2 的反应速率较低，故 DEA 与有机硫化合物发生副反应而造成的溶剂损失量相对较少。适用于原料气中有机硫化合物含量较高的原料气，如炼制含硫原油炼厂中的炼厂气。DEA 对原料气中的 H_2S 与 CO_2 基本上也无选择性。

1950 年后，法国、加拿大针对净化大量高含 H_2S 与 CO_2 天然气的要求，开发成功了以二乙醇胺（DEA）为溶剂的新工艺，即 SNPA－DEA 工艺。在合理选择材质并使用缓蚀剂的情况下，DEA 水溶液的浓度可提高至 55%（质量分数），酸气负荷也可达到 0.7mol（酸气）/mol（醇胺）以上，从而大幅度地降低了溶液循环量，且净化度也有所改善。

三、物理溶剂法工艺

1. 聚乙二醇二甲醚法（Selexol 工艺）

1）概述

Selexol 工艺于 20 世纪 60 年代由 Allied 化学公司开发，1982 年转入 Norton 公司。Selexol 工艺 1965 年首次工业性试验，目前世界上有 40 套装置。Selexol 溶剂的分子结构式 $CH_3—O—(C_2H_4O)_n—CH_3$，$n=3\sim9$，该溶剂无毒，热稳定性好，不降解，基本无腐蚀，整个装置采用碳钢设备，溶剂的蒸气压极低，因此挥发损失少。用 Selexol 脱除 CO_2 的工艺流程如图 4－4－8 所示。

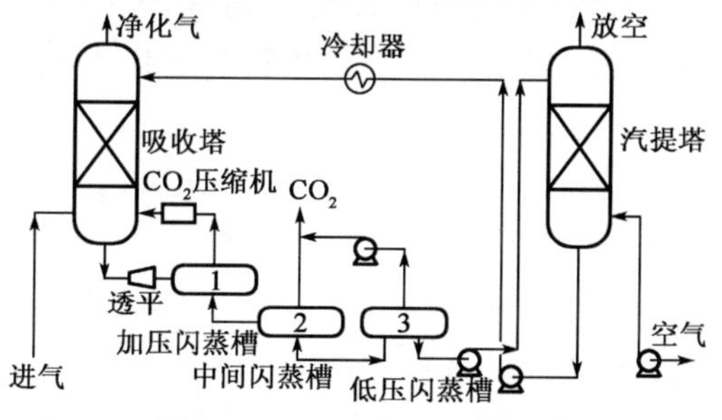

图 4－4－8　Selexol 工艺流程

气体在吸收塔内与溶剂逆流接触，净化气从塔顶出来。吸收 CO_2 后的富液经透平回收能量后进加压闪蒸槽，含氢弛放气用压缩机打回吸收塔；溶剂依次进中间闪蒸槽和低压闪蒸槽，弛放出高浓度的 CO_2 进 CO_2 压缩机；然后溶剂用泵打入汽提塔顶部，汽提塔底部通入空气，再生后的贫液打回吸收塔重复使用。汽提塔塔顶出来的含 CO_2 气体放空，在需要回收时，此气体进空气压缩机作为二段炉转化所用的空气。由于吸收与再生均在0℃或更低温度下进行，为减少冷量的损失，工艺流程中还需加若干台换热器回收冷冻量。

Selexol 工艺的操作条件：吸收温度为 0 ~ 25℃；若不设真空闪蒸，CO_2 回收率为70%，汽提空气回二段炉时，CO_2 回收率可达 95%；为保持水平衡，将少部分溶剂加热脱水，每生产 1t 氨消耗蒸汽量约为 0. 1t。

2）应用实例

美国 LaBarge 净化厂采用 Selexol 工艺处理高 CO_2 和 H_2S 比天然气的原理流程。该工厂日处理量为 $7.8\times10^6m^3$ 含 43% 的 CO_2 和 $23mg/m^3$ 的 H_2S 的天然气，按设计要求，净化气中 CO_2 含量为 3. 0%，H_2S 含量为 $5.7\ mg/m^3$。

2. 低温甲醇洗工艺法（Rectisol）

Rectisol 工艺是 20 世纪 50 年代由德国的林德（Linde）公司和鲁奇（Lurgi）公司联合开发的。第一套装置由鲁奇公司于 1954 年用在南非建成的合成燃料工厂，目前世界上有 70 多套装置，其中国内引进了 4 套。Rectisol 工艺最适用于脱除由含硫渣油或煤部分氧化生成的气体中 CO_2 和硫化物。因甲醇的蒸汽压较高，故在低温下（-55 ~ -35℃）操作。低温下 CO_2 与 H_2S 的溶解度随温度下降而显著地上升，因而操作所需要的溶剂量较少，设备也较小。在 -30℃下，H_2S 在甲醇中的溶解度为 CO_2 的 611 倍，因此能用于反性脱除 H_2S。Rectisol 工艺主要用于以煤或重油部分氧化的气体脱硫与脱 CO_2，很少单独用于脱 CO_2，净化后气体中 CO_2 含量可达（10 ~ 100）$\times10^{-6}$，H_2S 和 COS 含量小于 0.1×10^{-6}，其典型的工艺流程为 5 塔一次脱硫与脱 CO_2 的流程，如图 4-4-9 所示。

变换气体经预冷后进入脱硫塔（吸收塔），在塔下部（脱硫塔）与部分饱和 CO_2 的富甲醇液接触而将 H_2S 与 COS 脱除，在塔上部（脱二氧化碳塔）与冷的贫甲醇液相接触而将 CO_2 脱除，净化后气体从塔顶引出。出吸收塔的甲醇在闪蒸塔降低压力而释放出富含 H_2S 的气体，压缩后回吸收塔进口；大量残余的 CO_2 在 H_2S 浓缩塔中用 N_2 气气提，在塔上部均用少量甲醇液洗涤，

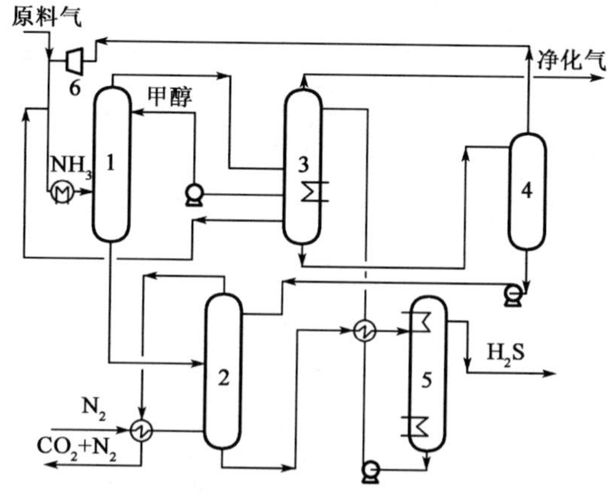

图4-4-9 Rectisol 工艺流程

1—脱硫塔；2—气提塔；3—脱二氧化碳塔；4—闪蒸塔；5—再生塔；6—压缩机

使 CO_2 与放空气体不含硫。富含 H_2S 的溶剂最后在热再生塔中用蒸汽加热再生，塔顶放出的浓 H_2S 气体进克劳斯（Claus）制硫装置，再生后的贫液进入吸收塔顶部喷淋。

四、膜分离工艺

膜分离是借助混合气体中各组分在膜中渗透速率的不同而获得分离的方法，它具有装置简单，操作方便、能耗较低等优点，是一种发展较为迅速的节能型气体分离技术。目前，膜分离用于天然气脱除 CO_2 的技术较为成熟，并获得了大量的工业应用。

1. 工艺原理

用于 CO_2 分离的膜为半渗透的非多孔介质膜，主要由高分子材料制成。气体在膜中渗透遵循的是溶解－扩散机理，即气体分子先被吸附在膜的一侧表面溶解，并在浓度差的作用下在膜中扩散、移动，然后，从膜的另一侧被解吸出来。由于不同气体在膜中的溶解扩散速率是不一样的，利用这个速率差异来实现混合气体组分的分离（图4-4-10）。CO_2 通过膜的速率与原料气压力和温度、CO_2 的含量、膜材料的类型和厚度，以及膜另一侧的压力有关。

目前，用于分离 CO_2 的膜材料主要有醋酸纤维素、聚砜、聚碳酸酯等聚合物。表4-4-4 给出了3种 CO_2－CH_4 体系分离膜的性能比较。

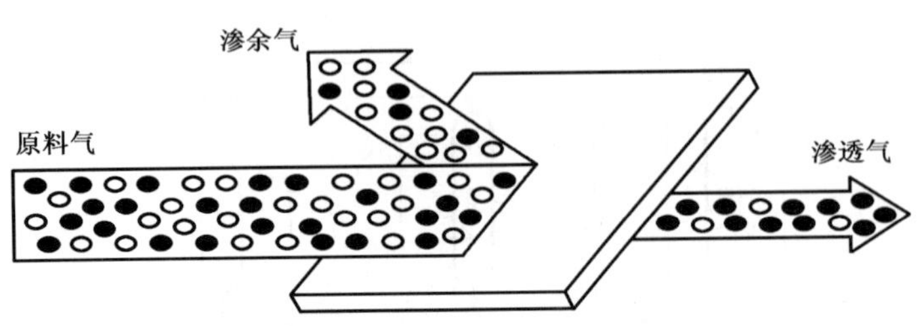

图 4-4-10　膜分离原理示意图

表 4-4-4　三种膜的 CO_2-CH_4 分离性能

分离膜	温度,℃	CO_2渗透系数（P①）	α_{CO_2/CH_4}
醋酸纤维素	35	15.9×10^{-10}	30.8
聚碳酸酯	35	6×10^{-10}	24.4
聚砜	35	4.4×10^{-10}	28.3

①单位为 cm^3（STP）· cm/cm^2 · s · cm Hg，其中 STP 指 0℃，101.3kPa。

表 4-4-5 给出一些气体在醋酸纤维素中的相对渗透速率。

表 4-4-5　气体在醋酸纤维素中的相对渗透速率

水蒸气	He	H_2	H_2S	CO_2	O_2	CO	CH_4	N_2	C_2H_6
100	15	12	10	6	1.0	0.3	0.2	0.18	0.1

工业上膜分离采用单元型式主要分为中空纤维型和螺旋卷型两大类。中空纤维型单元结构如图 4-4-11 所示，螺旋卷型单元结构如图 4-4-12 所示。

2. 工艺流程

膜分离的主要工艺流程分为一级膜分离和二级、三级膜分离等多种流程。图 4-4-13 所示的直流式一级膜分离流程是最简单的一种流程。原料气经膜分离处理系统后分离为低压富含 CO_2 的渗透气和高压富含烃类的产品（渗余）气两股气体。这种流程多用于高压（压力在 3.4MPa 以上）天然气的净化处理。

一级膜分离流程的不足之处是烃类气体的损失较大。当需要大量脱除天然气中的 CO_2 时，若采用此流程将有相当数量的烃类进入渗透气之中而损失，这时可采用将渗透气进行循环的一级膜分离流程，如图 4-4-14 所示，以降低烃损失率，同时也能大幅度降低产品气中的 CO_2 含量。

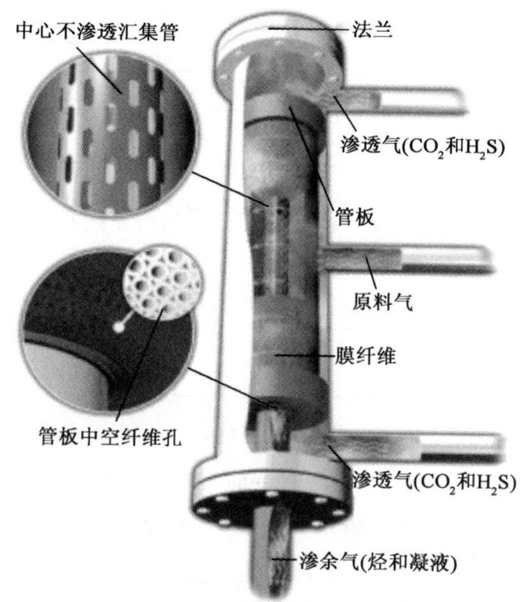

图4-4-11 中空纤维型单元结构

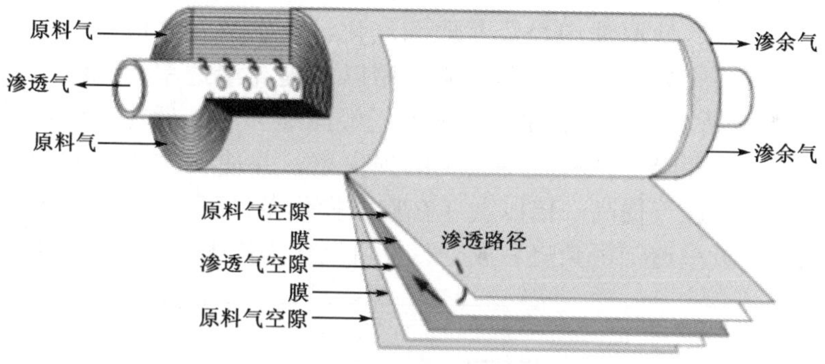

图4-4-12 螺旋卷型单元结构

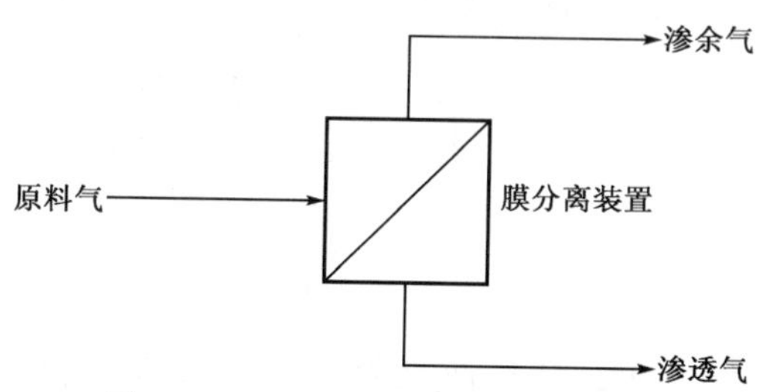

图4-4-13 一级膜分离工艺流程

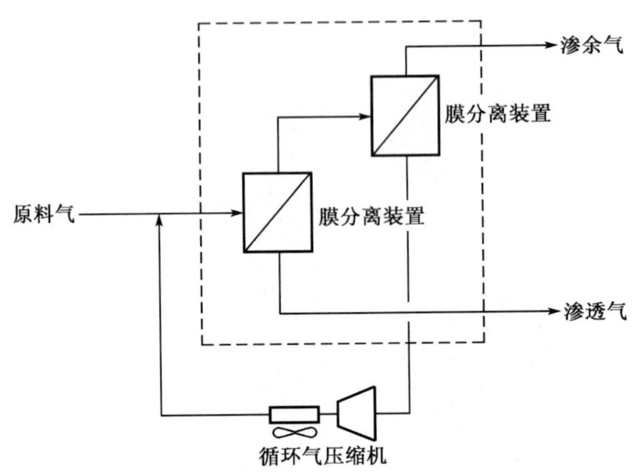

图 4-4-14　带循环的一级膜分离流程

为了降低烃类损失，以及原料气压力较低的情况下，可采用二级或三级膜分离流程。这类流程多用于 CO_2 的强化采油（EOR）。CO_2 的强化采油（EOR）是通过向地层注入 CO_2 将原油驱向生产井以提高原油采收率。其提高采收率的主要机理是：CO_2 的注入可降低原油粘度、改善原油与水的流度比、使原油体积膨胀、使原油中轻烃萃取和汽化、产生混相效应、产生分子扩散作用、降低界面张力、产生溶解气驱作用以及提高渗透率。二级膜分离流程如图 4-4-15 所示。其特点是一级渗透气经压缩和冷却后在二级膜分离器中进一步分离，从而降低原料气中烃类的损失率，并使（二级）渗透气中 CO_2 的含量比一级渗透气提高一倍以上（在典型操作条件下）。根据原料的组成及操作工况，二级渗透气可焚烧后放空，也可以作为压缩机的燃料使用。

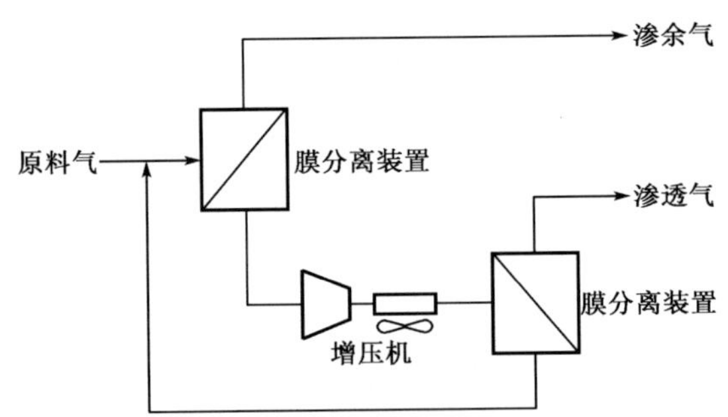

图 4-4-15　二级膜分离系统工艺流程

上述基本流程还可演变出多种流程安排，流程选择的考虑因素主要有 CO_2 脱除率和烃回收（或损失）率以及相应的技术经济评价等。

由此可以看出，二级膜分离流程的烃类回收率较一级膜分离流程有显著提高。不过，由于二级流程采用循环压缩机所增加的投资费用要远大于烃类回收率提高所带来的收益，因此选用一级膜分离流程的更多。

此外，由于膜分离的主要缺点是难以获得深度脱除和回收得到高纯度 CO_2，而且烃类损失也较高，因此通常需要与醇胺溶剂法工艺组合起来使用（图 4－4－16），利用前者用于粗分离，后者进行精分离，以达到降低投资和节能降耗的目的。有时，原料气中酸气浓度或者气体流量增加，要求增加工艺的处理能力，在现有的常规醇胺溶剂法工艺之前，采用膜系统除去原料气中大部分酸气，然后再用常规工艺进行精制，则可获得较好效果。这类流程也多用于 CO_2 的强化采油（EOR），不仅可使净化气达到管输标准，而且还能得到高纯度的 CO_2 供循环使用。

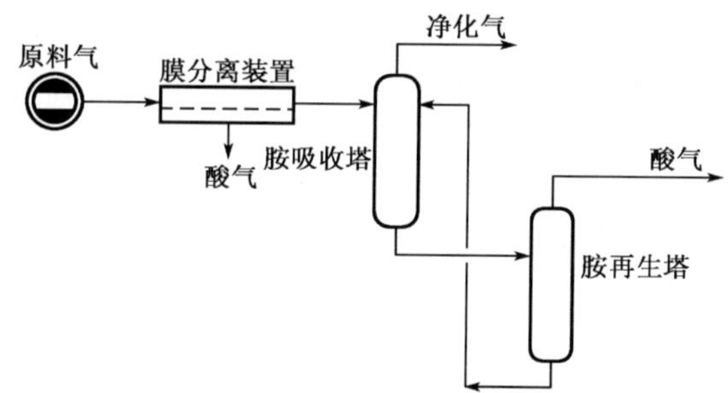

图 4－4－16　膜分离和醇胺溶剂法工艺的组合流程

2）应用实例

采用膜分离技术进行天然气的脱二氧化碳处理早在 1981 年就已实现了工业化。但由于膜材料的合成、膜分离单元的制作及设计参数的选择等方面均尚存在一定问题，因而装置的处理规模一般不超过 $30\times10^4m^3/d$，操作压力最高不超过 5MPa；且存在烃损失率较高（最高可达到 7%）及膜材料易被污染等缺陷，故一直未能得到大量推广。最近 10 多年来，随着各方面技术水平的提高，情况则大为改观。仅美国 UOP 公司就承建了 80 多套处理天然气和炼厂气的膜分离装置，NATCO 公司的膜分离装置数量超过 30 多套。

中国石油海外某区块脱碳装置处理规模为 $609\times10^4m^3/d$，采用膜分离和胺吸收两级脱碳工艺。

该区块天然气含 CO_2 高达 30% ~40%。装置原料天然气先经膜分离进行初脱碳，CO_2 含量由 40% 降至 19% 左右，再经 MDEA 溶液吸收后降至 3.3% 外销（商品天然气规定含 $CO_2<5\%$），适合高含 CO_2 天然气开发、处理及天然气质量达标的要求。

五、吸附工艺

吸附法脱二氧化碳是根据吸附原理，选择某些多孔性团体吸附天然气中的二氧化碳。被吸附的二氧化碳称为吸附质，吸附二氧化碳的固体称为吸附剂或干燥剂。固体吸附剂脱二氧化碳装置的投资和操作费用较高，故一般是在处理量较小而天然气二氧化碳含量要求较高时才采用吸附法脱二氧化碳。

按再生方式的不同，吸附工艺可以分为两种工艺流程：变温吸附法（TSA）和变压吸附法（PSA）。

1. 变温吸附法

1）工作原理

变温吸附法脱二氧化碳的再生机理是利用不同温度下吸附剂对二氧化碳的吸附容量不同。低温下吸附剂吸附容量大进行吸附，高温下吸附剂吸附容量小进行再生。

2）工艺流程

变温吸附法脱二氧化碳工艺流程如图 4－4－17 所示。

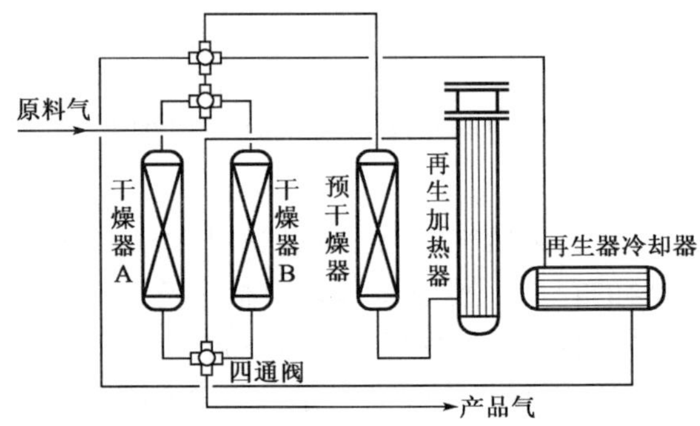

图 4－4－17　有热再生脱水工艺流程图

有热再生干燥装置工作过程分为五个阶段：吸附、降压、加热再生、冷吹再生、充压。加热再生阶段直到干燥器出口温度达到 120℃，即表明加热再生阶段结束，然后向吸附塔通入冷的再生气，直到吸附剂冷却至 20 ~ 30℃时结束整个再生过程。

3）应用实例

西南油气田分公司犍为液化天然气（LNG）厂预处理工艺采用变温吸附法脱二氧化碳。设计天然气处理量为 $40 \times 10^4 m^3/d$，液化率为 10%。其原料气天然气中二氧化碳含量（体积分数）为 1000×10^{-6}，净化气二氧化碳含量（体积分数）低于 100×10^{-6}，满足标准要求。

2. 变压吸附法

变压吸附（PSA）工艺作为一种常温气体分离净化技术，具有工艺过程简单、能耗低、适应能力强、操作方便、技术先进、经济合理等优点，发展较为迅速。目前，用于从各种气体，包括天然气、煤层气和合成氨变换气以及窑炉气中脱除及回收 CO_2 成为变压吸附工艺的主要应用领域之一。其中，由美国 Engelhard 公司开发的 Molecular Gate 工艺是一种用于从天然气或煤层气中脱除 CO_2 的工业化应用工艺。

1）工作原理

变压吸附选用的吸附剂为多孔固体物质，具有吸附容量大、解吸性能好、分离系数大、机械强度高等特点。这些多孔固体物质具有较大的比表面，以比表面对气体分子的物理吸附为基础，并且利用吸附剂在高压下易吸附高沸点组分（如 CO_2），不易吸附低沸点组分（如 N_2、H_2 等）；高压下被吸附组分吸附容量增加，低压下被吸附组分吸附容量减小的特性来实现分离。因此，气体吸附分离成功与否在很大程度上依赖于吸附剂的性能，常用吸附剂有沸石分子筛、活性炭、硅胶、活性氧化铝、碳分子筛等，对不同的分离对象选择不同的吸附剂。

PSA 工艺通常由吸附、降压（顺放、逆放、冲洗、置换、抽空等）、升压等基本步骤组成（图 4－4－18）。一般采用两塔或多塔流程来实现工艺过程的连续性，操作周期根据气体组成、压力、流量和产品要求来确定，一般为 3～30min。工艺流程及自动控制调节系统是实现变压吸附最佳工艺的重要因素。变压吸附工艺操作压力根据产品种类、原料气组成、吸附剂性能、工艺特点及前后工序的情况确定，一般在 0.05～3.00MPa 范围内。

在 PSA 用于分离 CO_2 的工艺过程中，所采用的吸附剂对 CO_2 具有较强的选择吸附能力。该吸附剂对混合气中各组分的吸附力强弱依次为：

$$CO_2 > CO > CH_4 > N_2 > H_2$$

从吸附等温线（图 4－4－19）可知：在混合气体中，CO_2 的吸附能力比其他组分强，因此当混合气体在一定压力下通过吸附床层时，吸附剂将选择吸附强吸附质 CO_2 组分，而难吸附组分（如 H_2、O_2、N_2、CH_4、CO 等）组成的混合气体则从吸附塔出口端排出。在吸附床降压过程中，被吸附的 CO_2 脱附，由吸附塔入口端排出，作为产品输出，同时吸附剂获得再生。再生后的吸附剂进入下一轮吸附-脱附循环。

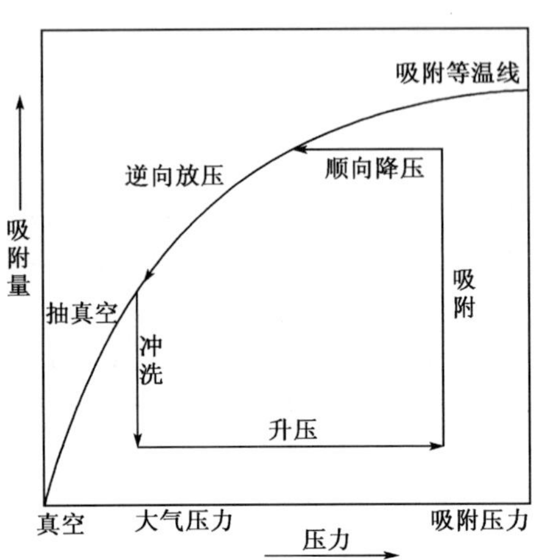

图 4-4-18　变压吸附工艺原理

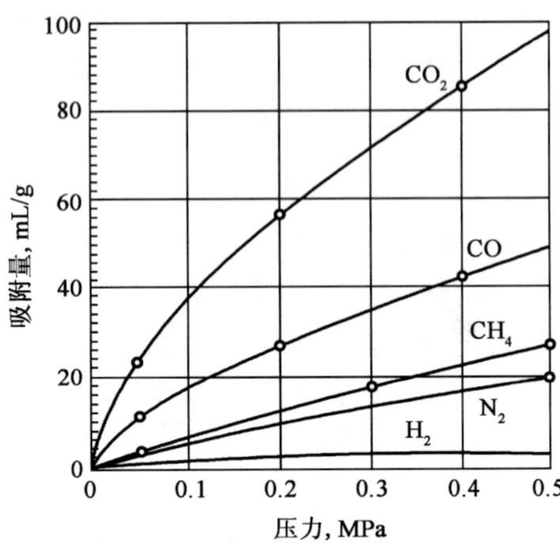

图 4-4-19　吸附剂吸附等温线

Molecular Gate 工艺采用硅酸钛的分子筛作为吸附剂。在一般情况下，采用硅酸铝的常规分子筛其晶体结构是孔径开口大小固定，它通过表面吸引力来吸附分子，方式与活性氧化铝、硅胶以及活性炭类似，这样由于极性和表面吸引力而产生的吸附力可实现极性分子或分子量大的分子从混合气体中分离。与常规分子筛不同，基于硅酸钛的分子筛具有独特表面特性和可调节孔径大小的能力，它可根据所要求的孔径大小进行制备，其精度可达到 0.1Å 之内，从而可按照孔径大小来实现气体的分离。以天然气中可能含有的 CO_2 和 N_2 为例进行说明，如图 4-4-20 所示。CO_2、N_2 和 CH_4 分子的直径分别为 3.4Å、3.6Å 和 3.8Å。为了将 CO_2、N_2 和 CH_4 进行分离，吸附系统采用了直径为 3.7Å 的吸附剂，这样可允许 N_2、CO_2 通过孔隙进入而被吸附，而 CH_4 则被排斥在外，直接流过吸附剂固定床，几乎保持了原料气的同样压力。

2）工艺流程

图 4-4-21 为 Molecular Gate 工艺用于脱除 CO_2 的典型流程。来自井口的气体由压缩机加压到 0.69MPa 进入至 Molecular Gate 吸附系统，产生的一股富甲烷低压气体被循环返回到压缩机的吸入端，有了这样一股循环气体，将提高产品气的甲烷回收量而不需要另外增加压缩机。循环气体一般为原料气量的 10% ~15%。为了获得吸附剂脱除 CO_2、N_2 等杂质的最大工作能力，需要采用一级真空段以提高再生过程的效率。高压吸附和低压再生的变压过程是一个快速循环过程，通常在几分钟之内就可完成。

典型 Molecular Gate 吸附系统由 3 ~4 个装有吸附剂的容器所组成，所有设备采用碳钢材料，在室温及低压下操作，工艺系统可设计成规格的撬装

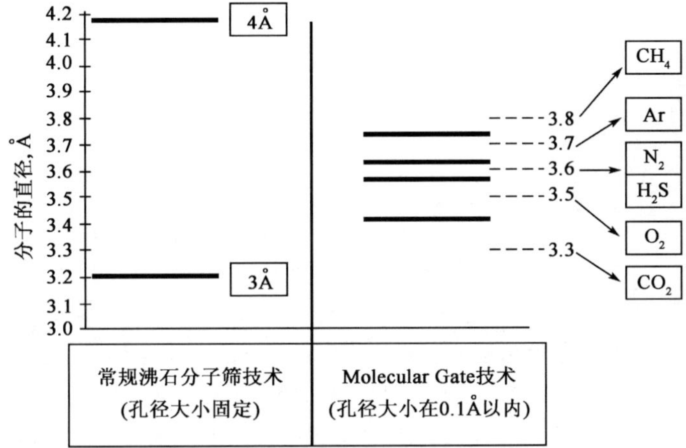

图 4-4-20 Molecular Gate 工艺原理

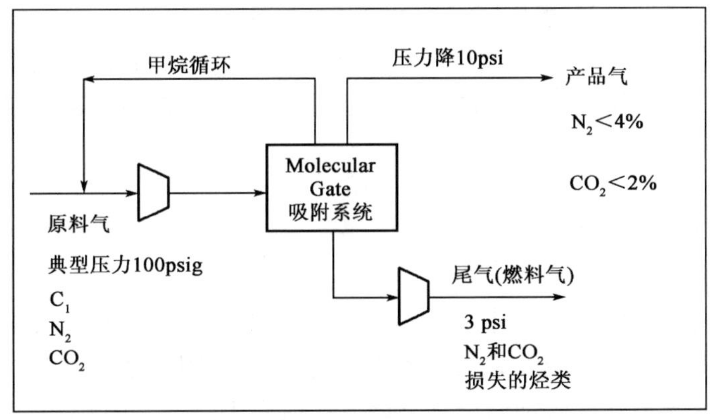

图 4-4-21 Molecular Gate 工艺流程图

（图 4-4-22），整个系统及阀门切换都极为稳定可靠，操作人员只需进行日常维护即可确保装置正常运转。对于天然气的 CO_2 脱除，目前最大处理能力为 $2.83\times10^4m^3/d$。

3）应用实例

Molecular Gate 工艺是由美国 Engelhard 公司在成功开发出采用硅酸钛的新型分子筛专有技术的基础上发展而来的，于 2001 年实现工业化应用。该工艺具有装置操作、安装简便，预处理要求低，维护简单等优点。Molecular Gate 工艺由 Engelhard 公司授权 Guild Associates 公司实施许可，目前，采用该工艺处理装置超过 24 套，主要用于从天然气或煤层气中脱除 CO_2 和（或）N_2。

图 4-4-22 Molecular Gate 工艺装置

Molecular Gate 工艺最初试验用于脱除天然气中的 N_2。在 2000 年，建立了该工艺的一套工业试验装置，处理含 N_2 为 18% 和 CO_2 小于 1% 的天然气，处理能力为 $5.67\times10^3m^3/d$，操作压力为 2.76MPa，要求净化气 N_2 含量为 3% ~6%。经过两年运转，获得较理想效果。在此基础上，美国 Tidelands 油气生产公司于 2002 年在加州 Long Beach 市 Wilmington 油田建成第一套用于天然气脱除 CO_2 的工业装置。

六、低温分离工艺

低温分离是利用原料气中各组分相对挥发度的差异，通过冷冻制冷，在低温下将气体中各组分按工艺要求冷凝下来，然后用蒸馏法将其中各类物质依照蒸发温度的不同逐一加以分离。该方法适用于天然气中 CO_2、H_2S 含量较高以及在用 CO_2 进行三次采油时采出气中 CO_2 含量和流量出现较大波动的情形，但工艺设备投资费用较大，能耗较高。目前应用较多的工艺主要是 Rayn-Holmes 工艺和可控制冻结区法（Controlled Freeze Zone，CFZ）工艺。

1. Rayn-Holmes 工艺

1）工艺原理

采用低温分离方法脱除天然气中 CO_2 的优势在于在蒸馏塔生成的液体 CO_2 气化即可获得所需的绝大部分致冷量。然而，对于酸性天然气的复杂体系，在热力学上存在以下三个主要技术难题：

（1）在 CH_4 和 CO_2 分离过程中如何防止生成 CO_2 固体；

（2）如何防止 C_2 烃与 CO_2、H_2S 形成共沸混合物；

（3）原料气中存在 H_2S 时，如何分离 H_2S 和 CO_2。

由 Koch Process Systems 公司提出的解决办法是在混合物中加入添加剂。这些添加剂采用 C_2 以上烃类及其混合物，如正丁烷或者 NGL 等，很容易从处理的原料气中分馏得到。

2）工艺流程

根据原料气组成及产品气要求的不同，Rayn - Holmes 工艺主要分为三塔流程和四塔流程两类。此外，针对处理原料气中不含 H_2S 的情况开发了无 H_2S 的工艺流程，针对甲烷和 CO_2 无须分离的情况开发出了 CH_4/ CO_2 产品流程，实际上，后两种流程都是三塔流程的变种。

图 4 - 4 - 23 为典型的三塔流程。它包括脱甲烷塔、乙烷回收塔、添加剂回收塔。干燥的原料气经过冷却首先进入脱甲烷塔，添加剂从第一塔冷凝器中加入。产品气从塔顶取出，塔底物则经过适当热交换后进入回收乙烷塔，在塔顶往下的几块塔板处加入添加剂。从塔顶出来的是烃类及 H_2S 含量符合要求的 CO_2 产品，塔底物则进入添加剂回收塔，由于 CO_2 主要在乙烷回收塔中被分馏出去，因此从添加剂回收塔顶出来的烃类气中主要含有 H_2S 及少量 CO_2，进一步处理后将 H_2S 和 CO_2 脱除；塔底物则分离出 C_4^+ 烃作为添加剂，余下部分与塔顶物混合，经处理后得到 NGL 产品。根据三次采油时采出油田气的组成和产品用途不同，可采用不同的工艺流程。如果注入地层的 CO_2 中允许含有一定量的 CH_4，可用较简单的双塔流程，即只设置乙烷回收塔和添加剂回收塔，将前者塔顶排出的含有少量 CH_4、C_2H_6 和 N_2 的 CO_2 气体直接注入地层，这样可以显著改善工艺经济性。

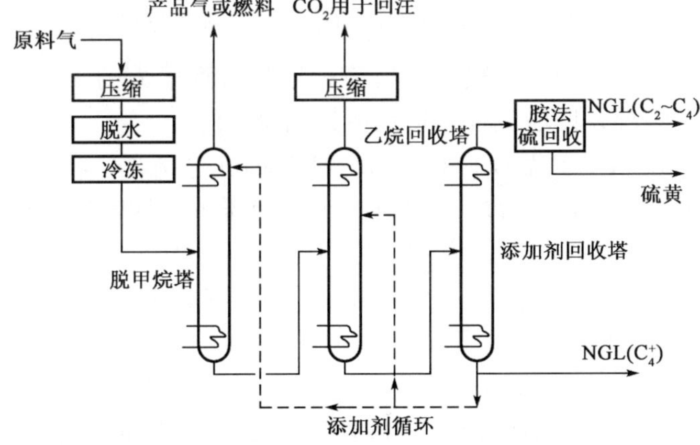

图 4 - 4 - 23　Rayn - Holmes 工艺三塔流程

为了降低工艺的能量消耗和投资费用，又提出了四塔流程，如图4－4－24所示。气体首先进入乙烷回收塔，从塔顶出来的含 CO_2 气体经加压、冷却后进入新增的 CO_2 回收塔。该塔不采用添加剂，塔底得到的 CO_2 中不含甲烷，可用泵加压后直接进行回注；从塔顶出来的甲烷气体中含 CO_2 为15%～30%（体积分数），进入与三塔流程中类似的脱甲烷塔，但其 CO_2 的含量要低得多，采用循环添加剂，则从塔顶得到产品气。由于大量的 CO_2 在 CO_2 回收塔中脱除，因此在四塔流程采用的添加剂量较少，而且塔底物中所含的添加剂还可再次利用，补充加入新的添加剂后用于乙烷回收塔。乙烷回收塔的塔底物进入添加剂回收塔，分馏成轻质NGL和重质NGL。C_2 至部分 C_4^+ 及 H_2S 从塔顶得到，而塔底则可获得 C_4^+ 添加剂及部分NGL产品。

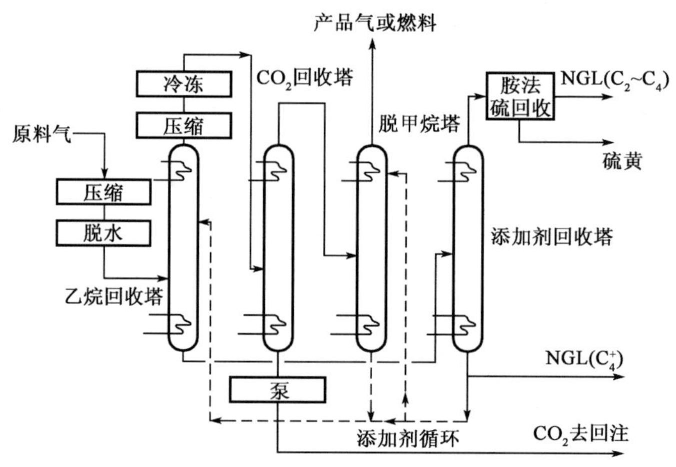

图4－4－24 Rayn－Holmes 工艺四塔流程

对于 CO_2 含量较低的情况，三塔流程还是有竞争力的。然而，针对处理EOR伴生气的情况，四塔流程无疑是更具竞争力的。

图4－4－25给出了无 H_2S 的Rayn－Holmes工艺流程。在该流程中仅有两个分离塔，第一个是脱甲烷塔，而第二个塔为添加剂回收塔，即相当于三塔流程的第三个塔。这种结构主要用于原料气中不含 H_2S 的情况，与传统的三塔工艺流程相比，由于省掉了一个分离塔，该流程的成本更低了。

图4－4－26给出的则是了以 CH_4 和 CO_2 为产品的Rayn－Holmes工艺流程。与无 H_2S 的Rayn－Holmes工艺流程不同，该流程针对 CO_2 和甲烷无须分离而直接可用于回注的实际情况，特别设计仅回收有价值的NGL产品而将 CH_4 和 CO_2 直接用于回注或者用作低热值的燃料使用。

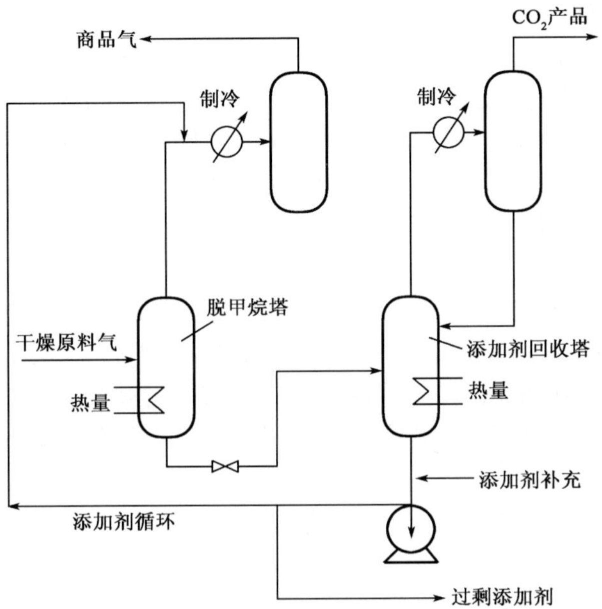

图4－4－25　无 H_2S 的 Rayn－Holmes 工艺流程

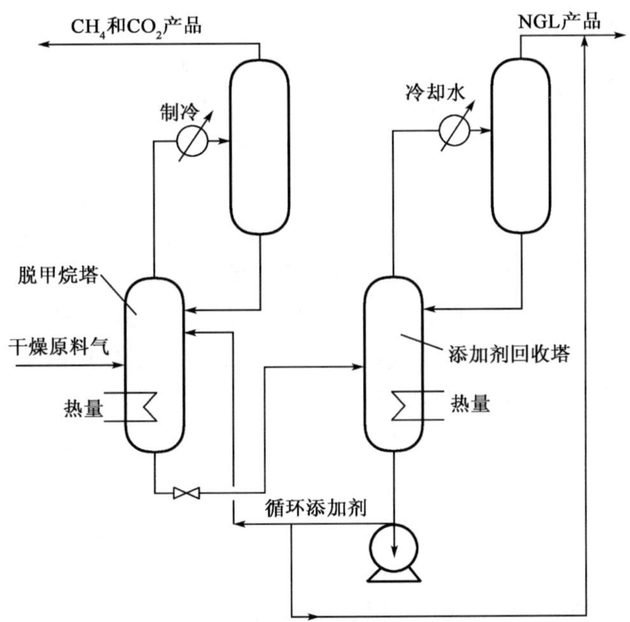

图4－4－26　以 CH_4 和 CO_2 为产品的 Rayn－Holmes 工艺流程

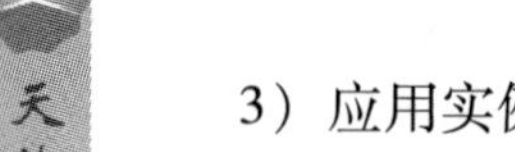

3）应用实例

目前采用 Rayn－Holmes 工艺的工业装置超过 8 套。

Willard 油田伴生气处理厂位于美国得克萨斯州西部的 Wasson 油田，处理三次采油（EOR）的伴生气。在进行 EOR 的初期，每天可得到含 CO_2 为 8%（体积分数）、H_2S 为 0.9%（体积分数）的伴生气约 $10\times10^4 m^3/d$，除 CO_2 和 H_2S 外，还含有少量重烃。回注进行半年后，就启动 Willard 处理装置回收 CO_2。

由于伴生气的流量和组分变化较大，因而要求工厂具有较大灵活性。选择了具有较高的 NGL（包括乙烷）回收率的 Rayn－Holmes 低温分离工艺，同时，H_2S 也可选择性地从 CO_2 中分离出来。装置可在较宽的 CO_2 含量范围下操作，乙烷的回收率可高达 98%，CO_2 中的 H_2S 含量（体积分数）可稳定控制在（5～100）$\times10^{-6}$。

Rayn－Holmes 工艺采用的是三塔流程。

2. 可控制冻结区法

可控制冻结区（CFZ）法不用添加剂来避免 CO_2 凝固出来，随着分馏进程直接通过一个固体 CO_2 生成区，并借助内部特殊设计的低温分馏塔来控制固体 CO_2 的生成和熔融。

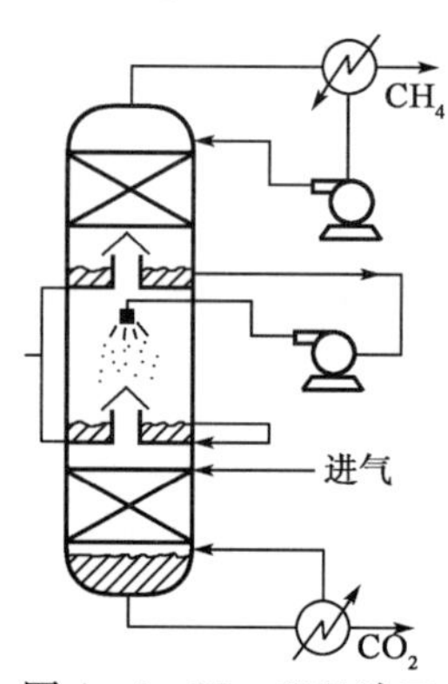

图 4－4－27　CFZ 法工艺流程图

CFZ 法工艺过程如图 4－4－27 所示。CFZ 法用蒸馏，固体 CO_2 生成和熔融来达到 CH_4-CO_2 的直接物理分离。这些操作均发生在一个简单的塔中。CFZ 法中无需固体 CO_2 处理设施。在汽相空间中生成的固体 CO_2 因重力而跌落在塔板上，被熔融成液体。CFZ 法类似于一个低温脱甲烷塔，以典型的 $C_1/C_2/CO_2$ 进料组成为例，当操作压力为 3.861MPa 时，塔顶温度均为 －88℃，塔底温度为 －1℃。含 CO_2 的天然气先被冷却后再进入塔底区域。

大量的 CO_2（如有 NGL，H_2S 也是如此）在塔底区域被冷凝下来。在蒸馏过程中 CO_2 从天然气中被分离出来的气体在塔内上升过程中被逐渐冷却，变得 CH_4 含量逐渐增高，在 －56～－62℃时气相中约降到只含 15% 的 CO_2。在 CFZ 塔中预期 CO_2 会凝固出来的那个区域，不设置常用的内部构件，在这一区域用喷嘴和熔融塔板（固体 CO_2 在其上熔融）来代替塔板或填料。塔顶部分冷凝下来回流的液体中含有3%～8%的CO_2（约－84℃），用泵打入塔内，与熔融塔板上升起的约含15%的CO_2，－56～－62℃的气流相接触，气相中即有固体CO_2生成。固体CO_2跌落入CFZ塔的底部区域，进入较高温度的液层。从塔的下部上升的气相加热了穿过的液层使液体保持比固体CO_2的凝固点为高的温度，因此固体CO_2熔化了。

塔的顶部区域用常用的塔板或填料来进一步提纯从CFZ塔液体喷淋区来的气相。视塔顶气相中所要求达到的CO_2量而定，这一塔顶区域可以用若干块（级）塔板（或填料），或也可只用塔顶的部分冷凝器。在塔顶区域逐级下降液体，起初积聚在有升气帽的塔板的周围空间，之后用泵通过喷嘴打入CFZ区。

第五节　硫黄回收与尾气处理

一、硫黄回收及尾气处理工艺选择原则

1. 各种克劳斯及尾气处理工艺的硫收率

当天然气脱硫采用的是胺法或砜胺法等工艺时，所产生的含H_2S酸气需要考虑用装置处理，通常大多采用克劳斯工艺生产硫黄；在酸气H_2S浓度很低时，也可以直接转化法处理。

下面将从环保对总硫收率的要求出发，结合不同工艺的总硫收率和特点，提出选择硫黄回收和尾气处理工艺的建议。表4－5－1以硫收率计，划分了为达到一定的总硫收率而可选用的工艺。

表4－5－1　各种工艺可达到的总硫收率

总硫收率①,%	工　艺
<95	两级催化转化克劳斯
95～97	三级或四级催化转化克劳斯
97～98.5	ER Claus，CBA（三反应器）
98.5～99.2	Sulfreen，Clauspol 1500，MCRC（三反应器），Clinsulf SDP，SuperClaus－99，PRO Claus，CBA（三反应器，两循环），CBA（四反应器，两循环）

续表

总硫收率[①],%	工　艺
99.2～99.7	MCRC（四反应器），CBA（四反应器，四循环），SuperClaus－99.5，Hydrosulfreen，两段 Sulfreen，Carbosulfreen. Oxysulfreen，Clauspol 300，MODOP，HCR，BSR/Slectox，EURO Claus
≥99.8	SCOT，BSR/MDEA，Doxosulfreen，ULTRA，Sulfcycle，RAR，Clauspol 150，LTGT，AGE/Dual Solve ELSE，Wellmann－Lord，Aquaclaus

①对于“独立”的尾气处理工艺，总硫收率也包括克劳斯在内。

表4－5－1中所列出的工艺，既有“独立”的尾气处理工艺，也有将克劳斯组合工艺，如CBA，MCRC等。对于“独立”的尾气处理工艺，可达到的总硫收率则包括了克劳斯装置的硫收率在内。

表4－5－2列出了总硫收率可达到99%左右的几种工艺的特点，包括克劳斯组合工艺尾气处理工序和“独立”的尾气处理工艺。

表4－5－2　总硫收率可达99%左右的几种工艺的特点

工艺名称	尾气处理段的反应	尾气段运行特点	克劳斯段的特点	主要操作问题
克劳斯组合工艺				
Superclaus－99	H_2S直接氧化，不可逆	连续、稳态	富H_2S条件运行	克劳斯段硫收率略低一些
MCRC	低温克劳斯反应，平衡	需切换，非稳态	控制$H_2S/SO_2=2/1$	反应器切换期间硫收率受影响
CBA	低温克劳斯反应，平衡	需切换，非稳态	控制$H_2S/SO_2=2/1$	反应器切换期间硫收率受影响
Clinsulf SDP	低温克劳斯反应，平衡	需切换，非稳态	控制$H_2S/SO_2=2/1$	反应器切换期间硫收率受影响
“独立”的尾气处理工艺				
Sulfreen	低温克劳斯反应，平衡	需切换，非稳态	控制$H_2S/SO_2=2/1$	反应器切换期间硫收率受影响
Clauspol 1500	液相低温克劳斯反应，平衡	连续，稳态	控制$H_2S/SO_2=2/1$	有溶液和液硫产生的乳液层问题

从表4－5－2所列的6种工艺中，只有2种连续运行的稳态工艺，其余4种均因反应生成的硫黄积存于催化剂上需定期切换再生而成为非稳态工艺，切换期间总硫收率也偏低。

在对尾气深度处理而总硫收率可达99.8%以上的工艺中，均需经历几个工艺步骤，目前以还原（将各种形态的硫还原为H_2S）－吸收（选择性吸收

H_2S 返回克劳斯装置）类工艺的应用居多。

2. 硫黄回收及尾气处理工艺的选择原则

根据国内外克劳斯及尾气处理工艺的发展情况与积累的经验，可以提出选择硫黄回收及尾气处理工艺的若干原则如下：

（1）根据酸气 H_2S 浓度选择适当硫黄回收工艺。

①酸气 H_2S 浓度不小于 50% 时应使用直流克劳斯工艺；

②酸气 H_2S 浓度在 15% ~30% 之间应使用分流克劳斯工艺（1/3 酸气进入燃烧炉）；

③酸气 H_2S 浓度在 30% ~50% 之间可使用非常规分流克劳斯工艺（酸气入燃烧炉量大于 1/3）；

④酸气 H_2S 浓度小于 5% 时可采用直接氧化法，在潜硫量不大时亦可采用直接转化法；

⑤当有廉价样子可用时，应先考虑使用富氧克劳斯工艺的可能性，此时直流及分流法处理的酸气 H_2S 浓度均可向下延伸。

（2）根据总硫收率要求选择工艺。

①当要求总硫收率不高于 95% 时（装置能力较小），可选用两级或三级催化转化的克劳斯装置；

②要求总硫收率在 98% ~99. 2% 之间可使用克劳斯组合工艺或以较简单的尾气处理工艺。

③要求总硫收率不低于 99. 8% 时，必须使用深度处理的尾气处理工艺；

④要求总硫收率在 95% ~98% 之间宜采用克劳斯组合工艺；

⑤要求总硫收率在 99. 2% ~99. 7% 之间需要较复杂的尾气处理工艺。

（3）总硫收率在 98% ~99. 2% 之间的工艺选择。

根据表 4 -5 -1 的内容，在要求总硫收率达到 98% ~99. 8% 时，所示工艺均能使用，但 Superclaus -99 可以列为首选工艺。

（4）总硫收率不低于 99. 8% 的工艺选择。

在总硫收率要求达到或超过 99. 8% 时，此装置规模相当大，必须使用独立的深度处理尾气的工艺。首先应选择国内外均由成熟的经验。

（5）总硫收率介于 99. 2% ~99. 7% 之间的工艺选择。

使总硫收率超过 99. 2% 的关键是有效解决有机硫问题。为了稳妥可靠，当要求总硫收率达到 99. 5% 左右时，应首先考虑 SuperClaus -99. 5。

（6）总硫收率介于 95% ~98% 之间的工艺选择。

当要求总硫收率达到 95% ~98% 之间，尤其是小于 97% 时，一般来说采

用增加克劳斯催化转化和转化的方法是可以满足条件的。

二、克劳斯法硫黄回收工艺

1. 工艺原理

1）克劳斯法工艺的发展历程

随着全球含硫原油和天然气资源的大量开发，以克劳斯（Claus）法从酸气中回收元素硫的工艺已经成为天然气（或炼厂气）加工的一个重要组成部分。据不完全统计，截止到2002年初，世界硫黄回收工厂（包括炼厂等酸气在内）已超过548家，装置硫回收设计能力达到约5400×10^4t/a，主要集中在加拿大和美国。其中以天然气回收酸气为原料的约为2850×10^4t/a，所占比例超过52%。2004年全球以克劳斯法工艺生产的硫黄量已达到4600×10^4t以上，比2002年增加了约350×10^4t，年平均增长率为3.8%。

21世纪初，我国在四川省东北部地区相继发现了罗家寨、渡口河、普光等高含硫化氢的大型天然气田，其H_2S平均含量为10%～20%（摩尔分数）。正在规划和建设中的克劳斯法装置的规模已达到或超过30×10^4t/a。与此同时，我国从20世纪90年代起，炼油工业大量加工进口含硫原油，也相继（或正在）建设了近10套大型的克劳斯法硫黄回收装置，最大处理规模也已达到10×10^4t/a左右；而且为了达到国家标准（GB 16297—1996）对排放尾气中二氧化硫含量的要求，对含硫原料气而言，装置相应的总硫回收率必须达到不低于99.8%的水平。因此，在此背景下进一步加强克劳斯法硫黄回收（及尾气处理）工艺的技术开发，对我国油气加工工业的发展极具现实意义。

（1）原始的克劳斯工艺。

从1883年英国化学家克劳斯（Claus）提出原始的Claus法制硫工艺至今已有100多年的历史。原始Claus法分为两个阶段，专门应用于回收Leblanc法生产碳酸钠时所消耗的硫黄。第一阶段是把CO_2导入由水和硫化钙（CaS）组成的淤浆中，按以下反应得到H_2S：

$$CaS（固）+H_2O（液）+CO_2（气）\longrightarrow CaCO_3（固）+H_2S（气）$$

第二阶段是把H_2S和空气混合后导入一个装有催化剂的容器，催化剂床层预先以某种方式预热至所需温度。反应开始后，以控制反应物流量的方法保持恒定的床层温度。显然，为了控制反应温度，此工艺只能在空速很低的条件下进行（对H_2S仅为2～3h^{-1}），导致催化反应器体积甚大，且释放的大量反应热也无法回收利用（图 4－5－1），故难以在大型装置上使用。原始 Claus 工艺的主要化学反应可以如下反应式表示：

$$H_2S + 1/2O_2 = 1/xS_x + H_2O + 205kJ/mol$$

（2）改良克劳斯工艺。

1938 年德国法本（Farbenindustrie）公司对原始克劳斯法工艺作了重大改革，其要点是把 H_2S 的氧化分为两个阶段完成（图 4－5－2）。第一阶段为热反应阶段，有 1/3 体积的 H_2S 在燃烧（反应）炉内被氧化为 SO_2，并释放出大量反应热；第二阶段为催化反应阶段，即剩余的 2/3 体积 H_2S 在催化剂上与生成的 SO_2 继续反应而生成元素硫。

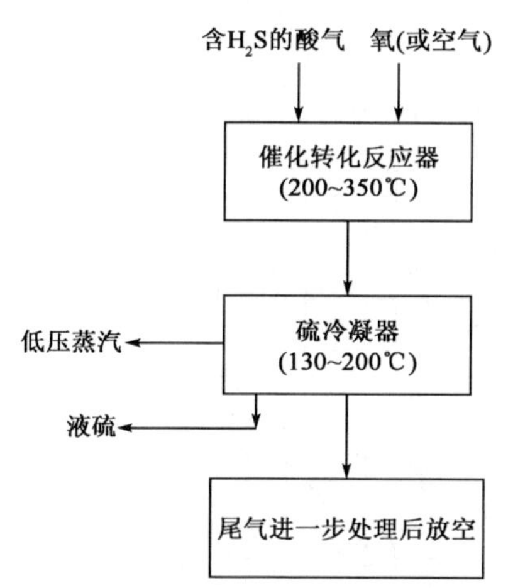

图 4－5－1 原始克劳斯法工艺示意图

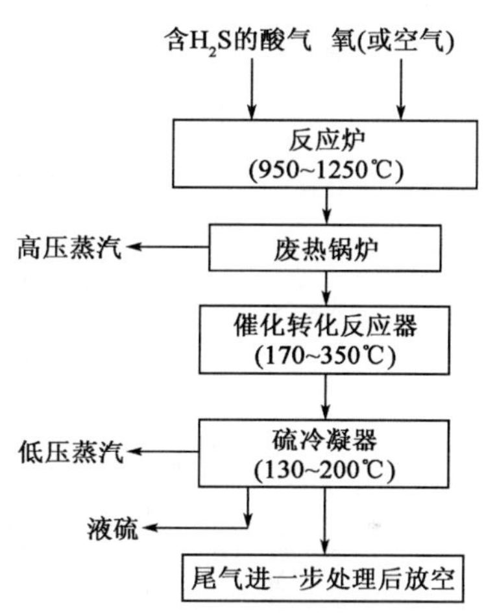

4－5－2 改良克劳斯工艺法示意图（部分燃烧法）

从图 4－5－1 和图 4－5－2 可看出，由于在燃烧炉后设置了废热锅炉，炉内反应所释放的热量约有 80% 可以回收，且催化转化反应器的温度也可籍控制过程气的温度加以调节，基本排除了反应器温度控制困难的问题，也大大提高装置的处理容量，从而奠定了现代改良 Claus 法硫黄回收工艺的基础。

原始的 Claus 法工艺现已不再使用，以下介绍的 Claus 法工艺均指以图 4－5－2所示的流程为基础的改良 Claus 工艺。

2）克劳斯反应与温度的关系

图 4－5－3 给出了克劳斯反应理论平衡转化率与温度的函数关系。其中曲线 1 为含 3.5%（摩尔分数）烃类的天然气酸气；曲线 2 为含约 7%（摩尔分数）烃类及 1%（摩尔分数）硫醇的炼厂酸气；曲线 3 为纯 H_2S 气体。图 4－5－4 则给出了直流法和分流法的理论火焰温度。

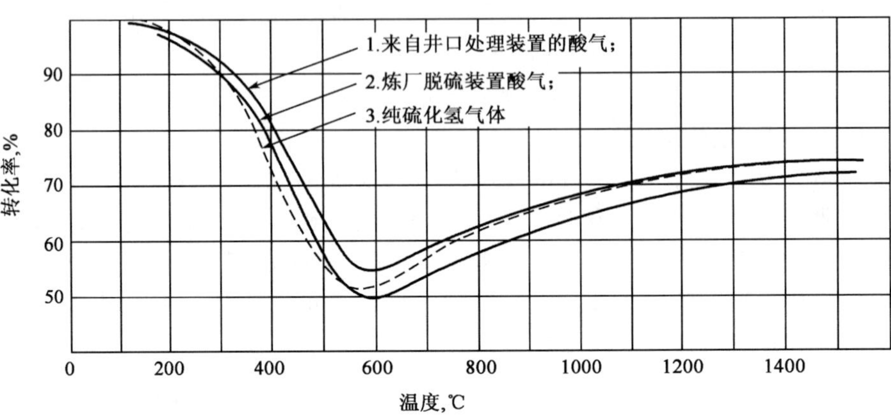

图4-5-3　硫化氢转化为硫黄的理论平衡转化率

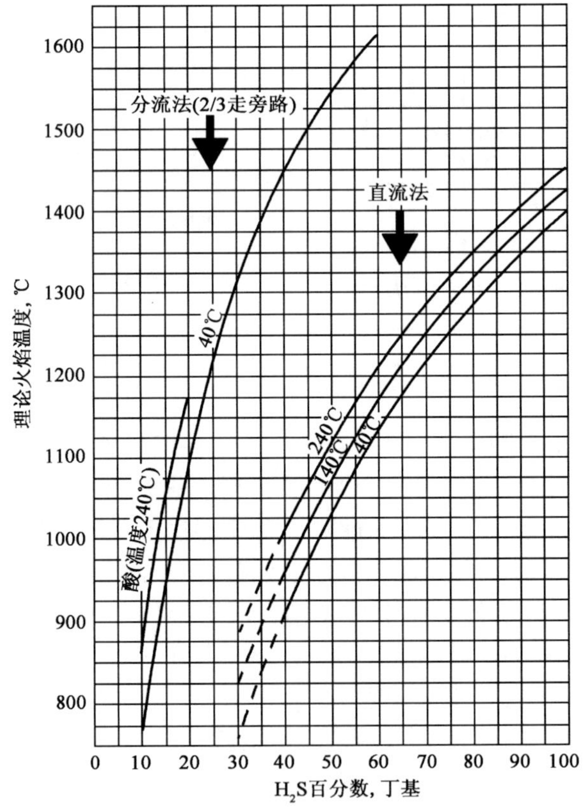

图4-5-4　直流法和分流法的理论火焰温度

从热力学角度分析克劳斯法硫黄回收工艺的实质是探讨其（达到平衡的）最佳运行条件，后者仅与系统的初始及最终状态的能量差别有关，而与反应时间和（或）反应机理无关。但是，克劳斯装置实际能达到的（平衡）转化率则与操作条件及反应设备所造成的动力学限制因素有关。因此，克劳斯装置所选择的操作条件及反应设备皆可视为最佳热力学条件和实际动力学要求之间的折中。以部分燃烧法为例，酸性气体中的硫化氢首先在无催化剂存在的条件下，于反应炉内与空气进行燃烧反应。反应能达到的温度与酸性气体中的硫化氢含量有关，含量越高则温度也越高，通常炉温都应保持在920℃以上，否则火焰不稳定。燃烧炉内进行化学反应速度甚快，一般在1s以内即可完成全部反应，H_2S 转化为元素硫的理论转化率可达60% ~75%。

在燃烧炉后续的（多级）转化反应器内，在催化剂床层中进行低温催化反应。从理论上讲，反应温度越低则转化率越高。但实际上由于受元素硫露点温度的影响，催化转化反应的温度一般控制在170 ~350℃之间。使用一个转化器（一级转化）时，硫的总回收率只能局限在75% ~90%的范围内。工业上一般采用增加转化器数目，并在两级转化器之间设置硫冷凝器分离液硫，以及逐级降低转化器温度等措施，促使此反应的平衡尽可能向右移动而使总硫回收率提高至97%以上。20世纪70年代以后发展起来的低温克劳斯反应技术，是基于在低于硫露点温度下进行催化反应，也是一种将硫黄回收与尾气处理结合一体的新工艺。

除 H_2S 含量外，燃烧炉实际达到的温度也与原料酸气中的杂质组分及其含量有关。很明显，其中所含的可燃组分有助于提高炉温，而惰性组分则由于稀释作用以及在吸热反应中作为反应剂而导致降低炉温。因此，在常规克劳斯装置上观测到的燃烧炉温度大致在925 ~1204℃的范围内。

2. 常规克劳斯硫黄回收工艺

1）工艺流程及方法

（1）工艺方法。

根据原料气中 H_2S 含量的不同，克劳斯法大致可分为3种不同的工艺流程：部分燃烧法（又称直流法）、分流法和直接氧化法。在这3种方法的基础上，再辅以不同的技术措施，如预热、补充燃料气等，又可派生出各种不同的变型（表4－5－3，图4－5－5给出了各种克劳斯工艺的变型。

为了便于与低温克劳斯工艺区分开，目前，人们通常将上述3种工艺统称为常规克劳斯硫黄回收工艺。

表 4-5-3 各种克劳斯工艺方法及其适用范围

原料气中 H_2S 含量,%	工艺方法
55～100	部分燃烧法
30～55	带有原料气和（或）空气预热的部分燃烧法；部分燃烧法
15～30	分流法；带有原料气和（或）空气预热的分流法
10～15	带有原料气和（或）空气预热的分流法
5～10	直接氧化法或硫循环法或其他处理贫酸气的特殊方法
<5	硫循环或直接氧化法

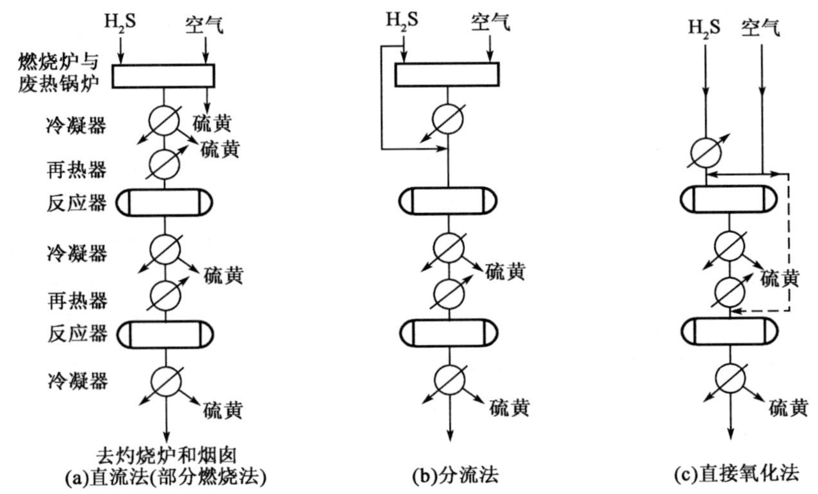

图 4-5-5 克劳斯工艺及其变型

①部分燃烧法。

部分燃烧法也称为直流法。原料气中 H_2S 含量大于 55% 时推荐使用该方法。全部原料气都进入燃烧（反应）炉，要求严格控制配给空气量，以使酸气中全部烃类完全燃烧，而原料气中 1/3 体积的 H_2S 燃烧生成 SO_2，从而保证过程气中 $H_2S:SO_2$ 为 2∶1（摩尔比），使剩余的 2/3 的 H_2S 与氧化成的 SO_2 在理想的配比下进行催化转化，以获取更高的转化率。

燃烧炉温度高达 1100～1600℃，此时酸气中 H_2S 有 60%～70% 转化为元素硫，含硫蒸气的高温气体经废热锅炉回收热量后进入一级冷凝器再次回收热量并分离出液硫，出一级冷凝器的过程气与从废热锅炉引出的一小股热气流掺合以达到进一级转化器所需温度，进入一级转化器，在已活化的催化剂上反应。由于反应放热，出口气温度明显升高，经二级冷凝器回收热量并分离出液硫之后的过程气，经再热炉再热达到需要的温度，进入二级转化器。催化转化后的过程气温度略有升高，经三级冷凝器回收热量并分离出液硫。此尾气通过捕集器捕集液硫之后入尾气处理单元或灼烧后用烟囱排放，各级冷凝器及捕集器中分离出来的液硫流入硫储槽，经成型后即为硫黄产品。图4-5-6为采用空气预热和酸气预热的直流法工艺的流程图。

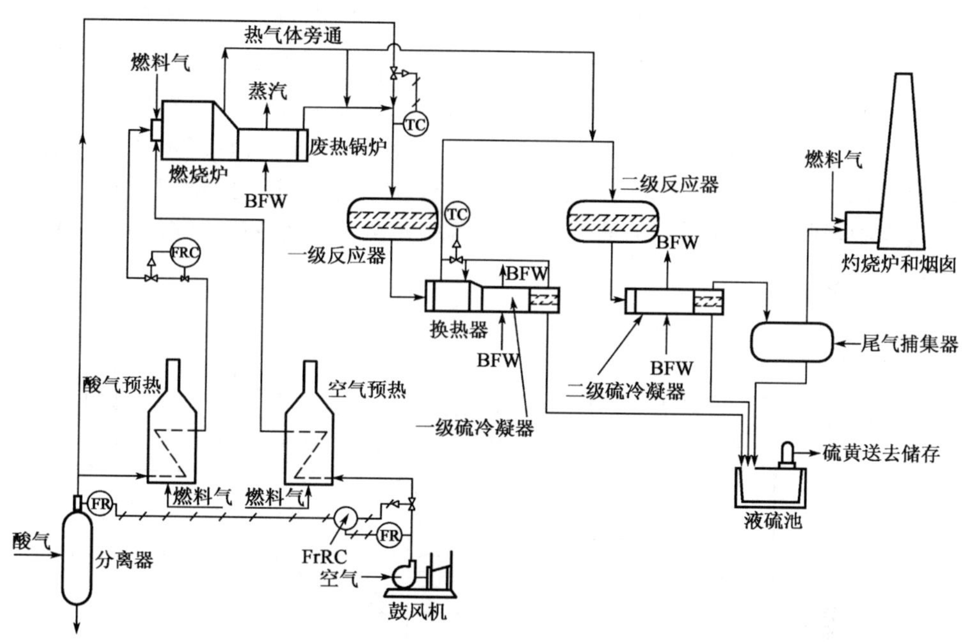

图4-5-6　采用空气预热和酸气预热的直流法工艺流程

FR—流量记录仪；TC—温度控制器；BFW—锅炉给水；FRC—流量记录调节器；

FrRC—流比记录调节器

H_2S含量低于55%的酸气燃烧火焰不稳定（980℃的燃烧温度是最低的稳定操作温度）。变型的分流法或直接氧化法虽可处理此类酸气，但由于采用此二工艺，酸气中部分或全部烃类、氨和氰化物不经燃烧而直接进入一级催化转化器，重烃裂解生成碳或含碳沉积物，同时还生成铵盐，导致催化剂失活，设备堵塞。解决办法是采用预热燃烧空气和酸气，采用直流法操作。蒸汽、热油、热气体加热的交换器和直接燃烧加热器等预热方式均可使用。空气和酸气通常被加热到大约230~260℃。其他提高火焰稳定性的方法包括使用高强度的燃烧器，在酸气中加入燃料气或使用氧气或富氧空气燃烧。

②分流法。

原料气中 H_2S 含量在 15% ~30% 的范围内推荐使用分流法。图 4－5－7 所示的分流法硫黄回收，只有 1/3 的酸气通过燃烧炉和废热锅炉，其余部分在转化器前与废热锅炉的出口气相混合，此形式中燃烧炉无大量元素硫生成，其余流程基本上和直流法类同。

工业上直流法与分流法选择的关键并非单纯原料气中 H_2S 含量，而是燃烧炉的操作温度。工业实践业已证明，燃烧炉平稳运行的最低操作温度通常不能低于 930℃，否则火焰稳定性差，且因炉内反应速率过低而导致废热锅炉出口气流中经常出现大量的游离氧。在燃烧炉前分流原料气虽然能够解决火焰的稳定性问题，但是，由于大量原料气未经热反应段而直接进入催化转化反应器也会产生一系列操作问题，特别是对建于炼厂的克劳斯装置而言，原料酸气中经常含有 NH_3、芳香烃、烯烃等很难处理的杂质，一般不宜采用分流法。

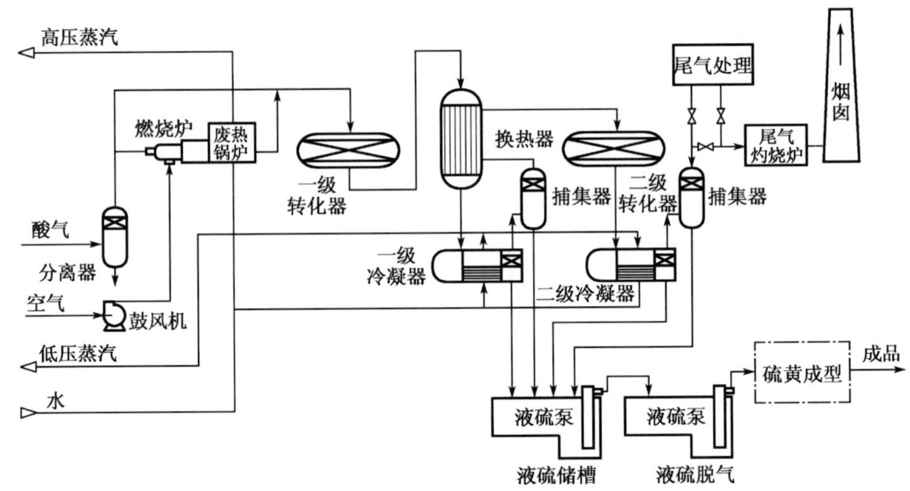

图 4－5－7　分流法工艺流程图

对 H_2S 含量为 30% ~55% 的原料气，推荐采用预热原料气和（或）空气的措施来提高炉温。分流法装置一般都采用两级催化转化，H_2S 的总转化率约为 89% ~92%，比较适合于规模较小的硫黄回收装置（10 ~20t/d 的范围内）。

③直接氧化法。

直接氧化法是原始克劳斯法的一种形式。原料气中的硫化氢含量为 2% ~12% 时推荐使用此法。它是将原料气和空气分别预热至适当的温度后，直接送入转化器内进行低温催化反应，配入的空气量仍为使 1/3 体积 H_2S 转化为

SO_2 所需的量，生成的 SO_2 随后进一步与其余的 H_2S 反应而生成元素硫。因此，直接氧化法实质上是把 H_2S 氧化为 SO_2 的反应以及随后发生的克劳斯法制硫，两个反应结合在一个反应器中进行。直接氧化法流程图如图 4－5－8 所示。

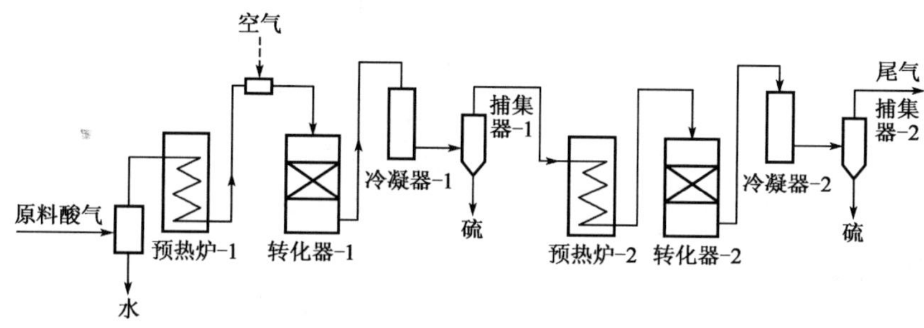

图 4－5－8　直接氧化法原理流程

（2）常用的工艺流程。

由于原料气中 H_2S 含量、过程气再热方式和要求的硫回收率不同，工业装置上应用的工艺流程也有所不同，以下是几种常用的工艺流程：

① 外掺合式部分燃烧法流程（两级转化）。

流程特点是从废热锅炉出口处引出一股高温过程气掺合直接到一级和二级转化器的入口气流中，以达到使过程气再热的目的。优点是设备简单，平面布置紧凑，温度调节灵活；缺点是高温掺合管制作要求高，掺合阀的腐蚀严重，对总转化率有所影响（因掺合气流中含有大量未经冷凝分离的硫蒸气），工艺流程如图 4－5－9 所示。

②内掺合-换热式部分燃烧法流程（两级转化）。

流程特点是把掺合管（又称内旁通管）和废热锅炉的炉管组合在一起，掺合过程在废热锅炉的尾部进行，利用掺和管出口阀的开度来调节进一级转化器的过程气温度，而二级转化器的入口温度则用自热式换热器来调节。内掺合的原理与外掺合相同，故它们的优点、缺点也类似，只是内掺合的形式更节省占地面积。但是，由于掺合管设置在废热锅炉内部，发生故障时检修比较困难。同时，由于设备结构复杂，制作较困难，目前此种流程使用很少。

③ 酸气再热炉式部分燃烧法流程（三级转化）。

这个是天然气净化厂中广泛使用的工艺方法。其流程特点是设置一系列再热炉作为过程气的调温手段。再热炉以酸气为燃料，所需空气仍以进炉酸气中 1/3 体积的 H_2S 转化为 SO_2 的计算用量为准，再热炉的温度则以进炉酸气量的多少来控制，工艺流程如图 4－5－10 所示。

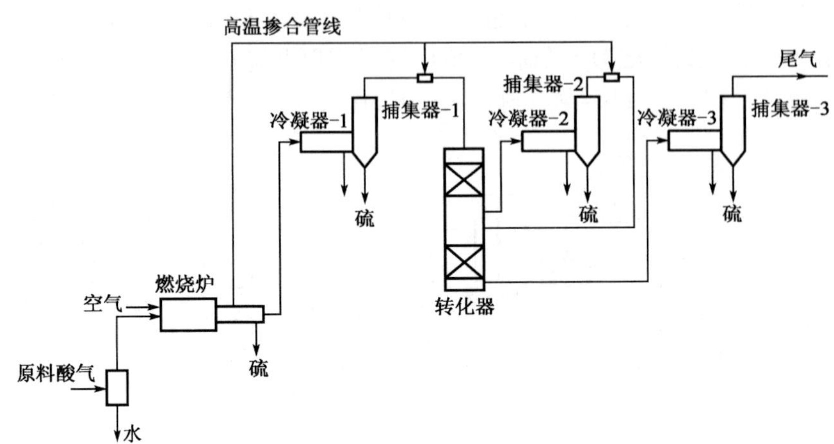

图4-5-9　外掺合式部分燃烧法原理流程

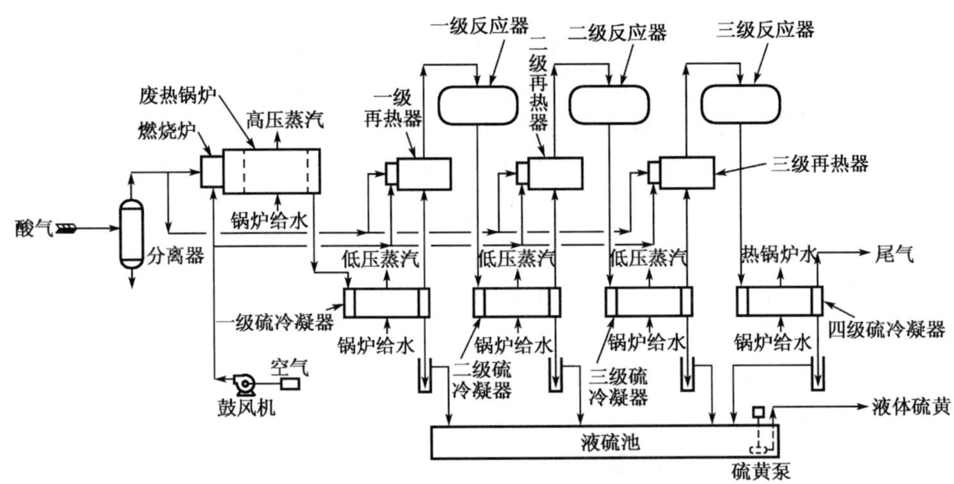

图4-5-10　酸气再热炉式部分燃烧法原理流程

再热炉也有多种形式，除酸气再热炉外，还有燃料气再热炉和管式再热炉。前者是以天然气或燃料气为再热炉燃料，把燃烧后的高温烟气直接掺入过程气中以调节温度；后者是以管式炉间接加热的方式调节过程气的温度。

④掺合-换热式分流法（两级转化）。

实际是把上文所述的掺合与换热两种再热手段分别应用于分流法，即第一级用高温掺合，第二级用换热器。

⑤直接氧化法。

流程特点是不设置燃烧反应炉，原料气经预热并和空气混合后，进入转化器进行直接氧化。由于其流程简单，直接氧化法适用于规模较小的回收装置，并可与尾气装置结合一体，将处理贫酸气的回收装置的总硫收率提高到99%以上。

2）工艺流程的选择

以上各种工艺流程目前在我国的天然气净化厂和炼厂中均有应用。根据长期的工业经验，对于流程的选择大致可以归纳出以下几点：

（1）高温掺合。

高温掺合再热方式具有温度调节灵活、操作容易、设备简单、投资和操作成本均较低等优点。但高温气流中含有大量硫蒸气，后者未经冷凝分离而进入催化反应段对总转化率的提高不利，而且掺合管和掺合阀对材质的要求严格，制作较困难。同时，掺合工艺操作灵活性差，通常操作弹性不超过30%，故这种再热方式仅适合于调节中、小型装置，而且一般只用于调节一级转化器的入口温度。

（2）换热器。

换热器再热方式的特点是操作简便，不影响过程气中 H_2S 和 SO_2 的比例和总转化率。但气–气换热器的效率甚低，设备较庞大，操作弹性受到很大限制。因此，这种再热方式仅适合于调节中、小型装置二级转化器的入口温度，且在装置的负荷量变化较大时不宜采用。

如表4－5－4所示，目前工业装置上使用的换热器有（过程气）气–气换热、蒸汽或热油换热和电加热，其中第一种类型无须外供能源，操作成本较低，但设备投资较高，且存在开工时间长、压降大、管路布置复杂等缺陷；第二种类型中的蒸汽加热式换热器，在全厂有等级匹配的蒸汽供应时是较理想的方式，它具有投资较低、开工迅速、操作灵活性大等诸多优势，尤其适合大型装置使用；第三种类型的有点和第二种大致相仿，但能耗高，一般仅适合小型装置。

表4－5－4　过程气的再热方式

直接再热		间接再热	
方式	特点	方式	特点
（1）高温气体掺合； （2）在线燃烧炉； ①酸气燃烧炉； ②燃料气燃烧炉	设备投资及操作成本较低，但对转化率有一定影响	（1）蒸汽加热器； （2）电加热器； （3）热油换热器； （4）燃气加热器； （5）气–气换热器	设备投资及操作成本较高，但（除气－气换热器外）操作的可靠性与灵活性也均较高，有利于提高转化率

(3) 在线燃烧炉。

在线燃烧炉（又称为再热炉）是目前工业装置上应用最普遍的再热方式，尤其适合大型装置。虽然此种再热方式对过程气中 H_2S/SO_2 的比例有一定影响，但开工迅速，调节入口温度较灵活可靠，有利提高转化率。尽管目前工业上使用最多的是酸气再热炉，而燃料气再热炉正在逐步推广。后者虽然消耗了燃料，且烟气对过程气有一定稀释作用，但它比前者更易控制。至于间接加热的管式炉，由于其设备复杂，投资甚高，一般只用于对转化率要求很高的小型装置。应该指出，使用在线燃烧炉有导致催化剂中毒和（或）污染的危险，应设置先进的过程气组分在线监测系统，自动调节进燃烧炉的空气量和过程气中的 H_2S/SO_2 比例。

(4) 开发中的新型再热系统。

最近意大利 NIGI 公司开发了一种新型的再热系统，其基本思路是取消了再热炉而在转化器的上部放置一种特殊的氧化催化剂，下部则仍为常规的 Claus 催化剂。出冷凝器的过程气在进入转化器前配入适量的空气。如此，过程气在转化器上部的氧化催化剂上发生含硫化合物的催化氧化反应而生成元素硫，同时释放出热量而使过程气升温。此再热方式不仅节省了设备投资和操作成本，也提高了 COS、CS_2 等有机硫化合物的转化效率。

(5) 转化器的级数。

理论上转化器级数越多则总转化率越高，但设备投资也随之而增加。然而随着转化器级数逐步增多，总转化率的提高就越来越少。假定原料气中烃含量为1%，采用常规的再热方式和操作条件，对不同 H_2S 含量的原料气、转化器级数与硫回收率的关系见表4-5-5。从表中的（计算）数据可以看出，由于受热力学平衡的限制，对 H_2S 含量为90%的原料气，转化器级数从两级增加至三级时，对硫回收率的贡献值为1.3个百分点；而从三级增加至四级时，对硫回收率的贡献值则仅为0.5个百分点。

与此同时，确定转化器级数不仅要考虑经济因素，更重要的是必须满足环境保护方面的要求。20世纪70年代以后，硫黄回收装置的尾气处理技术迅速发展，而且硫黄回收和尾气处理两种工艺在发展过程中相互渗透，逐步结合起来。因此，对传统的 Claus 装置而言，转化器的级数一般都不超过两级。

3) 克劳斯反应过程气的再热方式

再热方式是指各级转化器入口气流加热的方法，目的是加热经硫冷凝后的反应气流使其温度高到能够继续进行克劳斯反应的温度。一般来说，进入催化转化器的过程气入口温度应尽可能低，以在获得要求的 Claus 反应速率条

件下得到最大的 H_2S 转化率，一般比预计的出口过程气的硫露点温度高 14～17℃。而对于第一级转化器，为得到较高的 COS 和 CS_2 水解率，其入口温度则相对较高。

表 4－5－5　原料气 H_2S 含量、转化器级数和硫回收率的关系　　%

原料气中 H_2S 含量（干基）	计算的硫回收率		
	两级转化	三级转化	四级转化
20	92.7	93.8	95.0
30	93.1	94.4	95.7
40	93.5	94.8	96.1
50	93.9	95.3	96.5
60	94.4	95.7	96.7
70	94.7	96.1	96.8
80	95.0	96.4	97.0
90	95.3	96.6	97.1

在选择工艺流程时，必须认真考虑过程气的再热方式，再热方式分直接再热和间接再热两种。直接再热法包括高温掺合法（热气体旁通法）、酸气再热炉法和燃料气再热炉法；间接再热法指过程气换热法。直接再热方式虽设备投资与操作成本较低，但对装置的总硫回收率有影响。目前由于环保标准日益严格，故一般均倾向于采用间接再热的方式。

（1）高温气体掺合。

该方法是在温度为 590～650℃的废热锅炉的出口气体中抽取少量，掺合到冷凝器的出口气体之中，将后者调节至要求的进入一级转化器的温度（图4－5－11）。一般适用于中型、小型装置进入一级转化器的过程气的再热。通常都用不锈钢制作管道和阀门（虽然有时也使用内衬耐火材料的管道）。有时在热旁通气取出位置下游安装额外的阀门，以提高装置对处理量下降的适应能力。该法压降低、控制相对简单、成本低，不足之处是总硫回收率较低。通常前面两级转化器用高温气体掺合，第三级转化器则采用间接再热。

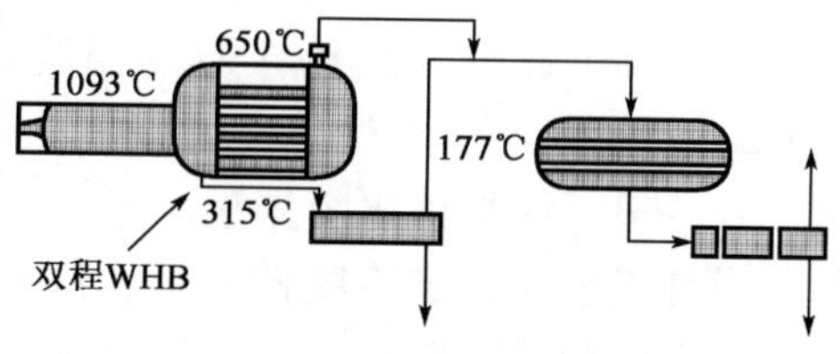

图 4－5－11　直接再热——调温气体掺合

（2）在线燃烧炉。

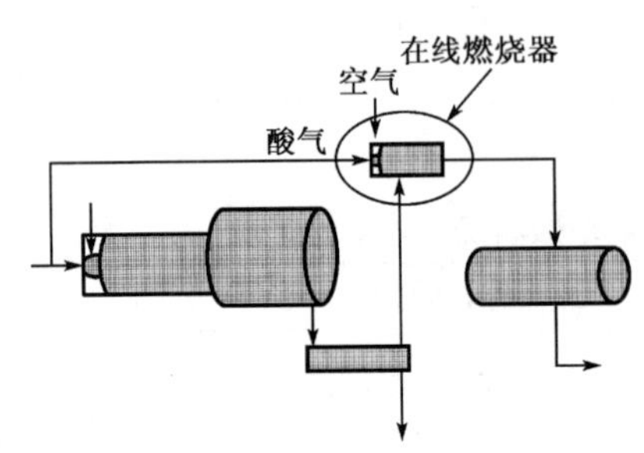

图4－5－12　酸气在线燃烧炉

该方法采用燃料气或酸气在线燃烧炉，并将燃烧产物与硫黄冷凝器出口处的过程气混合。常用的为酸气在线燃烧炉，不同规模装置均能适用，目前工业上应用最为普遍（图4－5－12）。这种方式可将过程气加热到任何想要达到的温度，压降也相对较低。燃烧器出口气中的 $H_2S:SO_2$ 的比值通常保持在1/2～1/3之间。因少量的氧气就能使催化剂快速硫酸盐化，故必须采取预防措施以避免氧气从在线燃烧器穿透，使催化剂中毒。

燃料也可以用天然气之类的气体燃料，但后者主要应用于装置的点火、烘干、临时停工时装置的保温和停工时装置的吹扫，并且，可能会产生烟炱，造成催化剂失活。因此，应使用混合良好的，高强度的，能在亚化学量燃烧时不产生烟炱能力的燃料气在线燃烧器。

（3）间接再热加热器。

间接再热是在每个催化转化器前安装一个换热器，使用各种直接燃烧炉或换热器加热硫黄冷凝器出口过程气。各种不同的热源均可应用于过程气的再热，如高压蒸汽、热油、热的过程气或电加热器。但目前使用较多的是立式蒸汽加热再热器（图4－5－13）。按工艺要求，需向再热器供应压力等级较高的蒸汽，后者通常与废热锅炉发生的蒸汽等级相匹配。该法的成本较高，压降也很高。此外，加热介质的温度也限制着转化器的入口温度。如使用254℃，4140kPa的蒸汽作为热源，转化器入口温度最多只能达到约243℃。因此，一般不能将催化剂复活，且COS和 CS_2 水解也较困难。用来再热的换热器设计机理与硫黄冷凝器类似，应从后往前倾斜，以便液硫可倒流回上游的安装在硫黄冷凝器之后的气液分离器内。该法的优点是能得到最大的硫黄回收率且催化剂而发生失活的可能性也相对较小。图4－5－14给出的是卧式再热器，后者可以使用多种不同热源，但气-气（自热式）换热器只能利用一级转化器的出口气体作为热源。

目前，大型装置多采用酸气再热炉法和燃料气再热炉法，而中小型装置普遍采用高温掺合法和间接换热法，结合上述分析，热气体旁通法是通常可供选择的最便宜的方法，控制比较简单，并且产生的压降低，但总硫收率较低，尤其是进料量减少时更是如此；直接燃烧法压降较低，但酸气可燃烧生

成 SO_3，燃料气易生成烟垢；间接再热法费用昂贵，产生的压降高，但总硫收率高。各种再热方式流程如图 4－5－15。

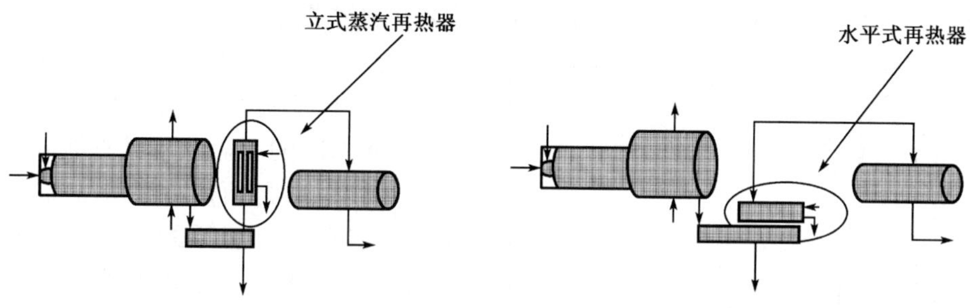

图 4－5－13 立式蒸汽加热器

图 4－5－14 以蒸汽、热油或电能为热源的卧式加热器

热旁通　　以酸性气体作燃料的排管燃烧器　　用蒸汽的换热器

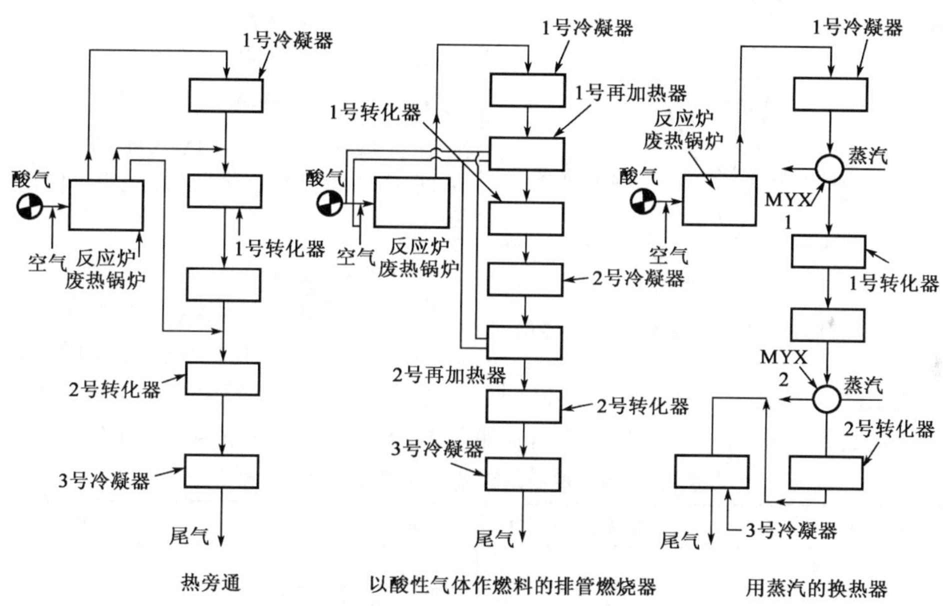

图 4－5－15 各种再热方式流程示意图

4）影响克劳斯反应硫回收率的主要因素

（1）温度对硫收率的影响。

图 4－5－16 示出了以更精确的热力学数据表示的转化率与温度之间的关系，同时也考虑了硫蒸气组成的影响（图中的曲线 2 和曲线 3）。

温度对硫收率的影响可以归纳如下几方面：

①平衡转化率曲线以 550℃ 为转折点分为两个部分：右边部分为火焰反应

区，在此区域内 H_2S 的转化率随温度的升高而增加，这代表了装置燃烧炉内的情况；曲线的左边为催化反应区，在此区域内 H_2S 的转化率随温度的降低而迅速增加，这代表了工业上催化转化反应器内的情况。

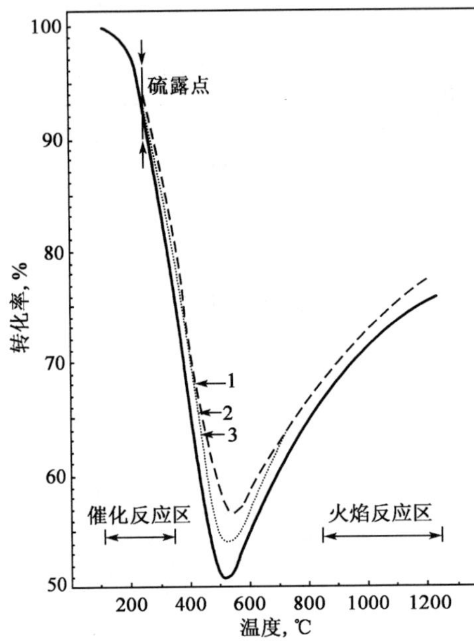

图4-5-16　H_2S 转化为硫的平衡转化率

②从反应动力学角度分析，随着温度降低，反应速率也逐渐变慢，温度低于350℃时的反应速率已不能满足工业要求，因而必须使用催化剂加速反应，以求在尽可能低的温度下达到尽可能高的转化率，并大大缩短达到平衡的时间。

③从平衡关系式看，O_2 的化学当量过剩不能提高转化率，因为多余的 O_2 将与 H_2S 反应生成 SO_2。但提高空气中的 O_2 含量和酸气中的 H_2S 含量则有利于提高转化率，这些原理已被用于新工艺的开发，如氧基硫黄回收工艺等。

④降低过程气中硫蒸气有利于平衡向右边移动，且硫蒸气本身又远比其他组分容易冷凝，这就是在两级转化器之间设置硫冷凝器的原因。同时，从过程气中分离硫蒸气后也相应的降低了硫露点，从而使下一级转化器在更低的温度下操作（表4-5-6）。

表4-5-6　理论硫露点与其相应产率的关系

系统压力（p），MPa	理论硫露点（T），K	相应产率，%	备　注
0.05	527	93.3	不除硫
0.1	553	92.0	不除硫
0.2	580	89.7	不除硫
0.3	508	97.1	除去70%硫

（2）风气比对硫收率的影响。

风气比是指进燃烧炉的空气与原料酸气的体积比。当原料气中 H_2S、烃类及其他可燃组分的含量已确定时，可按化学反应的理论需氧量计算出风气比。通常两级转化装置的风气比要求控制在±2%；三级转化装置则要求控制

在 ±1%，从而尽可能保持出燃烧炉过程气中 H_2S/SO_2 比值为 2。同时，仅按原料气流量来调节风气比是不够的，必须同时分析原料气中的 H_2S 含量，并随时据此对空气的流量作相应调节。

Claus 反应过程中进燃烧炉的空气量不足或过剩均会使转化率（或回收率）降低，故风气比及与此直接有关的过程气中 H_2S/SO_2 比是重要的工艺控制指标。表 4－5－7 给出了风气比与硫平衡转化率的关系。

表 4－5－7　风气比与硫平衡转化率的关系

项　目		空气不足				空气过剩		
风气比，%（按保证过程气中 $H_2S/SO_2=2$ 所需的风气比为 100% 计算）		97	98	99	100	101	102	103
硫平衡转化率的损失，%	两级转化	3.6	3.12	2.7	2.53	2.56	2.79	3.2
	三级转化	3.1	2.14	1.32	1.05	1.20	1.54	2.1

（3）H_2S/SO_2 比值对硫收率的影响。

理想的 Claus 反应要求过程气中 H_2S/SO_2（摩尔比）为 2，比值大于和小于 2 均会使硫收率降低，图 4－5－17 给出了 H_2S/SO_2 与转化率的关系。从图中可以看出，如果反应前过程气中 H_2S/SO_2 比值为 2，在任何转化率下反应后过程气中 H_2S/SO_2 比值也为 2。若反应前过程气中 H_2S/SO_2 比值与 2 有任何微小的偏差，均将使反应后过程气中 H_2S/SO_2 比值与 2 产生更大的偏差，而且转化率越高，偏差越大。

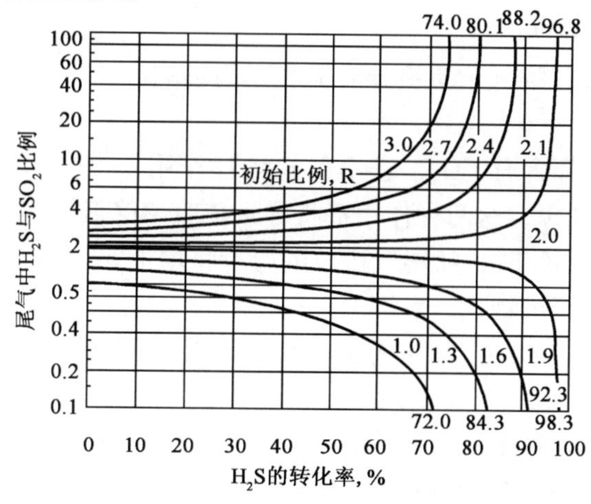

图 4－5－17　H_2S/SO_2 和转化率关系图

新开发的 HCR 工艺采用所谓“超比例”操作模式，即风气比略低于理论量，尾气中 H_2S/SO_2 比值调节至高于2，可保证硫黄回收及其后续还原吸收法尾气处理装置的平稳操作。在硫黄回收部分牺牲的极少量硫回收率则从还原吸收法尾气处理部分得到补偿，对要求的总回收率并无影响。表4－5－8 给出了尾气中 H_2S/SO_2 比值对硫收率的影响。

表4－5－8　尾气中 H_2S/SO_2 比值对硫回收率的影响

H_2S/SO_2 比值	1.27	1.53	1.85	2.00	2.27	2.65	3.48	4.87
回收率,%	94.82	94.88	94.92	94.92	94.92	94.90	94.81	94.64

（4）转化器空速对硫收率的影响。

空速是控制过程气与催化剂接触时间的重要操作参数，空速过高会导致一部分物料来不及充分接触和反应，使平衡转化率下降，同时也会使床层温升太大，不利于提高转化率。反之，空速过低则使设备效率降低，导致转化器体积过大。转化器空速对硫收率的影响见表4－5－9。

表4－5－9　空速与转化率的关系①

空速，h^{-1}	240	480	960	1920
转化率,%	27.3	26.4	25.8	24.0

①反应温度为260℃；催化剂床层高度为0.8m；原料气组成：H_2S 为6.78%、SO_2 为2.39%、H_2O 为26.9%、N_2 为26.3%。

Claus 装置上的各级转化器一般均采用大致相同的空速。以往采用铝矾土催化剂的装置，空速约为500 h^{-1}，目前采用人工合成活性氧化铝的装置，空速可提高到800～1000h^{-1}。

（5）原料气和过程气杂质组分对硫收率的影响。

①CO_2。

原料气中一般都含有 CO_2，它不仅起稀释作用，也会和 H_2S 在反应炉内反应而生成 COS、CS_2，这两种作用都将导致硫收率降低。当原料气中 CO_2 含量从3.6%升至43.5%时，随尾气排放的硫量将增加52.2%。

②烃类及其他有机物。

烃类及其他有机物的主要影响是提高反应炉温度和废热锅炉热负荷，也增加了空气的需要量。在空气量不足时，相对摩尔质量较高的烃类（尤其是芳香烃）和醇胺类脱硫溶剂将在高温下和硫反应而生成焦油，后者会严重影响催化剂活性。此外，过多的烃类存在也会增加反应炉内 COS 和 CS_2 的生成量，影响总转化率，故一般要求原料气中烃含量（以 CH_4 计）不超过2%～4%。

③水蒸气。

水蒸气是惰性气体，同时又是 Claus 反应的产物。它的存在能抑制反应，降低反应物的分压，从而降低总转化率。温度、含水量和转化率三者之间的关系见表 4－5－10。

表 4－5－10　温度、含水量和转化率的关系

气流温度,℃	转化率,%		
	含水量＝24%	含水量＝28%	含水量＝32%
175	84	83	81
200	75	73	70
225	63	60	56
250	50	45	41

④NH_3。

天然气净化厂上游醇胺法装置操作失常有可能在再生酸气中夹带极少量的 NH_3，此外酸水汽提气中也常含有少量的 NH_3。当反应炉内空气量不足，温度也不够高时，原料气中的 NH_3 不能完全转化为 N_2 和 H_2O，大部分转化为硫氢化铵和多硫化铵，会堵塞冷凝器的管程，增加系统阻力降，严重时导致停产。原料气中的 NH_3 含量应控制在 $NH_3/H_2S \leqslant 0.042\%$ （体积分数）。

（6）硫蒸气及其对反应平衡的影响。

图 4－5－18 给出了不同温度下硫蒸气中不同种类的组成。在低温下相对分子质量较大的种类占多数，相应的硫蒸气分压较低，有利于平衡向右边移动。由于硫蒸气组成对平衡转化率有重要影响，故在热力学计算时必须予以考虑。

5）国内外部分克劳斯装置数据

国外一些天然气净化厂的克劳斯装置的设计或实际运行数据见表 4－5－11。

国内一些天然气净化厂的克劳斯装置的设计或实际运行数据见表 4－5－12。

表 4－5－11　国外天然气净化厂克劳斯装置数据

装置	酸气 H_2S,%	产能，t/d	工艺类别	催化级数	硫收率,%	建成年度
加拿大 Joffre	82	16.6	直流	两级	90.1	1972
加拿大 Rainbow	69	139	直流	两级	93.2	1968
加拿大 Brajeau	28	41.6	分流	两级	91.1	1970

续表

装置	酸气 H_2S,%	产能，t/d	工艺类别	催化级数	硫收率,%	建成年度
加拿大 Qurik Creek	70	293	直流	三级	95.5	1971
加拿大 Baljac	65	1686	直流	三级	96.4	1961 数据
加拿大 Kaybob	84	3520	直流	四级	97.0	1971 数据
法国 Lacq	61	314	直流	两级	95.5	1984 数据
德国 BEB	40	700	预热式直流	三级①	98.0	1983 数据
德国 NEAG	58	310	直流	两级	96.0	1987 数据
德国 Grossenkneten	85	2000	直流	三级	—	1993 数据
美国 Chatom	85	100	直流	三级	96.0	1994 数据
美国 Como	57	47	直流	两级	96.0	1994 数据
美国 Thomasville	74	600	直流	三级	97.7	1994 数据
美国 Big Escambia Creek	35	440	分流	三级	96.0	1994 数据
美国 Hammattan	12.5	50	预热式直流	两级	94.7	1994 数据
美国 Teague	30	10	分流	三级	96.3	1994 数据
美国 Lake Charles	>90	34	直流	三级	97.8	1985 年数据

①一级转化器装有 CRS－31 催化剂。

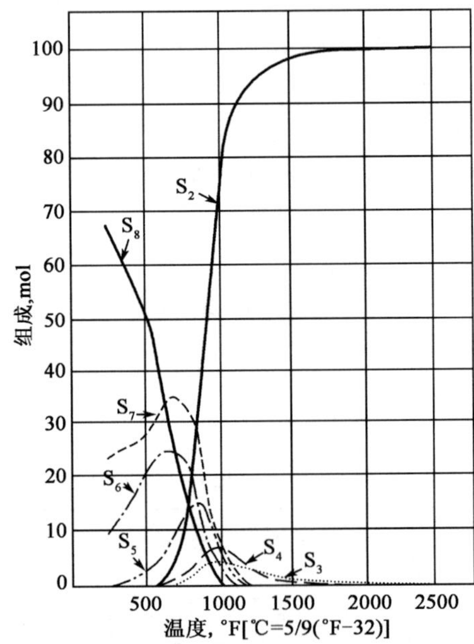

图 4－5－18　H_2S 与当量空气反应时硫蒸气的平衡组成

表 4-5-12 国内天然气净化厂克劳斯装置数据

装置	酸气 H_2S,%	产能，t/d	工艺类别	催化级数	硫收率,%	建成年度
重庆引进装置	78	230	直流	两级	95	1980
重庆垫江装置①	30	8~10	分流	两级	90	1986
龙岗天然气净化厂	56	420	直流	两级	93	2009
川中引进装置	94	11.1	直流	三级	97	1991
川中国产装置	94	17.68	直流	两级	95	1994
川西北装置①	65	100	直流	两级	95	1982
重庆渠县装置①	30	12	分流	两级	<90	1989
重庆长寿装置	30	10	分流	两级	>93	1998

①装置后已改造。

3. 低温克劳斯硫黄回收工艺

从热力学角度分析，经典的克劳斯法制硫过程中，H_2S 最高能达到的总转化率只取决于最后一个催化转化器的操作温度。后者由于收到气相中硫露点的限制，其最低操作温度通常只能控制在 180~200℃范围内。

所谓低温克劳斯反应是指在低于硫露点的温度下进行的克劳斯反应。20 世纪 70 年代开发成功的冷床吸附（CBA）法首次突破了硫露点对操作温度额限制，使克劳斯法工艺在低于硫露点的温度下进行，生成的液硫则吸附在低温反应催化剂上。在 CBA 法的基础上，随后又开发成功了 MCRC、Clinsulf 等多种类型的亚露点法工艺，从而将克劳斯工艺的总硫回收率提高到了约 99.2% 的水平。由于在催化反应段硫化氢和二氧化硫反应的平衡转化率随温度降低而升高，故较低的反应温度有利于达到较高的转化率。低温克劳斯工艺主要包括 MCRC、CBA、Sulfreen、CLINSULF-SDP 等四种工艺。

1）MCRC 硫黄回收工艺

（1）发展背景。

MCRC 工艺为加拿大矿物和化学资源公司（Mineral Chemical Resoure Co.）开发的专利技术，将硫回收装置和尾气处理装置结合成一体，把最后一级或二级转化器置于低温操作，在工艺流程、技术经济性等方面具有一定的特色。1980 年第一套工业装置投产，至 2004 年底，已建设了 20 余套装置，单套装置的处理规模为 13~550t/a。

MCRC 工艺的转化器分为三级和四级两种。三级转化器流程的硫回收率在 99% 左右，四级转化器流程的硫回收率为 99.5% 左右。1990 年，西南油气

田分公司川西北矿区从加拿大引进了一套 MCRC 装置，日处理 H_2S 含量（体积分数）为 53.6% 的酸气 $6\times10^4m^3$，硫产量为 46t/d，硫回收率达到了 99%。由于装置开工后运行正常，1995 年，该矿区又建成一套同等规模的装置，在考核期内的总硫回收率达到了 99% 以上。

（2）工艺流程及操作。

图 4-5-19 和图 4-5-20 分别为三级转化器和四级转化器 MCRC 的工艺流程图。在图 4-5-19 中，在三级转化器的 MCRC 工艺中，其一级转化器与常规反应器相同，后两级转化器分别处于再生和低温克劳斯反应状态，反应器装填的催化剂较常规的克劳斯催化剂多 60%。再生与吸附互相切换的时间间隔为 18h，低温反应温度在 130℃左右。

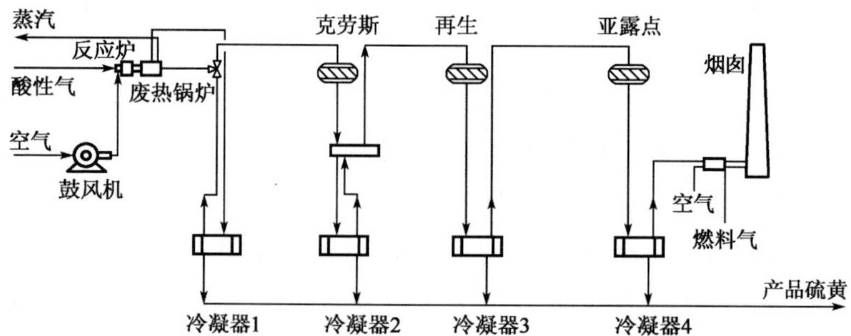

图 4-5-19　采用三级转化器的 MCRC 工艺流程图

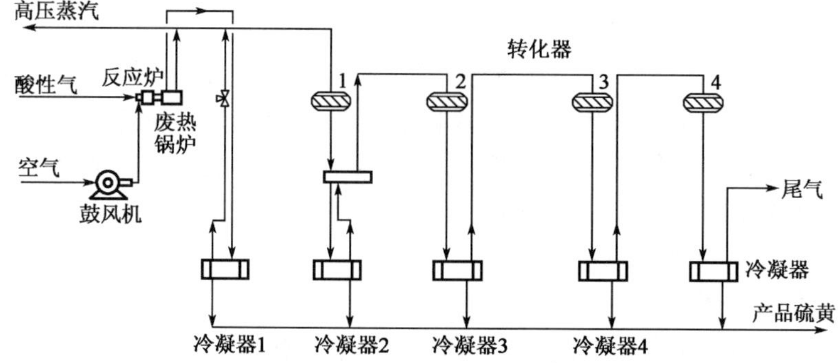

图 4-5-20　采用四级转化器的 MCRC 工艺流程图

有代表性的加拿大 PineRiver 净化厂四级转化器 MCRC 装置的流程如图 4-5-20所示。图中 1 号转化器以前的部分也和常规克劳斯装置相同，关键在于后面的三个反应器。按图所示，它们分别处于一级和二级低温克劳斯反应状态。2 号冷凝器出来的过程气经换热器再热后进入 2 号转化器，使已完成低温克劳斯反应的该转化器再生。2 号转化器出来的带有大量硫蒸气的过程气在3号冷凝器中冷凝并分理出硫。出3号冷凝器的过程气不经再热直接进入了3号转化器，在低于硫露点的温度下继续进行克劳斯反应，生成的液硫直接吸附在催化剂上。3号转化器出来的过程气在4号冷凝器中进一步冷凝并分离出硫后，进入4号转化器。当3号和4号转化器中的催化剂上吸附了足够多的硫后，就切换到再生状态，如此周而复始的进行循环。该工厂的设计和运转数据见表4－5－13。

表4－5－13　PineRiver净化厂的设计和运转数据

酸气组成（干基），%	设　计	运　转
N_2	—	0.09
CO_2	44.38	49.28
H_2S	55.22	50.08
COS	0.11	0.04
C_1	0.29	0.51
总计	100	100
酸气量，$\times 10^4 m^3/d$	74.65	61.41
硫转化率，%	99.52	99.2～99.67
硫回收率，%	99.36	99.0～99.48

（3）技术特点。

① 采用和传统克劳斯装置基本相同的流程，全部设备可按克劳斯装置的设计制造，无任何特殊要求。

② 催化剂再生是整个过程的组成部分，不需要单独设置再生循环系统，因而只要在普通克劳斯装置上增加少量阀门及控制系统，尤其适合三级常规克劳斯装置的改造。

③ 采用空隙率高、比表面积大的活性氧化铝作为低温克劳斯反应催化剂。反应生成的液硫吸附在催化剂微孔内壁上，催化剂硫吸附容量甚高，而床层压降则与常规克劳斯装置相当。

④ 操作方便、管理容易。所有切换操作全部由计算机控制，装置运行平稳，容易管理。装置操作费用和同样转化器级数的普通克劳斯装置相当，投资约增加10%，硫回收率可提高2%～5%，达到99%左右。

2）冷床吸附（CBA）工艺

CBA法的原理流程如图4－5－21所示。图中横线以上部分是一个二级转化的克劳斯装置，横线以下部分为CBA装置。此流程中设置了两个CBA吸附

反应器，在运转状态下，一个反应器进行吸附反应，另一个则进行再生或冷却。

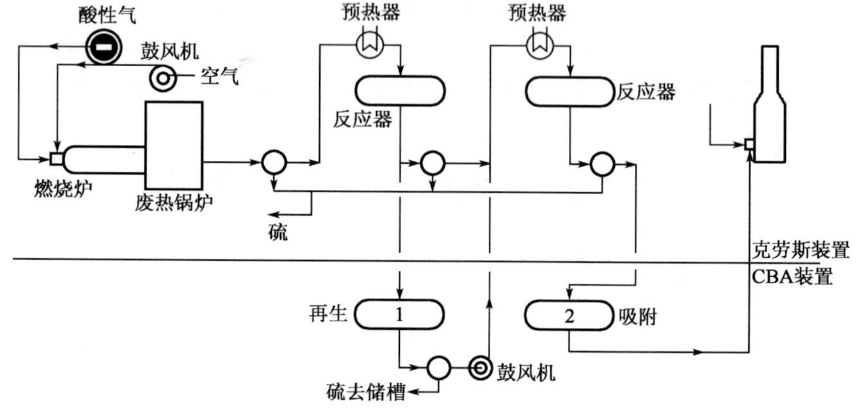

图 4-5-21　CBA 工艺原理流程

CBA 法的操作按图 4-5-21 所示，1 号反应器内进行再生，2 号反应器内进行吸附（反应）。经冷凝分离硫黄后的尾气于约 130℃ 下进入 2 号反应器，尾气中的 H_2S 和 SO_2 在固体催化剂上继续进行克劳斯反应，处理后的尾气经灼烧后排空。

从上游克劳斯装置的一级转化器中引出一股高温气流加热 1 号反应器至 300℃ 以上，使催化剂上吸附的液硫基本脱附。再生完成后停止加热，然后切换至冷却。冷却完成后再切换至吸附，同时 2 号反应器则转入再生。

3）萨弗林（Sulfreen）工艺

萨弗林工艺和 CBA 工艺类似，主要区别在于再生系统，萨弗林工艺一般均设置单独的再生系统，而 CBA 工艺利用克劳斯装置一级转化器的出口气体作为再生气。

这类工艺的特点是设备较简单，操作比较方便，与二级转化相匹配的装置总硫回收率可达 99% 以上，且对处理量在 5～2200t/d 范围内的克劳斯装置皆可适用，故自 20 世纪 70 年代实现工业化以来已得到广泛应用，截至 2004 年底，全球共有萨弗林法装置 50 余套。

萨弗林工艺原理流程如图 4-5-22 所示。流程中的三个（吸附）反应器分别处于吸附（反应）、再生和冷却三个不同阶段，由控制仪表按设置的周期自动切换，也可以采用两个（吸附）反应器的流程，视尾气量及其中硫化合物的含量而定。

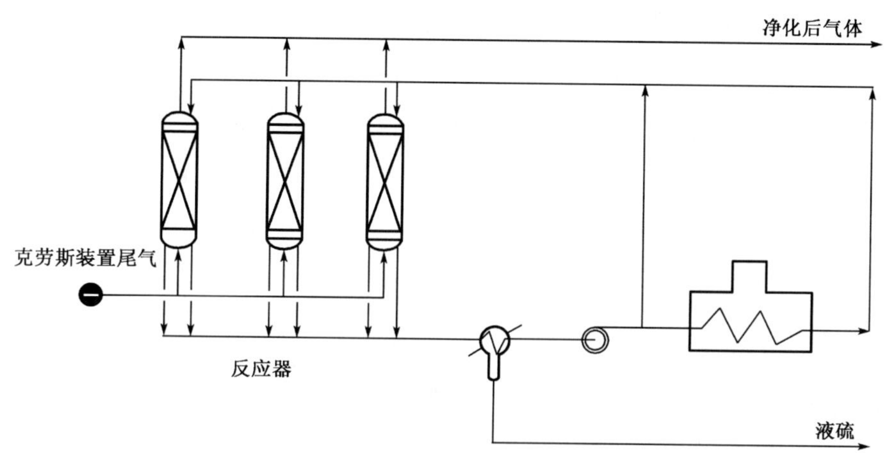

图 4－5－22 萨弗林工艺原理流程

克劳斯装置尾气在约 130℃下进入吸附反应器，在固体催化剂作用下，H_2S 和 SO_2 继续进行克劳斯反应而生成单质硫，后者吸附在催化剂表面。处理后的尾气约为 150℃，经灼烧后放空。

再生过程分为加热再生和冷却两个阶段。加热阶段是用一股经处理的尾气，由风机加压，并在加热炉中加热至约 350℃，使催化剂上吸附的液硫基本脱附。再生气流经冷凝分离硫黄后循环使用。

为防止催化剂硫酸盐化，再生过程完成后应立即吹入未经处理的尾气（约 130℃）使床层冷却，经过 0.5～1h 后再改用经处理的尾气冷却。床层温度降至 170℃时停止冷却，转入下一个吸附循环。表 4－5－14，列出了一套规模为 250t/d 的克劳斯装置相配套的萨弗林工艺装置的主要工艺参数，该装置设有两个克劳斯转化反应器，两个（吸附）反应器，使用活性氧化铝催化剂。

表 4－5－14 萨弗林工艺主要工艺参数

项 目	工 艺 参 数
吸附反应器空速，h^{-1}	≤450
吸附温度，℃	130～150
加热/脱附温度，℃	150～325
冷却温度，℃	325～170
循环加热温度，℃	335
饱和吸附量（以催化剂质量计），%	35～50
处理后尾气中含硫量（以 SO_2 计），%	0.25

续表

项　　目	工艺参数
萨弗林装置的硫回收率,%	~80
吸附循环时间，h	36
再生循环时间，h 加热脱附 吹扫 冷却	36 9 0.5~1 26
装置压力降，kPa	98~147
萨弗林工艺消耗指标①	
电能，kW	650
锅炉用水，m^3/d	2.3
燃料气，$\times 10^4 m^3/d$	1

①与1000t/d克劳斯装置相配套的萨弗林装置。

4）CLINSULF－SDP工艺

德国Linde公司开发的Clinsulf－SDP法是近年来亚露点硫黄回收工艺的一项重要技术改进，核心是利用新开发的等温反应器与传统的绝热反应器组合，进一步提高亚露点工艺的总硫回收率。

（1）工艺流程。

Clinsulf－SDP法的工艺流程如图4－5－23所示。该流程主要包括常规克劳斯燃烧炉、一级反应器（热段）和二级反应器（冷却）三个部分。

原料酸气经分离液态水后预热至约225℃，大部分酸气进入燃烧炉，其余小部分酸气（约10%）直接进入燃烧炉的二次燃烧区。出燃烧炉的过程气经废热锅炉回收能量后，在一级冷凝冷却器中降温至约130℃。分离液硫后的过程气在一级再热器中加热至225℃后进入一级反应器（假定处于再生状态）上部的（常规克劳斯催化剂＋有机硫水解催化剂）床层中进行反应。过程气约在315℃下进入反应器下部，在恒温条件下继续进行克劳斯反应。出一级反应器的过程气约285℃在二级冷凝冷却器中降温至约130℃，分离液硫后在二级再热器中升温至198℃进入二级反应器。该反应器中催化剂的装填方式虽于一级反应器相同，但由于温度较低（约125℃），仅进行亚露点克劳斯反应。

当处于“冷态”的反应器中的催化剂床层吸附液硫达到一定量时，其吸附能力大幅度降低，此时应通过四通阀外部将其切换至“热态”——再生状态。

（2）技术特点。

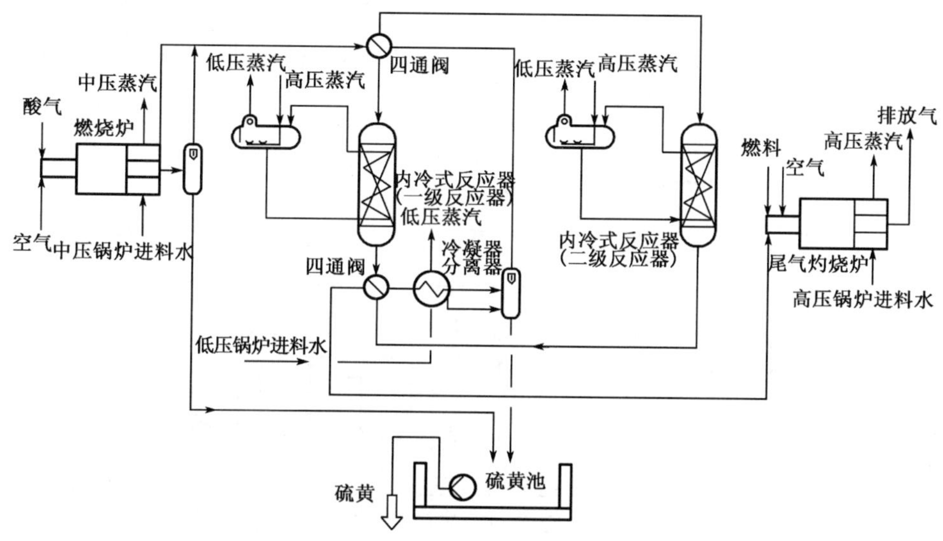

图 4－5－23　Clinsulf－SDP 法的工艺流程示意图

该方法的主要技术特点如下：

① Clinsulf－SDP 法改进的基本思路是直接从克劳斯反应器中取走反应热，而不是从下游的冷凝器中取走，从而使真个反应热的催化剂床层保持稳定等温。

②Linde 等温反应器实际是一个盘管间有较大间隙的盘管式换热器，在盘管的间隙装填催化剂，将冷却盘管埋在催化剂床层之中。

③为使过程气中的 COS、CS_2 等有机硫化合物能最大成都的水解则反应温度又不能过低，因而第一级反应器（热段）的上部不设冷却盘管，仍进行绝热反应而保证必要的水解效率；下部则通过外部冷源控制过程气出口温度。

④与其他亚露点工艺相比，Clinsulf－SDP 法可通过外部冷源调节反应器的床层温度并使之保持稳定。同时，也使选择的可能的反应温度。一般亚露点工艺的反应温度应该保持在硫凝固点以上 15℃。目前在重庆净化总厂垫江分厂拥有 Clinsulf－SDP 装置。

5）改良低温克劳斯（CPS）工艺

CPS 工艺是充分消化吸收现有四级低温克劳斯工艺和 CBA 工艺技术，总结其优点，认识其不足，进一步改良而成的具有自主知识产权的新技术。它由一个热力反应段、一个常规克劳斯反应段加三个后续的低温克劳斯反应段组成。其考虑切换前的预冷步骤，具有较强补偿功能，保证即使切换操作时

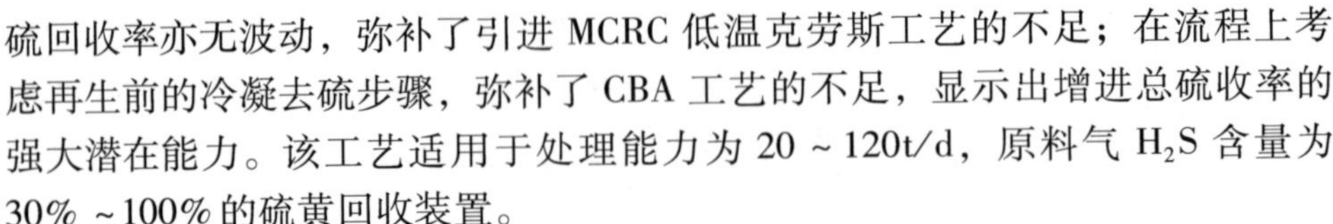

硫回收率亦无波动，弥补了引进 MCRC 低温克劳斯工艺的不足；在流程上考虑再生前的冷凝去硫步骤，弥补了 CBA 工艺的不足，显示出增进总硫收率的强大潜在能力。该工艺适用于处理能力为 20 ~ 120t/d，原料气 H_2S 含量为 30% ~100% 的硫黄回收装置。

(1) 工艺流程。

CPS 工艺流程如图 4 - 5 - 24 所示。

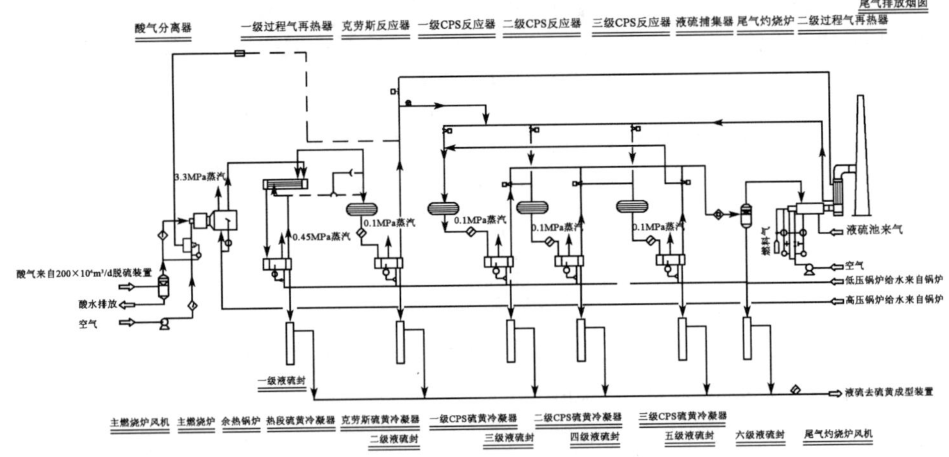

图 4 - 5 - 24　CPS 工艺流程图

(2) CPS 工艺原理。

对于中等规模的硫黄回收装置，国际上采用克劳斯延伸类工艺。比较主流的有四级低温克劳斯工艺、CBA 工艺等。这些都是常规克劳斯工艺的新发展，其工艺流程简单，操作方便、可靠，皆克服了常规克劳斯工艺的局限性，兼有硫黄回收和尾气处理的双重功能。

酸气进入与空气在主燃烧炉燃烧器炉内按一定配比进行克劳斯反应，约 68% 的 H_2S 转化为元素硫。自主燃烧炉出来的高温气流经余热锅炉后降至 330℃，然后进入一级过程气再热器的管程，将来自热段硫黄冷凝冷却器的过程气从 170℃ 加热至 280℃。从一级过程气再热器管程出来的过程气进入热段硫黄冷凝器冷却至 170℃ 进入一级过程气再热器的壳程，过程气中绝大部分硫蒸汽在此冷凝分离；从一级过程气再热器壳程出来 280℃ 的过程气进入克劳斯反应器，气流中的 H_2S 和 SO_2 在催化剂床层上继续反应生成元素硫，克劳斯反应器的过程气经过克劳斯硫黄冷凝器冷却至 126.8℃，分离出元素硫。出克劳斯硫黄冷凝器的过程气经使用尾气烟气作为热源的二级过程气再热器后，温度升至344℃左右。再生初期，自克劳斯硫黄冷凝器出来的过程气通过两通通调节阀进入二级过程气再热器温度达到344℃后，进入一级CPS反应器，催化剂床层上吸附的液硫逐步汽化。当达到规定的再生温度进行催化剂的再生后，则进入一级CPS硫黄冷凝器冷却至126.8℃，分出其中冷凝的液硫，然后直接进入二级CPS反应器，过程气在其中进行低温克劳斯反应。出二级CPS反应器的过程气进入二级CPS硫黄冷凝器冷却至126.8℃后进入三级CPS反应器，在其中进行低温克劳斯反应。出三级CPSS反应器的过程气进入三级CPS硫黄冷凝器冷却，分出其中冷凝的液硫经液硫捕集器后进入尾气灼烧炉。在一个切换周期内，均有两个反应器处于低温吸附态，而一个反应器经历逐步升温再生、稳定再生、逐步预冷、稳定冷却几个阶段。

CPS工艺的优点如下：

①先对催化剂再生后的反应器进行预冷，待再生态的反应器完全过渡到低温吸附态时，下一个反应器才切换至再生，全过程中均有两个反应器处于低温吸附，有效避免了切换期间的硫黄回收率波动，提高了总硫黄回收率。

②一级反应器出口过程气经二级硫黄冷凝冷却器冷却至126.8℃，由于该气体分离掉绝大部分硫蒸气，进入高温再生反应器中的硫蒸气含量低，有利于向生成元素硫方向推进，在高温再生反应器中已将大量的硫化物转化为元素硫，出口过程气中的H_2S和SO_2等未转化的硫化物含量低，进入低温吸附态反应器的过程气中的H_2S和SO_2等未转化的硫化物含量低，低温吸附态反应器内元素硫量少，总硫黄回收率高，催化剂吸附饱和的时间长。

③总硫黄回收率稳定约99.25%，废气中的SO_2排放量能满足环保要求；设备压力较低，设备质量容易保证；开、停工过程较短；生产操作简单、灵活可靠，；装置15年操作成本及可比总投资较四级低温克劳斯工艺和CBA工艺低；装置能耗较四级低温克劳斯工艺和CBA工艺低。

④自主专利技术，国内可独立完成基础设计和详细设计。设备、材料采购立足国内，只有关键设备和在线分析仪需引进。初步设计时间较短，保证工期较短，有利于业主的建设。

CPS工艺的缺点为装置一次性投资略高。

4. 其他硫黄回收工艺

1）富氧克劳斯工艺

富氧克劳斯工艺是指从提高装置处理能力的角度出发，以氧气或富氧空气代替空气来增加装置处理能力的一系列新型Claus工艺，燃烧炉温度将随富氧程度而上升，其关系如图4-5-25所示。

富氧工艺的基本原理是若假定一个理想的 Claus 装置处理 100mol 的 H_2S 含量为 100% 的原料气（纯 H_2S），按 Claus 反应当量计算则需供给 50mol 空气，并随空气带入 188mol 氮气。如此，在生产 100mol 硫黄（以硫计）的同时，将产生 Q 的热量及 288mol 的尾气。当以纯氧取代空气时，在同样的装置上处理 288mol 的纯 H_2S 则仅需供给 144mol 纯氧。如此，在同样产生 288mol 尾气的前提下，可以生产出 288mol 硫黄及 2.88Q 的热量。因而对理想状态的 Claus 装置而言，以纯氧替代空气后装置的处理能力及发生的热量均可提高约 3 倍。

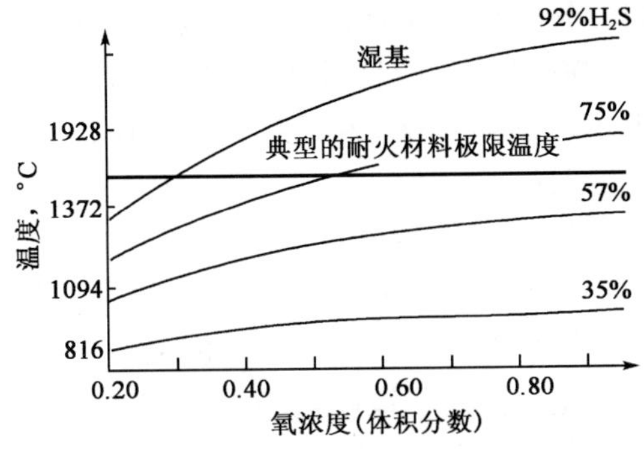

图 4－5－25　燃烧炉温度与氧浓度的关系

实际燃烧炉的耐火材料要求炉温不超过 1550℃，而且火嘴的适应性和废热锅炉的负荷也有一定限制，故不采取相应措施，空气中的氧浓度只能提高至 25%～28%。富氧克劳斯装置的操作总体上与常规 Claus 装置类似。但常规 Claus 工艺改造为富氧克劳斯工艺以后，硫收率会得到极大提高。表 4－5－15 为一套硫产率为 4800kg/h 的常规 Claus 装置改造为富氧克劳斯工艺后，产率提高了 2.2 倍，热反应段与催化反应段的产率分布也发生很大变化。但随着整个装置各级冷凝器液硫排出温度的升高，其中溶解的 H_2S 量也大幅度升高，故脱气装置的操作条件也应作相应的调整（表 4－5－16）。

表 4－5－15　装置热反应段和催化反应段的产率分布

液硫产出部位	采用常规克劳斯工艺		采用富氧克劳斯工艺	
	产量，kg/h	占总产量比例，%	产量，kg/h	占总产量比例，%
热反应段冷凝器	1010	21.0	4554	43.0
一级冷凝器	1484	30.9	2553	24.1
二级冷凝器	1678	35.0	2290	21.6
三级冷凝器	459	9.6	878	8.3
四级冷凝器	169	3.5	325	3.0
总产量	4800	100.0	10600	100.0

表 4-5-16　液硫 H_2S 的平衡溶解度

液硫所在部位	采用常规克劳斯工艺		采用富氧克劳斯工艺	
	温度,℃	H_2S 含量（质量分数），$\times10^{-6}$	温度,℃	H_2S 含量（质量分数），$\times10^{-6}$
热反应段冷凝器	255	791	274	859
一级冷凝器	180	495	201	585
二级冷凝器	182	295	187	448
三级冷凝器	164	53	171	155
四级冷凝器	132	3	147	13
液硫槽	192	450	224	620

2）超级克劳斯（SuperClaus）工艺

（1）发展背景。

长期以来，对提高克劳斯反应的硫回收率进行了大量的研究，但并未取得重大突破，其主要制约因素有以下几个方面：

①克劳斯反应是可逆反应，转化率手反应温度下热力学平衡的限制；

②克劳斯反应过程中生成的大量水分难以从过程气中分离，而过程气中的 H_2S 浓度又不断下降，这样更限制了平衡向生成硫的方向移动；

③在克劳斯装置的热反应阶段生成一定量的有机硫化合物（如 COS、CS_2 等），它们不与 SO_2 发生克劳斯反应；

④克劳斯反应要求严格控制过程气中 H_2S/SO_2 的比例，导致整个过程的控制困难。

针对上述制约因素，原荷兰 Comprimo 公司（现已更名为 Jacobs 公司）开发出了超级克劳斯工艺，该工艺包括两种构型，SuperClaus-99 及 SuperClaus-99.5，前者总硫收率为 99%，后者总硫收率为 99.5%。表 4-5-17 为两种 SuperClaus 工艺与典型的两级催化转化克劳斯工艺的对比。

表 4-5-17　SuperClaus 与典型克劳斯工艺的对比

工　艺	至主燃烧炉的氧量,%	两段转化或加氢段后,%			选择氧化段硫收率,%	硫蒸气损失,%	总硫收率,%
		转化率	H_2S	SO_2			
克劳斯	100	96.7	2.2	1.1	—	0.2	96.5
SuperClaus-99	96.5	95.7	4.0	0.3	3.6	0.2	99.1
SuperClaus-99.5	100	96.7	3.3	0	2.9	0.2	99.4

SuperClaus 工艺的流程简洁，又是稳态反应过程，所以在其化后发展很快，成为颇受欢迎的一种可达到 99% 或更高的总硫收率的工艺。该工艺把 Claus 反应与催化氧化反应相结合，原理流程见图 4－5－26。图中左边是常规的 Claus 流程，右上部为硫回收率约 99% 的 Superclaus－99 流程，它在二级转化器以前的部分与常规 Claus 法相同，但在三级转化器中放置了特殊的催化氧化催化剂。超级克劳斯法的另一个特点是不再要求过程气中 H_2S/SO_2 比值为 2，只要求 H_2S 过剩。通常出二级转化器的过程气中 H_2S 的浓度为 0.8% ~ 3.0%，而 SO_2 浓度极低，这部分 H_2S 在催化氧化反应器中直接氧化为硫，总硫回收率可达 99% 左右，只有极少量 H_2S 被氧化为 SO_2。右下部所示则为硫回收率可达 99.5% 的 SuperClaus－99.5 的流程。它与 SuperClaus－99 的区别是在催化氧化反应器前增加了一个加氢反应器，把过程气中的含硫化合物全部还原为 H_2S 后再进行催化氧化。

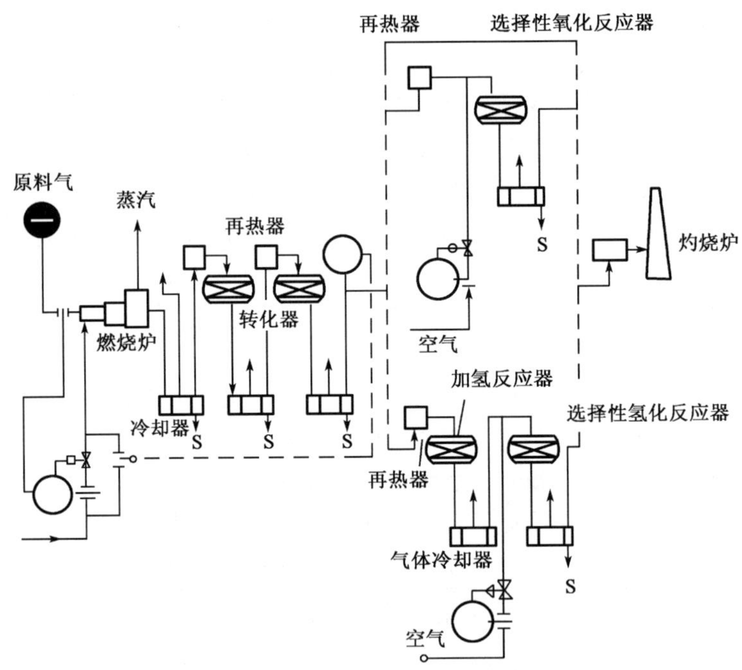

图 4－5－26　超级克劳斯工艺原理流程

SuperClaus 工艺在过程气中氧量稍有富余的条件下运转可以保证催化剂始终以氧化物的形态存在，图 4－5－27 给出了过程气中 O_2/H_2S 比值对 H_2S 转化率的影响。SuperClaus 的设备皆可用普通碳钢制作，公用消费与常规 claus

法相当，SuperClaus 硫回收率与装置投资的关系见表 4－5－18。

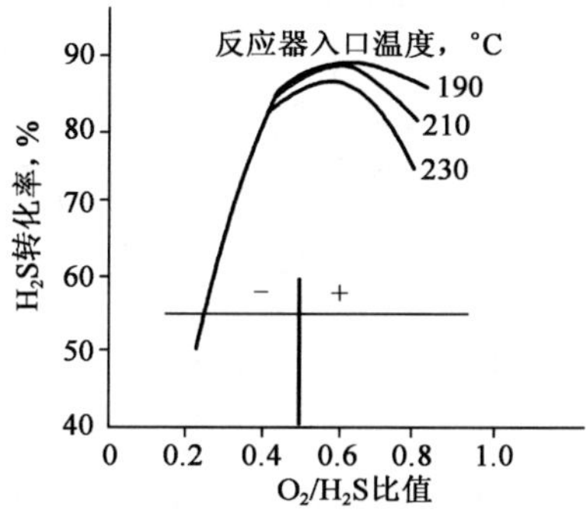

图 4－5－27 过程气中 O_2/H_2S 比值对 H_2S 转化率的影响

表 4－5－18 SuperClaus 硫回收率与装置投资的关系 %

项目		二级转化	二级转化 + SuperClaus－99	二级转化 + SuperClaus－99.5
空气用量		100	96.2	100
二级转化或加氢还原后	硫转化率	96.7	96.7	96.7
	过程气中 H_2S 浓度	2.2	4.0	3.3
	过程气中 SO_2 浓度	1.1	0.3	~0
催化氧化制硫效率			2.6	2.9
硫蒸气损失率		0.2	0.2	0.2
总硫回收率		96.5	99.1	99.4
装置投资比		100	105	120

西南油气田分公司重庆天然气净化总厂渠县分厂于 2002 年引进该工艺进行技术改造，经过连续运行 72h 性能考核，硫收率超过 99.5%，高于设计值。

3）Clinsulf－DO 工艺

Clinsulf－DO（Direct Oxidation）意为此系列中的直接氧化工艺，其流程示如图 4－5－28 所示。其中，反应器如同 Clinsulf－SDP 的反应器，上部催化剂床层为绝热段使床温迅速上升加快反应，下部则是等温段，可借有效冷却控制温度略高于硫露点，使之有更高的转化率。由于不存在反应器的切换运行问题，流程也更为简单，催化剂使用氧化钛基催化剂。

当进料酸气 H_2S 浓度大于 10% 时，应将冷凝冷却器出口的过程气循环以控制反应器温度。

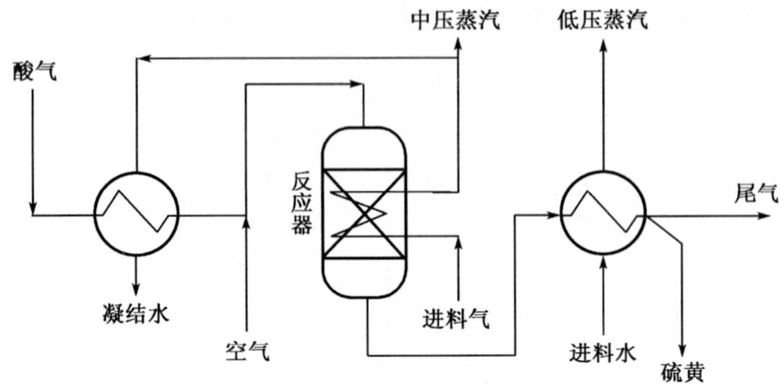

图 4－5－28　Clinsulf－DO 工艺流程

由于随反应温度上升，H_2S 直接氧化的选择性下降，所以催化剂应有高的活性并控制温度高于硫露点。反应过程中生成的 SO_2 也可与 H_2S 反应得到硫黄。

1992 年 Clinsulf－DO 工艺在奥地利工业化，用于处理 H_2S 的 1%～3% 厌氧生化气体，此后又建设了三套装置，包括我国淮南的一套装置，它们的简要参数见表 4－5－19。

表 4－5－19　Clinsulf－DO 装置简要参数

国 别 装 置	奥地利 Pemhofen	韩国 Naju 城	德国 Berrenrath	中 国 淮 南
产能，t/d	3.0	8.3	0.1	11
进料 H_2S，%	1～3	5～18	0.5～10	1.5～3
硫收率，%	92	95	95	90
投产年份	1992	1993	1996	2001

5. 克劳斯工艺发展方向

近 20 年来，为了提高硫回收率以保护环境，为解决从贫酸气及组成复杂的原料气中回收硫等棘手问题，克劳斯法工艺技术又有了很大的改善，当前的主要技术发展动向大致可以归纳为以下两个方面。

1）促进反应平衡

要促进克劳斯反应平衡，不外乎三种方法：提高反应物浓度或降低生成物浓度；降低反应温度；提高反应压力。对目前已开发出的工艺类型而言，CBA、MCRC、Clinsulf-SDP、Sulfreen 等四种亚露点类工艺都是通过降低反应温度，从而促进克劳斯反应平衡向生成硫的方向移动，来达到提高装置总硫回收率的目的。在上述四种工艺类型中，Clinsulf-SDP 工艺由于反应温度可以降低至125℃，接近硫黄冷凝温度的极限，所以可以最大限度促进克劳斯反应平衡。其最大硫回收率可达99.5%。而其他三种工艺类型由于反应温度降低程度有限，一般不低于130℃，故其总硫回收率也略低，通常只能达到99.0～99.2%。另外，Clauspol和UCSRP液相克劳斯工艺则在液体中进行克劳斯反应，由于它在降低了反应温度的同时还大大降低了克劳斯反应生成物水蒸气和硫黄蒸气的浓度，因此可进一步提高克劳斯转化率。通过进一步采取溶液减饱和措施，装置总硫回收率最高可达99.8%。

显然，亚露点类工艺进一步发展的突破口还是在反应温度。从理论上讲，进一步降低克劳斯反应温度至硫凝固点以下，还有可能再增加装置总硫转化率。亚固点（Clinsulf-SSP）工艺就是针对这一突破口提出的。亚固点工艺将克劳斯反应温度降低至100～110℃，生成的硫黄以固体形式凝固在催化剂上。装置总硫转化率有望达到99.8%。但目前由于硫黄分离和其他问题，该工艺离实用化尚远。

Oxyclaus、Sure、COPE等富氧类工艺则通过提高克劳斯反应物之一的氧气浓度来促进克劳斯反应平衡。但仅从装置总硫回收率的角度看，该类工艺优势并不突出。即使采用纯氧，对常规三级克劳斯装置而言，总硫回收率的提高率也不过1%～2%。该工艺由于降低了带入过程气中的N_2量，可大幅增大装置处理量。因此，其增大装置处理量或减少装置负荷的优势要比提高装置硫转化率的优势更明显。

这类工艺的开发动向是对工艺进行完善和优化。重点是开发高效富氧燃烧火嘴和解决富氧空气来源问题。

从提高克劳斯反应压力入手，国外提出了两种高压克劳斯工艺。美国专利4，280，990中提出了RSRP工艺（Richard工艺）。该工艺在绝对压力689～2067kPa或更高条件下操作，据称可以达到99.5%以上的总硫转化率，但未见现场中试方面的报道。另一项美国专利4，684，514则叙述了Air Product公司的高压富氧克劳斯工艺。该工艺采用纯氧燃烧炉加一级克劳斯反应器方式操作，压力为绝对压力344～1102kPa。同样，该工艺也未见现场中试装置方面的报道。由此可见，将克劳斯工艺操作压力提高到数百或数兆帕确实可以大幅提高装置总硫转化率，但由于设备和操作安全性方面的原因，实施难度很大。

2）直接转化酸气中的H_2S

鉴于克劳斯反应是一个热力学平衡反应，常规条件下其转化率很难超过90%。因此很多工艺回避了克劳斯反应，代之以平衡常数非常大的反应或不

可逆反应。Clinsulf-DO、ENsulf、Selectox、SuperClaus 和 Modop 等工艺以不可逆的硫化氢直接氧化为元素硫的反应来取代克劳斯反应，开创了全新的开发思路。尽管硫化氢直接氧化为元素硫的反应是不可逆反应，但由于副反应的存在和动力学的限制，在目前已商业化的直接氧化类工艺装置上，硫化氢直接氧化为元素硫的反应转化率只能达到85%左右，从而使该类工艺最高硫回收率只能达到99.0% ~99.2%。

从目前来看，该工艺的突破口是进一步改进直接氧化催化剂。至今已商业化的是第三代超级克劳斯催化剂，其硫转化率为85%。第四代超级克劳斯催化剂可进一步提高硫化氢直接氧化反应的选择性，目前尚在开发中。另外，据文献报道，国外开展了活性炭作为直接氧化催化剂的研究。如果催化剂硫转化率有进一步突破，则该类工艺尚有发展潜力。

硫化氢直接分解制硫黄和氢气工艺同样遵循上述思路。由于硫化氢分解反应所需条件非常苛刻，通常采用热裂解、微波裂解和电解等方式。包括 ASRL 在内的几个研究小组正在研究硫化氢在1371 ~1649℃温度下的热裂解，并建立了一套半工业规模的试验装置。澳大利亚 RMIT 大学就硫属镉分解硫化氢为氢气和硫的试验作了研究。另外，为将氢气从元素硫中分离出来，ASRL 专门开发了专用陶瓷膜。美国 Argonne 国家实验室和俄罗斯 Kurchatov 研究所已从事硫化氢微波裂解技术开发多年，一套具有相当规模，应用微波能量的等离子型装置已在俄罗斯的 Orenburg 运行了几年，得到的初步结果令人满意，但尚面临许多需解决的技术难点。

无疑，以硫化氢为原料取得氢气和硫黄是一个特别令人向往的方向，付出较低的能耗是其能够工业化的前提。此外，还需考虑由于 CO_2 存在是否有可能发生水煤气转化反应而降低了氢气的收率。考虑到反应平衡问题，采用膜分离导出氢气既推动了反应又分离了产品，反应分离一体化应是发展方向。

三、尾气处理工艺

用常规克劳斯法从酸气中回收硫黄时，由于反应受平衡条件的限制，其硫收率不会太高，尾气中尚含有 H_2S、SO_2、COS、CS_2 和硫蒸气等含硫化合物。为了降低克劳斯装置尾气中含硫化合物的量，20世纪70年代以来，克劳斯工艺进行了一系列改革，综合起来基本上沿着两个思路进行：一是着眼于工艺本身的改进以提高硫收率；二是大力发展尾气处理技术。在发展过程中两者相互渗透，尾气处理的发展经历了三个阶段：一是尾气灼烧排放阶段；

二是蓬勃发展阶段；三是完善和逐步定型阶段。常见的尾气处理方法除 CBA 法外，其他工艺都是“独立”于克劳斯装置之外的。它们的类别也是清晰的，可以分为低温克劳斯工艺、还原-吸收工艺以及氧化-吸收工艺。低温克劳斯工艺前面已经做了介绍，现在主要介绍的是另外两种工艺：还原-吸收工艺以及氧化-吸收工艺。

1. 还原-吸收类尾气处理工艺

凡是第一步将尾气中各种形态硫转化为硫化氢，然后再通过不同途径处理其中硫化氢的尾气处理工艺，均称为还原类尾气处理工艺，而其中应用最广泛的就是还原-吸收工艺，加氢尾气经急冷除水后进入选择脱除硫化氢工序，再生所得含硫化氢酸气返回克劳斯装置。国外的典型代表为 SCOT 法，此外还有 BSR－MDEA、HCR、Resulf 及 Sulfcycle 等方法。

1）工艺原理

还原-吸收尾气处理工艺是先把尾气中含硫化合物全部还原为 H_2S，然后再将其脱除，最终以酸气或元素硫的形式回收。代表性工艺主要有 SCOT 法和比文（Beavon）法两种，两者的（加氢）还原部分是相同的，仅吸收（选吸脱硫）部分有区别。SCOT 法采用 DIPA 或 MDEA 选择性脱硫工艺，而比文法则采用属氧化-还原法类型的蒽醌法脱硫工艺。

SCOT 法的还原部分是使尾气中 SO_2 和元素硫在钴-钼加氢催化剂上加氢还原而转化为 H_2S。反应所需的 H_2（和 CO）可由界区外供给，或由天然气不完全燃烧发生。与此同时，尾气中的 COS、CS_2 等有机硫化合物则与原料气中所含的水反应而水解为 H_2S。通常加氢还原后尾气中除 H_2S 以外的含硫化合物含量（体积分数）不超过 50×10^{-6}。CO、CO_2 在加氢催化剂上的甲烷化反应可以忽略不计，即使反应温度达到 450℃ 甲烷化产生的甲烷含量（体积分数）也不超过 20×10^{-6}。SCOT 法是目前应用最多的尾气处理工艺之一。

国内外开发的还原—吸收类工艺原理与步骤均是类似的，包括还原段（如果尾气所含氢气不敷需要，则需供氢或以在线燃烧器发生还原气）、急冷段和选择脱硫段。图 4－5－29 为还原-吸收法尾气处理工艺流程图。

（1）还原段。

还原段工序的任务是将尾气中各种形态的硫均转化为硫化氢；在此过程中，二氧化硫与元素硫均是加氢反应，而有机硫主要是水解反应。

在 Co-Mo/Al_2O_3 或 Ni-Mo/Al_2O_3 催化剂上，当有过量氢存在的情况下，SO_2 和元素硫可完全转化为 H_2S（SO_2 残余含量小于 10mg/m^3）。当存在 CO

时，还可能存在 CO 和 SO_2、S_8、H_2S 和 H_2O 的反应。总的来说，CO 的存在对各种形态的硫转化为 H_2S 是有利的，因为 CO 的水气转换反应可产生活性很高的氢气，在 CO_2 浓度高时，则会有可能导致 COS 产生。

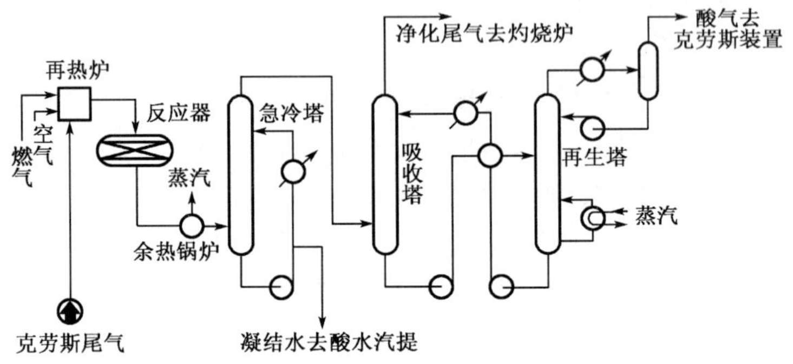

图 4-5-29　还原-吸收法尾气处理工艺流程图

在还原-吸收工艺中，还原段工序具有特别重要的意义，因为如果有机硫未完全转化将导致总硫收率不能满足要求；而 SO_2 如不能完全转化，则不仅影响总硫收率，而且将在后续的选择脱硫工序中与醇胺结合生成热稳定盐造成胺液活性损失并使急冷塔和选吸工序产生腐蚀问题。

前面谈到过，当克劳斯段运行的风气比不当，对于还原吸收法尾气处理装置会带来很多麻烦。当风气比偏高时，过程气 SO_2 浓度偏高导致还原段需氢量上升及温升增加，甚至导致 SO_2 “穿透”。

（2）急冷段。

急冷段以循环水将经余热锅炉回收热量后的加氢尾气直接冷却降至室温，与此同时降低其水含量，还可以除去催化剂粉末及痕量的 SO_2。由于气流中的 H_2S 和 CO_2 等酸性组分会溶解于水中，因此需要加入氨来调节其 pH 值，产生的凝结水送酸水气提单元处理。

（3）选择脱硫段。

选择脱硫段的任务是将冷却至常温的加氢尾气中的 H_2S 以胺液选择性吸收下来，胺液再生吐出的酸气返回克劳斯装置，正是由于有选吸工序，还原-吸收法处理尾气的目标才得以实现；如果胺液不具备选吸功能，即同时完全将 H_2S 和 CO_2 吸收下来，并返回克劳斯装置，这就会导致克劳斯装置总酸气 H_2S 的浓度不断下降而无法运行。如图 4-5-30 所示，当 CO_2 的共吸收率 η_c 趋近 100% 时（CO_2 完全吸收），克劳斯装置的总酸气 H_2S 浓度趋近于 0。

在克劳斯段风气比偏低时，进入选吸工序的加氢尾气中的 H_2S 浓度上升，需增加胺液循环量，严重时可导致净化尾气 H_2S 浓度无法达标。

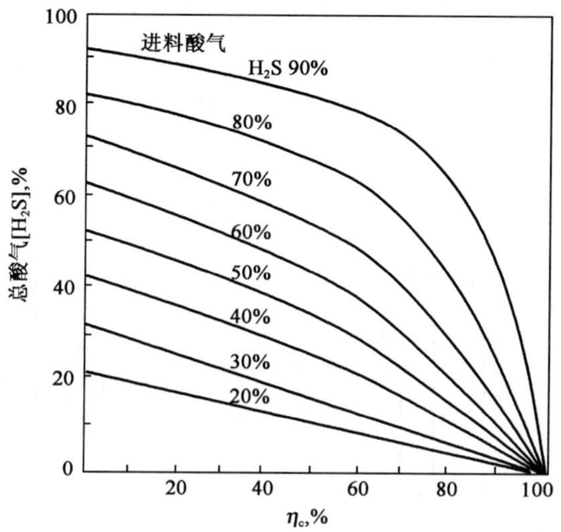

图 4－5－30 CO_2 的共吸收率 η_c 及进料酸气 H_2S 浓度对总酸气 H_2S 浓度的影响

2）SCOT 工艺

SCOT 工艺原理流程如图 4－5－31 所示，Claus 装置尾气（120～130℃）与在线燃烧炉制取的高温气体混合并掺入还原气体后，在约 300℃下进入加氢反应器。加氢还原系放热反应，出反应器的气体先经废热锅炉回收热量，使气体降温至 160℃后进冷却塔，在塔中直接喷水冷却。冷却后的气体中含 H_2S 约 1%～3%，CO_2 不超过 40%。此气体进入脱硫部分的吸收塔进行选吸脱硫（图 4－5－31 中未示出再生过程的有关设备）。冷却塔底排出的冷凝水大部分循环使用，抽出小部分送到酸水汽提塔进行处理。

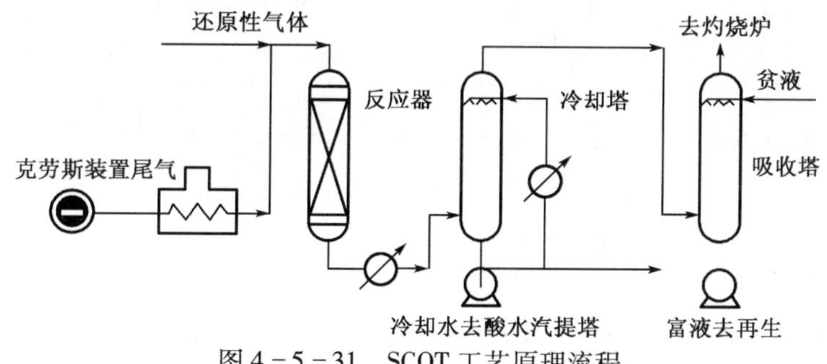

图 4－5－31 SCOT 工艺原理流程

（1）SCOT 三种工艺流程。

SCOT 三种工艺流程分别为基本流程、合并再生流程（选吸富液与前端天

然气脱硫富液一起进入再生系统）以及串级流程（选吸富液加压送入前端天然气脱硫吸收塔中部继续脱硫）。当然，使用后两种工艺流程的前提是前端天然气脱硫与尾气处理选吸工序使用的是同一种溶液。

图4－5－32为SCOT合并再生工艺流程，图4－5－33为SCOT串级工艺流程。

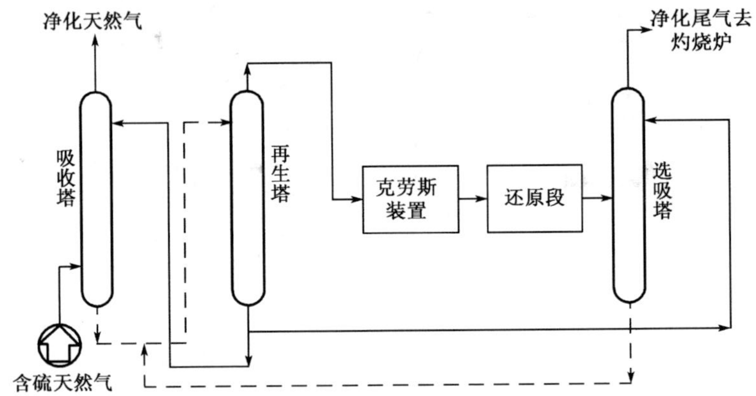

图4－5－32　SCOT合并再生工艺流程图

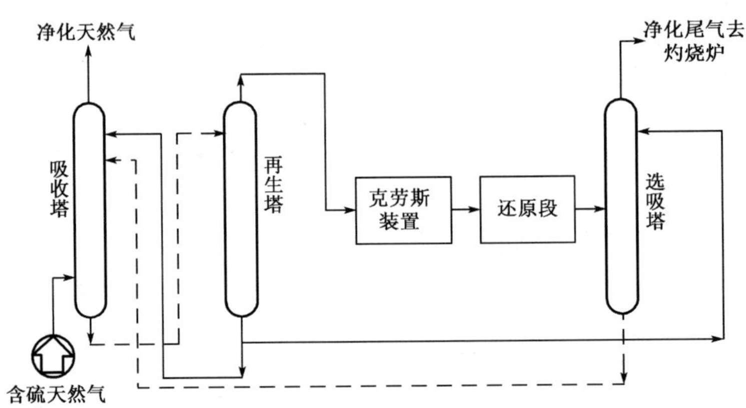

图4－5－33　SCOT串级工艺流程图

（2）几种典型的SCOT工艺。

①LS－SCOT工艺。

LS－SCOT工艺，即低硫SCOT工艺是在胺吸收溶液中使用了一种便宜添加剂，改善溶液再生，使贫液中H_2S含量降低，排放尾气中H_2S浓度可降至低于$10\times10^{-6}mg/m^3$或总硫浓度低于$50\times10^{-6}mg/m^3$。胺液再生塔的性能受塔底平衡条件的限制，使用添加剂改变了平衡条件，对同样的贫液质量需要较少的蒸汽量或同样的蒸汽量可获得 H_2S 含量更低的贫液。图4-5-34是有无添加剂时选吸溶液的汽耗情况。

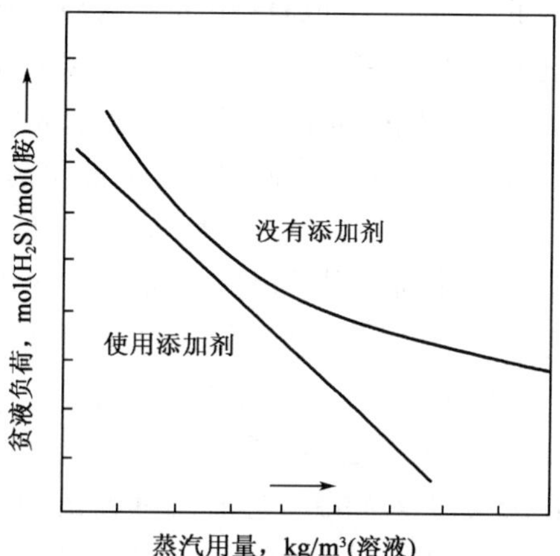

图4-5-34 有无添加剂的选吸溶液汽耗

由于采用了添加剂，LS-SCOT工艺作为单独的SCOT装置进行设计较好，但在使用DIPA和MDEA为脱硫溶剂的联合再生SCOT装置上进行测试也获得成功。

②Super-SCOT工艺。

Super-SCOT工艺，即超级SCOT工艺采用了富液两级再生和用较低贫液温度进行吸收两项措施，两者可单独使用或一起使用。富液经一级再生后，部分贫胺液进入吸收塔中部，部分贫液进入二级再生塔深度汽提，得到的超贫液进入吸收塔顶部。

由于贫液中 H_2S 分压低，当吸收温度降低时，H_2S 在胺吸收溶液中的溶解度增加，从而降低了排放尾气中 H_2S 浓度。Super-SCOT工艺的 H_2S 排放浓度为 $10\times10^{-6}mg/m^3$ 或总硫低于 $50\times10^{-6}mg/m^3$。与标准SCOT装置相比，蒸汽消耗下降30%。

位于荷兰Rotterdam附近的Shell Pernis炼油厂于1997年进行扩建，其中新建的一套尾气装置采用Super-SCOT工艺联合再生流程（H_2S 用DIPA进行吸收，吸收塔与加氢裂解等装置的吸收塔共用，并与其他DIPA富液在一个ADIP再生塔内再生，处理能力为700t/d）。富液采用两级再生，通过调节进入吸收塔的贫液和超贫液用量比例，使排放尾气的总硫含量低于 $50\times10^{-6}mg/m^3$。

③LT-SCOT工艺。

常规SCOT工艺的加氢催化剂其典型的反应器入口温度在280～300℃，为了降低能耗，新的进展是开发出了具有更低入口温度的催化剂以及由此而带来的对整个工艺设计的改进，称为LT-SCOT工艺（低温SCOT工艺）。采用低温催化剂，反应器入口温度可降至200～220℃，同时由于极佳的加氢性能，尾气中所含元素硫被彻底加氢转化，而且从反应器出来的残余 SO_2 含量与常规催化剂的相当或更低。

降低温度对COS水解热力学平衡有利，与常规催化剂相比，处在平衡状

态低温下生成的COS更少，然而，如果降低温度则反应速度下降，因此要求进入SCOT装置的COS浓度必须减小；而进入SCOT装置原料气中的CS_2不仅被水解，同时也有少量被加氢生成甲硫醇，这种现象常规催化剂已在高空速条件下发生过，在低温SCOT催化剂使用中还是同样出现，这也要求降低进入SCOT反应器的CS_2浓度。以上不足通过在第一级Claus反应器的底部装入一层钛催化剂得到了很好解决。钛催化剂能将Claus反应器原料气中90%以上的COS和CS_2进行水解，这样降低了COS和CS_2进入SCOT装置的浓度。

（3）SCOT工艺的技术进展。

SCOT工艺的主要缺陷是装置投资、操作成本和能量消耗都相当高。围绕在提高回收率的同时节能降耗的目标，陆续发展出超级SCOT、低硫SCOT、低温SCOT、联合再生、串级吸收新工艺，以及意大利Nigi公司的HCR工艺和KTI公司的RAR工艺。这些新工艺分别通过改进流程设计、操作条件、设备与仪表、溶剂和催化剂等途径来实现上述目标（表4－5－20）。有的新工艺仅采用表中的某一措施，但多数是根据尾气组成和硫回收率要求，采用几种措施的组合。

表4－5－20　SCOT工艺技术的改进

改进途径	技术措施	工艺示例
流程设计	两段再生以改善贫液质量	超级SCOT
	原料气脱硫与尾气脱硫共用再生系统	联合再生SCOT
	尾气脱硫装置的富液作为半贫液供给原料气脱硫装置	串级吸收SCOT
操作条件	大幅度提高硫黄回收装置过程气中H_2S/SO_2比例	HCR
	降低尾气脱硫装置的贫液入塔温度以改善脱硫效率	超级SCOT
设备与仪表	不设置在线燃烧炉，通过换热途径再热尾气	RAR、HCR
	采用结构型填料塔取代板式塔以减小压降	
	加氢反应器前后均设置在线H_2分析仪以监控还原效率	
溶剂与催化剂	采用低温型加氢还原催化剂	低温SCOT
	采用配方型选吸脱硫溶剂以改善H_2S选吸效果	低硫SCOT

2. 氧化-吸收类尾气处理工艺

氧化类尾气处理工艺的第一步是将其中各种形态的硫转化为SO_2，然后通过不同途径处理SO_2的各种工艺。在克劳斯尾气处理领域内，此类工艺的应用较少。

氧化类工艺吸收所得的 SO_2 或是与酸气 H_2S 进行低温克劳斯反应，或是返回克劳斯装置，也可用于生产液体 SO_2 产品或用于生产硫酸。

1）氧化-低温克劳斯工艺

（1）AquaClaus 工艺。

美国 Stauffer 化学公司开发的 AquaClaus 工艺意为在水相中进行的克劳斯反应，可见反应在室温下进行没生成固体硫黄。在将尾气中各种形态的硫灼烧转化成 SO_2 后，以 AquaClaus 缓冲溶液（含 10% 的磷酸，2% 的 $NaCO_3$，pH 值为 3.5～4.5）吸收 SO_2，可将尾气中 SO_2 降至 $50mL/m^3$ 以下，此吸收液与 H_2S（酸气）反应生成硫浆而分离。

进入 20 世纪 90 年代，Darwell Engineering 公司接手 AquaClaus 工艺并加以改进，关键的改进在两个方面：一是改进了反应系统使之更为有效，二是改进了硫黄的分离从而避免了它在各处沉积而导致的堵塞。

AquaClaus 工艺虽然开发用于克劳斯尾气的处理，但它也可用于处理胺法酸气或者天然气。

（2）柠檬酸盐法。

该方法是美国矿务局开发用于处理冶金工业废气的一个传统方法，在移植到处理克劳斯尾气时由于无须除尘而使流程简化。此法以柠檬酸－柠檬酸盐缓冲溶液吸收 SO_2，尾气经净化后含 SO_2 $100mL/m^3$ 左右。溶液 pH 值以 3.5～4.5 为宜，过高则副反应严重，过低则不利于吸收 SO_2，溶液负荷为 10～20g（硫）/L。富液在一反应器内与 H_2S（酸气）直接反应生成硫黄而再生，硫沫经分离、熔融后可得到硫黄产品。

2）氧化-SO_2 返回克劳斯装置类

这类工艺在吸收 SO_2 后将其返回克劳斯装置燃烧炉入口，虽然简化了尾气处理装置，但克劳斯装置却需要随之调整，特别是要保持燃烧炉有足够高的温度。

（1）Clintox 工艺。

德国 Linde 公司开发的 Clintox 工艺是以一种物理溶剂吸收经灼烧并急冷除水后的尾气中的 SO_2，据称净化尾气 SO_2 可降至 $1mL/m^3$；然后溶剂再生，排除的气体中含 SO_2 约 80%，其余为 CO_2 等，可返回克劳斯装置。总硫收率高达 99.9% 以上。

所有物理溶剂对 SO_2 有良好的吸收能力，且随 SO_2 的分压上升而增加，因此当尾气 SO_2 浓度升高时，循环量并不需要增加。

Clintox 工艺流程如图 4－5－35 所示。

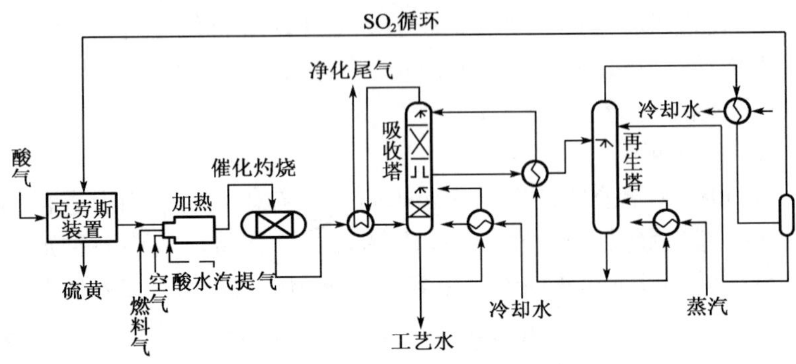

图 4-5-35　Clintox 工艺流程图

Linde 公司认为，当 Clintox 与克劳斯工艺形成联合装置时，在克劳斯段可不需考虑有机硫的转化问题，尾气中的有机硫可灼烧成 SO_2 返回克劳斯段；因此克劳斯催化段可使用较低温度以利于平衡转化；甚至可仅使用一级转化，而不必设二级转化；由于不必严格控制尾气 H_2S/SO_2 的比值，所以风气比的调节也比较宽松。

（2） Cansolv 工艺。

美国 BV 公司开发的 Cansolv 工艺在尾气灼烧时使所有形态的硫转化为 SO_2 后，以一种独特的双胺吸收剂优化平衡 SO_2 吸收与再生的性能，再生放出的 SO_2 返回克劳斯装置。

（3） Elsorb 工艺。

Elken 公司开发的 Elsorb 工艺是以磷酸钠缓冲溶液吸收灼烧尾气中的 SO_2，再生放出的 SO_2 返回克劳斯装置。

3. 克劳斯延伸工艺

1） 概述

在常规克劳斯工艺的基础上，为了进一步提高装置的硫收率或装置的产能或扩展应用范围，开发了多种克劳斯延伸工艺。包括克劳斯组合工艺以及克劳斯变体工艺。

从经济学角度来说，独立的尾气处理装置其产出远远不抵投入，这是人类为维护自身生存环境而要求企业付出的代价。所以，千方百计的降低这方面的投入成为追求的目标。将常规克劳斯与尾气处理合为一体可降低投资和操作费用，克劳斯组合工艺应运而生。

克劳斯变体工艺是指与常规克劳斯工艺（主要特征是以空气作为 H_2S 的氧化剂，催化转化段使用固定床绝热反应器等）有重要差别的工艺。

2）克劳斯组合工艺

最早出现的克劳斯组合工艺是CBA法，其后MCRC法问世，这两种工艺均是在低于常规克劳斯的反应温度下（低于硫露点）延续克劳斯反应以使总硫收率达到99%或更高一些。由于吸附在催化剂中的液硫需要定期赶出以使催化剂再生，固定床反应器需切换操作，所以它们均是非稳态运行的工艺。此工艺中精确维持过程气中H_2S/SO_2比值为2是它们达到99%总硫收率的关键。

CBA、MCRC以及SuperClaus工艺前面已经做了介绍，除去这三种工艺，其他克劳斯组合工艺还有ULTRA、ER Claus工艺、EURO Claus及PRO Claus工艺等。

第六节 硫黄成型与储存

一般来说，克劳斯（Claus）硫黄回收装置生产的液硫都含有少量的硫化氢，为了保证在加工和储存过程中的安全，在加工和储存前需首先经过液硫脱气过程以脱除溶于其中的硫化氢。经过脱气处理后的液硫除了可直接储存外，还可加工成型为固体硫黄进行储存。

一、液硫脱气

1. H_2S在液硫中的溶解度

H_2S溶解于液硫时不仅有物理溶解，也会生成多硫化氢（H_2S_x，x通常为2～8）。表4－6－1及图4－6－1中的数据说明，H_2S在液硫中的溶解度实际是随温度升高而略有降低；但由于多硫化氢的生成量随温度升高而增加甚快，故总的H_2S溶解量将随温度升高而增加。在典型的克劳斯装置生产条件下，由气液平衡数据计算的液硫中H_2S的含量为（250～450）$\times 10^{-6}$（质量分数）；但加拿大阿尔伯塔硫黄研究公司（ASRL）由现场调查所得数据表明，后者比上述数据高约200×10^{-6}（质量分数）。其原因在于现场条件下液硫在冷凝设备中没有足够的停留时间以达到在较低温度下的平衡溶解度。

表 4-6-1 H_2S 和 H_2S_x 在液硫中的溶解度（H_2S 分压为 0.1MPa）

温度，K	H_2S 总质量分数,%	其中 H_2S 的质量分数,%	以 H_2S_x 存在的质量分数,%
400	0.056	0.0450	0.011
410	0.062	0.0439	0.018
420	0.079	0.0428	0.036
425	0.096	0.0423	0.054
428	0.108	0.0421	0.066
430	0.114	0.0418	0.072
440	0.131	0.0409	0.090
450	0.141	0.0402	0.101
460	0.150	0.0394	0.111
470	0.157	0.0386	0.118
490	0.169	0.0372	0.132
510	0.175	0.0360	0.139
540	0.185	0.0345	0.151
580	0.187	0.0327	0.154

H_2S 和 H_2S_x 在液硫中的溶解度与其平衡分压也有关——溶解度随分压升高而增加，溶解度和分压的关系如图 4-6-2 所示。

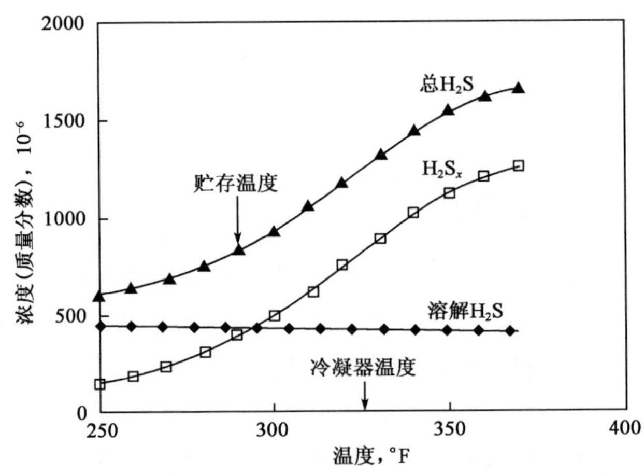

图 4-6-1　不同温度下液硫中 H_2S 的溶解度

克劳斯（Claus）装置的液硫是从各级冷凝器中分离出来的，由于各级冷凝器的温度和 H_2S 分压都不同，故生产的液硫中的 H_2S 含量也不同（表 4-6-

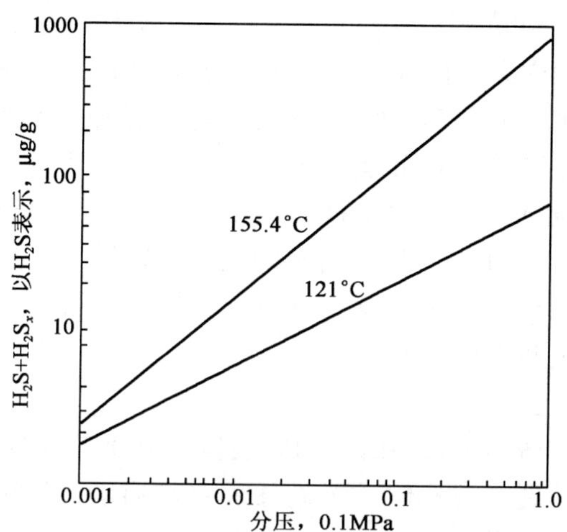

图 4-6-2　H_2S 和 H_2S_x 在液硫中的溶解度与分压的关系

2)。液硫进入储槽后随着温度降低会释放出一些 H_2S，但其在液硫中的含量一般仍高达 170×10^{-6}（质量分数）左右，最高可达 250×10^{-6}（质量分数）。但从安全与卫生的角度考虑则要求将其含量降到 10×10^{-6}（质量分数）以下。

表 4-6-2　各级冷凝器中得到的液硫中的 H_2S 典型含量

冷凝器级数	总硫产率 %	操作温度 ℃	H_2S分压，Atm	H_2S_x 溶解度（质量分数），$\times10^{-6}$	H_2S 溶解度（质量分数），$\times10^{-6}$	总 H_2S 溶解度（质量分数）$\times10^{-6}$
一级	54	173	0.0873	313	37	30
二级	28	177	0.0507	292	21	313
三级	13	166	0.0168	86	8	94
四级	5	149	0.0087	8	4	12
总量（平均）	100	172	0.0640	262	27	289

2. 液硫脱气的基本原理

综上所述可以看出，脱除物理溶解于液硫中的 H_2S 比较容易，而按下式所示从多硫化氢中脱除 H_2S 就比较困难。

$$H_2S_x \longrightarrow H_2S + S_{x-1}$$

为解决上述困难，脱气工艺通常按以下基本原理进行设计与操作：

(1) 利用碱性的催化剂来加速多硫化氢的分解，最常用的是氨及其衍生物；

（2）使液硫的温度降至149℃以下进行脱气操作，从而有利于多硫化氢的分解，在脱气过程中必须让液硫在脱气池内有足够的停留时间；

（3）通过喷洒和（或）搅动等机械措施将溶解的 H_2S 驱赶出来，且这些措施也能促进多硫化氢的分解而释放出 H_2S；

（4）向液硫中通入（H_2S 含量极低或不含硫的）气体进行汽提，适用的汽提气体包括克劳斯（Claus）装置自身的尾气、燃料气、氮和空气等。

根据上述工艺原理，目前工业上应用较多的液硫脱气工艺主要可分为两类，即循环喷洒工艺和汽提工艺。

1）循环喷洒工艺

循环喷洒工艺较适用于大型硫黄回收装置，其工艺原理流程如图4－6－3所示。储槽中液硫达到一定液位后液硫泵A自动启动，液硫从储罐通过喷嘴喷洒到脱气池中。由于降温和搅动作用，大量 H_2S 从液硫中释放出来，从而使其含量降到 100×10^{-6}（质量分数）左右。储槽中液硫降至低液位时液流泵A自动停止，而脱气池中液硫达到一定高度后液硫泵B自动启动，使液硫在池内循环喷洒；并在液流泵B入口处注入少量氨进一步改善脱气效果。脱气过程完成后关闭循环阀，打开产品阀让液硫进入脱气后液硫的储槽。只要控制好循环条件与氨注入量（约为1kg液硫100mg氨），通常可使液硫中的 H_2S 含量降至 5×10^{-6}（质量分数）以下。

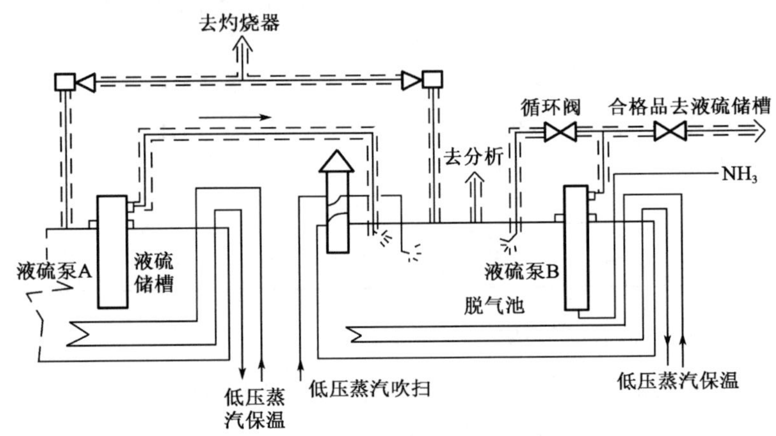

图4－6－3　循环喷洒工艺液硫脱气原理流程

2）喷射式汽提工艺

汽提工艺适用于小型硫黄回收装置，且有多种不同的工艺形式，图4－6－4为喷射式汽提工艺流程图。从图中可以看出，此类工艺设备简单，操作连续，并可利用克劳斯（Claus）装置冷凝器产生的低压蒸汽，投资和操作费用均低于循环喷洒法。通常脱气后液硫中的 H_2S 含量可降到 10×10^{-6}（质量分数）以下。

3. 工业化的液硫脱气工艺

以下介绍6种工业常用液硫脱气工艺，它们均可达到脱气后液硫中残余 H_2S 含量小于 10×10^{-6}（质量分数）的要求。

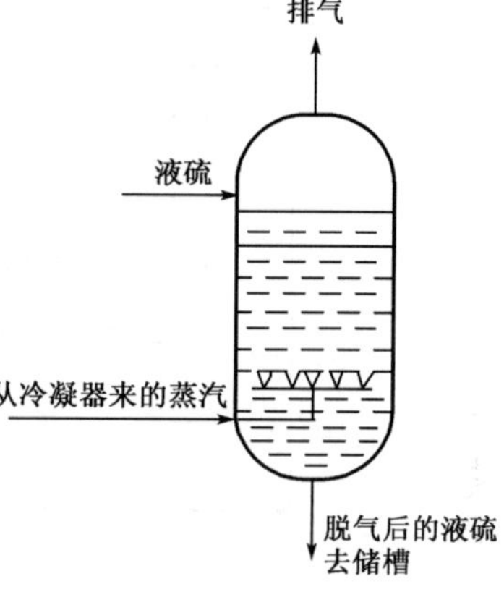

图4-6-4 喷射式汽提工艺液硫脱气原理流程图

1）Aquisulf 工艺

Aquisulf 工艺由 TotalFinaElf 公司开发，特点是先利用一种特殊的催化剂促进多硫化物的分解，然后再通过机械搅动释放出 H_2S。工业上常用的氨或有机胺催化剂在加工与储存设备中生成固体物质；Aquisulf 催化剂是溶解性的，不仅能比一般催化剂更有效地促进多硫化物分解，而且不会造成固体物质在液硫中的积聚问题。

该工艺流程如图4-6-5所示。催化剂是通过泵连续注入液硫之中，液硫则通过喷嘴呈雾状喷入脱气池。雾状液滴的大小对脱气效果极为重要，液滴越细小则气-液接触面积越大，越有利改善脱气效果。脱气池顶部含有 H_2S 的空气以蒸汽喷射器抽出，送到灼烧炉处理。

脱气池包括有两个脱气室，经第一级脱气处理后的液硫通过溢流堰进入第二级脱气室，后者应有足够的储存容量以保证达到规定的脱气要求及克劳斯（Claus）装置的平稳操作。

2）ExxonMobil 工艺

如图4-6-6所示，该工艺的主要特点是利用空气喷射器由液硫池底部喷出空气以搅动液硫，同时从喷嘴喷出的极小的空气泡均匀地分散于液硫之中，大大加强了释放 H_2S 的传质过程，且空气对多硫化物的氧化作用也能进一步有利于 H_2S 含量的降低。工艺流程和设备与 Aquisulf 工艺类似。

在该方法中是否使用催化剂则视液硫在脱气池中的停留情况而定。ExxonMobil 脱气法一般推荐液硫在脱气池中的停留时间应达到24h以上，此时通常可以不使用催化剂，但如果要求的停留时间较短则可以使用催化剂来改善脱气效果。

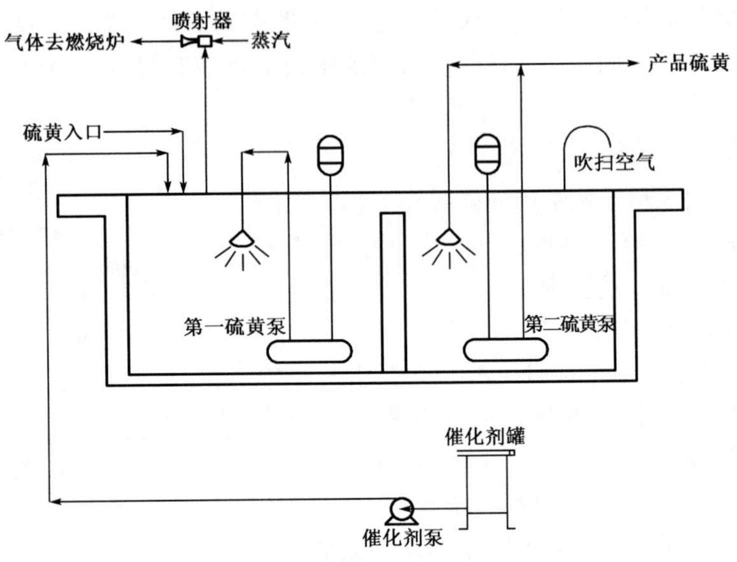

图4-6-5 Aquisulf 工艺流程示意图

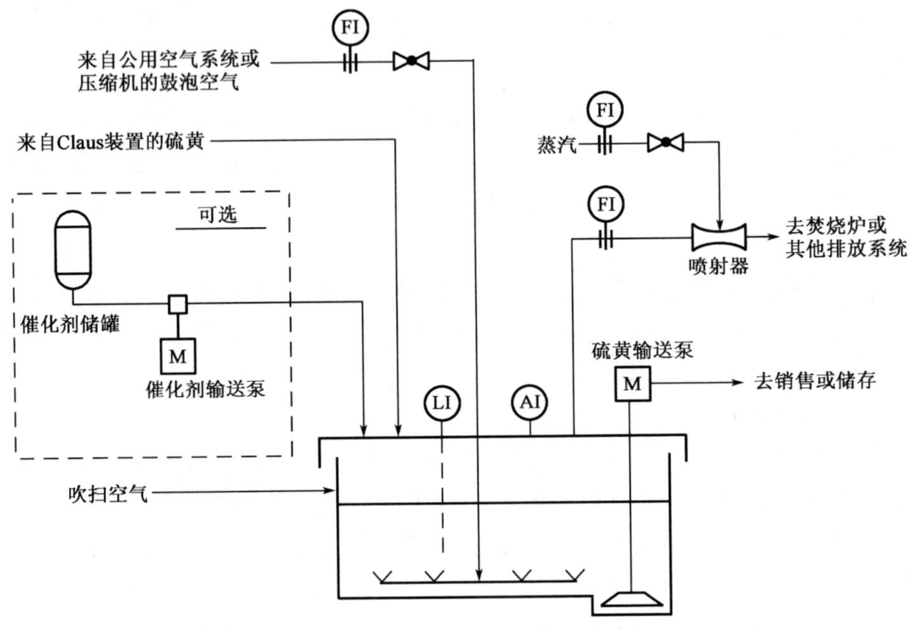

图4-6-6 ExxonMobil 工艺流程示意图

3）Shell 工艺

Shell 工艺是最早使用的不添加催化剂，仅通过汽提作用以脱除液硫中

H_2S 的工艺，如图 4－6－7 所示。该脱气方法的特点是在液硫池的第一级脱气室中设置了特殊设计的 1～2 个空气汽提柱。当热空气流经汽提柱时，后者中的挡板能将空气分散成极细小的气泡，从而增加液硫与空气的接触面积而加强传质效果。

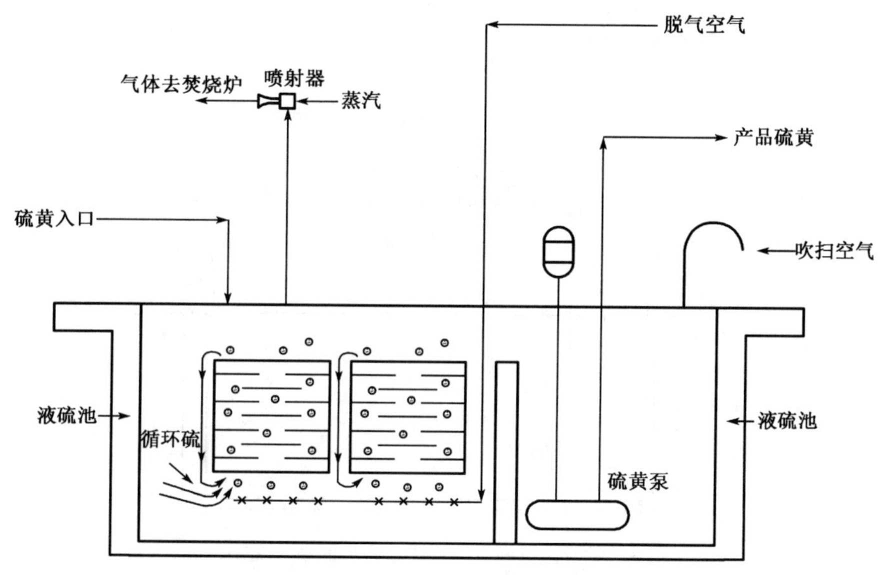

图 4－6－7　Shell 工艺流程示意图

在第一级脱气室中处理好的液硫经溢流堰进入第二级脱气室，后者应有足够的储存容量以保证达到规定的脱气要求及克劳斯（Claus）装置的平稳操作。脱气池产生的废气用蒸汽喷射器抽出，送到尾气灼烧炉处理；有时也可以送到克劳斯（Claus）装置的燃烧炉或还原-吸收型尾气处理装置的亚当量燃烧炉。

4）Amoco（BP）工艺

Amoco（BP）工艺的特点是液硫在单独设置的固定床脱气塔中，在催化剂作用下进行脱气，如图 4－6－8 所示。液硫经冷却后，与压缩空气一起从塔底并流进入脱气塔中，在常规克劳斯活性氧化铝催化剂作用下脱除其中的 H_2S。通常不要求进行液硫循环和（或）在液硫池中进一步延长停留时间，仅一次通过固定床脱气塔即可使液硫中的 H_2S 含量降至 10×10^{-6}（质量分数）以下。现有的工业装置均在将脱气塔单独设置在脱气池外。

工业装置的操作数据表明，在催化剂床层中空气直接 H_2S 为元素硫和水

的反应在脱气中起重要作用。

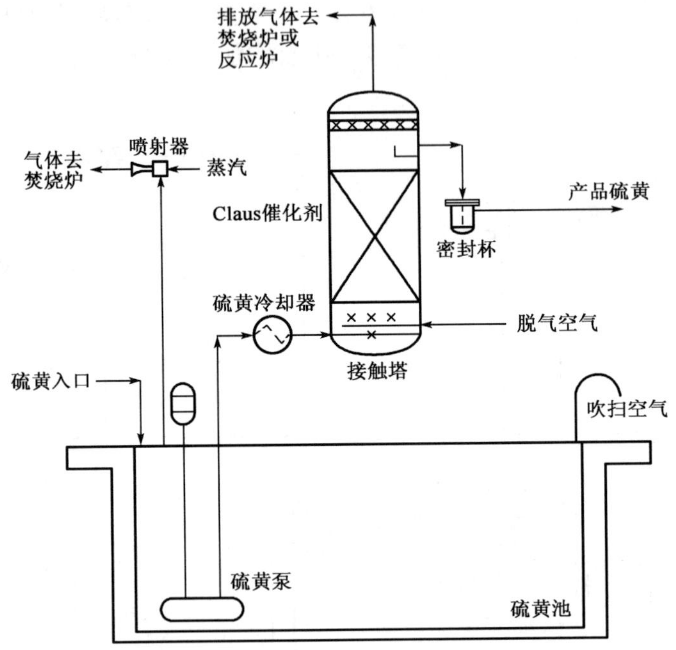

图 4-6-8　Amoco（BP）工艺流程示意图

5）D'GAASS 工艺

D'GAASS 工艺是由美国 Goar Allison & Association, Inc. 公司于 20 世纪 90 年代中期新开发的一种脱气工艺。它与上述各种方法的主要区别在于：D' GAASS脱气法在本质上是利用空气进行氧化 H_2S 和多硫化氢的过程，而不是在催化剂作用下汽提 H_2S 的过程。

如图 4-6-9 所示，用泵将液硫从液硫池送至脱气塔顶部，与塔底进入的热空气逆流接触而脱除其中的 H_2S。脱气塔是在压力下操作的，其范围为 0.34～0.68MPa。如果池内的液硫温度过高则不利于脱气过程的进行，此时也可以设置液硫冷却器（流程图中未示出）。在不使用催化剂的情况下，以 D' GAASS 脱气法处理后的液硫中，残余 H_2S 的含量通常可以降到 10×10^{-6}（质量分数）以下。

6）HySpec 工艺

HySpec 工艺是由加拿大 Procor SulPHur Services Inc. 公司开发的，20 世纪 90 年代中期开始在工业上推广。它的主要特点是使用了专利的带有搅拌器的充气式脱气（反应）罐。每个脱气罐上均单独设置充气导管，以便分别监测

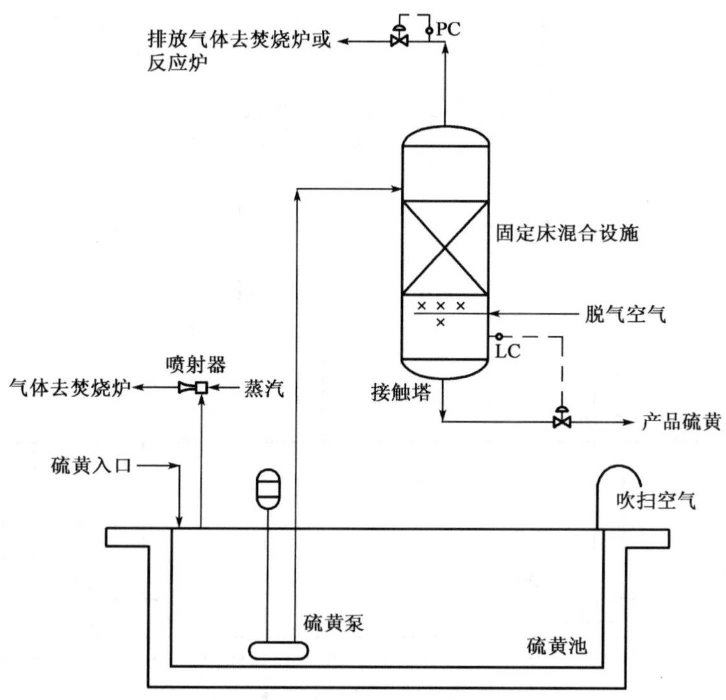

图 4－6－9　D'GAASS 工艺流程示意图

和（或）控制空气流量。充气导管的前端部分开有很多小孔且掩埋在液硫之中，因而在充气过程中产生的大量空气气泡与液硫形成巨大的气液接触界面，从而加速了 H_2S 的脱除速度。若以（动力学上的）一级反应方程来估算，H_2S 脱除反应的半衰周期为 30～60s。在脱除 H_2S 的同时，也能有效地脱除液硫中的 COS、CS_2、SO_2 等其他杂质组分。

但在上述工况条件下，对多硫化物的脱除速度仍不够理想，脱除反应的半衰期约为 45min。为加快反应速度可使用高活性的挥发性胺作为催化剂，以每个罐内的液硫量为基准，催化剂的用量为（2～3）$\times 10^{-6}$（质量分数）。如果在脱气过程中使用了催化剂，则需要在最后设置一个精制（反应）罐去除残留的催化剂，以避免影响产品硫黄的质量，也可以利用最后一个脱气罐作为精制罐。

如图 4－6－10 所示，该方法的工艺流程主要是由一系列（一般为 4 个）带有连续搅拌的密闭空气鼓泡式脱气罐组成，后者可设计为撬装式，这样就不再需要设置专门的脱气池。

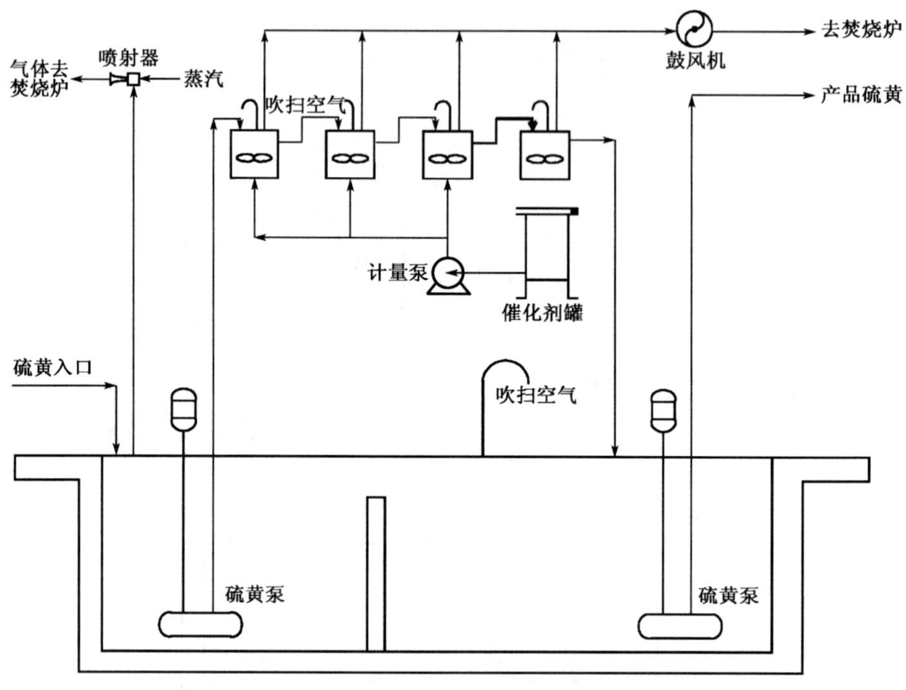

图4-6-10　HySpec 工艺流程示意图

二、常见硫黄成型工艺

液硫可加工成型为块状、片状或颗粒状固体。对于块状硫，一般小型装置可用预制的板框成型；大、中型装置则用大池冷却，然后机械破碎后外运。这种成型方法很简单，不涉及复杂的工艺，但劳动强度大，机械破碎时还有粉尘污染问题。片状或颗粒状硫都有专门的成型工艺，分别介绍如下。

1. 钢带造粒工艺

Sandvik 公司在其带式成型工艺的基础上开发出 Sandvik Rotoform 工艺生产半球形硫黄产品，我国南京炼油厂、胜利炼油厂及安庆炼油厂等均引进有此类设备；国内南京三普（Sunup）公司也开发了类似的生产工艺。中国石油在四川也有多套装置应用。此类工艺的主要特点是液硫通过一个造粒机在钢带上形成一个个半球状颗粒冷却成型，由于冷却时液硫的收缩故在颗粒顶部常产生一些小洞。为使半球状硫黄易于剥离，钢带上敷有脱膜剂。图4-6-11是 Sandvik Rotoform 工艺示意图。

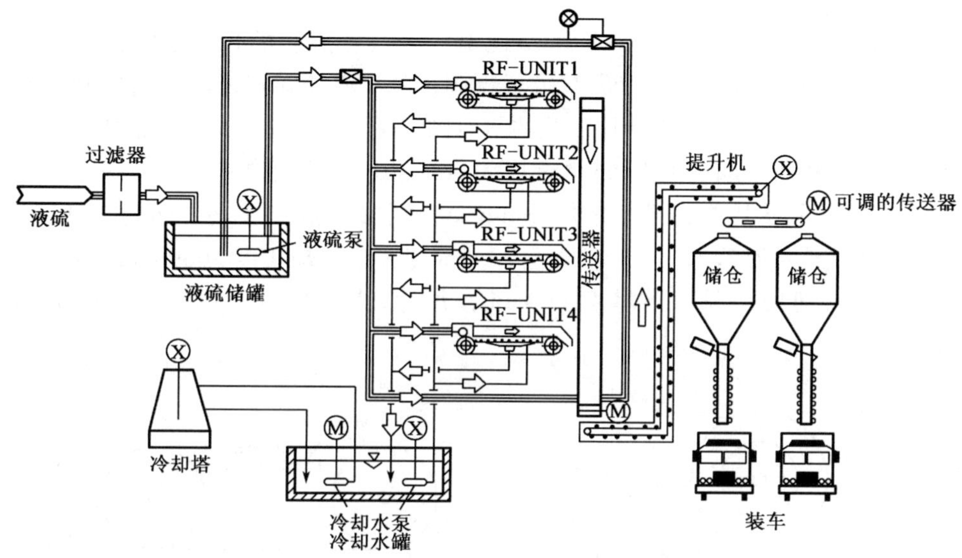

图 4－6－11　Sandvik Rotoform 工艺示意图

产品粒度为 2～6mm，含水小于 0.5%，脆度小于 1.0%，堆密度宽松时为 1080kg/m^3，紧密时 1290kg/m^3，休止角小于 30°。

装置单机生产能力 6t/h，在硫黄产量大时需多套联机运行，投资较高且占地较多。

此类工艺需严格控制运行条件（如硫黄温度、水温及脱膜剂的应用），如条件不当则硫黄轮廓将变平甚至成条状，产品不规整且易碎。此外，产品颗粒的球面与底面相交处的边缘也易折断而产生粉尘；半球形颗粒的流动性也不如球形颗粒。

2. 转鼓结片工艺

四川石油设计院于 20 世纪 60 年代开发了转鼓结片工艺，在国内天然气净化厂及炼油厂的中小型硫黄回收装置中得到相当广泛的应用。图 4－6－12 是转鼓结片工艺示意图。

如图中所示，液硫经液硫泵输送到分布管均匀分布旋转的转鼓上面，在转鼓内壁以水将其冷却至 65℃左右凝固以刮刀将其剥离，硫黄片厚约 4mm，装置的处理能力为 4t/h。

3. 带式结片工艺

带式结片工艺国外称为 Slating，此类工艺是在旋转的长带上铺撒一层液硫，带下以间接冷却水，至 65 ℃硫黄凝固，在其离开旋转带液硫时以刮刀破碎之，图 4－6－13 是带式结片工艺的示意图。瑞典 Sandvik 公司的带式结片工艺使用不锈钢带，加拿大 Vmnard & Ellithorpe 公司则使用橡胶带。

我国卧龙河引进装置即采用 Sandvik 公司带式成型工艺，带宽为 1.5m（有效冷却宽度为 1.35m）、带长为 70.5m（有效冷却长度为 69m）；通过调节结片机转速使产品硫黄厚度为 4mm，每片 20～30mm；单套生产能力为 20t/h。

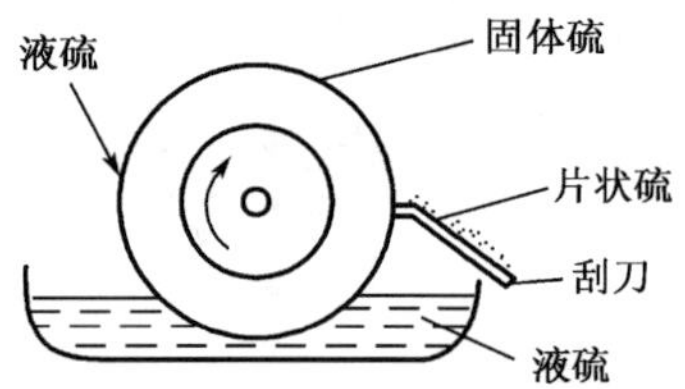

图 4－6－12　转鼓结片工艺示意图

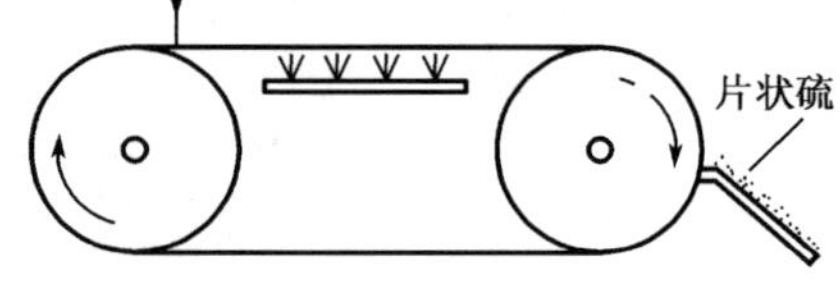

图 4－6－13　带式结片工艺示意图

此类工艺对产量的适应性较大，在已建装置中至今仍是主要的成型工艺之一；但所得产品硫黄在输送及储存过程中产生硫黄粉尘多，难以满足严格的安全及环保要求。

4. 水冷造粒工艺

液硫以特殊设计的喷嘴喷入水塔或滴入水槽，硫黄在水中固化，分离筛分后得粒状硫黄，图 4－6－14 是水冷造粒工艺示意图。

水中加有表面活性剂（如溶于甲苯的硅油）可使粒状硫具疏水性并形成坚硬而光滑的表面。

国外有多种水冷造粒工艺，目前常用的是 Devco Wet 工艺，其造粒塔温度控制在 65℃，所用工艺水质量要求高，如 Cl^- 应低于 2.5g/t。产品粒度为 1～6mm（平均为 4mm），含水小于 2.0%，堆密度为 1100kg/m^3，脆度约为 3.0%，休止角小于 32°。

水冷造粒工艺生产能力大，最高可达 2000t/h，且投资较低。主要问题是产品含水量高，达不到有关标准，如预干燥则技资和运行费用均将上升。此工艺在对产品硫黄含水量要求不高的场合可以选用。

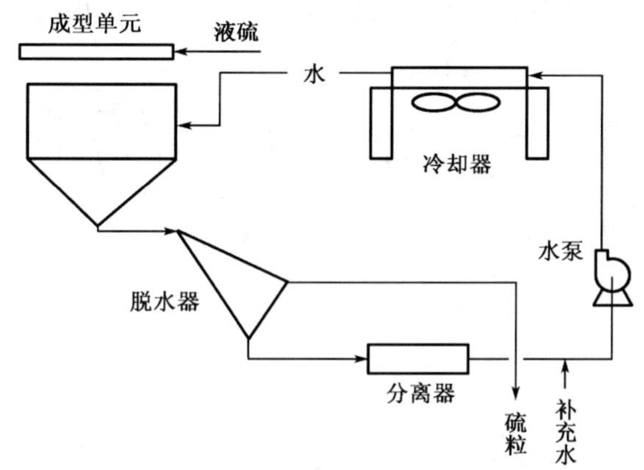

图 4－6－14 水冷造粒工艺示意图

5. 空冷造粒工艺

液硫从文丘里型的喉管喷人造粒塔，分散的雾状液硫在品种（微粒硫）上形成粒状硫，43～49℃的空气从塔底进入使液硫冷却，筛余的粉状硫返回液硫槽、图 4－6－15 是空冷造粒工艺示意图。

空冷造粒的典型工艺为波兰开发的 Polish Air priller 法，取决于生产能力，造粒塔塔径在 3～24m，塔高为 30～90m；产品粒度为 1～6mm，含水小于 0.5%，堆密度为 1100kg/m^3，脆度小于 1.0%，休止角小于 25°。

空冷造粒工艺产品水含量符合要求但能耗较高。此类工艺在 20 世纪 70～80 年代建厂较多，90 年代以来未见新的应用报道。

6. 滚筒造粒工艺

滚筒造粒工艺也称回转造粒工艺或造粗粒工艺，其特点为喷入种粒（硫黄微粒）至造粒器内不断运动逐层粘上熔融的液硫并冷却凝固直至达到所要求的尺寸。图 4－6－16 是滚筒造粒工艺的示意图。

加拿大 Enersul 公司（原Procor公司）开发了 Enersul GX（原称 Procor GD）工艺，此外，还有 PEC Pezbnatic 等工艺。

滚筒造粒工艺由于液硫在种粒上一层一层的涂抹与融合而消除了收缩的影响，从而可产出坚硬且无空洞及构造缺陷的硫黄产品。液硫的热量依靠喷入水滴的蒸发而除去，废气以空气吹出。此法对工艺水的质量要求高，如 Cl^- 应低于 2.5g/t 。

滚筒造粒产品的堆密度较高，宽松时为 1220kg/m^3，紧密时为 320kg/m^3，

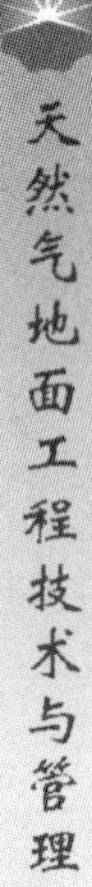

直径为1～6mm，含水小于0.5%，脆度小于1.0%，休止角为27°。

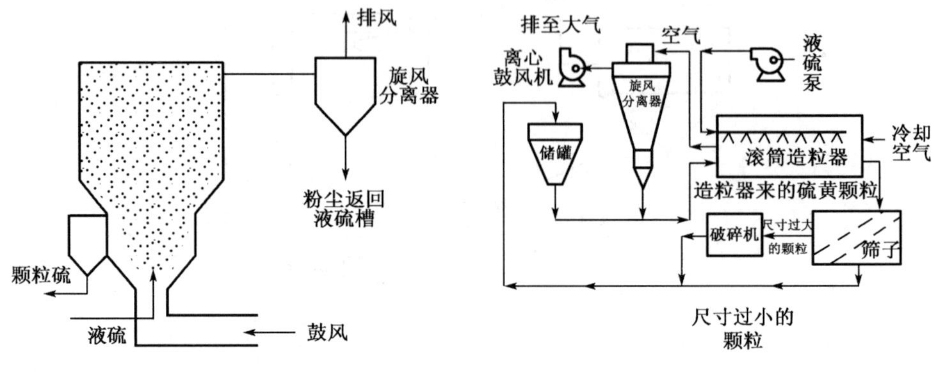

图4－6－15　空冷造粒工艺示意图　　　图4－6－16　滚筒造粒工艺的示意图

滚筒造粒工艺每列生产线的最高能力可达1000t/d，占地少，故适于产量大的情况采用。

三、硫黄储存

1. 概述

硫黄储存根据其存储形态可分为固体硫黄储存和液体硫黄储存。硫黄产量小的天然气净化厂可采用固体袋装仓库存放，而硫黄产量大的天然气净化厂则须采用液体硫黄储存和固体袋装仓库存放相结合的方式。

硫黄存储设施的容量，应根据硫黄产量和运输条件综合考虑，对以汽车运输为主的天然气净化厂，硫黄存储设施的总容量宜大于20d硫黄产量。

根据中华人民共和国公安部《仓库防火安全管理规则》的规定，硫黄划分为乙类火灾危险品，其存储的安全性十分重要。对固体和液体硫黄储存的具体要求分别介绍如下。

2. 固体硫黄的储存

固体硫黄产品属易燃固体，应储存于阴凉、通风的库房内，储运时应远离火种、热源，以免发生燃烧，并且不能与氧化剂和磷等物品混储混运，以防止发生爆炸。运输过程中，应防止散包，以免硫黄粉末与空气形成爆炸性混合物。

固体硫黄仓库宜为单层建筑。如采用多层建筑，一旦发生火灾，固体硫黄熔化、流淌会增加火灾扑救的难度。同时，单层建筑的固体硫黄库也符合液体硫黄成型的工艺需要且便于固体硫黄装车外运。目前，国内各天然气净化厂的固体硫黄仓库均为单层建筑。

每座仓库的总面积不应超过2000m^2，且仓库内应设防火墙隔开，防火墙间的面积不应超过500m^2。

仓库可与硫黄成型厂房毗邻布置，但应设置防火隔墙。

汽车运输硫黄的装卸车场及硫黄仓库等，应布置在站场的边缘，独立成区，并宜设单独的出入口。采用这样布置的原因如下：

（1）车辆来往频繁，行车过程中又可能因摩擦而产生静电或因排烟管可能喷出火花，穿行生产区是不安全的。

（2）装卸车场及硫黄仓库是外来人员和车辆来往较多的区域，为有利于安全管理，限制外来人员活动的范围，独立成区，设单独的出入口是必要的。

注意事项：仓库内不能与卤素、磷、金属粉末、氧化剂等物混储，如相互接触会引起剧烈反应。定期检查：查仓温、查混储、查潮湿。搬运时轻装轻卸，免得损坏包装而散包。储存仓库内的电器照明、风机要防爆，开关应设在仓库外。必须配备砂土和消防灭火器材。

硫黄仓库的防火间距要求详见（GB 50183—2004）《石油天然气工程设计防火规范》。

3. 液体硫黄的储存

储存液硫时，必须避免它凝固（液硫的凝固点在119℃），同时也应避免温度过高而导致的粘度上升，因而储存系统的所有管道和设备都应保持在130～140℃范围内，一般可采用0.3～0.4MPa的蒸汽保温，也可采用电伴热保温，但后者的成本较高。

液体硫黄储罐四周应设闭合的不燃烧材料防护墙，墙高应为1m。墙内容积不应小于一个最大液体硫黄储罐的容量；墙内侧至罐的净距不宜小于2m。防护墙的作用与可燃液体储罐周围的防火堤相近。设置的目的是当液硫储罐发火灾或其他原因造成储罐破裂时，防止液体硫黄漫流，以便于火灾扑救和防止烫伤。

液体硫黄储罐应设置固定式蒸汽灭火系统；灭火蒸汽应从饱和蒸汽主管顶部引出，蒸汽压力宜为0.4～1.0MPa，灭火蒸汽用量按储罐容量和灭火蒸汽供给强度计算确定，供给强度为0.0015kg/（m^3·s），灭火蒸汽控制阀应设在围堰外。

液体硫黄储罐与硫黄成型厂房之间应设有消防通道。

第七节　总平面布置

一、厂址选择

（1）应符合气田地面建设总体规划，宜靠近气源。

（2）应根据原料气集气干线和净化天然气输送管道的走向合理确定。

（3）应选择大气扩散条件良好的地段，在山区和丘陵地区，应避开窝风地段。

（4）应具有方便、畅通和经济的交通运输条件。

（5）应具有充足、可靠、符合生产和生活要求、满足企业发展需要的水源和电源。

（6）应位于城镇和居住区全年最小频率风向的上风侧，宜具有良好的社会依托条件。

（7）应少占良田，尽量利用荒地、劣地。

（8）不应位于下列地段或地区：

①地震断裂带或地震基本烈度高于 9 度的地震区。

②工程地质严重不良的地段。

③具有开采价值的矿藏区或采矿陷落（错动）区界限内。

④国家规定的风景区、森林、自然保护区及历史文物古迹保护区。

⑤飞行器起飞降落、电台通信、电视转播、雷达导航和天文、气象、地震观测及重要军事设施等规定的影响范围内。

⑥水库堤坝决溃后可能淹没的地区。

⑦爆破危险范围内。

⑧严重放射性物质污染地区。

⑨供水水源卫生防护地带。

⑩全年静风频率超过 60% 的地区。

（9）应避开受洪水威胁地区，防洪标准应根据天然气净化厂的规模确定。一级、二级、三级、四级厂采用防洪设计重现期不低于 50 年，五级厂采用防洪设计重现期不低于 25 年。

（10）区域布置防火间距应符合《石油天然气工程设计防火规范》GB 50183 的规定。

二、总平面布置的设计理念

1. 符合工艺流程、顺畅连续短捷

总平面布置应符合工艺流程要求，保证生产流程的合理性和连续性，使各个生产环节具有良好的联系，避免生产流程出现往复倒流现象。

2. 满足运输要求、运费能耗最小

在总平面布置时，在满足各种防护间距和卫生要求的条件下，尽可能将生产关系密切、运量大的车间相邻布置，节约运输费用和运输设备的能耗。

3. 布置紧凑合理、节约建设用地

合理紧凑布置建、构筑物，交通运输线路。在满足生产使用的要求下，尽可能减少堆场、仓库、管线的占地面积，节约用地。在通常情况下，应采用以下措施：

（1）合理缩小建筑、构筑物间距，因地制宜地采用合理的建筑外形；

（2）集中布置厂房或实行车间合并，提高建筑层数或建筑系数；

（3）合理布置铁路线路，减少扇形面积；

（4）共沟、共架布置管线；

（5）开展综合利用，减少灰渣占地；

（6）合理预留发展，分期征用土地。

4. 利用自然条件、因地制宜布置

1）利用地形

（1）场地平坦时，采用平坡式布置，使建构筑物布置紧凑，节约用地，缩短运输线路及工程管线，节省投资；

（2）场地坡度较大时，可以采用阶梯式布置，把联系密切的建构筑物布置在同一台阶上；

（3）建构筑物的长轴沿等高线布置，尽可能减少土石方工程量；

（4）充分利用地形高差、灵活多样布置建构筑物，简化生产、运输及装卸过程，节约投资。

2）符合工程地质条件

（1）承重较大的厂房或设备布置在土质均匀，地耐力较大的地段上；

(2) 有较深地下工程的建构筑物应布置在地下水位较深的地段；

(3) 布置建构筑物应避开不良地质地段和不良地区以及地耐力相差悬殊的地段。

3) 符合水文地质条件

(1) 场地设计标高应高出计算洪水位0.5m以上；

(2) 位于山脚、低洼地及内涝地区的企业，应采取截洪、防洪及排洪措施；

(3) 厂区靠近水库时，应注意水位升高的影响；

(4) 可能渗漏腐蚀性介质的建构筑物，应考虑地下水的流向，以免污染地下水，侵蚀其他建构筑物的地下部分。

5. 注意方位朝向、满足通风采光

1) 厂区方位

厂区方位的确定，与建筑朝向、场地和地形的利用等有关。

(1) 在坡地、台地布置厂区，应使厂区的纵轴尽量平行于场地地形等高线；

(2) 以汽车运输为主的工厂，场地两基轴中的一轴最好与地形等高线构成一个夹角，有利于组织场地排水；

(3) 厂区占地面积较大，地形变化复杂时，一个厂区可以采用两个以上的施工坐标系统。

2) 建筑物朝向

根据当地气候条件、地理环境、建筑用地、各车间的生产性质、操作和使用来确定。我国处于北温带，建筑物按照自然通风、采光和日照的要求应争取南向或者南东向布置。在炎热地区，应避免西晒，在寒冷地区应避开寒风袭击的朝向。

3) 自然采光

为了保证自然采光良好，建筑物之间的距离一般不小于两个建筑物中最高建筑物的高度（檐高）。

4) 自然通风

建筑物的方位与当地主导风向的关系是保证建筑物具有良好通风条件的关键，高温生产车间和产生有害气体，粉尘的车间，应布置在通风条件良好的地段，需要布置在夏季主导风向的下风向。

炎热地区，车间长轴与夏季主导风向的夹角采用45°~90°，容易产生穿堂风。

寒冷地区，车间长轴与冬季主导风向的夹角采用0°～45°，避免寒风袭击。

6. 满足卫生要求、有利环境保护

总平面布置不仅要满足通风、朝向、日照、采光等卫生要求，还必须考虑厂区雨水排除、三废处理、绿化布置的要求，保证企业及其周围环境免受污染。

（1）卫生要求相似的车间靠近布置；

（2）洁净的车间布置在最小频率风向的下风向，并靠近厂前区布置；

（3）产生烟尘和有害气体的车间布置在洁净的车间或居住区最小频率风向的上风向，并且最好位于厂区边沿；

（4）散发有害气体的密度大于空气的厂房或者装置区，宜将其布置在较低处，避免有害气体向四周扩散。当其密度小于空气时，宜将其布置在较高处；

（5）工厂生产的废水、废渣、废气，应尽可能综合利用。

7. 符合防护间距、确保生产安全

1）防火要求

（1）满足有关规范要求；

（2）火灾危险性较大的生产设施应布置在厂区边沿或其他设施的下风向；

（3）使用大量易燃液体的车间不宜布置在人多及火源的上风向；

（4）大型易燃液体储罐区的布置应考虑该液体流散时不威胁到企业的主要部分或人员较多的场所；

（5）消防站及消防车道应全面规划，合理布置。火灾危险性较大的区域，消防车道的布置要考虑消防车能从两个方向迅速到达其地点。

2）防爆要求

爆炸性较大的生产设施布置于人员稀少的厂区边沿地带，并尽可能露天布置，降低其危险性和破坏性。易燃易爆生产设施应位于散发火花场所的最小频率风向的下风侧。

3）防噪声要求

（1）尽可能将噪声较大的建筑集中布置于凹地内，减少噪声的扩散；

（2）要求安静的建筑远离噪声源，并应位于噪声源的最小频率风向的下风侧；

（3）将需要安静的建筑远离厂区主干道；

（4）合理布置绿化，降低环境噪声。

8. 适应生产弹性、合理预留发展

总平面布置要适应企业发展的要求，并要妥善处理好近期和远期建设的关系问题。

总平面布置应本着近期集中，远期预留，节约用地、加快建设、减少投资、方便运营的原则进行预留发展用地设计。

9. 适应山区地形、灵活多样布置

厂区截洪排洪要求如下：

（1）厂外排洪沟尽可能不要穿过厂区，以免影响厂区主要建构筑物的布置和运输联系；

（2）厂区边沿的山坡上应设置排洪沟，以免山坡洪水直接冲刷厂区；

（3）排洪沟与工厂围墙边界应保持一定的距离；

（4）厂区排水，应采用明沟加暗管的排水方式；

（5）排洪沟的位置应尽量选择在地形平缓、地质稳定、挖方地段，并尽量避免占用农田；

（6）主沟、支沟相接时，应尽量顺水相接，转弯处沟中心半径一般不小于沟底宽度的10倍，且不小于5～10m；

10. 湿陷性黄土地区总平面布置要求

（1）湿陷性黄土地区的总平面布置，除应符合一般地区要求外，还应注意以下几点：

①具有排水畅通的地形条件；

②避开滑坡、崩塌、泥石流、冲沟、黄土、岩溶等不良地质现象发育的地段；

③避开地下洼穴集中的地段；

④主要建构筑物避免布置在湿陷性等级较高的新近堆积的黄土地基上；

⑤同一建筑的地基土的压缩性和湿陷性应差别不大；

⑥避开人工湖（或水库），避免地下水位上升影响地基。

（2）埋地管道、排水沟、雨水明沟和水池类构筑物与建筑物之间的防护距离应符合表4－7－1的要求。

表 4-7-1　埋地管道、排水沟、雨水明沟和水池类构筑物与建筑物之间的防护距离　m

各类建筑	地基湿陷性等级			
	Ⅰ	Ⅱ	Ⅲ	Ⅳ
甲	—	—	8~9	11~12
乙	5	6~7	8~9	10~12
丙	4	5	6~7	8~9
丁	—	5	6	7

注：1. 当湿陷性黄土厚度大于等于 12m 时，宜采用湿陷性黄土厚度值；
2. 砖石结构等简易水池与建筑物的防护距离按照其他有关规定执行；
3. 本表也适用于水池类构筑物之间的防护距离；
4. 非自重湿陷性黄土地区，建筑物与新建水沟（渠）之间的防护距离不小于 2.5m；
5. 湿陷性黄土地区建筑物分类应符合现行国家标准《湿陷性黄土地区建筑设计规范》的要求。

11. 执行安全距离

总平面布置应满足国家、行业以及地方现行规范和标准，如安全距离控制应执行 GB 50183《石油天然气工程设计防火规范》等规范要求；主要指标控制及具体要求应满足 SY/T 0048《石油天然气工程总图设计规范》等规范要求。

三、应用实例

图 4-7-1 是某天然气净化厂总平面布置图。

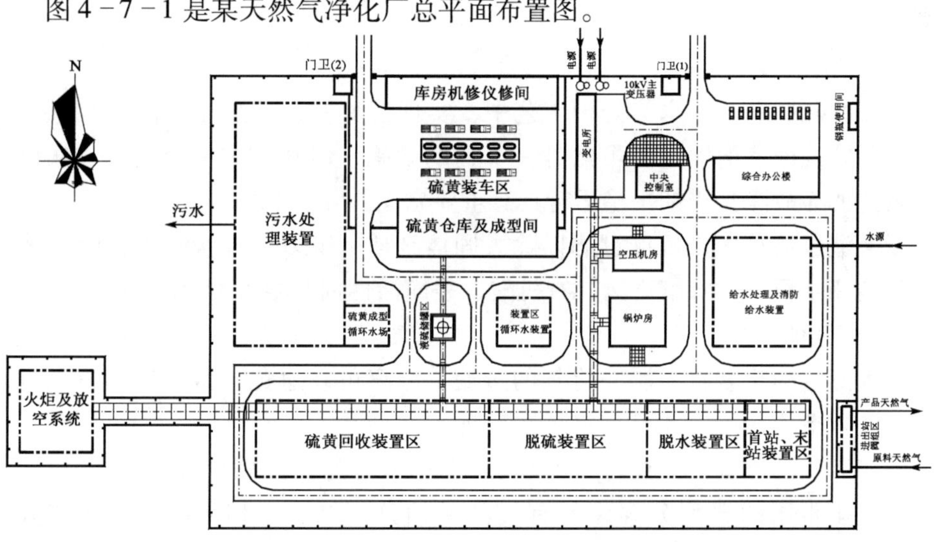

图 4-7-1　某天然气净化厂总平面布置图

第八节　主要设备

一、过滤、分离设备

1. 过滤、分离设备的设置及意义

在天然气处理厂中，过滤、分离设备应用广泛，对装置的平稳运行起了举足轻重的作用。

1）原料气的过滤、分离

进入天然气处理厂的原料气中可能夹带固体或液滴，如砂子、管线腐蚀产物、烃类、气田水，这些杂质具有很大的危害性，不仅腐蚀设备、管线，影响仪表、设备阀门正常运转，使压缩机叶片、主轴磨损，计量精度下降，而且也是造成脱硫塔溶液污染、发泡、液泛的重要原因之一。因此，进入天然气处理厂的原料气必须进行气液（固）分离处理，除去所夹带的杂质后再进一步处理。常用的典型分离设备有气液两相分离器、旋流分离器、过滤分离器、聚结分离器等。

2）溶液过滤

在脱硫脱碳、脱水等处理工艺中，实现溶液的良好过滤可减轻装置的腐蚀和预防发泡。溶液过滤虽然是一个辅助设施，但对于维持溶液清洁从而实现装置的无故障长周期平稳运行具有重要意义。

溶液过滤首先是机械过滤以除去固体杂质，继以活性炭吸附以除去溶液中的均相杂质，如降解产物、有机酸、表面活性剂及溶解的烃类等。

3）其他

天然气净化装置中湿净化气的过滤、分离可以避免上游装置的溶剂进入下游装置造成污染，并可有效回收溶剂。

产品气的过滤、分离可以更好地保证其烃、水露点满足规范要求。

这里常用的典型分离设备有气液两相分离器、三相分离器、聚结分离器等。

2. 机械过滤分离器

1）气体过滤分离器

过滤分离器依靠其核心部件滤芯来达到过滤的效果，待分离的气体通过滤芯，使凝液附着在滤芯上，然后聚集并分离出来，过滤分离器的分离效果取决于滤芯的质量。

如图4－8－1所示，过滤分离器由两段组成，第一段主要是过滤段。滤管安装在有支座的管板上，管板的每个支座都有一根Z形或角钢拱形支撑架，滤管及其封头通过支撑杆，用螺栓牢固地固定在管板上，再用固定架将滤管的自由端固定起来，通过拆装固定架和螺栓，可以拆装、清洗、更换滤管。第二段为分离段。过滤段与分离段之间用管板隔开，过滤分离设备下部是一个集液包，此罐与过滤、分离段相对应地分成两段，过滤段和分离段分离出的液体分别通过各自的降液管进入集液包中。过滤分离设备的过滤端设有快开盲板，便于滤管的安装、清洗和更换。

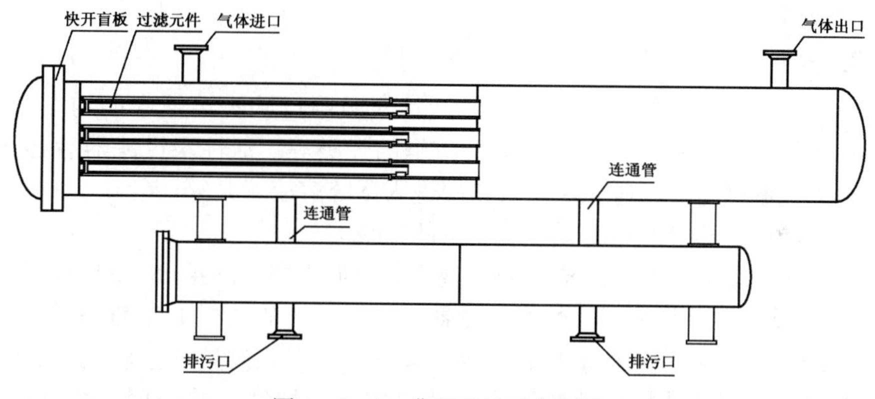

图4－8－1　典型的过滤分离器

2）溶液过滤器

溶液过滤器的过滤原理与气体过滤分离器相似，图4－8－2为卧式滤芯式溶液过滤器。溶液在容器内由外向内流过滤芯，在通过滤芯时大于设定精度的固体颗粒、硫化亚铁颗粒、粉尘和一些烃类等物质被滤芯拦截、吸附而停留在滤芯表面或滤芯内部。沉积到容器内部或滤芯上的固体颗粒和杂质，通过更换滤芯或定期清洗后去除。一般为方便检修，在滤芯拆卸端设置快开盲板。

溶液过滤器的过滤精度不宜太高，否则滤芯容易堵塞。溶液预过滤器的过滤精度一般为25～50μm，溶液后过滤器的过滤精度一般为10～25μm。采购溶液过滤器时还应配过滤精度较低的开工滤芯。

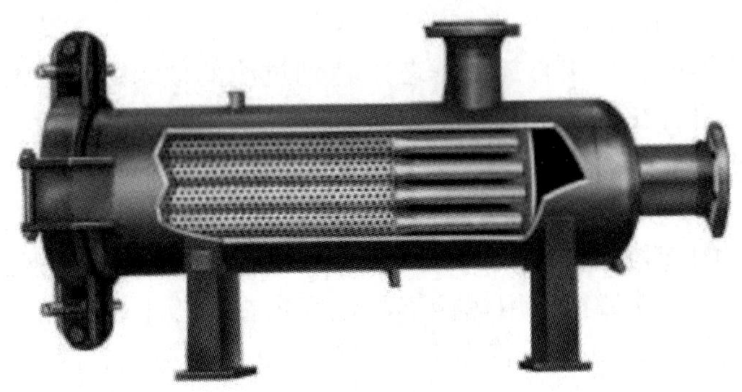

图4－8－2　卧式滤芯式溶液过滤器示意图

袋式过滤器也常作为溶液过滤器，过滤器内部由金属内网支撑着滤袋，液体由入口流进，经滤袋过滤后流出，杂质则被拦截在滤袋中，滤袋可更换后继续使用。

3. 活性炭过滤器

设置活性炭过滤器的目的是利用活性炭吸附以除去溶液中的均相杂质，如降解产物、有机酸、表面活性剂及溶解的烃类等。活性炭过滤器后必须再设置一个机械过滤器以避免活性炭粉碎进入系统溶液。

活性炭过滤器过滤量不低于循环量的10%。

活性炭过滤器的基本结构有两种型式——堆放式（图4－8－3）和过滤筒式（图4－8－4）。堆放式活性炭过滤器是在筒体内的栅板上先铺一层厚度约200mm的瓷球，然后在瓷球上堆放活性炭，这种型式的处理量较大。过滤筒式活性炭过滤器则是将活性炭装在过滤筒内，这种型式的处理量相对较小，它可通过对过滤筒根数的增减来调节处理量的大小。

4. 聚结过滤器

聚结过滤器分为下部进气段和上部聚结分离段。含有液滴的气体从聚结器下部的进口进入进气段，首先经过入口导流靠惯性分离出较大的液滴，然后气体自下而上进入聚结分离段的滤芯内部，自内向外流过滤芯，把微小的液滴聚结成大液滴，靠惯性沉降收集到聚结分离段的底部，脱液后的气体从上部的气体出口排出。下部进气段和上部聚结分离段收集到的液体分别由位于各段底部的排液口排出（图4－8－5）。本设备气液分离效率高，液体脱除效率可达99.98%以上。

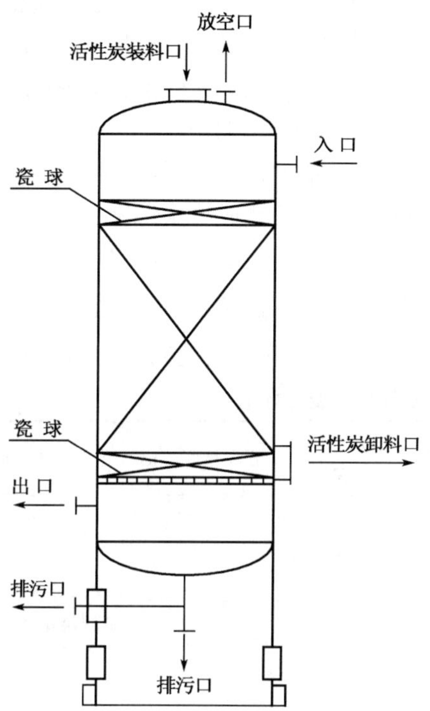

图4-8-3　堆放式活性炭过滤器

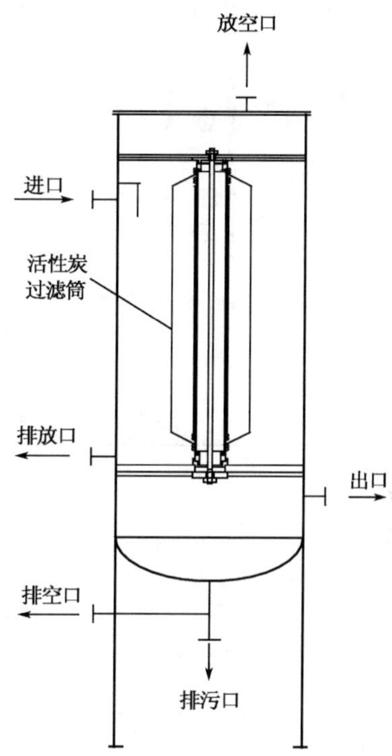

图4-8-4　过滤筒式活性炭过滤器

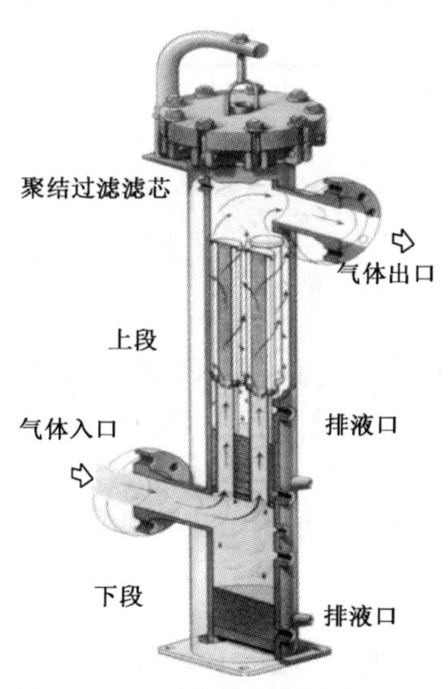

图4-8-5　聚结过滤器示意图

随着气体通过量的增加，沉积在滤芯上的颗粒会引起聚结器压差的增加，当压差上升到规定值时（从压差计读出），说明滤芯已被严重堵塞，应该及时更换；否则压差增大，使能量损失增大。当压差超过滤芯结构强度时，会引起滤芯破裂，其中容纳的污物释放出来，对下游流体、设备造成严重污染、损害。

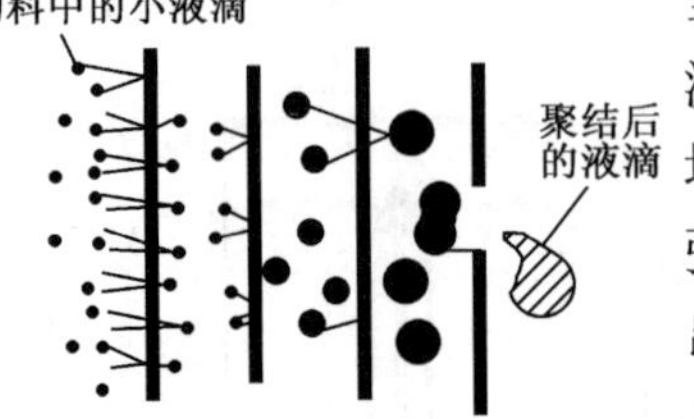

图4－8－6　过滤聚结的工作原理

过滤聚结的工作原理如图4－8－6所示。

5. 过滤、分离设备的主要性能表

过滤、分离设备的主要性能见表4－8－1。

表4－8－1　过滤、分离设备的主要性能表

项目	应用	初始压降，MPa	推荐更换压降，MPa	分离精度，μm	常用滤芯材质
聚结过滤器	将气体中携带的微小液滴聚结成大液滴分离出去	0.014	0.1	≥0.3	聚丙烯纤维、金属烧结丝网、玻璃纤维
气体过滤分离器	去除气体中夹带的液滴和固体颗粒	0.014	0.1	≥1	
溶液过滤器（滤芯式）	去除溶液中的固体颗粒	0.014	0.1	≥5	
活性炭过滤器	去除溶液中的降解产物等	—	0.1	—	—

注：最高使用温度与滤芯材质有关。

二、加热炉

1. 管式加热炉

分子筛脱水装置加热再生气的加热炉通常采用有辐射室的纯辐射型立式圆筒炉（图4－8－7）。立式圆筒形管式炉炉型应根据热负荷大小、被加热介质的性质和运转周期等工艺操作的要求，安装、检修方便和投资少的原则。纯辐射型的管式炉设计热负荷宜小于1.75MW。

2. 主燃烧炉

硫黄回收装置的化学反应主要在主燃烧炉内进行。主燃烧炉开工和停工时，炉内为燃料气燃烧状态，正常运行时，炉内为酸气燃烧状态。

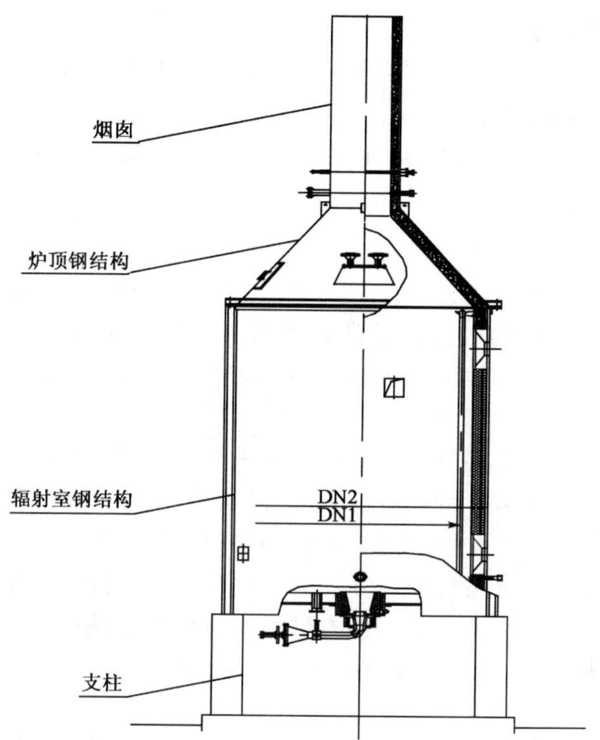

图4-8-7 纯辐射型立式圆筒炉结构示意图

燃料气燃烧时的烟气温度高约1700℃，超过炉体衬里材料最高使用温度及下游设备的设计温度，需要用蒸汽降低烟气温度，以保护设备。

酸气中的酸性介质（主要是H_2S）含量高，在炉内，酸气进行氧化燃烧后再进行转化或氧化反应，反应环境为氧化气氛。氧化、转化反应均为放热反应，反应过程放出大量热量，使烟气温度高达1000～1500℃。酸气中含有杂质，由于杂质的种类和含量差别很大，直接影响炉内温度的高低。其中随着酸气中的烃类杂质含量增加，放热副反应加剧，炉内温度随之升高。如果是非预期的烃类杂质含量增加，炉温过分的升高就会破坏炉体的衬里材料。

表4-8-2 炉温与检修周期关系

炉温范围，℃	1200	1200～1300	1300～1400	1400～1500	1500
中修周期，个月	>12以上	9～12	6～9	3～6	<3

为了保证酸气与配比的空气充分反应，过程气在炉内不但需要有足够的反应时间，还需要进行充分的混合。停留时间由炉体的结构决定，混合程度由主燃烧器的结构决定。

主燃烧炉为卧式设备，炉内正压，内衬耐火材料和隔热材料，减少热量散失，并保护金属壳体。

3. 再热炉

再热炉是为了满足工艺要求用以升高过程气温度的设备。它的作用是往过程气中混合入热的气体，通常为燃料气的燃烧烟气，可以避免往过程气中掺入其他气体影响回收率，也有在酸气燃烧后混合的，但控制复杂，一般不用。

由于再热炉后续工艺中对需要通过催化剂的过程气有品质要求，再热炉的燃料气和空气的配比控制必须精确，为当量燃烧。炉内燃烧核心区温度可高达2000℃，使得再热炉燃烧室的耐火隔热问题很关键，为了改善再热炉燃烧室耐火隔热材料的使用条件，可采用冷过程气掺合降温等措施。再热炉的结构设计为卧式设备，炉内正压，内衬耐火材料和隔热材料，减少热量散失并保护金属壳体。再热炉结构如图4－8－8所示。

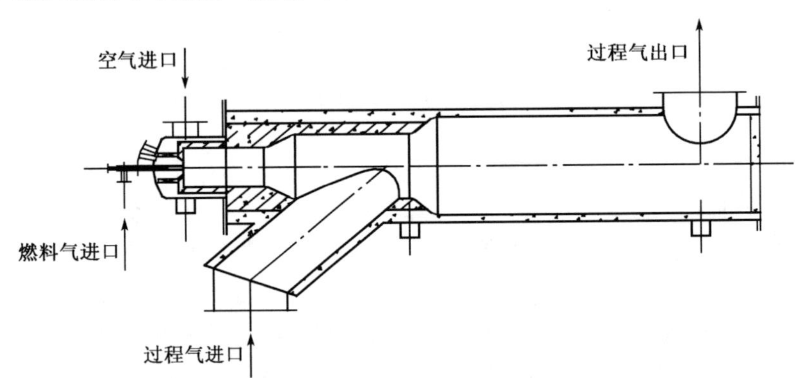

图4－8－8　再热炉结构图

选择再热设备的首要条件是工厂是否有温度合适的中压蒸汽供给。在没有温度合适的中压蒸汽供给时，工厂最常用的是再热炉。

4. 加氢还原炉

加氢还原炉燃料气次当量燃烧产生高温还原性气体，与过程气混合反应。炉内燃烧核心区温度可高达1700℃，结构与再热炉设计相似。

5. 尾气灼烧炉

对工艺过程最终产物尾气的处理是使尾气中的少量 H_2S 经过充分的灼烧生成 SO_2 后随烟气排入大气，因此，不管是否有尾气处理装置，尾气都要进入灼烧炉。为了使尾气充分灼烧，炉体的结构设计要求气体高度混合，反应时间即停留时间要求相对较长。尾气灼烧炉根据炉内压力分为正压炉和负压炉，正压炉属于压力容器。

尾气灼烧炉主要燃烧燃料气，尾气与燃烧后的高温气体的混合是尾气灼烧反应前的物理过程，该过程需要在尾气灼烧炉的混合段完成。混合段的结构主要是要使尾气与高温烟气充分混合升温以保证尾气灼烧反应的稳定。尾气进口一般设在炉体的上部或侧面，以适当的喷入速度进入炉体，喷入速度过大，会使尾气的动能大大超过高温烟气的动能，影响混合情况，使燃烧状态不稳定；尾气量小时，可集中喷入混合，尾气量大时，可分成多股射流，加强混合，以保证尾气与燃烧后的高温气体有良好的混合。尾气的喷入角度，允许与燃烧高温气流有一个逆向夹角。尾气与燃烧高热气体混合后，通过一个湍流断面即突然缩小的断面，使通过该断面的混合气体流速加大，达到紊流状态以进一步加强混合。

尾气灼烧炉内最高温度可达1400℃。大型灼烧炉为卧式，燃烧器在端部，烟囱另设；小型的灼烧炉为立式，燃烧器在底部，烟囱直接设在炉顶。立式、卧式的灼烧炉结构分别如图4－8－9、图4－8－10所示。

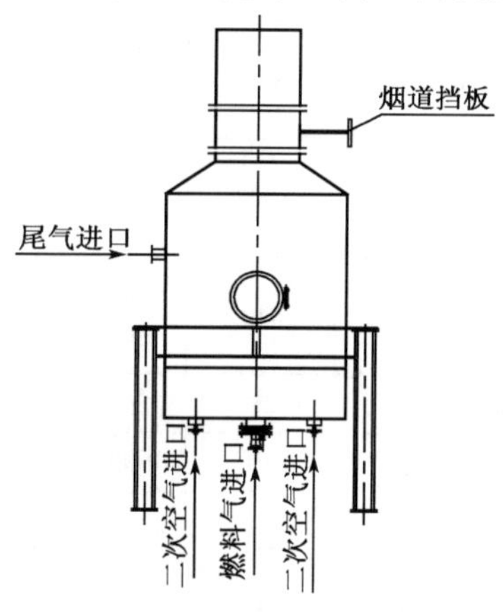

图4－8－9 立式灼烧炉结构图

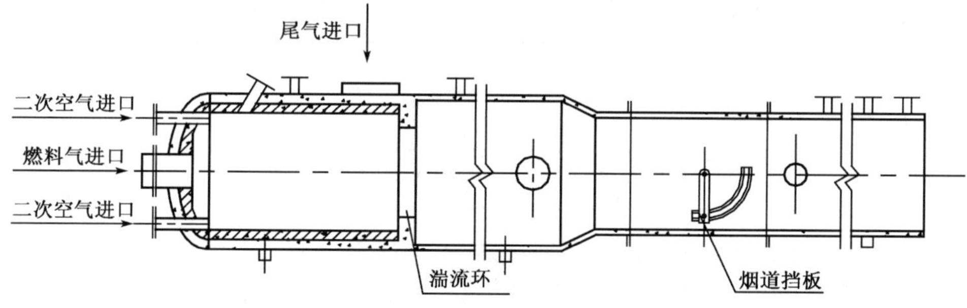

图4－8－10 卧式灼烧炉结构图

三、热交换设备

1. 热交换设备的设置及意义

在天然气处理过程中，常常需要进行加热或冷却，即热量的传递。热交换设备是化工生产中应用最广泛的设备之一，按用途可分为换热器、冷凝器、冷却器、重沸器、加热器等。

传热设备的选型在很大程度上取决于生产实践的经验，各种换热器的性能比较见表4-8-3，表中的最高使用压力和温度为国外换热器的数据。

表4-8-3　各种换热器的性能

型式	允许最大操作压力 kg/cm^2	允许最高操作温度,℃	单位体积传热面积 m^2/m^3	传热系数 kcal/(m^2·h·℃)	结构是否可靠	传热面是否便于调整	是否具有热补偿能力	清洗是否方便	检修是否方便
固定管板式	840	1000～1500	40～164	730～1460	○	×	×	△	×
U形管式	1000	1000～1500	30～130	730～1460	○	×	○	△	×
浮头式	840	1000～1500	35～150	730～1460	△	×	○	○	○
板式	28	360	250～1500	6000	△	○	○	○	○
螺旋板式	40	1000	100	600～2500	○	×	○	×	×
板翅式	50	-269～500	250～4370	30～300（气，气）	△	×	○	×	×
套管	1000	800	20	—	○	○	△	△	○
沉浸盘管	1000	—	15	—	○	×	○	△	○
喷淋式	100	—	16	—	△	○	○	○	○

注：○—好；△—尚可；×—不好。

2. 管壳式换热器

1）管壳式换热器的特点和主要结构型式

管壳式换热器是目前应用最广泛的一种换热设备，如脱硫脱碳装置的溶液冷却器、酸气冷却器、重沸器、贫-富液换热器；脱水装置的溶液后冷器；硫黄回收装置的酸气预热器、空气预热器；尾气处理装置的溶液冷却、脱水脱烃装置的预冷器等等通常均选用管壳式换热器。

管壳式换热器的优点是热效率较高，压力降较小，结构简单、坚固，安全可靠，操作弹性大，用材广泛，运转周期长，制造、安装和维修都比较方便，适于在高温高压操作条件下使用。管壳式换热器通常的工作压力可达4MPa，工作温度在200℃以下，在个别情况下还可达到更高的压力和温度。

应用于天然气处理的管壳式换热器主要包括浮头式、U形管式和固定管板式换热器。

（1）浮头式换热器。

浮头式换热器管束可以抽出，管、壳程都可以机械清洗（正方形排列时）。管束可以自由伸缩，管束与壳体间不会产生温差应力。故此种换热器适用于介质脏，管、壳程温差较大的地方（图4－8－11）。

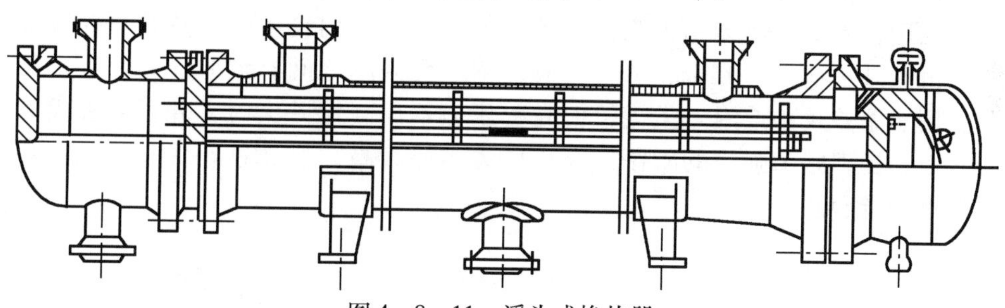

图4－8－11　浮头式换热器

但浮头式换热器较之固定管板式和U形管式换热器结构具有复杂、耗钢量大、笨重、造价较高等缺点，而且由于浮头的密封无法检查和热紧，容易造成“内漏”；管束和壳体间的环隙较大，故排管较少。“不会产生温差应力”也是相对而言的，在换热器直径比较大时，该温差应力仍应引起重视。

（2）U形管式换热器。

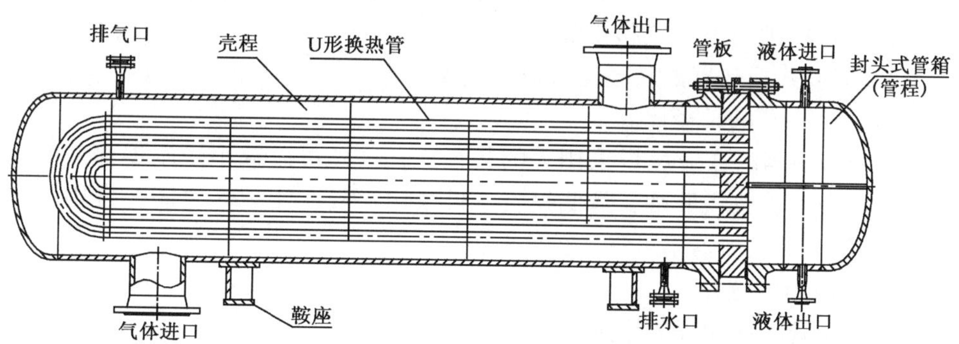

图4－8－12　U形管式换热器

U 形管式换热器是将换热管弯成 U 形，管端装于管板上，管板夹持在两个法兰之间（图 4－8－2）。它的优点是结构简单、制造容易，省去了一块浮头管板和浮头部分的加工件，耗钢量少，成本较低，换热管伸缩自由，每根管都可以自由膨胀，泄漏点少，检修方便，管外清扫容易，但管内清洗困难。由于每根管子的总长度不同，故物料的分布不如浮头式和固定管板式均匀。除最外层管子外，其他管子无法更换，管子泄漏后只能堵塞。随着使用时间的推移，其换热面积会变得越来越小。

由于有上述特点，故 U 形管换热器适用于温差大、管程压力高，绝对不允许管内、外介质串漏和管内介质较清洁的场合。

（3）固定管板式换热器（图 4－8－13）。

固定管板式换热器结构简单，价格便宜，可排列较多的换热管。壳程无法用机械办法清洗，难以检查、修补。管子和壳程之间有温差应力存在。因此，用于温差较小或温差虽大，但壳程压力不高（温差大时，壳程需要设置膨胀节，受膨胀节强度的限制，壳程压力不能太高）及腐蚀小，壳程结垢不太严重的场合。

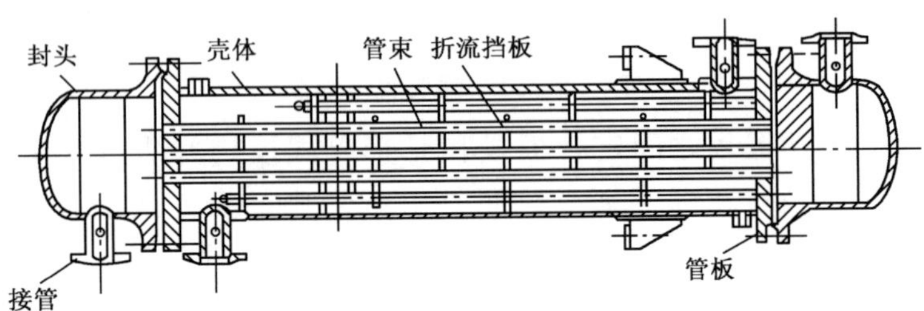

图 4－8－13　固定管板式换热器

至于是否需要设置膨胀节，需通过应力计算确定。当介质温差小于或等于 50℃时，一般可不设置膨胀节。

2）管壳式换热器的长径比及流道选择

（1）换热器的长径比。

选择换热器时，应尽量采用大的长径比，这样可以减小受压零部件的厚度，节约金属、减轻重量、降低投资。长径比一般在 4～25 之间，常用的为 6～10，但立式换热器不可将长径比取得过大。

（2）流道的选择。

介质走管程或壳程的原则如下：

①冷却水走管程，若冷却水走壳程，在折流板死角处的“气陷”和沉淀

会引起腐蚀；

②脏的、易结垢的、含有悬浮物的流体走管程（U 形管换热器除外）；

③腐蚀性介质走管程；

④高温、高压介质走管程；

⑤混相流体或大体积冷凝蒸汽走壳程；

⑥当换热的两种单相流体的流量相差较大时，流量小的走壳程。

以上各条流道选择的原则目的是使清洗容易，减少高压区和热损失，节省贵重金属。但这不是绝对的，要综合分析比较，选择最经济的方案。

3）管壳式换热器的传热系数 K

管壳式换热器的传热系数 K 与很多因素有关，如流体流速、流体物性、污垢热阻等等。工业换热器中传热系数的大致数值范围见表 4－8－4。

表 4－8－4 管壳式换热器的传热系数 K 的大致数值

进行换热的流体	传热系数（K）	
	W/（m^2·K）	kcal/（m^2·h·℃）
由气体到气体	12～35	10～30
由气体到水	12～60	10～50
由煤油到水	约 350	约 300
由水到水	800～1800	700～1500
由冷凝蒸汽到水	290～4700	250～4000
由冷凝蒸汽到油	60～350	50～300
由冷凝蒸汽到沸腾油	290～870	250～750
由有机溶剂到轻油	120～400	100～340
乙醇胺溶液到水	580～815	500～700

3. 火管式换热器

火管式换热器应用于天然气处理最典型的设备是三甘醇再生器，其基本结构由三甘醇再生釜、富液精馏柱、汽提柱、三甘醇换热罐、火管加热器和烟囱组成（图 4－8－14）。

来自脱水吸收塔的三甘醇富液进入富液精馏柱上部的盘管，经换热加热后进入闪蒸罐闪蒸，闪蒸后的富液经过滤后，进入三甘醇换热罐的盘管，与罐内的温度较高的三甘醇贫液进行换热，温度上升至一定值后进入富液精馏柱，与来自三甘醇再生釜的蒸汽逆流接触，得到部分提浓；并继续向下进入

三甘醇再生釜，富液在釜内被加热至一定温度，使富液中的水分蒸发，从而除去绝大部分水分；再生后的三甘醇溶液继续向下进入汽提柱，在汽提气的作用下得到进一步提浓，然后进入三甘醇换热罐冷却，从而完成了三甘醇溶液的再生。

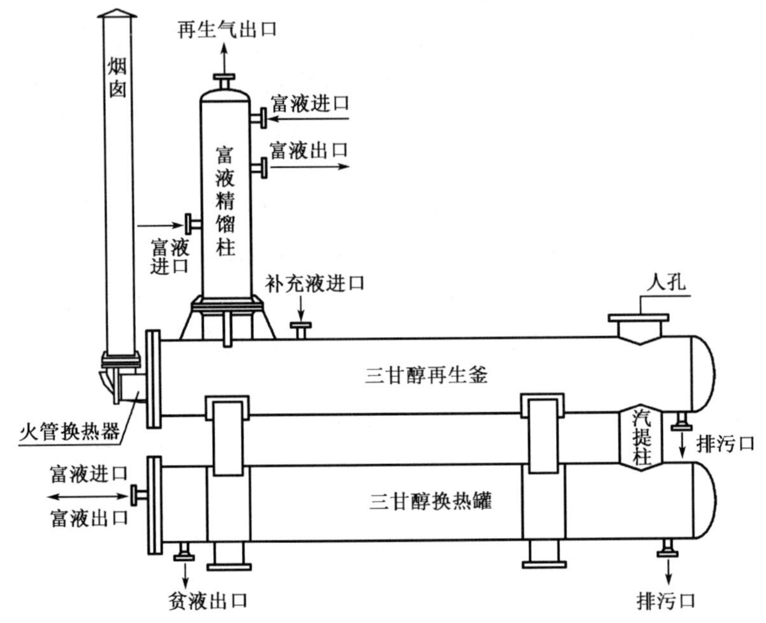

图4－8－14　三甘醇再生器

4. 板式换热器

板式换热器包含有一系列的呈波纹状的薄型换热板（图4－8－15）。这些换热板通过密封垫片或焊接而连接在一起（或是采用任何一种合成方式）。连接方式不仅取决于其中流动的液体性质，还取决于是否以后要拆卸板片等其他因素。然后这些换热板片被放在一个坚固的框架内用力压紧，以形成一种水平状流动通道的布局。一种流体从奇数通道内流过，而另一种流体从偶数通道内流过。板片上的波纹不但提高流体的湍流程度，并且形成许多接触点，以承受正常的运行压力。流体的流量、物理性质以及，压降和温度差决定了板片的数目和尺寸。换热板片的数量以及规格能够根据用户生产过程中实际所需进行简单的调整。

板式换热器中，冷流与热流逆向流动，由于波纹的作用引起湍流，其传热系数高于管壳式换热器。板式换热器现主要用作脱硫脱碳装置、脱水装置和尾气处理装置的贫-富液换热器。由于板式换热器可达到的最低温差为3℃，可以最大限度地回收热量。

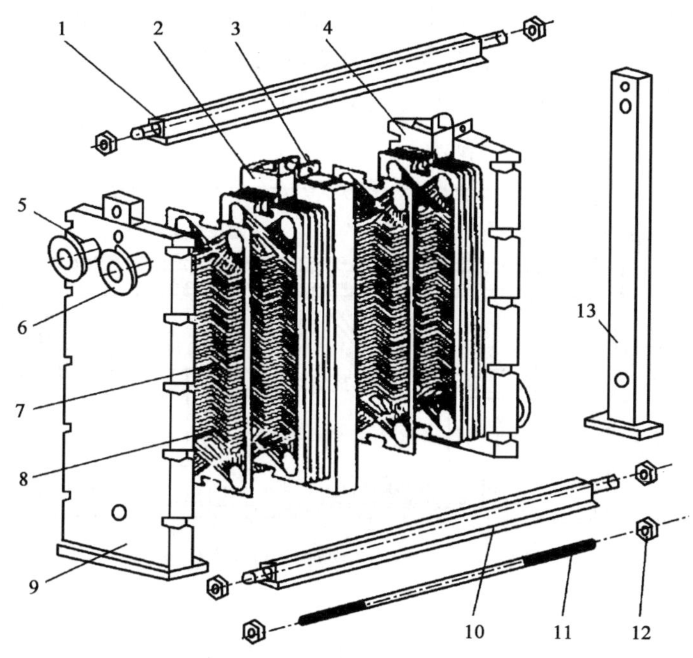

图4-8-15　板式换热器

1—支撑杆；2—垫片；3—螺栓孔径；4—后端板；5—内衬；6—螺栓；7—板片；8—波纹；9—活动压紧板；10—下导杆；11—夹紧螺栓；12—螺母；13—支柱

由于板间隙很窄，容易发生堵塞，因此板式换热前的冷热流体都需进行过滤，流程较为复杂。

5. 空气冷却器

空气冷却器是以环境空气作为冷却介质，横掠翅片管外使管内高温工艺流体得到冷却或冷凝的设备。采用空气冷却器代替水冷却器，进行介质的冷却冷凝不仅可以节约用水，还可以减少水污染。此外，还具有维护费用低、运转安全可靠、使用寿命长等优点。

脱硫脱碳装置高温贫液冷却器、酸气冷凝冷却器以及硫黄回收装置蒸汽冷凝器、尾气处理装置的胺液冷却器和酸气冷凝冷却器等通常采用空气冷却器。

1）基本结构

空气冷却器的基本结构部件（图4-8-16）如下：

(1) 管束——由管箱、翅片管和框架组合构成，需要冷却或冷凝的流体在管内通过，空气在管外横掠过翅片管束，对流体进行冷却或冷凝；

(2) 轴流风机——一个或几个一组的轴流风机驱使空气的流动；

(3) 构架——空气冷却器管束及风机的支承部件；

(4) 附件——如百叶窗、蒸汽盘管、梯子、平台等。

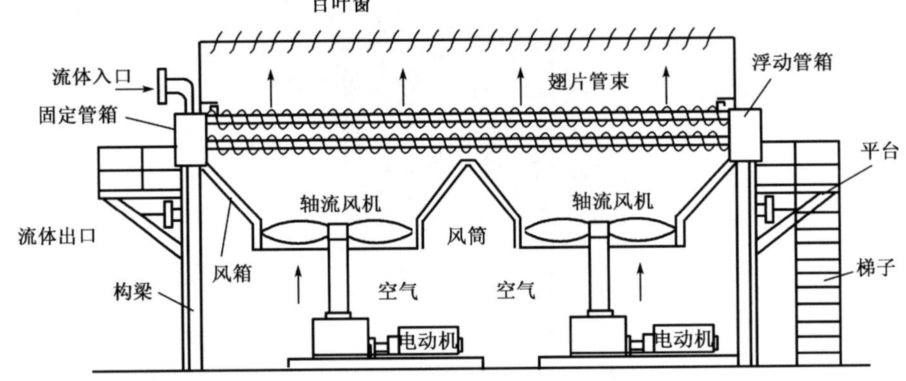

图 4-8-16　空气冷却器的基本结构图

2) 分类

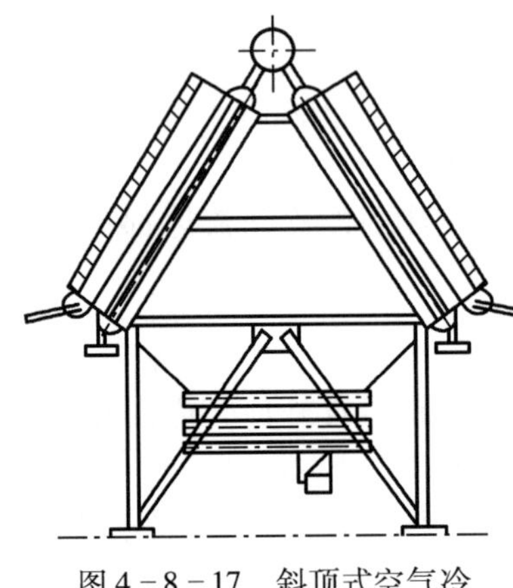

图 4-8-17　斜顶式空气冷却器示意图

(1) 空气冷却器采用最多的管束布置形式有水平式、斜顶式（图 4-8-17）和立式；

(2) 按水平式空气冷却器通风方式分为鼓风式［图 4-8-18（a）］、引风式［图 4-8-18（b）］和自然通风式；

(3) 按空气冷却器的冷却方式分为干式、湿式和干湿联合。

3) 几种常用空气冷却器

(1) 干式空气冷却器。

干式空气冷却器是使用最广泛的空气冷却器，其特点是操作简单，使用方便。但由于其冷却温度取决于进口空气的干球温度，在接近热物流出口温度与空气入口温度之差且高于 15～20 ℃时才经济，由于受环境影响较大，所以在夏季不能将管内热流体冷却到较低的温度。

(2) 增湿型空气冷却器。

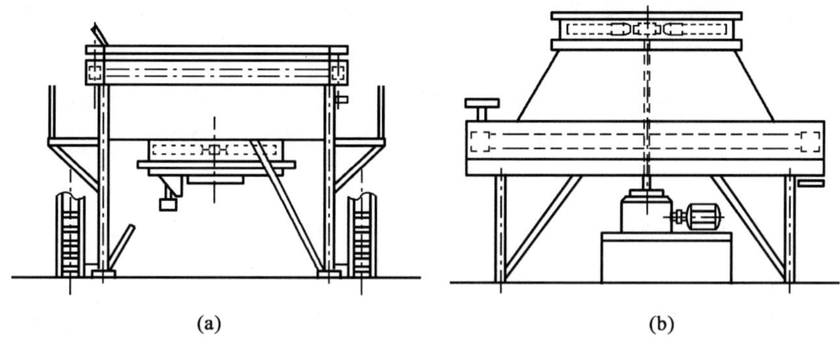

图4-8-18 水平式空气冷却器示意图
(a) 鼓风式；(b) 引风式

与干式空气冷却器相比，增湿型空气冷却器通过向入口空气喷雾状水，增大空气入口温度与工艺流体出口温度之间的温差，来强化管外传热，一般可把热物流出口温度冷却到接近环境温度。但翅片管外易结垢，而且在寒冷地区的冬季，管束喷淋水易结冰，影响其传热性能。

(3) 表面蒸发式空气冷却器。

表面蒸发式空气冷却器是由光管组成的一种空冷装置，其主要特点是利用管外水膜的蒸发带走热量，借以把管内流体的温度降到接近大气温度。表面蒸发式空气冷却器具有结构紧凑、传热效率高的优点，但在风沙大的地方不宜用采用表面蒸发式，因为湿润的空气冷却器表面会被沙覆盖（图4-8-19）。

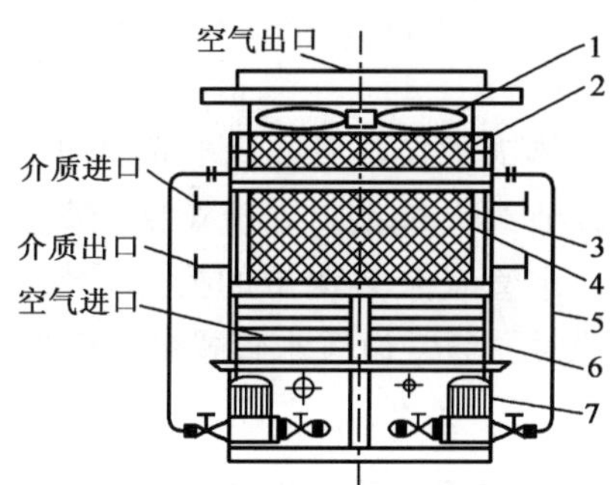

图4-8-19 表面蒸发式空气冷却器结构示意图
1—风机；2—除雾器；3—喷水系统；4—管；5—上水管；6—构架水箱；7—循环水泵

6. 余热锅炉

加热设备后的高温烟气温度高达1000~1500℃，而后续工艺工程并不需要如此高温，这部分热量就可回收利用。余热锅炉利用这部分热量加热水产生蒸汽供厂内使用。

根据烟气在换热管内外的位置余热锅炉分为：火管式和水管式。火管式余热锅炉烟气介质在换热管内侧即管程流动，水介质在壳程；水管式余热锅炉反之。

火管式余热锅炉常采用管壳式余热锅炉，结构简单、紧凑，由壳体、换热管及锅内附件组成。管壳式余热锅炉有外置汽包管壳式余热锅炉、无汽包管壳式余热锅炉两种形式。外置汽包管壳式余热锅炉的汽包和锅筒独立布置，采用上升管和下降管连接。上升管、下降管与汽包和锅筒的焊接在现场进行，因此现场工作量较大。无汽包管壳式余热锅炉的汽包和锅筒是一体的，制造厂内成型，现场不需另外组装。选择外置汽包管壳式余热锅炉或无汽包管壳式余热锅炉主要根据蒸发量的大小、换热管数量的多少。在运输条件允许的情况下，尽量采用无汽包管壳式余热锅炉。根据工艺过程的要求，火管式余热锅炉可以制成单管程或多管程，还可以制成不同换热管管径的单管程组，以获得工艺需要的不同出口温度的过程气。

水管式余热锅炉由上汽包、下锅筒、换热立管及锅内附件、炉体组成。由于烟气横向冲刷换热管，换热系数较大，换热面积相对减小。但与火管式余热锅炉相比较，由于水管式余热锅炉有炉体和耐火、隔热衬里，整个设备还是较大、较重。水管式余热锅炉属于水管锅炉。保证水管式余热锅炉管程制造的严密性有较大难度，其制造比火管式余热锅炉复杂得多。对蒸发量大的水管式余热锅炉，还可能必须在现场组装，工作量更大，质量也不易保证。

总的来说，火管式余热锅炉换热管布管管间距小，换热管直径较小，整个设备可以做得很紧凑，节约大量钢材。硫黄回收装置的主燃烧炉余热锅炉通常是火管式余热锅炉。水管式余热锅炉的换热系数大，当要利用低温热源时，特别是要设置过热器时，通常设置水管式余热锅炉与过热器。

7. 再热器

再热器的作用与再热炉相同，是利用热交换原理以升高过程气温度的设备，一般热媒采用中压蒸汽。

管壳式再热器根据做法不同，壳程、管程分别走烟气、蒸汽。由于蒸汽凝结换热系数大，换热面积可以减小，设备外形可以制得较小；同时管壳式再热器又避免了再热炉燃烧室由于燃料气当量燃烧的高温对设计、运行的不利因素。管壳式再热器属于压力容器，可以设计为卧式或立式，本体投资比再热炉高，但由于不用配置燃烧器和设置衬里材料，设备总投资比再热炉小。卧式、立式的再热器结构分别如图 4－8－20、图 4－8－21 所示。

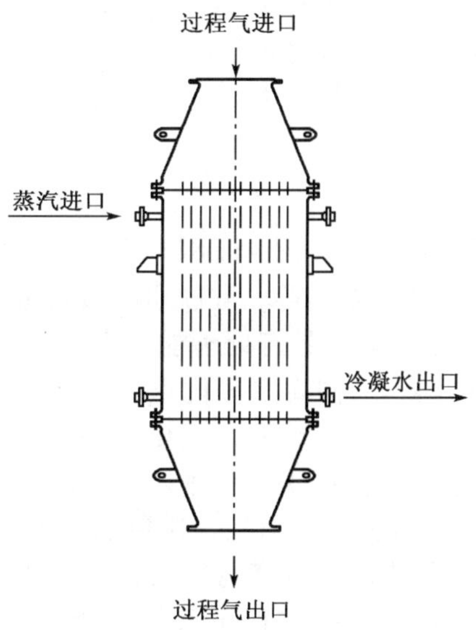

图 4－8－20　立式再热器结构图

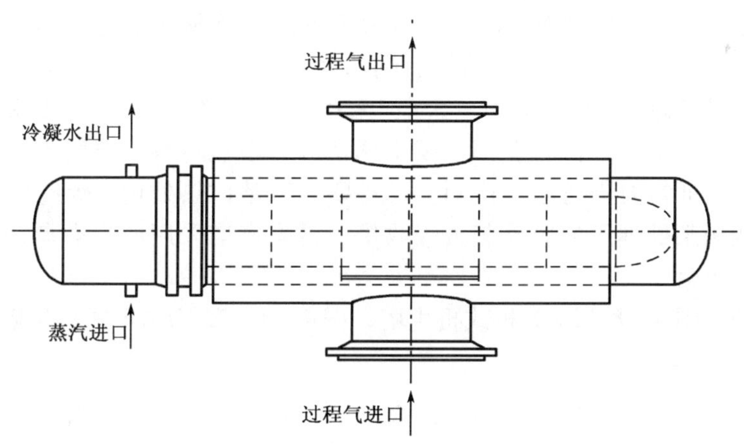

图 4－8－21　卧式再热器结构图

8. 其他类型热交换设备

其他还有一些热交换设备，如套管式换热器、板翅式换热器、板框式换热器等。

四、塔器

天然气处理装置常见塔类设备按内件结构分为板式塔和填料塔。

采用何种形式的塔更为经济合理，应根据处理量的大小、溶液的洁净程度等因素来确定。通常，处理量较大时，宜采用板式塔；处理量较小或溶液比较洁净时，可采用填料塔。

1. 板式塔

常见板式塔有脱硫吸收塔（图 4－8－22）、再生塔、脱水吸收塔（图 4－8－23）、脱乙烷塔、脱丁烷塔等，除脱水吸收塔通常采用泡罩塔盘外，其他塔通常采用的是浮阀塔盘。它具有处理能力大、操作弹性大、塔板效率高、压力降小、气体分布均匀、结构简单等优点。由于对塔盘的密封要求不是很高，故制造和安装都较为容易。对于大直径的塔类设备，塔内件的焊接安装应特别关注，因制造过程中塔内件需在热处理之前焊于塔体上，经热处理后会产生变形，需要采取措施控制变形量，避免出现塔盘安装不到位等问题。

脱水吸收塔通常采用的是泡罩塔盘，它具有塔板效率较高、操作弹性较大、处理量较大、不易堵塞、操作稳定可靠等优点。由于溶液循环量较小，因此对塔盘的泄漏密封要求较高。

因原料天然气中含有 H_2S 等酸性介质，故塔体材质的选择不但要考虑操作温度、操作压力、介质腐蚀性、制造及经济合理等综合因素，还要考虑 H_2S 可能引起的应力腐蚀开裂（SSC）和氢诱发裂纹（HIC）等因素。通常采用的材料有碳素钢、低合金钢以及不锈钢等，塔盘材料多选用不锈钢，用于壳体的材料通常要进行超声检测。设备要进行整体热处理，焊缝应做硬度检查。如四川某处理厂的脱硫装置吸收塔、再生塔均采用浮阀塔盘；脱水装置采用泡罩塔盘。

另外，图 4－8－24 为板式再生塔；图 4－8－25 为填料式再生塔。

2. 填料塔

填料塔内装填一定段数和一定高度的填料层，液体沿填料表面呈膜状向下流动，作为连续相的气体自下而上流动，与液体逆流传质。两相的组分浓度沿塔高呈连续变化。

脱硫吸收塔、再生塔、脱乙烷塔、脱丁烷塔等也可采用填料塔，具有结构简单、压力降小，易于用耐腐蚀非金属材料制造等优点，对于气体吸收、真空蒸馏以及处理腐蚀性流体的操作，颇为适用。当塔径增大时，引起气液分布不均、接触不良等，造成效率下降。随着新型高效填料的出现，流体分布技术的改进，填料塔的应用会逐步扩大。哈萨克斯坦某处理厂的脱硫脱硫醇装置吸收塔采用填料塔。

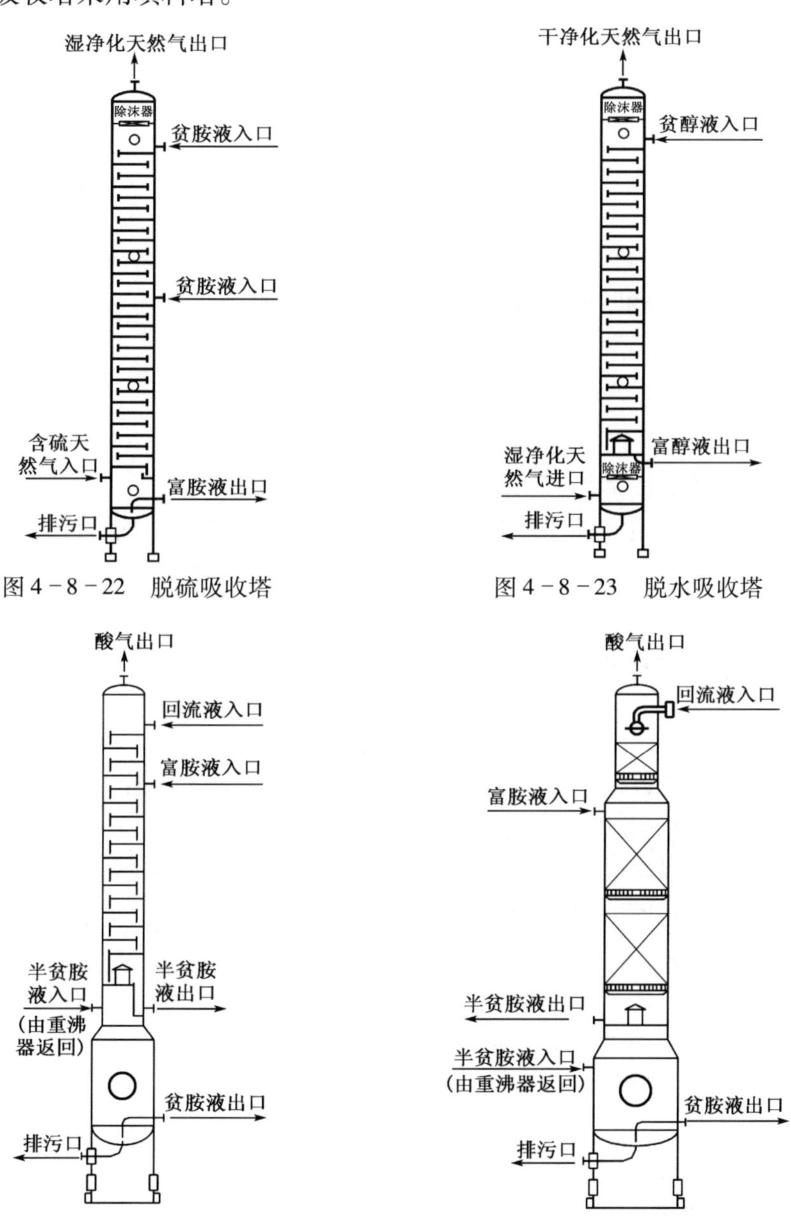

图 4－8－22　脱硫吸收塔

图 4－8－23　脱水吸收塔

图 4－8－24　板式再生塔

图 4－8－25　填料式再生塔

五、机泵

1. 概述

气体天然气处理厂最常用的泵为离心泵和容积式泵，有时也会用到轴流泵和喷射泵。

离心泵的转速一般在1200～8000r/min的范围内，通常用于低流量高压头的场合。大多数离心泵可在一个相当宽的流量范围内以大致恒定的压头工作。

容积式泵分为往复泵和转子泵两种。往复泵包括活塞泵、柱塞泵和隔膜泵。容积式泵运行时流量近似恒定，压头波动较大，因而常用于需要的压头较高但流量中等的装置。

轴流泵用于流量大、压头低的场合。

2. 离心泵

离心泵依靠流体离心力的作用提升泵送流体的压力。

离心泵在一定转速下产生的扬程有一限定值，扬程随流量而改变；工作稳定，输送连续，流量和压力无脉动；适用性能范围广；适宜输送粘度很小的清洁液体，特殊设计的泵可输送泥浆、污水等或水输固体物。在天然气处理厂中，脱硫装置的溶液循环泵、热贫液泵；尾气处理装置的循环泵等通常均选用离心泵。

离心泵的总压头与泵送流体的密度无关。

通常在离心泵的排出管线上安装调节阀来维持装置条件（如液位、流量）的恒定。另一个调节离心泵流量的方法是调节泵的转速。

当液体被泵送时，泵效率的降低以热能的形式表现出来，导致流体温度升高。泵正常运转时温度的升高通常可以忽略不计。但关闭泵出口时，所有的能量都被转化为热能。

在加工装置中，离心泵常采用机械密封。密封的作用是保持泵内液体，防止泵轴穿过泵体处发生泄漏。

离心泵的典型启动程序如下：

（1）确定辅助冷却、密封、冲洗系统管线上的所有阀门均为开启状态，而且这些系统功能正常。

（2）关闭出口阀。

（3）打开吸入阀。

（4）排净泵及与泵相连管线中的气体。

（5）接通驱动器电源。

（6）缓慢打开出口阀，逐渐增加流量。

（7）注意，对于大型多级泵而言很重要的一点是在几秒钟内让流体通过泵而形成流量。这通常需要设置最小流量保护管线。

当输送介质为易燃、易爆、有毒有害、贵重、易汽化等介质时，可以选用无泄漏离心泵——屏蔽泵和磁力泵，如脱硫装置的酸水回流泵通常选用屏蔽泵。

3. 容积式泵

容积式泵是依靠工作元件在泵缸内做往复或回转运动，使工作容积交替地增大和缩小，以实现液体的吸入和排出。

1）往复泵

工厂中最普通的往复泵是单作用柱塞泵，它适用于流量适中、压差较大的装置。此类泵在返回冲程充满液体，而在前进冲程则排出液体。

柱塞泵在气体加工厂中应用于高压化学品或水的注入泵、乙二醇的循环泵以及低流量、高压三甘醇的循环泵和管输流体增压泵。

往复泵的吸入侧均应设置缓冲罐，出口管线上应设置安全阀。

2）转子泵

转子泵通过旋转面与固定面之间的密闭间歇将排出和吸入密封分开。转子泵最常见的类型是使用齿轮或螺杆作为传动机构。此类泵适用与处理离心泵或往复泵不宜处理的高粘度流体，不宜处理低粘度低润滑性能的液体，如水。

3）隔膜泵

隔膜泵采用的阀系统与柱塞泵类似。适用于流量较小并需精确控制的中高压液体。由于其可控制的计量能力、可供选择的材质众多以及它们本质的防泄漏设计，隔膜泵常用作化学品加药泵，如甲醇注入泵等。

4. 其他类型泵

1）多相泵

多相泵可以处理不混溶的液体，如带气的油和水。它可分为螺杆泵和旋转动力泵两种类型。多相泵在流通路径上采用渐进的空腔设计以适应由压力增大引起的气体体积减小。

2）液下泵

液下泵的体征是直接与电动机相连，且设备完全浸没在流体中。脱硫、

脱水装置的溶液回收罐中均设置有液下泵。

5. 液力透平

1）简述

许多工业过程涉及液流从高压流向低压的问题。此时通常用一个节流阀进行控制，这样就造成了液力能的浪费。下面以脱硫装置为例讲述。

脱硫吸收塔的操作压力高，而再生塔则在低压下操作。因此，需要用溶液循环泵将再生塔塔底的贫液加压至高压后进入吸收塔，故泵的扬程高，功率大。对循环量大时需要采用高压电动机驱动。溶液循环泵主要选用离心泵，一般采用电动机驱动，为脱硫装置主要的能耗点。另一方面，离开吸收塔塔底的高压富液通常经液位调节阀节流降压后进入闪蒸罐。这样，就造成了高压富液压力能的浪费。如将高压富液通过水力透平进行能量回收，则电动机的驱动功率就可以降低很多。

液力回收透平可以看作是一台反向旋转的离心泵。

2）液力透平的设置方式

由于液力透平回收的能量大约为循环泵所需能量的40%左右，还需要别的驱动设备补充能量。一般的组合方式如下：

（1）泵+电机+离合器+液力透平；

（2）蒸汽透平+泵+离合器+液力透平。

电动机的负荷必须能单独驱动泵。

3）液力透平的控制方式

液力透平的控制回路比较复杂，需要设置超速保护，如电动机作为辅助原动机时，超速可能使电动机变为发电机；在蒸汽透平作辅助原动机时，超速也是不允许的。

4）液力透平的设置

设置液力透平一次投资会增加，但回收的能量可以在两三年内收回成本。在液力透平的流量偏离到额定流量的40%以下时，液力透平做负功。因此是否选用液力透平需要视具体情况而定。如果气质条件和处理量波动大，操作不稳定，则不宜使用液力透平。

6. 膨胀机

膨胀机是指利用压缩气体膨胀降压时向外输出机械功使气体温度降低的原理以获得冷量的机械。膨胀机常用于深低温设备中。膨胀机按运动形式和结构分为活塞膨胀机和透平膨胀机两类。

1）活塞膨胀机

活塞膨胀机是指使气体在可变容积中膨胀，输出外功制冷的膨胀机（通常由电动机制动吸收外功）。这种膨胀机分立式和卧式两种。采用较多的是立式结构，曲轴、连杆、十字头、活塞、进气阀和排气阀等是运动件，分别装在机身、气缸和中间座中，其作用近似于往复活塞压缩机，但其进气阀、排气阀系借进气、排气凸轮定时启闭。活塞膨胀机主要适用于高压、中压和低压小流量的情况。

2）透平膨胀机

透平膨胀机是指用来使高压气体膨胀输出外功产生冷量的机器。透平膨胀机利用高压气体通过喷嘴和工作轮时的膨胀，推动工作轮高速旋转输出外功，同时使工作输出口气体压力和焓值降低，使气体本身得到冷却。透平膨胀机在使气体降温实现制冷的同时，还需要以一定转速通过主轴输出相应的机械功，这一任务是由制动器来完成。在NGL回收装置和天然气液化装置中，普遍采用透平膨胀机带动单级压缩机。

透平膨胀机按气体在工作轮中的流向分为轴流式、向心径流式（径流式）及向心径—轴流式三种。

透平膨胀机按气体在工作轮中是否继续膨胀可分为反作用式和冲动式两种。

由于透平膨胀机具有流量大、体积小、冷损少、结构简单、通流部分无机械摩擦件、不污染制冷工质、调节性能好及安全可靠等优点，在NGL回收装置和天然气液化装置中占了主要比例。

六、反应器

如图4－8－26所示的天然气处理厂反应器主要用于硫黄回收装置，有克劳斯反应器和低温反应器等。反应器分立式、卧式两种，各级反应器可以是独立设备，也可组合在一个壳体内。反应器内填充克劳斯反应催化剂。反应器的主要设计参数为床层空速，或催化剂装入量。

目前广泛使用合成氧化铝催化剂。设计空速与选用的催化剂活性和转化器操作温度有关 。采用国产催化剂时，通常取空速为1000～1400h^{-1}或停留时间为3.6～2.6s。

在催化反应器中的化学反应为：

$$2H_2S + SO_2 \longrightarrow 2H_2O + 3S$$

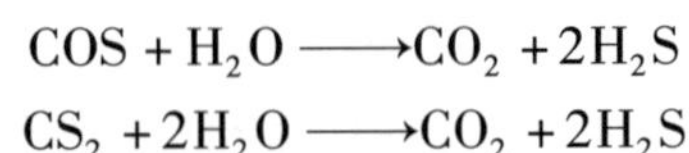

$$COS + H_2O \longrightarrow CO_2 + 2H_2S$$

$$CS_2 + 2H_2O \longrightarrow CO_2 + 2H_2S$$

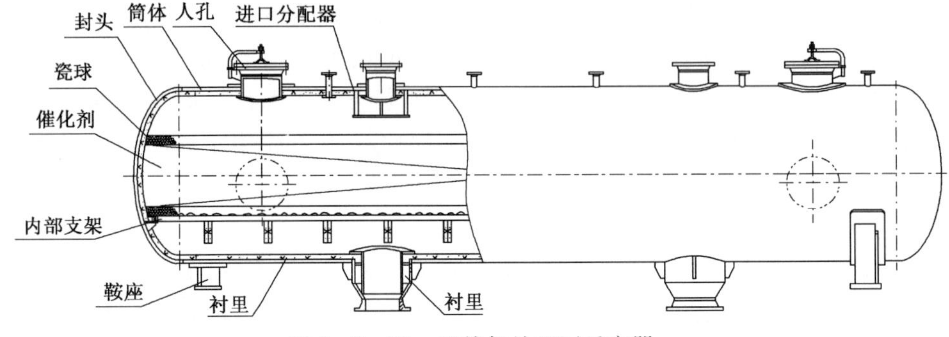

图4-8-26　天然气处理厂反应器

七、储罐

1. 常压储罐

天然气处理中的常压储罐主要包括立式圆筒形储罐和卧式圆筒形储罐。卧式圆筒形储罐适用于储存量较小的液体，其结构较为简单。

立式圆筒形储罐按其罐顶结构可分为固定顶储罐和浮顶储罐两种类型。

1）固定顶储罐

固定顶储罐按罐顶的形式可分为锥顶储罐、拱顶储罐、伞形顶储罐和网壳顶储罐。伞形顶储罐和网壳顶储罐在天然气处理工艺中很少采用，以下主要介绍锥顶储罐和拱顶储罐。

（1）锥顶储罐。

锥顶储罐又可分为自支撑锥顶和支撑锥顶两种。锥顶坡度最小为1/16，最大为3/4。锥形罐顶是一种形状接近于正圆锥体表面的罐顶。自支撑锥顶其锥顶荷载靠锥顶板周边支撑于罐壁上。自支撑锥顶又分为无加强肋锥顶和加强肋锥顶两种结构。储罐容量一般小于1000m^3。支撑式锥顶其锥顶荷载主要靠梁或桁架及柱来承担。

柱子可采用钢管或型钢制造。采用钢管制造时，可制成封闭式，也可设置放空孔和排气孔。柱子下端应插入导座内，柱子与导座不得相焊，导座应焊在罐底板上。其储罐容量可大于1000m^3。

锥顶罐制造简单，但耗钢量较多，顶部气体空间最小，可减少“小呼吸”

损耗。自支撑锥顶还不受地基条件限制。支撑式锥顶不适用于有不均匀沉陷的地基或地震荷载较大的地区。

（2）拱顶储罐。

拱顶储罐的罐顶是一种接近于球形形状的一部分，其结构一般只有自支撑的拱顶一种。自支撑拱顶又可分为无加强肋拱顶（容量 $<1000m^3$）、有加强肋拱顶（容量 $>1000\sim20000m^3$）。加强肋拱顶由 4 ~ 6mm 薄钢板和加强肋（通常用扁钢构成），以及由拱形架（用型钢组成）和薄钢板构成拱顶。自支撑拱顶的荷载靠拱顶板周边支撑于罐壁上（拱形架作罐顶承载结构时，拱形架的周边杆端应与包边角钢焊成整体，但顶板与拱形架的组件之间不得焊接）。拱顶 $R=0.8\sim1.2D$。它可承受较高的剩余应力，蒸发损耗较少，它与锥顶罐相比耗钢量少但罐顶气体空间较大，制作需用胎具，是国内外广泛采用的一种储罐。国内最大的拱顶罐容量可达 $3\times10^4m^3$，国外较大的拱顶罐容量可达 $5\times10^4m^3$（直径为 50.3mm,罐高为 23.67m），建在日本。

2）浮顶储罐

浮顶储罐可分为外浮顶储罐和内浮顶储罐。

（1）外浮顶储罐。

这种储罐的浮动顶（简称浮顶）漂浮在储液面上。浮顶与罐壁之间有一个环形空间，环形空间中有密封元件，浮顶与密封元件一起构成了储液面上的覆盖层，随着储液上下浮动，使得罐内的储液与大气完全隔开，减少储液储存过程中的蒸发损耗，保证安全，减少大气污染。

浮顶的形式有双盘式、单盘式、浮子式等。浮顶罐的使用范围，在一般情况下，原油、汽油、溶剂油以及需控制蒸发损耗及大气污染，控制放出不良气体，有着火危险的液体化学品都可采用浮顶罐。浮顶罐按需要可采用二次密封。

（2）内浮顶储罐。

内浮顶储罐是在固定顶储罐内部再加上一个浮动顶盖。主要由罐体、内浮盘、密封装置、导向和防转装置、静电导线、通气孔、高低位液体报警器等组成。

内浮顶储罐与外浮顶储罐，其储液的收发过程是相同的。内浮顶储罐与固定顶储罐和外浮顶储罐比较有以下优点：

①大量减少蒸发损耗。

②由于液面上有浮动顶覆盖，储液与空气隔离，减少空气污染和着火爆

炸危险，易于保证储液质量。特别适用于储存高级汽油和喷气燃料以及有毒易污染的液体化学品。

③易于将已建固定顶储罐改造为内浮顶储罐，并取消呼吸阀、阻火器等附件，投资少、经济效益明显。

④因有固定顶，能有效地防止风沙、雨雪或灰尘污染储液，在各种气候条件下保证储液的质量，有“全天候储罐”之称。

⑤在密封效果相同情况下，与外浮顶储罐相比，能进一步降低蒸发损耗。这是由于固定顶盖的遮挡以及固定顶与内浮盘之间的气相层甚至比双盘式浮顶具有更为显著的隔热效果。

⑥内浮顶储罐的内浮盘与外浮顶储罐上部敞开的浮盘不同，不可能有雨、雪荷载，内浮盘上荷载少、结构简单、轻便，可以省去浮盘上的中央排水管、转动浮梯等附件，易于施工和维护。密封部分的材料可以避免日光照射而老化。

国内外内浮盘的材料除了碳钢和不锈钢外还有铝合金板、硬泡沫塑料、各种复合材料以及它们之间的组合。随着内浮顶储罐的发展，内浮盘的形式、结构发展也很快，并有专门制造生产各种形式浮盘和内浮盘的专业制造商或公司。

2. 压力储罐

1）总则

压力储罐是天然气集输和处理十分常见的压力容器，其设计、制造、检验及验收遵循《压力容器安全技术监察规程》和 GB 150《钢制压力容器》等标准规范的要求。

2）特殊工况要求

（1）H_2S 酸性环境工况。

①酸性环境定义。

a. 含有水和硫化氢的天然气，气体中的硫化氢分压大于或等于 0.0003MPa 时，称为酸性天然气。

b. 处理酸性天然气的工况为酸性环境工况。

c. 酸性天然气可引起敏感材料的硫化物应力开裂（SSC）、应力腐蚀开裂（SCC）和氢致开裂（HIC）。

②材料。

材料应符合 SY/T 0599 规定，并对材料的 S、P 和 C 或碳当量进行特殊要求，通过技术经济比较，允许采用满足工况要求、成熟可靠的金属复合板材料。

对天然气脱硫工艺的压力储罐的材质，可用碳钢制作。

③制造、检验。

a. 压力储罐应进行100%的射线检测，当容器壁厚不小于38mm，还应进行100%的超声复验。所有开口接管角焊缝应进行磁粉或着色渗透检测。

b. 为防止应力开裂腐蚀，与湿 H_2S 介质接触的压力储罐，当 H_2S 的分压大于或等于0.345 kPa和总压大于448kPa时，焊后需整体热处理。热处理后不允许再动焊，否则应考虑动焊部位局部热处理。

c. 压力储罐热处理后应对接触介质侧焊缝进行硬度检测，满足焊缝、母材和热影响区硬度 $HV10 \leqslant 248$（$HB \leqslant 235$）。

（2）低温工况。

设计温度低于或等于 -20℃的设备所处工况为低温工况。

①低温压力储罐设计温度选取。

a. 当储罐器壁与工作介质直接接触并有外部保温时，应取介质最低温度或按介质正常工作温度再减去可能的温度向下波动值作为设计温度。

b. 处于寒冷地区、露天放置或置于无采暖厂房内受环境低温影响的储罐，当其设计温度受环境温度控制时，其最低设计温度按如下规则确定：盛装压缩气体且无保温设施的储罐，设计温度取最低环境温度降3℃；盛装液体体积占容积1/4以上的无保温的储罐，设计温度取最低环境温度。

c. 一般不以事故状态的意外降温或停车后的自然降温来确定设计温度。

②材料。

低温储罐受压元件用钢必须是镇静钢。常用材料有16MnDR、15MnNiDR、09MnNiDR及Cr - Ni不锈钢等。

③结构。

低温压力储罐的结构设计要求应有足够的柔性，需充分考虑以下问题：

a. 结构尽量简单，减少约束。

b. 免产生过大的温度梯度。

c. 应尽量避免结构形状的突然变化，以减小局部高应力；接管端部应打磨成圆角，呈圆滑过渡。

d. 容器的支座或支腿需设置垫板，不得直接焊在壳体上。

④制造、检验。

低温压力储罐的制造、检验除满足一般压力容器的相关要求外，还应满

足 GB 150《钢制压力容器》附录 C 和 HG 20585《钢制低温压力容器技术规定》的要求。

（3）低温低应力工况。

①定义。

a. 低温低应力工况：系指压力容器及其受压元件一次总体薄膜拉应力在低温（≤20℃）条件下介于材料标准常温屈服点的 30% 至大于 1/6 的工况，即取 $ns=3.3\sim6$。

b. 低温低应力工况：系指压力容器及其受压零件一次总体薄膜拉应力在低温（≤20℃）条件下等于或小于材料标准常温屈服点的 1/6，且不大于 50MPa 的工况。

②冲击试验温度。

a. 设计条件符合低温低应力工况的压力储罐，钢材及其焊接接头的冲击试验温度可比设计温度提高 20℃。

b. 设计条件符合低温低应力工况的压力储罐，钢材及其焊接接头的冲击试验温度可比设计温度提高 50℃。

③设计规定。

a. 符合低温低应力工况的压力储罐，当调整后的冲击试验温度高于或等于 0℃时，压力储罐及其受压元件的设计，选材、结构、制造、检验要求均不必按低温压力容器设计。

b. 符合低温低应力工况的压力储罐，当调整后的冲击试验温度低于 0℃而高于 -20℃时，除钢材及其焊接接头应按规定进行低温冲击试验外，其余均不必按低温压力容器设计。

c. 根据压力容器及其受压元件可能出现的各种工况（降应力、低应力及正常应力），选择最苛刻的温度—应力对应组合，作为确定冲击试验温度的依据。

（4）高含盐材料（Cl^-）工况。

当介质的 Cl^- 含量较高时，若采用碳钢、低合金钢设备腐蚀裕至少应取 4mm，设备应进行整体应力解除热处理并且控制硬度 $HV10\leq248$（$HB\leq235$）；若采用不锈钢，则储罐材料不宜采用超低碳奥氏体不锈钢板或双相不锈钢及其复合钢板。

（5）高含 CO_2 工况。

①当介质的 CO_2 分压大于 0.21MPa 时，CO_2 对壳体的腐蚀分为中度和高度腐蚀。

②CO_2 易引起材料的电化学腐蚀，所以处于高含 CO_2 工况下的碳钢、低合金钢设备腐蚀裕量宜取为4mm，并且设备应进行整体应力解除热处理并且控制硬度 $HV10 \leqslant 248$（$HB \leqslant 235$）。储罐壳体材料宜采用不锈钢及其复合钢板。

3. 球罐

1）球罐分类

球罐可按不同方式分类，如按储存温度、结构形式等。按储存温度分类的球罐一般用于常温或低温或深冷。

（1）常温球罐：如液化石油气（LPG）、氨、煤气、氧、氮等球罐。一般说这类球罐的压力较高，取决于液化气的饱和蒸气压或压缩机的出口压力。常温球罐的设计温度大于－20℃。

（2）低温球罐：这类球罐的设计温度低于或等于－20℃，一般不低于－100℃，压力属于中等（视该温度下液化气的饱和蒸气压而定）。

（3）深冷球罐：设计温度在－100℃以下，往往在介质液化点以下储存，压力不高，有时为常压。由于对保冷要求高，常采用双层球壳。

目前国内使用的球罐，设计温度一般在－40～50℃之间。

按结构形式分类：按形状分有圆球形、椭球形、水滴形或上述几种形式的混合。圆球形按分瓣方式分为橘瓣式、足球瓣式、混合式三种。圆球形按支撑方式分为支柱式、裙座式两大类。

2）球罐结构特点

球罐的结构并不复杂，但它的制造和安装较其他形式储罐困难，主要原因是它的壳体为空间曲面，压制成形，安装组对及现场焊接难度较大。而且，由于球罐绝大多数是压力容器，它盛装的物料又大部分是易燃、易爆物，且装载量大，一旦发生事故，后果不堪设想。国内外球罐的事故案例很多，有些造成重大的人身财产损失。按其事故原因，重点需要考虑结构设计的合理性和施工安装的质量可靠性。

4. 子母罐

子母罐是指由多个子罐（3～7个）并列组装在一个大型外罐（母罐）中的罐。单个子罐几何容积在 100～150m^3 之间，属压力容器，最大工作压力可达1.8MPa。外罐为立式平底拱盖圆筒形常压罐，隔热方式为粉末（珠光砂）堆积隔热。子母罐一般用于液化天然气的储存，脱碳装置中液化 CO_2 的储存也可使用，如中原油田天然气净化液化处理工程有两座子母罐，每座由7个近 100m^3 的罐组成。

八、放空火炬

1. 火炬的作用

天然气处理厂火炬的主要作用是将工厂放空的可燃气体进行燃烧处理以降低对环境的污染。它是保障工厂安全生产不可或缺的设施之一。从环境保护和安全上考虑，可燃气体应尽量通过火炬系统排放，含硫化氢等有毒气体的可燃气更是如此。

2. 火炬的种类

按照火炬系统的压力等级，火炬及放空系统可分为高压火炬及放空系统、低压火炬及放空系统；按照火炬处理排放气体组成的不同可分为无消烟设施的火炬、强制送风无烟火炬；按照火炬放置位置不同可分为海上火炬、地面火炬；按照火炬头结构不同可分为常规火炬、音速火炬，现在音速火炬又有很多种升级产品，如多头火炬，即变量孔设计的孔达火炬；按照火炬支撑方式不同可分为自支承火炬、拉绳式火炬、塔架火炬。一些不同类型的火炬如图4－8－27和图4－8－28所示。

图4－8－27　常规地面塔架火炬

图4－8－28　多头火炬

3. 火炬及放空系统的主要组成结构

火炬及放空的主要组成设备有火炬头、分子封、火炬筒体、点火系统、长明灯、火炬塔架、放空分离器等。

火炬头又称为火炬气燃烧器，它的作用是应保证在不同排放工况下安全地燃烧掉放空气体。

分子封是防止空气从火炬头顶部流入火炬筒，从而避免在系统内形成爆炸性气体混合物的设施。分子封设有排液口，能及时排出雨水和可能产生的凝液。目前在一些工程中，为满足工艺需要，采用动态密封来防止空气从火炬头顶部流入火炬筒。密封气可使用氮气或净化燃料气，由现场手动阀控制调节。

点火系统应能迅速、安全地点燃放空气体，通常由燃料气供给燃料气供给管道、点火引火设施和长明灯等部分组成。不同点火系统的差别主要在于火源与引火（传火）设施的不同。点火引火设施是指点火系统中用以点燃长明等的设施，可分为火源和引火设施两个部分。

长明灯是设在火炬头处的经常被点燃的小火种。它是由点火引火设施点燃，其作用是及时点燃从火炬排出的放空气。目前工程中一般使用的长明灯为高效节能、空气预混型长明灯，根据火炬头的大小配设相应数量的长明灯，每支长明灯耗气量小于3.5m^3/h。长明灯组件中设引射器，使火焰燃烧充分，增强其火焰刚度，抗恶劣气象条件（大风、大雨等）对火焰的影响能力强，同时消除黑烟。长明灯点火可由三种方式实现：操作人员在火炬现场通过地面内传火点火器直接点燃长明灯；由操作人员在控制室内手动通过高空电点火系统点燃长明灯；可由高空电点火装置通过自动点火方式点燃长明灯。通常情况下，长明灯为长明状态，放空气体由长明灯点燃。

火炬放空系统通常设有放空分离器，其作用是将放空气体中可能夹带的可燃液体分离出来，以防止形成火雨。分离器的设计应能将300～600μm的液滴完全分离出来。另外对于甲类、乙类液体排放时，由于状态条件变化，可能释放出可燃气体。这些气体如不经分离，会从污油系统扩散出来，成为火灾隐患。故在这类液体放空时应先进入分离器，使气液分离后再分别引入各自的放空系统。

部分火炬设施如图4－8－29至图4－8－31所示。

图4-8-29　火炬头，分子封

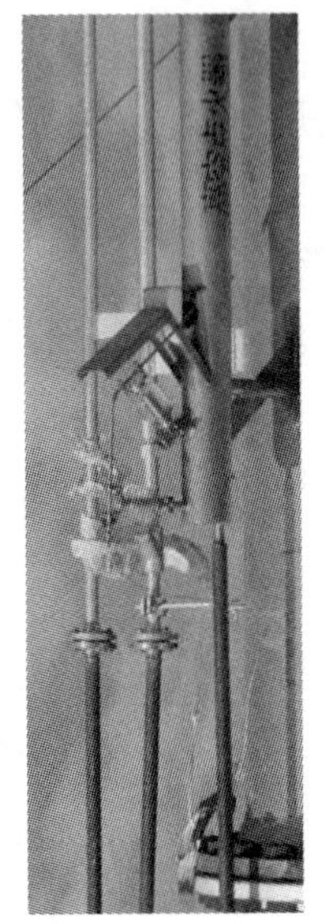

图4-8-30　高空点火器

图4-8-31　就地式地面点火控制系统

4. 常规火炬和高压火炬的对比

目前，国内外成功应用于天然气处理厂的火炬系统按压力等级、马赫数、热辐射率不同，分为高压火炬和常规火炬。这两种类型的火炬技术参数、投资及运行费用对比见表4-8-5。

表4-8-5 高压火炬与常规火炬对比表

序号	项目	单位	数量	高压火炬	常规火炬
				API RP521	API RP521
一 火炬技术规格					
1	火炬有效直径	mm		较小	较大
2	火炬高度	m		较低	较高
3	分子封	台	1	火炬头的特殊结构就可满足分子封的作用，不需单独设置	需要单独设置
4	火炬塔架	座	1	较低	较高
5	点火系统	套	根据火炬规格决定	数量少	数量多
二 投资价格比较					
1				放空量较大时，高压火炬投资略低于常规火炬；如果放空量不大，高压火炬头的费用可能远远高于常规火炬头	
三 性能比较					
1	无烟燃烧			音速火炬采用湍流燃烧技术，它是利用放空天然气高的排放压力和高的排放流速作为动力，天然气以高流速自由射流喷出形成湍流燃烧，湍流扩散火焰扩散过程是以大分子团状态进行，引起火焰锋面一个个皱褶和小涡团，卷吸了周围大量的空气并与之发生强烈的混合和扰动，增大了天然气与空气的接触面积，无需蒸汽就能实现宽流量范围的100%无烟燃烧	常规火炬由于出口流速低，天然气与空气的混合和扰动小，火焰中心区域处于贫氧富燃料状态，在空气不足的高温条件下碳氢化合物易热分解生成固体烟尘——炭黑；为达到无烟燃烧，常规火炬往往需要采用蒸汽或强制送风等助燃手段方能获得良好的燃烧效果

续表

序号	项　目	单位	数量	高 压 火 炬	常 规 火 炬
				API RP521	API RP521
2	热辐射			音速火炬具有较低的热辐射，这是由于该类型火炬燃烧充分完全，燃烧产物全部为 CO_2 和 H_2O，CO_2 和 H_2O 的热辐射为不连续光谱辐射，较之炭黑颗粒连续光谱辐射，只有炭黑颗粒 1/10 的热辐射能力，所以湍流扩散燃烧的火炬具有较低的热辐射	常规火炬燃烧不完全，易产生炭黑，炭黑及不对称的双原子气体 CO 的热辐射能力远大于 CO_2 和 H_2O，故产生的热辐射较音速火炬大，其结果是常规火炬高度远高于音速火炬
3	火焰稳定性			（1）高排放流速辅以分散多臂多点排放燃烧的几何结构，火焰相互作用，能够产生超稳定的火焰，使燃烧更稳定。音速火炬头上设置的长燃的长明灯还起着值班火焰的作用，几个方面的措施确保了高压音速火炬的火焰燃烧稳定； （2）该类型火炬充分利用放空气源压力高的优势，提升放空气体出口流速，增强放空气体与周围空气的相互扰动和掺混，卷吸周围空气提高燃烧的完全程度，形成一个较短的、刚性非常好的超稳定火焰	常规火炬排放流速低，火焰拖曳得很长，火焰软，火焰的稳定性差一些，抵御大风的影响不如音速火炬，而且同样处理能力的常规火炬有效流通面积大，小流量时流速低，火焰很容易受侧风的影响压火，下风侧较易烧损
4	操作范围			音速火炬由于出口流速高，在不增加有效流通面积的情况下能够显著提高火炬的处理能力，可在无排放量至最大排放量之间稳定可靠工作，调节比大，具有非常好的操作弹性	常规火炬则有效流通面积大，小流量及大流量排放的适应性较差
5	使用寿命			高排放流速天然气火炬由于出口流速高，卷吸空气能力强，燃烧完全，燃烧火焰抬离火炬头筒口呈悬空火焰，有效改善了火炬头部的高温工作环境，延长音速火炬头的使用寿命	常规火炬流速低，小流量时火焰附着在火炬筒口或在火炬头内部燃烧，温度高，高温腐蚀严重，达到缩短了火炬头的使用寿命
6	能耗			音速火炬无需消耗蒸汽或压缩空气即可实现全量程范围的无烟燃烧，没有公用工程的消耗，具有非常好的节能效果	常规火炬常常需要助燃蒸汽或鼓风机强制送风才能达到无烟燃烧，能耗大

续表

序号	项　目	单位	数量	高 压 火 炬	常 规 火 炬
				API RP521	API RP521
7	公用工程			由于整个放空系统的压力较高，使整个放空管网尺寸缩小，投资减少	
8	噪声			由于流速较高，放空时，噪声较常规火炬大	

通过以上比较可以看出，高压火炬比同样放空量的常规火炬具有更优越的性能、更好的无烟燃烧效果、更低的热辐射率以及更小的初期投资和运行费用，但是高压火炬头有一个明显的缺点，那就是放空系统背压高。如果工艺过程中有压力较低的气体需紧急放空，则可能由于系统压力较低而无法进入放空系统，如脱硫装置的闪蒸气以及燃料气放空等。而如果在高含硫净化厂里，这些气体进入低压放空将会影响硫磺回收装置的酸气放空。因此三高气田中的高含硫气田不推荐使用高压火炬。

在高产、高压和高 CO_2 的气田中，由于放空量大，且压力较高，高压火炬将占有一定的优势，而且由于不存在接近常压的酸气放空，因此低于高压火炬系统背压的放空气，可进入低压火炬放空而不会影响厂里其他接近常压的工艺气体放空。这样不仅能保证放空安全，还能缩小放空系统尺寸，节约投资。

要保证任一泄放点的背压不致影响该泄放点的紧急泄放，对于弹簧式安全阀，其背压不得大于安全阀定压的10%，并留有适当的余量；若系统背压高于安全阀定压的10%，则需选用特殊形式的安全阀，如带波纹管安全阀等。若选用常规火炬，则其背压一般较低；若采用高压火炬，背压的影响将非常大，因为高压火炬头出口处压力较高，因此整个系统的背压将提高，可能导致某些放空点无法正常泄放，需采取特殊的措施。在放空系统的设计过程中，需对每一处放空阀后的背压进行核算，保证放空阀能正常放空，尤其在采用高压火炬的放空系统中，该问题尤为重要。

目前，高压火炬技术发展较快，已出现第二代、第三代产品。在选用高压火炬头时，不仅要从气田的实际情况和所采用的工艺方案出发，还应注意火炬头厂家的设计制造能力，综合多方面因素考虑，选择最适合的火炬。

第五章　气田自动控制

第一节　自控水平

一、气田内部集输

气田内部集输通常包括单井站、集气站、脱水站（脱水站通常设在集气站内）、集气管道和集气末站。气田内的单井站、集气站、脱水站一般地处偏远地域，站场之间较为分散，交通不便。

在20世纪90年代以前，我国石油天然气工业在气田集气自控技术方面，基本上是采用常规仪表，实现压力、温度、液位的就地显示及超限报警。气田井口、集气站有人职守，工艺过程基本上处于手动操作，流量采用双波纹管差压计进行计量、记录，产量是靠人工计算，采用电话或人工信息进行调度管理。

随着我国经济建设迅速飞跃的发展，我国石油天然气工业也得到了突飞猛进的提高，相对落后的气田集气自控技术和管理水平，已不能满足气田开发飞速发展的需要。特别是20世纪90年代以后，计算机技术、通信网络技术和先进集气工艺的大量介入，迅速改变了油气田生产、经营管理的面貌，集气生产过程的数据采集、过程检测与监控得到了全面科学的发展。气田自动控制系统逐步采用远程监控与数据采集（Supervisory Control And Data Acquisition，SCADA）系统，对气田的工艺过程参数进行监视、控制与数据采集，实现了远距离的集中监视、操作和管理。

“九五”期间，在长庆气田、四川大天池气田相继建成气田SCADA自动化系统。1997年开始建设的重庆气矿大天池构造带天然气地面集输工程，是中国石油天然气总公司和四川石油管理局“九五”期间天然气产能建设的重点工程项目。工程规划在8个整装气田和含气构造上建设62口气井、69座集输场站、9 套天然气脱水装置、170km 集气管道、约 160km 集气支干线、2 座气田污水处理站和自动控制系统、通信系统、供电系统、供水系统以及配套的工业、生活建筑设施。

大天池地面集输工程采用 SCADA 系统对生产工艺过程及重要设备实现自动监视、控制和数据采集。系统建设在四川省开江县、重庆市开县、梁平、垫江、长寿、江北区 300km 的范围内。其规模包括监控中心计算机系统一套，大石坝显示终端计算机系统一套，站控系统（Station Control System，SCS）9 套；远程终端装置（Remote Terminal Unit，RTU）约 80 套。气田所有站场均实现自动控制和远程 SCADA 系统远程监控。

大天池构造带地面集输工程 SCADA 系统的全面应用，实现了整个气田工艺参数的集中监视和各单井站、集气站、脱水站工艺过程的自动控制，并且使整个气田的调度管理水平达到了 20 世纪 90 年代末的世界先进水平。川东气田 SCADA 系统是迄今为止，我国气田中，全面实现气田自动化最早的气田。随后建设的新疆克拉 2 气田是规模最大、自动化水平最高、功能齐全，也是我国全面实现气田自动化最大的气田。在迪那气田地面工程、川东北高含硫气田、四川龙岗气田、苏里格气田等均采用 SCADA 系统。气田建设中 SCADA 系统的应用已是目前国内外发展的必然趋势。

SCADA 系统通常采用三级控制模式，即：

第一级：监控中心集中监视、远程控制、统一调度与管理；

第二级：各工艺站场和（或）阀室控制系统（SCS 与 RTU）自动和（或）手动控制；

第三级：站场单体设备和自带控制设备的就地手动操作控制。

SCADA 系统的主要功能包括以下几方面：

（1）数据采集和处理；

（2）工艺流程的动态显示；

（3）报警显示、报警管理以及事件的查询、打印；

（4）实时数据的采集、归档、管理以及趋势图显示；

（5）历史数据的存储、归档、管理以及趋势图显示；

（6）生产统计报表的生成和打印；

（7）标准组态应用软件；

（8）用户生成的应用软件的执行；

（9）紧急停车；

（10）系统诊断；

（11）网络监视及管理；

（12）通信通道监视及管理；

（13）通信通道故障时主备信道的自动切换；

（14）为数字化气田建设提供实时数据等。

二、天然气处理厂

天然气处理厂的工艺装置多而且非常集中，工艺过程复杂，过程检测点和控制回路较多，手动控制几乎无法满足工艺过程要求。自控系统已逐步从常规的分散式盘装单回路控制仪表、盘装智能化的单回路或多回路可编程控制器，过渡到采用集散控制系统（Distributed Control System，DCS），对天然气处理厂工艺过程参数进行检测和控制。

三、天然气外输

外输首站通常与天然气处理厂毗邻，其主要功能是天然气计量和外输气质监视。在净化气外输首站常设置站控系统或纳入处理厂 DCS 系统。

第二节　计算机控制方案

一、气田内部集输

1. 系统方案

远程监控与数据采集系统（SCADA）是由监控中心计算机系统、站控系统（SCS）、远程终端装置（RTU）或可编程序控制器（Programmable Logic Controller，PLC）及通信系统组成。其典型网络结构图如5－2－1所示。

2. 系统配置

1）计算机系统硬件配置

（1）监控中心。

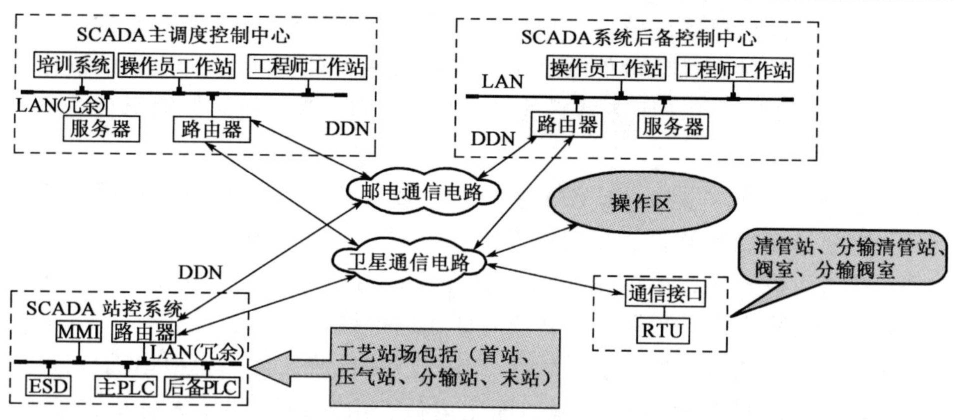

图 5-2-1 典型 SCADA 系统网络结构图

①服务器。服务器是计算机系统的核心，运行各种软件，采集各站的过程数据，担负着整个系统的实时数据库和历史数据库的管理、网络管理等重要工作。为提高可靠性，主要的服务器采用冗余配置。其性能应适合工业用硬件和软件的标准，应具有容错和自诊断能力。

根据所要求完成的不同功能分别配备实时数据服务器、历史服务器和 Web 服务器和（或）Web 应用服务器。

②工作站。根据所完成的不同工作，监控中心配备不同的工作站，即操作员工作站、工程师工作站、培训工作站。

③全球定位系统（Global Position System，GPS）。GPS 为监控中心的服务器、工作站及站控系统和 RTU 等设备提供标准时钟，其时钟精度要求为不低于 10^{-9}。

④打印机。监控中心通常配置 3 台打印机。1 台作为报警和（或）事件打印机，1 台作为报告、报表打印机，1 台彩色激光打印机可用于屏幕硬拷贝。

⑤外存储设备。系统通常配备 1 台冗余磁盘阵列，用于存储系统的历史数据和其他数据。

（2）站控系统。

站控系统主要由计算机系统、操作员工作站、过程控制单元 PLC 或 RTU 等组成。过程控制单元宜采用可靠性高，适应现场环境的控制器，作为人机接口的操作员工作站通常采用工业型微型计算机。

2）计算机系统软件配置

（1）监控中心。

监控中心计算机系统软件，包括操作系统软件、SCADA 系统软件、人机界面（MMI）软件和优化软件等。对于大型气田，监控中心的计算机操作系统通常采用 UNIX（用于服务器）或 Windows（用于客户机）实时多任务操作系统。

SCADA 系统软件是由 SCADA 系统供应商提供的，通常包括数据库管理软件，网络通信控制软件，信息采集系统软件，报警、显示生成、趋势显示软件，报告生成软件，系统重新启动软件等。用户可根据气田监控需求进行应用软件的编程组态，采用填空式或对话式进行编制。

应用软件包括管线模拟仿真软件、管线泄漏检测软件、模拟培训软件等。管线模拟仿真软件具有负荷预测、优化运行、组分追踪和仪表分析等功能。管线泄漏检测软件是采用压力波、统计分析等计算分析的方法进行管线泄漏的分析、检测和定位。

（2）站控系统。

站控系统软件一般包括操作系统软件，数据采集、记录、处理、显示、监视、趋势显示软件，故障诊断软件，与监控中心和其他站的通信控制软件等。

通常站控系统配置以下软件：

①实时多任务操作系统软件（Windows）；

②PLC/RTU 程序编程软件；

③用户应用软件；

④MMI 组态软件等。

3. 站控系统的主要功能

（1）采集和处理工艺变量数据；

（2）PID 控制、逻辑控制、联锁保护；

（3）工艺流程的动态显示；

（4）实时数据归档、管理以及趋势图显示；

（5）监视站场的可燃气体、火灾报警和安全状况；

（6）监视站场的配电系统状态；

（7）报警显示、管理及事件的查询；

（8）生产统计报表的生成和打印；

（9）数据通信管理；

（10）执行监控中心发送的指令，向监控中心发送实时数据等。

二、天然气处理厂

1. 系统方案

天然气处理厂的DCS系统方案选择主要是以传统分散控制系统为主。如今的传统DCS系统已融入先进控制、实时优化、数据挖掘、数据校正、智能健康维护等一系列技术，为用户创造更大的附加价值，为提升企业的效益发挥着重要作用。

传统DCS系统的主要功能是用于工艺装置过程参数（温度、压力、流量、液位等）的监视和控制，实现实时控制、实时监视、生产过程管理等，为装置工艺操作提供服务和支持；主要内容包括生产过程实时数据的采集、显示、报警、生产报表打印。传统DCS系统有以下特点：

（1）系统采用标准化、模块化和系列化的设计。

（2）由过程控制级、控制管理级和生产管理级组成的一个以通信网络为纽带的集中显示，而操作管理、控制相对分散、配置灵活、组态方便、具有高可靠性的实用系统。

（3）DCS系统包括操作站（操作员站及工程师站）、数据服务器、控制网络和与现场仪表相连的控制站等。

（4）控制站包括CPU处理器、I/O模块、电源和通信设备等，控制单元完成实时数据采集、运算处理和对现场工艺过程控制。操作员站作为人机界面，完成显示操作和生成各种报表。工程师站完成系统组态工作。

2. 现场总线控制系统

随着现场总线控制系统（Fieldbus Control System，FCS）技术的发展，各个DCS公司都在将自己的DCS和各种现场总线协议通过接口设备实现连接，同时开发自己的集散控制系统和现场总线系统于一身的综合控制系统。

现场总线（Fieldbus）是20世纪80年代末、90年代初国际上发展形成的，用于过程自动化、制造自动化、楼宇自动化等领域的现场智能设备互联通信网络。它作为工厂数字通信网络的基础，沟通了生产过程现场及控制设备之间及其与更高控制管理层次之间的联系。它不仅是一个基层网络，而且还是一种开放式、新型全分布控制系统。

现场总线控制是工业设备自动化控制的一种计算机局域网络。它是依靠具有检测、控制、通信能力的微处理芯片，数字化仪表（设备）在现场实现

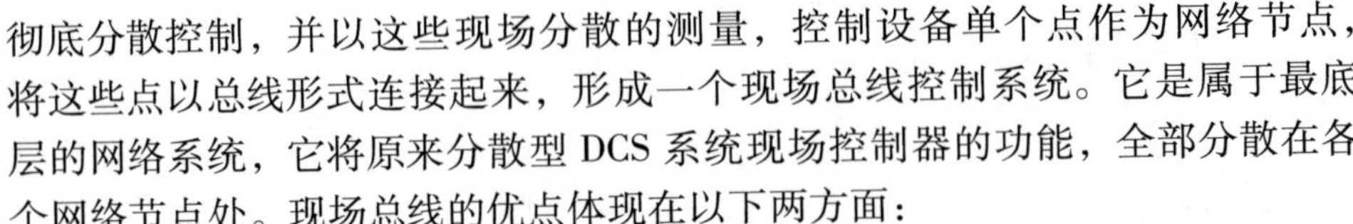

彻底分散控制，并以这些现场分散的测量，控制设备单个点作为网络节点，将这些点以总线形式连接起来，形成一个现场总线控制系统。它是属于最底层的网络系统，它将原来分散型 DCS 系统现场控制器的功能，全部分散在各个网络节点处。现场总线的优点体现在以下两方面：

(1) 节省安装费用。现场总线系统的接线十分简单，由于一对双绞线或一条电缆上通常可挂接多个设备，因而电缆、端子、槽盒、桥架的用量大大减少，连线设计与接头校对的工作量也大大减少。当需要增加现场控制设备时，无需增设新的电缆，可就近连接在原有的电缆上，既节省了投资，也减少了设计、安装的工作量。据有关典型试验工程的测算资料，可节约安装费用 60% 以上。

(2) 节省维护开销。由于现场控制设备具有自诊断与简单故障处理的能力，并通过数字通信将相关的诊断维护信息送往控制室，用户可以查询所有设备的运行，诊断维护信息，以便早期分析故障原因并快速排除；缩短了维护停工时间，同时由于系统结构简化，连线简单而减少了维护工作量。

3. 系统配置

天然气处理厂分散控制系统的配置应按照天然气处理厂的生产规模和生产管理模式来设计。通常 DCS 系统建立在一条高速标准的冗余工业以太网上，运行标准的 TCP/IP 协议，采用路由器等设备与外网通信。利用此系统完成对各个工艺装置、辅助生产设施及重要的公用设施的集中监视、控制和管理。

DCS 系统主要配置包括操作员站、工程师站、过程控制单元和数据采集系统、服务器、外设及有关的硬件和软件等。其典型配置如图 5-2-2 所示。

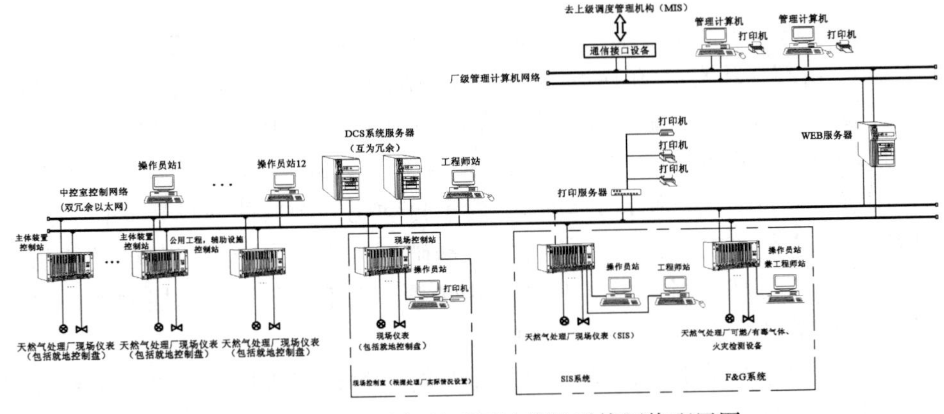

图 5-2-2 天然气处理厂计算机系统网络配置图

4. 系统功能

DCS 系统的基本功能包括实时数据采集和处理功能、显示功能、过程控制功能、安全操作功能、报警功能、制表打印功能、存储功能、自诊断自恢复功能、网络和通信功能、组态功能以及其他功能。

1）控制功能

DCS 硬件能支持系统软件、应用软件及用户要求的软件包，支持最新版本系统软件的升级需要，并具有组态方便、功能齐全、在线局部快捷修改组态的功能。

控制程序的实现是按照要求把所需的控制功能模块或内部仪表组合在一起，实现常规控制功能。算法模块或内部仪表至少包括下列各类：

（1）PID 调节；

（2）PID 带串级、PID 带误差、PID 带死区、PID 带平方误差；

（3）带跟踪的 PID、变增益调节、前馈、Smith 预估器、带自整定的 PID；

（4）采样 PI；

（5）加、减、乘、除、方根、多项式；

（6）偏差、比例、平均值、对数、指数；

（7）与、或、异或、非、或非、触发器、定时器、计数器；

（8）数字滤波器、热电偶和热电阻线性化处理、分段线性化；

（9）积分器、超前/滞后、斜坡函数发生器、微分器；

（10）高/低限位、高/低信号检测等。

逻辑控制采用标准功能块或简单的系统控制语言实现逻辑/联锁控制，并有计数计时等模块供组态时选择。

2）计算机操作管理系统的功能

（1）操作功能。操作人员可以通过键盘、球标实现各种操作。

操作人员可按实时显示的流程画面监视和操作工艺过程，需要调出某一控制回路时，可以从主菜单逐级进入，也可以从相关的流程画面上进入，还可以用仪表位号直接调出，某些重要画面还可以用键盘上的功能键直接调出。

操作人员可以在画面上进行控制回路的手动、自动切换和操作，进行设定值的更改，调节器工程参数的整定，直接观察回路整定后的运行曲线。

操作人员可以从单个操作站访问所有组态内容，为了管理和操作的安全性，可通过授权，限制操作人员的权限，或人为地限定每个操作站的管理范围。

（2）显示功能。在操作站上，操作人员至少可以通过菜单画面、动态流程画面、报警总貌画面、区域报警画面、趋势组画面等画面实施工艺过程的监视和控制。操作时，还可以在动态流程画面上开窗口显示操作功能。

(3) 报警功能。系统能按组态时设定的报警值，检测出生产过程的异常状态，并发出报警信号。可以根据控制参量的重要程度，设置不同的报警级别，并以不同的报警声音、颜色予以区别。报警种类至少包括以下内容：绝对值及高、低、超高、超低报警。偏差报警。设定点超限报警。开/停报警。识别变送器运行在4～20mA · DC以外的报警。热电偶开路报警。输出超限报警。变化率超限报警。系统能自动诊断出操作站、控制站及通信系统产生的故障，并发出报警信号。

(4) 制表打印功能。报表打印：可按要求的报表格式、内容、打印周期进行定时打印，也可以根据需要即时打印。报警打印：报警发生后，除在操作站上显示、储存外，可实时打印出报警点信号、报警时间及报警工况等内容。打印机还具有拷贝屏幕上文字与图形的功能。

3) 通信功能

DCS通信系统为ISO国际标准化组织所认可，符合IEEE802.4工业标准。DCS的设备之间在同一级互相通信。具有冗余的高速通信网络，速度最低不小于5Mbit/s。

三、天然气外输

在外输首站设置站控系统SCS，站控系统的配置和功能与气田内部集输相同。

第三节 检测与过程控制系统

一、内部集输系统

1. 单井站

单井站的主要工艺设备有加热炉（水套炉）、分离器，部分站设有污水罐。

(1) 井口安全系统。

由于天然气井的关井压力一般在20～50MPa。为了保证人身生命安全和集气站场的工艺设备安全运行，必须在井口装置上安装井口安全系统，以便在集气站场发生意外和失控的情况下快速截断井口气源。

井口安全系统又因井口截断阀安装位置的不同有以下几种设置方式：

①对于产量不高的气井，井口安全系统只设置一只截断阀，该阀通常与井口采气树手动翼阀串联安装。

②为防止一只截断阀动作失误，井口安全系统可设置两只截断阀，第二只截断阀通常与采气树的手动主阀串联安装。

③对于产量高，介质腐蚀性强，为防止井口采气树破坏造成井喷，还可以设置三只截断阀。第三只截断阀安装在井下，称为井下安全阀，通常安装在井下80～100m的油管上，在完井时安装。由于井下的压力非常高，液压的驱动力大，井下安全阀的动力源通常为液压油。对于高压、高产量、高含硫气井，宜在井下设置井下安全阀。

井口安全系统由检测装置、控制箱、执行机构、截断阀、信号管线等组成。系统要求如下功能：高压检测装置检测到压力大于设定值或低压检测装置检测到压力小于设定值或火灾易熔塞融化井口和（或）装置区发生火灾，124℃易熔塞融化）自动关闭井口截断阀。

当净化厂、集气站关闭进站阀门或单井站发生泄漏，通过SCADA系统或单井站RTU远程信号关闭井口截断阀。

井口安全系统根据现场情况采用气动（井口天然气）、液动、气液混合作为动力源。在南方地区可采用井口天然气作为动力源（如果采用净化空气也可用于北方地区）。但井口天然气需要经过调压、分离、过滤后才能作为井口安全系统的动力气源。气动井口安全系统的关井时间较短，主要取决于气动信号管线的长度。在北方地区可采用液压油作为井口安全系统的动力源。液动井口安全系统的关井时间较长，主要取决于信号管线的长度。

井口安全系统典型原理图如图5－3－1所示。

（2）检测井口油管和套管压力、天然气流动温度，为气田开发部门提供数据。

（3）对分离器的液位进行控制，对气井的产水量进行计量，气井的产水量作为重要数据提供给气田开发部门，调整气井的产量。气井产水量通常较少，分离器的液位采用两位式控制，通过计算排液次数达到气田水计量的目的。由于气田水比较脏并且含有一些杂质，选择液位检测仪表和控制阀时，应注意防止污染和堵塞仪表、控制阀和引压管线等。

（4）对单井站天然气进行计量，可采用成熟的孔板节流装置。

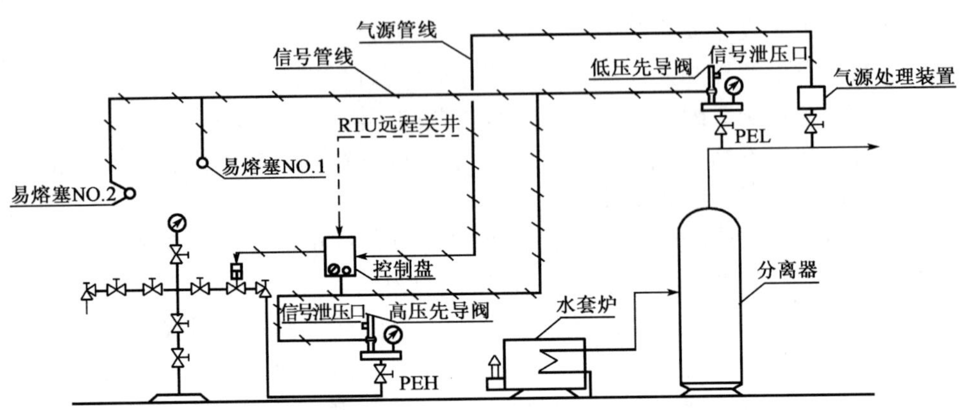

图5-3-1　井口安全系统典型原理图（气动）

(5) 对加热炉（水套炉）进行监控，对于天然气产量较小［(1～5)×$10^4m^3/d$］的井站，加热炉可采用就地仪表对加热炉的水温、烟道温度和燃料气压力进行检测。对于天然气产量较大的井站，加热炉的水温采用连续控制和两位式控制，同时对加热炉的火焰进行检测，设置熄火联锁保护。

2. 集气站

在集气站内的单井站检测和控制与上述的单井站相同。集气站内设置的气液分离器、天然气计量的检测和控制。在出站管线上应设置自动截断阀和站内自动放空系统。当站内设备故障和发生泄漏时，关闭井口截断阀和出站截断阀，同时打开放空阀进行泄压。

1）分离轮换计量集气站主要检测和控制

在轮换计量集气站内通常设有计量分离器和生产分离器。

轮换计量可采用手动切换和自动切换。自动切换可采用程序控制。计量分离器是对各单井站来气分别进行分离，然后再气、液进行分别计量。分离器的液位控制、气田水、天然气计量与所述单井站相同。

2）气井产量计量

气井集输流程分离器分离的天然气、水及天然气凝液应分别计量，以满足生产动态分析的需要。属于下列情况之一的气井，通常采用连续计量方式：

(1) 产气量在气田总产量中起重要作用的气井。

(2) 对气田的某一气藏有代表性的气井。

(3) 气藏边水、底水活跃的气井。

(4) 产量不稳定的气井。

采用周期性轮换计量的气井，其计量周期应根据计量的路数决定，一般周期为5～10d。每次计量的持续时间不少于24h，且当调整某路气井产量时应优先切换至该路计量。轮换计量器具的配置应能覆盖每路气井的流量范围。

3）天然气输量计量

天然气输量计量可分为以下三级：

一级计量——油气田外输气供用户的贸易计量；

二级计量——油气田内部交接的生产计量；

三级计量——油气田内部生活用气的自用气计量。

天然气输量计量系统准确度的要求应根据计量等级确定：一级计量系统的准确度等级可根据天然气的输量范围不低于表5－3－1中的规定，二级计量系统的最大允许误差应在±5.0%以内，三级计量系统的最大允许误差应在±7.0%以内。

表5－3－1 一级计量系统的准确度等级

标准参比条件下的体积输量（q_{nv}），m^3/h	≥500	$5000 \leq q_{nv} < 50000$	≥50000
准确度等级	C级（3.0）	B级（2.0）	A级（1.0）

天然气一级计量系统的流量计及配套仪表，应按现行GB/T 18603《天然气计量系统技术要求》的规定配置，配套的准确度应按表5－3－2确定。天然气二级、三级计量系统配套仪表的准确度，可分别参照表中B级和C级确定。

表5－3－2 计量系统配套仪表准确度

参数测量	计量系统配套仪表准确度		
	A级（1.0）	B级（2.0）	C级（3.0）
温度	0.5℃	0.5℃	1℃
压力	0.2%	0.5%	1.0%
密度	0.25%	0.75%	1.0%
压缩因子	0.25%	0.5%	0.5%
发热量	0.5%	1.0%	1.0%
工作条件下的体积流量	0.75%	1.0%	1.5%

天然气计量系统选用标准孔板节流装置时，其设计、安装和流量计算应符合现行GB/T 2624《流量测量节流装置用孔板、喷嘴和文丘里管测量充满圆管的流体流量》的有关规定。对于干气的计量，其流量计算可按GB/T

21446《用标准孔板流量计测量天然气流量》的规定进行。当采用气体超声流量计测量天然气流量时，其设计、安装和流量计算符合现行 GB/T 18604《用气体超声流量计测量天然气流量》的规定。

生产分离器是对各单井站来气进行集中分离，然后再进行计量。分离器的液位控制、气田水天然气计量与所述单井站相同。

如果采用注防冻抑制剂而且天然气中含凝析油，在集气站设置三相分离器。通常对三相分离器的液位和压力进行控制。

4）增压站的主要检测和控制

在进出站管线上应设置自动截断阀和站内自动放空系统。当站内设备故障和发生泄漏时，关闭进出站截断阀，同时打开放空阀进行泄压。在过滤分离器上设置液位高低报警或自动控制系统。可根据气田水的水量多少进行设计。液位自动控制系统与单井站分离器相同。

采用燃气机驱动压缩机时，燃气机驱动压缩机的启动气和燃料气应设置截断阀。在燃气机驱动压缩机故障或停车时截断启动气和燃料气。

压缩机厂房为全封闭设计时，应设置可燃气体检测报警系统、火灾检测报警系统和厂房内的温度检测报警系统。

压缩机自身检测与控制系统（Unit Control System，UCS）由压缩机制造商设计和提供，并由压缩机制造商负责调试和投运。如果设置站控系统，压缩机的 UCS 应与站控系统 SCS 进行通信。

二、天然气处理厂

1. 天然气脱硫（脱碳）

（1）设置进装置原料天然气超压联锁保护系统。当原料天然气压力超过设定值时，联锁保护系统开启放空联锁阀，经调节阀调压后放空或关闭相应的井口以降低原料气的进装置压力。

该阀可由原料气管线上的压力控制系统控制，调节器的给定值可高于装置操作压力 0.3MPa 左右，正常时因压力测量低于给定值，调节阀处于全关状态。当事故压力超过给定值时，调节阀开启以维持给定的压力，为使该系统响应快，设计时要考虑调节器具有抗积分饱和性能。

（2）原料气过滤分离器设置差压检测，以便及时清洗滤芯，保证设备安全平稳运行。

（3）对进装置的原料气进行计量。天然气净化厂一般不设原料气流量控制系统，这是因为天然气处理厂的流量由集气站配给，流量的改变需根据各气井的情况调节气井的节流阀，因节流阀一般压降很大，在处理厂原料气管线设置流量调节阀，因调节阀压降占系统总压降很小（流量系数 S 值很低），所以调节灵敏度很低。在有多套净化装置并列运行时，为保证每套处理量的均匀分配，可以在装置入口设置流量控制，同时也可切换为压力控制来完成对各套装置的有效调控。

（4）设置吸收塔液位控制及超低液位联锁保护。联锁时根据不同工况分别截断装置进口原料气、富液出料及脱水装置出口净化天然气。脱硫吸收塔液位是保证脱硫装置正常运转的主要参数，当液位过低造成吸收塔高压气体窜入低压的闪蒸塔或进入再生塔时，将会造成设备损坏的重大事故。因此，液位控制系统设计应尽可能完善可靠，设计时以下几点为予以充分重视：

①吸收塔底储液停留时间一般应 4min 左右，考虑到脱硫溶液是在脱硫-再生这一密闭系统内循环，当吸收塔底液位保持一定时，系统内的变化如溶液的损失，吸收塔和再生塔塔盘上的积液量增加（可能是液泛的前兆），溶液的浓度的变化（水分的损失或增加）等都会反映到再生塔的液位变化上，而再生塔底液位又是不可控的，故再生塔应留有更大的停留时间作为系统溶液变化的缓冲空间，吸收塔底液位测量范围一般为 1100mm 左右，而再生塔液位应设置 2000mm 左右，前者可选浮筒式，后者应优选差压式液位仪表。

②考虑到吸收塔液位控制的重要地位，除正常设置的液位调节测量仪表外，应在稍低位置设置超低液位联锁保护检测点。

③安装在吸收塔底富液管线上的液位调节阀因压降大（一般在 3MPa 以上），富液的腐蚀及冲刷，节流后吸收气体的释放等原因会造成调节阀的损坏，设计中曾选用过角式调节阀，底进侧出，效果较好。近年来开始选用笼式调节阀，该阀因正常的节流通道与阀关闭时的密封面分开，阀的关闭严密性能好，可兼作联锁截断用。在有些设计中也有在调节前另设联锁截断阀的做法，从安全考虑更为可靠，但投资会增加，设计时应综合考虑。

④液位调节阀的安装位置，在流程中不设闪蒸塔的情况下，应安装在贫富液换热器之后富液进再生塔处，这样可以避免调节阀节流后酸性气体的闪蒸造成换热设备的腐蚀，调节阀的计算应充分考虑气体闪蒸后对调节阀流通能力（K_v 值）增加的要求。

⑤吸收塔的高压富液通过液位控制进入低压再生系统，富液的高压能量消耗在调节阀上，损耗了能量，如果让富液通过一个水力透平，用水力透平带动溶液循环泵，大约可以回收 50% 左右能量，不足的部分可以辅助原动机

补充。溶液循环泵、能量回收涡轮和辅助原动机串在同一驱动轴上运转，实现对富液能量的回收。

图5-3-2为采用富液水力透平后吸收塔液位控制系统图。该系统在某天然气净化厂上运行取得了较好的使用效果，其动作原理如下：

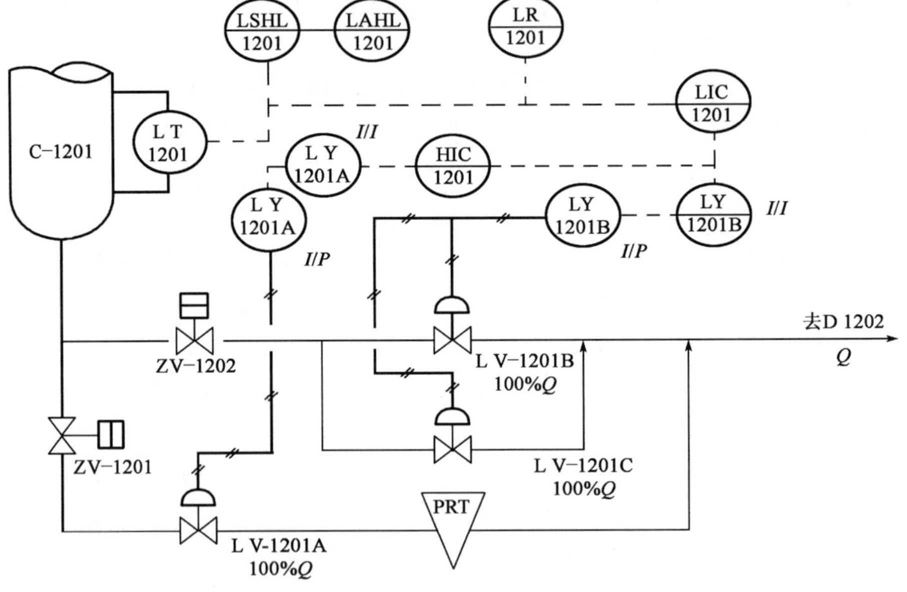

图5-3-2　吸收塔液位控制系统图

①在富液管线上安装了3台液位调节阀，其正常流通能力分别是LV—1201A为100%Q，LV—1201B为100%Q，LV—1201C为10%Q（Q为流量）。

②当吸收塔C—1201建立正常液位后，由LIC—1201的输出信号控制LV—1201B、C阀，此时HIC—1201处于手动位置，LV—1201A处于关闭状态，水力透平PRT不运转。

③通过HIC—1201逐渐打开LV—1201A阀，PTR投入运转，此时LV—1201B、C阀的开度自动随LIC—1201控制信号减少，当LIC—1201与HIC—1201的输出信号相等时，将HIC—1201切换至自动状态，实现无扰动切换。

④正常的液位波动由LV—1201C阀控制，当PRT因故障停止运转时，LV—1201C阀全开，且LV—1201B阀受LIC—1201控制处于一定开度。

该系统当富液负荷为100%时，水力透平的效率最高，可回收50%以上的富液能量，当富液流量减至40%时，水力透平回收能量为0，应停止透平的运行；该系统辅助原动机采用电动机，当富液通过量变化引起水力透平转速变化时，电动机会自动从电网中吸收能量以补充能量的变化，维持额定的转速。

（5）检测、控制闪蒸塔的压力及液位。

（6）对酸气分液罐压力实行分程控制。正常操作时，酸气至硫黄回收装置。当硫黄回收装置故障或联锁停车时，酸气超压，调节放空。

（7）对出装置干气压力进行调节。维持脱硫吸收塔的压力稳定是保证脱硫装置正常运转的重要措施，压力控制阀设置在净化气输出管线上，调节阀的压降为装置操作压力与输气管线起始压力之差。因为该压差数值相对较大，控制灵敏。设计时要充分考虑输气管线起始压力随输气量大小而变化，调节阀的调节范围应留有充分余地。同时该阀是全装置的主要噪声源，设计选型时应尽量采用低噪声阀。在过去的设计中，选用了低噪声和调节范围较宽的笼式调节阀，效果较好。压力检测点在没有脱水装置时可设置在调节阀前。当设有脱水装置时，测量点可移至脱硫吸收塔之前，这样对稳定脱硫吸收塔压力更为合适。压力调节器的比例度要稍大一些，这样可避免调节阀动作过快而引起流量的过大波动。

（8）在出装置的净化气管线设置在线 H_2S 分析仪以监视和控制净化气质量。

（9）脱硫装置再生塔控制系统。脱硫装置的富液进入低压的再生塔，随着压力的降低和温度的提高，在吸收塔中吸收的酸性气体 H_2S 和 CO_2 被解析出来，完成溶液的再生过程。再生塔的热源来自塔底蒸汽重沸器，控制系统如图 5－3－3 所示。

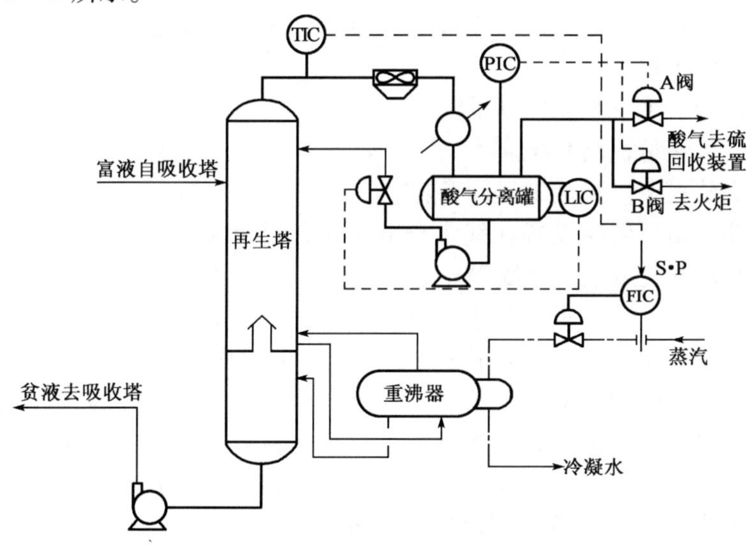

图 5－3－3　再生塔控制系统图

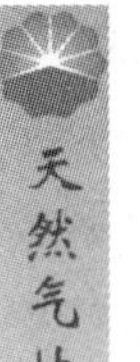

①保持再生塔压力稳定是保证再生塔酸性气体解析的重要控制点，通常的方案是由酸性气体分离罐上压力控制分程的A阀和B阀控制。正常操作时，控制去硫回收装置的A阀；当回收装置事故联锁截断酸气时，压力控制自动过渡到通往酸气放空火炬的B阀。为保证正常运转时酸气不泄漏，B阀应采用调节截断型调节阀，调节阀阀座可选用软密封型式。压力调节器应具备积分功能，以便控制输出信号在A阀、B阀之间过渡。调节器比例度应适当放大，以减少酸气流量的过大波动。

②酸气分离罐的酸水回流控制一般采用液位调节方式，但应采用大比例度和较长的积分时间，以获得均匀控制效果，这对再生塔的热负荷稳定是有好处的，当酸气分离罐的停留时间较长（如大于30min），酸水回流可以采用流量控制，此时，酸气分离罐可以只设液位指示报警。

③再生塔底重沸器蒸汽采用流量控制，这种衡定给热的控制方案虽然能满足再生过程基本要求，但当液量和富液酸气负荷变化时，因所需的热负荷变化会引起塔顶水蒸气和酸气的回流比变化，因此，塔顶的回流比改变是再生塔热平衡的直接反应，回流比可由塔顶温度间接控制。

④在保证再生贫液质量的前提下，为了减少蒸气消耗量，可以采用贫液中酸气含量质量反馈控制重沸器蒸汽流量的在线质量控制系统。

2. 天然气脱水

（1）分子筛脱水装置检测及控制回路：

①分子筛脱水塔进出口截断阀顺序控制系统（对分子筛吸附、再生和冷却过程进行程序控制）。

②加热炉再生气温度控制系统。

③再生气流量控制系统。

④对出装置干气流量进行计量。

⑤在装置出口管路设置在线水分分析仪，对出装置干气露点进行分析检测，以防止湿气进入输气干线等。

（2）分子筛脱水后的干气中水含量可低于1μg/g，水露点可低于－50℃。但是由于分子筛脱水等固体吸附法存在对于大装置设备投资和操作费用较高、气体压降大、吸附剂易中毒和破碎、吸附剂再生时耗热量较高（在低处理量操作时尤为显著）等缺点，因此溶剂吸收法是目前天然气工业中较普遍采用的脱水方法。其中以三甘醇（TEG）法脱水装置应用最为广泛。

（3）TEG法脱水装置检测及控制回路：

①进装置原料气系统采用压力超高自动放空至火炬的联锁控制方案。

②对吸收塔液位，设置双重液位检测，采用逻辑判断进行联锁保护。

③对闪蒸罐压力、液位进行调节。

④控制重沸器甘醇溶液再生温度。

⑤对出装置的干气计量按照压力、温度的变化进行全补偿流量计算和累积。

⑥对灼烧炉温度进行调节，并指示报警。

⑦对出装置干气压力进行调节。

⑧采用在线水分分析仪对出装置干气的含水量进行分析，当干气水含量超过规定指标时，及时报警并可根据需要联锁截断有关阀门，确保干线输气质量。

以上控制回路中，①②④为重点回路，下面对其进行详细介绍：

①吸收塔压力及液位控制。TEG 脱水装置吸收塔压力及液位控制方案设置与 MDEA 脱硫装置吸收塔压力及液位控制方案完全类似，其设置可参见脱硫装置相关章节。

②脱水装置重沸器控制系统。脱水装置的溶剂采用 TEG，吸水分后的 TEG 需加热再生才能循环使用，为了达到一定的脱水深度，TEG 的再生温度应控制在 202℃左右。控制方式可采用蒸汽作热源（需要饱和蒸气的压力等级为 2.5MPa），也可采用导热油加热，这两种方式重沸器控制比较简单，即根据重沸器中 TEG 温度控制热源介质的流量。在工厂和（或）站场没有高压蒸汽或导热油来源时，采用直接火焰加热的火管式重沸器是最为简便的方法（图 5－3－4）。

3. 天然气烃露点控制

在气田投产初期，因压力有保证，通常采用 J－T 法工艺时的温度控制，后期因压力下降，改用外制冷设备取代节流阀，其他工艺和控制都是相同的。

1）低温分离器的温度控制

烃露点的保证主要靠节流阀来控制，采用压降的控制来实现温度的控制，在焦耳-汤姆逊（以下简称 J－T）效应下，使天然气的温度迅速降低，经分离后而实现水和液烃的脱除。

（1）采用压力调节实现温度控制：采用阀后压力控制（或采用阀前压力），在一定的压力降下，可以将温度降低 20～30℃。在入口温度为0～－5℃时，出口温度可以降低到－20～－35℃，这时可以在低温分离器中分离出液态醇烃液，即达到脱烃脱水的目的。同时，在干气增加出口温度控制，可以保证入口温度和压力的稳定，实现装置的平稳运行，如图 5－3－5 所示。

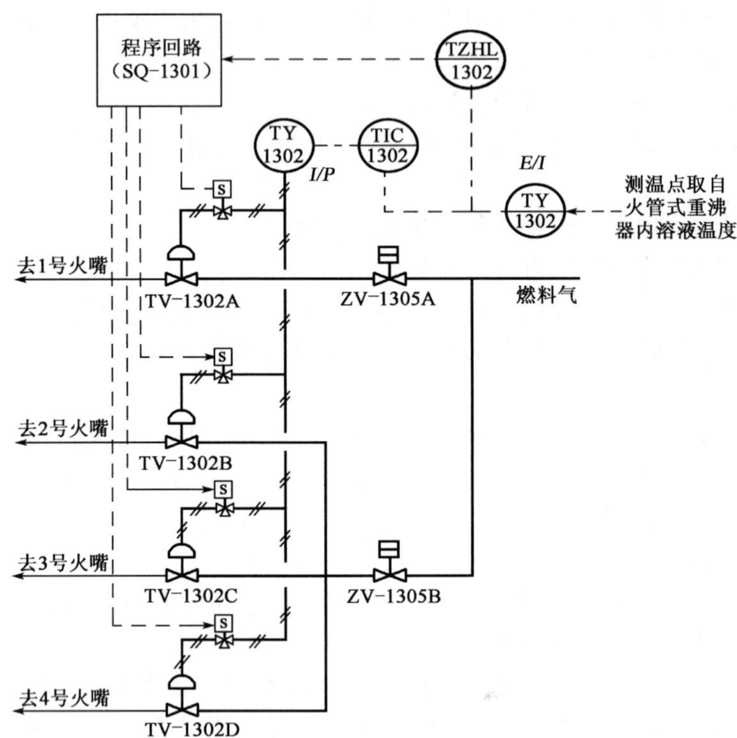

图 5-3-4　火管式重沸器温度控制系统图

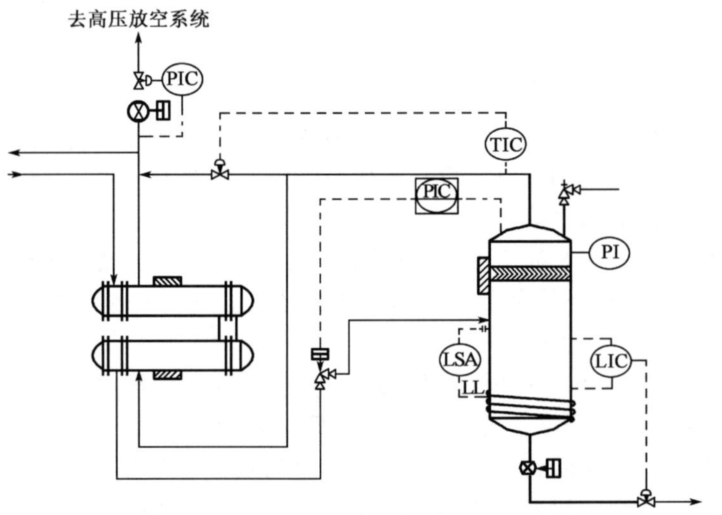

图 5-3-5　采用压力调节实现温度控制

（2）采用压差调节实现温度控制：采用压差控制，也可以实现压力降控制。此法优点是更易保证出口温度，使烃露点满足管输要求，但有可能造成压力波动，故在装置出口或总出口进行压力控制，以保证装置的压力稳定，如图5－3－6所示。

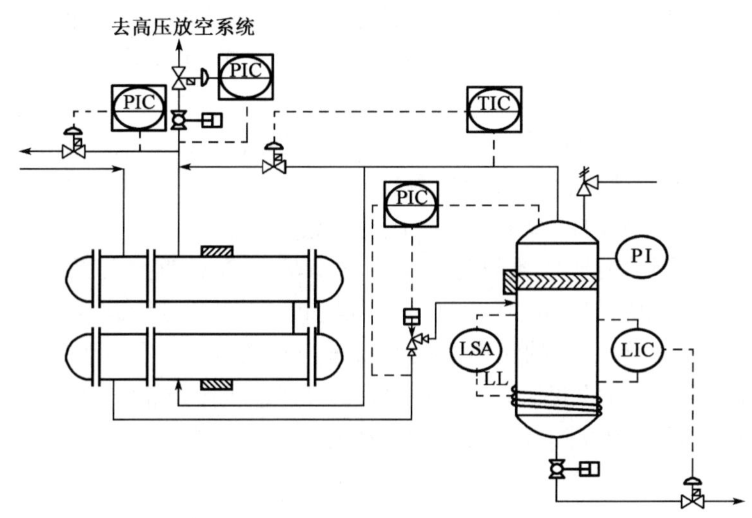

图5－3－6　采用压差调节实现温度控制

（3）采用丙烷制冷装置实现温度控制：在气田开发后期，因气田压力下降，无压力源节流，需增加外制冷装置，将图5－3－6中J－T阀改为制冷装置即可。

2）液液分离器的测量和控制

液液分离器的主要功能是分离从低温分离器中分离出的醇烃液，液液分离器可以分为入口段、沉降段、收集段，液体停留时间一般为15～20min。

根据液液分离器的结构，醇烃液经过沉降后，因重度的不同，分别进入不同的收集段，醇水和烃液分别从不同的收集段进入下一装置处理。因分离器沉降段两相界面较为稳定，可以不进行测量，而收集段液位控制较为简单，分别在醇水腔和烃液腔的出口分别设置液位控制回路即可。

4. 硫黄回收装置

1）硫黄回收装置的检测和控制回路

①硫黄回收装置气/风比率控制系统。按照进硫黄回收装置酸气中H_2S完全反应生成硫黄所需要的氧气来配比空气，是克劳斯反应过程的基本控制系统，无论是直流法还是分流法克劳斯过程，炉头比率控制系统的配置基本一

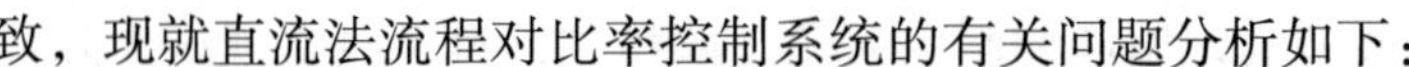

致，现就直流法流程对比率控制系统的有关问题分析如下：

气/风比率前馈调节是比率控制的基本配置。

当硫黄回收装置硫黄产量较低时（如小于10t/d）仅采用前馈调节一般能取得满意效果，经济上是合理的。前馈调节系统越完善，装置的收率会越高。在配备了尾气 H_2S/SO_2 比率反馈调节的情况下，前馈调节运行得好，可减少反馈调节量，而反馈调节因过程滞后时间长，调节过程品质不易获得满意效果。

提高前馈调节系统品质，通常可以采取下述措施：对进装置的酸气和空气采用温度、压力补偿提高流量检测精度；补偿可采用操作条件下实际的温度、压力与流量计算时的基准温度、压力比较的办法。

气/风比率调节的比率系数与酸气中的 H_2S 浓度有直接关系，一般说来，当天然气净化厂原料气中的 H_2S 和 CO_2 浓度较稳定时，进回收酸气 H_2S 浓度变化不大，以此计算出来的比率系数可以作为常数设定，但实际装置运行时，H_2S 浓度有10%左右的变化，这主要是由以下几方面的原因造成的。

①原料气 H_2S 浓度随气田气井的配产变化。

②脱硫装置的 H_2S/CO_2 选择性脱除深度变化。

③溶剂再生状况的变化。

④溶剂闪蒸深度变化及脱硫装置的正常波动等。

比较好的方案是设计时采用检测酸气中的 H_2S，在线对比率调节的比率系数进行调整。这对炼油厂的硫回收装置更显重要，因为炼厂酸气来源复杂，酸气中 H_2S 波动范围要大得多。比较节约的方案是根据酸气的人工分析值（H_2S 和 CH_4 的质量分数）、人工输入调节计算单元，以获得实际的比值系数。

2）硫黄回收装置风机的控制

气/风比率控制的空气由单独的风机提供，风机工作是否稳定，直接影响比率控制效果。当风机采用罗茨式风机时，因为风机特性为转速一定时，排量一定，且风机风量一般大于比率控制用风量，可以采用风机总管压力调节放空的方案。该方案对硫回收装置风机风量有另外的用风点时更显重要。调节放空的方案显然要多消耗一部分能量，一般设计时正常放空量占20%左右，若考虑节能，可采用罗茨风机调速的办法，电动机调速器的输入信号可由风机总管压力调节器输出提供，当装置硫黄产量较大，风机功率较大时，节能效果更为明显。

当风机选用离心式风机时，可不设空气总管压力调节系统，此时，考虑到风机出口压力有一定变化，为确保空气流量测量精度，应设置空气流量的温度、压力补偿。为防止离心式风机进入喘振区，应设置按风机总管流量控制空气防空防喘振调节系统，该系统正常时调节阀关闭，当空气流量接近喘振流量限时，调节器自动开启放空调节阀以维持风机最低流量运转。

3）硫黄回收装置主燃烧炉联锁保护系统

主燃烧炉联锁保护系统主要是防止酸气流量超低时，影响燃烧炉的正常燃烧。当酸气流量降为0时（酸气紧急放空），应立即截断空气，以防止空气进入反应器造成系统积存的硫黄燃烧，使催化剂损伤。当燃烧炉的余热锅炉液位超低时，为防止炉管烧坏，也应即时停止反应炉的进料。将以上联锁信号引入联锁装置，紧急截断酸气和空气，以保证装置的安全。酸气和空气截断阀应单独设置，有些装置采用空气调节阀兼做联锁截断阀用，由于调节阀关闭性能不佳，在停止风机运转时，会造成过程热气流倒流至风机，设计时应慎重考虑。

主燃烧炉采用燃料气点火，升温设计一般采用程序点火。设置在燃烧器上的火焰检测器，一方面用于程序点火，另一方面用于正常生产的监视酸气燃烧熄火。设计选型应要求火焰检测器能适应燃料气和酸气两种介质的燃烧。

4）MCRC低温克劳斯装置的控制要点

MCRC装置的关键技术是在常规克劳斯反应器之后，设置了两台低温克劳斯反应器，一台吸附，一台再生，采用程序自动切换，使该硫回收装置的硫收率达到99%，一个装置可起到硫回收和尾气处理两个装置的作用。

低温克劳斯反应之所以可以提高转化率，其一是因为克劳斯反应是放热反应，在低温区（127℃左右）平衡转化率可接近100%；其二，低温克劳斯反应的生成物硫黄以液态形式积存在催化剂微孔表面，降低了生成物的气相分压，有利于反应的进行。

5. 尾气处理装置

SCOT尾气处理装置的检测与控制回路简述如下：

SCOT尾气处理装置是利用CH_4气体在燃烧炉中的不完全燃烧制取氢气，所得到的氢气在SCOT反应器中与硫黄回收装置尾气中为SO_2反应，将SO_2还原的H_2S，H_2S经分离后返回硫黄回收作为酸气原料的一部分，与其他酸气一道继续参加克劳斯过程，从而使H_2S的总转化率达到99.8%。

在SCOT尾气处理装置中，燃烧炉一方面要提供SO_2还原反应所需的氢气，另一方面要提供热量使硫回收装置尾气（一般为140℃左右）在燃烧炉中加热至反应所需的温度（300℃左右）。因此，对燃烧炉的控制要保持两个

平衡，即热量平衡和氢气平衡，两个平衡互相影响，即在控制系统设计时应给予充分的注意。

（1）燃烧炉出口温度控制。

在重庆天然气净化总厂卧引分厂中，SCOT 尾气处理装置是采用燃烧炉过程气混合段出口温度控制进炉燃料气流量控制方案，该方案的主要优点是控制灵、精度高。因为该装置的硫回收尾气中自身含有的氢气浓度较高，而燃烧炉主要是提供热量加热硫回收尾气，使经混合的尾气温度提高至还原反应所需温度，所以该方案是合理的。在另一装置中，因为克劳斯装置反应器所采用的催化剂不同，回收装置尾气中氢含量较低，加之硫回收装置总转化率较低，使 SCOT 尾气装置制氢量加大，燃烧炉的燃料气量也相应加大，并与硫黄回收尾气在炉中混合后，温度高于 SCOT 反应器所需的温度。如采用前一控制温度方案，就会造成氢气的不足。在工艺设计中，采用了燃烧炉过程混合段出口过程气通过余热锅炉取走多余的热量的流程，相应的温度控制方案采用余热锅炉出口过程气温度控制余热锅炉热流旁通的方案（控制余热锅炉中的热旁通的开度）。该方案在川西北净化厂 SCOT 尾气处理装置实际使用效时较好，通过热旁通调节温度范围可达 30℃左右。

（2）燃烧炉气/风比率控制。

燃料气中的 CH_4 在燃烧炉中采用次化学当量燃烧，以产生所需的氢气，空气流量按照理论燃烧所需空气的 0.8 左右配比控制。一般所产生的氢气应有一定的过剩范围，氢气的在线检测点设置在装置急冷塔出口处，氢气测量值在控制室设置低限报警，氢气的调节可通过自动或人为改变气/风比率控制的比率系数实现，比率系数一般在 0.7 ~ 1 之间，当系数低于 0.7 时容易产生炭黑，造成后续设施的堵塞，此时若氢气量不足，则可提高进炉燃料气量。当提高燃料气量后造成余热锅炉出口过程气温度上升时，此时温度控制系统会自动关小热旁路，将温度控制在给定值上。

为减少 SCOT 尾气处理装置的负荷，在设有该装置的天然气处理厂中，克劳斯硫回收装置的尾气 H_2S/SO_2 比率应控制略大于 2，此时，虽回收装置的收率会略有下降，但对 SCOT 装置有利，总硫收率不会降低。

（3）当燃烧炉产生的还原氢气不足时，会造成 SO_2 不能完全还原成 H_2S，造成后续设施严重腐蚀。此时急冷塔出口过程气的氢气浓度会急剧下降［设计值为 2%（体积分数）］，其酸水的 pH 值也会下降。当以上两个指标达到极限值时，紧急停车系统应截断 SCOT 装置进料，并打开 SCOT 装置旁通，将尾气直接送至尾气焚烧炉。

（4）目前，国外推出了串级 SCOT 工艺，即将 SCOT 吸收塔的吸收溶液返回脱硫装置作为脱硫装置的半贫液继续脱除 H_2S，并由脱硫装置的再生塔完成溶液的再生。这种工艺可提高 SCOT 装置脱硫溶剂的硫负荷，简化工艺流程减少投资。

当采用串级 SCOT 工艺时，燃烧炉产生的氢气不足时，由于 SO_2 的穿透对溶剂的污染将会直接影响到脱硫装置的正常运行。因此，氢气在线分析仪和 pH 值在线分析仪的设置更为重要。正常采用两台仪器，氢气浓度的平均值控制燃烧炉的气/风比率，并随时对两台仪器的输出进行比较，对仪器故障进行诊断。

6. 轻烃回收

1）透平膨胀机增压机

增压机安装在膨胀机工作轮同轴的另一端，形成双悬臂转子。转子中间体两端有支撑和止推轴承。在膨胀机叶轮和轴承之间装有刚性迷宫式密封。增压机叶轮是半开式单级径向离心式。天然气在膨胀机里产生的膨胀功，直接由增压机回收，以提高外输干气的压力。同时，增压机在这里还起着稳定控制膨胀机转速的作用。增压机出口至入口端设有反馈旁路，装有气关式调节阀。当增压机入口气量偏小，机组发生喘振或超速时，膨胀机反馈气量，就可稳定转速，保证机组安全运转。实际情况表明：当外输压力偏低时，易发生短路现象，这时增压机入口气直接经旁路至干气管线，机组容易发生超速运转，采用关掉旁路阀，提高外输压来控制膨胀机转速更为可靠。

增压机使干气增压仅 0.16 MPa，但它是工质在膨胀机中产生绝热等熵膨胀输出外功和稳定转速所必备条件。

2）透平膨胀机机组的安全保护系统

高速运转的透平膨胀机，绝对不允许在无润滑油时启动和停车。因此，机组设置了启动装置与润滑系统的联锁，在润滑系统投入正常工作之前，膨胀机是无法启动的。当油泵出现故障或电路断电时，膨胀机进口调节阀可自动关闭，同时旁路调节阀自动打开，这时油压容器投入工作。调节阀 15s 关闭结束，油压容器延迟供油约 50s，实现安全保护。

当透平膨胀机制动系统失灵发生飞车、润滑油系统油压降低、轴承温度超限引起危险时，安全保护装置都能报警和实现自动停车。

膨胀机叶轮与润滑轴承之间设置的迷宫形密封器，内充高于喷嘴压力的常温原料气，为的是减小冷损和保护润滑油的正常流动，实现双重保护。

3）脱乙烷塔

膨胀机出来的气液两相在平衡分离后，液相朝下做回流，气相和从精馏段来的乙烷从塔顶流出，进冷箱主换热器与原料气换冷而被复热，然后去增压机增压后外输。

在主换热器处设有旁路，可调节从中部进入的一次凝液的进塔温度。塔底外设有重沸器，因所需加热温度不高，采用节流降压后的蒸汽加热，控制管程蒸汽凝液液位的高低，达到控制温度的目的。

脱乙烷塔结构为两头大中间小，顶端分离器上部装有金属破沫网，防止气流携带液烃。塔体分上下两段，上段采用机械强度高，耐低温性能好的1Cr18Ni10Ti不锈钢，填料为铝质鲍尔环；下段塔体采用16MnR低合金钢，填料为一般碳钢。两段塔体用法兰连接，避免了膨胀系数不同带来的应力影响。此塔在膨胀机工况稳定的情况下，回流是一定的，要提高分馏效果，只有设置足够高的填料层或更换高效填料。

此塔顶部温度接近膨胀机出口温度，塔底温度一般为50～60℃，塔压靠干气出塔调节阀控制，一般为1.7MPa左右。

4）石油液化气塔

石油液化气塔属于普通填料塔。从脱乙烷塔底来的富含丙烷、丁烷的轻油，经调压降至1.1 MPa，温度为70℃，从中部进入液化气分馏塔。塔压采用热旁路方案，调节灵活可靠。塔顶靠液态烃泵强制回流，多余部分作为液化气产品，在泵压下输往储配站。

三、天然气外输

1. 概述

输气首站是设在输气管道起点的站场，一般具有分离、调压、计量、清管发送等功能，当进站压力不能满足输送要求时，首站还应具有增压功能。

2. 主要的检测与控制

（1）进站压力、温度、流量（若需要）的检测；

（2）出站压力、温度的检测；

（3）过滤分离器流量检测。对多台过滤分离器并联运行时，为检测过滤分离器是否堵塞，可在过滤分离器出口管道上设置插入式流量计以监测流量变化；对单台分离器运行的站场，宜采用检测进出口压力或差压的方案；

（4）燃料气处理和计量。对燃驱压缩机组，其燃料气的过滤、加热、调压和计量设备一般由燃料气处理橇和燃料气计量橇完成；

（5）清管器的检测；

（6）电动阀门的开关控制；

（7）站场自耗气的流量检测等。

第四节　安全仪表系统

一、内部集输

单井站和集气站的安全仪表系统设计应根据其工艺过程进行设置。单井站首先是关闭井口安全系统，再关闭出站截断阀。集气站首先是关闭进出站截断阀，再根据事故情况是否需要泄压。

二、天然气处理厂

1. 概述

随着天然气气田开发项目的增加，如何提高整个天然气集输、处理厂的各生产装置的安全运行、保证生产人员和工艺设备的安全可靠至关重要。

过去的气田工程，虽然在控制系统中配置了安全联锁功能，但由于该功能通常由过程控制系统来完成联锁逻辑，并不能提供所要求安全的完全性，因而也发生了不少事故。随着现代科学技术的发展和与国际合作项目的日益增多，人们对安全系统的认识得到了提高，对安全系统提出了以下新的要求：

（1）安全系统必须比传统继电器控制或是固态逻辑控制更安全可靠；

（2）必须减少安全系统误动作或误停车的次数和频率；

（3）系统必须易于维护和查找故障，并具有自诊断功能；

（4）安全系统必须可与 DCS 和其他计算机系统通信；

（5）系统必须有硬件和软件的权限保护；

（6）安全系统应独立于其他控制系统。

为了提高天然气处理厂的经济效益，安全平稳、长周期地高效运行，就需要高度可靠的安全保护手段，安全仪表系统（Safety Instrumented System,

SIS）或紧急停车系统（Emergency Shutdown System，ESD）应运而生。

对于较大规模的天然气处理厂，特别是高含硫天然气处理厂，则必须严格按照设计规范要求，将 SIS 与 DCS 分开设置。对于各集输站场，可以根据要求将 SIS 与站控系统分开设置，也可以根据站场的规模采用 SIS 完成对站场的监控。

1）SIS 的定义

SIS 是适用于高温、高压、易燃、易爆等连续性生产装置的安全联锁保护系统。SIS 对生产装置可能发生的危险或不采取措施将继续恶化的状态进行及时响应和保护，使生产装置进入一个预定义的安全停车工况，从而使危险降低到可以接受的最低程度，以保证人员、设备、生产和装置的安全。

SIS 不同于批量控制、顺序控制及过程控制的工艺联锁。当过程变量越限，机械设备故障，系统故障或能源中断时，SIS 能自动（必要时可手动）的完成预先设定的动作，使操作人员、工艺装置及环保转入安全状态。SIS 其安全级别高于 DCS 和 SCS。

SIS 采用经权威机构认证的可编程序控制系统。该系统包括传感器、逻辑运算器、最终执行元件及相应软件等，是专用的安全保护系统。

2）SIS 安全度等级的定义

在 SIS 的设计中，安全度等级是设计的标准，应根据生产装置的安全度等级选择合适的安全系统技术和配置方式。安全度等级是系统在指定状态下完全执行要求的紧急功能的概念。

目前，我国尚无具体安全等级划分的标准和设计规范，在应用中，一般参照国际上有关标准。最通用的是国际电工委员会 IEC 61508，将过程安全度等级定义为 4 级（SIL1 ~ SIL4）。德国标准 DIN V19250 将过程危险定义为 8 级（AK1 ~ AK8）。

安全度等级的确定，通常：

SIL1 定义为——装置可能很少发生事故。如发生事故，对装置和产品有轻微的影响，不会立即造成环境污染和人员伤亡，经济损失不大。

SIL2 定义为——装置可能偶尔发生事故。如发生事故，对装置和产品有较大的影响，并有可能造成环境污染和人员伤亡，经济损失较大。

SIL3 定义为——装置可能经常发生事故。如发生事故，对装置和产品将造成严重的影响，并造成严重的环境污染和人员伤亡，经济损失严重。

SIL4——IEC 61508 定义的 SIL4 用于核工业。

借鉴国内外石油天然气行业同类型装置已经采用的 SIS 的实际运行情况，

同时结合气田开发项目的生产情况来确定采用的SIS系统安全度等级。

2. SIS的设计原则

现在，结合目前天然气处理厂和集输站场的项目SIS应用情况，进行综合性描述。

用于在紧急情况下实施紧急停车和泄压措施，适用于火灾区域或工艺装置的SIS具有以下功能：

（1）检测任何异常操作条件或设备故障；

（2）发现故障后停车和（或）隔离工厂的一些部分；

（3）关闭公用分配系统；

（4）自动或按操作员要求实施工厂部分放空。

1）SIS的总体方案设置

为确保人身安全及工厂正常运行，在处理厂每个装置的关键部位设置必要的。它分为以下三个层次：

第一层是设备级，装置中某一设备出现故障，影响安全时液位超低，可能造成串压，联锁系统截断阀门，确保设备安全。

第二层是装置级，当某套装置出现紧急情况将影响设备安全时，如压力超高，联锁系统紧急截断或开启相关阀门，保护装置安全。当事故解除后，经人工确认，装置恢复正常生产。

第三层是全厂级或全站级，当装置事故将影响上下游装置的正常生产或关系到全厂或全站的安全时（包括出现有毒气体泄漏时），将通过有关联锁截断阀自动动作或SIS手动紧急按钮动作，对全厂或全站进行隔离保护。

SIS的联锁功能应与装置的过程控制功能分开，由单独的具有安全等级认证的系统组成。SIS的操作、显示采用独立的操作员站（兼工程师站），操作员站上显示关键阀门的状态和联锁参数的越限报警，并可自动或手动关闭和开启联锁截断阀。

2）SIS的基本设计原则

（1）系统独立于过程控制系统，独立完成安全保护功能。

（2）根据对过程危险性及可操作性的分析，对人员、过程、设备及环境的保护要求，对安全度等级的评定来确定SIS的具体功能。

（3）系统应设计成故障安全型。

（4）系统应采用冗余或容错结构。

（5）系统中间环节最少。

（6）系统的传感器、最终执行元件宜单独设置。

（7）系统应具有硬件和软件诊断和测试功能。

（8）系统应能与过程控制系统、工厂管理系统进行通信，通信应冗余设置。

（9）系统宜提供独立于逻辑运算器的手动设施，直接操作最终执行元件，比如手动按钮或开关等。

（10）系统的人机接口宜与过程控制系统相同等。

3）系统现场仪表的设计原则

根据石油化工行业有关安全规范（SH/T 3018—2003 和 SHB Z 06—1999），SIS 现场仪表分为传感器部分、最终执行元件部分。

（1）传感器。

SIL2 级 SIS 的传感器宜独立，宜采用隔爆型。对天然气处理厂重要装置的关键部位检测元件，当重点考虑系统的安全性时，应采用二取一逻辑结构。当重点考虑系统的可用形式，应采用二取二逻辑结构。当需保障系统的安全性和可应用性时，通常采用三取二逻辑结构。

（2）最终执行元件。

最终执行元件通常是 SIS 的截断阀，与过程控制系统共用的控制阀上带的电磁阀。SIL2 级 SIS 的阀门要求独立。

阀门上的电磁阀应采用单电控型，长期带电（系统正常时为励磁，故障时失电动作），电磁阀应为低功耗隔爆型，电磁阀功耗低于 4W。

截断阀的执行机构应为故障安全型执行机构，通常选用气动单作用弹簧复位型执行机构，但是对于口径较大的截断阀，不适宜采用单作用弹簧复位执行机构时，可考虑采用双作用气缸式带事故储气罐的执行机构，以满足故障安全的要求。

（3）紧急停车按钮和报警指示灯。

用于现场和控制室辅助操作台的紧急停车按钮，采用红色，设计成故障安全型（即正常时励磁），并且应防止误操作。报警指示灯采用闪光报警器，红色灯光表示越限报警或紧急状态，黄色灯光表示预报警，绿色灯光表示正常。

（4）SIS 电源的设计原则。

SIS 的电源设计应考虑冗余电源，从其外部电源到内部电源均保证高安全度和高可靠性，即外部电源为独立的并联 UPS 电源，内部电源为带后备电池的自动切换双电源，尽可能降低系统 UPS 电源掉电的风险。

（5）SIS 配线配管的设计原则。

SIS 的配线应满足有关设计规范的要求。通常具体措施可照如下实施：

①取消多个 SIS 回路共用同一公共线的接线方式。

②SIS 的端子与其他端子宜分开。SIS 的现场防爆接线箱与过程控制信号的分开设置。

③信号线缆采用总屏分屏双绞线信号电缆，以抗电磁干扰。

SIS 线缆应单独穿管保护敷设。当线缆在电缆汇线槽内敷设时，应用金属隔板与过程仪表信号和交流电源线缆隔开，以降低交叉干扰和电磁噪声。有条件的工程可考虑独立设置 SIS 电缆汇线槽。

3. SIS 的配置

1）SIS 的主要配置

根据有关安全仪表系统规范要求，宜采用独立的并具有 TÜV 认证且符合 IEC61508 SIL2 以上安全度等级认证的故障安全型控制系统作为 SIS，对工艺装置和设施实施安全监控。

通常，SIS 主要配置包括人机接口、过程接口单元、逻辑运算器、通信接口等。

（1）人机接口。

人机接口包括操作站、工程师站和辅助操作台（盘）。

操作站可利用过程控制系统的操作站。

工程师站除完成 SIS 的组态、参数设定等功能外通常还可兼具操作员站功能。在处理厂上游或下游管道、设备故障时，可部分或全部地截断装置。工程师站可采用台式 PC 机或便携式 PC 机。

除自动实施 SIS 功能外，通常应在控制室设置 SIS 辅助操作台（盘），辅助操作台（盘）上设置有全厂紧急停车、泄压手动按钮、开关、紧急指示灯、音响装置等。当装置泄漏、火灾或地震等险情发生时，手动触发按钮，可关断相应装置或关闭全厂。

（2）过程接口单元。

过程接口单元包括各种输入输出卡、与过程接口关联的设备，比如隔离器、安全栅、旁路维护开关、继电器等。

输入输出卡应设计为故障安全型、带光电隔离或电磁隔离，每个通道之间互相隔离，并带故障诊断。

过程接口根据具体工程的 SIS 规格书要求配置相应的冗余机构。

通常 SIS 不采用现场总线通信方式。

过程接口的备用原则为备用点不超过 10%，卡件备用为 10% ~15%。

（3）逻辑运算器。

对于天然气处理厂，由于输入输出点数较多、逻辑功能复杂，且需与过程控制系统进行数据通信，因此，SIS 的逻辑运算器通常采用可编程序逻辑控制器（PLC）构成。

对于 SIL 2 级 SIS，逻辑运算器应与过程控制系统分开，其安全结构采用冗余或容错结构，其中中央处理单元、电源单元、通信系统等应冗余配置，输入和输出模块宜冗余配置。

逻辑运算器 CPU 的负荷不得超过 60%。

（4）通信接口。

SIS 应有与 DCS 或站控系统的通信接口，通信方式可采用工业以太网通信方式或 RS232、RS485/RS422 串行通信方式。

SIS 通信接口与总线应采用冗余配置，通信总线符合国际标准；通信总线负荷不超过 60%。

2）SIS 的选型原则

（1）SIS 的 PLC 应是经 TÜV 认证、高可靠性、国际知名品牌，采用故障安全型系统。SIS 采用的硬件、软件和网络应具有当时世界先进技术水平，经过 TÜV 认证，达到 SIL2（IEC61508）安全等级。

（2）SIS 中的 CPU、电源、通信卡件必须是冗余配置。

SIS 与 DCS 共享同一冗余网络，通信速度不低于 10MBPS。

（3）SIS 的典型配置图

SIS 的典型网络配置图如图 5－4－1 所示。

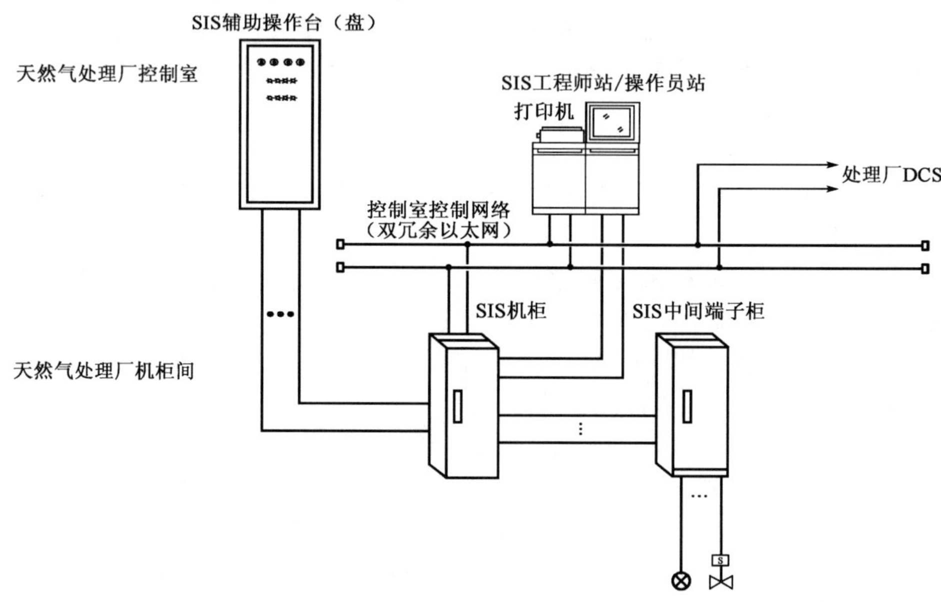

图 5－4－1　SIS 网络配置图

三、天然气外输

天然气外输首站的安全仪表系统设计应根据其工艺过程进行设置。首站首先是关闭进出站截断阀，再根据事故情况是否需要泄压。

第五节　火 气 系 统

一、概述

随着高酸性气田的开发，火灾及可燃、有毒气体的泄漏，将会威胁到生产人员和工艺设备的安全，如何保证在早期发现可能出现的泄漏隐患，及时解除危险因素，变得尤为重要。

对于部分单井站、集输站场和净化气外输首站由于检测点数较少，通常采用将监测器的信号直接引入站控系统内，完成火灾、可燃及有毒气体的检测报警。部分点数较多的站场采用由检测器和报警器组成的可燃气体或有毒气体报警仪方式对气体进行集中监测。一般将报警仪的控制器放置于控制室的操作间，其结构型式可以是壁挂式也可是柜式，便于控制室操作人员的监视和管理。

高酸性天然气处理厂全厂范围内的火灾及可燃、有毒气体的检测点数较多，根据规范要求，应建立起独立于过程控制系统的火灾和气体检测报警系统，简称火气系统（Fire & Gas Detecting and Alarming System，F & GS），以实现全厂各装置区火灾、可燃气体和有毒气体的泄漏检测、报警（一级和二级报警）及安全保护。

下面着重以独立的 F & GS 进行描述。

1. F & GS 的定义

F & GS 由是专用的数据采集系统与检测器组成的检测报警系统，以 PLC 为核心，用于可燃气体和（或）有毒气体浓度和火灾显示、记录、报警，系统包括输入输出 I/O 卡件、PLC 控制器、数据存储单元、软件以及操作显示设备，是专用的安全保护系统。

F & GS 的功能与处理厂的过程控制功能分开，由单独的具有安全认证的系统完成检测功能，并通过通信方式与 DCS 进行通信。

火灾报警、火灾应急广播和消防联动控制应根据全厂消防系统的要求统一进行设计。

2. F & GS 安全度等级的定义

目前，我国尚无具体的关于 F & GS 安全等级划分的标准和设计规范，在应用中，一般参照国际上有关标准。最通用的是国际电工委员会 IEC 61508，将过程安全度等级定义为 4 级（SIL1 ~ SIL4）。德国标准 DIN V19250 将过程危险定义为 8 级（AK1 ~ AK8）。

借鉴国内外石油天然气行业同类型装置已经采用的 F & GS 系统的实际运行情况，同时结合天然气处理厂的生产情况来确定采用的 F & GS 安全度等级。

二、天然气处理厂的 F & GS 设计原则和配置

1. F & GS 的总体控制方案

天然气处理厂设置的 F & GS，包括有毒气体与可燃气体检测与报警系统、火灾检测与报警系统。

F & GS 现场设备通过阻燃电缆与控制室 F & GS 相连，当现场探测器探测到危险信号时，F & GS 产生报警，并通过操作员站显示报警点物理位置，并启动相关现场声光报警器。同时，F & GS 将现场报警信息送至通信专业的工业电视监控系统，使其具有跟踪现场险情的功能。当有多个危险信号同时存在时，F & GS 应能产生不同于一般情况下的报警形式，提醒操作人员，启动装置区内防爆扩音系统，并准备联锁停车。

处理高酸性气体的装置或设备以设置 H_2S 气体检测器为主，处理不含硫或含微量酸性气体的装置或设备以设置可燃气体检测器为主，在尾气焚烧和火炬区（含硫）还应设置 SO_2 气体检测器。可燃和有毒气体的检测应符合 SH 3063—1999 的规定。

在可能易引发火灾的场所（比如有易燃物体储存的仓库等）应设置火焰探测器。同时，在全厂各处酌情设置手动报警按钮及声光报警器等。火灾报警系统的保护对象应根据其使用性质、火灾危险性、疏散和扑救难度等分为特级、一级和二级，并符合 GB 50116—1998 的规定。

2. F & GS 的设计原则

F & GS 为专用控制系统，可由独立的具有安全认证的可编程序逻辑控制器（PLC）完成，设置操作员站（兼工程师站），并配置区域模拟报警盘。当检测点数较少时，可采用二次盘装仪表作为报警控制单元。

所有监控场所的构筑物、设备等布置图存入系统，并能在火警或设备故障报警时，准确地切换到相应画面，显示出报警部位、报警性质、消防设备状态等，并能对火灾自动报警及联动控制系统传输来的数据信息进行处理，建立动态数据库并打印输出，具有语音及图像进行操作提示功能。F & GS 关键点可作为 SIS 的启动逻辑。

有毒气体与可燃气体检测与报警系统由固定点式气体检测变送器、控制器、信号传输电缆、区域报警盘等设备组成。

F & GS 采用集中—区域结构方式，由监控站点、信号传输控制电缆、各类火焰（火灾）探测器、各类监控模块、手动报警按钮、现场防爆手动报警按钮、声光报警器、防爆警铃等设备组成。

3. F & GS 现场仪表的设计原则

F & GS 现场仪表分为可燃、有毒气体检测器、火焰探测器、手动火灾报警按钮、声光报警器等。

1）气体检测器

可燃气体检测器通常采用催化燃烧检测原理和红外检测原理，测量范围为 0 ~ 100% LEL。有毒气体检测器采用电化学或金属氧化物等检测原理，测量范围为 $0 \sim 50 \times 10^{-6}$（SO_2 检测器测量范围为 $0 \sim 100 \times 10^{-6}$），三线制为 4 ~ 20mA输出。

可燃气体检测器探头的室外有效覆盖水平平面半径宜为 15m，室内有效覆盖半径为 7.5m。在现场设备密集布置时，检测器数量可适当增加。可燃气体检测器安装在高于可能泄漏的地方 1 ~ 2m 位置或可燃气体易于积聚位置。

有毒气体检测器与释放源的距离不宜大于 2m。检测比空气重的有毒气体检测器（比如 H_2S 或 SO_2），其安装高度应距地坪 0.3 ~ 0.6m。检测比空气轻的有毒气体检测器，其安装高度宜高出释放源 0.5 ~ 2m。

2）火灾探测器

火灾探测器应根据发生火灾的烟雾、热量和火焰辐射等燃烧特点，分别选择烟感、温感和火焰探测器，在操作人员较少进入的场所宜设置工业电视监视。

火焰探测器通常采用紫外-红外、三频红外以及紫外-频率双项确认原理，测量范围为 15 ~ 100m，角度不小于 80°，应具有消防部门的认证。

火灾探测器保护面积和保护半径的确定根据室内房间高度、屋顶坡度、

探测器自身灵敏度来考虑。

3）手动火灾报警按钮、声光报警器

手动火灾报警按钮宜设置在天然气处理厂公共活动场所的出入口处，应在明显的和便于操作的部位。每个工艺装置区至少设置一只手动火灾报警按钮，从工艺装置区内的任何位置到最邻近的一个手动火灾报警按钮的距离，不应大于30m。当安装在墙上时其底边距地高度宜为1.3～1.5m，且应有明显的标志。报警按钮应具有短路和断路的自动诊断功能。

每个工艺装置区边界醒目位置至少应设一个声光报警器，在环境噪声大于60dB的场所，其声光报警器的声压级应高于背景噪声15dB。

4）F & GS电源的设计原则

F & GS应采用UPS装置供电，火灾报警控制器还应配备直流备用电源，直流备用电源宜采用火灾报警控制器的专用蓄电池。F & GS主电源的保护开关不应采用漏电保护开关。

三、F & GS的配置

1. F & GS的常规配置要求

F & GS的首要功能是完成对处理厂全厂范围内可能的气体泄漏和火灾进行检测并报警。通过安装于现场危险区域的气体及火灾探测器探测现场险情，当发生气体泄漏或火灾时，通过中央控制室的操作员站和模拟报警盘发出有针对性的报警信号，提醒操作人员采取相应措施，同时，自动触发现场声光报警器，向装置区循检人员发出报警。当有多个报警信号同时产生时，启动装置区扩音系统，并准备联锁停车。

F & GS的控制器应以PLC为核心，其安全等级不低于SIL2级。

通常，天然气处理厂的F & GS主要配置包括人机接口、输入输出接口、控制器、通信接口等。

(1) 人机接口包括操作站或工程师站和模拟报警盘。

工程师站除完成F & GS所有组态、观测所有逻辑功能图表和逻辑中间点的任务，还可完成操作站所有功能。

操作站显示信息应包括全厂平面图报警显示、分区平面图报警显示、系统诊断显示等。全厂平面图报警显示提供完整的工厂总平面图，在总平面图上应有各分装置的名称标注和报警显示。

分区平面图报警显示应表示主要工艺设备和F & GS现场设备的平面布

置，可详细观测到各设备的相对位置以及F & GS现场设备的位号、测量值、状态及相关描述。当现场探测器探测到危险信号时，系统发出报警声响，在总平面图上的相应装置区发出闪光信号，同时，系统自动弹出相对应的分区平面图，弹出分区画面显示报警点的具体位置。

模拟报警盘作为一种直观的报警形式，与操作员站一起放置在中央控制室操作员室。提供声、光两种报警方式。模拟报警盘的盘面须按装置划分并合理布置，在代表每个装置的盘面范围内，应有代表不同类型探测器的报警灯。模拟报警盘应有一个总的强制报警按钮，按下此按钮，触发全厂各装置的现场F & GS声光报警器。F & GS按钮和SIS按钮应有明显的外观区别。对相同性质的报警，操作员站和模拟报警盘的声光形式应相同。

（2）输入输出接口。各种输入输出卡、I/O点数应有20%的备用量；卡件支持带电插拔。

（3）控制器：采用可编程序逻辑控制器（PLC）构成，控制器CPU的负荷不得超过60%。

（4）通信接口：F & GS应配置与DCS或SIS进行通信的接口，通常采用MODBUS RTU协议，借助冗余RS-485串行通信形式将相应报警信息传送至DCS或SIS。

2. F & GS的典型配置图

初步设计阶段，通常要绘制F & GS的典型配置图（图5-5-1）。

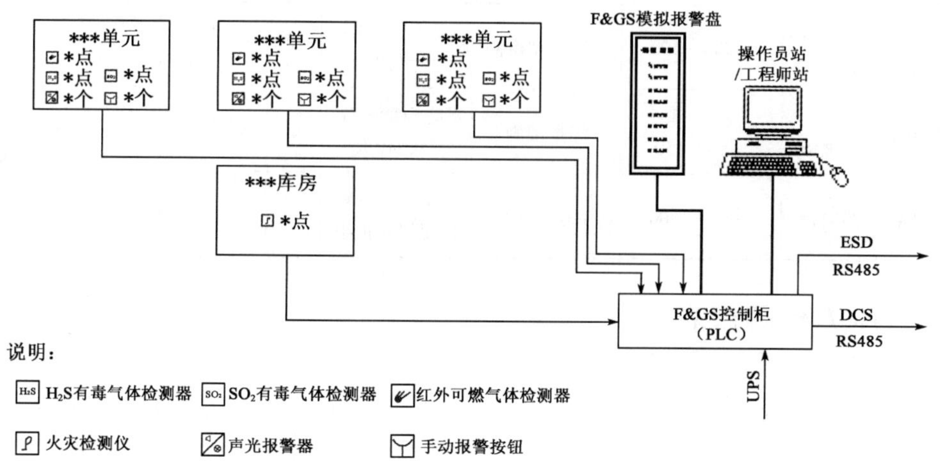

图5-5-1　F & GS网络结构及现场设备典型配置图

第六节　检测仪表与控制设备

一、温度测量仪表

温度是表示被测物体冷热程度的物理量。按温度检测元件是否与被测对象接触，可分为接触式与非接触式两大类。

在气田内部集输和天然气处理厂温度测量仪表通常采用接触式。现场就地指示的仪表选用双金属温度计较多，玻璃液体的温度计采用较少；远传的温度检测仪表选用热电阻、热电偶或一体化温度变送器。

接触式温度检测仪表分类与特点见表 5-6-1。

表 5-6-1　接触式温度检测仪表的分类与特点

类型	名称	测温范围 ℃	优点	缺点	功能				
					指示	记录	控制变送	报警	远传
固体膨胀式	双金属温度计	-200~650	结构简单，价廉	精度低，使用范围有限	√			√	
液体膨胀式	玻璃液体温度计	-200~600	价廉，精度高	易损，观察不便	√			√	
热电阻	铂电阻 铜电阻	-200~850 -50~150	测量准确	不能测量高温，体积较大	√	√	√	√	√
热电偶	热电偶	-40~1600	测量准确	需自由端补偿，低温段精度低					

二、压力检测仪表

压力检测仪表按其作用原理可分为液柱式、弹性式、压力传感式及活塞式四大类。用于输气过程压力检测的主要有弹性式和压力传感式。液柱式、活塞式通常使用于实验室或仪表校验中。压力检测仪表的主要分类与特性见表 5-6-2。

表 5-6-2 压力检测仪表的主要分类与特性

类型	名称	测量范围，Pa	精确度等级	优缺点	应用场合
弹性式压力表	弹簧管压力表、多圈弹簧管压力表、膜盒压力表、波纹管压力表、隔膜压力表	$-10^3 \sim 10^8$	精密：0.2、0.25、0.35、0.5；一般：1.0、1.5、2.5	测量范围宽，结构简单，使用方便，价格便宜，可以制成电气远传式，广泛使用	用来测量压力和真空度，可就地指示，也可集中控制，具有记录、发信报警、远传性通
压力变送器	电容式压力变送器、扩散硅式压力变送器、振弦式压力变送器	$7\times10^2 \sim 5\times10^8$	0.075～1.0	测量范围广，便于远传和集中控制	用于压力需要远传和集中控制的场合
活塞式压力计	压力表校验仪、真空表校验仪、双活塞压力计	$-10^5 \sim 2.5\times10^5$ 至 $5\times10^6 \sim 2.5\times10^9$	一等：0.02；二等：0.05；三等：0.2	测量精度高，但结构复杂，价格较贵	用来检定精密压力表和普通压力表

三、流量仪表

流量测量仪表习惯上称为流量计。按测量方式分有接触式和非接触式，差压流量计、容积式流量计、速度式流量计等属于接触式。

流量的数量用体积表示，则称体积流量，其单位用 m^3/h 表示。如果流体数量用质量表示，其单位用 t/h、kg/h 等表示。

1. 常用流量检测仪表的技术特性

1）标准孔板流量计

标准孔板流量计配差压仪表，用于测量封闭管道中单相稳定流流体（液体、气体或蒸汽）的体积流量。它在所有自动检测控制工艺过程中仍然有着广泛的应用。

标准孔板系标准节流元件，基于伯努利方程和连续性原理。当管道流体流经标准孔板时，流通面积突然收缩引起孔板前后产生压力/差压差，通过环室或法兰取压传至差压仪表，输出与流量的平方成正比的电或气信号，也可直接进行显示与累积总量。标准孔板的设计计算按照 GB/T 21446—2008《用标准孔板流量计测量天然气流量》或 GB/T 2624.2—2006《用安装在圆形截面管道中的差压装置测量满管流体流量第 2 部分：孔板》进行。

2）高级阀式孔板节流装置

高级阀式孔板节流装置，常简称为“高级孔板阀”，是一种常用的天然气流量测量设备。使用高级孔板阀，可以在不截断流经流量计气流的情况下进行孔板清洗作业，操作管理简单。高级孔板阀具有以下特点：

（1）计量准确；

（2）密封可靠，操作简便；

（3）明确的指示装置；

（4）可按流量更换孔板，以方便测量和计算；

（5）可不停止介质输送而快速检修、更换孔板；

（6）孔板导板可引导和保护孔板。

3）蜗轮流量计

蜗轮流量传感器与接收电脉冲信号的显示仪表组成蜗轮流量计，用来测量封闭管道中低粘度流体（液体或气体）的体积流量或总量。传感器由蜗轮传感组件和放大器组成。两者组装在一起的结构为一体式；能测量正、反流量的结构为双向式；带插入杆能安装在大口径管道中测流体流量的结构为插入式。

4）超声流量计

超声流量计是一种非接触式流量测量仪表，用于测量能导声的流体流量，尤其适用于大口径圆形管道和矩形管道流量测量。

利用超声波测量流量的方法有传播速度差法、多普勒法、波束偏移法等。最常用的方法是测量超声波在顺流与逆流中传播速度差。该方法按变量的不同，又分为时差法、相差法、频差法等。

超声流量计主要由换能器、转换器及壳体组成。换能器将接收的信号传输给转换器。转换器内装备有微处理机，基于上述原理测量经放大、运算、补偿、转换，输出其所需的信号。根据用户的选择可以组成单声道、双声道或四声道各种超声流量计。

5）涡街流量计

涡街流量计由传感单元和转换单元两部分组成，有普通型和防爆型两类产品。流量计基于“卡门涡街”原理制成。传感单元由壳体、旋涡发生体及检测体组成，流体流经旋涡发生体时，发生体两侧交替产生旋涡，并产生压力脉动，从而使检测体产生交变的应力。封装在检测体内的压电片在此交变应力作用下产生与旋涡同频率的交变的电荷信号，转换单元将这个信号进行处理，输出脉冲信号或标准模拟信号。在一定的雷诺数范围内，旋涡频率与流量成正比。

6）智能型旋进旋涡流量计

智能型旋进旋涡流量计是近年来开发的一种速度式流量仪表，可适用于石油、蒸汽、天然气、水等多种介质的流量测量，并实现了压力、温度及压缩系数等动态参数的在线自动补偿。在输气管道上，智能型旋进旋涡流量计主要用于站内自用气的计量。

智能型旋进旋涡流量计主要由壳体、旋涡发生体、导流体、频率感测件(压电晶体)、微处理器、温度及压力传感器等部件组成。当被测介质沿管道中轴到达仪表上游入口时，其固定于端部的扇形叶片首先迫使流体进行旋转运动，然后再由旋涡发生体形成旋涡流。由于流体本身具有的动能，旋涡流继续在文丘利管中向前旋进，在流体到达文氏管的收缩段时由于节流作用使得旋涡流动能增加、流速加大，当进入扩散段后，又因回流的作用流体就被迫进行二次旋转。产生的旋涡频率再经频率感测元件（压电晶体）检测、转换及前置放大器的放大、滤波和整形等一系列过程之后，旋涡频率就被转变成了与被测介质流速大小成正比的脉冲信号，然后再与温度、压力等检测信号一起被送往微处理器进行积算处理，最后在 LCD 上显示出测量结果（标准状况下的瞬时流量、累计流量及温度、压力数据)。

与传统的孔板流量计进行比较，智能型旋进旋涡流量计具有以下主要特点：

（1）工艺安装条件不苛刻，仪表上、下游直管段可较孔板流量计大大缩短；

（2）系统的测量准确度能够满足目前的贸易计量要求（≤2%）；

（3）流量测量范围较宽（$q_{max}/q_{min}=15\sim20$），可在孔板流量计无法涉足的部分小流量区域进行有效工作；

（4）体积小、重量轻，离线标定较为方便；

（5）测量信号既可就地显示，也可按需远传；

（6）无可动部件，因此对于一般的测量就不存在仪表的机械磨损；

（7）仪表管理人员勿需专业培训，流量、压力及温度等测量参数可以从表头直接读取并且不必进行转换。

7）均速管流量计

均速管流量计由均速管和配套的差压变送器组成，其测量元件为均速管（国外称 Annubar，直译阿牛巴），是基于早期皮托管测速原理发展起来的，是20 世纪 60 年代后期开发的一种新型差压流量测量元件，并开始应用于我国的工业现场，70 年代中期已有 30 余家厂商进行了研制生产。均速管的优点是结构上较为简单，压力损失小，安装、拆卸方便，维护量小。

在输气管道上，常用均速管流量计进行流量检测，如用于检测流经过滤分离器的流量。它一般不用于流量计量。

2. 流量计类型的选择

到目前为止，在国内外天然气输气管道法定用于贸易交接的流量计量仪表主要有孔板流量计、气体涡轮流量计、气体超声流量计等。

孔板流量计、气体涡轮流量计和气体超声流量计的主要技术性能指标比较见表 5－6－3。

表 5－6－3　孔板流量计、气体涡轮流量计和气体超声流量计的主要技术性能指标比较表

项　　目	孔板流量计	气体涡轮流量计	气体超声流量计
测量原理	根据节流差压与流量的开方关系	根据涡轮转动角速度与气体流速成正比的关系	根据超声脉冲在顺逆流条件下传播时间差与流量成正比的关系
可采用的标准	AGA3、ISO 5167、GB 2624、SY/T 6143、GB 17747	AGA7、ISO 9951、GB 17747	AGA9、ISO/TR 12765、SY/T 18604、GB 17747
准确度等级	1.0% ~1.5%	≤0.5%	≤0.5%
在准确度范围内的量程比	3:1（若采用双差压测量元件，量程比可扩大）	（10 ~20）:1	（25 ~30）:1
附加误差	引起附加误差的因素较多，如计算、制造、安装条件、工艺条件、附属仪表的准确度和性能等	较少	较少
操作状态下气体密度	决定测量结果	最小流量随密度增加而减小	在规定的密度范围内无影响
含有固体颗粒的气体	可能被冲蚀和产生沉积物，需定期清洁和检查	可能产生沉积物，叶片可能受损、停止旋转，需要过滤器	通常不受影响，但传感器探头插孔处和测量管管壁附着或沉积杂质，将会影响仪表性能

续表

项　　目	孔板流量计	气体涡轮流量计	气体超声流量计
含水气体	因腐蚀可造成流量误差，孔板表面和（或）开孔处的沉淀，可能影响准确度	可能会产生腐蚀、结冰，润滑油被稀释，使转子失去平衡	可能使信噪比减弱，导致功能性问题。若传感器探头插孔处壁附着或沉积杂质，仪表功能会受到影响
压力和流量的波动	急速的压力波动，会导致其损坏	急速的压力波动，会导致其损坏	无影响
脉动流	测量精度取决于仪表的反应速度，因此影响准确度	旋涡流的迅速变化，导致测量结果误差大；影响程度取决于旋涡流流量的大小和频率、气体密度和涡轮的转动惯量（惯性矩）	只要脉动流的频率与超声检测频率不一致，就不会产生较大的影响
过流	取决于孔板允许的压差	允许在额定转速 1.5 倍的短时过流	允许过流
压力损失	较大	较小	无
使用寿命	较长（与介质洁净程度有关）	较长（与介质洁净程度和操作有关）	长
仪表结构	结构简单，无运动部件	结构复杂，有可动部件	结构简单，无运动部件
安装	要求严格，安装不好，易造成附加误差	法兰连接、安装简单	法兰连接、安装简单
前后直管（D 为管径）	前 $30D$ 以上，后 $5D$ 以上	前 $10D$ 以上，后 $5D$ 以上	前 $10D$ 以上，后 $5D$ 以上
占地面积	大	较小	较小
维护性	噪声大、需定期检查清洁或更换孔板	需定期检查维护	维护量小
标定	干标、实流标定	实流标定	实流标定（干标有待研究）

根据表5－6－3中3种流量计量仪表技术性能的比较，可以看出，孔板流量计量有价格比较低、结构简单、标准系统完善等优点。其缺点是准确度较低，量程比小；在直接对用户进行分输计量时，因流量波动大，测量准确度随之降低；对气体清洁度要求高，需定期检查、维护、更换；压力损失较

大等。

气体涡轮流量计的应用历史较长，技术较为成熟，目前在国际天然气计量领域应用也较为普遍。它的特点是准确度较高（0.5 级）、稳定性较好、量程比较宽，所需的直管段较短。由于气体涡轮流量计具有运动部件，旋转轴承会造成磨损，故障率较高，在使用中期、后期维护量可能较大（近年来各涡轮流量计生产厂的产品，在性能上均有很大程度的改进，使用得当其产品寿命可长达 10 ~ 15 年）。然而，气体涡轮流量计对被测介质的清洁度要求较高，投运操作上也有要求，同时在流量计前要求安装过滤器。

气体超声流量计的特点是：准确度高（0.5 级）、满足天然气贸易计量的要求、适用的流量范围大、无压力损失、节省能源、无运动部件、维护量小，但投资高。高准确度的气体超声流量计为近年发展的新技术、新产品，但其使用和维护经验相对较少，大口径实流标定需落实，一些不确定因素可能会对气体超声流量计的精度产生影响。

四、液位检测仪表

1. 常用液位检测仪表分类

常用液位检测仪表按其工作原理分为直读式、浮筒式、差压式、电磁式、声波式、核辐射式等。

2. 常用液位检测仪表的技术特性

1）直读式液位计

一般直读式液位计有玻璃板式液位计、玻璃管式液位计、磁浮子液位计。

2）液位控制器

液位控制器由互为隔离浮球组件和触头组件两大部分组成，经由浮球感受液位的变化，通过磁耦合的传动从而带动仪表的触头动作，实现对液位的报警和控制。浮球在随液位升降时，只有在处于动作范围上、下两个最大的位置时，动触头才会在静触头间连通或断开，随即发出信号，而在升降动作过程中间并无信号产生。

浮球液位控制器的动作范围整定有不可调、有级可调和无级可调。

3）浮筒式液位计

浮筒式液位计是基于浮力原理工作的。浮筒式液位计是由浮筒筒体、浮筒、扭力管组件、指示表或变送器等组成。当液位在零位时，扭力管受到浮筒重量所产生的扭力扭力矩（这时扭力矩最大），扭力管转角处于0°，当液位逐渐上升到最高时，扭力管受到最大的浮力所产生的扭力矩作用（这时扭力矩最小），转过一个角度 ϕ，变送器将转角 ϕ 转换成4～20mA 直流信号，这个信号正比于被测量液位。

五、过程分析仪表

1. 概述

在气田内部集输和天然气处理厂常用的在线过程分析仪表，主要有水露点分析仪、烃露点分析仪、硫化氢分析仪和气相色谱分析仪等。

2. 技术特性

1） 水露点分析仪

水露点分析仪用于在线检测天然气的水露点，通常采用石英振子原理或电解法，其量程范围一般考虑产品气在测量条件下，产品气露点低于最低环境温度5～7℃。

采用石英振子原理的在线水露点分析仪具有体积小、价格低、性能可靠、响应快速、可在线校验的特点。

2） 烃露点分析仪

烃露点分析仪用于在线检测天然气的烃露点，通常采用冷镜法，其量程范围一般考虑产品气在测量条件下，产品气露点低于最低环境温度5～7℃。

烃露点分析仪可采用改进的3级热电元件和红外测量技术，能自动、在线、准确测量天然气的烃露点，不需每隔30min测量非流动气体1次。

采用微处理器控制镜面温度，测量烃露点滴凝结引起镜面反射的变化。分析开始时，分析仪镜面采用电热冷却直到烃露点滴开始形成，分析仪内的红外线LED灯照射镜面，光电二极管测量烃露点滴凝结引起镜面反射亮度的变化，光电二极管将所测信号输入到控制反馈回路用于调节镜面温度并保持镜面上形成的烃露点滴总数为常数，烃露点滴总数为常数时的镜面温度就是气流的烃露点温度。

3） 硫化氢分析仪

硫化氢分析仪用于在线检测天然气中微量硫化氢的含量，通常采用紫外线法，其测量范围为（0～50）$\times 10^{-6}$（体积分数）。

采用紫外线法的在线硫化氢分析仪，具有体积小、价格低、性能可靠、

响应快速的特点，应用光学系统，对低浓度 H_2S，COS（羰基硫），MeSH（甲基硫醇）均可进行连续精确的测量。

4）气相色谱分析仪

气相色谱分析仪用于在线检测天然气的组分，一般检测到 C_6^+，通常采用色谱柱进行测量。

气相色谱分析仪基于色谱技术，可对天然气中的 C_1、C_2、C_3、iC_4、$n-C_4$、iC_5、$n-C_5$、C_6^+、CO_2 及空气（包括 N_2、CO 和 O_2）进行分析，给出各组分的摩尔体积百分比。

首先将天然气样品从样品管线中取出，传送至气相色谱分析仪，对样品进行预处理，除去样品中的颗粒且保证样品相态单一，然后将样品注入分析仪中的色谱柱，色谱柱将样品中的组分进行分离。

分析后的样品则进行放空，其分析结果将存于分析仪的内存中或以通信的方式传送给其他设备。

色谱分析仪可以进行下述计算：

（1）实时相对密度；

（2）热值；

（3）压缩因子；

（4）沃泊指数。

六、控制阀

控制阀又称气动调节阀或远控截断阀，是石油化工过程控制系统中必不可少的组成部分，它一般由执行器和阀门组成。

控制阀的执行器按照采用驱动能源形式的不同，可分为气动执行器、电动执行器、气-液联动执行器和电磁阀等。按照阀门结构型式的不同又分单座阀、双座阀、角阀、三通阀、蝶阀、球阀、套筒阀等。

气动执行器除具有结构简单、性能稳定、可靠性高、维护方便、本质安全防爆等特点外，还有动作可靠稳定、输出力矩大、价格便宜等优点。其缺点是滞后时间长、不适于远传（传送距离限制在150m 以内）。为了克服此缺点，可采用电-气转换器或电-气阀门定位器，把控制室来的 4～20mA 的 DC 信号转换为 0.02～0.1MPa 的气动标准统一信号。这样，传输信号为电信号，现场操作为气动信号。气动执行器需要一整套压缩空气源与净化装置，或采用管道内的净化天然气经减压后作为执行器的动力源。

电动执行器能源取用方便、安装简单、信号传输速度快，适于远距离的信号传输，便于与站控系统配合使用。但其推力小、需配置齿轮箱、响应速度慢、价格比气动的贵，在易燃易爆场所中检修困难。在输气管道上，常采用电动调节阀来调节天然气流量、压力；在调节品质要求不高的场合可采用自力式调节阀。

气-液联动执行机构采用管道天然气为动力，通常包括执行器、储气罐、手动液压泵、“梭阀”控制模块、先导阀、压力调节器、安全放空阀、电子控制单元等。其主要功能是在出现下列三种情况时，气-液联动执行机构将自动（自立式）关闭管线阀门。

（1）管道压力超高；

（2）管道压力超低；

（3）管道压降速率超过给定值。

气-液联动执行机构常用于管道阀室截断阀和站场的旁路截断阀上。

1. 调节阀

1）常用调节阀的特点和适用场合

节流式调节阀是一种主要的调节机构，是自动控制系统的终端控制元件之一。从流体力学的观点看，它是一种局部阻力可以变化的节流元件。它安装在工艺管道上，直接与被调介质接触，接受执行机构的操纵，改变阀芯与阀座间的流通面积，调节流体的流量。

调节阀有正作用和反作用两种。

调节阀根据阀芯的动作方式，分为直行程式和角行程式两大类。直行程式的阀有直通单座阀、直通双座阀、笼式（套筒阀）等；角行程式的阀有蝶阀、偏心旋转阀、球阀（O形、V形）等。

常用的调节阀为笼式阀、轴流阀及直通单座阀等。

2）流量特性

调节阀流量特性分固有流量特性和工作流量特性两种。生产厂商给出的是固有流量特性。调节阀在实际管路中运行时的流量特性称为工作流量特性。

从自动控制的角度看，一个调节阀最重要的特性之一是它的固有流量特性。调节阀的固有流量特性是由阀内件的结构决定的。大多数输气控制过程都是使用直线、等百分比（或者近似等百分比）流量特性的调节阀。固有流量特性为阀前后的压降一定的流量特性，也称理想流量特性。

图5-6-1示出快开、线性、等百分比、平方根、双曲线等阀门的固有流量特性曲线。近似等百分比流量特性一般介于线性和等百分比特性之间。图

5－6－2示出几种调节阀的特性曲线。

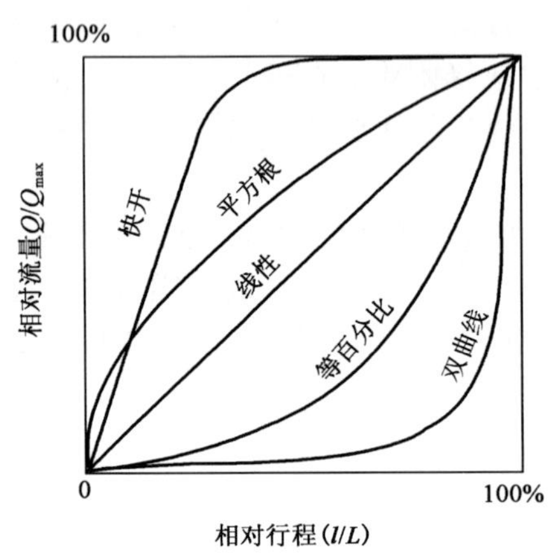

图5－6－1　阀门的固有流量特性曲线

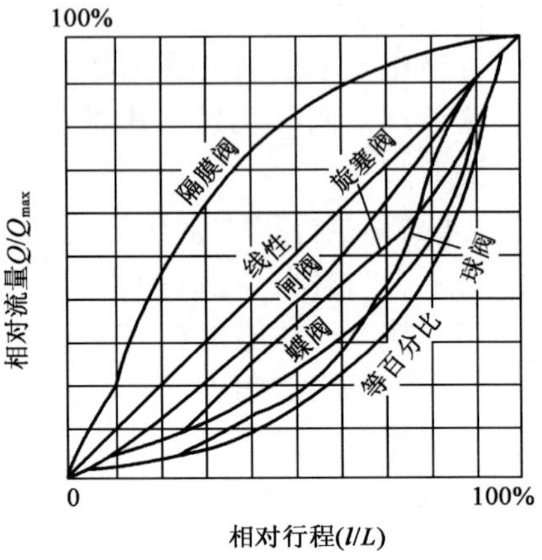

图5－6－2　几种调节阀的流量特性曲线

（1）快开流量特性在阀小开度时流量就比较大，随着开度的增大，流量却增加得很小，可用于两位式场合使用；

（2）线性流量特性是指调节阀的相对行程（l/L 为调节阀某一开度下的行程与全行程之比，又称为开变）与相对流量（Q/Q_{max} 为调节阀某一开度正是的流量与全开流量之比）成直线关系；

（3）等百分比流量特性是指调节阀的相对行程变化所引起的相对流量的变化与该点的相对流量成正比关系。

3）调节阀的选型

（1）调节阀固有流量特性的选择原则。

选择原则应从调节系统特性、干扰源和 S 值（阀阻比）三个方面综合考虑。一般的选择原则如下：

①阀上压差变化小，设定值变化小，工艺过程的主要变量的变化小，以及 $S>0.75$ 的控制对象，宜选用直线流量特性；

②慢速的工艺过程，当 $S>0.4$ 时，宜选用直线流量特性；

③要求大的可调范围，管路系统压力损失大，开度变化及阀上压差变化相对较大的场合，宜选用等百分比流量特性；

④快速的工艺过程，当对系统动态过程不太了解时，宜选用等百分比流量特性。

（2）调节阀的性能。

输气管道调节阀的作用是压力（流量）调节。从整个输气系统对调节阀所提出的要求来看，调节阀应具备下列性能：

①阀全开时，压降尽可能小（如有可能，最好与管线的压降相同）；

②阀的流量特性与输气管道的特性相适应；

③流量系数大；

④反应速度快，必要时在几秒之内能全部关闭；

⑤根据需要能完全关闭；

⑥节流过程中噪声低；

⑦开关所需要的转矩或推力小，并且开关时的不平衡力小；

⑧全控制范围内动作稳定；

⑨当输气管在外力作用下发生变弯曲、变形的情况时，仍能正常工作。

4）调节阀材料的选择

（1）调节阀阀体耐压等级、使用温度范围和耐腐蚀性能和材料都不应低于工艺连接管道材质的要求，并应优先选用制造商定型产品，一般情况选用铸钢或锻钢阀体。

（2）阀内件材料一般选用316或其他不锈钢。在出现高压差的流体场合，阀芯、阀座表面应进行硬化处理。

（3）调节阀泄漏量的选择应根据工艺对泄漏量的要求选择不同等级泄漏量的阀型。一般调节阀的泄漏量小于或等于额定 K_v 值的0.01%。

5）调节阀附件的选择

（1）电气转换器。

①控制系统采用电动仪表和气动调节阀组成的场合；

②将4～20mA电信号转变为20～100kPa气信号；

（2）电-气阀门定位器。

①控制系统采用电动仪表和气动调节阀组成的场合；

②将4～20mA电信号转变为20～100kPa气信号；

③摩擦力大，需要精确定位的场合，如高温、低温调节阀和柔性石墨填料的调节阀；

④缓慢过程需要提高调节阀速度的系统，如温度、液位、分析等为被调参数的控制系统；

⑤需要提高执行机构输出力和截断能力的场合，如公称通径（*DN*）大于100mm的调节阀，或调节阀两端压差大于1MPa，或静压大于10MPa的场合；

⑥调节介质中含有悬浮物会粘性流体的场合；

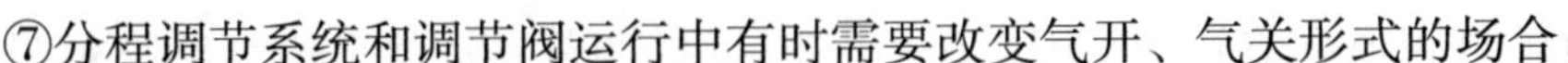

⑦分程调节系统和调节阀运行中有时需要改变气开、气关形式的场合；

⑧需要改变调节阀流量特性的场合；

⑨ 采用无弹簧执行机构的控制系统等场合。

（3） 阀位传送器。

①重要场合，宜选用阀位传送器；

②电动执行机构、电动液压式执行机构应配用阀位传送器。

（4） 手轮机构（由执行器配套供货）。

①未设置旁路的调节阀，应设置手轮机构；但对工艺安全生产联锁用的紧急放空阀和安装在禁止人进入危险区的调节阀，则不应设置手轮机构；

②需要限制阀开度的场合；

③*DN* 不小于 100mm 的调节阀。

（5） 调节阀气-电开、气-电关的选择原则为仪表能源系统发生故障或控制信号突然中断时，调节阀的开度应处于使生产装置安全的位置。

2. 电动执行器

电动执行器通常由电动执行机构和阀门两部分组成，分为电动球阀、电动调节阀和电磁阀等。

1） 电动球阀

电动球阀由电动执行机构和球阀组成，通常组装成一个整体，便于安装与使用，通常采用多转式电动执行机构。

2） 电动调节阀

电动调节阀由电动执行机构和调节阀组成，通常组装成一个整体，便于安装与使用。

电动执行机构按输出位移不同可分为角行程、直行程和多转式电动执行机构；按动作特性不同可分为比例式、积分式执行机构；按结构型式不同可分为普遍型和特殊型（如防爆、防潮、热带用等）。

比例式电动执行机构的位移输出信号与输入电信号成比例关系。积分式电动执行机构接受断续输入信号，其输出位移与输入信号成积分关系。

3） 电磁阀

电磁阀是依靠电磁力而工作通断式（两位式）调节阀。执行机构（电磁线圈）和阀是整体的。

电磁阀的特点是结构紧凑、体积小、重量轻、维护简单、可靠性高，而且价格低廉，一般应用于精度要求较低的调节系统与远控装置中。电磁阀可分为自保持式、常开式和常闭式。自保持式电磁阀在断电时阀位置不变；常开式电磁阀在断电时保持阀开；常闭式电磁阀在断电时保持阀关闭。

（1）电磁阀的选用。

①按使用介质或功能选用。常用电磁阀有：二位二通电磁阀、蒸汽电磁阀、防爆电磁阀等。

②按电磁阀工作原理选用。不同结构的电磁阀适用场合见表5-6-4。

表5-6-4　电磁阀结构分类及适用场合

阀的结构	适用场合
直接动作式电磁阀	适用于小口径与低压差场合
导阀动作直接连接方式的电磁阀	在工作压差很小或无压差的情况下也能可靠地开闭
导阀动作管道连接方式的电磁阀	工作行程短，消耗功率小，结构简单，是最常用的结构形式，适用于有一定压差的场合
自保持式电磁阀	瞬时通电，线圈温度升高，消耗功率小，体积小，断电后阀门位置保持原位

（2）使用注意点。除一般应考虑工作介质的温度、粘度、腐蚀性、压力、压差等因素外，还必须考虑到下列问题：

①每分钟允许通断的工作次数，防止线圈烧坏；

②介质进入导阀前，一般应选经过过滤器防止杂质堵塞阀门；

③若电磁阀铭牌上标注的压力为0.1～0.4MPa，只有介质压力大于0.1MPa时，流体才能通过阀门。

（3）口径选定。一般，电磁阀通径与工艺管道通径相同。若允许电磁阀上压降较大，则在大口径时从节约与可靠考虑，可选择比工艺管道通径小一级的电磁阀通径。

3. 气动截断阀

气动截断阀由气动执行机构和截断阀组成。它以压缩空气或管道内的净化天然气为动力源。气动截断阀主要采用单电控弹簧复位式执行机构。输气管道工程中常以净化天然气为动力源的气动执行机构，通常配套提供动力天然气的过滤减压装置。

4. 自力式调节阀

自力式调节阀是利用降压原理来控制管道系统流体压力或流量的阀门，它不需要外来能源而直接利用管道流体介质自身所具有的压能进行压力（流量）等工艺参数的调节。它结构简单、维修方便、调节灵敏，因此在天然气输配系统目前广泛使用自力式调节阀。

自力式调节阀主要用于阀后或阀前压力调节，稳定阀后或阀前设备或管道介质压力。将指挥器做适当改装也可做阀前压力调节，保持调节器前面管道或设备压力为稳定值。联入孔板可做恒差压调节，保持流过孔板前后的差压力为恒定值，与孔板流量计配套可提供限流控制。

5. 调节阀的计算

1）流量系数的定义及其物理意义

调节阀作为自动控制系统的终端执行部件，其口径的合理选定有着重要的意义。口径过小，会使调节阀不能通过工艺对象要求的最大流量，或使能耗增加；口径过大，不仅使投资增加，而且使调节阀经常在小开度条件下工作，容易造成控制系统不稳定。

影响调节阀选定的因素很多，其中最主要的是调节阀流量系数 C 的确定。流量系数 C 是特定流体在特定温度下，当两端为单位压差时，单位时间内流经调节阀的流体体积数。采用不同的单位制时流量系数有不同的表达方式。表 5－6－5 列出国际上常用的三种流量系数的定义。

表 5－6－5　流量系数 C 的定义

符号	定　义	互相关系
C	温度为 5～40℃ 的水，阀两端压差为 0.1MPa 时，1h 流经调节阀的体积（以 m^3 表示）	C 是流量系数的通用符号，我国过去曾长期使用
K_V	温度为 5～40℃的水，阀两端压差为 100kPa 时，1h 流经调节阀的体积（以 m^3 表示）	$K_V = 1.01C$
C_V	温度为 60 ℉ 的水，阀两端压差为 1lb/in^2 时，1min 流经调节阀的体积（以美国加仑表示）	$C_V = 1.167C$

2）计算参数确定

工艺专业根据装置的生产能力和物料平衡，提供最大流量 Q_{max}、正常流量 Q_{nor}、最小流量 Q_{min}、温度、压力、密度等。

在流量系数 C 计算中，压差 Δp_V 是一个重要参数，也是一个较难确定的参数。在调节系统确定后，经过系统阻力计算才能得到分配到调节阀上的压差 Δp_V 值。如设系统总压降为 Δp_S，各部分阻力件（弯头、手动阀、管路等）的压降之和为 $\Sigma\Delta p_I$，则有：

$$\Delta p_V = \Delta p_S - \Sigma\Delta p_I$$

确定调节阀的压差 Δp_V，必须考虑调节阀的流量特性、自控系统的调节性能、动力系统的能量消耗和设备投资等。因此，工艺管路设计中应全面考虑，仔细计算 Δp_V 的值。

3）流量系数计算

由于调节阀流量系数计算公式较多，各调节阀制造厂根据自己的特点对调节阀计算的结果进行修正。调节阀的流量系数计算公式见表 5－6－6“K_V 值计算公式汇总表”。所以调节阀流量系数的计算可参见相关计算手册，或见调节阀口径计算指南。

表 5－6－6 K_V 值计算公式汇总表

<table>
<tr><th>流 体</th><th>工况判别式</th><th>计 算 公 式</th><th>备 注</th></tr>
<tr><td rowspan="3">不可压缩流体</td><td>非阻塞流
$\Delta p < F_L^2(p_1 - F_F p_V)$</td><td>$K_V = 0.01Q_L\sqrt{\frac{\rho_L}{p_1 - p_2}}$
或
$K_V = \frac{0.01W_L}{\sqrt{\rho_L(p_1 - p_2)}}$</td><td rowspan="3">（1）$p_1$，$p_2$，$p_V$，$p_C$ 等压力单位均为 MPa（绝压）；
（2）$F_F = 0.96 - 0.28\sqrt{\frac{p_V}{p_C}}$；
（3）Q_L——m^3/h；
W_L——kg/h；
ρ_L——kg/m^3
（4）F_R 值根据 Re_V 值从雷诺系数诺数关系曲线中查出；
（5）F_L——液体压力恢复系数；
（6）F_R——雷诺数系数</td></tr>
<tr><td>阻塞流
$\Delta p \geqslant F_L^2(p_1 - F_F p_V)$</td><td>$K_V = 0.01Q_L\sqrt{\frac{\rho_L}{F_L^2(p_1 - F_F p_V)}}$
或
$K_V = \frac{0.01W_L}{\sqrt{\rho_L F_L^2(p_1 - F_F p_V)}}$</td></tr>
<tr><td>低雷诺数
$Re_V < 10^4$</td><td>$K'_V = \frac{K_V}{F_R}$</td></tr>
<tr><td>可压缩流体</td><td>非阻塞流
$X < \frac{K}{1.4}X_T$
阻塞流
$X \geqslant \frac{K}{1.4}X_T$</td><td>$K_V = \frac{Q_g}{24600p_1F_gf(X,K)}\sqrt{\frac{MT_1Z}{X}}$
或
$K_V = \frac{W_g}{1100p_1F_gf(X,K)}\sqrt{\frac{T_1Z}{XM}}$
阻塞流时 X 用 X_T 代入</td><td>（1）p_1，Δp 压力单位均为 MPa；
（2）Q_g——m^3/h；
W_g——kg/h；
ρ_N——kg/m^3。
（3）$M = 22.4\rho_N$；
（4）f（X，K）——压差比修正函数；
（5）F_g——压力恢复系数（气体）；
（6）$X = \Delta p/p_1$；
（7）K——比热容比值；
（8）X_T——压差比系数</td></tr>
</table>

续表

流　体	工况判别式	计算公式	备　注
气液两相流	(1) 液体与非凝性气体； (2) 液体与蒸汽，其中蒸汽占绝大部分	$K_V = \dfrac{W_g + W_L}{100\sqrt{\rho_e(p_1 - p_2)}}$ 式中： $\rho_e = \dfrac{W_g + W_L}{\dfrac{W_g}{\rho_1 F_g^2 f^2(X,K)} + \dfrac{W_L}{\rho_L}}$	(1) 两相流体均为非阻塞流； (2) 压力、流量密度等单位都同单相流； (3) ρ_e——两相流有效密度，kg/m^3； (4) ρ_m——两相工况流度，kg/m^3
	液体与蒸汽，其中蒸汽占绝大部分	$K_V = \dfrac{W_g + W_L}{100F_L\sqrt{p_1\rho_m(1 - F_F)}}$ 式中： $\rho_m = \dfrac{W_g + W_L}{\dfrac{W_g}{\rho_1} + \dfrac{W_L}{\rho_L}}$	

4）计算结果选择

(1) 首先确认工艺参数的正确性；

(2) 确认调节阀的结构形式。根据工艺过程和管道直径进行确认，如单座阀、双座阀、角阀、三通阀、蝶阀、球阀、套筒阀等；

(3) 流量系数 C 的计算值与选择值；

(4) 确认调节阀的开度，通常在 10% ~90% 之间较合适；

(5) 噪声应小于 85dB。

第七节　校准和检定

一、概述

对于组成计量系统的各单台计量设备及其二次仪表，要求具有相应的测量准确度，它应使用可溯源至国家基准的方法进行检定、校准，检定应由法定计量机构进行检定。用于贸易计量系统的计量仪表应按国家有关法规进行强检，这样产生的数据才是合法、有效的。用于生产过程的计量系统的计量仪表应也可参照国家有关法规进行检定。校准应在与实际工作条件相近的条件下进行，如果不一致，则会引入附加误差。比如校准时的安装条件与使用时安装条件不一致，那么流量计上游的实际速度分布与校准时的实际速度分布就会不一致，必然引起流量计的附加系统误差。传感器和电子仪器受环境温度影响或功率变化也会造成一定的附加误差。但是，如果安装影响是已知并稳定的、或可以通过现场检查予以确定，如果在计算不确定度时考虑到这个因素，那么我们也可在不同条件下对计量仪表进行校准。例如在 GB/T 18604 中，离线实流检定比在线实流检定在进行流量测量不确定度估算时就要增加安装引起的附加流量测量不确定度一项。

生产厂家要对计量站的系统设备按标准（或规程）进行校准，经测试合格后再运至现场。投产前应对计量站的机械设备部分详细检查，特别要注意计量系统的机械设备部分。反复检验和校准二次仪表及流量计算机，以确定多种电子部件间信号处理和数据传递准确无误。在投产和投入使用前，应进行每一计量回路计量系统联校。计量站投产前应按有关标准进行施工验收和计量专项检查。

目前，除孔板流量计可进行结构尺寸和几何尺寸的检验外，其他流量计均需进行校准或实流检定。

用于校准的标准设备应在法定计量机构进行检定，应使用有证标准气。

二、流量计校准

1. 差压式流量计校准

1）孔板流量计

（1）孔板流量计结构尺寸和几何尺寸的检验。

可用满足要求的量具及设备进行检验。在保证节流装置符合 GB/T 21446 标准第 1 ~ 5 章规定的前提下，按 GB/T 21446 的 6.1、6.2 的要求检验结构尺寸和几何尺寸。成套供应的节流装置，应对所带测量管进行检验。检验结果应符合以下① ~ ⑥的规定。

①孔板开孔圆筒形部分的检验，应按本标准中相应条款规定的方法进行。其测量工具不确定度应不大于 5μm。

②孔板边缘尖锐度的检验，一般按 GB/T 21446 的 6.1、6.2 规定进行。当需要采用测量孔板开孔直角入口边缘圆弧半径 r_K 的方法来确定尖锐度时，应采用模铸法或铅箔模压法实测，或用具有同等准确度要求的设备进行检验。

③孔板平面度的检验，是将孔板支承在平板上，用带指示器的可调测量架进行检验。或用具有满足准确度要求的设备进行检验。检验结果应符合 GB/T 21446 的 6.1.2 中的有关规定。

④孔板两端面平行度的检验，是将孔板放在平板上，用带指示器的可调测量架进行检验。或用具有满足准确度要求的设备进行检验。检验结果应符合 GB/T 21446 的 6.1.2 和 6.1.3 中的有关规定。

⑤孔板粗糙度的检验，采用上限值不小于 0.75 mm 的电子表面粗糙度测试仪或采用与孔板同材料的样品比板进行检验。

⑥直管段的检验：应按 GB/T 21446 的 5.2、5.3 和 5.4 的有关规定进行检验。

（2）系数检定和在线校准。

当节流装置的制造和使用条件超出本标准规定的极限时，节流装置应进行系数检定。系数检定按 JJG 640—1994 的有关规定执行。

根据需要可对孔板流量计计量系统进行在线校准。

①在线校准。

在线校准是孔板流量计计量系统在正常操作的条件下，用标准流量计装置串联安装在实际直管段的管路上，使用实际流体、实际孔板和实际记录仪表进行的校准。

在线校准孔板流量计，要求使用不确定度不大于被检孔板流量计 1/2 的标准流量计装置（标准流量计）。

当有如下情况之一时，可进行在线校准：

a. 当计量系统符合 GB/T 18603—2001 表 A1 中准确度等级为 A 级（1.0 级）时，应进行在线校准；

b. 当计量系统在使用中出现不符合本标准规定，并且不能按附录 D 进行修正处理时，宜进行在线校准；

c. 为提高孔板流量计计量系统流量测量的准确度，可进行在线校准；

d. 当供需双方有合同约定时，可进行在线校准。

②在线校准用标准流量计装置。

在线校准用标准流量计装置应是在符合量值溯源规定的上一级标准装置上校准后，总不确定度不大于被校孔板流量计计量系统总不确定度的 1/2 的传递标准流量计装置。校准用标准流量计装置可以是移动的或固定的。

③在线校准用标准流量计装置的要求。

在线校准用标准流量计装置应是在符合量值溯源规定的上一级标准装

置上校准后，总不确定度不大于被校孔板流量计计量系统总不确定度的1/2的传递标准流量计装置。校准用标准流量计装置可以是移动的或固定的。

④在线校准时的安装要求。

在线校准时校准用计量系统与被校孔板流量计计量系统的流量管道应是串联安装在同一管路中，校准用流量计管道应安装在孔板流量计直管段外的上游或下游，两套管路之间不能有泄漏，且在测试前应严格进行检漏，安装被校孔板流量计的地方应留有校准用标准流量计装置的安装空间。

⑤在线校准时的测试要求。

在线校准应在流量计操作的正常流量、温度和压力下进行。为了在实际工况范围内保证较高的置信水平，在线校准应在流量计操作流量、温度和压力范围内进行。

校准时系统最好运行在稳定的压力和温度条件下。如果压力和温度有波动，其影响应在计量准确度范围内。

⑥孔板流量计的校准。

孔板流量计的校准是对流出系数计算公式进行修正。首先是计算各流量校准点的流出系数和雷诺数，再用狄克逊检验方法剔除各流量点的粗大误差，而后计算重复度，并用最小二乘法对校准的流出系数与雷诺数进行回归处理，求出流出系数与雷诺数的关系式，在流量测量计算中用回归公式取代标准中的公式计算孔板流量计的流出系数。

⑦当无条件进行在线校准时，允许对孔板流量计计量系统进行离线检定，离线检定按 GB/T 21446 的 7.2.1 执行。

（3）其他差压式流量计。

其他差压式流量计的检定和校准按 JJG 640—1994 的有关规定执行。

2）速度式流量计校准

（1）一般规定。

校准程序应依赖于安装设计，视计量管路是否安装旁通而定。应确保计量系统良好运行和不确定度满足计量要求，校准程序应在计量站投入正常使用前进行，并应制订明确的测试和校准程序。

典型测试设备的测试和校准按 GB/T 18603 的 8.4.2 ~ 8.4.5。

流量计和其他仪器应在装入计量管路前进行检查。

流量计投入使用前，应按相应国家标准或规程 JJG 198 速度式流量计进行检定或实流校准。

(2) 涡轮流量计的特殊检查。

为保证已投运的仪表的测量准确度，涡轮流量计除了在出厂前须对仪表常数及仪表特性曲线进行必要的标定外，在使用过程中还应定期对它进行周期性地检定或校准。对涡轮流量计的检定执行 JJG 1037—2007《涡轮流量计检定规程》，一般采取实流检定法，即用与被测介质（如天然气）相同或相近的流体通过标准表与被检表，然后根据标准表的测量值对被检表进行检定或校准。

对涡轮流量计的检定或校准，应包括仪表本身，并尽可能覆盖管路及安装条件。所用实验流体应与被测流体的工况条件（如流量范围、压力、温度）相同或相近，粘度与密度的差别应控制在 10% 以内，因此最有效的方法就是采取在线实流校准。

①检查加入的润滑剂是否符合生产厂要求的润滑剂等级、质量和粘度；

②进行目测观察：涡轮自旋实验和声频检查（如果需要的话）；

③检查流量计输出信号，并与指示装置进行对比。

(3) 超声流量计的特殊检查。

对于新的气体超声流量计，由于出厂时都是通过干检合格的，不能直接应用于天然气流量计量，必须先用天然气按相关检定规程和标准对其进行实流检定和校准，才能确保其现场计量的准确度。对于关键计量部件（如超声换能器、电路板等）因故障维修后，也必须经天然气实流检定合格后，方能再次投入使用。对于使用中的气体超声流量计，应根据首次检定证书上的有效期，按要求时间进行后继检定。

气体超声流量计的检定执行 JJG 1030—2007《超声流量计检定规程》，检定方法方主要是离线检定，即将气体超声流量计及其配套的计量器具和设备一同送到法定计量检定机构进行天然气实流检定。今后，随着移动式天然气流量标准装置及现场检定技术规范的建立和合法化，生产现场检定预留口等工艺条件的进一步完善，就可以实现流量计现场实流检定和校准。

气体超声流量计检定可分为以下两种流量类型：

①按标准参比条件下的天然气流量（以下简称标况流量）进行检定。

按标况流量检定时需要将现场使用的温度、压力计量器具同超声流量计、上下游直管段及流量计算机等全套设备一起送检。由于标况检定是一种合量检定，其检定结果反映了工作条件下的流量分量（以下简称工况流量）、压力分量、温度分量、天然气组成及物性参数分量及流量计算机计算误差分量等综合因素影响，因此在检定前应确保除工况流量分量外，其他各分量所使用的计量器具和设备是经检定合格并在有效期内，所使用的分析方法和计算方法都符合我国相关的国家标准或行业标准的要求。

注意，按标准况检定所得到的流量计量不确定度，不包括现场工艺条件误差的影响和现场天然气组成变化的影响。

②按工作条件下的天然气流量（工况流量）进行检定。

按工况流量检定时只需将超声流量计及上、下游直管段和流量计算机（有的厂家生产的产品不需要）一起送检。

由于工况流量检定是只检定流量分量，其检定结果只反映了流量计工况流量的测量不确定度和测量重复性，在现场计量的总不确定度还应考虑压力分量、温度分量、天然气组成分量、流量计算机计算误差分量和现场工艺条件误差分量等综合因素影响，即按 GB/T 18604《用气体超声流量计测量天然气流量》中不确定度估算的方法估算流量计的总不确定度。

同时检查可确保产生适当的信号。在相同的温度条件下，声速在预设范围内在所有的声道上都应相同；假设流量计内无天然气流动且绝热时进行检查，以确保在每一个声道上都有一个 0 读数。

（4）旋涡流量计的特殊检查。

①目测检查流量计和相关的入口及出口管道；

②流量计安装应与管道同心；

③检查流量计的输出信号，并与指示装置进行对比。

3）容积式流量计校准

（1）一般规定。

校准程序应依赖于安装设计，视计量管路是否安装旁通而定。应确保计量系统良好运行和不确定度满足计量要求，校准程序应在计量站投入正常使用前进行。应制订明确的测试和校准程序。

典型测试设备的测试和校准按 GB/T 18603 的 8. 4. 2 ~8. 4. 5。

流量计和其他仪器应在装入计量管路前进行检查。

流量计投入使用前，应按相应国家标准或规程 JJG 667 容积式流量计进行检定或实流校准。

（2）容积式流量计的特殊检查。

①检查加入的润滑剂是否符合生产厂要求的等级、质量和粘度；

②检查通过给定指示流速的差压，以满足生产厂提出的要求；

③检查流量计输出信号，并与指示装置进行对比。

三、辅助设备校准

所有提供最后测量结果的二次仪表及天然气计量辅助设备校准都应在现场安装之前，根据国家标准或规程的可溯源进行校准，避免意想不到的传递影响，并且在安装之后还应进行现场校准。将变送器和所有其他关联部件，如变送器、转换装置、电源，包括组成测量回路的电缆和其他电子设备作为一个整体来进行校准。

测量值的读数应取自显示器、打印机或计量系统的记录仪，并且通过简单计算与在变送器所处的物理状态相比较。

所有校准结果应在校准时间里进行记录，包括环境温度、大气压等。每一份报告都要经过有关专业的部门代表签字认可。

1. 压力

压力变送器应该与工艺管道隔断，用经过检定认证的标准设备进行校准，应在工作范围内至少 3 个预设点上，既有压力上升又有压力下降的校准。校准时测量压力用的压力计或压力变送器应尽量同使用时一致，标准表的测量不确定度应不大于流量计压力测量仪表测量不确定度的 1/3，并按 JJG 271—1996《数显式百分表检定仪检定规程》或 JJG 882—2004《压力变送器检定规程》检定合格。

压力变送器应在上升和下降两个方向进行校准，在校准时应超出其工作范围至 110%。

校准应包括 0 点和满量程点至少为 5 点。

2. 温度

温度变送器的校准方法应取决于变送器的型号，是否能提供一个为校准用的温度包而定。校准时测量温度用的温度计或温度变送器应尽量同使用时一致，标准表的测量不确定度应不大于流量计温度测量仪表测量不确定度的 1/3，并按 JJG 229—2010《工业用铂、铜热电阻检定规程》或 JJG 130—2004《工业用玻璃液体温度计》检定规程检定合格。

3. 密度计

1）一般规定

除旋转式容积流量计以外的其他流量计，在线密度计宜安装在流量计下游，以避免干扰流量计入口速度分布。如果安装在流量计上游，流量计和包括它的上游直管段组装后进行校准。

取样口至密度计之间的连接导管应尽量短。导管应隔热以减小环境温度对样品气的影响。

为确保密度计所测密度值与流经流量计的密度值相同，应将密度计的露出部分和流量计的上、下游适当长度的管路进行隔热。

密度计要避免过度的机械振动，以确保把附加的测量误差控制在校准时规定极限范围内。

应重视现场维护、检查和校准。检查和校准时，将密度计与导管隔开，并提供参比测试压力或把密度计抽真空。如用于检查的实际密度要由气体压力和温度以及组成计算得来，则应测量压力和温度并得到一个有代表性的样品气。

密度计应包括温度测量设备当测量出管道天然气和密度计内的天然气有温差时，应进行修正。

2）工作条件下的密度计

密度计应用真空测试、甲烷或氮气测试或组成计算方法测试，方法的选择取决于现场安装的其他二次仪表和所用测试设备。

如果密度计的误差值超出了允许范围，则应取出重新校准。

（1）真空测试。

密度计应与工艺过程隔开，将其与真空泵连接并将其中压力抽至0.13mPa的绝对压力或更低。

密度计的温度应使用已校准的温度计装置插入密度计旁边的温度计插孔套或用其自身的温度计装置（若安装）进行测量。

稳定后，应使用已校准的计时器测量密度计的输出周期。测得的周期和真空测试的周期（取自密度计校准证书）均应处于认可的范围内，这些范围包括密度计的不稳定度和温度漂移的不稳定度。

（2）甲烷或氮气测试。

向密度计提供质量合格的高纯度甲烷或氮气，并用真重压力校正器施加参比压力。一旦条件稳定，应记录增加的压力、密度计温度和显示的周期。

然后将记录压力和记录温度的甲烷或氮气密度计算出来并与密度计读数比对，其误差应处于认可范围内。

（3）组成计算方法测试。

在气体组成相当稳定，可用气相色谱仪确定气体组成的计量站，宜用以下方法对密度计进行检查：

①测试前应确保密度计已经运行足够的时间，以确保样品气的温度保持稳定；

②在已获得稳定条件时，将测得的工作密度与计算所得的参比工作密度进行比较，两种密度值之差应不超过认可的范围；

③工作条件下密度的瞬时参比值应由气体压力、温度的测量结果和按 GB/T 17747 中的公式根据气体分析数据计算压缩因子 Z，再计算求得。

3）标准参比条件的密度计

用于标准参比条件的密度计应按照认可的程序和制造厂的说明书进行校准。

用于标准参比条件的密度计应通过相继引入两种已知标准密度的气体至采样室在两个点上进行校准。测试气体的纯度和标准密度都应按照适用标准明确规定。校准常数应按照制造厂的说明计算求得。

所显示的标准参比密度值与参比标准密度值之差应不超过允许误差。

4. 气相色谱分析仪

1）一般规定

气相色谱仪分离天然气组成的能力是极重要的。根据 GB/T 13610《天然气的组成分析 气相色谱法》设置气相色谱仪对天然气组成进行分析。

在线气相色谱仪大多应用在远控计量站，并且和管道天然气适当的取样点相连接。电子控制器一般不宜用于危险区，具有防爆结构的过程色谱仪可安装在危险区。

在设计校准系统时，如需使用混合气就应采取措施消除随使用条件变化而变化的可能性。例如：为防止高碳烃化合物在预定环境温度下冷凝，可以加热钢瓶及与测量仪器相连接的管线。

2）校准

气相色谱仪的校准采用 JJG 700《气相色谱仪》。

校准用标准气的气质是测量系统测量结果准确与否的关键。作为校准标准使用的混合气，其组成在预定储存和使用条件下应保持稳定。适合校准用的单一组成气的纯度应有明确规定。例如：甲烷的纯度应为 99. 999% 。标准气按 GB 5274 气体分析校准用混合气的制备称量法或 GB/T 10627 气体分析标准混合气的制备静态容积法进行配制。

对于气相色谱仪，标准气组成应接近于预设的被测气组成，标准气应具有可溯源性。

5. 水分分析仪

水分分析仪的校准采用国家相应检定规程，JJG 500—2005《电解法湿度仪检定规程》。校准系统的设计主要是标准水分发生装置的设计。

6. 硫化氢分析仪

硫化氢分析仪的校准采用国家相应检定规程 JJG 695—1990《硫化氢气体分析仪检定规程》。

第六章 气田地面工程 HSE

天然气行业是一种高风险的行业，涉及健康、安全与环境的危险、有害因素较多，往往健康、安全风险与环境风险同时发生，应同时管理。HSE 是健康、安全与环境的英文缩写。H 意为健康（Health），是指人身体上没有疾病，在心理上保持一种完好的状态；S 意为安全（Safety），是指在劳动生产过程中，努力改善劳动条件、克服不安全因素，使劳动生产在保证劳动者健康、企业财产不受损失、人民生命安全的前提下顺利进行；E 意为环境（Environment），是指与人类密切相关的、影响人类生活和生产活动的各种自然力量或作用的总和，它不仅包括各种自然因素的组合，还包括人类与自然因素间相互形成的生态关系的组合。

HSE 管理体系是国际石油天然气行业通行的管理体系，也是一种先进的系统化、科学化、规范化、制度化的管理体系。HSE 的核心是通过风险管理来确保组织的活动、过程和产品符合国家的法律、法规，并实现组织的 HSE 目标。自 1997 年以来，中国石油天然气集团公司在借鉴国外先进健康安全管理体系和环境管理体系的基础上，结合行业特点和企业实际，开始建立和推行健康、安全与环境管理体系。它不仅将健康、安全、环境三种密切相关的领域结合起来，而且满足了环境管理和职业安全健康管理的要求。这也是目前世界上各大石油天然气企业普遍推行的先进管理模式。

气田地面工程由于其高压、易燃、易爆、有毒的危险特性以及所处区域自然环境较为恶劣的实际情况，对于 HSE 的要求尤为严格，从设计到建设和生产运行管理，整个过程均应高度重视。

第一节 安 全

一、工程危险因素分析

1. 主要物料危险因素分析

1）天然气

天然气中含有大量的低分子烷烃混合物，属甲 B 易燃易爆气体，与空气混合形成爆炸性混合物，遇明火极易燃烧爆炸。它的危险性主要体现在以下几个方面：

（1）天然气无色无味，扩散在大气中不易察觉，容易引起火灾。

（2）天然气非常容易燃烧，在常温下接触高温、明火就会燃烧或爆炸，并产生大量的热。

（3）天然气在输送过程中易产生静电，放电时产生火花，极易引起火灾或爆炸。

（4）天然气密度比空气小，一旦泄漏，能在空气中扩散，形成较大范围的火灾隐患。

（5）天然气是带压使用的，一旦泄漏可在压力作用下沿地面扩散，遇外部火源可能引起的火灾和爆炸。

（6）在天然气集输生产过程中，需要采用加热炉、导热油炉等明火设备，需要用电气设备，加大了火灾爆炸的危险。

天然气中各主要组分的火灾、爆炸特性参数列于表6－1－1。

表6－1－1 天然气中主要组分的火灾、爆炸特性参数表

物料名称	分子式	闪点 ℃	着火温度 ℃	爆炸极限（体积分数），%	
				下限	上限
甲烷	CH_4	—	537	5.3	14
乙烷	C_2H_6	—	515	3.0	12.5
丙烷	C_3H_8	—	466	2.2	9.5
丁烷	C_4H_{10}	—	405	1.9	8.5

2）硫化氢

在我国天然气已开发的气田中，大部分气田含有硫化氢，部分气田的硫化氢含量超过20mg/m^3，如四川罗家寨气田的硫化氢含量为150g/m^3，渡口河气田的硫化氢含量为240g/m^3。

硫化氢为无色气体，具有臭鸡蛋气味，易溶于水、醇类、石油溶剂和原油。硫化氢相对分子质量为34.08、熔点为－85.5℃、沸点为160.4℃、闪点不大于－50℃、液体相对密度（水＝1）为0.79（1.83MPa）、气体相对密度（空气＝1）为1.19、爆炸极限为4.0%～46.0%。

硫化氢具有多种危险性，是一种强烈的窒息性气体，同时还极度易燃，与空气混合能形成爆炸性混合物；与浓硝酸、发烟硫酸或其他强氧化剂剧烈反应，发生爆炸。气体比空气重，能在较低处扩散到相当远的地方，遇明火会引起回燃；易溶于水，其气体与水溶液对金属有强烈的腐蚀作用。

硫化氢可与铁元素反应生成极易自燃的硫化铁（或硫化亚铁），硫化铁属于自热氧化自燃类型，即在常温下发生氧化反应产生热量，如果不及时散发掉，则将聚集起来使堆积的硫化铁温度上升，达到其自燃点以上，就会剧烈燃烧，并引燃周围易燃、易爆物质发生火灾甚至爆炸事故。

据统计，硫化氢是我国化学事故发生率最多的危险品之一，给公众的生命健康和环境安全造成了严重影响。

3）凝析油

凝析油分为稳定凝析油和未稳定凝析油。未稳定凝析油为凝析气中分离出来的未经稳定的烃类液体，其饱和蒸气压为 74 ~ 200kPa，比稳定凝析油更易挥发和扩散，其他危险性基本相同。

稳定凝析油产品符合（GB 9053—1998）《稳定轻烃》的 2 号稳定轻烃质量标准：饱和蒸气压（37. 8℃）：夏季小于 74kPa，冬季小于 88kPa。

凝析油中主要组分的火灾、爆炸特性参数列于表 6－1－2。

表 6－1－2　凝析油中主要组分的火灾、爆炸特性参数

组　成	分子式	闪点,℃	相对密度（空气＝1）	着火温度℃	爆炸极限,%（体积分数）v/v%	
					下限	上限
丙烷	C_3H_6	—	1. 56	466	2. 2	9. 5
丁烷	C_4H_{10}	—	2. 05	405	1. 9	8. 5
戊烷	C_5H_{12}	－40	2. 48	260	1. 7	9. 8
己烷	C_6H_{14}	－25. 5	2. 97	244	1. 2	6. 9
庚烷	C_7H_{16}	－4	3. 45	204	1. 1	6. 7
辛烷	C_8H_{18}	12	3. 86	206	0. 8	6. 5
壬烷	C_9H_{20}	31	4. 4	205	0. 7	5. 6
癸烷	$C_{10}H_{22}$	46	4. 9	205	0. 6	5. 5

凝析油为低闪点易燃液体，属甲 B 类火灾危险性物质。装车过程中会有大量的易燃介质蒸气从槽车的口或接管处溢出，会在整个环境中形成爆炸性气体云团，一遇明火就可能引发火灾爆炸事故。如果装车过程中不慎冒罐，大量的凝析油外溢，并随意流淌，便在大范围内形成易燃易爆环境，必须引起足够的警惕。

4）甲醇

在气田集输过程中，为了防止水合物生成，往往需注入水合物抑制剂，甲醇作为一种优良的水合物抑制剂得到了广泛应用，如长庆靖边气田、榆林气田等。

甲醇为无色澄清液体，有刺激性气味。熔点为 -97.8℃、相对密度（水=1）为0.79、沸点为64.8℃、相对蒸气密度（空气=1）为1.11、闪点为11℃、爆炸极限为5.5%～44%。甲醇溶于水，可混溶于醇、醚等多数有机溶剂。

甲醇燃烧时无火焰；甲醇挥发气与空气很容易形成爆炸性气体混合物，而且爆炸范围很宽，遇明火和高热极易引起火灾爆炸，储存容器遇热可以因内压上升而发生爆炸；与铬酸、高氯酸等反应剧烈，有爆炸危险。

5）一氧化碳

一氧化碳为无色无臭气体，熔点为 -199.1℃、沸点为 -191.4℃、相对密度（水=1）为0.79、相对密度（空气=1）为0.97、闪点为 -50℃、爆炸极限为12.5%～74.2%；微溶于水，溶于乙醇、苯等多数有机溶剂，易燃。

一氧化碳与空气混合形成爆炸性混合物，遇明火、高热能引起燃烧爆炸；若遇高热，容器内压增大，有开裂和爆炸的危险；若受热或处于火场中，可发生爆炸性聚合反应；蒸气扩散后，遇火源着火回燃；包装容器受热可发生爆炸；破裂的钢瓶具有飞射危险；泄漏物有着火或爆炸危险。

6）丙烷

丙烷为无色气体，纯品无臭，相对密度（空气=1）为1.56、沸点为 -42.1℃、熔点为 -187.6℃、闪点为 -104℃、爆炸极限为2.1%～9.5%。

丙烷属于易燃气体，与空气混合能形成爆炸性混合物，遇热源和明火有燃烧爆炸的危险；与氧化剂接触猛烈反应；气体比空气重，能在较低处扩散到相当远的地方，遇火源会着火回燃。

2. 生产工艺过程危险因素分析

1）站场工艺过程危险因素

（1）站场设备。

①过滤、分离设备：过滤、分离设备为站、场主要设备，设备的压力、温度及液位是巡回检查的重点。一旦重点部位发生故障，均可能造成火灾、爆炸事故的发生。

②加热炉及加热釜：气田站场中的加热炉、加热釜等，会产生明火，一旦易燃易爆物质泄漏，将带来极大的安全事故。

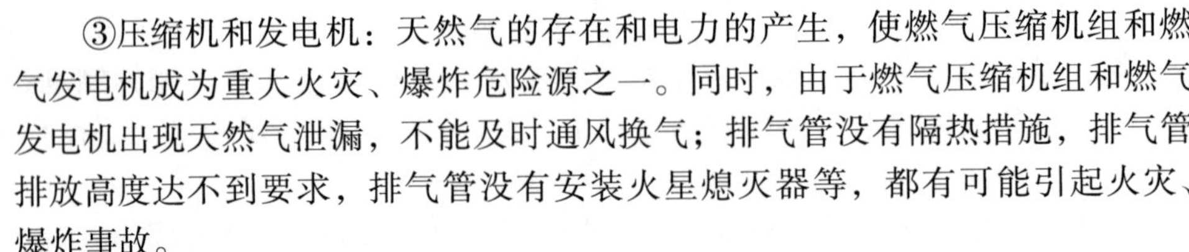

③压缩机和发电机：天然气的存在和电力的产生，使燃气压缩机组和燃气发电机成为重大火灾、爆炸危险源之一。同时，由于燃气压缩机组和燃气发电机出现天然气泄漏，不能及时通风换气；排气管没有隔热措施，排气管排放高度达不到要求，排气管没有安装火星熄灭器等，都有可能引起火灾、爆炸事故。

④机泵：天然气站场机泵使用频繁，这些设备的旋转部件、传动件，若防护罩失效或残缺，人体接触时就有机械伤害的危险。在承压设备处，如果设备上的零部件固定不牢或设备超压就可能发生物体飞出，高压介质刺漏，造成人员伤害。

⑤塔器：天然气净化（处理）厂脱油脱水平台、凝析油稳定塔、甲醇回收塔、脱硫脱碳塔等设施作业平台的高度在2m以上，岗位人员在这类设备设施的平台上巡检和作业均为高空作业，一旦平台、扶梯、栏杆等处有损伤、松动、打滑或不符合规范要求，当操作者不慎，失去平衡时则有高空坠落的危险。

⑥反应器：在对反应器内物料进行加热或冷却时，若对温度、压力等参数控制不当，往往会造成爆炸、火灾等事故。

⑦储罐：天然气站场有大量的储存污水、凝析油、化学药剂的储罐，这些物质或是易燃易爆的，或是有毒的。在通气口中会不断排出含有烃类的混合气体；在装车、卸车过程中，罐区附近空气中易燃气体浓度会更大些，会造成作业人员的中毒，甚至发生火灾、爆炸事故。

（2）仪表。气田地面工程的控制关键是压力自动监控系统。系统误差过大，会造成误判断泄漏而切断管道输送，造成不必要的经济损失；当发生较小的泄漏时，如不能及时发现，将会造成大的泄漏事故。

（3）公用工程系统。如果出现停电时间过长或通信系统故障，有可能对设备及管道运行带来危害。

（4）工艺废气排放。清管作业由于采用带压引球清管操作，会有少量输送介质采用火炬燃烧放空的方式排出。当管道或站场发生事故需要事故排放时，采用火炬放空方式。一旦火炬系统出现故障，就要将管道中气体直排进大气；当这些气体与空气混合达到爆炸浓度极限时，存在爆炸危险。

当管道或设备运行压力超过设定值时，会有泄压排放，采用直接压力保护阀泄压方式，气体直接排入大气环境，也有发生爆炸的可能性。

（5）工艺操作。操作人员由于自身技术水平不高或责任心不强，导致误操作或违章操作，也可能引发事故。

（6）火灾、爆炸。一旦天然气发生泄漏，有引起火灾和爆炸的可能。发生火灾、爆炸的原因主要是泄漏天然气聚集及点火源的存在。

（7）物理爆炸。站场由于生产失控、误操作等原因造成超温、超压，在泄压装置同时失效情况下，可能引发物理性爆炸。其主要危害形式为冲击波，对一定范围内的人员和设备的潜在威胁较大，还可能造成二次事故发生。

2）集输管道工艺过程危险因素

（1）管道腐蚀穿孔。管道具有防腐层，使管材得到保护。但是，由于防腐质量差，管道施工时造成防腐层机械损伤，土壤中含水、盐、碱及地下杂散电流等因素都会造成管道腐蚀，严重的可造成管道穿孔，引发事故。

（2）管道材料缺陷或焊口缺陷隐患。这类事故多数是因焊缝或管道母材中的缺陷在带压输送中引起管道破裂。据四川输气管道事故统计，约38%的事故是由于焊缝、母材缺陷引起的。

另外，管道的施工温度与输气温度之间存在一定的温度差，造成管道沿其轴向产生热应力，这一热应力因约束力变小从而产生热变形，弯头内弧向里凹，形成折皱，外弧曲率变大，管壁因拉伸变薄，也会形成破裂。

（3）设备事故。输气设备、设施等性能不好、质量不高也可以引发事故。

（4）火灾、爆炸。一旦集输管道发生泄漏，有引起火灾和爆炸的可能。

（5）物理爆炸。集输管道由于生产失控、误操作等原因造成超温、超压，在泄压装置同时失效情况下，可能引发物理性爆炸。

3. 自然和社会环境危险因素分析

1）自然环境因素分析

（1）地震。地震是地壳运动的一种表现，是地球内部传播出来的地震波造成的地面震动，其中由地下构造活动产生的构造地震，破坏性大、影响面广。地震虽然发生频率低，但因目前尚无法准确预报，具有突发的性质，一旦发生，财产和环境损失十分严重。

强烈的地震可造成储罐、管道和建筑物的破坏，造成天然气、凝淅油、甲醇等物质的大量泄漏，进而引发火灾、爆炸、中毒等灾害事故，并造成人员伤亡。

（2）洪水。夏秋季雨水集中，暴雨、洪水对管道安全影响最大。洪水可以破坏设备和管道的稳固结构和管道防腐层，使地表改变造成管道裸露、位移、变形，甚至断裂；洪水浸泡还可加剧地下输气管道腐蚀。高洪水期发生露管，加大了管线受冲刷面积，从而造成管线破裂、泄漏。

（3）黄土滑塌及坍塌。黄土滑塌及坍塌灾害是指黄土斜坡带，特别是高陡斜坡带在自然因素或人类工程活动影响下发生的特殊黄土地质灾害类型。

它的发育程度受黄土颗粒组成的控制，发育形成具有明显的地域性，造成了严重的危害后果。黄土滑塌及坍塌会对管道，站场造成重大破坏。

（4）河岸及水库岸坍岸。由粘土质沉积物或泥质膨胀岩构成的河岸及水库岸坡，常因河水的侧向侵蚀、淘刷和水库蓄水而发生强烈的坍岸灾害，形成数米宽的坍岸带，常造成管道的裸露、悬空等，进而危及管道的安全。

（5）崩塌。崩塌是由岩石的风化或地下水的浸泡作用，使岩石松动而引起的自然灾害。

（6）泥石流。泥石流是一种灾害性的地质现象。泥石流经常突然爆发，来势凶猛，可携带巨大的石块，并以高速沿山坡流下，具有强大的能量，因而破坏性极大。泥石流所到之处，一切尽被摧毁，可以摧毁站场及其设施，伤害工程人员、造成停工停产，甚至使设施报废。

（7）煤矿采空区与地面塌陷。煤矿的地下开采不仅造成采空区上部地表塌陷，而且引起塌陷区内房屋和窑洞开裂、坍塌，道路不均匀塌陷和开裂等。如果管道在地表变形区通过时，可能造成管道悬空，弯曲变形，对管道安全造成很大危害。

（8）湿陷性黄土。湿陷性黄土主要由马兰黄土和全新世黄土构成，在湿陷性黄土地区易出现边坡冲沟、坡面冲刷、边坡坍塌、基底陷穴等，造成站场基础变形、沉陷，管道悬空、变形等危害。

（9）膨胀性岩土。膨胀性岩土是指遇水体积膨胀、强度衰减、失水收缩并常常导致工程问题和地质灾害的岩土，主要表现在对边坡的影响和管道填埋后的冲刷等方面。

（10）盐渍化岩土。在我国西北干旱、半干旱气候区的洼地或盐湖周边滩地，由于地表水和地下水的蒸发、浓缩作用，在土壤表层和浅层常常有盐渍土的形成和分布。这些盐渍土由于含有大量的 SO_4^{2-} 或 Cl^-，常常会对普通硅酸盐混凝土构筑物和钢管产生严重的腐蚀作用。

（11）雷击。气田井场、站场往往布置在空旷地带，站场设备、架空管道成为了优良的接闪器。在附近空中有云存在的情况下，可能形成一个感应电荷中心，从而遭受直击雷的威胁，雷击可损坏站场电气设备，甚至引起火灾、爆炸。

（12）风沙。西部地区风沙频繁，多刮西北大风，风沙对项目的影响很大。

①井架、火炬、电线塔杆等，由于自身的重心高，稳定性差，而基础又在沙漠中，狂风可能使其倾倒，砸到周围设施。

②自控的流量、温度、压力、液位等一次仪表，变送器，仪表箱；可燃气体浓度报警的探头；以及流量计、温度计、压力表、液位计等一些就地指示仪表，都在露天，都受到沙尘的危害，有可能使传输信号中断或接收信号不准确，失去对装置的监控能力。

2）社会环境因素

由于天然气是易燃、易爆物质，采用带压输送，加上气田工程本身具有站场分散的特点，工程所处的外界人文环境对工程的安全也会造成一定的影响。

近几年来人为外力破坏已成为输气管道泄漏、火灾爆炸事故的重要原因之一。

二、危险因素防范与治理措施

1. 安全防护措施一般原则

安全防护措施是为了控制与消除各种潜在的不安全因素，预防事故或减轻事故后果，针对劳动环境、机具设备、工艺过程、劳动组织以及工作人员等方面存在的问题，而采取的技术措施，它包括工艺、设备、电气、操作与控制等各个方面。

1）减少潜在的危险因素

减少潜在的危险因素是使事故失去产生的基础，是预防事故的最根本措施。例如，在新工艺、新产品开发时，尽量避免使用有危险性的物质、工艺和设备，选用不燃和难燃物质代替易燃物质，用无毒和低毒物质代替有毒物质，使火灾、爆炸和中毒事故难以发生。

2）降低潜在危险因素的强度

某些潜在的危险因素往往要达到一定的程度或强度才能造成危害。通过一些措施降低它的强度，使之处于安全范围内，就能防止事故发生。例如，天然气集输系统管道内腐蚀的主要原因在于天然气中含有 H_2S，CO_2 等酸性气体，在有水分存在的条件下，会产生电化学腐蚀过程，使管线及设备产生全面腐蚀或局部腐蚀，造成管线及设备的壁厚减薄或点蚀穿孔等破坏。在进入管道前对气体处理，将天然气中所含水分、H_2S 等脱除到一定值，可以从源头杜绝管道的内腐蚀。该方法常用于保护集气管线，由于投资高，采气管线通常不采用。

3）联锁保护

当设备或装置出现危险情况时，以某种方法强制一些元件相互作用，以

保障生产安全。例如，当检测仪表显示某工艺参数超过预定的安全限达到危险值时，与其相应的控制器就会自动进行调节，使其处于正常状态或安全停运。

4）隔离操作或远距离操作

当人与有危害的物质、物体接触时，就存在发生伤亡事故的可能性。如果将两者隔离开或保持一定距离，就可以避免人员伤害事故的发生或减弱对人体的危害。例如，对放射性、高温和噪声等的防护，可以通过设置隔离屏障、提高生产自动化及遥控程度等，防止操作人员接近有害物质，都属于这类措施。

5）设置薄弱环节、预防设备损坏

在设备或装置上安装薄弱元件（环节），当危险因素达到危险极限之前，这个环节预先破坏，或将能量释放，或将装置安全停运，从而防止重大事故发生。例如，在压力容器上装安全阀或爆破膜，在储存轻质油品的拱顶油罐的罐顶装呼吸阀与液压安全阀，在电气设备上装熔断丝等。

6）提高设备强度、增加安全裕量

为了提高设备和设施的安全程度，采用增大安全系数、加大安全裕量、提高结构强度的方法，防止因结构破坏而导致事故发生。

天然气集输管道的强度设计系数遵循《输气管道工程设计规范》规定，一级、二级、三级和四级地区的强度设计系数分别为0.72、0.6、0.5和0.4。可见同一条集输管道，四级地区的管壁厚度是一级地区的1.8倍。这就是提高管道强度来确保管线自身的安全性的体现。

7）封闭危险物质或能量

封闭就是将危险物质和危险能量局限在一定的范围内，可以有效地防止事故发生和减少事故的损失。

8）警告提示

警告可以提醒人们注意，及时发现危险因素或危险部位，以便及时采取措施，防止事故发生。常用设置警告牌或警告信号。警告牌是利用人的视觉引起注意，警告信号可以采用声、光等报警。在天然气集输管道经过居民密集地区，穿越铁路、公路、河流及其他特殊地段时，都要设置明显的警告标志，说明管道位置及危险等内容，以免发生损伤管道的事故。为了满足维护管理、阴极保护参数测量的需要，在管道沿线需要设置几种地面标志，如里程桩、转角桩、测试桩等。这些标志也起到了警示的作用，由于它们标明了管道位置，可以减少和防止建设施工时因情况不明造成的第三方损伤。

天然气集输管道危险因素的各种检测技术和监控技术可以预先发现事故苗头及隐患，这相当于发出警告，可以据此采取防范措施，也是安全抑制措施的重要方面。

2. 设计中危险因素防范与治理措施

1）站场危险因素防范与治理措施

（1）总图。

①区域布置应根据天然气集输站场、相邻企业和设施的特点及火灾危险性，结合地形与风向等因素，合理布置。

②集输站场宜布置在城镇和居住区的全年最小频率风向的上风侧。在山区、丘陵地区建设站场，宜避开窝风地段。

③集输场站应选择在地势平缓、开阔，且避开山洪、滑坡、地震断裂带等不良工程地质地段。

④天然气集输场站内的绿化，应符合下列规定：

a. 生产区不应种植含油脂多的树木，宜选择含水分较多的树种。

b. 工艺装置区或甲、乙类油品储罐组与其周围的消防车道之间，不应种植树木。

c. 在油品储罐组内地面及土筑防火堤坡面可植生长高度不超过0.15m、四季常绿的草皮。

d. 液化石油气罐组防火堤或防护墙内严禁绿化。

e. 站场内的绿化不应妨碍消防操作。

（2）工艺。

①天然气集输系统总工艺流程，应根据天然气气质、气井产量、压力、温度和气田构造形态、驱动类型、井网布置、开采年限、逐年产量、产品方案及自然条件等因素，以提高气田开发的整体经济效益为目标，综合考虑确定。

②在气田开发方案和井网布置的基础上，集输管网和站场应统一考虑综合规划分步实施，应做到既满足工艺技术要求又符合生产管理集中简化和方便生活。

③整个工艺过程在密闭状态下进行，正常生产时不会发生火灾、爆炸、硫化氢及甲醇中毒事件，装置区内有毒气体浓度将符合（GBZ 1—2010）《工业企业设计卫生标准》的规定。

④甲醇污水管道、设备，储罐安装保证其严密性，甲醇产品储罐，回流液储槽防腐处理，在生产中严格管理，防止跑、冒、滴、漏现象的发生。

⑤在气井井口设置高低压切断阀，集气站、压气站、处理厂等重要场站应设置 ESD 系统，保证事故状态下可以切断气源。

⑥含硫化氢生产作业现场应安装硫化氢监测系统，进行硫化氢监测。硫化氢监测系统应符合以下要求：

a. 含硫化氢作业环境应配备固定式和携带式硫化氢监测仪；

b. 重点监测区应设置醒目的标志、硫化氢监测探头、报警器；

c. 硫化氢监测仪报警值设定：阈限值为 1 级报警值；安全临界浓度为 2 级报警值；危险临界浓度为 3 级报警值；

d. 硫化氢监测仪应定期校验，并进行检定；

e. 应对天然气处理装置的腐蚀进行监测和控制，对可能的硫化氢泄漏进行检测，制订硫化氢防护措施。

⑦高压、含硫化氢及二氧化碳的气井应有自动关井装置。

⑧天然气增压所用的压缩机应符合以下要求：

a. 压缩机的各级进口应设凝液分离器或机械杂质过滤器；分离器应有排液、液位控制和高液位报警及放空等设施。

b. 压缩机应有完好的启动及事故停车安全联锁并有可靠的防静电装置。

c. 压缩机房宜采用敞开式建筑结构。当采用非敞开式结构时，应设可燃气体检测报警装置或超浓度紧急切断联锁装置。机房底部应设计安装防爆型强制通风装置，门窗外开，并有足够的通风和泄压面积。

d. 压缩机房电缆沟宜用砂砾埋实，并应与配电房的电缆沟严密隔开。

e. 压缩机房气管线宜地上铺设，并设有进行定期检测厚度的检测点。

f. 压缩机房应有醒目的安全警示标志和巡回检查点和检查卡。

g. 新安装或检修后投运的压缩机系统装置前，应对机泵、管道、容器、装置进行系统氮气置换，置换合格后方可投运，正常运行中应采取可靠的防空气进入系统的措施。

⑨天然气脱水应符合以下要求：

a. 天然气原料气进脱水之前应设置分离器。原料气进脱水器之前及天然气容积式压缩机和泵的出口管线上，截断阀前应设置安全阀。

b. 天然气脱水装置中，气体应选用全启式安全阀，液体应选用微启式安全阀。安全阀弹簧应具有可靠的防腐蚀性能或必要的防腐保护措施。

⑩天然气脱硫及尾气处理注意事项如下：

a. 酸性天然气应脱硫、脱水。对于距天然气处理厂较远的酸性天然气，管输会产生游离水时应先脱水，后脱硫。

b. 在天然气处理及输送过程中使用化学药剂时，应严格执行技术操作规程和措施要求，并落实防冻伤、防中毒和防化学伤害等措施。

c. 设备、容器和管线与高温硫化氢、硫蒸气直接接触时，应有防止高温硫化氢腐蚀的措施；与二氧化硫接触时，应合理控制金属壁温。

d. 脱硫溶液系统应设过滤器。进脱硫装置的原料气总管线和再生塔均应设安全阀。连接专门的卸压管线引入火炬放空燃烧。

e. 液硫储罐最高液位之上应设置灭火蒸汽管。储罐四周应设防火堤和相应的消防设施。

f. 含硫污水应预先进行汽提处理，混合含油污水应送入水处理装置进行处理。

g. 在含硫容器内作业，应进行有毒气体测试，并备有正压式空气呼吸器。

h. 天然气和尾气凝液应全部回收。

（3）安全保护设施。

①对存在超压可能的承压设备，应设置安全阀。

②安全阀、调压阀、ESD 系统等安全保护设施及报警装置应完好，并应定期进行检测和调试。

③安全阀的定压应小于或等于承压设备、容器的设计压力。

④进出天然气站场的天然气管道应设置截断阀，进站截断阀的上游和出站截断阀的下游应设置泄压放空设施。

⑤每台压缩机组至少应设置下列安全保护：

a. 进出口压力超限保护；

b. 原动机转速超限保护；

c. 启动气和燃料气限流超压保护；

d. 振动及喘振超限保护；

e. 润滑保护系统；

f. 轴承位移超限保护；

g. 干气密封系统超限保护；

h. 机组温度保护。

⑥压缩机房的每一操作层及其高出地面 3m 以上的操作平台（不包括单独的发动机平台），应至少有两个安全出口通向地面。操作平台的任意点沿通道中心线与安全出口之间的最大距离不得大于 25m。安全出口和通往安全地带的通道，应保持畅通。

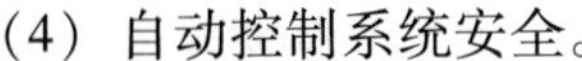

(4) 自动控制系统安全。

①自动控制系统。

a. 集输场站应设置站控系统，对站内的工艺参数进行数据采集和处理。

b. 天然气处理厂应设一套监控系统，完成整个生产过程的监控、连锁保护及紧急停车、火气监测。监控系统由 PCS 控制站（过程控制、连锁保护）、FGS 控制站（火气监测）和 ESD 系统（紧急停车）共同组成，数据上传至调度中心。将该区域内的所有生产数据，均传送至中心控制室，实现生产过程的实时监控，区域火灾、可燃气体浓度检测及截断阀紧急切断等。

②紧急停车系统。

集输场站设紧急停车系统，在进出站管线、重要设备进出口设置 ESD 关断阀，并在控制室和现场设手动紧急切断按钮，当发生重大异常情况时，按照全厂紧急停车程序关断相关阀门。在干线来气总管上和重要装置的放空口设置电动放空旋塞阀，实现远程手动遥控放空或按照全厂紧急停车程序进行放空。

ESD 系统分级设置，分为厂级、装置级、设备级三级，具体内容如下：

a. 厂级为最高级。厂级 ESD 系统只有在全厂火灾、设备管道出现大量泄漏或其他不可预计的灾害时启动。设置带防误动作功能的按钮。全厂 ESD 系统启动时，关闭全厂内各装置并进行泄压及干线进行泄压，同时应关闭井口。

b. 装置级。当多套或单套装置主要指标超限，或发生严重泄漏等故障情况时，使单套装置关闭。单套装置分别设置 1 个带防误动作功能的按钮。装置级 ESD 系统启动时，装置关闭，装置内部管道泄压。

c. 设备级。当单个设备参数越限时，实施单个设备进出口关闭，不影响装置的正常生产。

③火气系统。

在可能发生可燃气体泄漏的工艺装置区附近应设置可燃气体探测器，实时监视可燃气体泄漏情况。

站控系统采集各可燃气体检测探测器传来的信号，建立动态数据库。当有报警信号时，能准确地切换到相应画面，显示出报警部位、报警性质等，具有语音及图像提示功能。

④视频监控系统。

在处理厂、集气站内压缩机房、分离器区等关键岗位设工业电视监控系统，设备均采用防爆型，达到随时监控、消防联动等作用。该装置日常作为管理监控手段，事故状态下辅助上级指挥同时协助查明事故原因。

（5）通信。

①用于调控中心与站控系统之间的数据传输通道、通信接口应采用两种通信介质，双通道互为备用运行。

②站场与调控中心应设立专用的调度电话。调度电话应与社会常用的服务、救援电话系统联网。

（6）防雷、防静电。

①站场内建构筑物的防雷，应在调查地理、地质、土壤、气象、环境等条件和雷电活动规律及被保护物特点的基础上，制订防雷措施。

②装置内露天布置的塔器、容器等，当顶板厚度等于或大于4mm时，可不设避雷针保护，但应设防雷接地。

③设备应按规定进行接地，接地电阻应符合要求并定期检测。

④工艺管网、设备、自动控制仪表系统应按标准安装防雷、防静电接地设施，并定期进行检查和检测。防雷接地装置接地电阻不应大于10Ω，仅做防感应雷接地时，接地电阻不应大于30Ω。每组专设的防静电接地装置的接地电阻不应大于100Ω。

（7）消防站和消防系统。

①消防设施的设置应根据其规模、油品性质、存储方式、储存温度、火灾危险性及所在区域外部协作条件等综合因素确定。

根据《中华人民共和国消防法》和国家四部委（国家经委、公安部、劳动人事部、财政部）1987年1月19日联合下发的《企业事业单位专职消防队组织条例》关于“生产、存储易燃易爆危险物品的大型企业，火灾危险性较大、距离当地公安消防队较远的其他大型企业，应设专职消防队，承担本单位的火灾扑救工作”，同时按照《石油天然气工程设计防火规范》相关要求，天然气集输系统应根据实际情况设置三级消防站，负责中央处理厂及气田区域的消防戒备任务。

依据《石油天然气工程设计防火规范》第8.1.2条规定，其他场站不设置消防给水设施，仅配置一定数量的小型移动式干粉灭火器。

②消防系统投运前应经当地消防主管部门验收合格。

③站场内建（构）筑物应配置灭火器，其配置类型和数量应符合建筑灭火器配置的相关规定。

④易燃、易爆场所应按规定设置可燃气体检测报警装置，并定期检定。

2）集输管道危险因素防范与治理措施

（1）管道选线安全原则。

①管道路由的选择，应结合沿线城市、村镇、工矿企业、交通、电力、水利等建设的现状与规划，以及沿线地区的地形、地貌、地质、水文、气象、地震等自然条件，并考虑到施工和日后管道管理维护的方便，确定线路走向。

②管道不应通过城市水源地、飞机场、军事设施、车站、码头。因条件限制无法避开时，应采取保护措施并经国家有关部门批准。

③管道应避开滑坡、崩塌、泥石流、冲沟极发育、高烈度地震区和断裂带等不良地质区，必须通过时应采取工程措施保证安全。

④管线应尽量利用已有道路，便于巡线和事故抢修，方便管道施工和运行维护管理。

（2）管道工艺设计安全措施。

①集输管道设计应考虑近、远期的各种极端工况、调峰工况、事故工况和保安供气工况等，合理确定管道的管径和运行参数，以增大管道的适应性。

②集输管道原则上仅为下游用户承担季节调峰。

③管道安全保护系统动作先后顺序宜为：自动切换→超压紧急切断→超压安全泄放。

④压气站的布局和位置应结合气田总体工艺综合对比后确定。

⑤埋地管道与地面建（构）筑物的最小间距应符合 GB 50251 和 GB 50253 规定。

⑥埋地管道与其他管道平行敷设时，其安全间距不宜小于 10m；特殊地带达不到要求的，应采取相应的保护措施，且应保持两管道间有足够的维修、抢修间距；交叉时，两者净空间距应不小于 0. 5 m，且后建工程应从先建工程下方穿过。

⑦埋地管道与高压输电线平行或交叉敷设时，其安全间距应符合 GB 50061 和 GB 50253 规定；与高压输电线铁塔避雷接地体安全距离不应小于 20m。因条件限制无法满足要求时，应对管道采取相应的防雷保护措施，且防雷保护措施不应影响管道的阴极保护效果和管道的维修；与高压输电线交叉敷设时，距输电线 20m 范围内不应设置阀室及可能发生油气泄漏的装置。

⑧埋地管道与通信电缆平行敷设时，其安全间距不宜小于 10m；特殊地带达不到要求的，应采取相应的保护措施；交叉时，两者净空间距应不小于 0. 5m，且后建工程应从先建工程下方穿过。

⑨管道沿线应设置里程桩、转角桩、标志桩。里程桩宜设置在管道的整数里程处，每公里一个，且与阴极保护测试桩合用。管道采用地上敷设时，应在人员活动较多和易遭车辆、外来物撞击的地段，采取保护措施并设置明

显的警示标志。

（3）管道防腐绝缘与阴极保护。

①埋地管道应采取防腐绝缘与阴极保护措施。

②应定期检测管道防腐绝缘与阴极保护情况，及时修补损坏的防腐层，调整阴极保护参数。

③管道需要加保温层时，在钢管的表面应涂敷良好的防腐绝缘层；在保温层外应有良好的防水层。

④裸露或架空的管道应有良好的防腐绝缘层；带保温层的，应有良好的防水措施。

⑤管道应避开有地下杂散电流干扰大的区域。电气化铁路与输油气管道平行时，应保持一定距离。管道因地下杂散电流干扰阴极保护时，应采取排流措施。

⑥管道阴极保护电位达不到规定要求的，经检测确认防腐层发生老化时，应及时安排防腐层大修。

⑦站场的进出站两端管道，应采取防雷击感应电流的措施。防雷击接地措施不应影响管道阴极保护效果。

⑧大型跨越管段有接地时，穿跨越两端应采取绝缘措施。

（4）管道监控与通信。

①天然气生产的重要工艺参数及状态，应连续监测和记录；大型管道宜设置计算机监控与数据采集（SCADA）系统，对输气工艺过程、设备及确保安全生产的压力、温度、流量、液位等参数设置联锁保护和声光报警功能。

②安全检测仪表和调节回路仪表信号应单独设置。

③SCADA 系统配置应采用双机热备用运行方式，网络采用冗余配置，且在一方出现故障时应能自动进行切换。

④重要场站的站控系统应采取安全可靠的冗余配置。

（5）辅助系统。

①SCADA 系统以及重要的仪表检测控制回路应采用不间断电源供电。

②在下列情况下应加装电涌防护器：

a. 室内重要电子设备总电源的输入侧；

b. 室内通信电缆、模拟量仪表信号传输线的输入侧；

c. 重要或贵重测量仪表信号线的输入侧。

3. 投产安全控制措施

投产过程中，可能出现泄漏或爆炸，使天然气大量外泄等事故。故必须

制订可行的天然气置换空气的方案，和一旦发生事故所采取的处理措施，投产指挥和操作人员都必须严格执行投产方案中各项安全措施。由于参加投产工作的部门多、人员多，必须加强组织领导，合理分工，密切协作，做好各项准备工作，抓好安全教育，落实安全措施，才能保证投产试运顺利进行。

（1）应编制试运投产事故预案。

（2）试运投产前，应做好以下工作：

①试运投产前应进行一次全面检查，检查项目有以下几项：

a. 试运投产组织和人员配备。

b. 试运投产用各类物资及装备。

c. 试运投产的临时工程及补充措施。

d. 场站、线路各类设备、阀门、仪表状态等符合试运投产方案要求。

e. 电气、仪表、自动化、通信系统调试情况。

②试运投产前，配齐消防器材、防爆工器具及各类安全警示牌，投入使用各可燃气体报警器。

③对所有参加人员进行有针对性的安全教育和技术交底，要求参加投产的职工做到熟悉各项安全生产制度、岗位安全操作规程，熟悉常见事故处理方法，掌握消防灭火器材的使用方法，对参加投产的操作人员要进行详细的技术交底、进行投产操作演练，做到岗位明确，职责清楚。

④向周边民众做好宣传，投产期间要求人、畜、车辆不能在管道、站场附近停留。

（3）试运投产期间，应做好以下工作：

①严禁无关人员进入工艺场站；现场操作人员应穿防静电工作服并佩戴标志。

②严禁在场站及警戒区内吸烟，不得将火种带入现场。

③除工程车外，其余车辆不准进入场站和警戒区内；工程车辆必须加带防火帽。

④临时排放口应远离交通线和居民点，距离不少于300m。

⑤中压和高压放空立管处应设立直径为300m的警戒区。

⑥进入阀室前应有防窒息、防爆炸措施，并至少有两人同时在场。

⑦投产期间的全线清管、干燥作业，应对管道的变形及通过能力做出总体评价。

在通球，置换及严密性试验的升压过程中，无关人员不得进入管道两侧50m以内，没有下达检查命令时，工作人员不得在管道上停留。投产领导小组下达检查命令后，各岗位人员应对站内及管道进行检漏，发现问题及时报告、处理。

4. 运行安全控制措施

1）安全管理制度

（1）场站的进口处，应设置明显的安全警示牌及进站须知。对进入站场的外来人员应进行安全注意事项及逃生路线等应急知识的教育培训。

（2）在天然气集输、处理等场站易燃易爆区域内进行作业时，应使用防爆工具，并穿戴防静电服和不带铁掌的工鞋，禁止使用手机等非防爆通信工具。

（3）机动车进入生产区，排气管应带阻火器。

（4）天然气集输、处理等场站生产区不许使用汽油、轻质油、苯类溶剂等擦地面、设备和衣物。

（5）天然气集输、处理等场站生产现场应做到无油污、无杂草、无易燃易爆物，生产设施做到不漏油、不漏气、不漏电、不漏火。

（6）在天然气管道中心两侧5m范围内，严禁取土、挖塘、修渠、修建养殖水场、排放腐蚀性物质、堆放大宗物质、采石、建温室、垒家畜棚圈、修筑其他建构物或种植深根植物。在天然气管道中心两侧或管道设施场区外各50m范围内，严禁爆破、开山和修建大型建（构）筑物。

（7）天然气放空时，应在统一指挥下进行，放空时应有专人监护。

（8）应配备专业技术人员对天然气集输设备、管道的系统进行日常维护等。

2）动火作业的安全管理

天然气集输系统维修动火，大部分都是在生产运行过程中进行的，相应的危险性较大。有的虽然经过放空，但有的管段较长，很难达到理想的条件。因此，凡在集输管道和工艺站场动火，都必须按照规定程序和审批权限，办理动火手续。

动火施工时，必须经过动火负责人检查确认无安全问题，待措施落实，办好动火票后，方可动火。要做到“三不动火”，即没有批准动火票不动火；防火措施不落实不动火；防火监护人不到现场不动火。动火过程中应随时注意环境变化，发现异常情况时要立即停止动火。

（1）动火现场安全要求。

①动火现场不许有可燃气体泄漏。

②坑内、室内动火作业前，可燃气体浓度必须经仪器检测，浓度应达到

小于爆炸下限的25%才能动火，否则应采取强制通风措施，排除余气。

③动火现场5m以内应无易燃物。

④坑内作业应有出入坑梯，以便于紧急撤离。

⑤动火后应检查现场，确认无火种后，才能离开。

（2）更换输气管段的安全要求。

①排放管内天然气时，应先点火，后放空。若管道地形起伏，从多处放空口排放时，处于低洼处的放空管将先于高处放完。为了保证管内留有一定余压，在放空口火焰降至约1m高时，关闭放空阀门。

②切割隔离球孔宜采用机械开孔。采用气割时，需事先准备好消防器材，切割完后立即用石棉布盖住孔口并灭火。若管内有凝析油，应先用手提式电钻在管线上钻一个小孔，用软管插入孔内向管内注入氮气后，再切割隔离球孔。切割过程中应不断充氮。向隔离球中充入的气体必须是惰性气体（常用氮气或二氧化碳），严禁用氧气或其他可燃性气体。

③割开的管段内沉积有黑色的硫化铁时，应用水清洗干净，防止其自燃。

④管段焊完恢复输气时，应首先置换管内空气。若有硫化铁存在，可在清管球前推入一段水或惰性气体，将自燃的硫化铁熄灭，防止混合气爆炸。

（3）集输场站内管线维修的安全要求。

集输场站内设备集中、管线复杂、人员较多，除了遵守上述维修安全要求外，维护人员应熟悉站内流程及地下管线分布情况，熟悉所维修设备的结构、维修方法。还应注意以下几点：

①对动火管段必须截断气源，放空管内余气，用氮气置换或用蒸气吹扫管线。该段与气源相连通的阀门应设置“禁止开阀”的标志并派专人看守。对边生产边检修的场站，应严格检查相连部位有否串漏气现象，或加隔板隔断有气部分，经验测确认无漏气时才能动火。

②管道组焊或修口动火前，必须先做“打火试验”，防止“打炮”伤人。

③站内或站场四周放空时，站内不得动火；站内施工动火过程中，不得在站内或站场四周放空；动火期间，要保持系统压力平稳，避免安全阀起跳。

3）管线清管安全管理

（1）通球操作安全注意事项。

①打开收、发球筒的快速盲板之前，必须在关闭与其相连的阀门后，才准打开放空阀卸压。待球筒内气压降至0，确信不带压后，才能打开盲板。

②清管球装入球筒时，要用不产生火花的有色金属工具将球推至球筒连接的大小头处，以防止无压差发球失误；关上快速盲板后要及时装好防松楔

块。球筒加压前要检查防松楔块及防松螺钉是否已上紧。

③加压及打开盲板时，操作人员不准站在盲板前面及盲板的悬臂架周围，防止高压气流冲出或盲板飞出伤人。

④通球操作开启阀门要缓慢平稳，进气量要稳定，待发球筒充压建立起压差后，再开发球阀，球速不要太快。特别是通球与置换管内空气同时进行时，球速不应超过5m/s。

⑤从收球筒取出清管球时，应先关闭进筒阀，打开放空阀、排污阀卸压，确信收球筒不带压时，再打开快速盲板。快速盲板打开后用可燃气体检测仪进行检测，确认空气中天然气含量在爆炸低限以下时，才能取出清管球；取球时应慢慢拉出，防止摩擦产生火花。

（2）放空排污的安全。

①放空排污的操作应平稳，放空排污阀不能猛开猛关，要控制排放天然气的流速在5m/s以内，避免污水喷至排污池外。若排空天然气含量大于其爆炸上限，放空的天然气应点火烧掉。

②若预测到管内排出的污水中有凝析轻烃，必须将含油污水用管线密闭输送至钢质储罐内；罐体及管线应可靠接地。严禁敞开排放含油污水，避免轻烃流窜、挥发而发生火灾。

③管道清管时，应截断支线的阀门，避免干线中的杂物、积液排入支线；待清管球通过后，再打开支线截断阀。输气干线上的截断阀应全开，以利于清管球通过。不允许半开或节流，以防止清管球猛烈撞击阀板造成阀门损坏发生事故。

④运行中的输气管道在清管前应认真分析管内沉积物的种类、数量，制订相应的安全措施。例如，管内凝析的轻烃较多时，根据液态烃数量和管线压力分布情况以及末段管线的分离器和油罐的接收能力，确定排污方法。清管器将积液推到管线末段后，在低压段的管内挥发，气流将其携带至末站，在分离器集中，密闭输至油罐，按液烃进行储存和运输。

⑤清管器运行故障处理应注意：当清管球被卡时，常常增大进气量，提高球前后的压差来推球解卡；进气升压应缓慢进行；防止上游管段超压或因突然解堵后，球速过快引起管线、设备振动而造成破坏。

三、安全评价体系

天然气集输项目应进行安全评价，安全评价应以实现安全为目的，应用

安全系统工程原理和方法，辨识与分析工程、系统、生产经营活动中的危险、有害因素，预测发生事故或造成职业危害的可能性及其严重程度，提出科学、合理、可行的安全对策措施建议，作出安全评价的结论。

1. 安全评价的分类

安全评价按照实施阶段的不同分为安全预评价、安全验收评价、安全现状评价三类。

1）安全预评价

安全预评价是根据建设项目可行性研究报告的内容，分析和预测该建设项目存在的危险、有害因素的种类和程度，提出合理可行的安全防护措施设计和安全管理的建议。

石油行业在（SY/T 6607—2004）《石油工业建设项目安全预评价报告编制规则》标准中规定了石油工业建设项目安全预评价报告编制规则。该标准适用于陆上油气田建设项目、海上油气田建设项目、油气管道建设项目和石油化工建设项目安全预评价报告的编制，为推荐性标准，可根据（AQ 8001—2007）《安全评价通则》和（AQ 8002—2007）《安全预评价导则》规定的原则实施。

安全预评价重点之一是以拟建项目作为研究对象。根据建设项目可行性研究报告提供的生产工艺过程、使用和产出的物质、主要设备和操作条件等，研究系统固有的危险、有害因素，应用系统安全工程的原理和方法，对系统的危险性和危害性进行定性、定量分析，确定系统的危险有害因素及其危险、危害程度；针对主要危险、有害因素及其可能产生的危险、危害后果提出消除、预防和降低危险危害的对策措施；评价采取措施后的系统是否能满足规定的安全要求，从而得出建设项目应如何设计、生产和管理才能达到安全指标要求的结论。

2）安全验收评价

安全验收评价是在建设项目竣工、试生产运行正常后，通过对建设项目的设施、设备、装置实际运行状况的检测、考察，查找该建设项目投产后可能存在的危险、有害因素，提出合理可行的安全防护措施调整方案和安全管理对策。

安全验收评价是为安全验收进行的技术准备，最终形成的安全验收评价报告将作为建设单位向政府安全生产监督管理机构申请建设项目安全验收审批的依据。另外，通过安全验收还可检查生产经营单位的安全生产保障，确认《安全生产法》的落实。

3）安全现状综合评价

安全现状综合评价是针对某一个生产经营单位总体或局部的生产经营活动安全现状进行的全面评价。

这种对在用生产装置、设备、设施、储存、运输及安全管理状况进行的全面综合安全评价，是根据政府有关法规的规定或是根据生产经营单位职业安全、健康、环境保护的管理要求进行的，主要内容包括：全面收集评价所需的信息资料，采用合适的安全评价方法进行危险识别，给出量化的安全状态参数值；对于可能造成重大后果的事故隐患，采用相应的数学模型，进行事故模拟，预测极端情况下的影响范围，分析事故的最大损失，以及发生事故的概率；对发现的隐患，根据量化的安全状态参数值、整改的优先度进行排序；提出整改措施与建议。

4）专项安全评价

专项安全评价是针对某一项活动或场所，以及一个特定的行业、产品、生产方式、生产工艺或生产装置等存在的危险、有害因素进行的专项安全评价。目的是查找其存在的危险、有害因素，确定其程度，提出合理可行的安全对策措施及建议。

2. 安全评价的程序

安全评价程序主要包括准备阶段，危险、有害因素辨识与分析，定性、定量评价，提出安全对策措施，形成安全评价结论及建议，编制安全评价报告。安全评价的程序如图6－1－1所示。

3. 安全评价的方法及其分类

安全评价方法的分类方法很多，常用的有按评价结果的量化程度分类法、按评价的逻辑推理过程分类法、按针对的系统性质分类法、按安全评价要达到的目的分类法等。

按照安全评价结果的量化程度，安全评价方法可分为定性安全评价法和定量安全评价法。按照安全评价的逻辑推理过程，安全评价方法可分为归纳推理评价法和演绎推理评价法。按照安全评价要达到的目的，安全评价方法可分为事故致因因素安全评价方法、危险性分级安全评价方法和事故后果安全评价方法。

此外，按照评价对象的不同，安全评价方法可分为设备（设施或工艺）故障率评价法、人员失误率评价法、物质系数评价法、系统危险性评价法等。

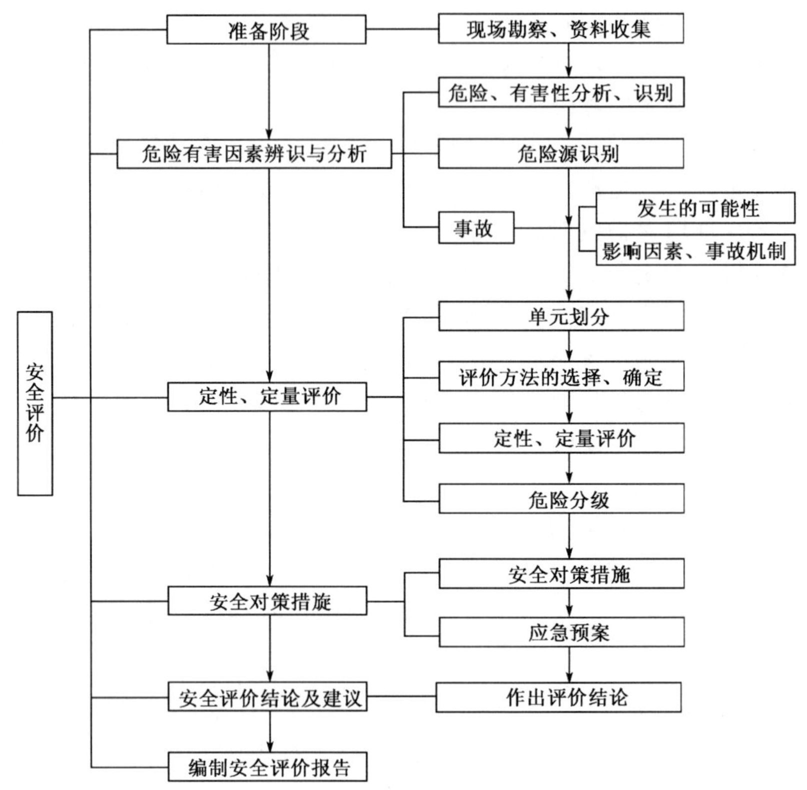

图6-1-1　安全评价的基本程序

常用的安全评级方法有安全检查表法、危险指数法、预先危险分析法、故障假设分析法、危险和可操作性研究、故障类型和影响分析、故障树分析、事件树分析、作业条件危险性评价法、定量风险评价法等。

四、典型事故案例

1. 某天然气处理厂爆炸事故

1）事故经过

某天然气处理厂6号脱油脱水装置低温分离器于2005年6月3日在投产运行过程中发生爆炸，其爆炸裂片引发干气聚集器连锁爆炸后发生火灾，事故共造成2人死亡，该厂第六套脱油脱水装置的低温分离器、聚结器损坏，周围部分管线电缆照明设备受损，直接经济损失928.17万元，并导致该气田从6月3日至6月8日停止了向西气东输管网供气。

2）事故原因

（1）低温分离器爆炸是在正常操作条件下发生的物理爆炸，事故的过程是低温分离器在爆炸泄漏后，其爆炸裂片击穿附近的干气聚结器，导致干气聚结器发生连锁爆炸后着火，裂片呈宏观脆断特征。

（2）焊接缺陷是引起低温分离器开裂的主要原因。

（3）在低温分离器制造过程中，复材和基材两种材料制造工艺存在差异，造成基材产生一定程度的脆化，导致已开裂的低温分离器发生破碎解体。

（4）设备制造厂管理松懈，焊接工艺不完善，制造工艺不成熟，造成焊接中产生裂纹及其他焊接缺陷，造成低温分离器存在较多的质量问题。

3）事故教训

（1）天然气处理厂一旦发生火灾爆炸事故时，最有效的扑救方法就是快速切断全部气源。切断气源的速度越快事故的损失程度越小。因此，进站集气管线和外输出站管线设计安装紧急关断阀和紧急放空阀都是非常必要的。

（2）在重要的油气处理厂设置独立的ESD系统非常必要。

（3）在重要的油气处理厂必须使用成熟、可靠的工艺、技术、设备和材料。

（4）中心控制室临气处理装置一侧，应设置防爆墙，且不易开窗。

（5）在容器设计上，要尽量降低制造加工工艺难度，尽量消除加工、检验、监检工程中技术控制难点，以保证设备加工质量。

2. 某气田集气站火灾事故

1）事故经过

某气田作业区××集气站于2003年6月进行扩建，主要增建1具*DN*150的收球筒，二级动火，站内停产，作业区技术员、集气站现场负责人给施工人员交底后，施工人员按要求卡开已建收球筒与站内相连的五个阀门上游法兰，并用黑色胶皮隔离。作业区技术员对动火点可燃气体浓度进行检测，合格后允许施工单位开始动火，施工11min后，已建收球筒处着火，火势不断增大，3小时20分后才将大火扑灭。

2）事故原因

（1）施工单位在未按程序办理有效动火手续的情况下违章动火，导致动火安全措施不完全、不规范，现场施工人员在动火作业过程中，施工人员无意碰到了已建收球筒管线下游球阀阀杆，引起天然气泄漏，造成火灾，是事故发生的主要原因。

（2）作业区集气站员工安全意识不强，同意未按程序审批、未落实规章

制度和措施的施工队伍进站动火作业，是事故发生的间接原因。

3）事故教训

（1）应严格执行动火作业计划书制度，实行分级审批，谁审批谁负责。

（2）对动火管段必须截断气源，放空管内余气，用氮气置换或用蒸气吹扫管线。该段与气源相连通的阀门应设置“禁止开阀”的标志并派专人看守。对边生产边检修的场站，应严格检查相连部位有否串漏气现象，或加隔板隔断有气部分，经验测确认无漏气时才能动火。

（3）动火施工时，必须经过动火负责人检查确认无安全问题，待措施落实，办好动火票后，方可动火。动火过程中应随时注意环境变化，发现异常情况时要立即停止动火。

3. 某公司天然气管线泄漏爆炸事故

1）事故经过

2006 年 1 月，某公司 ϕ720mm 天然气管线中间站出站管线因螺旋焊缝存在缺陷，在内压作用下管道被撕裂，导致天然气大量泄漏，泄漏的天然气携带硫化亚铁粉末从裂缝中喷射出来遇空气氧化自燃，引发泄漏天然气管外爆炸，因第一次爆炸后的猛烈燃烧，使管内天然气产生相对负压，造成部分高热空气迅速回流管内与天然气混合，引发第二次爆炸。该站进站方向距工艺装置区约 63m 处发生了第三次爆炸。当第一次爆炸发生后，集气站值班宿舍内的职工和家属，在逃生过程中恰遇第三次爆炸点爆炸，导致多人伤亡。此次事故共造成 10 人死亡、3 人重伤、47 人轻伤，损坏房屋 21 户 3040m^2、输气管道爆炸段长 69.05m。

2）事故原因

（1）直接原因。

因 ϕ720mm 管材螺旋焊缝存在缺陷，在一定内压作用下管道从被撕裂，导致天然气大量泄漏。泄漏的天然气携带硫化亚铁粉末从裂缝中喷射出来遇空气氧化自燃，引发泄漏天然气爆炸（系管外爆炸）。第一次爆炸后的猛烈燃烧，使管内天然气产生相对负压，造成部分高热空气迅速回流管内与天然气混合，引发第二次爆炸，约 3min 后引发第三次爆炸。

（2）间接原因。

①管道运行时间长，疲劳损伤现象突出。输气管线建于 1975 年，1976 年投产。由于受当时制管技术、施工技术、防腐技术以及检测技术等条件的限制，管线存在很多先天缺陷。

②管道建设时期，受国内防腐绝缘层材料，防腐绝缘手段及当时施工工

艺技术的限制，使管道不能得到有效保护，导致管道的外腐蚀比较严重。

③管道内壁腐蚀时间较长。该管道投产以来，曾在相当长时期内输送低含硫湿气，管线处于较强内腐蚀环境，导致管内发生腐蚀，伴有硫化亚铁粉末产生。

④随着城镇建设快速发展，富加输气站及进、出管道两侧 5～50m 范围内新增了较多建（构）筑物，使富加输气站被大片建筑物包围，无法改建安全逃生通道。

⑤第一、第二次爆炸发生后，在值班宿舍内的职工和家属，在逃生过程中恰遇第三次爆炸，导致多人伤亡。

3）事故教训

（1）认真做好管道安全保护工作的监督和管理。要切实加强管道的巡查、维护，保持管道沿线各种安全标志的完整、有效，做好管线周边群众、保护管道和各种安全标志的宣传工作。

（2）加强输气管线的检测和评价。对建设时间早、运行时间长的管道应做好常规检测、完好性检测与评价、智能检测等工作，对查出的问题应及时采取相应措施，立即进行监控和整改，该更换的管段要及时更换，确保管道安全平稳运行。

（3）完善事故应急救援预案，扎实做好事故应急演练工作。

4. 某气田天然气管线泄漏爆炸事故

1）事故经过

1998 年 7 月 18 日，四川某气田天然气管线七桥输气站分离器管道发生特大爆炸事故。事故过程如下：7 月 17 日在修复泄漏的法兰后，进行用天然气置换管道系统内的空气作业，置换气流速度为 20.6m/s，远大于技术标准要求的小于 5m/s，随后工作人员发现管道有升温、升压现象，进行了水冷降温和放空处理，效果不明显，在打开管道系统的一个阀门时发生了管道弯头处的爆炸。

2）事故原因

爆炸管道弯头为 20 钢 ϕ9mm×273mm 无缝管弯制，材质正常。大的爆炸碎片有 6 块，最重的为 18.8kg，飞出 318m 远。爆炸源区断口为塑性剪切，壁厚明显减薄，快速断裂区断口有人字纹，尖端指向源区。管道内发现有硫化铁产物。为了确定爆炸性质，在现场调查的数据基础上，进行了爆炸能量的估算，确认该事故为化学爆炸，是管道内天然气与空气混合达到爆炸极限，起因是管道内有氧存在使硫化物自燃。

3）事故教训

（1）应严格执行天然气管道气体置换方式，必须采用惰性气体对对站内工艺管线及设备进行置换，惰性气体的隔离长度应保证达到管线末端时，不至于空气与天然气混合。

（2）天然气置换过程中操作要平稳，升压要缓慢，一般运行速度不应超过5m/s。

（3）应对天然气管道的管理及操作人员进行全面培训，做到首席本岗位的操作规程、安全规定及异常事故处理操作方法等，严禁违章操作。

第二节　环境保护

一、污染源和污染物

1. 大气污染源和污染物

1）施工阶段

（1）管道、道路和站场建设施工扬尘；

（2）器材堆放、开挖、运输活动、场地侵蚀和搅拌水泥；

（3）施工机械驱动设备（如柴油机等）排放的废气以及运输车辆尾气。

主要污染物为NO_x、C_mH_n、SO_2、CO及颗粒物。

2）运行阶段

（1）集气站、压气站、天然气处理厂的放空火炬、硫黄回收装置、采暖设备、燃气动力设备、燃气压缩机组以及站场备用发电机组等排放的废气；

（2）井口、输气管道和天然气处理厂等系统在天然气集输、加工过程挥发排放的烃类气体；

（3）清管收球作业、分离器检修时少量天然气通过火炬放空系统燃烧排放的废气、站内系统超压放空燃烧产生的废气等。

天然气组分不同排放的污染物也不同，一般情况下站场排放废气中主要污染物为SO_2、CO、NO_x，其次为C_mH_n。

2. 水污染源和污染物

1）施工阶段

施工阶段的水污染源主要为施工人员的生活污水及管道试压后排放的清洁废水。管道试压一般采用清洁水，试压后排放水中的污染物主要是悬浮物，生活污水的主要污染物是BOD、COD、SS等。

2）运行阶段

运行阶段水污染源包括集气站、压气站、天然气处理厂及倒班生活基地排放的污水，各站场的水污染源主要有清洗设备、场地排放的生产废水；气田采出水，即伴随天然气采出的地层水以及天然气在脱硫、脱水等处理过程中产生的生产污水；工艺装置及罐区不定期排放的少量含油污水以及不定期检修排放的检修污水；寒冷地区气田冬季集气支线向干线交接时分离脱水产生的甲醇污水和天然气处理厂脱油脱水装置产生的甲醇污水；职工正常生活排放的生活污水。

生产污水、废水主要污染物为油类、醇类、COD、SS等；生活污水的主要污染物是BOD、COD、SS等。

3. 噪声污染源

1）施工阶段

施工作业过程中，要使用各种工程机械平整场地、开挖管沟，需要运输车辆运送材料，在岩石地段还需要采用炸药进行爆破，由于这些施工机械、车辆的使用以及人员的活动会产生噪声，对附近居民的生活产生一定的影响，同时会惊扰附近的野生动物。

2）运行阶段

运行阶段的噪声源主要来自集气站、压气站、天然气处理厂，各站场的噪声污染源主要有以下两个方面：

（1）站内的汇管、调压阀、节流装置、分离器和火炬放空系统，这些装置在节流或流速改变时将产生气流动力噪声；

（2）压缩机房、燃气发电机组、冷却风机、低温分离装置、空压站、各种机泵等均会发出不同强度的机械噪声或电磁噪声。

4. 固体废物

1）施工阶段

施工过程中的固体废物主要来源于场站施工、管道敷设等废弃的焊条、建筑材料、保温材料、防腐材料和工人日常生活产生的生活垃圾等。

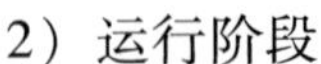

2）运行阶段

（1）站场油、气、水处理装置定期清理的污泥、油泥、渣料；

（2）分离器检修（除尘）、清管收球作业时产生的废渣，主要成分为粉尘和氧化铁粉末；

（3）站场产生的生活垃圾及生活污水处理装置排出的污泥。

二、环境影响分析

1. 生态环境影响

地面工程建设对生态环境的影响主要表现为破坏植被、扰动地表土层、改变土壤环境、占用土地、改变土地利用性质，打破了地表的原有平衡状态。如恢复治理措施不当，土壤的每一个新坡面，每条新车印都可能形成新的侵蚀起点，从而加速土地沙化，加重当地的水土流失，并影响农牧业生产。

1）对土地利用格局的影响

（1）临时占地的影响。输气管道的敷设，井场、集气站、天然气处理厂等地面工程在施工期间不可避免地要占用一定面积的土地，这些临时占用土地使原有土地利用形式发生临时改变，暂时影响了土地的原有功能，使沿线地区的农林牧业生产受到暂时性影响，这种影响将延续到施工结束后的一段时间内。不论是从局部还是从整个沿线区域来看，所占比例甚小，对区域的农牧业生产只会产生很小的暂时性影响。施工结束后，一般在2～3年（对于耕地、草场而言）或3～4年（对于灌丛林地而言）内基本上可恢复原有的土地利用功能。因此，施工期临时占地对整个区域土地利用和经济的不利影响是非常有限的。

（2）永久占地的影响。永久占地包括井场、站场和道路所占用的土地。永久占地从施工期开始，并在整个运行期内一直持续，对土地利用的影响是永久性的，即对土地利用产生不可逆的影响，完全改变了土地的原有功能。由于这些土地的永久占用，使其永久失去原有的生物生产功能和生态功能。然而，此类占地面积相对于整个区域比例很小，对当地的土地利用影响是微乎其微的，不会改变当地的土地利用结构。

2）对土壤的影响

（1）施工期对土壤的影响。工程建设各项活动，无论是道路、管道、还是站场，在其施工作业中，由于挖掘、碾压、践踏、堆积物品等均会使土壤结构被破坏，土壤生产力下降。从现有资料和调查情况来看，工程建设对土壤的影响主要表现为以下几个方面：

①场地平整、管沟开挖与回填对土壤的影响。土壤结构是经过较长的历史时期形成的，场地平整、管沟开挖和回填必将破坏土壤的结构，尤其是土壤中的团粒状结构，一旦遭到破坏，必须经过较长的时间才能恢复和发育，对农田土壤影响更大，农田土壤耕作层是保证农业生产的基础，它的深度一般在15～25cm，是农作物根系生长和发达的层次。此外，土层的混合和扰动，同样会改变原有农田耕作层的性质。因此在整个施工过程，对土壤耕作层的影响最为严重。

②混合土壤层次，改变土壤质地。土壤质地因地形和土壤形成条件的不同而有较大变化，即使同一土壤剖面，表层的土壤质地与底层的质地也截然不同。施工开挖与回填，必定混合原有的土壤层次，降低土壤的蓄水保肥能力，易受风蚀，从而影响土壤的发育、植被的恢复；在农田区将降低土壤的耕作性能，影响农作物的生长，最终导致农作物产量下降；施工期，开挖土方会使局部地面的稳定性遭到破坏，为风蚀和水土流失提供物质条件。除避开多风期和大雨期施工外，还应采取恢复植被等相应的环保措施，将对生态环境的不利影响降到最低程度。

③施工废物对土壤环境的影响。施工除了开挖和回填影响土壤性质外，建筑垃圾、生活垃圾等施工废物对土壤的影响也是值得注意的。因此，施工过程中施工人员不应随意丢弃施工废料，施工结束后，必须把残留的固体废物清除干净，不得埋入土中；此外，施工中机械碾压、人员践踏、土体翻出堆放地表等，也会造成一定区域内的土壤板结，使土壤生产能力降低。施工回填后剩余的土方造成土壤松散，易引起水土流失，导致土壤中养分的损失。因此，建设中要尽量缩小施工范围，减少人为干扰。施工完毕，应及时整理施工现场，平整土地，恢复植被。

（2）运行期对土壤的影响。运行期间对土壤的影响很小。

3）对植被的影响

地面工程的建设将占用土地，破坏原生地貌，直接破坏地表植被使地表裸露，改变原有自然景观，除永久占地外，尤其是施工期所有工程建设无法避免的临时占有周边土地，扰动地表、破坏周边的土壤植被，对环境产生的影响较明显。

施工活动还会造成施工区域内植被生长环境的破坏，不过这种影响只是短期的，施工结束后可以恢复。这些被破坏的植被如靠自然恢复，在一般地

段和正常年份估计需1～2年的时间，而在流动沙地、半固定沙地等特殊地段，由于植物自然定居、生长困难，估计需2～4年的时间才能够恢复。就站场而言，永久占用土地使植被的破坏是不可逆的，使其永久性丧失生物生产能力，对区域生态环境造成一定不利影响。从整体来看，永久性破坏所占比例甚小，其影响也是很小的。

施工中造成的植被损失，如果在施工结束后采取有效恢复措施，可恢复原状；在合理维护的前提下，甚至比以前更好，无论在数量上还是在种类上都不会比施工前有明显减少。

通过以上分析，工程建设和相关道路施工活动不会影响区域内生物多样性。相反，施工结束后，选择适当物种恢复植被，还可以增加或至少保持区域内生物多样性。

4）对野生动物的影响

施工期施工人员的活动和机械噪声等将对施工区域及周围一定范围内野生动物的活动和栖息产生一定影响，但这种影响局限于较小范围内，只是引起野生动物暂时的、局部的迁移，待施工结束这种影响亦结束。

施工期施工区域内自然植被的破坏，会使极少量野生动物失去部分觅食地、栖息场所和活动区域，由于被破坏的植被区域有限，对野生动物的生存环境只会产生轻微的不利影响。

此外，施工过程中人为因素干扰，如施工人员滥捕乱猎等现象的出现，将直接影响到这一地区的某些野生动物种群数量，对于这种影响可通过加强对施工人员的宣传教育和管理得到消除。

总之，工程建设不会使所在地区的野生动物物种数发生变化，其种群数量也不会发生变化。

5）事故排放对生态环境的影响

在地面工程建设过程中，由于人为因素和自然灾害（地震、暴雨、洪水、雷击等）的影响可导致油、气、水的泄漏事故，直至火灾爆炸等，其中最危险的事故是井喷。由于各气田地层压力较高，发生井喷的可能性较大，若一旦发生该类事故，其引起的污染程度将成倍于正常排放，对生态环境的影响也是巨大的。

2. 地表水环境影响

在工程开发的区域内，沙漠地带具有广泛的地下水源和水渠系统；在河谷地段有较多的河流。工程在规划时尽量避开农田，包括那些利用地下水进行灌溉的区域，管线布局方案也尽量减少河流穿越数量，尽量避免对地表水源的影响。

1）施工期对地表水环境的影响

（1）管道在河谷地段施工或穿跨越河流施工，泥沙径流流入灌渠和河道，机械设备污染物（柴油或类似物）散落到地面，通过雨水冲刷，流入地表水体造成地表水污染。

（2）施工营地的生活污水排放到地表水体造成污染。

（3）管道试压水排放到地表水体对地表水造成污染。

2）运行期对地表水环境的影响

生产过程中产生的生产污水经过处理达到相关标准后回用或回注地层，生活污水经过处理出水水质达到杂用水水质标准（GB/T 18920）《城市污水再生利用 城市杂用水水质》后作为浇洒道路、绿化用水。由于污水不外排，对地表水基本没有影响。

3. 大气环境影响

1）施工期大气环境影响

施工阶段的废气主要来自工程车及运输车的尾气、施工及运输引起的扬尘等。由于运输车辆数目不多，且施工多位于野外，故其排放尾气对环境空气影响范围较小，影响程度较轻。但是运输车辆引起的扬尘对所经地域的大气环境的瞬间影响较大，由于运输车辆载重量大，汽车驶过带起大量的扬尘，而且会造成周围土地或沙丘表层的松动，增加了风蚀起沙的可能性，特别是地表为松散的沙质土壤，汽车驶过所带来的风力还会使道路两边一定范围内地表产生大量扬尘，弥漫于空气中，使得道路两边一定范围短时间内飘尘污染较严重，因此需合理安排与组织运输路线，尽可能减少对区域生态的扰动。

2）运行期环境空气影响

天然气为烃类混合物质，以甲烷为主，采用密闭输送，正常情况下没有污染物排放，对沿线自然环境的影响甚微，也不会改变自然环境；输气管道沿线设有截断阀，自动化程度较高，一旦发生管道泄漏，可及时自动关闭事故管段；燃气火炬、天然气处理厂排出的废气，它们会对区域的环境空气质量产生潜在的影响；生产、生活燃料均为燃料气，燃料气中 H_2S 符合要求，且工程所在地域空旷，居民分散，周边较远距离内没有居民，排放的废气基本不会对当地大气环境造成影响。

4. 噪声影响

1）施工期噪声环境影响

工程施工对噪声环境的影响主要是由施工机械、车辆造成的。根据调查，

目前施工中使用的机械、设备和运输车辆主要有挖掘机、推土机、轮式装载车、吊管机、电焊机、柴油发电机组等。将上述发声的施工机械近似为点声源，仅考虑距离衰减进行计算，可得到施工期各种机械在不同距离处的噪声贡献值，结果见表6-2-1。

表6-2-1 主要施工机械在不同距离处的噪声估算值

机械名称	离施工点不同距离处的噪声估算值，dB（A）				
	10m	50m	100m	150m	200m
挖掘机	78	64	58	54	52
推土机	80	66	60	56	54
电焊机	67	53	47	43	41
轮式装载机	84	70	64	60	58
吊管机	75	61	55	51	49
冲击式钻机	67	53	47	43	41

由表6-2-1可以看出，昼间主要机械在50m以外均不超过建筑施工场界噪声限值［昼间75dB（A）］，而在夜间要不超标［夜间55dB（A）］距离要达到200m左右。

根据现状调查，工程设计中已考虑了使管线、道路和主要站场尽可能避开村庄和居民点，施工现场到村庄有一定距离，再通过严格的施工管理，这样就从根本上避免了大的影响，不会出现施工噪声扰民的现象。

2）运行期站场噪声环境影响

运行阶段的噪声源主要来自天然气处理厂内的燃气发电机组、燃气压缩机组、冷却风机、低温分离装置、液体回注泵以及空压机等。对各种噪声设备，设计中充分考虑了各种减噪消声措施，而且天然气处理厂厂址方圆200m范围内没有居民点，工程运行后设备噪声对周边声环境影响会很轻微。为了减小噪声对工作人员的影响，对主要噪声源要采取相应的个体防护措施。

3）放空噪声的环境影响

根据工程分析，紧急放空时，其噪声值为110～120dB（A）。从工程调查情况看，其发生的概率很小（1～2次/年），且持续时间很短，若仅考虑噪声距离衰减进行计算，则在200m处噪声的贡献值在53～63dB（A）。因此，即使在夜间出现超压放空情况，也基本符合（GB 3096）《声环境质量标准》中的“夜间突发噪声”标准值，对各站周围的敏感目标不会产生大的影响。

5. 固体废物的环境影响

1）施工期固体废物影响

工程施工期间，取土量和弃土量基本可以平衡，因此主要固体废物为施工过程中产生的建筑垃圾及施工人员生活垃圾。建筑垃圾统一堆放，并定期运送到当地政府指定的地方填埋或堆放处置，在施工人员聚集区设置垃圾箱，将生活垃圾统一收集，与当地环卫部门合作，运送至指定垃圾处理厂处理。在严格贯彻落实以上措施的情况下，工程施工期固体废物排放对当地环境基本无明显不利影响。

2）运行期固体废物影响

工程运行期所产生的固体废物主要是油、水、气分离后产生的少量含油泥砂，管道清管作业时产生的少量凝液以及职工生活垃圾。

根据固体废物污染源分析，生产污水处理过程中产生的污泥经浓缩脱水后进焚烧炉焚烧，焚烧后炉渣运至当地指定填埋场填埋；清管作业时会排放少量烃类混合物凝液，主要组分为 $C_3 \sim C_4$，是具有较好经济价值的有用物料，设置回收罐回收；项目运行期间职工生活垃圾将统一收集，并定期运往指定地点进行卫生填埋。工程运行期固体废物排放不会对当地环境产生不利影响。

6. 社会环境的影响

1）施工期的影响

施工阶段工程建设对社会环境的影响主要表现在以下几个方面：

（1）在沙丘区域内可能对放牧业牧场造成临时限制或长久损失；

（2）在农业、灌溉区域内可能对农业、灌溉设施和沟渠产生破坏；

（3）挖掘造成道路破坏，对光纤和电缆造成干扰；

（4）在河流穿越处的道路和管道的施工可能会破坏局部地区的灌溉水供应。

上述影响将随着施工期的结束而随之消失。

2）运行期的影响

工程在正常生产阶段不会对社会环境造成影响，但在事故情况下，可能会对周围环境造成一定的影响。

三、环境保护措施

1. 大气污染防治措施

大气污染防治的具体措施如下：

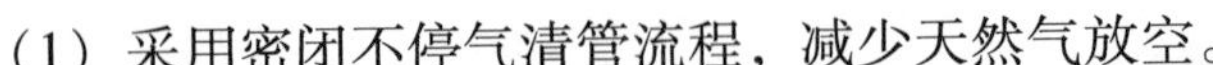

（1）采用密闭不停气清管流程，减少天然气放空。

（2）施工时采用塑料编织布对料堆进行覆盖，工地应实施半封闭隔离施工，如防尘隔声板护围，以减轻施工扬尘对周围空气影响。

（3）对于清管作业及站场超压、事故排放的天然气，采用引高火炬燃烧排放，以降低有害物质排放量，利于污染物的扩散。

（4）线路截断阀室设放空装置，以备事故状态下有组织放空管段内余气，利于污染物的扩散，降低因火灾、爆炸引发次生环境灾害的危险。

（5）燃料气系统均利用天然气为燃料，以减少污染物排放。

（6）天然气中的 H_2S 通过脱硫装置被脱除，并在硫黄回收装置转化为硫黄，尾气经尾气处理装置进一步处理后进焚烧炉焚烧后通过烟囱排入大气。

2. 水污染防治措施与水资源保护

1）施工期水资源的保护

施工期对水环境的影响主要是对地下水的影响，污染源主要是施工设备的泄漏、洗刷及垃圾的丢弃，不当排放会污染周边地区的地下水环境。但由于施工期较短，废水排放量比较小，因此施工期水环境保护应以环境管理为主，可采取以下措施：

（1）施工过程中，尽量选择先进的设备、机械，以有效减少跑、冒、滴、漏的数量及机械维修次数，从而减少含油污水的产生量；机械、设备及运输车辆的冲洗、维修、保养应尽量集中固定几个维修点，以方便含油废水的收集，加强施工机械维护，防止施工机械漏油。

（2）施工人员的就餐和洗涤采用统一集中式的管理，白天在外施工，早晚集中食宿，尽量减少生活污水量；在施工区设置旱厕，施工营地附近设化粪池和蒸发池，将粪便和餐饮洗涤污水分别收集并定期清理，粪便等经消化后作为肥料使用，洗涤污水收集在蒸发池中蒸发；生活垃圾应装入垃圾桶并定时清运；施工结束后化粪池应用土填埋并恢复植被。

（3）含有害物质的建筑材料，如沥青、水泥等，应设篷盖和围栏，防止雨水冲刷后渗入地下水中，对地下水造成不良的影响。

（4）管道敷设及穿越作业过程产生的废弃土石方应在指定地点堆放，并应设篷盖和围栏，防止雨水冲刷造成不良的影响。

（5）工程施工期间，加强对施工人员的管理，包括进行环境保护教育，以培养施工人员的环境保护意识，并在施工活动时注意保护环境。

（6）施工结束后，应运走废弃物和多余的土方，保持原有地表高度，以保护地下水生态系统的完整性。

2）运行期水污染防治措施

（1）气井在生产过程中，基本无污水污油产生，建成后的井场为无人站，不产生生活污水，场地少量冲洗废水就地散排，少量散排的废水将严格执行（GB 8978）《污水综合排放标准》的有关要求。

（2）集气站、压气站、天然气处理厂等运行过程中产生的污水包括正常生产污水、检修污水和生活污水。运行过程中产生的污水根据站场分布情况分散或集中处置，生产污水处理达到相关标准后回用或回注地层；生活污水经过处理出水水质达到杂用水水质标准（GB/T 18920《城市污水再生利用 城市杂用水水质》）后作为浇洒道路、绿化用水。

3. 噪声污染防治措施

（1）站场选址尽量远离居民区及其他对噪声敏感区域，以减轻站场施工及设备运行噪声对周围居民生活等造成的影响。

（2）对于压缩机组、发电机等大型设备，应选择低噪声类，以降低声源声级。

（3）对于压缩机、发电机等强声源设备采用室内安装、减振基础，压缩机厂房通过采用吸声建筑材料及建筑门窗吸收并屏蔽部分噪声，使场区噪声、厂界噪声达到现行国家标准要求。

（4）站场工艺确定合理的管道流速，管道以直埋敷设为主，尽量减少弯头、三通等管件，在满足工艺的前提下，控制气流速度，降低气流噪声。

（5）在燃气轮机的进气口、排气口及天然气发电机机组排气口设置消声装置，机组设置隔声机罩，减少噪音以满足《工业企业噪声标准》的要求。

（6）站场周围栽种树木进行绿化，厂区工艺装置周围、道路两旁、种植花卉、树木。这样既可吸收部分噪声，又可吸收大气中一些有害气体，阻滞大气中颗粒物质扩散。

（7）对出入高噪声区的工作人员，应采取配戴防噪耳塞或耳罩等减轻噪音对工人健康造成的危害，安排好职工的劳动和休息。

（8）在总图布置上进行闹静分区，并保证噪声源与人员集聚的办公值班地点的防噪声距离，两者之间种植高低错落的绿化隔离带，并尽量将其布置在办公值班地点全年最小风向频率的上风向，使其对办公值班地点的噪音影响最小。合理布局，使各站场厂界噪声达到 GB 12348《工业企业厂界噪声标准》中的Ⅱ类标准。

4. 固体废弃物防治措施

1）施工期固体废物污染防治措施

施工期产生的固体废物主要有生活垃圾和施工垃圾（废旧材料等），防治

固体废物产生的主要措施如下：

（1）将生活垃圾分类存放，外运至当地环卫部门指定的垃圾场。

（2）站场建设存在取土场和土石方弃渣的问题，在设计阶段明确取土及弃土场所的具体地点和数量，必要时修建挡土墙和排水沟，防止水土流失。

（3）根据当地具体情况对施工场地超前作出规划，以确保停止使用即可采取措施恢复植被或作其他用途处置，最大限度的避免水土流失的发生。

（4）施工完成后，退场前承包商应清洁场地，包括移走所有不需要的设备和材料，清洁后的标准应不低于施工前的状态。施工产生的废物不得留存、埋置或抛弃在施工场地的任何地方，废物应运到工程选定并经有关部门批准的地方。

2）运行期固体废物污染防治措施

工程运行期的固体废物主要为职工的生活垃圾、清管维修时产生的少量凝液以及污水产生的污泥，主要处理措施如下：

（1）生活垃圾分类集中收集，运送至当地生活垃圾处理厂处理。

（2）在天然气输送过程中产生及天然气处理厂内分离设备形成的凝液集中回收利用，设置凝液回收罐。

（3）生产污水产生的污泥脱水后，送至焚烧炉焚烧，炉渣运往指定地点进行安全填埋处理。

（4）生活污泥定期清淘，作为农用肥。

5. 绿化

为净化美化环境，工程建成后尽可能恢复绿化植被，在道路两侧、站场内外、生活基地等根据当地的气候特点，选择适宜的树种、草皮，因地制宜栽种防污染能力强，有较好净化空气能力，适应力强，不妨碍环境卫生的植物。站场绿化率应为10% ~20%，生活基地绿化率应为25% ~30%。

消防道路与防火堤之间严禁栽种树木。

6. 生态环境保护措施

生态环境保护措施的重点在于避免、消减和补偿施工活动对生态环境的影响和破坏，以及施工结束后对生态环境的恢复。工程设计中应考虑采取一定的生态环境保护措施，例如合理选择厂址、线路走向，尽可能避开或减少占用林木集中地段，减少占用耕地，缩小破土、毁林面积等有助于从总体上减轻工程建设对沿线生态环境的影响。为了最大限度地减少对生态系统的破坏，需要采取相应的保护措施。

1）自然生态保护与恢复措施

（1）为了减轻对生态环境的影响，针对不同区段的环境特点，尽可能避开沿线动植物自然保护区、林区，尽可能不占或少占良田、多年种植经济作物区和优质牧场，尽量避绕水域、沼泽地。

（2）为防止对水生生态环境的影响，在穿越河流时，尽量采用定向钻穿越的方式；在采用大开挖方式进行施工时，选择枯水期进行，且河床底面应砌干砌片石，两岸陡坡设浆砌块石护岸，以防止水土流失。

（3）对于临时占地和新开辟的临时便道等区域，竣工后要进行土地复垦和植被重建工作。具体要进行土地平整、耕翻疏松机械碾压后的土地，并在适当季节选择适合的乡土树种进行植树、种草工作。

（4）对于施工过程中破坏的乔木和灌丛，要制订补偿措施，损失多少必须补偿多少，原地补充或异地补充。

（5）在沙漠地区，施工之前，应先剥去沙丘上至少半米厚的沙子及其中所有的根系与块茎，至少表面上30cm厚的土层应被视作表土。管沟填埋时，应分层回填，即底土回填在下，表土回填在上，尽可能保持植物原有的生活环境。回填时应留足适宜的堆积层，防止因降水、径流造成地表下陷和水土流失。

（6）保护好沙地的建群种。沙地的建群种具有重要甚至决定性的作用，建群种的衰败和破坏可能导致生态环境的剧烈恶化（如沙漠化），以至整个局域生态系统覆灭，生态系统过分依赖一种或少数几种植物支撑，其不稳定性是显而易见的。因此，在工程建设过程中，对于生长良好、大面积的建群种，不要轻易进行破坏。

（7）加强对施工人员生态环境保护意识的教育，严禁对周围林、灌木进行乱砍滥伐，尽可能使野生动物生存环境少受影响，教育施工人员按照我国野生动植物保护法的要求，保证不猎捕野生动物。

（8）施工过程中，发现有野生动物的栖息地时，应尽量避开，不得干扰和破坏野生动物的栖息、活动场所。

（9）沙地植被恢复及防沙治沙措施。工程结束后，对所有主要的切割面要立即进行固定工作，根据生态恢复的经验，植被恢复应同时配以栅栏、草方格等工程措施，植被种植时间还应根据树种的生长季节和当地的气象条件进行合理选择。当工程结束时，恰逢雨季或播种季节，则应根据当地条件，立即种植适应当地环境的苗木或种子，随后再建草方格或沙障等进行固沙；

若施工结束时为秋冬季，则首先应采用沙障等措施固沙，来年再种植苗木或种子。

2）施工道路沿线生态保护措施

（1）加强管理，强化施工人员的环保意识，严格限定施工行车路线，不随意开辟道路。

（2）施工结束后，对于临时占用的土地应及时采取措施，恢复植被。

（3）对于施工道路永久占地，应采用路旁建绿化带或异地恢复的措施，即另选择相同面积的土地进行植被的恢复工作，实施异地生态补偿，以弥补因道路施工造成的生态损失。

3）运行期生态保护与修复措施

（1）加强各种防护工程的维护、保养与管理，对不足部分不断加强与完善。

（2）加强对道路和集输管道沿线生态环境的监测与评估，及时发现隐患，提前采取防治措施。

（3）加强对职工及集输管道沿线居民的宣传教育，避免新种植被在恢复期间遭到破坏。

（4）完成管道敷设后，应在伴行道路两侧及管道所在地进行种植当地植被。

7. 文物保护措施

（1）施工过程如发现文物，应要求承包商立即中止施工，等待专业的考古部门研究鉴定，经文物主管部门同意后方可继续施工。

（2）要求施工单位接受有关文物古迹鉴别和保护基本知识以及施工中偶然发现文物古迹处理程序的培训。

四、企业环境管理

地面工程对环境的影响主要来自施工期的各种作业活动和运行期的风险事故。无论是施工期的各种作业活动还是运行期的事故，都将会给自然生态环境和农业生态环境带来一定的影响或灾害，如果不实行有效的环保技术监督管理，最大限度地实现资源优化和“三废”综合利用，必然会造成较大的污染和能源浪费。企业环境管理有两方面的含义：一是企业作为一个主体对企业内部自身进行管理；二是企业作为一个被管理的对象接受政府职能部门的管理和群众监督。

1. 环境管理的基本原则

企业环境管理的基本原则包括领导参与的原则、全过程管理的原则、各负其责的原则。

企业的生产经营者、各职能部门及其下属基层单位分别对其管理范围内的环保工作负责，企业的最高管理者对本企业的环境行为负全责。

2. 环境管理体制的特点

建立和健全环境管理体制、机构和制度是进行企业环境管理的重要保证。企业环境管理体制是指企业内部从领导、职能科室到基层单位，在环境管理方面的职权范围、分工、相互关系及所承担的责任。

（1）企业的领导者同时也必须是环境保护的责任者。企业的厂长（经理）是公害防治的法定责任者，工业企业既是生产单位，又是工业污染的防治单位，这是同一过程的两个方面。厂长（经理）不仅对企业的生产发展负领导责任，同时也必须对企业的环境保护负领导责任。

（2）环境管理要与生产经营管理紧密结合。在企业各项管理中环境管理具有综合性、全过程性及专业性等特点，必须渗透到企业各项管理中。

（3）企业环境管理的基础在基层。企业管理的基础在基层，企业环境管理应与其一致，把企业环境管理落实到基层单位与岗位，建立基层单位的企业环境管理网络，明确相应的管理人员及职责，使企业环境管理在厂长（经理）的领导下，通过企业自上而下的分级管理，保证环境管理得到有效的落实。具体的分工如下：

①厂长（经理）是企业环境保护工作的领导者，对企业环境管理负全面的领导责任；

②在厂长（经理）的领导下由生产副厂长（经理）主管企业生产过程中的污染防治，对企业环境专业化和系统化管理负领导责任；

③各职能处（科）室按业务范围明确其环境保护责任；

④各基层单位建立环境保护岗位责任制，逐级将环境管理落实到岗位及人头，对直接生产过程中的环境保护负责。使领导和群众监督相结合，专业管理和群众管理相结合，严格考核制度，企业环境管理水平会不断得到提高。

3. 立项阶段的环境管理

项目立项阶段环境管理的中心任务是对建设项目进行环境保护审查，组织开展建设项目的环境影响评价，以妥善解决建设项目的合理布局，选择有效的减轻对环境不利影响的措施。

1）项目建议书的环境保护审查

项目建议书的环境保护审查要依据国家、地方或主管职能部门政策和法规进行，主要内容包括如下：

（1）产品项目审查。

（2）建设项目选址的审查。选址要充分考虑到当地的环境功能、环境容量和水资源情况。在水源保护区、名胜古迹、风景游览区、疗养院、自然保护区及城镇生活居住区不准建设污染环境的项目。

（3）污染物排放情况的预审核。对新建、改建、扩建项目必须审查它在不同时期的污染物排放情况，预测建设项目对环境可能造成的影响。

（4）对拟建项目工艺和产品是否符合清洁生产要求提出初评。

2）建设项目的环境影响评价

建设项目的环境影响评价是企业建设项目前期环境管理的重要内容之一，是项目在环保方面是否可行的依据，也是项目初步设计环保篇的编制依据。坚持“预防为主”的方针，将环境影响评价纳入到企业建设项目管理的全过程，对拟建项目的厂址选择、产品的工艺流程、使用的原材料及其排放物等进行环境影响评价，是政府环保职能部门对企业发展行为进行环保管理和监控的有效手段。

环境影响报告书应重点论证项目污染物的产生是否准确合理；生产工艺是否已经充分考虑了清洁生产的要求；污染物的排放量是否已经最小减量化；项目依托的环境是否有能力承受（包括水资源）；项目有无潜在的重大环境风险；治理对策要具体、详实、可靠。

3）审查环境对策和防治措施的实施原则

实施原则主要审查报告书中上述重点内容是否准确无误，论据是否真实、可信，同时要对项目有无“以新带老”的内容加以复核。

4）建设项目的核准和环境影响评价的审核程序

（1）编写项目建议书或直接编写可行性研究报告，经环保部门审查其中环境保护章节并会签后报国家发改委备案。

（2）建设单位委托有甲级环评资质的单位开展环评工作，环评单位根据具体情况编制环评大纲，申请由评估报告资质的机构评审后，按评估机构咨询意见开展环评报告书的编写工作；也可直接编写环评报告书，由建设单位向有审批权限的政府环保行政主管部门申报审批并取得国土资源部门和银行的评审审批报国家发改委核准后方可开展建设。

（3）建设项目的审批、核准权限按国家、集团公司、地方机关部门的要求执行。

4. 设计阶段的环境管理

设计单位对其环保设计质量负责，在保证环保达标的同时，应对其设计保证值负责。建设项目设计阶段环境管理工作的中心是将建设项目的环境目标和环境污染防治对策转化成具体的工程措施和设施，保证环境保护设计的实施。因此在初步设计中要把规定的各项环境保护要求、目标和标准贯彻到各个部分及专业的具体设计中去，其主要依据是环评报告书的批复意见和环评报告书中污染源污染物的种类、浓度及排放量，论证并落实环评报告书的治理对策。

1）生产工艺设计

生产工艺设计要体现清洁生产和产品生命周期分析的思路，在生产过程的最前端将环境因素和预防污染的环境保护措施纳入到产品设计准则中，使环境保护准则成为产品设计的一部分，且应优先考虑，其内容主要包括以下三方面：

（1）合理利用资源和能源。生产工艺设计应尽量选用能充分合理利用资源和能源的综合生产工艺，避免因单一性利用资源而造成副产资源和有用资源的流失和浪费。

（2）选用先进的工艺技术和设备。工艺设计和设备设计应尽可能选用效率高、排污少的先进工艺技术和设备，采用无毒、无害或低害的原料路线和产品路线，以尽量减少生产过程中污染物的排放。

（3）节约能源，提高用水循环率。应尽量选用低能耗的工艺线路和设备，节约能源，降低能耗，尽量减少消耗能源时排放烟尘和烟气量，充分利用余热和可燃气体。给排水设计要分类供水、局部循环、串级复用及提高监测管理水平入手，提高用水循环（复用）率，提高污水井和污水管线设计标准，防止造成地下水污染，减少新鲜水补给量和废水排放量。

2）环保设施设计

（1）在初步设计中要有单独的环境保护篇章。

（2）初步设计必须具体落实建设项目环境影响评价报告书（表）及报告书（表）批复意见中确定的环境保护设施。企业环保主管部门会同政府环保部门对初步设计环保内容进行审查。初步设计环保篇的批复意见由企业同级环保部门会签。

（3）设计中选用环保设施必须保证净化或处理效果达到设计排放标准，确保长周期稳定运行。同时还应在不降低排入污染物设计标准的前提下，优化技术经济指标，把环保设施的投资控制在合理的范围内。

(4) 对于经过处理设备净化、回收的废弃物，在设计中应考虑进一步资源化、无害化和综合利用，以防止造成二次污染，要提倡地区性的专业协作，力争使一个企业的废物变成另一个企业的原材料。

5. 施工阶段的环境管理

施工单位对施工过程中环境质量和施工项目的建设质量负责。建设项目施工阶段的环境管理工作主要有两个方面：一是督促检查环境保护设施的施工，二是防止施工现场对周围环境产生不利影响。

1) 督促检查环境保护设施的施工

(1) 环境保护设施的检查和落实。结合施工现场情况复查设计文件中环境保护设施的设计落实情况，一旦发现环保设施设计不符合现场实际情况，应及时通知有关部门更改设计或补充设计。

(2) 检查环保设施的施工进度。必须按照施工进度计划组织施工，落实设备、材料、人力，建设单位应及时向环保管理部门汇报施工进度执行情况。

(3) 检查环保设施的施工质量。应严格按照设计要求和施工验收规范的规定检查环保设施的施工质量，对不符合质量要求的施工应及时要求返工。

(4) 妥善处理环境保护设计的变更。不论什么原因需要变更环境保护设计，必须严格按照基建程序规定进行，建设单位和施工单位不能随意变更环境保护设施的设计工艺和设备技术标准；如果建设项目在规模、工艺技术、厂址等有较大设计变更，必须重新修订环境影响评价报告书，并报原审批部门审批。

2) 施工现场的监督管理

(1) 防止施工现场对自然环境的破坏。在建设项目的施工中不允许造成施工现场的生态环境不能恢复或难以恢复的破坏，要结合建设项目的设计，合理安排施工场地，使绿化、复垦工程等同步实施；同时要特别注意防止淤塞河道、水土流失、土地盐碱化等自然生态系统的破坏；施工结束后施工单位应负责修整和复原在建设过程中受到破坏的自然环境。

(2) 防止施工现场对周围生活居住区的污染和危害。在施工中会产生粉尘、噪声、振动及有害气体，污染和危害周围环境，施工单位要采取有效的防护措施，防止和减轻施工造成的污染和危害。

6. 验收阶段的环境管理

建设项目竣工验收阶段的环境管理是企业环境管理的一个重要环节，其主要内容是验收环境保护设施的完成情况，环境保护设施必须与主体工程一起进行验收，且必须有环保部门参加，只有在原审批环境影响报告书的政府环保部门验收合格后，该建设项目方可投入生产。

1）投料试车前的管理

工程项目投料试车前企业环保主管部门要配合政府环保部门对建设项目是否执行了“三同时”规定、是否具备投料试车条件进行确认，一般环境保护设施的联动试车要早于装置投料试车。

2）环保单项竣工验收的程序

装置投料试车后生产稳定运行，当生产负荷达到75%以上时可申请环保单项竣工验收，验收的程序如下：

（1）由企业项目建设主管部门编制环保单项验收报告，经企业环保主管部门预审、补充、完善后报政府环保部门申请环保单项竣工验收。

（2）政府环保部门根据审批权限委托相应的环保监测部门对项目的环保设施、污染源及排放的污染物等进行监测并提供竣工验收监测报告。

（3）由原审批环境影响报告书的政府环保部门对工程项目进行环保单项竣工验收审查。

（4）环保单项竣工验收报告及其批复作为工程总体竣工验收的依据。

3）环境保护设施竣工验收合格应具备的条件

（1）建设项目建设前期环境保护审查、审批手续完备，技术资料齐全，环境保护设施按审批的环境影响报告书（表）和设计要求建设。

（2）环境保护设计施工质量符合国家和有关部门颁发的专业工程验收规范和检验标准。

（3）环境保护设施与主体工程建成后经负荷试车合格，其污染防治能力适应主体工程的需要。

（4）外排污染物和噪声符合批准的设计文件和环境影响报告书（表）中的要求。

（5）建设过程中受到破坏并且可恢复的环境已经得到修整。

（6）环境保护设施能正常运行，符合交付使用的要求。

（7）环境保护管理的监测机构，包括人员、仪器设备、规章制度等符合环境影响报告书（表）中有关规定的要求。

7. 运行期的环境管理

（1）定期进行环保安全检查和召开有关会议，明确规定各级人员的职责，有关环保职责及安全、事故预防措施应纳入岗位责任制中。

（2）对领导和职工特别是兼职环保人员进行环保安全方面的培训。

(3) 制定各种可能发生事故的应急计划，定期进行演练；配置适当的维护、抢修机具、材料、备件及专业人员，以应对突发性事故，保证在发生事故时做到及时就位，正确处理。

(4) 主管环保的人员应参加生产调度和管理工作会议，针对生产运行中存在的环境污染问题，向领导和生产部门提出建议和技术处理措施。

(5) 负责完成上级下达的各项环境保护考核指标。在运行期，环境管理除抓好日常各种环保设施的运行、维护等工作外，工作重点应针对天然气泄漏着火爆炸、事故排放等事故的预防和处理上。为此，必须制订相应的事故预防措施、事故应急措施以及恢复补偿措施等。

8. 运行期的环境监测

工程投产后，建设单位应设专职环保人员，负责处理生产中的环保问题，领导和组织本单位的环境监测，负责组织落实、监督本单位的环保工作。

环境监测应按国家和地方的环保要求进行，采用国家规定的标准监测方法，并按规定定期向有关环保主管部门上保监测结果。在地面工程建设中要对整个区域的环境监测项目、监测点、监测周期等按当地环保部门要求统一设计部署，主要布置：噪声监测点、大气监测点、地表水监测点、地下水监测点、植被调查点、土壤调查点、水土流失调查点、事故检测等。

五、典型事故案例分析

1. 不按规定进行环境影响评价的建设项目

1) 项目违法事实

某水电有限公司在某地建设一座水电站，项目总投资 177.9 亿元，装机容量为 216×10^4kW，库容为 16.93×10^8m^3。该项目未经环评审批于 2009 年 1 月截流，对金沙江中游生态影响较大。

2) 处理决定

2009 年 6 月 11 日国家环境保护部责令该项目停止主坝建设，采取有效措施确保上下游围堰安全度汛；对金沙江中游已批和未批的水电开发建设项目环境影响进行补充论证，并根据论证结论进一步完善环境影响评价。

2. 不按环评批复规定建设的项目

1) 项目违法事实

某煤电有限责任公司煤电联营三期工程不顾当地水资源匮乏的现实，擅自将环评批复的直接空冷方式变更为水冷方式，对当地生态环境具有潜在的重大不利影响。

2）处理决定

责令该工程停止建设。

3. 某石化公司“11.13”松花江特别重大水污染事件

1）事故经过

2005年11月13日，某石化公司双苯厂硝基苯精制岗位操作人员违反操作规程，在停止粗硝基苯进料后，未关闭预热器蒸汽阀门，导致预热器内物料气化；恢复硝基苯精制单元生产时，再次违反操作规程，先打开了预热器蒸汽阀门加热，后启动粗硝基苯进料泵进料，引起进入预热器的物料突沸并发生剧烈振动，使预热器及管线的法兰松动、密封失效，空气吸入系统，由于摩擦、静电等原因，导致硝基苯精馏塔发生爆炸，并引发其他装置、设施连续爆炸。该事故造成8人死亡、60人受伤，直接经济损失6908万元，并引发松花江水污染事件。

2）污染事件的直接原因

该石化公司双苯厂没有事故状态下防止受污染的“清净下水”流入松花江的措施，爆炸事故发生后，未能及时采取有效措施，防止泄漏出来的部分物料和循环水及抢救事故现场消防水与残余物料的混合物流入松花江。

3）污染事件的主要原因

（1）该石化公司及双苯厂对可能发生的事故会引发松花江水污染问题没有进行深入研究，有关应急预案有重大缺失。

（2）当地事故应急救援指挥部对水污染估计不足，重视不够，未提出防控措施和要求。

（3）该公司上级主管部门对环境保护工作重视不够，对该公司环保工作中存在的问题失察，对水污染估计不足，重视不够，未能及时督促采取措施。

（4）当地环保局没有及时向事故应急救援指挥部建议采取措施。

（5）当地环保局对水污染问题重视不够，没有按照有关规定全面、准确地报告水污染程度。

（6）中华人民共和国环境保护部在事件初期对可能产生的严重后果估计不足，重视不够，没有及时提出妥善处置意见。

4）处理决定

国务院事故及事件调查组经过深入调查、取证和分析，认定该石化公司双苯厂“11.13”松花江水污染事件是一起特别重大水污染责任事件。对该石

化公司的上级主管部门及该石化分公司责任人员，对地方有关方面责任人员给予相应的党纪、行政处分。

第三节 职业卫生

一、职业危害因素分析

1. 生产工艺过程的危害因素

1）化学因素

（1）有毒物质。

①天然气：天然气为烃类混合物质，是无色、无臭气体，属低等毒性物质。天然气主要成分为甲烷。空气中甲烷浓度过高能使人窒息，当空气中甲烷达到25%～30%时，可引起头痛、头晕、乏力、注意力不集中、呼吸和心跳加速、精细动作故障等，甚至窒息、昏迷。长期接触天然气可出现神经衰弱综合症。

②硫化氢：硫化氢为中等毒性物质，具有臭鸡蛋气味，是强烈的神经性毒物，对人体粘膜有强烈的刺激性作用，其毒性是CO的5～6倍。高浓度时可直接抑制神经中枢，引起迅速窒息而死亡；当浓度为70～150mg/m^{3}时，可引起眼结膜炎、鼻炎、气管炎；长期接触低浓度的硫化氢，可引起神经衰弱症及植物神经紊乱等。

车间空气中硫化氢最高允许浓度及分级见表6－3－1。

表6－3－1 车间空气中H_2S浓度及危害分级表

名　称	车间空气中最高允许浓度，mg/m^3	职业危害程度分级
H_2S	10	Ⅱ级（高度危害）

③一氧化碳：一氧化碳在天然气中含量很少超过1%。它是无色、无味、无臭，比空气轻的剧毒气体。一氧化碳既难溶于水，又难液化，它可燃但热值很低。天然气中常加入气味极浓的加味剂，在天然气漏失时，以便及时发现和消除空气中的一氧化碳，防止它对人体造成危害。

④二氧化碳：二氧化碳的分子式为CO_2，碳氧化物之一，是一种无机物，

常温下是一种无色无味气体，密度比空气略大，能溶于水，相对密度为1.9、熔点为-56.6℃（226.89kPa，5.2atm）、沸点为-78.5℃（升华），化学性质稳定，没有可燃性，无毒。但空气中二氧化碳含量过高会使人缺氧而发生窒息。在空气中通常含量（体积分数）为0.03%，若含量达到10%时，就会使人呼吸逐渐停止，最后窒息死亡。

⑤甲醇：甲醇为无色透明易燃易挥发液体，是剧毒物品，对神经系统和血管系统影响最大。其蒸气刺激眼睛和呼吸管道粘膜，高浓度时会引起头痛、头昏、损害视觉。饮入100mL以上即有失明的危险，饮入100~250mL可以致死。甲醇的蒸气在空气中最高允许浓度为50mg/m^3，在居民区大气中，昼夜平均允许极限浓度为0.5mg/m^3。甲醇可经消化道和呼吸道及皮肤渗透侵入人体导致中毒。

⑥乙二醇：国内未见本品急慢性中毒报道，国外的急性中毒多系因误服。吸入中毒表现为反复发作性昏厥，并可有眼球震颤，淋巴细胞增多。口服乙二醇后急性中毒分以下三个阶段：

第一阶段主要为中枢神经系统症状，轻者似乙醇中毒表现，重者迅速产生昏迷抽搐，最后死亡；

第二阶段，心肺症状明显，严重病例可有肺水肿，支气管肺炎，心力衰竭；

第三阶段主要表现为不同程度肾功能衰竭。

⑦凝析油：凝析油可致急性肾脏损害。并可引起接触性皮炎。它的废气可引起眼、鼻刺激症状，头晕及头痛，空气中最高允许浓度为300mg/m^3。

⑧氮气：在维修和处理设备、管道时，氮气可作为置换气体。作业人员进入储罐、容器等封闭环境中维修作业时，若没有进行氧含量检测，没有严格执行进入受限空间的作业管理制度，有发生中毒窒息的危险。

⑨化学药剂：由于站场设施对天然气进行处理及对生产过程产生的废水进行治理，需要使用一定量的化学药剂，如絮凝剂、脱硫剂、干燥剂等。这些药剂基本上属于低毒性物质，对人的危害较小，但可能会污染环境，危害动物、植物和生态环境的平衡。

⑩固体废物：管线清管时会产生固体废物。这些固体废物主要来自介质中的悬浮固体沉淀，以及管道因摩擦、锈蚀而产生的渣粉，其毒性虽较低，但不宜直接处置，应收集储存，定期清运到统一地点，进行集中处理。

固体废物中的硫化亚铁是清管作业中容易产生的物质。硫化亚铁具有自

燃性，遇空气可产生硫化氢有毒气体。

（2）生产性粉尘。

在生产过程中产生的，较长时间悬浮在空气中的固体微粒，称为生产性粉尘。如金属粉尘、水泥粉尘等。在此环境中长期工作，易患水泥尘肺、电焊工尘肺等。

2）物理因素

（1）异常气象条件。如高温、高湿、低温等，主要存在于冬夏季的野外作业，处理厂锅炉房等岗位。易造成中暑、冻伤等职业病。

（2）异常气压。如高气压、低气压等。在高气压下工作一段时间后，转向正常气压后，因减压过速导致减压病，主要是血液循环障碍和组织损伤；另外人在低气压环境工作，常常不能适应缺氧环境而导致高原病或航空病，主要是神经机能损伤。

（3）噪声。主要来自以下三个方面：

①机器自身的撞击、转动、摩擦，如压缩机、锅炉、泵等；

②流体在管线、容器内的流动和撞击，压力突变产生的噪声，如天然气放空等；

③来自电机的电磁噪声，如电动机、发电机、变压器等。长期在此环境下工作易患噪声性耳聋。

各工作区域噪声标准见表 6－3－2。

表 6－3－2　各工作区域噪声标准

<table>
<tr><th>序　　号</th><th colspan="2">区域或名称</th><th>噪声限制值 dB（A）</th></tr>
<tr><td>1</td><td colspan="2">生产车间及作业场所（工人每天连续接触噪声 8h）</td><td>85</td></tr>
<tr><td rowspan="2">2</td><td rowspan="2">值班室、休息室</td><td>无电话通信要求时</td><td>75</td></tr>
<tr><td>有电话通信要求时</td><td>70</td></tr>
<tr><td>3</td><td colspan="2">车间所属办公室、实验室和计算机室</td><td>70</td></tr>
<tr><td>4</td><td colspan="2">主控制室、消防值班室、厂部办公室、会议室、中心实验室</td><td>60</td></tr>
<tr><td>5</td><td colspan="2">医务室、工人值班宿舍</td><td>55</td></tr>
</table>

（4）振动。如压缩机运转时引起包括厂房在内的振动；钻井、井下作业等石油开采作业都有振动产生，其他如使用风动工具、电动工具、运输工具等。长期使用振动工具易引起手臂振动病。

（5）非电离辐射。如高频热处理时的高频电磁场，电焊、氩弧焊、等离子焊时产生的紫外线，以及加热金属时产生的红外线等。

（6）电离辐射。如工业探伤用的 X 射线，放射性同位素仪表等。

3）生物因素

生物性有害因素主要是生产原料和作业环境中存在的致病微生物和寄生虫。

（1）微生物。如布氏杆菌、炭疽杆菌、森林脑炎病等。

（2）昆虫和尾蚴。

（3）水生动物体液。

（4）各种生物或生物的蛋白质、鸭毛绒、棉尘、谷尘等。

2. 劳动过程的危害因素

1）劳动组织和劳动作息安排上的不合理

此类危害因素多见于检修和抢修期间，易发生劳动组织和制度的不合理，有的一天工作 10～12h，连续 10d、半个月甚至更长时间，致使劳动者易于出现心理和劳动习惯的不适应。

2）职业心理紧张

在高压、易燃、易爆场所工作的员工易出现职业心理紧张，多见于新员工或新装置投产试运行或生产不正常时。

3）生产定额不当或劳动强度过大

此类危害因素包括超负荷加班加点、生产定额过高、安排的作业量与劳动者生理状况不相适应等。

4）过度疲劳

此类危害因素是指长期处于某种不良体位或使用不合理的工具等因素，以致造成个别器官或系统的过度疲劳。

3. 生产环境中的危害因素

1）沙漠及沙化地环境

沙漠及沙化地环境特点为干旱、少雨，空气干燥、相对湿度小，昼夜温差大，沙漠热辐射强，属干热作业环境。沙漠、沙化地域环境对作业职工健康影响突出表现为以下几个方面：

（1）由于干热，大量出汗及体液过量蒸发，导致人体水分、氯化钠和氯化钾大量丢失，水盐平衡失调、电解质紊乱，作业职工表现为大量出汗、口渴、心率加快，严重的会出现肌肉痉挛、疼痛等症状。

（2）高温对唾液分泌有明显的抑制作用，同时胃液分泌减少，胃酸浓度降低、消化道血流减少，造成消化不良，食欲减退，胃肠疾病增多。同时，在高温环境下，人体大量水分排出体外，同时脑垂体加强了抗利尿激素的分泌，加强了肾脏对水分的再吸收，尿中出现蛋白、红细胞、管型等，可发生肾功不全。

（3）在热辐射的作用下，中枢神经系统运动区受抑制，故肌肉工作能力、动作准确性、协调性、反应速度及注意力降低，工作量降低。

（4）由于沙漠地区昼夜温差大，使呼吸道疾病、上呼吸道发病率明显增加。

2）山地、黄土高原

山地、黄土高原气候的特点是昼夜温差大，雨季易出现山洪。山地，特别是植被较为茂密的山地，各类传染病传播媒介种类较多、毒蛇及有毒昆虫品种丰富，对作业职工健康影响突出表现为以下几方面：

（1）由于昼夜温差大，山地、黄土高原作业职工易发的疾病为呼吸道疾病、感冒等；

（2）由于施工的挖掘及山体土质疏松，雨季可引起泥石流，导致作业职工发生溺水、土埋窒息；

（3）暴雨洪水可使卫生设施、下水系统被破坏，致使蚊蝇孳生密度增加，病原体繁殖加快，导致食物中毒、传染病爆发流行；

（4）一些地区由于毒蛇及有毒昆虫品种丰富，可致作业职工被咬伤、蜇伤。

3）湖泊、河流、水田

湖泊、河流、水田区域其气候特点为空气湿度大，各类致病性微生物、寄生虫相对较多。对作业职工健康影响突出表现为以下几方面：

（1）由于空气湿度过大，劳动过程中人体出汗不能及时蒸发，在高气温、半高气温的情况下肌体不能及时降温，致使体内出现热蓄积，作业职工可发生头痛、头晕、恶心、呕吐、四肢无力等，使劳动能力下降；

（2）当夏季周围环境温度过高，职工大量出汗不能及时蒸发，可发生湿疹，再经衣服摩擦破溃，如治疗不及时可形成大面积感染；

（3）许多湖泊、河流、水田，尤其是黄河以南属自然疫源地，一些致病性微生物、寄生虫均对人体构成威胁，如霍乱、血吸虫病等。

二、职业病及其分类

1. 职业病的定义

根据《中华人民共和国职业病防治法》中规定，职业病是指企业、事业单位和个体经济组织（统称用人单位）的劳动者在职业活动中，因接触粉尘、放射性物质和其他有毒、有害物质等因素而引起的疾病。

2. 职业病的分类

我国法定的职业病是由国务院卫生行政部门会同国务院劳动保障行政部门规定、调整公布的，共十大类115种。

（1）尘肺：共13种，如矽肺、煤工尘肺、石棉肺、水泥工尘肺、电焊工尘肺等；

（2）职业性放射性疾病：共11种，如外照射急性、亚急性、慢性放射病，放射性皮肤病；

（3）职业中毒：共56种，如硫化氢、甲醇、二氧化硫、铅、苯中毒等；

（4）物理因素所致职业病：共5种，如中暑、高原病等；

（5）生物因素所致职业病：共3种，炭疽、森林脑炎、布氏杆菌病；

（6）职业性皮肤病：共8种，如接触性皮炎、光敏性皮炎、电光性皮炎等；

（7）职业性眼病：共3种，化学性眼部灼伤、电光性眼炎、职业性白内障；

（8）职业性耳鼻喉口腔疾病：共3种，噪声聋、铬鼻病、牙酸蚀病；

（9）职业性肿瘤：共8种，如苯所致的白血病、石棉所致肺癌、间皮瘤等；

（10）其他职业病：共5种，如职业性哮喘、金属烟热等。

三、职业危害因素防护措施

1. 工程防护要求

1）选址要求

（1）厂址选择需依据我国现行的卫生、环境保护、城乡规划及土地利用等法规、标准和拟建工业企业建设项目生产过程的卫生特征、有害因素危害状况，结合建设地点的规划、水文、地质、气象等因素以及为保障和促进人群健康需要，进行综合分析而确定。

（2）应避免在自然疫源地选择建设地点。

（3）天然气站场宜布置在城镇和居住区的全年最小频率风向的上风侧。在山区、丘陵地区建设站场，宜避开窝风地段。

（4）严重产生有害气体、恶臭、粉尘、噪声且目前尚无有效控制技术的天

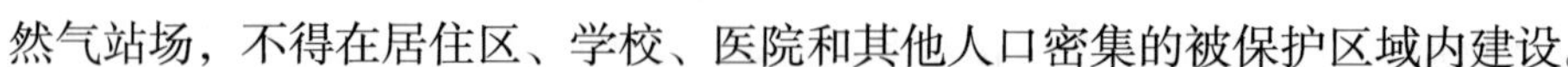

然气站场，不得在居住区、学校、医院和其他人口密集的被保护区域内建设。

（5）排放工业废水的天然气站场严禁在饮用水源上游建站，固体废弃物堆放和填埋场必须避免在废弃物扬散、流失的场所以及引用水源的近旁。

（6）天然气站场和居住区之间必须设置足够宽度的卫生防护距离，按“工业企业卫生防护距离标准”（GB 11654 ~ GB 11666、GB 18053 ~ GB 18083）及其他相关国家标准执行。

（7）天然气站场应选择在地势平缓、开阔，且避开山洪、滑坡、地震断裂带等不良工程地质地段。

2）平面布置要求

（1）气田生产区、生活区、住宅小区、生活饮用水源、工业废水和生活污水排放点、废渣堆放场和废水处理场，以及各类卫生防护、辅助用室等工程用地，应根据工业企业的性质、规模、生产流程、交通运输、环境保护等要求，结合场地自然条件，经技术经济比较后合理布局。

（2）站场总平面的分区应按照厂前区内设置行政办公用房、生活福利用房；生产区内布置生产车间和辅助用房的原则处理，产生有害物质的工业企业，在生产区内除值班室、更衣室、盥洗室外，不得设置非生产用房。

（3）总平面布置图应包括总平面布置的建（构）筑物现状，拟建建筑物位置、道路、卫生防护、绿化等内容，必须满足职业卫生评价要求。

（4）站场总平面布置，在满足主体工程需要的前提下，应将污染危害严重的设施远离非污染设施，产生高噪声的车间与低噪声的车间分开，热加工车间与冷加工车间分开，产生粉尘的车间与产生毒物的车间分开，并在产生业危害的车间与其他车间及生活区之间设有一定的卫生防护绿化带。

（5）厂区总平面布置应做到功能分区明确。生产区宜选在大气污染物本底浓度低和扩散条件好的地段，布置在当地夏季最小频率风向的上风侧；散发有害物和产生有害因素的车间，应位于相邻车间全年最小频率风向的上风侧；厂前和生活区布置在当地最小频率风向的下风侧；将辅助生产区布置在二者之间。

（6）在布置产生剧毒物质、高温以及强放射性装置的车间时，同时考虑相应事故防范和应急、救援设施和设备的配套并留有应急通道。

（7）高温车间的纵轴应与当地夏季主导风向相垂直。当受条件限制时，其角度不得小于45°。

（8）能布置在车间外的高温热源，尽可能地布置在车间外当地夏季最小频率方向的上风侧，不能布置在车间外的高温热源和工业窑炉应布置在天窗下方或靠近车间下风侧的外墙侧窗附近。

3）生产工艺及设备布局要求

（1）产生粉尘、毒物的生产过程和设备，应尽量考虑机械化和自动化，加强密闭，避免直接操作，并应结合生产工艺采取通风措施；放散风尘的生产过程，应首先考虑采用湿式作业；有毒作业宜采用低毒原料代替高毒原料，因工艺要求必须使用高毒原料时，应强化通风排毒措施。

（2）产生粉尘、毒物的工作场所，其发生源的布置，应符合下列要求：

①放散不同有毒物质的生产过程布置在同一建筑物内时，毒性大与毒性小的应隔开；粉尘、毒物的发生源，应布置在工作地点的自然通风的下风侧；

②如布置在多层建筑物内时，放散有害气体的生产过程应布置在建筑物的上层。

③如必须布置在下层时，应采取有效措施防止污染上层的空气。

（3）厂房内的设备和管道必须采取有效的密封措施，防止物料跑、冒、滴、漏，杜绝无组织排放。

（4）噪声和振动的控制在发生源控制的基础上，对厂房的设计和设备的布局需采取噪声和减振措施。

（5）噪声较大的设备应尽量将噪声源与操作人员隔开；工艺允许远距离控制的，可设置隔声操作（控制）室。

（6）噪声与振动强度较大的生产设备应安装在单层厂房或多层厂房的底层；对振幅、功率大的设备应设计减振基础。

2. 技术防护要求

1）职业性中毒防护措施

（1）采用先进的生产工艺和生产设备，生产装置应密闭化、管道化，防止有毒物质泄露、外逸。应采用现代化先进的控制系统，可使操作人员不接触或少接触有毒物质，防止误操作造成的职业中毒事故。

（2）受技术条件限制，仍然存在有毒物质逸散且自然通风不能满足要求时，应设置必要的机械通风排毒、净化装置，使工作场所有毒物质浓度控制到职业卫生标准限制以下。

（3）在进入有限空间作业前，进行空气置换，确信氧含量浓度符合要求时方可进入。

（4）工作人员配备防护用品，如防毒器具、防化服、手套、呼吸器等。

（5）加强员工教育与培训，对可能产生毒物泄漏的工作场所，应悬挂安全警示标语，站内应配备急性中毒处理设备与设施，针对急性中毒危害应制定应急预案，并定期进行演练。

（6）定期对接触毒物作业的职工进行健康检查，将有中毒症状的劳动者及时调离工作岗位，使其脱离与毒物的接触，并及时予以治疗。如患有中枢神经系统疾病，明显的神经官能症，植物神经系统疾病，内分泌、呼吸系统疾病及眼结膜、眼角膜疾病患者，不易从事接触硫化氢的作业。

2）振动的预防措施

（1）控制振动源。应在设计、制造生产工具和机械时采用减振措施，使振动降低到对人体无害水平。

（2）创新工艺，采用减震和隔振等措施。如采用焊接等新工艺代替铆接工艺；工具的金属部件采用塑料或橡胶材料，减少撞击振动。

（3）限制作业时间和振动强度。

（4）改善作业环境，加强个体防护及健康监护。

3）噪声的预防措施

噪声的预防措施见本章第二节“环境保护”中相关内容。

4）生产性粉尘危害预防措施

生产性粉尘的预防措施见本章第二节“环境保护”中相关内容。

5）电离辐射的预防措施

电离辐射的预防措施主要是控制辐射源的质和量。电离辐射的防护分为外照射防护和内照射防护。外照射防护的基本方法有时间防护、距离防护和屏蔽防护，通称“外防护三原则”。内照射防护的基本防护方法有围封隔离、除污保洁和个人防护等综合性防护措施。

6）高温作业的防护措施

（1）合理设计工艺流程。通过改进生产设备和操作方法改善高温作业劳动条件。

（2）采取有效的隔热措施。隔热是防止热辐射的重要措施，可利用隔热保温层进行防护。

（3）通风降温。

（4）供给饮料和补充营养。高温作业工人应该补充与出汗量相等的水分和盐分，饮料的含盐量以0.15%～0.2%为宜，饮水方式以少量多次为宜；适当增加高热量饮食和蛋白质、维生素、钙等。

（5）合理安排工作时间，避开最高气温，轮换作业、缩短作业时间。

7）焊接作业的防护措施

（1）通过提高焊接机械化、自动化程度，使人与作业环境隔离，从根本上消除电焊作业对人体的危害；通过改进焊接工艺，减少封闭结构施工，对容器类设备采用单面焊，改善破口设计等，以改善焊工的作业条件，减少电焊烟尘污染；改进焊条材料，选择无毒或低毒的焊条，降低焊接毒性危害。

（2）改善作业场所的通风状况，在自然通风较差的场所、封闭或半封闭结构内焊接时，必须有机械通风措施。

（3）加强个人防护。焊接工人必须佩带防护眼镜、面罩、口罩、手套、防护服、绝缘鞋等。

四、事故案例分析

1. 某井天然气井喷及 H_2S 中毒事故

1）事故经过

2003 年 12 月 23 日 22 时 15 分，重庆某气矿某井发生天然气井喷事故，造成天然气中硫化氢中毒，井场周围居民和井队职工 243 人中毒死亡、2142 人住院治疗、9 万余人被紧急疏散安置，直接经济损失达 6432.31 万元。

2）事故原因

（1）直接原因。

①起钻前，钻井液循环时间严重不足；未能及时发现溢流征兆；在起钻过程中，没有按规定灌注钻井液，且在长时间检修顶驱后，没有下钻充分循环，排出气侵钻井液，就直接起钻，这些因素是造成井喷的直接原因。

②在钻柱中没有安装回压阀，致使起钻发生井喷时钻杆内无法控制，使井喷演变为井喷失控，是井喷失控的直接原因。

③井喷失控后，未能及时采取放喷管线点火措施，以致大量含有高浓度硫化氢的天然气喷出扩散，导致人员伤亡扩大，是事故扩大的直接原因。

（2）间接原因。

①现场管理不严，违章指挥。

②安全责任制不落实，监督检查不到位。

③事故应急预案不完善，抢险措施不力。

④设计不符合要求，审查把关不严。

⑤安全教育不到位，职工安全意识淡薄。

2. 四川气田某气井硫化氢串层中毒事故

1）事故经过

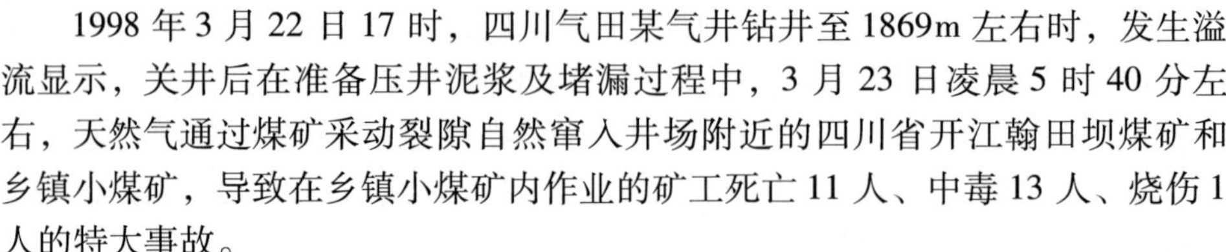

1998年3月22日17时，四川气田某气井钻井至1869m左右时，发生溢流显示，关井后在准备压井泥浆及堵漏过程中，3月23日凌晨5时40分左右，天然气通过煤矿采动裂隙自然窜入井场附近的四川省开江翰田坝煤矿和乡镇小煤矿，导致在乡镇小煤矿内作业的矿工死亡11人、中毒13人、烧伤1人的特大事故。

2）事故原因

（1）在勘定井位时，应对诸如煤矿等采掘地下资源的工作场所进行详细了解、标定，并制订详细的、可行的防范措施，以避免出现本井事故的连带事故。

（2）在对所钻地层特别是碳酸盐岩地层还没有完全认识以前，钻井工程设计充满着不确定性和风险性，在施工中要根据地下情况的变化及时作出相应的设计调整。本井若能在第一次溢流显示后就把ϕ244.5mm套管提前下入，可能就不会出现溢流关井后造成地下井喷从而导致地面被迫放喷的复杂局面。本井产层以上大段裸眼至少有三个漏层，在漏层没有得到根治的前提下钻开产层后果当然是严重的。

第四节　应急预案与应急管理

一、应急预案

1. 制定应急预案的作用

事故应急预案在应急系统中起着关键作用，它明确了在突发事故之前、发生过程中以及刚刚结束之后，谁负责做什么、何时做以及相应的策略和资源准备等。它是针对可能发生的重大事故及其影响和后果的严重程度，为应急准备和应急响应的各个方面所预先作出的详细安排，是开展及时、有序和有效事故应急救援工作的行动指南。

（1）明确了应急救援的范围和体系，使应急准备和应急管理有章可循，尤其是培训和演习工作的开展。

（2）制定应急预案有利于作出及时的应急响应，降低事故的危害程度。

（3）事故应急预案成为各类突发重大事故的应急基础，通过编制基本预案，可保证应急预案足够灵活，对那些事先无法预料到的突发事件或事故，也可以起到基本的应急指导作用，成为开展应急救援的“底线”。在此基础上，可以针对特定危害编制专项应急预案，有针对性地制定应急措施、进行专项应急准备和演习。

（4）当发生超过应急能力的重大事故时，便于与上级应急部门的协调。

（5）有利于风险防范意识。

2. 应急预案的分类与文件结构

1）应急预案的分类

我国的应急预案分为政府预案（外部预案）和企业预案（内部预案）两类，内部、外部预案又可以分为总预案和专项预案。内部预案又根据组织级别分级制定，如石油企业，集团公司、各油田企业、企业二级单位、二级单位下属单位（作业区、作业大队、分公司）、班组（小队）应分别制定相应级别的应急预案。

2）应急预案的文件结构

应急预案应形成体系，针对各级各类可能发生的事故和所有危险源制定专项应急预案和现场应急处置方案，并明确事前、事发、事中、事后的各个过程中相关部门和有关人员的职责。生产规模小、危险因素少的生产经营单位，综合应急预案和专项应急预案可以合并编写。

（1）综合应急预案。综合应急预案是从总体上阐述处理事故的应急方针、政策，应急组织结构及相关应急职责，应急行动、措施和保障等基本要求和程序，是应对各类事故的综合性文件。

（2）专项应急预案。专项应急预案是针对具体的事故类别（如煤矿瓦斯爆炸、危险化学品泄漏等事故）、危险源和应急保障而制定的计划或方案，是综合应急预案的组成部分，应按照综合应急预案的程序和要求组织制定，并作为综合应急预案的附件。专项应急预案应制定明确的救援程序和具体的应急救援措施。

（3）现场处置方案。现场处置方案是针对具体的装置、场所或设施、岗位所制定的应急处置措施。现场处置方案应具体、简单、针对性强。现场处置方案应根据风险评估及危险性控制措施逐一编制，做到事故相关人员应知应会、熟练掌握，并通过应急演练，做到迅速反应、正确处置。

3. 应急预案的编制程序

1）成立应急预案编制工作组

结合本单位部门职能分工，成立以单位主要负责人为领导的应急预案编

制工作组，明确编制任务、职责分工，制定工作计划。

2）资料收集

收集应急预案编制所需的各种资料（相关法律法规、应急预案、技术标准、国内外同行业事故案例分析、本单位技术资料等）。

3）危险源与风险分析

在危险因素分析及事故隐患排查、治理的基础上，确定本单位的危险源、可能发生事故的类型和后果，进行事故风险分析，并指出事故可能产生的次生、衍生事故，形成分析报告，分析结果作为应急预案的编制依据。

4）应急能力评估

对本单位应急装备、应急队伍等应急能力进行评估，并结合本单位实际，加强应急能力建设。

5）应急预案编制

针对可能发生的事故，按照有关规定和要求编制应急预案。应急预案编制过程中，应注重全体人员的参与和培训，使所有与事故有关人员均掌握危险源的危险性、应急处置方案和技能。应急预案应充分利用社会应急资源，与地方政府预案、上级主管单位以及相关部门的预案相衔接。

6）应急预案评审与发布

应急预案编制完成后，应进行评审。评审由本单位主要负责人组织有关部门和人员进行。外部评审由上级主管部门或地方政府负责安全管理的部门组织审查。评审后，按规定报有关部门备案，并经生产经营单位主要负责人签署发布。

二、应急管理

在任何工业活动中都有可能发生事故，尤其是随着现代工业的发展，生产过程中存在的巨大能量和有害物质，一旦发生重大事故，往往造成惨重的生命、财产损失和环境破坏。由于自然或人为、技术等原因，当事故或灾害不可能完全避免的时候，建立重大事故应急救援体系，组织及时有效的应急救援行动已成为抵御事故或控制灾害蔓延、降低危害后果的关键甚至是唯一手段。

1. 应急救援的基本任务

事故应急救援的总目标是通过有效的应急救援行动，尽可能地降低事故的后果，包括人员伤亡、财产损失和环境破坏等。事故应急救援的基本任务包括下述几个方面：

（1）立即组织营救受害人员，组织撤离或者采取其他措施保护危害区域内的其他人员。抢救受害人员是应急救援的首要任务，在应急救援行动中，快速、有序、有效地实施现场急救与安全转送伤员是降低伤亡率，减少事故损失的关键。由于重大事故发生突然、扩散迅速、涉及范围广、危害大，应及时指导和组织群众采取各种措施进行自身防护，必要时迅速撤离出危险区或可能受到危害的区域。在撤离过程中，应积极组织群众开展自救和互救工作。

（2）迅速控制事态，并对事故造成的危害进行检测、监测，测定事故的危害区域、危害性质及危害程度。及时控制住造成事故的危险源是应急救援工作的重要任务，只有及时地控制住危险源，防止事故的继续扩展，才能及时有效进行救援。特别对发生在城市或人口稠密地区的化学事故，应尽快组织工程抢险队与事故单位技术人员一起及时控制事故继续扩展。

（3）消除危害后果，做好现场恢复。针对事故对人体、动植物、土壤、空气等造成的现实危害和可能的危害，迅速采取封闭、隔离、洗消、监测等措施，防止对人的继续危害和对环境的污染。及时清理废墟和恢复基本设施，将事故现场恢复至一相对稳定的基本状态。

（4）查清事故原因，评估危害程度。事故发生后应及时调查事故的发生原因和事故性质，评估出事故的危害范围和危险程度，查明人员伤亡情况，做好事故调查。

2. 事故应急管理的过程

尽管重大事故的发生具有突发性和偶然性，但重大事故的应急管理不只限于事故发生后的应急救援行动。应急管理是对重大事故的全过程管理，贯穿于事故发生前、中、后的各个过程，充分体现了“预防为主，常备不懈”的应急思想。应急管理是一个动态的过程，包括预防、准备、响应和恢复四个阶段。尽管在实际情况中，这些阶段往往是交叉的，但每一阶段都有自己明确的目标，而且每一阶段又是构筑在前一阶段的基础之上，因而预防、准备、响应和恢复的相互关联，构成了重大事故应急管理的循环过程。

1）预防

在应急管理中预防有两层含义：一是事故的预防工作，即通过安全管理和安全抑制措施等手段，来尽可能地防止事故的发生，实现本质安全；二是在假定事故必然发生的前提下，通过预先采取的预防措施，来达到降低或减缓事故的影响或后果严重程度，如加大建筑物的安全距离、减少危险物品的

存量、设置防护墙以及开展公众教育等。从长远观点来看，低成本高效率的预防措施是减少事故损失的关键。

2）准备

应急准备是应急管理过程中一个极其关键的过程，它是针对可能发生的事故，为迅速有效地开展应急行动而预先所做的各种准备，包括应急机构的设立和职责的落实、预案的编制、应急队伍的建设以及应急设备（施）、物资的准备和维护、预案的演习、与外部应急力量的衔接等，其目标是保持重大事故应急救援所需的应急能力。

3）响应

应急响应是指在事故发生后立即采取的应急与救援行动，包括事故的报警与通报、人员的紧急疏散、急救与医疗、消防和工程抢险措施、信息收集与应急决策和外部求援等，其目标是尽可能地抢救受害人员、保护可能受威胁的人群，并尽可能控制并消除事故。

4）恢复

恢复工作应在事故发生后立即进行，首先使事故影响区域恢复到相对安全的基本状态，然后逐步恢复到正常状态。要求立即进行的恢复工作包括事故损失评估、原因调查、清理废墟等，在短期恢复中应注意的是避免出现新的紧急情况；长期恢复包括厂区重建和受影响区域的重新规划和发展。在长期恢复工作中，应汲取事故和应急救援的经验教训，开展进一步的预防工作和减灾行动。

3. 应急救援的组织机构

重大事故的应急救援行动往往涉及多个部门，因此应预先明确在应急救援中承担相应任务的组织机构及其职责。比较典型的事故应急救援系统的构成应包括下述机构。

1）应急中心

应急中心是整个应急救援系统的重心，主要负责协调事故应急期间各个机构的运作，统筹安全排整个应急行动，为现场应急救援提供各种信息支持；必要时迅速召集各应急机构和有关部门的高级代表到应急中心，实施场外应急力量、救援装备、器材、物品等的迅速调度和增援，保证行动快速、有序、有效地进行。

2）应急救援专家组

应急救援专家组在应急准备和应急救援中起着重要的参谋作用。

3）医疗救治中心

医疗救治中心通常由医院、急救中心等组成。它主要负责设立现场医疗急救站，对伤员进行现场分类和急救处理，并及时合理转送医院治疗进行救治；对现场救援人员进行医学监护。

4）消防与抢险中心

消防与抢险中心主要由公安消防队、专业抢险队、有关施工单位组织的工程抢险队等组成。其重要职责是尽可能尽快地控制并消除事故，营救受害人员。

5）监测组织

监测组织主要由环保监测站等组成，主要负责迅速测定事故的危害区域范围及危害性质，监测空气、水、食物、设备（施）的污染情况等。

6）公众疏散组织

公众疏散组织主要负责根据现场指挥部发布的警报和防护措施；引导必须撤离的居民有秩序地撤至安全区或安置区，组织好特殊人群的疏散安置工作，引导受污染的人员前往洗消去污点，维护安全区或安置区内的秩序和治安。

7）警戒与治安组织

警戒与治安组织主要负责对危害区外围的交通路口实施定向、定时封锁，阻止事故危害区外的公众进入；指挥、调度撤出危害区的人员和使车辆顺利地通过通道，及时疏散交通阻塞；对重要目标实施保护，维护社会治安。

8）洗消去污组织

洗消去污组织的主要职责是开设洗消站（点），对受污染的人员或设备、器材等进行消毒，组织地面洗消队实施地面消毒，开辟通道或对建筑物表面进行消毒，临时组成喷雾分队降低有毒有害物的空气浓度，减少扩散范围。

9）后勤保障组织

后勤保障组织主要负责应急救援所需的各种设施、设备、物资以及生活、医药等的后勤保障。

10）信息发布中心

信息发布中心负责事故和救援信息的统一发布，以及及时准确地向公众发布有关保护措施的紧急公告等。

4. 应急救援的支持保障系统

为保障重大应急救援工作的有效开展，应建立重大事故应急救援的支持保障系统。

1）法律法规保障体系

重大事故应急救援体系的建立与应急救援工作的开展必须有相应法律法规作为支撑和保障，以明确应急救援的方针与原则，规定有关部门在应急救

援工作的职责，划分响应级别、明确应急预案编制和演练要求、资源和经费保障、索赔和补偿、法律责任等。

2）通信系统

通信系统是保障应急救援工作正常开展的一个关键。应急救援体系必须有可靠的通信保障系统，保证整个应急救援过程中救援组织内部，以及内部与外部之间通畅的通信网络，并设立备用通信系统。

3）警报系统

应建立和维护可靠的重大事故警报系统，及时向受事故影响的人群发出警报和紧急公告，准确传达事故信息和防护措施。

4）技术与信息支持系统

重大事故的应急救援工作离不开技术与信息的支持，应建立应急救援信息平台，开发应急救援信息数据库群和决策支持系统，建立应急救援专家组，为现场应急救援决策提供所需的各类信息和技术支持。

5）宣传、教育和培训体系

在充分利用已有资源的基础上，建立起应急救援的宣传、教育和培训体系，它具有两方面的任务：一是通过各种形式和活动，加强对公众的应急知识教育，提高社会应急意识，如应急救援政策、基本防护知识、自救与互救基本常识等；二是为全面提高应急队伍的作战能力和专业水平，设立应急救援培训基地，对各级应急指挥人员、技术人员、监测人员和应急队员进行强化培训和训练，如基础培训、专业培训、战术培训等。

5. 应急救援体系响应机制

重大事故应急救援体系应根据事故的性质、严重程度、事态发展趋势实行分级响应机制，对不同的响应级别，相应地明确事故的通报范围、应急中心的启动程度、应急力量的出动和设备、物资的调集规模、疏散的范围、应急总指挥的职位等。典型的响应级别通常可划分三级。

1）一级紧急情况

一级紧急情况是指能被一个部门正常可利用的资源处理的紧急情况。正常可利用的资源是一种在该部门权力范围内通常可以利用的应急资源，包括人力和物力等。必要时，该部门可以建立一个现场指挥部，所需的后勤支持、人员或其他资源增援由本部门负责解决。

2）二级紧急情况

二级紧急情况是指需要两个或更多的政府部门响应的紧急情况。该事故的救援需要有关部门的协作，并且提供人员、设备或其他资源。该级响应需要成立现场指挥部来统一指挥现场的应急救援行动。

3）三级紧急情况

三级紧急情况是指必须利用气田及地方所有有关部门及一切资源的紧急情况，或者需要气田及地方各个部门机构联合起来处理的各种紧急情况，通常政府要宣布进入紧急状态。在该级别中，作出主要决定的职责通常是紧急事务管理部门。现场指挥部可在现场做出保护生命和财产以及控制事态所必需的各种决定。解决整个紧急事件的决定，应该由紧急事务管理部门负责。

6. 应急救援体系的响应程序

事故应急救援系统的应急响应程序按过程可分为接警与响应级别确定、应急启动、救援行动、应急恢复和应急结束等几个过程。

1）接警与响应级别确定

接到事故报警后，按照工作程序，对警情作出判断，初步确定相应的响应级别。如果事故不足以启动应急救援体系的最低响应级别，响应关闭。

2）应急启动

应急响应级别确定后，按所确定的响应级别启动应急程序，如通知应急中心有关人员到位、开通信息与通信网络、通知调配救援所需的应急资源（包括应急队伍和物资、装备等）、成立现场指挥部等。

3）救援行动

有关应急队伍进入事故现场后，迅速开展事故侦测、警戒、疏散、人员救助、工程抢险等有关应急救援工作，专家组为救援决策提供建议和技术支持。当事态超出响应级别，无法得到有效控制，应向应急中心请求实施更高级别的应急响应。

4）应急恢复

救援行动结束后，进入临时应急恢复阶段，包括现场清理、人员清点和撤离、警戒解除、善后处理和事故调查等。

5）应急结束

执行应急关闭程序，由事故总指挥宣布应急结束。

7. 应急救援的演练

1）演练的类型

（1）按演练的规模分类。可采用不同规模的应急演练方法对应急预案的完整性和周密性进行评估，如桌面演练、功能演练和全面演练等。

（2）按演习的基本内容不同分类 。根据演习的基本内容不同可以分为基

础训练、专业训练、战术训练和自选科目训练。

2）演练的参与人员

应急演练的参与人员包括参演人员、控制人员、模拟人员、评价人员和观摩人员。上述五类人员在演练过程中都应起重要的作用，并且在演练过程中都应佩戴能表明其身份的识别符。

3）演练实施的基本过程

由于应急演练是由许多机构和组织共同参与的一系列行为和活动，因此应急演练的组织与实施是一项非常复杂的任务，建立应急演练策划小组（或领导小组）是成功组织开展应急演练工作的关键。策划小组应由多种专业人员组成，包括来自消防、公安、医疗急救、应急管理、市政、学校、气象部门的人员，以及新闻媒体、企业、交通运输单位的代表等；必要时，军队、核事故应急组织或机构也可派出人员参加策划小组。为确保演练的成功，参演人员不得参加策划小组，更不能参与演练方案的设计。

综合性应急演练的过程可划分为演练准备、演练实施和演练总结三个阶段。

4）演练结果的评价

应急演练结束后应对演练的效果作出评价，并提交演练报告，详细说明演练过程中发现的问题。按照对应急救援工作及时有效性的影响程度，将演练过程中发现的问题分为不足项、整改项和改进项。

8. 应急救援的培训

应急救援培训与演练的基本任务是锻炼和提高队伍在突发事故情况下的快速抢险堵源、及时营救伤员，正确指导和帮助群众防护或撤离，有效消除危害后果、开展现场急救和伤员转送等应急救援技能和应急反应综合素质，有效降低事故危害，减少事故损失。

应急救援培训的范围应包括以下几项：

（1）政府主管部门的培训。

（2）社区居民的培训。

（3）企业全员的培训。

（4）专业应急救援队伍的培训。

应急救援的培训内容主要包括以下几方面：

（1）报警。

（2）疏散。

（3）基本技能培训。

（4）不同水平应急者培训。

第七章 标准化设计

第一节 标准化设计的目的和意义

一、开展标准化设计的背景及必要性

1. 适应油气工业快速发展，需要新的设计理念和方法

随着油气储量进入新的增长高峰期，油气储量、产量将保持高位运行，年度探明石油地质储量超 $6 \times 10^8 t$，探明天然气地质储量 $3000 \times 10^8 m^3$ 以上，原油产量稳中有增，天然气产量快速增长。产能建设工作量也将不断刷新历史水平，年建原油生产能力 $1600 \times 10^4 t$ 以上，天然气生产能力 $150 \times 10^8 m^3$ 以上，年新钻油气井近 20000 口，还有大量的老油气田改造和系统配套任务。上游业务的快速发展，勘探开发节奏的加快，实物工作量的增加，以及降本增效压力的加大，必然对地面工程建设提出新的任务和新的要求。

由于新动用油气资源品位变差，油气田开发进入“多井低产”时期，地面系统每年大约需要新建近 20000 个井场、1300 多座各类站场。这将给地面工程建设带来更加巨大的工作量，将导致地面工程设计、物资采购和施工建设等任务更加艰巨。

新开发的气田多为“三高”、低渗透、低丰度气田，并且油气田大多处于高寒、偏远地区，地面环境复杂，还具有点多、面广、线长、系统复杂和进度要求快的特点，加大了地面建设的组织、实施方面的困难。

具备边勘探、边评价、边开发条件的低渗透油气田比例占到了 60% 以上，这类油气田具有滚动勘探开发的特点，给建设规模、建设布局和站场选址带来一定的不确定性，使地面工程勘察、地面工程设计、工程建设进度等方面面临更大的挑战。

为适应油气田地面建设任务越来越繁重的局面，满足油气快速上产和提高效益的需要，传统的地面工程建设组织和建设方式，已不能很好地适应，地面系统急需探索出一套全新的设计理念和组织方法，建立一种良性的工作运行机制。从苏里格气田的典型经验中，通过标准化设计能够加快设计进度，加快建设进度，提高工程质量，实现降本增效。因此，适应油气快速发展的要求，必须树立新的理念、新的方法，全面推行标准化设计工作。

2. 促进建设水平提高，需要转变设计工作方式

各油气田设计院是伴随着中国石油天然气工业的发展、依托各油气田成长起来的。在半个世纪的发展过程中，12 个油气田具有设计单位，共拥有 6000 多名设计科研人员。长期以来，各油气田设计单位在油气田开发过程中发展并形成了涵盖油气田多个方面、涉及油气田开发生产各个阶段的决策参谋、规划编制、立项论证、工程设计、科研攻关和技术服务等六项职能，并发挥着重要作用。

近年来，由于多方面的因素，部分设计单位通过减少决策参谋、规划、科研和技术服务人员的数量，来增强设计部门的力量和职能。但由于油气田建设任务逐年增加（还有长输管道设计）、设计难度增大、设计人员数量没有增加等原因，设计人员还是需要加班加点忙于重复性的计算机绘图工作，没有更多时间和精力去深入研究和优化设计方案，直接影响到了地面工程设计和工程建设水平与质量的提高。针对上述情况，需要尽快转变设计方式，进一步解放生产力，通过积极采用三维绘图等计算机辅助设计手段，建立标准化设计图库和定型图设计，提高图纸重复利用率，减轻设计人员的劳动强度，提高工作效率。也使设计人员能有更多的时间去优化方案，做好决策参谋、规划、科研和技术服务，以提升地面工程整体建设水平。

3. 推进市场开放，需要统一技术标准

油气田地面工程系统具有点多、面广、线长、系统复杂等特点，地面工艺流程的选择取决于油气藏特性、流体性质、地理环境、开采方式等多种因素，使得地面系统的工艺流程和设备的组合、各系统的衔接、地面建设标准的掌握都呈现出多样性和复杂性。特别是近年来，集团公司鼓励各甲级设计单位在为本油气田服务的同时参与其他单位设计市场的竞争，塔里木、西南、华北、冀东、吐哈等油气田以及长庆的苏里格气田已形成了多家设计单位共同竞争的格局。各设计单位在设计水平、设计风格和设计手段等方面有着各

自的特点，出现了在设计同类项目时，在总体工艺和工艺流程的选择上存在着较大的差异性，设备和材料选型种类繁多，建设标准和工程做法也难以统一的实际情况。因此，在推进市场开放过程中，为树立集团公司综合性国际能源公司的企业形象，方便操作和管理，规范和统一各方的建设理念、建设风格和建设标准是十分必要的。

4. 持续优化简化，积累了工作经验

伴随新油气田的开发建设，地面工程系统经过积极探索、大胆实践，通过不断总结，实现了不断探索、优化简化和完善提高的发展之路，地面工艺技术和建设模式也不断创新。2004 年以来，通过优化简化工作的深入开展，各油气田在此基础上，探索并初步形成了适宜的标准化设计模式或定型设计，取得了非常好的效果。

长庆苏里格气田推行“标准化设计、模块化建设”的模式，提高了生产效率和建设质量，降低了安全风险和综合成本，促进了均衡组织施工生产、以人为本的理念和 EPC 模式的推广。2008 年又在姬塬等八个油田地面建设中进行了大面积推广，阶段性成效显著。目前气田标准化设计已覆盖了井场、集气站等。对油气田标准化设计具有指导和借鉴意义。

5. 技术突破与应用，提供了有力支撑

随着油气田勘探开发的发展，油气田地面工程技术有了长足的进步，设计、施工水平不断提高，具有了探索地面设计与施工模式的新技术、新装备等有利条件。

井下节流技术的应用，简化了低渗透气田地面工艺流程，该技术在苏里格气田规模应用后，地面投资下降了近一半；适宜的自动化技术规模应用，提高生产管理水平；油气水高效设备逐成系列，进一步简化了流程。这些工艺技术和设备的进步，为标准化设计模式的确定奠定了基础，为实现高水平的标准化设计提供了强有力的技术支撑。可以预见，今后标准化设计工作更要依靠技术进步来保持设计的先进性。

6. 创新管理方式，奠定了工作基础

近年来，油气田地面建设管理工作日趋规范化、科学化，形成了一套科学的建设和管理模式，在规划制定、可研编制、工程设计、设备采购、工程实施、竣工验收等方面都形成了明确的操作程序，并得到有效执行。同时，地面工程技术人员素质不断提高，管理水平也不断提高。这些管理的创新对于促进标准化设计的开展起到了积极的作用。

从今后油气田开发建设形势以及目前技术和管理水平看，推行标准化设计的内外部条件已经具备，时机已经成熟。

二、目的及意义

“标准化”的定义是，在经济、技术、科学及管理等社会实践中，对重复性事物和概念通过制定、实施标准，达到统一，以获得最佳秩序和社会效益的过程。标准化的目的是促进技术进步、改进产品质量、提高经济效益。

标准化设计就是对成熟的、优化的工艺重复性的装置、设施和设备，通过定型化、模块化的设计与预制化、组装化、撬装化的建造，达到加快工程进度、提高工程质量的目的。

标准化设计作为油气田地面工程优化简化的一种手段，是对优化简化工作的深入开展和延续，标准化设计是当今世界石油工程设计领域的热点，也是中国石油实现高速度、高水平、高效益发展的关键。

（1）开展标准化设计是满足气田大规模产能建设的需要。

新增产能的单井产量低，实现上产和稳产需要建设的工程量大，标准化设计可以减少大量的重复工作量，提高建设效率，满足大规模建设的需要。

（2）开展标准化设计是提高地面建设效率的重要措施。

大规模的建设需要高效率的组织实施，开展标准化设计可以缩短设计周期、建设周期，提高新井生产时率，对于提高新增产能对完成当年原油产量的贡献有着积极的作用。

（3）开展标准化设计可以降低投资、节约成本。

开展标准化设计，制定统一的建设标准，易于控制投资；大宗物资材料实现市场化、规模化采购，降低了采购成本；不同专业和工序可以协同作业，提高工厂预制量，减少现场施工的工程量，有利于均衡施工，结合优化简化成果的集成应用，可以较大幅度降低投资。

（4）开展标准化设计是保证地面工程设计质量的重要手段。

严细质量管理，使标准化设计图纸都达到优良的设计质量。在标准化设计工程中，把良好的质量控制成果体现在标准化设计中，在不断重复利用的过程中扩大了标准化设计的质量效应，减少错、漏、碰、缺等质量事故，保证地面工程安全平稳生产。

第二节　标准化设计主要内容

一、标准化设计分类

标准化设计工作的总体思路是明确分类、规范标准，统一部署、分层管理，突出重点、示范先行，注重效果、稳步推进。

可根据油气田建设规模进行标准化设计分类。相似类型的油气田和同样类型的工艺流程，由于建产规模不同，站场设施、设备的尺寸也存在着一定差别，规模相差越大，这种差别也就越大。因此，需要结合油气田的自身特点，研究不同的单体设施和处理能力不同的设备，在各种工艺流程中，可组合成不同处理规模的标准化设计单体系列。

地面系统虽然呈现多样性和复杂性，但在实际工作中，可根据气田不同特点，寻找相同类型气田的共性规律，既而对地面工艺类型进行分类，在此基础上对建设规模、平面布置、工艺流程、设备及管阀等进行优化、简化与分类、规范。在此基础上优化总体工艺，形成相对定型的标准化设计工艺模式。如苏里格气田在前期研究试验的基础上，按照气田的特点，集成创新、整体优化简化，形成了“井下节流，井口不加热、不注醇，中低压集气，带液计量，井间串接，常温分离，二级增压，集中处理”的中低压集气工艺模式，降低了地面工程投资，提高了气田开发水平。该工艺模式成型后，为低产、低渗透气田标准化设计提供了模式和样板。

在油气田类型和规模的基础上按主体工艺流程进行分类（建设模式分类）。在《油气田开发地面建设模式分类导则》中已给出了较详细的说明。各油气田分公司可结合自身油田类型、油气物性和地理自然条件等特点，对天然气处理、采出水处理和注水等专业也可以总结类似内容，从而做出不同流程适用范围的标准模块设计。

二、建立标准化设计体系

各油气田公司要根据《标准化设计工作指导意见》的要求，依照《地面设施标识设计规定》、《示范工程管理规定》、《地面建设模式分类导则》等系

列文件，制定相应的管理细则，构建各自的标准化设计工作体系。按照“简洁、高效”的原则，尽快建立与标准化设计工作相适应的各种规章制度，包括项目管理程序、招标投标管理办法、物质采购管理、项目验收等规定。并建立与推行标准化设计工作相适应的投资管理制度，构建科学合理、公正透明的标准化计价体系，形成不同规格的标准化预算指标。要鼓励通过技术创新和管理创新管好和用好投资，为降低工程造价、适应市场化运作、及时完成结算创造条件。2009 年要完成相关管理制度的制定，到 2010 年，基本形成标准化设计、模块化建设、标准化预算和规模化采购四个环节的标准化体系。

三、系列划分，场站定型

根据油气田区域开发总体方案，结合工艺模式，对场站的建设内容、建设规模、建设标准进行归类和模块划分，进而划分标准化设计系列。在此基础上，重点做好不同系列站场的标准化设计，设计出系列定型图。长庆油田对油、气有关站场都进行了系列划分，并形成了一些定型图；西南油气田根据介质环境、设计压力、处理规模对有关集气站场进行了划分。通过这些划分，使得标准化设计内容更加丰富，适应性不断增强，应用范围将更加广泛。

定型图要做好站场平面布置、工艺流程、设备选型、建筑风格、场站标识以及建设水平等内容的统一。标识设计要符合《中国石油油气田地面设施标识设计规定》规定的要求，并标识在主要建（构）筑物突出位置，做到数量适宜，简洁、醒目。

四、模块划分

标准化设计的基础是模块化设计，模块是组成标准化设计产品的细胞，模块化设计是解决复杂系统问题的有效方法，模块化设计的特点不是面向单个产品，而是面向整个产品系统。模块化就其产品结构而言，是特征尺寸模数、结构典型化、部件通用化、参数系列化、装配组合化的综合体。模块是部件级甚至子系统级的通用件，由模块可以直接构成整机以至大的系统，从而实现更高层次上的简化。标准化设计产品模式可表述为：

标准化设计 = 通用模块（不变部分） + 准通用模块（改型部分） + 专用模块（新设计部分）。

根据站场功能区划分，进行标准化单元模块分类，如主体工艺设施可分为以下几类模块：

（1）井口模块（油气生产、注水）；

（2）生产井计量模块（单井分散、多井集中）；

（3）进出站阀组模块（油、气）；

（4）油气净化过滤、缓冲、分离处理模块（分段净化）；

（5）加热设施模块（燃气、电）；

（6）动力设施模块（外输、增压等）；

（7）气计量设施模块；

（8）外输收、发球装置模块；

（9）天然气增压、调压模块；

（10）天然气加药、注醇、脱水、脱烃模块；

（11）污水处理加药、沉降、过滤、回收、外输模块。

五、工作目标

（1）设计工期同比缩短30%，建设工期同比缩短10%，新井当年贡献率提高5%，地面工程投资同比降低3%。

（2）整体实施标准化设计的小型站场（井场、计量站、阀组间和配水间等）标准化设计覆盖率达90%以上；中型站场（转油站、注水站和集气站等）标准化设计覆盖率达60%以上；暂不具备整体实施标准化设计的大型站场，应推行主要工艺单元模块标准化设计。

（3）实现地面工程的“六统一”：统一工艺流程、统一模块划分、统一设备定型、统一平面布局、统一建筑风格、统一配套标准。

第三节　气田地面工程标准化建设模式

气田地面工程主要分为气田集气和天然气处理两个部分。气田集气是指从井口至天然气处理厂前的采集过程，主要包括收集、调压、分离、计量等功能。天然气处理是指对天然气进行脱硫（脱碳）、脱水、凝液回收、硫黄回收、尾气处理的过程。

一、气田分类及建设模式

气田一般可分为非酸性气田、酸性气田、凝析气田、低渗气田和火山岩气田。

1. 非酸性气田

1）集气

（1）按集气站的设置可分为单井集气站和多井集气站。

①单井集气站：单井集气站具有节流、分离、计量等功能。

②多井集气站：它是指对两口及两口以上气井进行集气、调压、分离、计量的集气站。

（2）按计量方式可分为单井计量和多井轮换计量。

①单井计量：它是指对每口井的产气量分别计量。

②多井轮换计量：它是指在集气站，集中对单井产气量进行轮换计量。

（3）按集气压力可分为以下几种：

①高压：≥6.3MPa；

②中压：1.6～6.3MPa；

③低压：≤1.6 MPa。

（4）按分离温度可分为常温分离和低温分离。

①常温分离：天然气在水合物形成温度以上进行气液分离的工艺过程。

②低温分离：天然气在水合物形成温度以下进行气液分离的工艺过程。

（5）按防止水合物方法可分为加热防冻和注水合物抑制剂。

①加热防冻：通过加热，提高天然气温度，使之高于水合物生成温度，避免水合物生成。

②注水合物抑制剂：通过加入水合物抑制剂，来防止水合物生成，通常采用的抑制剂有甲醇、乙二醇等。

2）处理

（1）脱水。

天然气脱水是指通过处理使天然气产品的水含量（或水露点）符合有关气质要求，防止在处理和储运过程中出现水合物和液态水、防止腐蚀。

常用的脱水工艺有低温脱水、三甘醇（TEG）脱水等。低温脱水常用的有 J－T 阀节流制冷、外加冷剂制冷等工艺。采用三甘醇脱水工艺，脱水后的天然气露点降可达 40～50℃。

（2）凝液回收。

凝液回收是指为符合商品天然气质量指标或管输气对烃露点的质量要求，

或为获得液体燃料和化工原料，对天然气中的烃液按一定要求分离与回收。

常用的凝液回收的方法有 J - T 阀节流制冷或膨胀机制冷、外加冷剂制冷或复合制冷。当原料气压力较高，与外输气之间有压差可供利用时可采用 J - T 阀节流制冷或膨胀机制冷，如节流温度不够低，可采用丙烷或氨冷剂预冷。当原料气与外输气之间没有足够的压差可以利用时，可采用外加冷剂制冷或复合制冷。氨制冷适用于冷凝分离温度高于 -25℃时的工况，丙烷制冷适用于冷凝温度高于 -35℃时的工况。

2. 酸性气田

1）集输

酸性气田的集输可分为湿气集输和干气集输。

（1）湿气集输：各个单井站和多井集气站统一进入净化厂进行脱硫（碳）脱水。

（2）干气集输：在集气站进行预脱水，干气输往净化厂进行脱硫（碳）脱水。

集气工艺同非酸性气田，但由于天然气中含有 H_2S 和 CO_2，腐蚀性强，在管材、阀门、设备选择中要重点考虑防腐蚀，采集气管线需注缓蚀剂进行防腐和抗硫。

2）净化

天然气净化工艺较多，目前天然气净化厂的常用工艺有以下几种：

（1）脱硫脱碳。

①醇胺法：醇胺溶液具碱性，可在常温下与 H_2S 及 CO_2 反应，然后升温降压再生，放出所吸收的酸气，溶液循环使用。醇胺法净化度高，既可完全脱除 H_2S 和 CO_2，也可选择脱除 H_2S 和 CO_2，烃吸收少。

②砜胺法：在较高酸气分压下，溶液除化学性吸收酸气外，还有较高的酸气溶解度，降压升温使酸气解析，溶液循环使用。砜胺法净化度高，适于天然气中有机硫需要脱除的工况，但重烃含量高时不宜用。

③膜分离法：具有可将 H_2S 及 CO_2 与 CH_4 等烃分离的薄膜，利用酸气和烃类渗透通过薄膜性能的差异而脱除酸气，特别是 CO_2。

（2）硫黄回收和尾气处理：常用的工艺有克劳斯、克劳斯组合、Lo - Cat、Clinsulf - Do、MCRC、CBA、CPS、SCOT 等。

①克劳斯组合工艺：克劳斯组合工艺是一类系列工艺，包括直流法工艺、分硫法工艺、直接氧化工艺和硫循环工艺。国内多数采用的是前两种工艺。常规克劳斯硫收率在 92% ~97%，需配备尾气处理装置。

②Clinsulf - Do 工艺：一种选择性催化氧化工艺，可用于低 H_2S 含量酸气

的硫黄回收。

③MCRC 工艺：又称亚露点法，是将常规 Claus 与尾气处理组合在一起的工艺，适合于中小型硫回收装置的应用，总硫收率可达 98.5% ~99.2%。

④CBA 工艺：超级克劳斯工艺均为比较常用的克劳斯延伸类工艺，其硫回收率可以达到 98.5% ~99.2% 左右。

⑤CPS 工艺：具有国内自主产权的工艺技术，对低温克劳斯工艺技术进行了发展和创新，硫黄回收率提高到 99.25%。

⑥SCOT 尾气回收工艺：该工艺流程长、工艺复杂、投资和操作费用高、总硫收率高，适用于装置规模大、收率要求高的硫黄回收装置，总硫收率可达 99.8% 以上。

3）脱水与凝液回收

酸性气田的脱水与凝液回收工艺与非酸性气田相同。

3. 凝析气田

1）集气

凝析气田通常采用高压、气液混输、常温集气工艺，集气可分为单井集气和多井集气；有单井计量和多井轮换计量两种方式；防止天然气水合物的生成的主要方法为注入水合物抑制剂；对于凝固点高的凝析油，采用加热方式防止凝析油凝固。

2）脱水

常用的脱水方法有低温脱水、三甘醇脱水、分子筛脱水。

3）凝液回收

常用的凝液回收工艺有 J－T 阀节流制冷、外加冷剂或复合制冷。

4）凝析油稳定

（1）闪蒸法：闪蒸法属单级平衡分离（平衡闪蒸）过程，只能使轻重组分达到较低程度的分离。凝析油稳定多采用多级分离稳定。

（2）分馏法：主要工艺有分馏稳定、提馏稳定等。分馏法为精馏过程，可以使轻重组分达到足够程度的分离。

5）循环注气

循环注气可分为分散增压和集中增压注气两种方式。

4. 低渗气田

1）集气

低产低渗气田单井产量低、递减速度快，其地面工艺大多采用简化井口、井下节流，井口不加热、不注醇，中低压集气，带液计量，井间串接，常温分离的工艺模式。

2）处理

低产低渗气田大多压力低、重烃组分含量少，因此多采用浅冷工艺，利用丙烷冷剂制冷进行低温脱水与凝液回收。

5. 火山岩气田

1）集气

集气工艺同高压酸性气田。火山岩气田气井分布不均，应根据布井特点，优化布站方式。

由于火山岩气田含二氧化碳，在管材、阀门、设备选择中要重点考虑预防二氧化碳腐蚀、集气系统注缓蚀剂。

2）处理

天然气处理要考虑脱除二氧化碳以达到有关气质的要求。目前，脱除二氧化碳多采用醇胺法、膜分离法 + 醇胺法。

6. 后期增压开采气田

后期增压开采气田通常有以下三种方式：

（1）单井增压。在每个井口分别设置压缩机，对单井所产天然气进行增压，适用于单井产气量大的气井。

（2）集中增压。在集气站设置压缩机，对低压气集中增压。

（3）两级增压。集气站和处理厂分别设置压缩机，进行两级增压，适用于气井压力低、外输压力高的气田。

7. 气田水处理

气田水处理通常采用简单沉降、一级过滤工艺，处理合格后回灌或蒸发。

二、推荐做法

1. 非酸性气田

1）集气

（1）高压气田集气工艺。

①井口节流注醇（加热）、单井（多井）集气、集气站气液分离、单井（多井轮换）计量；

②多井高压集气、集气站集中加热、节流、气液分离、轮换计量。

(2) 中低压气田集气工艺。

①中低压常温集气、集气站气液分离、轮换计量；

②如含少量重烃，采用中低压常温集气、集气站低温分离、轮换计量。

2) 处理

(1) 脱水。

①对于高压气田，推荐采用J-T阀节流制冷低温脱水工艺；

②对于中低压气田，以满足水露点要求为主，要求天然气露点降不高，推荐采用三甘醇（TEG）工艺；

③对以回收 C_3^+ 为主的深冷装置，推荐采用分子筛脱水、低温脱水工艺。

(2) 回收凝液。

①对于高压气田，推荐采用J-T阀节流制冷工艺；

②对于中低压气田，且以控制烃露点为主，推荐采用丙烷制冷脱水工艺；

③对以回收 C_3^+ 为主的深冷装置，推荐采用J-T阀节流制冷+丙烷制冷工艺、膨胀机+丙烷制冷工艺。

2. 酸性气田面工艺模式

1) 集输

酸性气田集输方式可采用湿气集输和干气集输，集输工艺同非酸性气田。

2) 净化

(1) 脱硫脱碳。

①对于处理量比较大的脱硫脱碳装置和以脱 H_2S 为主应首先考虑醇胺法；

②当原料气中含有有机硫化物时推荐采用砜胺法；

③主要脱除 CO_2 时，推荐采用活化MDEA法；

④当需要大量脱除原料气中的 CO_2 且同时有少量 H_2S 也需脱除时，重点采用醇胺法+膜分离法。

(2) 硫黄回收和尾气处理。

①CPS硫黄回收工艺是具有国内自主产权的工艺技术，应推荐和鼓励使用；

②装置规模大，总硫收率要求高的尾气处理，推荐采用SCOT工艺。

3) 处理

酸性气田的脱水推荐采用三甘醇脱水工艺；凝液回收工艺与非酸性气田相同。

3. 凝析气田

1) 集气

根据凝析气田的气质特点，重点采用井口节流注醇（加热）、单井（多井）高压集气、单井（多井轮换）计量、气液混输的建设模式。

2）处理

（1）脱水：低温脱水、分子筛脱水。

（2）凝液回收：J－T 阀节流制冷、丙烷制冷、丙烷＋J－T 阀节流制冷。

（3）凝析油稳定：多级闪蒸、微正压分馏。

3）循环注气

本着节省投资、总体优化布局的原则，重点采用集中增压注气的建设模式。

4. 低渗气田

根据低渗气田的特征，推荐采用井下节流，井口不加热、不注醇，中低压集气，带液计量，井间串接，常温分离的建设模式。

5. 火山岩气田

1）集气

根据火山岩气田含二氧化碳的特点，推荐采用井口节流注醇（加热）、单井（多井）高压集气、单井（多井轮换）计量、常温气液分离、集输系统注缓蚀剂防腐的建设模式。

2）净化

推荐采用醇胺法、膜分离法＋醇胺法脱碳工艺。

3）处理

脱水推荐采用三甘醇脱水工艺；凝液回收工艺与非酸性气田相同。

6. 后期增压开采气田

本着节省投资、区块统一考虑的原则，重点采用集中增压的建设模式。

第四节　标准化设计示范工程

一、苏里格气田

1. 标准化设计工作组织管理

中国石油长庆油田公司成立了由公司主要领导任组长、主管领导任副组长、各相关部门领导为成员的“标准化设计工作领导小组”，明确了公司各部

门、各相关单位在标准化设计推广过程中所承担的职责。在西安长庆科技工程有限责任公司成立了标准化委员会、专业标准化小组，负责技术标准、管理标准的制定、修订、完善及标准化设计等工作。

2. 总体布局

苏里格气田属于非均质性极强的致密岩性气田，呈现出典型的“低渗、低压、低丰度”特征，经济有效开发的难度非常大。

苏里格气田总体建设规模为 $249\times10^8m^3/a$。其中，中区总体规模为 $85\times10^8m^3/a$，东区总体规模为 $56\times10^8m^3/a$，西区总体规模为 $78\times10^8m^3/a$，南区总体规模为 $30\times10^8m^3/a$。

3. 集输系统总流程

集输系统总流程为单井经井下节流，井口压力控制在 1.3MPa，井口不加热、不注醇，经井口高低压紧急关断阀后接入采气干管接入集气站；经集气站常温气液分离后增压至 3.5MPa，计量后经集气支线湿气输送至集气干线（或下一座集气站）；集气干线将湿气输送至处理厂集中脱油脱水后增压外输。集输系统总流程如图 7－4－1 所示。

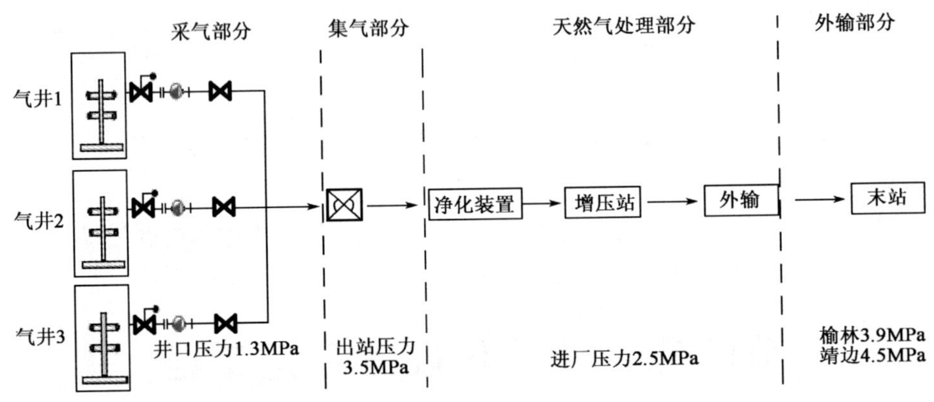

图 7－4－1　集输系统总流程图

4. 标准化设计主要做法

苏里格气田的标准化建设体系主要包括标准化设计、模块化建设、标准化预算、规模化采购等四个主要环节。

苏里格气田的气藏多为低孔、低渗、致密天然气藏，具有低压、低丰度等特点，地质情况复杂，非均质性强；单井产量低、压力递减速度快，稳产能力差，开发建设难度大。针对气田“三低”特点，2005 年以来，中国石油在苏里格气田采取“5+1”合作开发模式，进行了大量的现场试验和理论研究，经过探索、集成创新、整体优化简化，形成了独具苏里格气田特色的“井下节流，井口不加热、不注醇，中低压集气，差压计量，井间串接，常温分离，二级增压，集中处理”的“三低”气田地面开发建设模式。

5. 标准化工程主要做法

1）工艺流程通用化

苏里格气田集输系统总流程为：单井经井下节流，井口不加热、不注醇，集气站常温气分离厂集中处理。

（1）统一井口工艺流程。

天然气经采气井口采出后，通过井场节流阀到井场高低压紧急切断阀，接入采气干管输往集气站。

图7－4－2为单井井场流程示意图。

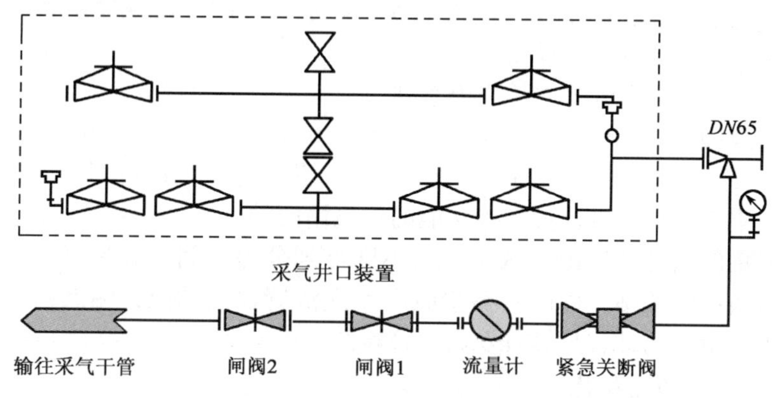

图7－4－2 单井井场流程示意图

（2）气井单管串接工艺。

气井单管串接工艺是降低地面投资的关键技术。通过采气管线把相邻的几口气井串接到采气干管，集中进入集气站（图7－4－3）。这种串接方式优化了管网布置，缩短了采气管线长度，降低了管网投资，提高了采气管网对气田滚动开发的适应性。与2003年10口加密井相比较，苏14井区平均单井管线长度减少36%，平均单井管线投资节约32%。

（3）统一集气站工艺流程。

天然气经采气干管汇集后进入集气站进站区，然后进入气液分离器分离，再进入压缩机增压至3.5MPa，计量后输往下一集气站。同时，设置压缩机旁通管路，在夏季单井运行压力较高时，不必增压直接外输。

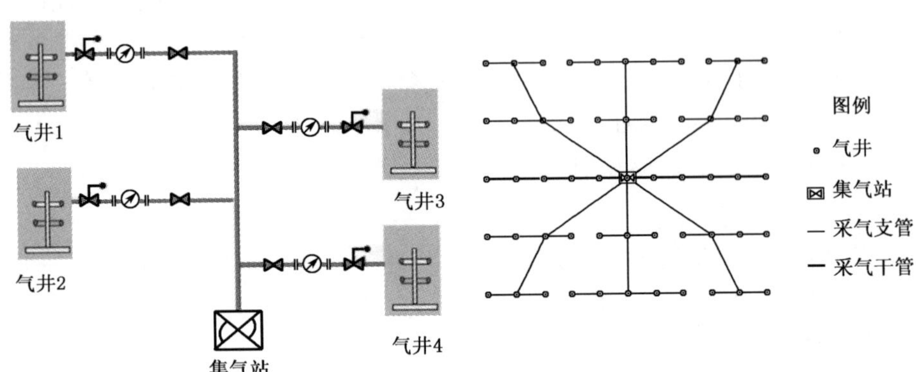

图 7-4-3　气井单管串接示意图

2）站场规模标准化

根据地面系统总体布局及建设规模，确定合理的井站规模系列，系列尽量全面覆盖，适合开发建设需要。

形成了单井至七井式井丛规模系列。

根据规模不同把集气站划分为 $50\times10^4m^3/d$、$75\times10^4m^3/d$ 和 $100\times10^4m^3/d$ 三种类型。根据目前区块建设情况，集气站按功能可划分为带计量交接功能的集气站和不带计量交接功能的集气站两种。

根据集气站处于气田区域位置的不同可划分为中间站和端点站。中间站是处于区块中间的站，同时具有接收和发送清管器的功能；端点站就是处于区块边界线附近的站，只具有发送清管器的功能。

3）工艺设备定型化

对井场和集气站使用的设备统一标准、统一外形尺寸、统一技术参数；同时保证质量安全可靠、造价合理，为规模化采购提供依据。

设备定型化的基本要求如下：

(1) 优先采用先进、高效、节能、环保、维护方便的设备；

(2) 注重现场实践，优选生产应用成熟的工艺设备；

(3) 标准设备参数定型；

(4) 非标设备尺寸定型（外形和接口）；

(5) 设备的连接方式和执行标准统一，便于替换和维修。

4）设计安装模块化

利用三维设计手段，根据功能、组成对井口、集气站进行模块划分，模块应具有较强的通用性、互换性，易于模块化组合。定型的单体模块通过组装、拼接就可以形成不同类型、不同规模井站的整体设计。集气站工艺模块分区见表7-4-1。

表7-4-1 集气站工艺模块分区表

序号	模块名称	分区代号	功能	组成
1	进站区模块	01	对采气干管来气进行接收，并具有放空功能	闸阀、放空阀及相关配件
2	分离器区模块	02	对来气进行初步气液分离，满足集气站其他设备的正常运行及外输的要求	分离器、进出口阀门、手动放空阀、安全阀、排污阀及相关配件
3	压缩机区模块	03	对天然气进行增压处理，满足进入集气支、干线的条件	压缩机组橇（厂家提供）、进出口阀门及相关配件
4	自用气区模块	04	对站内初步分离的天然气进行二级调压，满足厨房、发电机、放空火炬引火管的用气要求	过滤器、调压器、流量计，手动放空阀、安全阀及相关配件
5	清管器收发区模块	05	收发清管器	清管器收发球筒、手动放空阀及相关配件
6	闪蒸分液罐区模块	06	对放空气体进行气液分离，防止放空时产生“火雨”，对生产污水进行闪蒸，将污水中闪蒸出的天然气接入火炬燃烧	闪蒸分液罐、进出口阀门、手动放空阀、安全阀、排污阀及相关配件
7	污水罐区模块	07	对站场生产污水进行收集、储存	污水罐、顶装液位计、蝶阀及相关配件
8	阻火器平台区模块	08	设置阻火器，防止污水罐回火	阻火器、操作平台及相关配件
9	计量外输区模块	09	集气站天然气外输出口	手动放空阀、安全阀、绝缘接头及相关配件
10	放空火炬区模块	10	对放空天然气进行点火，避免环境污染	放空立管（带旋风分液功能）、火炬点火装置

集气站模块分解示意图如图 7－4－4 和图 7－4－5 所示。

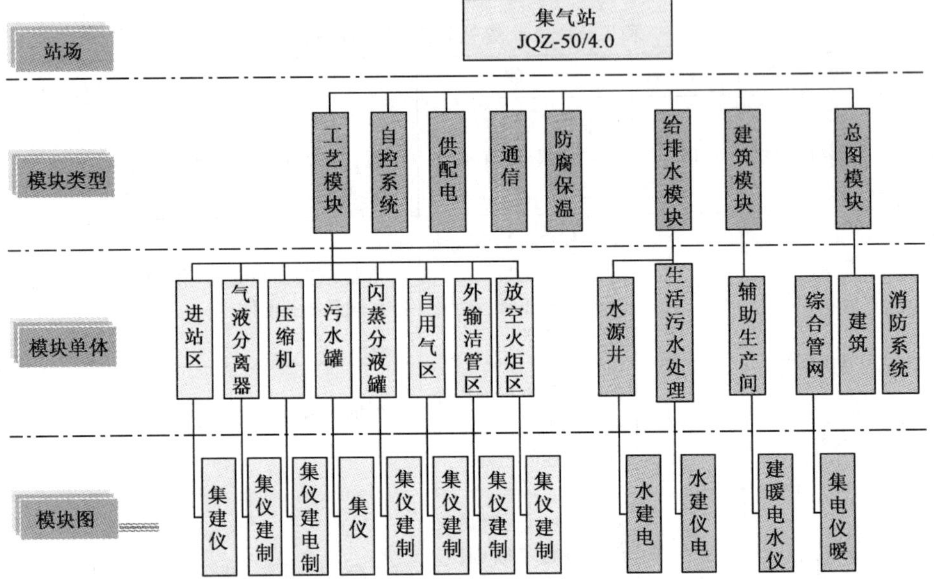

图 7－4－4　标准化集气站专业模块分解示意图

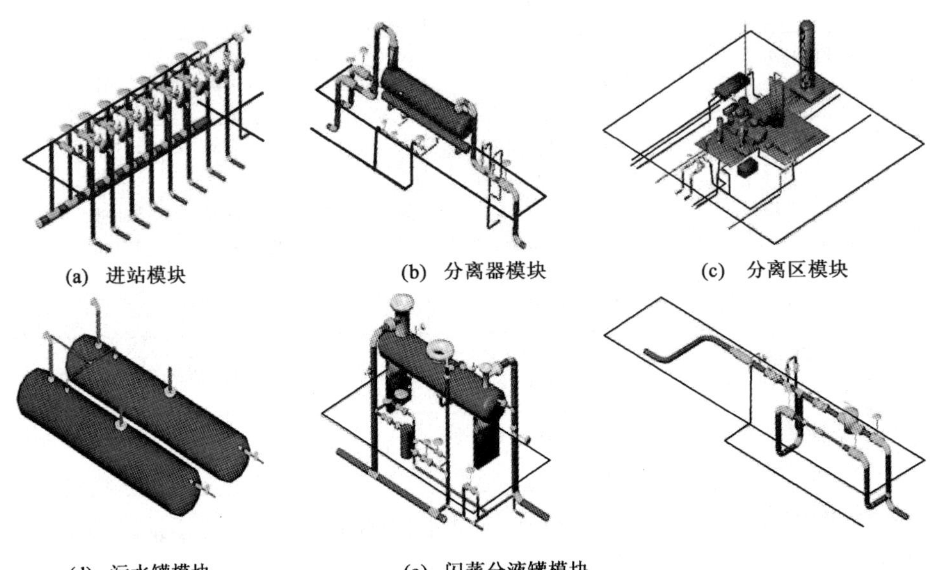

(a) 进站模块　(b) 分离器模块　(c) 分离区模块

(d) 污水罐模块　(e) 闪蒸分液罐模块

图 7－4－5　集气站模块划分示意图

5）管阀配件规范化

管阀配件规范化就是针对目前国内管阀配件行业标准多、不统一的现状，规范工程中使用的各种类型的管阀配件，使材料、连接方式、执行标准等统一，方便规模化采购和生产维修。

6）建设标准统一化

对井站标志、环保措施、道路、自控、供电等配套标准进行统一，既反映企业整体形象又节约投资、讲求实效，达到企业与周围环境的和谐统一。

6. 规模化采购及工厂化预制

1）规模化采购

规模化采购是在设备定型化的基础上，按不同类型和不同处理量设计的油气田标准化站场，汇总全气田同类标准化站场物资需求计划，进行批量采购的一种模式。传统采购与规模化采购的对比，见表7－4－2。

表7－4－2　传统采购与规模化采购的对比表

项　　目	传 统 采 购	规模化采购
物资采购计划来源	各单位根据设计料表分散汇总	标准化站场物资数据库
物资采购计划上报单位	各单位、项目组分散随时上报	基建工程部集中统一提交
物资采购方式	分散零星采购，形不成规模	统一集中招标，批量采购
供应商选择	多厂商供应	大型供应商，战略合作伙伴
技术交流和技术协议	多厂商、多次技术交流	设备定型时一次交流确定
驻厂监造	多厂商、多人次监造	制造厂商和监造人员减少
送货地点	分散送到各施工现场	集中送至施工现场或预制厂
检验验收	分散、多点、多批次	集中检验验收

2）工厂化预制

苏里格气田模块化预制中心位于乌审旗陶利，生产规模能够满足预制50个集气站/a，由模块化预制车间、电气仪表预制工房组成，负责气田站场所需模块预制及部分压力容器制造。

苏里格气田标准化设计示范工程场站工程为集气站建设工程。按照使用功能将集气站划分为10个区：进站区、分离器区、压缩机区、自用气区、计量外输区、清管器收发区、闪蒸分液罐区、污水罐区、阻火器区、放空火炬区。在设计模块基础上，根据运输及吊装等条件，将功能区再次划分为34个施工预制模块进行分项预制，预制程度达到100%。

7. 标准化设计工作的主要成果

2009 年在 $50\times10^4m^3/d$ 标准集气站基础上，先后完成了 $75\times10^4m^3/d$、$100\times10^4m^3/d$ 标准化集气站、2 ~ 7 井式井丛及处理规模为 $500\times10^4m^3/d$ 脱油脱水装置等约 30 个标准化模块的设计工作。完成靖边气田、子洲气田、苏里格气田三大气田 10 个区块共计 $30\times10^8m^3/a$ 产能标准化施工图设计。苏里格气田累计 11 座集气站 4 座交接站、980 口井及井丛采用了标准化设计，标准化设计覆盖率达 95% 以上。

8. 实施效果

实施标准化设计与常规设计效果对比情况见表 7 – 4 – 3。

表 7 – 4 – 3　实施标准化设计与常规设计效果对比情况

序　号	考 核 项 目	标准化设计	常 规 设 计	标准化设计与常规设计对比
1	设计工期	10 天	30 天	同比缩短 66.7%
2	建设工期	60 天	111 天	同比缩短 45%
3	新井时率	比常规设计提高 5% 以上	—	同比提高 5%
4	地面工程投资	比常规设计降低 5% 以上	—	同比降低 5%
5	标准化设计覆盖率	95%	0	—
6	规模化采购率	90%	0	同比提高 90%
7	预制化率	95%	0	同比提高 95%

二、须家河气田

1. 标准化设计工作组织管理

西南油气田分公司成立了标准化设计示范工程领导小组、工作小组、项目组及示范工程管理办公室。将标准化设计示范工程作为分公司的重点工作，为避免管理、决策不到位，各组由主要领导和主管领导任组长，负责标准化设计工作的组织、协调和指导。标准化示范工程组织结构如图 7 – 4 – 6 所示。

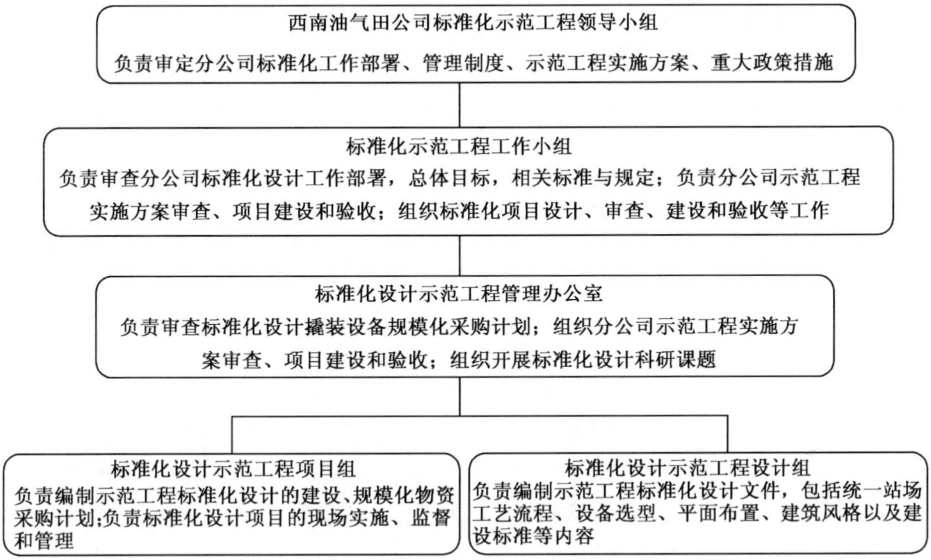

西南油气田公司标准化示范工程领导小组

负责审定分公司标准化工作部署、管理制度、示范工程实施方案、重大政策措施

标准化示范工程工作小组

负责审查分公司标准化设计工作部署，总体目标，相关标准与规定；负责分公司示范工程实施方案审查、项目建设和验收；组织标准化项目设计、审查、建设和验收等工作

标准化设计示范工程管理办公室

负责审查标准化设计撬装设备规模化采购计划；组织分公司示范工程实施方案审查、项目建设和验收；组织开展标准化设计科研课题

标准化设计示范工程项目组

负责编制示范工程标准化设计的建设、规模化物资采购计划;负责标准化设计项目的现场实施、监督和管理

标准化设计示范工程设计组

负责编制示范工程标准化设计文件，包括统一站场工艺流程、设备选型、平面布置、建筑风格以及建设标准等内容

图7－4－6　西南油气田示范工程组织结构

2. 合川气田地面建设模式

合川区块须家河气藏储层具有低丰度、低孔隙、低渗透、非均质性强的特征，通过试采阶段的生产实践，该气田具有气井生产压力低、单井产量低、稳产能力差、生产成本高等特点，其符合中国石油勘探与生产公司《油气田开发地面建设模式分类导则》低产低渗气田类型。依据导则，该类型气田推荐的建设模式，初步确定了合川气田开发采用井下节流、中压集气、带液计量、井间串接、常温分离的建设模式。

通过对合川气田气质组分及物性、气田的开发方式、自然条件等因素进行综合分析，结合对长庆苏里格气田等同类型气田的开发技术的调研，借鉴四川近年开发广安气田须家河气藏的地面建设经验，进行工艺分析和投资对比，优选确定合川气田开发采用井下节流、差压计量、中压混输、分片区气液集中分离和总计量的地面建设模式。

3. 标准化设计系列划分

合川气田地面集输工程标准化设计分集输站场和集输线路两部分，其中以集输站场为重点。集输站场按类型分为单井站、丛式井站、集气站（分气液分输）、集气站（气液混输），并按设计规模划分为10个系列，系列划分明细详见表7－4－4。

表7-4-4　标准化设计成果系列划分明细表

序　　号	成果名称	成果系列	规模，$\times10^4m^3/d$
一	单井站	系列1	4.0
二	丛式井站		
1	2井眼丛式井站	系列1	5.0
2	3井眼丛式井站	系列2	10.0
3	4井眼丛式井站	系列3	15.0
4	5井眼丛式井站	系列4	20.0
5	6井眼丛式井站	系列5	25.0
三	集气站		
1	气液混输集气站	系列1	40.0
2	气液混输集气站	系列2	60.0
3	气液分输集气站	系列5	80.0
4	气液分输集气站	系列6	100.0
四	合计	10个站场标准化设计系列	

4. 总体布局

合川气田天然气流向为：单井或丛式井→集气站→天然气处理厂→北内环。合川气田集输管网呈枝状布置，气田管网布置结构示意如图7-4-7所示。

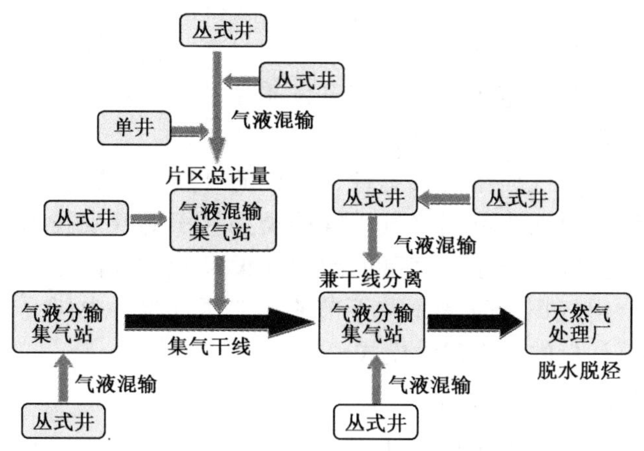

图7-4-7　合川气田管网布置结构示意图

合川气田选用分片区集中分离的气液混输布局。气田各片区内的采气管线以枝状或放射状方式将各丛式井（或单井）站串接在一起，各气井来气以气液混输的方式汇集至片区内中心集气站（气液分输集气站），站内气液分离、计量后的天然气通过集气管线输送至合川天然气处理厂。现将上述中心集气站以外的其余集气站命名为“气液混输集气站”，其承担对周边各气井来气的汇集和总计量，计量后的天然气与暂时分离出的液体重新混合，并气液混输至下游气液分输集气站。

5. 主要标准化成果

合川气田地面集输工程标准化设计成果分集输站场和集输线路两部分，其中以集输站场为重点。站场标准化设计成果按站场类型分为单井站、丛式井站、集气站（气液分输）、集气站（气液混输）。线路标准化设计成果主要为采气、集气管线外防腐，管材及规格，线路构筑物等设计内容的统一。

1）丛式井（或单井）站标准化设计

（1）丛式井（或单井）站概述。

单井设计规模为 $4.0\times10^4m^3/d$，单井主工艺流程设计压力为 10.0MPa。

丛式井站内气井数为 2 ~6 口不等，其设计规模按气井数分 $5\times10^4m^3/d$、$10\times10^4m^3/d$、$15\times10^4m^3/d$、$20\times10^4m^3/d$ 和 $25\times10^4m^3/d$，即形成丛式井站标准化设计的 5 个系列。丛式井主工艺流程设计压力为 10.0MPa。

丛式井（或单井）站站内气井油气流由井下油嘴节流、差压计量后采出地面，并经采气管线气液混输至下游站场。

单井井口设气动井安系统 1 套；丛式井井口设多井控制井安系统。流程设置安全泄压和手动放散装置，站内设置放散区。主工艺流程预留车载式凝析天然气两相流量计量系统定期复核计量接口。

丛式井（或单井）站均采用无人值守，定期巡检管理方式。

（2）流程模块划分。

站场流程根据功能和区域位置不同划分为井口工艺模块、丛式井（或单井）工艺模块、放散工艺模块，单井站和丛式井站站场工艺流程分别如图 7 -4 -8 所示。

2）集气站标准化设计

（1）集气站概述。

集气站依托所选取丛式井场站进行建设。根据处理量不同，集气站设计规模划分 $40\times10^4m^3/d$、$60\times10^4m^3/d$、$80\times10^4m^3/d$ 和 $100\times10^4m^3/d$，即集气站标准化分 4 个系列。集气站主工艺流程设计压力为 8.5MPa。按集输工艺不同，集气站工艺划分为气液混输、气液分输两种类型。

气液混输集气站位于气田集输干线沿线，承担对其周边气井来气的汇集、分离和计量，计量后的气体和与分离出的液体汇合并混输至气液分输集气站处理。

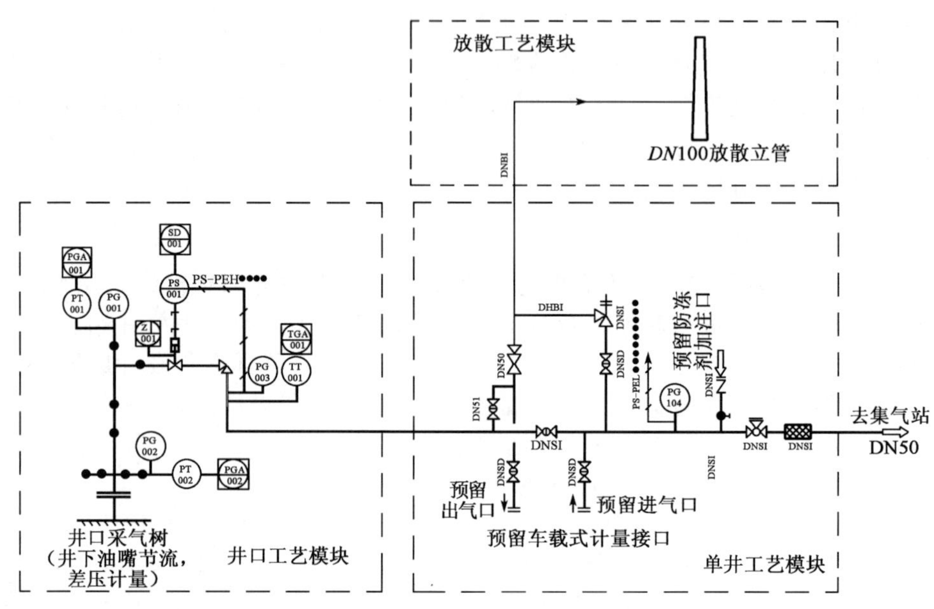

图7-4-8 单井站标准化工艺流程示意图

气液分输集气站位于气田集输干线上，承担对其周边气井来气的汇集、分离和计量，同时完成对上游集输干线来气的气液分离，处理后的天然气输至下游站场。流程分离出的液相混合物采用自动排液系统计量，再经自动脱水器分离后，液相中的凝析油暂存于凝液罐，待罐车外运至炼油厂处理；液相中的气田水暂存于气田水罐，待罐车外运或管道转输至气田水回注站回注地层处理。

集气流程均设置安全泄压和手动放空装置，放空天然气经放空分离器分离后，由放空管线送至站外放空区，并经放空立管装置（带自动点火装置）排入大气并点燃。集输支线、干线均设置进站、出站截断工艺及相应清管工艺。

（2）流程模块划分。

气液混输集气站工艺流程按功能不同划分为进站汇集模块，总分离模块，自耗气模块，计量，发球模块，干线截断模块，放空分离模块和放空区模块。

气液分输集气站工艺流程按功能不同划分为进站汇集模块、总分离和总计量模块、自耗气模块、清管发送模块、清管接收模块、干线截断模块、放空分离模块、放空区模块、凝液罐模块和气田水罐模块。

3）标准化设计成果

通过深入开展标准化工作，形成标准化模块等定型图151套，标准化技术规格书38份，统一设计技术规定4份，并形成72个标准化设计系列成果。为使标准化设计成果更好的符合气田地面工程建设的实际要求，现将站场标准化设计按工艺、自控、通信、电气、给排水及消防、总图及建筑等专业进行成果汇总，编制完成站场标准化单体设计4个，即“合川区块须家河气藏地面工程标准化设计示范工程（气液混输集气站单体设计）”、“合川区块须家河气藏地面工程标准化设计示范工程（气液分输集气站单体设计）”、“合川区块须家河气藏地面工程标准化设计示范工程（单井单体设计）”和“合川区块须家河气藏地面工程标准化设计示范工程（丛式井单体设计）”，并相应编制了标准化设计概算。

6. 实施效果统计

合川区块须家河气藏标准化设计示范工程实施效果及预测详见统计表7-4-5。

表7-4-5　示范工程实施效果及预测表

序号	考核项目	常规设计	标准化设计	标准化设计与常规设计相比
一　设计工期，人工日				
1	单井站	18	10	同比缩短44.44%
2	丛式井站	20	12	同比缩短40.0%
3	集气站（气液混输）	32	22	同比缩短31.25%
4	集气站（气液分输）	36	25	同比缩短30.5%
二　建设工期，天				
1	单井站	20	10	同比缩短50%
2	丛式井站	30	10	同比缩短50%
3	集气站（气液混输）	60	48	同比缩短20%
4	集气站（气液分输）	80	64	同比缩短20%
三　新井时率，天				
		292	310	同比提高5.45%
四　地面工程投资，万元				
1	单井站	116.26	113	同比降低2.8%
2	丛式井站	217.3	211	同比降低2.9%
3	集气站（气液混输）	568.18	550	同比降低3.2%
4	集气站（气液分输）	597.94	580	同比降低3%

续表

序号	考核项目	常规设计	标准化设计	标准化设计与常规设计相比
五　标准化设计覆盖率,%				
1	单井站		95	
2	丛式井站		95	
3	集气站（气液混输）		75	
4	集气站（气液分输）		75	
六　规模化采购率,%				
			90.1	同比提高90.1%
七　预制化率,%				
		10	40	同比提高30%
八　土地利用系数,%				
1	单井站		38.9	
2	丛式井站		60.9	
3	集气站（分输和混输）		68.6/77.7	

三、涩北气田

1. 标准化设计工作组织管理

青海油田分公司标准化设计工作组织机构如图7-4-9所示。

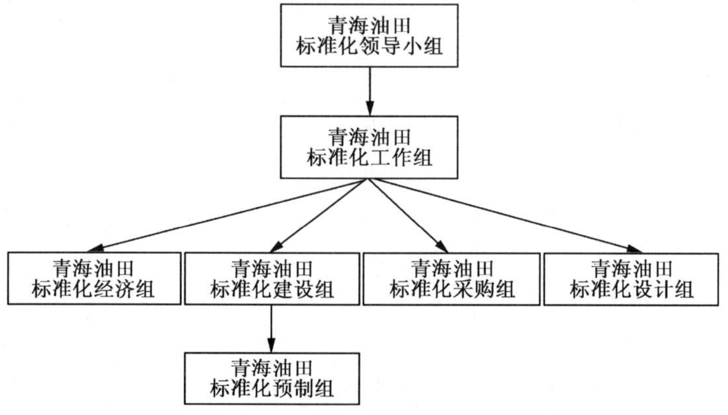

图7-4-9　青海油田分公司标准化设计工作组织机构

2. 总体布局

2009 年涩北二号气田总体布局：在涩北二号气田 $11.5\times10^8m^3/a$ 产能调整实施方案基础上进行标准化设计，采用同层系井串联进站，常温分离，集中脱水工艺。充分利用已建场站，扩建 7 号、8 号、11 号集气站，扩建 9 号集气站（总站）的集气、脱水部分。

扩建集气站按“无人值守，场站巡检”模式进行设计。集气站工艺流程为串联井组的天然气进入集气站后，经加热、节流、分离、计量，进入高、低压管网，天然气湿气输送至 9 号集气站（总站）。扩建集气站部分采用标准化、模块化设计，充分利用已建集气站的配套设施，只新建进站紧急切断阀组、加热炉、高、低压汇管、分离器等设施。

3. 气田标准化设计

涩北三大气田的地面集输工艺，采用多气层同时开采，集气站实行混合布站方式，采用“高压采气，站内一次加热、节流、常温分离，高压、低压两套集输管网，分气田集中脱水、集中增压”总的集气流程。集气站实现“无人值守，站场巡检”模式建站，实行无人值守数字化技术；针对气田出砂出水的特性，研制出适合气田气质特点的分离器等专有专利设备。

（1）采气井口标准化。

采气井口有单独采气井口、串联采气井口、油套分采井口三种。

①单独采气井口。

功能：井口节流，井场放空，油压、套压检测、气温检测，下游过压、失压的紧急切断，工艺需要时注入抑制剂。单独采气井口流程图如图 7－4－10 所示。

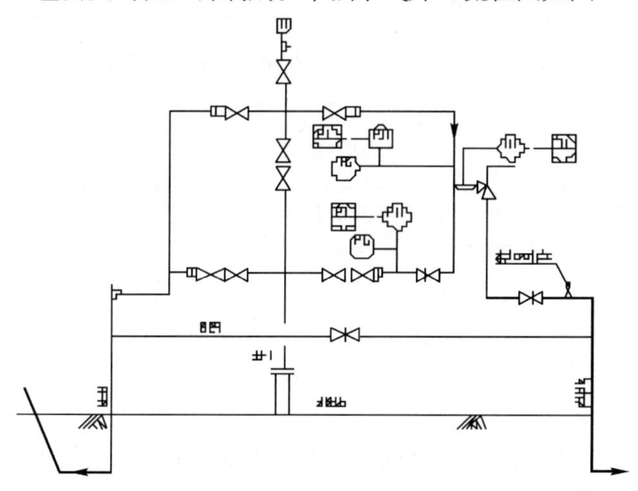

图 7－4－10　单独采气井口流程图

②串联采气井口。

功能：井口节流，井场放空，油压、套压检测、气温检测、气量检测，下游过压、失压的紧急切断，工艺需要时注入抑制剂。串联采气井口流程图如图7-4-11所示。

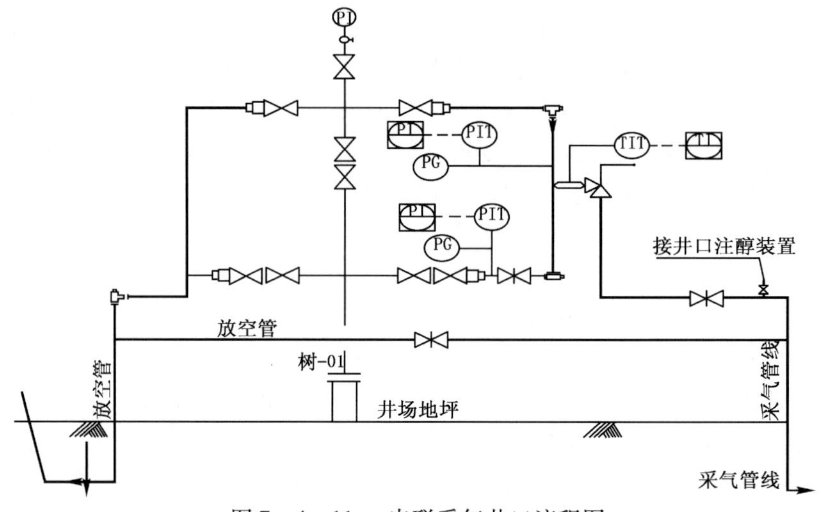

图7-4-11　串联采气井口流程图

（2）集气站标准化。

集气站规模按照单井产量10×10^4 m^3/（d·口）和20×10^4 m^3/（d·口）确定见表7-4-6。

表7-4-6　集气站规模表

单井产量＼集气站规模	8井式阀组	16井式阀组	24井式阀组	32井式阀组
10×10^4 m^3/（d·口）	√	√	√	√
20×10^4 m^3/（d·口）	√	√	√	√

注：站外采气管线进站之前，同层系单井进行串联，串联管线达到或接近10×10^4 m^3/d或20×10^4 m^3/d时进站，站内的功能区进站单井产量按此设置。

站内工艺按功能划分为进站紧急截断阀区、加热炉区、阀组区、分离区、自用气调压区、放空火炬区、收发球筒区、外输计量区、辅助功能区9部分。集气站标准化流程框图如图7-4-12所示。

（3）配套工程标准化。

①气田自控系统标准化，自控系统按三级SCADA系统结构设置；

②气田通信系统标准化；

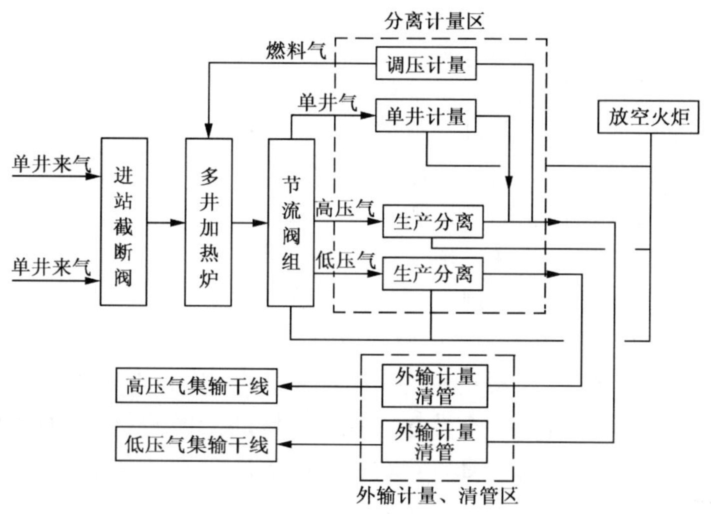

图 7－4－12　集气站标准化流程框图

③气田道路标准统一；

④气田建筑标准统一化；

⑤气田供电方式统一化，井场供电采用太阳能供电方式。集气站路灯采用太阳能路灯，其他电动阀、电伴热及仪表用电采用站内统一外电源。

4. 规模化采购、模块化预制、组装化施工、标准化施工

对所有场站阀门、管材、管件、设备，通过招投标形式进行规模化采购。

对各工艺单元的模块，进行工厂化预制，如进站紧急切断区预制模块、加热炉区预制模块、节流阀组预制模块及整体橇、分离器区预制模块等，将各模块运到现场，按照统一技术规定及质量控制要求，分工艺单元组装化施工。

5. 标准化设计

1）标准化设计成果

从标准化设计、工厂化预制、模块化施工总目标出发，从采气井口、集气站，场站平面布置、工艺流程、设备选型、建筑风格、建设标准以及气田标志等地面工程主要内容入手，在总结前期经验教训的基础上，根据涩北气田自身特点，通过研究，形成了适应涩北气田类似条件的非酸性气田地面建设模式，编制了涩北气田标准化设计图纸，实现采气井口及集气站的标准化设计、工厂化预制、模块化施工以及科学化管理，取得以下几项主要

成果：

（1）非酸性气田集输工艺流程；

（2）非酸性气田推荐的平面布置；

（3）非酸性气田采气井口标准化系列定型图；

（4）非酸性气田集气站标准化系列定型图；

（5）非酸性气田标志标准化规定；

（6）非酸性气田采气井口预算（整体、模块）；

（7）非酸性气田集气站预算（整体、模块）。

2）标准化设计采用涩北气田专利及专有技术

根据涩北气田含水、含砂的特性，经过多年的实践，青海油田研制了适合非酸性气田开发的专利技术及专有设备，并在标准化设计中进行了全面推广应用。

总结出了适合涩北气田的高效设备，如负压多管式加热炉应用，适应高原型气田，节能降耗。

针对涩北气田单井气含粉砂量多的生产状况，青海油田研制出的新型除砂、分离设备。集漩流除砂、重力分离沉降、自动排污等多种功能于一体化的天然气分离除砂设备（专利号为ZL200620136185.X），具有良好的除砂和分离效果。标准化设计应用了该技术和设备，除砂脱水效果良好。

集气站内节流采用高效直角节流气嘴（专利号：CN03209366.2），由于气井出砂，设计采用专利气嘴耐磨性强，延长了使用寿命，且方便更换；平板闸阀采用带导孔阀门，其在常开和常关闭状态时，密封面受到保护，避免介质冲刷，使用寿命长；开关灵活方便，无卡滞，其启闭力矩仅普通阀门的1/3～1/2。

排污阀采用电动式角式节流、抗冲蚀双作用排污（水）阀（专利号：ZL200520018032.0），实现自动化排污，使用寿命比以前使用的专用排污阀长，减轻了操作工人的劳动强度。

6. 设计工期、建设工期

通过对设计工期，建设工期等指标进行量化的考核对比，发现实现标准化设计后，与原有的常规设计都有明显的改进，具体的实施效果见表7－4－7。

表7－4－7　标准化设计示范工程实施效果统计表

序号	考核项目	常规设计	标准化设计	标准化设计与常规设计相比
1	设计工期	40人工日	26人工日	同比缩短35%
2	建设工期	66天（07年）	43天（2009年）	同比缩短35%
3	新井时率	20%（66.7天）	25%（81.5天）	同比提高5%

续表

序号	考核项目	常规设计	标准化设计	标准化设计与常规设计相比
4	地面工程投资	3652 万元	3525 万元	同比降低 3.5%
5	标准化设计覆盖率	0	小型站场 90% 中型站场 90%	
6	规模化采购率	50%	90%	同比提高 40%
7	预制化率	0%	50%	同比提高 50%
8	土地利用系数	中型站场 65%	中型站场 70%	同比提高 5%

第八章 气田地面工程建设和生产管理

第一节 气田地面工程建设管理

一、气田地面工程建设管理程序

1. 遵循的程序

气田地面工程建设管理需遵循的程序除了《中华人民共和国安全生产法》、《中华人民共和国招投标法》、《中华人民共和国合同法》、《中华人民共和国环境保护法》、《建设工程质量管理条例》、《建设工程安全生产管理条例》等相关法规及有关规范外。中国石油勘探与生产板块实施的地面工程应严格执行《天然气开发管理纲要（气田地面工程管理规定）》、《石油天然气建设工程质量监督管理办法》（中油计字〔2003〕346 号）、《油气田地面工程标准化设计工作指导意见》（油勘〔2008〕140 号）、《中国石油油气田地面建设工程质量检测管理工作指导意见》（油勘〔2009〕58 号）、《中国石油油气田地面建设工程质量监督管理工作指导意见》（油勘〔2009〕76 号）等股份公司相关管理规定。

2. 建设的程序

股份公司所属油气田在实施地面工程时，应结合油气田现状，因地制宜地编制项目管理、前期计划、物资采购、招标投标、完工交接等各类办法。

工程项目的建设程序一般应为项目建议书→可行性研究→初步设计→施工图设计→施工建设→试运投产→竣工验收等。

(1) 气田地面工程建设实行分级管理，项目建议书（或预可行性研究报告）、可行性研究报告及初步设计必须经批复后方可进行下一阶段工作，具体规定如下：

①重点工程项目由油田公司预审并报股份公司审批（上报股份公司审查的方案应同时上报预审意见）。重点工程项目为动用地质储量大于 $100 \times 10^8 m^3$（或产能建设规模大于 $3 \times 10^8 m^3/a$）的气田地面工程建设及配套工程，或者虽然设计产能规模小于 $3 \times 10^8 m^3/a$，但发展潜力较大，有望形成较大规模或对区域发展、技术发展有重要意义的气田地面工程建设及系统配套工程；投资规模大于5000万元的天然气集输、处理装置等系统配套工程、老气田调整改造工程。

②大、中型工程项目由油田公司审批并报股份公司备案。大、中型工程项目为动用地质储量大于 $30 \times 10^8 m^3$（或产能建设规模大于 $1 \times 10^8 m^3/a$）而小于 $100 \times 10^8 m^3$（或产能建设规模小于 $3 \times 10^8 m^3/a$）的气田地面工程建设及配套工程、投资规模大于3000万元小于5000万元的天然气集输、处理装置等系统配套工程、老气田调整改造工程。

③小型工程项目由油田公司审批。小型工程项目为动用地质储量小于 $30 \times 10^8 m^3$（或产能建设规模小于 $1 \times 10^8 m^3/a$）的气田地面工程建设及配套工程，或投资小于3000万元的天然气集输、处理装置等系统配套工程、老气田调整改造工程。

（2）气田地面工程建设按照前期工作、工程实施、试运投产和竣工验收阶段实施规范化管理，各阶段的主要内容包括如下：

①前期工作。

气田地面工程建设前期工作包括项目建议书（相当于气田开发概念设计中的地面工程部分）、可行性研究（相当于总体开发方案中的地面工程部分）和初步设计。重点配套系统工程和老区调整改造项目应在规划方案的指导下开展可行性研究和初步设计。

②工程实施。

气田地面工程实施包括计划下达、施工图设计、施工招标、物资采办、工程开工、工程施工、完工交接等。

③试运投资。

试运投资主要包括编制试运投产方案、组织试运行和试运考核。

④竣工验收。

竣工验收主要包括专项验收和总体验收。

二、各阶段主要任务和作用

1. 前期工作

前期工作是指气田地面工程（预）可行性研究、可行性研究、初步设计等工作。

任务：从公司、地区、气田和气藏各层面，依据综合地质研究和动态预测成果，合理匹配储量、产能、产量、管输能力和市场需求等指标，形成指导气田勘探开发的技术文件，作为产能建设、生产运行、调整改造、市场开发、长输管道等建设项目立项的依据。

作用：确定建设目标、明确建设规模、安排建设时机、提出技术标准。前期研究要处理好全局与局部、单个项目与总体目标、当前与长远的关系，最大限度控制项目建设风险。

程序：地质研究，规划、开发前期评价、开发方案、开发调整方案。

1）项目建议书（预可行性研究）

项目建议书（预可行性研究）是项目发展周期的初步选择阶段，是项目建设筹建单位根据企业中长期规划、产业政策、生产力布局、市场、所在地的内外部条件，提出的某一具体项目的建议文件，是对拟建项目提出的框架性的总体设想。

项目建议书（预可行性研究）包括项目的必要性、项目的市场预测、建设方案、项目建设必需的条件等内容。

2）可行性研究报告

（1）可行性研究报告审批前应根据工程性质要求，完成选址报告、水土保持方案、职业病危害预评价、地质灾害危险性评估、地震安全性评价，并获得主管部门的批复文件；初步设计审批前还要完成安全预评价报告、环境影响评价报告、压覆矿产资源评估，并获得主管部门的批复文件。开发井钻前、钻井工程勘察和安全、环保、水保等前期评价，应与地面工程相结合，统一协调，充分共享已有成果。

（2）建设项目的经济评价，应达到集团公司的投资回报要求，具体指标按中国石油天然气集团公司颁布的最新经济评价指标执行。

3）初步设计

（1）初步设计应依据项目可行性研究报告的批复进行设计。直接编制初步设计（代可行性研究）的项目，应增加可行性研究的相关内容。初步设计应按切合实际、安全适用、技术成熟、经济合理的原则进行设计，初步设计的内容和深度应按国家、行业的有关标准、规范和股份公司、油气田公司的有关规定执行。

（2）工程概算应根据初步设计的工程量，按工程与定额相配套的原则，按照国家、石油及其他行业颁布的概（预）算定额、费用定额进行编制。初步设计概算原则上应控制在批准的可研投资估算之内。超过批准可研估算10%及以上的，必须重新编制可行性研究报告并按程序报审。超过批准可研估算10%及以内的，可行性研究报告必须报原批复单位组织复审。初步设计概算投资批准后，原则上不得调整。因物价等变化影响，需调增概算投资的，一类、二类、三类项目由股份公司审批；四类项目由油气田公司审批 。

2. 工程实施

1）施工图设计

（1）施工图设计的任务。施工图设计是根据已经批准的初步设计文件，对建设项目各单项工程进行详细的设计，绘制施工图、编制工程预算书，作为工程施工的依据。

（2）施工图设计的作用。施工图设计文件是对初步设计的进一步细化，是现场施工的依据；施工图预算则是控制工程造价的重要环节，是控制施工图设计不突破初步设计批复概算的重要措施。

（3）施工图设计管理。油气田公司地面建设项目管理部，负责油气田公司油气田地面建设工程施工图设计的监督、检查和协调工作。

①施工图设计审查分为二级管理。油气田公司负责一二三类项目的施工图审查工作。四类项目，以批准的初步设计文件为依据，由各油气田公司所属单位自行负责施工图设计的审查并报油气田公司备案。

②各油气田公司所属单位不得分解已批复的初步设计，以达到改变审批程序和权限的目的。对已批准的初步设计，确因建设的需要，工程项目需分期实施的，其施工图设计划分范围应报经油气田公司批准后，方可进行分解，完成施工图设计。

③建设单位和设计单位不得超越初步设计批复的内容进行设计，必须在初步设计批准的原则和范围内进行，其设计内容必须达到施工图设计文件编制的深度和有关要求。

④油气田地面建设工程施工图设计由各油气田公司所属单位地面建设管理部门统一归口管理，负责组织对施工图设计的预审查或审查工作，并对设计质量、进度、投资和 HSE 进行全面的监督管理。

⑤承担施工图设计任务的单位必须具有合格的资质证书和满足要求的业务范围。

⑥各油气田公司所属单位负责对一二三类项目的施工图设计进行预审，预审工作应有相关专业及生产管理部门参加，形成预审意见并负责其准确性。各油气田公司所属单位预审后报油气田公司，由油气田公司组织有关部门和技术人员进行审查。

⑦油气田地面建设工程施工图设计审查的内容一般包括以下几方面：

a. 是否符合国家有关工程建设的方针、政策法规和各项技术标准规范；

b. 是否符合工程初步设计批复的范围；

c. 工艺流程、设备布置、设备选型、材料选用、建筑结构、厂站布置等是否合理；

d. 厂站、线路、穿（跨）越工程土石方工作量是否与工程地质吻合；

e. 设计的主要基础资料、数据是否齐全、准确；

f. 主要设备选型是否合理；

g. 建设项目的综合利用、三废治理、环境保护、职业卫生、节能、防火安全等是否符合有关标准规定，配套设施的外部协作条件是否落实。

⑧施工图设计审查必须在施工图设计技术交底前进行，可根据建设项目的具体情况，分批次、分专业审查施工图设计。根据国务院第279号令中第十一条、第五十六条的规定，施工图设计未经审查的，不得提前开展相关工作。

⑨各油气田公司所属单位在设计合同签订时应明确施工图设计文件交付的时间，需提前交付的图纸应在设计合同中明确，同时要有明确的违约处理办法。

⑩施工图设计审定后，各建设项目管理机构应组织有关单位进行施工图设计技术交底。

⑪在施工图设计阶段中因实际情况变化超出初步设计批复范围的重大变更（如设计规模、工艺流程、总平面布置、主要设备材料、建筑水平等方面），各油气田公司所属单位必须以书面形式及时、如实上报初步设计原审批部门，详细说明变更的理由、内容和由此造成工程概算的增加或减少等情况，经原初步设计审批部门审查同意后，才能在施工图设计中调整。

⑫对于施工图设计阶段和施工过程中出现的未经油气田公司审查同意的调整内容，油气田公司将不予认可；未经油气田公司审查、认可而擅自实施的施工变更，不能作为动用预备费或调整概算的依据，同时将追究有关人员

的管理责任。

⑬根据股份公司和油气田公司对工程设计管理的有关要求，地面工程建设项目实行限额设计，设计单位要对超过相应限额承担经济责任，其责任包括以下几方面：

a. 设计单位未经施工图审批部门同意，擅自提高建设标准，增列初步设计范围以外的工程建设内容导致的投资增加。

b. 由于设计深度不够或选用标准不当导致的投资增加。

c. 未经施工图审查部门同意，建设单位要求设计单位提高工程建设标准，增加工程量导致的投资增加。

⑭设计单位因上述情况，以及设计失误，漏项或扩大规模和提高标准而导致在建设过程中预算超过初步设计概算的第一部分工程费用，要扣减设计费（含勘察费）：

a. 累计超过原批复概算2%～3%，扣减全部设计费的3%；

b. 累计超过原批复概算3%～5%，扣减全部设计费的5%；

c. 累计超过原批复概算5%～10%，扣减全部设计费的10%；

d. 累计超过原批复概算10%以上的，扣减全部设计费的20%。

⑮由于施工图设计文件质量低劣，经审查为不合格，设计单位除无条件进行返工使其达到合格外，还应扣减全部设计费用（含勘察费）的10%。同时，还将此作为考核设计单位参与油气田公司设计市场准入及竞争的重要依据。

⑯各油气田公司所属单位应根据已审批或审定的施工图设计开展工作，不得随意修改设计，更改设备、材料型号和规格、材质、工程量或技术水平，如确因特殊原因需修改，修改内容必须报油气田公司施工图审批部门批准后才能委托设计单位修改。油气田公司将把该部分的工作作为考核评价各油气田公司所属单位建设项目管理工作的重要指标。

⑰在工程建设过程中，项目的建设单位或设计单位不得将因设计原因引起的施工图设计变更以施工联络单的形式进行修改，以逃避设计变更的有关上报审批程序。如出现此类行为，油气田公司不但要追究建设单位和设计单位的责任，而且也要追究施工单位的责任。以施工联络单形式出现的变更，依据油气田公司的有关规定执行。

2）工程招标

（1）工程招标的任务。工程招标是指招标人（买方）发出招标通知，说明采购的商品名称、规格、数量及其他条件，邀请投标人（卖方）在规定的

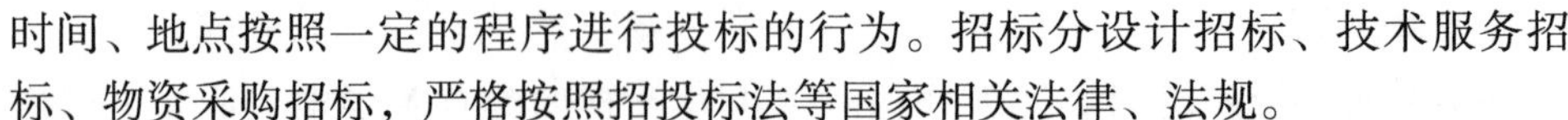

时间、地点按照一定的程序进行投标的行为。招标分设计招标、技术服务招标、物资采购招标，严格按照招投标法等国家相关法律、法规。

（2）工程招标的作用。在油气田地面建设工程实施过程中，为顺利完成某项工程建设技术服务或工程物资采办，邀请愿意承包或交易的厂商出价以从中选择承包者或交易者的行为。

（3）工程招标的管理。油气田地面建设工程招投标应严格执行国家基本建设程序，按照《中华人民共和国招标投标法》和各油气田公司招投标管理规定等相关文件要求执行。

3）物资采办

（1）物资采办的任务。物资采办是指采取公开招标、邀请招标或者电子商务等方式进行工程物资采购，经过大型设备、材料驻场监造、物资出厂验收、催交催运，确保工程物资及时到达工程现场的全过程。

（2）物资采办的作用。物资采购是确保工程建设顺利实施的有效保证，对工程投资、进度、安全起到至关重要的作用。

（3）物资采办的管理。

①工程建设所需物资采购应严格执行中国石油天然气股份有限公司及各地区公司制定的物资采购管理办法，不得擅自采购网络外产品用于地面工程，如需采购网络外产品，必须按规定上报审批。同时，在工程建设中未使用过的产品，原则上不得在重点建设项目中使用，如需使用必须上报有关部门审批后才能采购。

②项目管理机构应提供采购物资的规格、数量和技术条件等资料。

③在进行物资采购前，应当按照相关物资采购管理办法上报相关手续，并在股份公司、油气田公司各相关部门指导下进行招标采购。

④项目管理机构应设专职人员负责项目的物资采购和联络；编制物资采购计划，采购物资技术标准的审核，协助物资采购部门完成采购合同的签订和物资验收等工作。

⑤严把采购物资质量关，对关键的、重要的设备和材料应进行监造，监造费用纳入监理合同，凡进行监造的物资，必须经过监造人员签认后才能出厂。

⑥抓好物资供应动态跟踪，随时了解产品生产、运输情况，督促供货厂家按合同时间供货。

⑦加强采购物资验收工作，对甲方自购和乙方采购的物资，决不允许未经验收，不符合管理程序的产品进入工程。

⑧建立物资供应台账，明确甲方供料、施工单位自购和委托采购。同时要在物资采购合同完成后，编制所采购的主要设备材料价格与设计概算对照表。物资订货总价不允许超过概算批复总价。

⑨工程完工后，要及时办理固定资产转产手续，并做好工程余料清理、退库工作。

4）工程开工管理

（1）地面工程建设项目必须在开工报告审批后才能开工建设。对于一二三类重点工程项目，由油气田公司报股份公司审批，四类项目由油田公司审批。四类限上项目开工报告由项目管理机构填报，分公司地面建设项目管理部审批。四类限下项目由项目管理机构填报，项目所属单位参照进行审批。

（2）开工报告申报必须具备以下条件：

①初步设计批准文件。

②项目管理机构批复文件。

③重点建设项目已办理地方报建手续。

④已完成施工图设计审批手续。

⑤已完成施工、监理、检测等参建单位的招标工作，并签订施工合同和安全合同。

⑥已完成质量监督申报，并取得受理文件。

⑦已办理开工前审计手续。

⑧重点建设项目已办理建设工程规划许可证和施工许可证。

⑨项目主体工程施工准备工作已经完成，具备连续施工的条件。

⑩建设项目需要的主要设备、材料已经订货，项目所需建筑材料已经落实，能满足现场连续施工要求。

⑪法律、法规规定的其他条件。

（3）《总体部署》、《质量监督受理书》和《西南油气田分公司工程建设项目开工前审计结果通知书》为开工报告附件，随开工报告一起行文（一式三份）上报审批。

5）施工与验收

（1）施工与验收的任务：施工与验收是指从施工图审查结束后，总体部署上报及批复、质监申报及受理、开工前审计等陆续完善后进行开工建设、现场管理直至项目达到完工交接条件的施工全过程

（2）施工与验收的作用：施工与验收作为工程实施阶段，过程控制、现场管理工作对整个工程的质量、安全、投资和进度管理起到至关重要的作用。

(3) 施工与验收的管理。

①工程开工建设前，工程建设项目管理机构应按有关规定完成开工前审计、质量监督申报、管材及主要设备采购招标、参建单位招标以及施工图设计已审批、已进行了施工图设计技术交底等工作，并在开工报告得到批复后才能正式开工建设。

②承担工程建设的施工单位应根据《工程建设总体部署》、施工图设计和已签订的合同要求编制详细的《施工组织设计》，内容涉及施工方案、施工进度计划、施工人员及机具设备安排、施工风险及应急预案、HSE 管理、吹扫试压方案、停气碰头方案、安全技术措施和施工现场临时用电方案等。重大的施工方案（如大型设备吊装、大中型河流穿越，涉及新技术、新施工工艺等内容）应单独编制。

③工程开工前 5 个工作日内，施工单位应将《施工组织设计》报建设单位项目管理机构审查，项目管理机构要组织监理、设计等单位对《施工组织设计》进行详细审查，或委托监理单位组织审查。

④施工单位应当建立健全安全生产责任制度和安全生产教育培训制度，制订安全生产规章制度和操作规程，保证本单位安全生产条件所需的资金投入，进行定期和专项安全检查和教育培训工作检查，并做好检查记录。

⑤在易燃、易爆场所施工，入场前必须办理动火审批手续，入场后必须进行安全培训和事故应急演练，并做好记录。

⑥建设单位、工程建设项目管理机构在工程实施中不得擅自授意设计单位、施工单位等对工程量进行修改、增减，不得擅自提高或降低工程建设的水平。如建设单位认为确需对工程建设水平、范围进行调整，必须以书面形式及时上报主管部门审批，未经审批，不能实施。

⑦施工单位不得擅自更改设计文件、偷工减料、降低工程质量标准。对施工过程中确需发生的变更，必须取得签证完整的设计变更单或施工联络单后才能施工。

⑧施工单位应严格按照技术标准和设计要求收集整理各种质保资料、隐蔽工程资料，绘制竣工图，编制好竣工资料。竣工资料必须与工程建设实际情况相符，真实、准确、详尽地反映工程建设情况，并在规定的时间内提交建设项目管理机构。

⑨严格执行现场签证制度，签证前，有关单位必须到现场认真检查，保证签证的准确性，保证签证内容同现场实际情况的一致性，保证签证工作的及时性。签证必须有明确意见，杜绝事后签证、随意签证等违规行为的发生。

⑩施工单位应严格工序管理，做好隐蔽工程的质量检查和记录。隐蔽工程在隐蔽前，施工单位应当及时通知工程建设项目管理机构、监理单位、设计单位和质量监督部门，由项目管理机构组织或委托监理单位组织有关单位进行隐蔽前的检查和签证工作。

⑪压力容器等特种设备安装、制造、维修的施工单位应当在施工前将拟进行的特种设备安装、制造、维修情况书面告知当地特种设备安全监督管理部门，得到批复认可后才能施工。

⑫抓好施工现场管理，做到科学、精细化施工。在施工现场应设置施工项目管理部，配备必要办公设备，建立各项管理制度。

⑬地面建设完工交接是指工程按设计文件所规定的范围全部完成，管道和站场（阀室）吹扫试压合格、电气和仪表调试及单机试车合格后，施工单位和建设单位所做的交接工作，标志着工程施工安装结束。

⑭工程完工交接是装置、设备保管、使用责任的移交，不解除施工单位对工程质量、验收应负的责任。

⑮进行完工交接的条件如下：

a. 线路、站场工艺、电气和仪表安装完成，工艺部分试压合格，电气和仪表调试合格；

b. 土建、总图工作量按设计文件完成；

c. 通过建设项目管理机构组织的完工交接前的自检，发现的问题已整改完成；

d. 各项移交资料和专用工具准备完毕；

e. 施工单位的“工程完工证书”准备完毕。

6）工程检测

（1）工程检测的任务。工程检测是指建设单位委托工程质量检测机构，依据国家有关法律、法规和工程建设强制性标准，对油气田地面建设工程涉及结构安全的关键部位和重要工序抽样检测和对进入施工现场的材料、构配件的见证取样检测和有关专项检测。

（2）工程检测的作用。依据《建设工程质量管理条例》、《建设工程质量检测管理办法》、《特种设备检验检测机构管理规定》及相关的法律、法规和规定，对工程现场质量起到检测、监督作用。特别是在油气田地面建设过程中，涉及工艺安装的无损探伤工作，对控制工程整体质量起到重要作用。

（3）工程检测的管理。

①检测单位、监理承包商必须按规定建立组织机构并进行人员部署，检

测人员资质必须符合规范要求和投标文件的承诺。

②无损检测单位的检测评定人员必须持有国家质量和技术监督局颁发的射线（RT）、超声波（UT）、磁粉（MT）、渗透（PT）Ⅱ级以上资格证书，对全自动超声波检测人员还应持有经业主认定的全自动超声波设备操作、试块调试、缺陷判读培训考试合格的上岗证。

③监理和监督单位的无损检测人员必须持有国家质量和技术监督局颁发的射线（RT）、超声波（UT）（全自动超声波检测必须经过培训，考试合格取得上岗证）、磁粉（MT）、渗透（PT）Ⅱ级资格证书，应具有5年检测工作经验。

④检测技术文件的编制：无损检测单位在工程开工前要编制检测施工组织方案、RT、UT检测工艺规程。

（4）建立质量信息反馈制度。检测、监理单位必须建立质量信息反馈制度，能及时、准确地掌握检测施工过程中的质量信息，并及时、快速将质量信息反馈给业主，以便业主能及时掌握施工过程中质量动态信息，并作出相应的决策，使本工程的施工质量得到有效的控制。

7）工程监理

（1）工程监理的任务。按照监理规划和监理实施细则对油气田地面建设工程进行见证、旁站、巡视、平行检验、设备监造等工程监理工作。

（2）工程监理的作用。为提高建设项目的投资效益和建设水平，确保工程建设质量。根据《中华人民共和国建筑法》、《天然气开发管理纲要》要求，工程建设监理覆盖率应达到100%。

（3）工程监理的管理。

①承担工程建设监理业务的监理单位，原则上通过招（议）标方式确定。

②凡拟承担分公司工程建设监理业务的监理单位，必须是经国家及有关部门颁发了工程建设监理资质证书、具有法人资格的监理单位，并按照批准的资质等级在核准的经营范围内承担工程建设监理任务。

③工程建设监理单位应根据所承担的监理任务，组建工程建设监理机构。监理机构一般由总监理工程师、监理工程师和其他工程监理人员组成。监理人员的配备应本着精干、高效、齐全、互补的原则。

④一二三类项目的总监理工程师应由具有高级工程师以上资格和执业资格的监理工程师担任，且监理工程师的比例不得低于监理人员总数的1/3。

四类项目的总监理工程师应由具有工程师以上资格和执业资格的监理工程师担任，且监理工程师的比例不得低于监理人员总数的1/5。

⑤监理单位从事工程建设监理活动时，应当遵循守法、诚信、公正、科学的准则。监理单位不得转让监理任务；不得承包工程和经营建筑材料、构配件、建筑机械及设备；不得与所监理工程的建设单位、建筑业企业或建筑材料、建筑构配件和设备供应单位有隶属关系或其他利害关系。

⑥工程建设监理单位不按照监理合同的约定履行监理义务，对应当监督检查的项目不核查或不按照规定核查，给建设单位造成损失的，应当按合同约定承担相应的赔偿责任。

⑦工程建设监理实行总监理工程师负责制。总监理工程师行使监理合同赋予工程监理单位的权力，对建设项目的投资、工期、质量、安全进行全面监督管理。

⑧实施监理前，总监理工程师应当将其授予监理工程师的权限书面通知被监理单位。

⑨工程监理人员必须对被监理的工程建设过程进行跟踪监理。工程开工后，监理单位应委派监理人员进驻施工现场进行监理。

⑩工程监理应当按照下列程序进行：

a. 编制工程建设监理大纲和监理规划；

b. 按工程建设程序及进度，分阶段、分专业编制工程建设监理细则；

c. 按照工程建设监理细则实施建设监理；

d. 参与工程竣工预验收，签署工程建设监理意见；

e. 工程建设监理业务完成后，应当向建设单位提交工程建设监理资料。

⑪工程施工阶段的监理。

建立监理机构，编制监理规划和监理细则，健全监理工作制度。监理规划应在监理合同签订后28天内送至建设单位，监理规划主要包括工程概况、监理依据、监理工作制度、监理业务范围及目标、现场监理机构的设置和人员配备、对各专业监理工程师编制监理细则的要求等；监理细则主要包括工程隐患和风险预测及控制方法、主要工程材料及技术要求、关键工序的施工方法和技术要求、安全防护设施及安全检查制度等。

8）工程监督

（1）工程监督的任务。为了加强油气田工程质量监督管理，根据《建设工程质量管理条例》（国务院令第279号）和《石油天然气建设工程质量监督管理办法》（集团公司中油计字［2003］346号）的规定，凡新建、扩建、改建、技术改造等项目，包括配套的辅助附属工程，均应接受工程质量监督管理。

(2) 工程监督的作用。质监受理单位在规定的监督范围内，受理建设单位的工程质量监督申报，负责具体实施工程质量监督管理。

三、竣工验收

1. 竣工验收的任务

竣工验收是指建设工程项目竣工后建设单位会同设计、施工、监理、检测及工程质量监督部门，对该项目是否符合规划设计要求以及工艺安装和设备安装质量进行全面检验，取得竣工合格资料、数据和凭证。

2. 竣工验收的作用

建设工程的竣工验收是基本建设的最后一道程序，是全面考核基本建设成果，检查工程建设中设计、设备器材采购、施工、生产准备和工程质量的重要环节，对于不断提高建设项目管理水平和投资效益有着十分重要的作用。

3. 竣工验收的管理

(1) 油气田地面建设项目及水、电、路、通信等配套工程，凡达到下列标准者，均应及时组织验收：

①生产性建设项目和辅助公用设施，已按批准的设计文件内容配套建成，能够满足生产需要。

②井口、集气站、污水处理站、天然气处理厂、气、水管线及其他工程的主要工艺设备、管线安装及配套设施建设，经联动负荷试车（运）合格，各系统处理能力技术指标、能耗、产品品种和质量等各项指标达到设计要求。

③必要的生活设施已按设计要求建成，生产准备工作和生活设施能适应投产的需要。

④操作人员配备、生产物资准备、检修能力、规章制度等满足生产的需要。

⑤环境保护、职业卫生、安全设施、消防设施已按设计要求与主体工程同时建成投用，各项指标达到国家规范或设计规定的要求，并通过政府主管部门专项验收。

⑥竣工文件（含竣工决算）和竣工验收文件按规定汇编完毕。

⑦竣工决算审计按有关规定已经完成。

(2) 已具备竣工验收标准的建设项目，应及时申请和办理竣工验收。重点工程项目应在六个月内、一般工程项目应在三个月内完成竣工验收和移交固定资产手续。如按期竣工验收确有困难，经有关主管部门批准，可以延长期限。

（3）竣工验收中遗留问题的处理。

4. 竣工验收的内容

油气田地面建设项目的竣工验收可分为专项验收和竣工验收。

（1）专项验收包括环境保护验收、职业卫生验收、消防验收、安全设施验收、竣工决算审计和档案验收等七个方面的验收。

（2）竣工验收是指全部工程施工完成后，由股份公司或油气田公司有关主管部门组织的竣工验收。建设单位参与竣工验收分预验收和正式验收两个阶段。

第二节　气田地面生产管理

气田地面生产系统是指维持或确保天然气从井口集输、净化处理至交接计量门站的地面生产及配套设施，包括天然气生产系统与生产辅助系统。天然气生产系统主要包括气井、天然气集输站、增压站、天然气采集输管道、天然气处理厂（包括凝液回收及处理装置）、气田水处理系统等；生产辅助系统主要包括给排水、消防、供配电及通信等配套地面工程系统。

气田地面生产系统管理包括生产运行管理、系统运行管理、生产辅助系统管理。

本书将气田地面生产管理分为气田地面集输和天然气处理两部分论述。

一、气田地面集输生产管理

1. 生产运行管理

1）资料与信息管理

（1）应建立、健全完善的天然气集输系统（设施）管理制度、实施细则、操作规程及事故应急预案并严格执行；同时形成持续改进的机制。

（2）应建立地面集输系统基础台账以及生产运行数据 、维护保养记录、检测评价及维修、检修及更新改造信息等动态资料库，并及时更新。

(3) 生产单位应定期召开生产分析会议，分析集输系统或装置动态，根据需要调整系统（装置）参数或提出技术需求。

(4) 生产单位应及时向技术主管部门通报地面集输系统中存在的重大问题，定时向技术主管部门报送地面集输系统运行、重点工程进展、存在问题及建议等内容，技术主管部门及时组织分析、协调、处理。

(5) 生产单位按时向技术主管部门报送开发工程月报、年报。

2) 日常维护管理

(1) 一般规定。

①应及时进行管道清管作业，清出管内积液和杂物，以提高管输效率；应分析、总结管线历次清管前后管输效率的变化情况，确定合理的清管周期。

a. 湿气管线、净化气输送支线清管后管输效率较清管前提高20%以上时应进行清管，清管工具宜采用清管球与清管器联合使用；

b. 含硫干气及净化气输送干线清管后管输效率较清管前提高10%以上时应进行清管，清管工具宜采用清管器；

c. 应单独制订高含硫集输管线的清管周期；

d. 管线检修、停运前应进行清管。

②天然气脱水要确保干气水露点比天然气输送条件下最低环境温度低5℃或达到规定要求。

③应加强输气管线进气点的气质检测和监测，确保管输气质要求。

④气田注水水质要达到设计回注水质指标，满足回注要求。

⑤地面集输系统的安全设施齐全、完好。

⑥管道阴极保护设施应保持完好，恒电位仪通电率应在98%以上。

⑦地面集输各岗位操作、管理人员要经过培训，考核合格后方可上岗独立操作。

(2) 井场、集气站日常维护管理。

①必须建立、健全完善的天然气集输站动态监测与汇报、日常维护管理制度。

②必须建立天然气集输站巡回检查制度，巡回检查周期不宜超过2h；对异常部位或运行参数调整频繁的部位要加大巡检次数；对无人值守井站，应根据实际情况编制巡回检查制度，巡回检查周期不宜超过24h。

③天然气集输站各类操作、维护过程必须有HSE作业指导书（操作卡或操作规程），脱水装置、天然气压缩机等主要的工艺装置、设备必须有操作规程。

④天然气集输站紧急关断系统、调压系统、超压保护系统、放空系统等要按规定定期检查和调校，确保其处于良好工作状态。

⑤应定期检测干法脱硫后天然气硫化氢含量，及时进行脱硫塔倒换、脱硫剂再生或更换，确保处理后天然气硫化氢含量符合要求。

（3）增压站日常维护管理。

①必须建立、健全增压站场、机组的巡回检查和日常操作管理制度。

根据每台增压机的结构形式和运行方式，明确检查的部位、内容、正常运行的参数标准（允许值），检查内容及数据应合格、真实。巡检包括定期巡检和异常情况巡检，值班人员定期巡检周期宜为1～2h，值班班长的点检时间不超过4h，设备维护外委单位的巡检周期小于15～30d／（台·次）。异常情况巡检是指增压设备工艺发生异常时的检查和处理。

②必须建立增压站场、机组安全运行参数动态监测与记录、汇报制度。

各种机型实际运行参数必须通过相应机型的工况软件计算得出，必须符合“增压机运行数据控制表”要求并预留合理的安全操作空间，不得超越技术边界条件运行。资料录取周期为巡检周期。增压站的录取资料和记录主要包括增压机转速；夹套水温；动力、压缩排温；一级吸压、一级排压、二级排压；原料气进站压力和出站压力、温度；燃料气调压前压力和调压后压力、温度等，对于生产信息应及时传递与反馈。

③必须建立增压机组维护保养制度。

增压机组的维护包括日常维护和定期维护。日常维护主要是正确判断、排除增压机设备常见故障，保证增压生产工艺系统正常、安全的运行；定期维护主要是指增压机设备在运行一定的周期之后进行的检查和检修，主要包括预防性维护，班、周、月、半年、年度维护保养，维护保养周期：每班为8h，周保为150h，月保为700h，半年为4000h、年度为8000h。增压机组的每次维护保养作业应按照各型机组维护保养技术要求和对应的QHSE操作指导卡，认真做好维护保养记录相关资料。

④建立增压机故障的分级处理管理制度。增压机设备发生故障，按处理级别可分为四级：值班人员处理、班组处理、作业区处理及气矿级协调处理的故障。

a. 增压机设备发生故障，应按照故障分级处理及时进行处理。

b. 在安排处理每项故障前，必须有相应的措施，明确专人负责，防止故障扩大影响。

c. 增压机组发生故障停机后应认真检查、分析原因，不得盲目开机。

d. 不能够自行处理的，履行外委专业维护单位执行程序。各单位应对修理过程的设计（方案）、施工、安全、质量、预算、采购、验收等进行全过程管理。检修工作完毕，将检修的基本信息（时间、方案、内容、用料清单及费用等），形成书面资料，经主管领导验收签字，集中存档。

e. 未能及时排除的增压机组故障，各单位必须在每天生产工作会上研究决定处理措施。

f. 机组故障处理完成后，各单位必须针对故障原因进行分析并提出预防或改进意见，形成正式材料上报上级技术、安全业务主管部门。

⑤增压设备、工艺的备品备件分为低值易损件、增压机油品和冷却水处理药剂、高值非易损件三类，各单位应根据机组类型、数量、技术状况、故障发生概率、备件价值、备件库存情况等因素进行综合分析，合理报备备品备件；并建立详细的台账，在增压月报和动态分析报表中进行详细统计分析

（4）脱水站。

①脱水站日常运行管理。

a. 脱水装置实际运行参数应严格控制在设计范围内。若现场运行工况发生变化，工艺参数应作适当调整，但工艺控制参数的设定和修改应由各单位脱水工艺专业负责人归口管理。

b. 建立、完善脱水装置资料录取和运行效果监测、控制管理制度。人工录取报表每4h录取一次；每24h录取一次重沸器、灼烧炉燃料气消耗量；每24h化验一次甘醇贫富液浓度；每个月使用镜面露点仪至少测量一次干气露点，装置工况发生改变时使用镜面露点仪和称重法进行及时监测和加密监测，直至其运行平稳。如遇清管等特殊情况可加密监控。

c. 必须按HSE管理制度有关要求对脱水装置进行巡回检查，严格执行交接班制度。对于重大问题，各单位必须及时分析、处理和上报，并填好脱水装置异常情况跟踪处理卡。

d. 对用干法脱硫装置提供净化气的脱水装置，需进行脱硫气硫化氢含量的化验检测。

e. 完善各脱水站的地温检测设备，并每周监测干气输送的地温数据，根据地温变化调整脱水装置的运行参数，同步实现节能降耗。

f. 建立健全脱水装置各类设备资料台账，根据定期检测和大修检测数据及时更新。

②脱水装置日常维护和检修管理。

a. 运行中脱水装置的日常维护保养应遵循以下规定：

脱水生产班组每周组织对工艺阀门进行一次清洁、注油、注脂、活动等维护保养，各单位每月对自控阀门进行一次检查保养，定期对工艺设备和管线进行除锈刷漆。确保设备操作灵活，无跑、冒、滴、漏现象发生。对自控和机泵设备的维护保养严格按照相关要求执行。

各单位每月应对各脱水站进行一次全面的巡检维护：一是对工艺设备、自控系统、机泵设备进行全面的维护：检查，二是收集、处理脱水装置有关问题。

b. 对长期处于停产状态（停产 3 个月以上）的脱水装置，应采取以下措施：

. 三甘醇脱水装置：安全停车、泄压，回收三甘醇、清洗设备和管线、更换过滤元件，对整套装置充氮保护。

分子筛脱水装置：按正常停车要求停车、泄压，把程序控制器停在停机时刻所处的位置，对整套装置充氮保护。

按正常运行装置进行日常维护保养。

③脱水装置备品备件管理。

a. 脱水装置备品备件可分为三类：A 类为化学试剂，B 类为密封、过滤元件等常规耗材，C 类为应急备品备件。各单位应建立 A 类、B 类、C 类的材料、备件库，并分类建立相关台账，做好实时更新。

b. 做好脱水站领用备品备件材料消耗记录。每月对材料消耗情况进行汇总分析上报，每年对各类备品备件消耗进行全面汇总分析，在年报中进行专章分析。

c. 各单位应根据库存情况实时确定物资需要计划表，由主管生产的领导审核后，上报物资供应办订货。保证库房的材料种类和数量保持相对的动态平衡。

（5）气田水处理站。

①必须建立、健全气田水处理、回注站场、机组的巡回检查和日常操作管理制度。

②气田水处理装置日处理量应严格控制在设计处理量范围内，并根据气田水回注井动态安排月处理量。

③含烃类气田水应进行均质、隔油、浮选、A/O 生化、曝光生化处理达标后回注，含硫废水应送入汽提装置处理后净化水循环使用，酸碱废水须经中和处理后气田水处理装置，具体处理方法按《工业水处理装置操作规程》进行。

④气田水处理装置应每日进行水质动态监测，确保气田水回注水质满足相关标准规范要求。

（6）采集输管线日常维护管理。

①管道日常维护管理要做到“五清”，即管道走向清楚、管道埋设深度清楚、管道规格清楚、管道腐蚀状况清楚以及管道沿线地形、地貌、地面建构筑物清楚。

②应建立管道巡检制度，配备足够的专职巡检人员，定期进行巡管。管线的巡管周期不应大于两周；对识别出的高后果管段、硫化氢含量大于20g/m^{3}的集输管线的巡管周期不应大于一周；严格按国务院“313”号令执行，对处于管道周边正在进行施工建设的地段，应加密警示标志设置，同时应加强监控、宣传和告知。

③每年应对管道的里程桩、标志桩、测试桩、阴极保护站的阳极线路等管道设施进行不少于1次的维护、保养、修复。

④每年应定期对大、中型穿越管段的河床、岸边稳管设施、跨越管段的支撑设施进行维护、保养；定期对穿越管段进行水下检测，检测穿越管段的稳管状态、裸露、悬空、移位及受流水冲刷、剥蚀损坏情况等，及时采取相应保护措施。

⑤应定期活动、维护、保养集输气干线自动切断阀。

⑥应及时修复管线垮塌的堡坎、护坡，疏通管线线路排水沟、清除管线两侧5m范围内的深根植物，确保管线的安全运行。

（7）集输装备、设备日常维护管理。

①必须建立、健全完善的集输装备、设备日常操作、使用、维护和修理制度。

②严格地按照设备操作、保养规程进行使用；防止设备超温、超压、超速、超负荷运行。

③对新购和引进的设备，由使用单位和技术管理部门根据设备使用技术说明书制订设备操作、保养规程和制度，并形成根据运行情况持续改进的机制。

④设备操作人员，必须具备本岗位“应知应会”的技术知识和技能，逐步提高技术水平。对特种设备，其操作人员应经专业主管部门考核合格后颁发操作证，严格执行持证操作。

⑤设备在使用前和使用中，操作人员要认真执行巡回检查和维护保养制度，发现问题及时处理。

（8）天然气计量管理。

①天然气交接计量应严格执行天然气计量法律、法规和相关标准、规范，做到计量准确、公平、公正。

②应定期对计量仪器、仪表、器具进行送检，检定单位必须是国家法定计量检定机构，应严格按检定标准、规程进行检定。

③由使用单位自行调校或检定的计量仪器、仪表、器具应严格执行签字认可，并作为资料保存。

④计量器具的使用应严格执行相应的操作规程，并应定期对计量仪器、仪表、器具进行维护保养，保证其正常使用。

⑤天然气计量人员管理严格执行《中国石油天然气股份公司计量人员管理规定》，计量检定员和交接计量员必须经考核合格，持有省、部级计量主管部门或其授权的计量技术机构颁发的检定员证和操作员证。

⑥天然气计量资料的建立、保存和上报必须保证其完整性、准确性、有效性和可追溯性。

2. 系统运行管理

系统运行管理主要包括运行计划管理、生产运行信息管理、生产运行优化管理及生产运行应急管理，严格按生产运行指标、系统技术参数组织气田地面生产系统运行，确保气田地面生产系统的安全、平稳运行。

1）生产运行计划管理

（1）气田地面生产必须按地面生产运行计划组织实施。

（2）气田地面生产运行计划应根据上级下达的总体目标和气田生产计划进行编制。

（3）气田地面生产运行计划应明确主要生产、经营、技术指标和相应的安全技术措施。

（4）气田地面生产运行计划管理包括按气田配产方案和销售计划组织生产；按产、销平衡原则编制地面生产系统年度和月度运行计划；按与用户设备检修同步原则安排地面系统的检修计划；编制生产运行的考核指标并进行考核。

（5）气田地面生产运行计划实施过程中应进行监督、检查和考核。

2）生产运行信息管理

（1）生产运行信息的采集内容主要包括气井、各级站（厂）的装置和设备、管道的运行参数及运行状况及运行中出现的各类异常情况，产气量、产水量、处理和外输气量以及水、电、气、药剂等消耗情况；气田生产运行数据根据填报级别和实际情况形成日报、月报、年报，并建立各级管理审查制度，确保所采集数据的可靠性和及时性。

（2）生产原始数据经汇总、整理和分析形成的生产运行信息必须真实全面反映气田地面生产管理及运行情况，为各级生产、科研、管理及决策等工作提供依据。

（3）生产及管理部门根据实际需要逐级保存资料和整理归档。

（4）根据气田生产需要逐步推进气田生产运行的信息化管理，建立气田生产数据与信息的采集、处理、维护、查询、分析及关键指标预警等信息管理与操作平台，提高生产运行管理水平。

3）生产运行优化管理

（1）生产运行优化的目的是充分发挥已有气田产能，合理调整运行参数，尽可能使装置达到额定负荷运行；有效降低原材料的消耗和能耗；提高装置、设备的完好率和使用效率；提高监控能力防止意外放空或排放以减少安全环保事故。

（2）生产运行优化应采用先进的控制技术和管理方法。在自控系统水平高、应用较好的生产系统，应实行计算机控制在线动态优化，不具备动态优化的场、站可以实行调整生产运行参数和生产操作的静态优化。

4）生产运行应急管理

（1）生产运行应急管理是指在天然气处理厂突发故障停产、主要集输干线站场发生泄漏、破裂、爆管以及下游大用户突发故障停产等紧急状态下的生产组织和调度。

（2）生产运行应急管理的目的是在确保气田地面设施安全运行的条件下，最大限度降低事故对气田生产和用气的影响。

（3）生产运行应急管理主要包括事故工况下的生产组织、天然气流向的合理调配以及对下游用户的合理供气。

（4）生产运行部门应逐级建立相应的生产运行应急预案，并定期进行修改和完善。

5）生产安全管理

（1）建立完善的天然气集输安全管理体系，确保安全生产。

①安全管理体系应符合国家与地方有关的法律、法规、国家与行业有关的标准、规范及企业的有关规定。

②安全管理体系应包括建设项目安全监督、检查与考核管理制度、生产设施、工艺装置与设备及生产辅助设施的安全生产管理规定、操作规程、事

故应急预案。

③安全管理体系应落实到每个生产岗位和管理环节。

④集输工程建设的参建单位实行 HSE 准入制度。

⑤按安全生产要求配备足够的安全设施和劳动防护用品。

（2）安全技术管理。

①应建立、健全各项安全生产管理制度、规定、生产及辅助设施隐患台账。

②定期开展设备运行动态分析，及时发现与整改系统存在的安全隐患，确保系统的本质安全。

③完善天然气集输事故应急预案，并定期开展事故应急预案演练。

④生产岗位员工按要求开展巡回检查，做好“安全巡检记录”，发现安全隐患或事故应及时处理并上报。

⑤岗位员工巡检时应携带必备的巡检及检测仪器。

（3）场站“准入”管理。

①生产场站应严格执行“准入”制度。非本站人员应经值班人员同意，并接受入站安全知识教育合格后方可进入场站。

②入站人员必须严格遵守站内各项规章、制度及管理规定。

③严禁机动车辆进入生产场站的安全警戒区域内，若确因工作需要进入的，必须装防火罩，并采取防静电措施。

（4）动火管理。

①天然气集输生产系统动火实行许可证制度。必须严格执行相关工业动火管理规定，按程序履行动火申请审批手续，制定动火作业方案，落实动火作业安全措施和应急预案，批准后方可实施。

②动火作业应当有动火负责人、动火监护人和现场安全监督。

③动火施工作业前，应组织安全教育，督促作业参与人员掌握和执行作业现场的安全生产要求、规定；并进行动火确认检查，检查是否具备动火条件；施工中，发现危及安全动火施工的隐患、险情及问题，采取有效措施积极处理，并立即报告有关部门。

④动火作业必须由乙方到建设单位相关部门审批，建设单位和乙方双方负责动火监护。

⑤天然气集输站内若需要进行高处作业或进入有限空间作业、动土作业、临时用电等特殊作业时，必须按相关管理规定，办理相应作业票证。

（5）高含硫集输系统安全管理的特殊规定。

①应实时监测高含硫气田气井、集输管道关键设备的内腐蚀情况，并根据监测结果及时调整防腐措施。

②生产场站巡检应采取“两人同时巡检制”，一人携带便携式硫化氢监测仪巡检，另一人在安全区监护。

③员工在进行收发球、取样等操作时应佩带正压式空气呼吸器。

④生产场站、管道、天然气处理厂突发事故应急预案应报当地政府备案，并配合当地政府做好事故应急预案的演练、硫化氢的危害性的宣传等工作。

3. 生产辅助系统管理

1）供电管理

（1）供电、变电、配电应执行国家有关标准的要求，做到安全生产无事故，供电安全防护设施装备齐全，安全可靠平稳运行。

（2）供电、变电、配电必备的技术档案、图纸图表、管理制度、操作规程及维护保养制度等资料应齐全准确，并做好各种电气设备的运转记录。

（3）供电、变电、配电的设备完好率应达98%以上。

（4）应定期对电力设施进行检修和和预防性试验，以提高电气绝缘和加强机械强度，对供电线路应进行定期和不定期巡视，发现问题应及时整改。

2）给排水、消防管理

（1）饮用水的水源应设置明显标志，定期对饮用水的水质进行化验，并建立供水安全管理制度，确保供水安全。

（2）应建立和完善水处理装置、取水设备、输（供）水设备的操作规程和维护保养制度。

（3）气田生产场站排水宜实行清污分流，污水排放应符合国家、当地政府和企业环保要求。

（4）应制订消防安全制度、消防安全操作规程；按照国家有关规定配置消防设施和器材、设置消防安全标志，并定期组织检验、维修，确保消防设施和器材完好、有效；保障疏散通道、安全出口畅通，并设置符合国家规定的消防安全疏散标志等内容。

3）通信管理

（1）通信线路、光缆应设置明显标志，采取有效保护措施。

（2）应建立和完善通信设施、设备等管理和维护制度、操作规程。

（3）应加强通信设备的定期维护，确保通信设施畅通。

（4）需要安装无线电设备时，必须按照国家无线电管理的有关法规办理手续，电台使用的频率必须要按照国家无线电管理委员会批准当地注册的频率范围使用。

4）化验、分析管理

（1）为提高气田开发效果和实现生产科学决策，应建立完善的气田化验、分析体系。

（2）气田地面生产过程要定期对气、水、轻烃和所需化学药剂进行化验，并进行环保监测化验，保证产品质量。

（3）气田化验应根据生产实际需要制订统一的标准、操作规程。

（4）化验资料要保证真实可靠，要建立完善的监督、审核、审定工作程序。

4. 地面集输装置检修管理

1）检修管理

（1）地面集输系统检修主要包括场站、管道、气田水处理系统的计划性修理，装置与设备的定期检修及非计划检修，自然灾害后及突发性安全隐患整改等方面。

（2）地面集输系统计划检修工作应按照检修计划的编制、检修方案的编制及审批、检修工作的实施及监督、检修工作的验收等程序进行。

（3）非计划检修（抢修）工作应按照抢险机构的成立、抢险物资及机具的准备、抢险方案的编制及审查、抢险工程执行、抢险工程验收等程序进行。

2）老气田地面集输系统改造管理

（1）老气田地面集输系统改造是确保气田生产安全、持续稳定生产的重要手段。老气田地面集输系统改造的重点是解决由于开发调整而带来的地面集输系统适应性改造，消除气田生产的瓶颈（包括气田增压开采、建设复线、地面配套系统改造）、解决气田地面生产安全环保隐患、节能降耗及设备更新。

（2）老气田地面集输系统改造要根据气田地面集输系统与天然气生产的适应性，以气田开发调整方案为依据、以老气田地面集输系统改造规划方案（包括隐患治理）为指导，并结合管道、设备检测评价报告和实际生产情况，统一规划、分步实施。

（3）老气田地面集输系统改造应以安全生产、提高经济效益为目标，优化方案、简化工艺、节能降耗；要合理利用地层能量，充分依托已建设施，提高气田开发整体经济效益。

（4）老气田地面集输系统改造要根据气田开发过程中存在的问题，采用先进适用技术，实现老气田的高效开发。

(5) 老气田地面集输系统改造要坚持气田生产与环境保护协调发展的原则。加强环境污染治理，做到防控结合，实现气田经济效益和环境治理的统一。

(6) 老气田地面集输系统改造要属地面工程建设范畴，要严格执行建设程序，老气田地面改造项目管理执行气田地面工程建设管理的相关规定。

3) 抢险管理

(1) 管道抢险施工必须由有资质的抢维修中心、抢维修队或施工队伍承担。

(2) 管道抢险必须按相关的标准、规范进行施工、检测，并作好记录。

(3) 地面集输系统抢修组织实行分级处理原则：各单位按照管径、管道重要程度等因素，抢修作业由各单位维护队、依托的维修队伍或公司管道抢险维修中心分级处理；若发生人员伤亡或重大环保事件，则按程序向上级质量安全环保部门汇报，按《事故管理程序》进行处理。

二、天然气处理生产管理

1. 天然气处理生产运行管理

1) 资料与信息管理

(1) 操作规程。操作规程是指规范净化工艺运行参数、设备操作的规定和程序。操作规程中的数据、技术指标、操作方法步骤和技术要求等必须全面、细化和量化，语言要简练、通俗易懂、逻辑关系清晰、便于执行。

操作规程包括工艺技术规程、操作指南、开停工规程、基础操作规程、事故处理预案等章节，具体包括分单元的装置概况、工艺指标、工艺流程图、平面布置图、设备、仪表明细、开工规程、停工规程、基础操作规程、专用设备操作规程、安全应急预案、安全生产及环境保护、附录等。

(2) 操作卡。操作卡是指将操作规程以卡片的形式分解到各个岗位，实现操作规程的规范化管理。

①每个单项操作要以卡片化的形式单独编制，分岗位存放，按规定分级别审批。

②装置操作卡包括岗位操作卡、开工操作卡、停工操作卡、专用设备操作卡、事故处理操作卡、单项作业操作卡、通用设备操作卡、其他操作卡等。

③操作卡应分别以活页夹的形式旋转，保证每岗位人手一册。

④每次操作过后要进行及时的修改和补充，并且保存电子版本。

⑤使用后的操作卡应统一保管，修改后的内容必须完善，并及时补充到装置的操作规程中。

（3）工艺卡片。工艺卡片是装置安全生产、满足工艺要求的重要保障措施，净化装置在生产过程中应严格执行工艺卡片，不得随意更改。

①工艺卡片指标来源于装置原设计的基础数据、装置改造设计（技改技措）的基础数据、装置长周期运行的限制条件、装置标定数据、产品质量指标控制、环保达标排放要求等。

②工艺卡片内容包括装置名称、工艺卡片编号、原料及化工原材料质量指标、装置关键工艺参数指标、动力工艺指标、装置成品及半成品质量指标、装置消耗指标、环保监控指标、主要技术经济指标、指标分级标志、主管领导及部门签字、执行日期。

③因装置检修或技术改造（采用新工艺、新设备、新技术等）使生产过程或工艺改变，应对原工艺卡片进行修订。

④使用的化工原材料出现变动或某一个或多个参数不适应生产要求，应根据要求及时对原工艺卡片进行修订。

（4）生产技术日报、周报、月报、半年报、年报管理。

①生产技术日报、周报、月报、半年报、年报由地区公司二级单位主管业务部门负责收集、编写、审查、报送。

②生产技术日（动态）报表于次日以电子文档形式上报地区公司业务主管部门。

③技术月报包括装置生产数据、工艺技术分析、对装置出现的生产技术问题提出整改方案或建议。

④半年报、年报应包括半年、本年生产概况；生产计划完成情况分析；装置生产操作技术分析；产品质量情况及原因分析；主要原材料消耗分析；技术改造、技术革新和合理化建议实施情况总结；工艺技术管理改进和工艺纪律情况；能源、动力消耗情况及分析；装置生产非计划停工、事故原因分析和整改措施落实情况；装置达标数据统计及情况分析等。

2）日常维护管理

（1）天然气处理厂必须建立、健全完善动态监测等管理制度。

①天然气处理厂必须建立巡回检查制度，装置巡检人员在规定的时间内，沿着指定的巡检路线，按规定内容和顺序进行检查。

②采用测温仪、红外线成像仪等对机泵轴承、电动机外壳、炉类设备表面、电器设备接头等处进行温度检测，确保各点温度无异常。

③制定《天然气处理厂生产装置设备管道定点腐蚀检测管理办法》，采用测厚仪对设备、管道进行定点测厚，掌握装置腐蚀情况。

（2）天然气处理装置标定。

①装置标定是指对正常生产或工艺条件有重大变更净化装置的实际能力、性能及设备的有效性进行评定。工艺条件重大变更是指天然气处理厂实际处理量低于设计值的50%或大于设计值的100%、更换溶液、催化剂等。

②正常生产的净化装置原则上5年至少标定1次；净化装置在实施技改立项前应进行标定，作为技改设计依据；若原料气气质、气量有较大变化时，要根据实际情况对装置进行标定；局部工艺、设备改造后的相应标定；正常生产过程中根据需要进行的物料标定、能耗标定。

③标定的内容主要包括装置处理能力，原料气、产品气、硫黄质量及硫黄回收率；装置水、电、气、蒸汽消耗及化工原材料消耗；工艺操作参数；关键设备运行状态；物料平衡和能量平衡等。

（3）天然气净化装置检修管理。

生产装置检修分为系统性检修和维护性检修。系统性检修是全厂生产装置设备、管道、电气设备、自动控制系统、分析化验设备、安防通讯系统、土建工程等较长时间的停产检修。维护性检修是设备、管道、电气设备、自动控制系统等的正常运行维持不到下次系统性检修时间的检修，包括日常或定期维护检修工作。维护性检修停产时间不宜超过5d。生产装置系统性检修周期不大于36个月；维护性检修周期由各净化厂根据生产设备实际情况制订。

①检修的基本要求。

a. 装置检修前1个月，各天然气净化厂要结合本厂实际情况编制出检修施工作业计划，经矿级相关职能部门审批下达执行。工厂技术、安全、环保部门提供有关施工方案、图样和安全措施。

b. 工厂质量管理部门负责进场检修物资的质量检验工作。

c. 施工单位必须具有与检修内容相应的施工资质，检修作业人员必须具有相应的资格证或上岗证。

d. 施工单位按施工计划项目逐项落实检修人员、器材，并保证施工机具齐全完好。

e. 施工单位按检修作业计划按时完成各项检修任务。

f. 检修过程中经常涉及到工业动火作业、临时用电作业、高处作业、进入受限空间作业、吊装作业等，作业人员要严格执行作业票据的办理制度，以保证检修工作的顺利进行。

g. 执行有关环境保护法规，防止环境污染。

h. 各净化厂应在装置检修结束后2个月内进行检修总结，并写出检修总结报告归档。

i. 检修的各种记录、文件等技术资料限检修结束后2个月内归档。

j. 制订《固定资产大修理及采油气工艺措施管理办法》、《天然气净化厂设备维护检修规程》及《作业许可管理规定》等制度。

②天然气净化厂生产装置在下列条件下进行系统性检修：

a. 装置正常运行三年尚未进行系统性检修；

b. 装置运行中发现了重大质量和安全隐患，必须较长时间停产进行检修（如净化气质量连续24h不合格，系统腐蚀严重必须停产10d以上更换设备、管道等）；

c. 处理的原料气气质与装置的设计值偏离较大，已严重影响到安全生产和产品气质量，需要对工艺装置进行整改才能适应这一变化；

d. 生产工艺改变和重要生产设备的更换。

③系统性检修内容。

a. 塔类设备打开全部人孔，检查清洗各层塔盘及填料，清除内部污垢及脏物；内部构件检查修复或更换；塔壁测厚及宏观检查；外部附件检查、修复等。

b. 罐类设备打开全部人孔，清除内部污垢及脏物；内部构件检查或更换；设备测厚及宏观检查；外部附件检查、修复等。

c. 过滤分离设备打开封头或盲板，清洗过滤器、捕集器，更换过滤组件；设备测厚及宏观检查、液位计清洗等。

d. 热交换器拆卸管箱盲板、封头、浮头盖，清洗管程；抽出管束清洗壳程；必要时更换部分热交换器等。

e. 炉类设备打开人孔，视情况拆卸燃烧器、尾端盲板，检查炉膛挡火墙，修补耐火衬里或重新筑炉，清除炉膛脏物；检修或更换燃烧器；点火孔、观察孔、冷却风管线检查、疏通或更换等。

f. 反应器打开人孔，检查内部支撑、衬里及清除脏物；检查、筛选或更换催化剂等。

g. 锅炉打开人孔、手孔、封头，清除内部脏物；检查修补衬里及检修内、外部构件；按本规程进行内外部检验，耐压试验等。

h. 压力容器按本规程进行内外部检验和耐压试验。

i. 管道检查、测厚、疏通及检修；更换已坏或不能继续使用的管线、阀门及附件等。

j. 在装置生产期间不能和无法单独进行检修的部分转动设备的检修；更换不能继续使用的转动设备及配管等。

k. 安全阀按 TSG ZF001—2006《安全阀安全技术监察规程》进行校验，检修或更换等。

l. 室内外仪表检修、校验；部分调节阀大修；所有计量装置清洗、校验；更换失效的仪表和管线等。

m. 按照测试方式对 DCS 系统、ESD 系统、F&GS 系统、UPS 系统、电源管理系统等进行全面测试、检查；更换已坏组件。

n. 电气设备检修、试验；继电保护继电器、自动装置及测量指示仪表校验；更换已坏且不能修复的电气设备等。

o. 化验设备及通讯设备维护的检修。

p. 不合理的工艺设备、仪表、电气等的技术改造；新设备安装、调试等。

q. 土建工程和房屋维护检修；池坑清洗，清除各种脏物等。

r. 动、静设备，仪表、电器和管道等彻底除锈、防腐、刷漆。

④天然气净化厂生产装置在下列条件下进行维护性检修：

a. 装置运行中出现了跑、冒、滴、漏现象。

b. 自动控制、连锁报警系统局部失效。

c. 供配电、燃料气、锅炉及蒸汽、空氮站、通信及火炬放空等公用工程系统局部出现异常现象。

d. 国家和行业规范要求的压力容器和压力管道的受压元件、计量仪表以及各种安全附件的定期检验、校检和维护。

维护性检修内容如下：

a. 存在隐患的塔设备打开人工孔检查，清除内部脏物，清洗填料，修复或更换部分内部构件等。

b. 单台罐类设备打开人孔检查，清除内部脏物，修复或更换部分内部构件等。

c. 单台过滤分离设备打开封头或盲板，清洗过滤器、捕集器，更换过滤组件等。

d. 部分安全阀检验，阀座密封面研磨，必要时更换安全阀弹簧等。

e. 单台热交换器拆装管箱盲板、封头、浮头盖，清洗管程；抽出管束清洗壳程；必要时更换已损坏或不能继续使用的热交换器等。

f. 局部管道检修，必要时更换已损坏管道、阀门及附件等。

g. 部分仪表检修、校验；所有计量装置清洗、校验；必要时更换失效仪表及已损坏管线等。

h. 部分高压电气设备检验、检修或更换等。

i. 炉类设备的燃烧器检查；各观察孔、冷却风管线检查、疏通等。

j. 整改生产装置的所有跑、冒、滴、漏。

⑤检修质量验收分为单项和单元装置检修质量验收。

单项检修质量验收：

a. 单项质量验收，是单台设备、仪表及单项工程按其不同的检修质量标准进行检查验收。

b. 单项质量验收分自检、复检和终检三级进行：

自检：每个单项完成后，由施工人员进行质量检查，填写检修纪录，提请复检。

复检：由施工单位组织检查验收，发现问题督促施工人员整改，并重新检查，填写检查记录，提请终检。

终检：由净化厂生产技术部门组织施工单位、使用工段共同进行质量检查验收，并作出质量验收结论。终检合格后交使用工段。

单元装置检修质量验收：

a. 单元装置检修质量验收是单元装置区内所有单项检修项目验收合格后，在投入生产前对单元装置所作的检修质量验收。

b. 单元装置检修质量验收的基本内容包括所有隔断点和隔离点已恢复或处于安全状态；装置清洗、吹扫、气密性试验等合格，工艺流程通畅；仪表及控制系统处于可工作状态；安全阀及其他安全附件处于可工作状态；检修中的脏物和废弃物已清理干净，操作通道通畅。

c. 各单元装置检修质量标准的特殊内容，由各净化厂根据不同的生产性质和实际情况另作规定。

d. 各单元装置、单体设备检修后宜保证全厂装置正常生产 1 年以上。

e. 装置的检修质量验收由工厂主管部门负责，组织使用单位和施工单位共同进行。在验收中发现的问题由施工单位整改，整改后重新检查。

f. 各单元装置检修质量验收合格即可进行投产准备工作和全厂生产装置全面检查。

装置全面检查：

a. 装置全面检查是对工艺装置、辅助生产装置和公用设施进行的投产前的系统检查。

b. 装置全面检查的内容包括全装置工艺流程通畅；全装置仪表及控制系统达到投产条件；水、电、气供给条件可靠；工厂内外通讯畅通。

c. 装置全面检查由厂主管领导组织技术、安全、环保、消防等部门和使用车间或工段进行。

d. 制订“天然气净化厂建设项目投料试车必要条件”，装置全面检查合格、达到上述条件后方可投入生产。

2. 系统运行管理

1）系统运行计划管理

（1）生产计划的控制。

①地区公司生产运行部门会同业务主管部门根据生产任务下达《年度生产计划》和《月度生产计划》。

②机关相关部门对天然气处理厂生产计划的实施进行协调和监督。

③天然气处理厂按生产计划要求组织生产，并确保计划的实现，如需变更时，应报上级业务主管部门进行协调。

（2）天然气处理生产运行信息管理。

天然气处理厂定期向上级业务主管部门汇报各净化装置的生产日（动态）报表、周报表、月报表，分析生产运行的动态情况。上级业务主管部门协调天然气处理厂解决生产中存在的问题，对质量、健康、安全、环境的异常情况进行及时处理。

（3）天然气处理生产运行优化管理

为充分发挥已有产能，合理调整运行参数，尽可能使装置达到额定负荷运行，有效降低原材料的消耗和能耗；提高装置、设备的完好率和使用效率，提高监控能力防止意外放空或排放以减少安全环保事故。

①天然气处理厂采用 DCS、ESD 系统实现全厂工艺装置和辅助生产装置以及重要的公用设施集中监视、控制、管理和安全联锁，ESD 系统独立设置，提高了安全可靠性。同时，设置 F&GS，以实现全厂火灾、可燃气体和有毒气体的检测、报警。

②天然气处理厂的 DCS 应留有与外界相连的接口，通过该接口，DCS 能与厂级管理系统和整个气田 SCADA 系统进行通信和联系，以实现整个气田的管理和调度和事故情况下的安全保护。

③通过加强天然气处理厂与上游集气及下游输气之间的调度衔接，尽可能使净化厂原料气气质、气量、压力等参数最佳。

（4）天然气处理厂生产运行应急管理。

生产运行应急管理是指天然气处理厂突发故障停产、主要集输干线站场发生泄漏、破裂、爆管以及下游大用户突发故障停产等紧急状态下的生产组织和调度，在确保气田地面设施安全运行的条件下，最大限度地降低事故对气田生产和用气的影响。

①天然气处理厂生产运行部门应逐级建立相应的生产运行应急预案，并定期进行修改和完善。

②天然气处理厂一旦突发故障放空或停产，应视情况判断采取相应的应对措施。例如，时间较短即可处理解决的故障可采用临时放空措施；时间较长或需停产处理的故障，需及时上报地区公司，并联系上下游单位，采用调配气量、关井等措施且通知下游用气单位做好相应减气准备。

3. 生产辅助系统管理

1）天然气处理供配电管理

天然气处理厂供配电包括外供电及厂内供配电等，外供电是指由国家电网或当地电力公司220kV、110kV、35kV或10kV等变电站接线进入厂内变电站变压器前端；厂内供配电是指由厂内变压器出线10kV、6kV、0.4kV为装置区所有机泵设备、仪表、照明、配电箱等配电。

（1）供电、配电及临时用电应执行国家、行业相关标准、规范要求，做到安全生产无事故，供电安全防护设施装备齐全，安全可靠平稳运行。

（2）供电、配电必备的技术档案、图纸图表、管理制度、操作规程及维护保养制度等资料应齐全准确，并做好各种电气设备的运转记录。

（3）供电、配电的设备完好率应达98%以上。

（4）应定期对电力设施进行定期检修和预防性试验，以提高电气绝缘和加强机械强度，对供电线路应进行定期和不定期巡视，发现问题要及时整改。

（5）天然气处理厂必须采取严格的倒闸操作票、停送电申请票等电力调度规程及制度。

2）天然气处理厂给排水、消防管理

（1）划定为饮用水的水源应设明显标志，定期对饮用水的水质进行化验，并建立供水安全管理制度，确保供水安全。

（2）应建立和完善水处理装置、取水设备、输（供）水设备等的操作规程和维护保养制度。

（3）天然气处理厂废水排放宜实行清污分流，污水排放应符合国家、当地政府和企业环保要求，并应大力提倡中水回用。

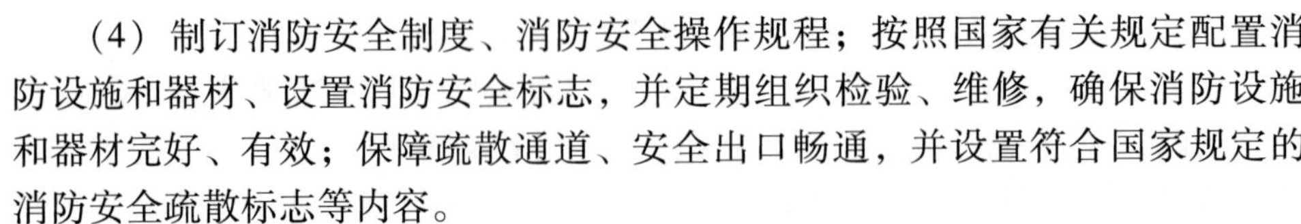

(4) 制订消防安全制度、消防安全操作规程；按照国家有关规定配置消防设施和器材、设置消防安全标志，并定期组织检验、维修，确保消防设施和器材完好、有效；保障疏散通道、安全出口畅通，并设置符合国家规定的消防安全疏散标志等内容。

3）天然气处理厂通信管理

(1) 通信线路、光缆应设明显标志，采取有效保护措施。

(2) 应建立和完善通信设施、设备等的管理和维护制度、操作规程。

(3) 应加强通信设备的定期维护，确保通信设施畅通。

(4) 应加强厂区防爆扩音系统的维护保养，保证厂区内通信正常。

4）天然气处理厂化验、分析管理

(1) 为实现天然气处理厂“安稳长满优”运行，应建立完善的天然气处理化验体系。

(2) 天然气处理生产过程要定期对原料气、产品气、硫磺、溶液、尾气等进行化验，并进行环保监测化验，保证产品质量。

(3) 分析取样参照（SY/T 6537—2002）《天然气处理厂气体及溶液分析方法》等相关国家、行业标准进行。

(4) 化验资料要保证真实可靠，要建立完善的监督、审核、审定工作程序。

参 考 文 献

[1] 王开岳．天然气净化工艺．北京 ：石油工业出版社，2005.

[2] 王遇冬．天然气处理原理与工艺．北京 ：中国石化出版社，2007.

[3] 何生厚，等．高含硫化氢和二氧化碳天然气田开发工程技术. 北京：中国石化出版社，2008.

[4] 中国石油天然气股份有限公司编．天然气工业管理实用手册. 北京：石油工业出版社，2005.

[5] 苏建华，等．天然气矿场集输与处理．北京：石油工业出版社，2004.

[6] 中华人民共和国国家统计局 2008 年中国统计年鉴．北京：中国统计出版社，2008.

[7] 郭揆常．矿场油气集输与处理．北京：中国石化出版社，2010.

[8] 周庆凡．我国天然气发展前景广阔．中国石化，2009（5）.

[9] 龙怀祖，等．天然气管道露点控制讨论．石油规划设计，2004（15）.